中国海相碳酸盐岩油气勘探开发理论与技术丛书

中国海相碳酸盐岩
油气勘探开发理论与关键技术概论

赵文智　胡素云　等著

石油工业出版社

内 容 提 要

本书全面总结了近年来中国石油在碳酸盐岩领域基础地质研究与核心技术研发方面取得的研究成果。包括中国海相碳酸盐岩大油气田的形成与资源分布、海相碳酸盐岩大油气田有效开发的基础理论与关键技术以及海相碳酸盐岩油气勘探开发工程配套技术等方面内容。

本书可供从事油气勘探开发工作的科研人员参考阅读。

图书在版编目(CIP)数据

中国海相碳酸盐岩油气勘探开发理论与关键技术概论/赵文智等著.
北京:石油工业出版社,2016.7
(中国海相碳酸盐岩油气勘探开发理论与技术丛书)
ISBN 978-7-5183-0574-2

Ⅰ.中…
Ⅱ.赵…
Ⅲ.①海相-碳酸盐岩油气藏-油气勘探-研究-中国
②海相-碳酸盐岩油气藏-油气
Ⅳ.①P618.130.8 ②TE344

中国版本图书馆CIP数据核字(2015)第124103号

出版发行:石油工业出版社
(北京安定门外安华里2区1号 100011)
网 址:www.petropub.com
编辑部:(010)64523543 图书营销中心:(010)64523633
经 销:全国新华书店
印 刷:北京中石油彩色印刷有限责任公司

2016年7月第1版 2016年7月第1次印刷
787×1092毫米 开本:1/16 印张:25.75
字数:659千字

定价:180.00元
(如出现印装质量问题,我社图书营销中心负责调换)
版权所有,翻印必究

《中国海相碳酸盐岩油气勘探开发理论与技术丛书》

编　委　会

主　　任：赵文智

副 主 任：胡素云　张　研　贾爱林

委　　员：(以姓氏笔画为序)

弓　麟　王永辉　包洪平　冯许魁

朱怡翔　李　宁　李保柱　张光亚

汪泽成　沈安江　赵宗举　洪海涛

葛云华　潘文庆

《中国海相碳酸盐岩油气勘探开发理论与关键技术概论》

编 写 人 员

赵文智　胡素云　汪泽成　王兆云　沈安江
赵宗举　潘文庆　洪海涛　包洪平　贾爱林
弓　麟　朱怡翔　李保柱　李　宁　张　研
冯许魁　葛云华　王永辉　刘　伟　王铜山
赵　春　汪海阁

前　　言

海相碳酸盐岩在世界油气生产中占据极为重要的地位。中国发育的海相碳酸盐岩多处于盆地底层，具有时代老、演化历史长、埋藏深的特点，长期以来我国的油气勘探开发多以埋藏相对较浅的上构造层陆相碎屑岩为主。进入"十一五"以来，随着地质认识的不断深化、勘探技术的进步，海相碳酸盐岩勘探先后在四川盆地的龙岗和高石梯—磨溪地区、塔里木盆地的塔北隆起南缘和塔中北坡以及鄂尔多斯盆地靖边气田的西侧，相继发现了一批储量规模超亿吨油当量的富油气区块，碳酸盐岩勘探已进入油气大发现期，增储上产地位越来越重要。

为加快海相碳酸盐岩油气勘探开发进程，夯实国内油气资源基础地位，2008 年国家"大型油气田及煤层气开发"重大科技专项设立了"四川、塔里木等盆地及邻区海相碳酸盐岩大油气田形成条件、关键技术及目标评价"项目。与此同时，中国石油天然气集团公司启动了公司重大科技专项"海相碳酸盐岩大油气田勘探开发关键技术"项目，由中国石油勘探开发研究院牵头，组织西南油气田分公司、塔里木油田分公司、长庆油田分公司三家油田企业，联合中国石油大学（北京）、长江大学、西南石油大学、中国地质大学（北京）、中国地质大学（武汉）、东北石油大学、北京大学、清华大学等高校，共同组建"产—学—研"一体化攻关团队联合研究。

项目研究重点确定为四个方面科学问题和五个方面核心技术难题。科学问题包括：(1)海相小克拉通盆地岩相古地理与原型盆地恢复；(2)古老海相烃源岩层系成烃机理与成藏潜力；(3)碳酸盐岩规模有效储层成因机理与分布预测；(4)海相碳酸盐岩大油气田形成条件与分布规律。核心技术包括：(1)提高深部地震资料信噪比、分辨率和不同类型碳酸盐岩储集体地震预测技术；(2)碳酸盐岩油气层流体评价与大位移和水平井测井处理解释技术；(3)复杂碳酸盐岩油气藏高效开发配套技术；(4)复杂碳酸盐岩层系安全快速钻井技术；(5)复杂碳酸盐岩油气藏有效改造与测试配套技术。

项目自启动以来，以四川、塔里木和鄂尔多斯三大盆地为重点，兼顾南方、青藏、华北等新区，开展了大量文献调研、野外地质调查、岩心与薄片观察、物理模拟实验、样品测试、油气藏解剖、地震资料处理、测井资料处理、基础图件编制、现场工程技术实验等基础工作，圆满地完成了项目预定的研究任务。

项目研究本着创新地质认识、发展评价技术、推动海相碳酸盐岩领域不断发展的工作原则，紧密结合勘探生产实践，初步创建了碳酸盐岩油气勘探、开发两大理论体系，发展完善了八项关键评价技术，创新发展了四大工程配套技术。形成的理论与技术成果在塔里木、四川、鄂尔多斯三大盆地海相碳酸盐岩规模应用，取得了显著的应用效果。

一、创建古老海相碳酸盐岩油气勘探、开发理论体系

（一）提出了古老碳酸盐岩油气藏形成与分布理论认识

(1)烃源岩晚期生烃与成藏机理研究揭示，古老海相碳酸盐岩富油更富气，资源潜力可能超出预期。认识内涵包括：① 泥质烃源岩是海相碳酸盐岩大油气田的主要贡献者；② 古老海相烃源岩经历了"双峰式"历史，具有早期生油为主、晚期生气为主的特点，成藏规模大，富油更富气；③ 古老克拉通递进埋藏与"退火"受热相耦合，生烃与成藏作用时间可以跨多个构造期，液态窗可以长期保持；④ 碳酸盐岩内滞留的烃源岩不仅数量大，而且高过成熟阶段可以规

模生气，是古老海相层系天然气资源的重要贡献者。

（2）储层成因机理研究与实验分析揭示，深层碳酸盐岩具备发育大型规模储层的基础与条件，可以形成大油气田。认识内涵包括：① 我国海相碳酸盐岩发育沉积—成岩型、层间—层内溶滤型、埋藏—热液改造型三类规模较大的储层；② 岩溶作用机理研究揭示，顺层和层间两类岩溶作用可使古隆起斜坡区及斜坡低部位形成似层状、大面积分布的有效储层；③ 白云石化作用机理揭示，埋藏与热液两类白云石化作用是深部储层规模发育的重要条件，碳酸盐岩储层分布不受埋深限制，深层碳酸盐岩可规模发育有效储层。

（3）油气成藏与解剖研究表明，我国古老海相碳酸盐岩大油气田以岩性—地层油气藏为主，呈集群式分布，储量丰度不高，但储量规模较大。认识内涵包括：① 有利相带、岩溶作用、热液改造、晚期生烃与面状运移、斜坡背景与强非均质储层是碳酸盐岩油气田群大型化发育的基础；② 碳酸盐岩具有似层状大面积成藏特点，沿台缘带、古隆起及隆起斜坡带大面积分布；③ 碳酸盐岩油气藏群具大型化分布的特点，呈古隆起及斜坡带油气藏群楼房式分布、古隆起斜坡带缝洞型油气藏似层状分布、古地貌油气藏群沿侵蚀基准面大面积分布、沿台缘带礁滩岩性油气藏群带状分布和沿深大断裂带油气网栅状分布的五种分布模式。

（二）提出了复杂碳酸盐岩油气藏开发地质理论认识

复杂碳酸盐岩油气藏开发地质理论认识内涵包括：（1）以储层非均质性描述为核心，进行复杂碳酸盐岩油气藏储层非均质性描述，确定不同类型储集体的空间分布；（2）以开发储集体划分为单元，根据沉积特征和生产实际，确定储集体开发单元；（3）以多孔介质模拟为手段，建立多孔介质数学模型，揭示复杂碳酸盐岩渗流特征；（4）以高效布井为目标，立足储层描述与储层发育带预测成果，进行高效井部署。

二、集成创新八项关键评价技术

（一）古老碳酸盐岩油气资源评价技术

技术内涵包括：（1）基于古老烃源岩“双峰式”生烃观、有机质“接力成气”观，建立了烃源岩“双峰式”生烃和烃源岩内残留分散有机质“接力成气”评价模型，成因法有了新的发展；（2）基于油气藏解剖，创建了有效储层面积丰度、体积丰度类比法两种定量类比评价方法，构建了碳酸盐岩非均质储层类比评价参数体系与参数取值标准。

（二）古老碳酸盐岩岩相古地理重建技术

技术内涵归纳为“六步、四定、一工业化”。“六步”：即原型盆地恢复、等时地层格架建立、沉积地质学分析、地震沉积学分析、单因素图件编制和岩相古地理工业制图等。“四定”：（1）“定类型”，通过原型盆地恢复，确定沉积背景；（2）“定界面”，结合露头、钻井以及地震资料，确定沉积层序界面；（3）“定模式”，依据露头沉积模式、测井响应模式以及地震响应模式，客观建立沉积模式；（4）“定属性”，综合各种研究结果，综合确定沉积体属性，研究不同相带时空分布，确定有利储集相带和烃源岩分布范围。所谓“一工业化”，即利用形成的技术进行工业化编图。

（三）碳酸盐岩有效储层评价预测技术

技术内涵包括：（1）储层地质建模，结合露头资料、井筒资料，建立有效储层空间展布地质模型；（2）储层正演模拟，以储层建模为基础，分析储集体测井响应模式，建立不同储层地震响应模式关系；（3）储层地震反演，利用反向加权非线性反演方法，确定地震可识别的储集体空间结构和分布规律；（4）储层评价与分布预测，综合地质、测井和地震预测成果，开展储层厚度、储层物性以及储集能力预测与评价。

(四)以成因单元分析为核心的储层精细刻画与布井技术

该技术从储层成因机理出发,细化储层成因期次,按照地质—测井—地震一体化思路,精细刻画不同时期储层形态特征,准确预测有效储层空间分布。

(五)以试井生产分析为核心的油气藏综合动态评价技术

技术内涵包括:(1)复杂油气藏流体识别与评价技术;(2)气井分类评价技术;(3)气层空间分布建模技术;(4)试井、生产分析及物质平衡相结合的动态综合评价技术;(5)礁滩气藏产能评价技术等。

(六)以储量评价及有效动用为核心的油气田稳产技术

技术内涵包括:(1)利用储量分类评价技术,客观评价剩余储量品质,刻画剩余资源空间分布;(2)增压开采技术,保证剩余储量有效动用,解决气田老井低压和产水上升难题;(3)水平井开发技术,为有效开发薄储层提供方法技术,解决气田难动用储量的有效动用问题。

(七)以孔缝洞多尺度介质、多流态数值模拟为核心的数值模拟技术

技术内涵包括:(1)根据多重介质流动理论,建立碳酸盐岩复杂介质流动模型;(2)基于复杂介质流动模型,建立多尺度介质多流态的数学模型及求解方法;(3)研制了孔缝洞多尺度介质、多流态数值模拟软件系统,为碳酸盐岩油气田有效开发提供了技术支持。

(八)以高温高压酸性气井安全采气为核心的采气工艺技术

技术内涵包括:(1)低成本有效防腐方案;(2)孔隙—缝洞型储层井壁稳定性评价技术;(3)设计应用了高温高压型气井完井油管柱,为气田安全有效开发提供了重要的技术基础。

三、创新发展四项工程配套技术

(一)碳酸盐岩三类储层地震预测配套技术

(1)以缝洞体定量化雕刻为核心的岩溶储层预测配套技术。包括深层弱反射增强处理、叠前深度偏移处理、缝洞型储层岩石物理分析、缝洞型储层正演分析、多属性分析、叠前/叠后地震反演、缝洞体三维立体定量雕刻、缝洞型储层预测等技术,该项技术在塔里木盆地规模应用,缝洞储层钻遇率达95%以上,成为岩溶缝洞目标预测评价的核心技术。

(2)以气藏检测为核心的礁滩预测配套技术。① 礁滩储层地震预测技术,包括岩石物理分析、正演模型分析、地震响应特征分析、储层多属性分析、叠前/叠后地震反演、储层预测与定量描述等技术;② 礁滩储层含气性检测技术,包括岩石物理与地震响应特征分析、叠前属性与弹性参数地震反演及流体检测、多属性综合与属性交会分析等技术。

(二)碳酸盐岩储层评价与流体识别测井配套技术

(1)以饱和度评价为核心的缝洞型储层成像测井评价技术。技术内涵包括:① 基于储层高温高压全直径岩心的岩电实验研究,获得非均质各向异性储层含水饱和度—电阻增大率关系实验数据;② 建立了基于多谱孔隙分布分析的饱和度模型选取方法;③ 开发了基于成像测井孔隙度谱的储层有效性识别方法。

(2)以电成像测井为核心的礁滩储层测井评价技术系列。技术内涵包括:标准礁滩相图像的厘定技术、同尺度图像动态增强对比技术等。利用该技术,可以确定井孔穿越礁滩沉积部位,较好地解决了礁滩储层测井评价的技术难题。

（三）深层—超深层复杂碳酸盐岩地层安全、快速钻井配套技术

技术内涵包括：井身结构优化技术、储层涌漏及其早期识别技术、精细控压钻井技术、防气窜固井工艺技术、含硫天然气井井喷地面扩散数值模拟分析技术等。

（四）高温、高压碳酸盐岩储层测试与改造配套技术

（1）改造前储层综合量化评估技术。以构造、沉积、地震、录井、测井、测试、地应力、天然裂缝研究为基础的量化以及建模工作为基础，开发了储层改造前评估方法技术。

（2）耐高温改造液体系及高效储层改造技术。改造液体系包括：高温 DCA 清洁酸、高温 GCA 地面交联酸、HTEA 高温乳化酸、高温低伤害压裂液、高温 HDGA 加重酸和高温低成本加重压裂液等酸化压裂改造材料体系。高效储层改造技术包括：大位移水平井分段改造、井下蓝牙测试、测试—改造—封堵—对接投产四重功能管柱测试技术、高温储层均匀布酸酸化技术、高温储层深度改造技术、加重液改造技术和多功能管柱测试技术。

四、取得四个方面应用效果

（一）推动碳酸盐岩油气勘探获得一批突破发现，为规模勘探提供了方向与目标

近年来，以海相碳酸盐岩油气成藏认识为指导，以研发形成的关键技术为手段，通过不断探索，油气勘探获得了诸如塔北南缘哈拉哈塘、塔中鹰山组层间岩溶、龙岗西台缘带、龙岗雷口坡组风化壳、川西北海相多层系、鄂尔多斯第二岩溶带等一批重大突破与发现。其中塔里木盆地塔北南缘哈拉哈塘地区，形成了$(6\sim8)\times10^8$t 级规模储量区；塔中地区三级油气储量规模达9×10^8t。四川盆地龙岗台缘带形成$3000\times10^8m^3$ 规模储量区，川中磨溪—高石梯震旦—寒武系获得重大突破，有望形成特大型气田。鄂尔多斯奥陶系第二岩溶带勘探新增储量规模$2000\times10^8m^3$ 以上。

（二）评价优选一批有利区带与钻探目标，及时应用于勘探生产，取得了显著实效

项目实施三年，立足塔里木、四川、鄂尔多斯三大盆地。一是完成了 33 个油气区带的评价研究，评价优选了 20 个 Ⅰ—Ⅱ类重点勘探区带，区带总资源量146×10^8t；二是落实勘探目标 68 个，评价优选勘探目标 45 个，提供探井 158 口，勘探采纳 101 口，提供风险探井 47 口，勘探采纳 30 口。通过钻探，形成了塔里木塔中、塔北哈拉哈塘两个储量规模超5×10^8t 油当量和四川龙岗、鄂尔多斯靖边西两个储量规模超$3000\times10^8m^3$ 的规模储量区。

（三）推动碳酸盐岩进入规模勘探阶段，实现了规模增储工作目标

通过几年时间的持续研究与推动，中国石油在塔里木、四川、鄂尔多斯三大盆地碳酸盐岩领域实现了规模勘探、规模增储的工作目标，三年累计探明油气地质储量6.26×10^8t 油当量，年均探明油气储量是项目攻关前（年均0.89×10^8t 油当量）的 1.8 倍。

（四）支撑重点区块产能建设，初步实现了规模建产的工作目标

项目研究立足靖边老气田稳产以及龙岗、塔中、塔北等新油气田建产面临的理论认识与关键技术难题，加强开发基础地质研究，强化核心技术攻关，研究成果有力支撑了重点区块碳酸盐岩油藏的产能建设。目前已建产能640×10^4t 油当量，正建产能565×10^4t 油当量，合计1205×10^4t 油当量。2011 年中国石油碳酸盐岩油气产量达到740×10^4t 油当量，较攻关前 2008 年净增 75% 以上。

本书全面总结了近年来中国石油在碳酸盐岩领域基础地质研究与核心技术研发方面取得的研究成果。全书共分三篇：第一篇重点介绍了中国海相碳酸盐岩大油气田的形成与资源分

布，主要编写人员有赵文智、胡素云、汪泽成、沈安江、赵宗举、王兆云、潘文庆、洪海涛、包洪平、刘伟、王铜山、李永新、姜华、徐兆辉、黄士鹏、江青春等；第二篇重点介绍了中国海相碳酸盐岩大油气田有效开发的基础理论与关键技术，主要编写人员有贾爱林、弓麟、朱怡翔、闫海军、赵春、宋本彪；第三篇重点介绍了海相碳酸盐岩油气勘探开发工程配套技术，包括地震、测井、钻井和储层改造等，主要编写人员有李宁、张研、冯许魁、汪海阁、葛云华、王永辉、冯庆付、车明光等。

全书由赵文智、胡素云、汪泽成、刘伟统一定稿，王铜山、姜华、李永新等参加了统稿。

高瑞祺教授、冉隆辉教授、顾家裕教授等专家对书稿编写及审查提出了具体建议，在此一并表示衷心的感谢。

由于碳酸盐岩油气勘探研究的复杂性，加之编者水平有限，书中尚有诸多不妥之处，敬请广大读者批评指正。

目　　录

第一篇　中国海相碳酸盐岩大油气田的形成与资源分布

第二篇　中国海相碳酸盐岩大油气田高效开发的基础理论与关键技术

第三篇　海相碳酸盐岩油气勘探开发工程配套技术

第一篇

中国海相碳酸盐岩大油气田的形成与资源分布

第一章　中国海相碳酸盐岩油气勘探现状及挑战

中国叠合盆地经历了早古生代海相、晚古生代海陆过渡相以及中—新生代陆相三大演化阶段，海相碳酸盐岩层系成为中国分布范围最广的含油气层系之一。与国外相比，中国海相碳酸盐岩具有发育时代老、时间跨度大、含油气层系多、成藏历史复杂等特点，致使从南方滇黔桂高原至西北塔里木盆地，勘探认识程度普遍较低，制约了对海相碳酸盐岩层系油气资源潜力的认识。

第一节　中国海相碳酸盐岩油气资源地位

一、中国海相碳酸盐岩油气资源地位的重要性

海相碳酸盐岩在世界油气生产中占据极为重要的地位，据统计（IHS，2000），全球油气资源量9009×10^8t油当量，其中海相碳酸盐岩油气资源总量6200×10^8t油当量，约占全球油气总资源量的70%；全球已探明油气可采储量4074×10^8t油当量，其中海相碳酸盐岩探明油气可采储量2050×10^8t油当量，约占探明可采总储量的50%。2011年全球油气产量约70×10^8t油当量，其中海相碳酸盐岩油气产量约占63%。从拥有的油气资源量、发现的油气可采储量及油气产量看，海相碳酸盐岩是全球最为重要的油气勘探开发领域。

与国外中、新生代海相碳酸盐岩大油气田相比，我国海相碳酸盐岩油气田的储量规模要小，且油气藏类型极为复杂，从而导致我国古老海相碳酸盐岩油气勘探经历漫长曲折的历程且目前勘探程度仍处于较低水平。近年来，我国以古生界为主的海相碳酸盐岩油气勘探取得了较大进展，新近发现大中型油气田近50个。总体来看，我国海相碳酸盐岩油气资源丰富，具有层系多、分布广、领域多、勘探程度低、资源潜力大的特点，是近期及未来较长时间内油气勘探的主战场。

海相碳酸盐岩在我国油气资源中占有十分重要的地位，具体表现为三个特点。

（1）层系多、分布广、勘探程度低。

根据最新的勘探成果，我国海相分布面积约$455\times10^4km^2$，其中陆上海相盆地28个，面积$330\times10^4km^2$（图1－1）；海域海相盆地22个，面积$125\times10^4km^2$，勘探领域广阔。然而，目前针对海相碳酸盐岩的勘探主要集中在塔里木、四川和鄂尔多斯三大盆地的重点地区，投入勘探的面积不及碳酸盐岩分布面积的5%。自20世纪50年代四川盆地石油勘探会战开始，在海相碳酸盐岩领域的勘探实践中，1962年于四川盆地震旦系发现了威远大气田，探明天然气地质储量$400\times10^8m^3$；其后历经20余年，在川东高陡构造石炭系发现了五百梯等大气田；90年代后期，在川东北发现了渡口河飞仙关组鲕滩大气田。在华北克拉通碳酸盐岩勘探历程中，80年代末至90年代，在鄂尔多斯盆地奥陶系发现了靖边大气田。塔里木盆地海相碳酸盐岩勘探继80年代初沙参2井突破发现雅克拉油气田后，90年代塔中和塔北隆起奥陶系碳酸盐岩相继获得突破，发现了轮南—塔河大油气田。进入21世纪，随着地质认识的不断发展及勘探工

作的不断深入，塔里木、四川、鄂尔多斯三大盆地的海相碳酸盐岩勘探获得了一系列重大突破与发现，形成了新的规模储量区。勘探实践表明，随着理论认识的深化、科学技术的进步，在海相碳酸盐岩中新发现的油气田数量越来越多、储量规模越来越大，显示出中国古老海相碳酸盐岩具有良好的油气勘探开发前景。

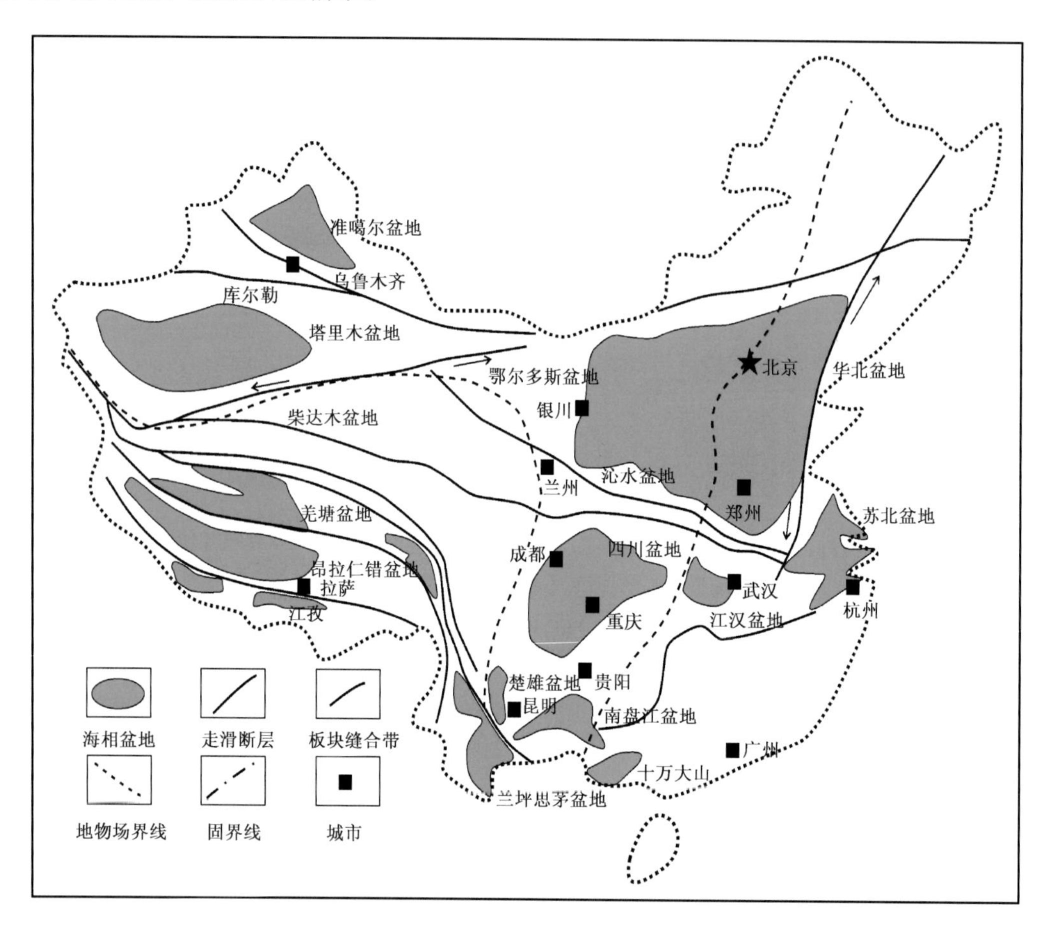

图 1-1　中国古生界海相沉积盆地分布图

（2）碳酸盐岩中已发现油气资源在我国油气资源总量中占有较大的比重。

据国家新一轮油气资源评价成果，仅古生界海相碳酸盐岩石油资源量就达 $135\times10^{8}t$，天然气资源量约 $22.4\times10^{12}m^{3}$，分别占我国油气资源总量（油 $1086\times10^{8}t$、气 $56\times10^{12}m^{3}$）的 12.4% 和 40%，在我国油气产能中具有举足轻重的地位。特别是最近在四川盆地安岳气田磨溪区块寒武系龙王庙组新增天然气探明地质储量 $4403.85\times10^{8}m^{3}$，技术可采储量 $3082\times10^{8}m^{3}$，是目前我国发现的单体规模最大的特大型海相碳酸盐岩整装气藏，显示了海相油气资源所占比重正不断增加的潜力。

（3）我国海相碳酸盐岩油气中低丰度分布、大型化成藏，剩余油气资源丰富，勘探前景广阔。

截至"十一五"末，中国海相碳酸盐岩已累计探明石油地质储量 $15.2\times10^{8}t$、天然气地质储量 $1.36\times10^{12}m^{3}$，油气资源探明率仅为 11.3% 和 6%，剩余资源仍相当丰富。近期勘探研究及成藏理论新认识表明，我国海相碳酸盐岩资源潜力还有进一步提升的空间，如滞留于烃源岩内的分散液态烃在高—过成熟阶段可以规模生气、克拉通盆地可能发育中—新元古界烃源岩、地温场"退火"演化与构造沉降的耦合作用可使古老烃源岩晚期规模成藏等新认识，都可以规模增加油气(特别是天然气)资源总量。总而言之，中国古老海相碳酸盐岩的油气资源潜力可能超出想象，是中国油气资源战略接替的重要领域。

二、中国海相碳酸盐岩油气地质条件的特殊性

总体看，中国发育的含油气盆地多以叠合盆地为主，海相碳酸盐岩多处于盆地的下构造层，发育环境、演化历史、油气成藏过程等，与国外相比差异较大。

(一)克拉通块体规模偏小、地层偏老、原型盆地保存差

与非洲、北美、南美以及澳大利亚、俄罗斯等大型克拉通块体相比，中国的克拉通块体小得多。中国大陆最大的华北块体不及非洲块体的1/17、北美块体的1/12、俄罗斯块体的1/5。同时，中国大陆是由华北、塔里木、扬子三大古老陆块及其他小型微陆块镶嵌而成，稳定性较差，海洋沉积受多期构造运动的叠加改造，大陆边缘沉积、地台盖层大多被褶皱成山，原型盆地保存较差(图1-2)。从海相碳酸盐岩层系分布看，国外以中、新生界为主，中国以古生界为主，且经历了多次构造运动的叠加改造，原型盆地恢复难度大。

图1-2　中国沉积盆地海相地层分布示意图

(二)烃源岩丰度偏低、热演化程度偏高

中国发育的海相碳酸盐岩层系，烃源岩尽管也是以泥质烃源岩为主力烃源岩，但与国外相比，烃源岩的有机质丰度总体偏低。世界上典型的海相碳酸盐岩富含油气盆地，烃源岩主要是侏罗纪以来高有机质含量的页岩，生烃母质有机碳含量大于5%的十分常见；我国的四川、塔里木等盆地，尽管发育泥质烃源岩，但有机碳含量总体偏低，一般1%～3%。从烃源岩热演化程度看，中国海相烃源岩现今达到高—过成熟的烃源岩面积占盆地的面积多超过80%。热演化程度总体偏高，致使对海相层系的资源潜力认识难度大。

(三)储层埋藏偏深、非均质性强

国外碳酸盐岩储层岩性主要是白垩系以来的石灰岩和古生界白云岩，储层埋藏深度一般小于4000m，物性较好。如波斯湾盆地侏罗系—白垩系生物礁灰岩孔隙度可达到30%，渗透率超过1000mD。中国海相碳酸盐岩储层与其相比，具有时代老、埋深大、成岩作用强、原生孔隙不发育的特点，储层埋藏深度一般大于4000m，孔隙度多小于5%(图1-3)。特别是中国发

育的海相碳酸盐岩层系经历了多期抬升剥蚀，后期改造强烈，形成了溶洞型、裂缝型、溶蚀孔隙型等多种类型储层，非均质性强，勘探目标选择难度大。

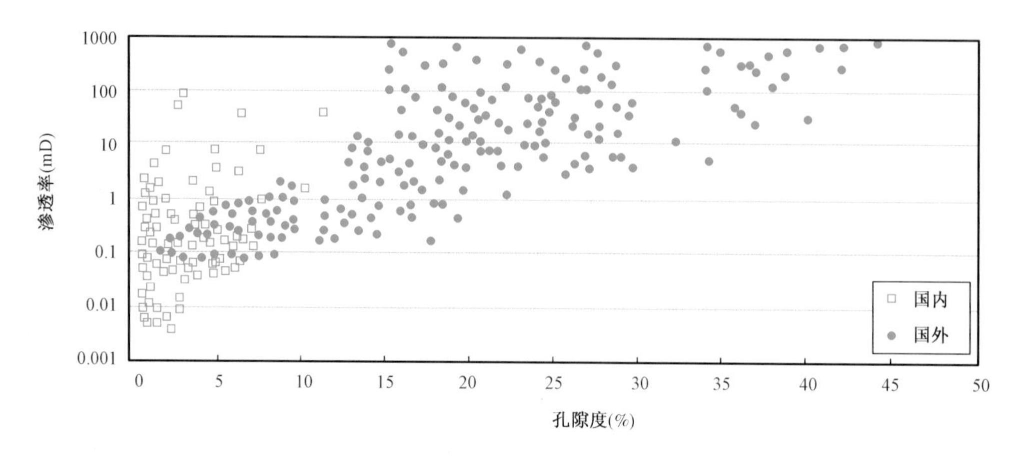

图1-3　国内外海相碳酸盐岩储层物性对比图

（四）多期成藏、多期调整、油气分布复杂

国外海相碳酸盐岩大型油气富集区油气成藏多为一期成藏，成藏期相对较晚，后期构造运动的破坏与改造强度相对较弱。中国陆上发育的三大古生界海相沉积区都不是典型的克拉通盆地，具有多旋回演化特征，不但原型盆地被强烈改造，也使已形成的油气藏处于不断的分配、调整过程中，导致油气富集与分布非常复杂。

第二节　海相碳酸盐岩油气勘探现状与发展趋势

一、全球海相碳酸盐岩油气勘探现状与发展趋势

海相碳酸盐岩油气田是全球油气勘探开发最重要的领域之一，已有百余年的勘探开发历史。据IHS数据统计（图1-4），世界海相碳酸盐岩分布面积约占全球沉积岩总面积的20%，但油气总资源量却占到50%以上，可采储量约占世界总可采储量的60%。截至2009年底，全球共发现海相碳酸盐岩油气田5879个，探明油气可采储量为1.9389×10^{12}bbl油当量，其中石油探明可采储量1.1734×10^{12}bbl油当量，天然气探明可采储量7655.36×10^{8}bbl油当量。

当前国际能源供需矛盾日益突出，油气供应安全成为各国关注的焦点，碳酸盐岩勘探开发聚焦了世界的目光。主要大国出于经济和政治利益的考虑，加大了海相碳酸盐岩油气勘探开发的投入。随着油气地质理论的不断进展，勘探技术水平的不断提高，世界海相碳酸盐岩勘探开发方兴未艾。

（一）全球海相碳酸盐岩油气勘探现状

碳酸盐岩作为一种重要类型的油气储层，由于其本身沉积、成岩和演化过程复杂，造成碳酸盐岩储层的非均质性增强，油气田形成、分布和富集十分复杂。因此，碳酸盐岩储层研究，特别是碳酸盐岩缝洞型储层研究，一直是国际上重要的攻关难题。

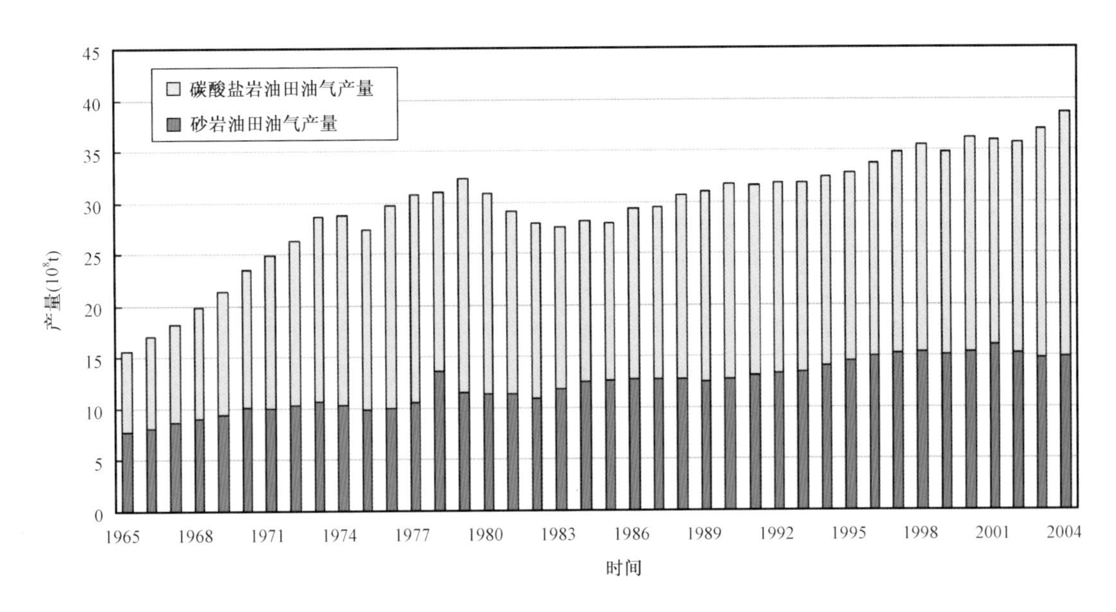

图1－4　世界海相碳酸盐岩与砂岩油气田历年产量对比(据IHS数据)

根据全球海相碳酸盐岩大型油气田的发现数量、最终探明可采储量与发现时间的关系(图1－5),全球碳酸盐岩勘探可以划分为萌芽发展阶段、勘探高峰阶段、勘探回落阶段与勘探回升阶段等四个阶段。

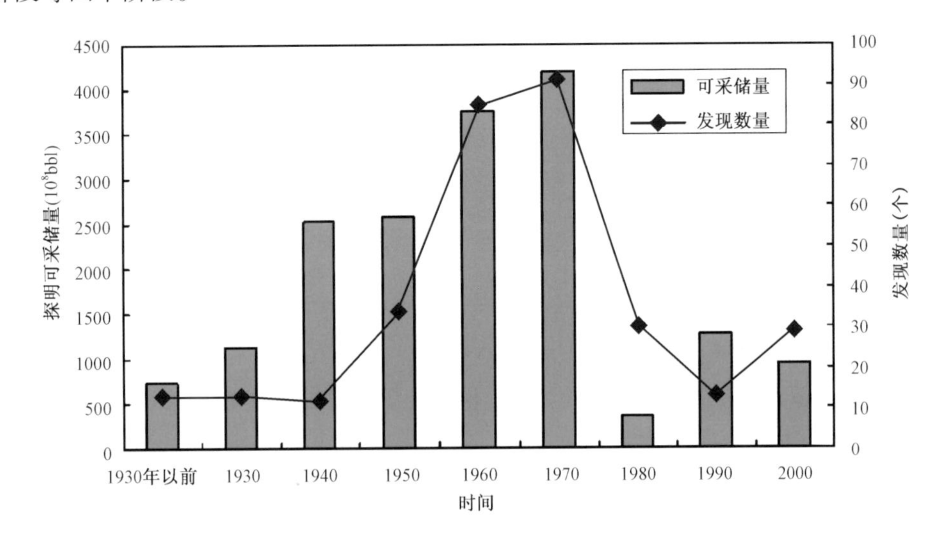

图1－5　世界海相碳酸盐岩巨型油气田发现数量、探明可采储量与发现时间关系图

1. 萌芽发展阶段

1884年,以美国Indiana－Ohio地台的Lima－Indiana奥陶系白云岩油气田发现为标志,碳酸盐岩勘探潜力日渐被人们所重视。20世纪初至20世纪30年代,根据地面油气苗显示,开展碳酸盐岩油气勘探开发,全球共发现了26个碳酸盐岩巨型油气田,累计探明油气可采储量1845.0196×10^8bbl油当量。进入20世纪40—50年代,随着背斜找油理论的形成,以地表油苗、随机钻探、地面地质调查和早期地球物理勘探为手段,碳酸盐岩巨型油气田的发现数量快速增长,这一时期全球共发现了46个巨型油气田,探明油气可采储量2827.3338×10^8bbl油当量。

2. 勘探高峰阶段

20 世纪 60—70 年代，随着海相碳酸盐岩成藏理论认识的深化，勘探技术的进步，特别是地震、重磁等地球物理方法的改进，全球海相碳酸盐岩勘探开发进入快速发展期，发现大油气田的节奏明显加快，进入储量发现高峰期。这一时期，全球碳酸盐岩勘探共发现了 176 个巨型油气田，累计探明油气可采储量 7942.7177×10^8bbl 油当量。

3. 勘探回落阶段

进入 20 世纪 80—90 年代，由于国际油价的大幅回落、勘探成本和勘探难度的增加，碳酸盐岩巨型油气田发现数量急剧下降。20 余年的时间，全球海相碳酸盐岩勘探共发现大油气田 40 个，累计探明油气可采储量 1622.2254×10^8bbl 油当量。从 20 世纪 90 年代勘探实践看，虽然巨型油气田的发现数量降低，但探明油气可采储量仍有较大幅度增长，这主要得益于 20 世纪 90 年代三维地震勘探技术的商业化应用。1992 年应用三维地震勘探新技术在伊朗发现了超级巨型气田——南帕斯气田，该气田为世界第二大气田，探明天然气可采储量 1030×10^8bbl 油当量，占 20 世纪 90 年代发现的巨型油气田总可采储量的 81%。

4. 勘探回升阶段

进入 21 世纪后，随着油气需求的快速增加与国际油价的迅速飙升，各个国家和石油公司加大了海相碳酸盐岩的油气勘探开发力度，碳酸盐岩领域发现巨型油气田的数量和可采储量开始有所回升。这一时期，全球共发现巨型油气田 29 个，探明油气可采储量 938.8656×10^8bbl 油当量。

（二）全球海相碳酸盐岩大油气田分布特征

从全球百余年海相碳酸盐岩勘探实践看，发现的碳酸盐岩大油气田具有以下分布特点。

1. 油气田地域分布特征

全球发现的海相碳酸盐岩油气田具有明显的地域性，总体上北半球多于南半球、东半球多于西半球。发现的巨型油气田主要分布在中东、独联体、远东、欧洲大陆、北非、北美、拉美等地区。

已经发现的碳酸盐岩大油田中，除去在刚果发现一个大油田外，所有的碳酸盐岩大油田都分布在北半球。截至 2002 年，全球在 19 个沉积盆地发现了碳酸盐岩大油田，但发现的大油田个数超过 10 个的沉积盆地仅有 5 个，即中东地区的波斯湾盆地（84 个）、扎格罗斯盆地（27 个），北美地区的南墨西哥湾盆地（16 个）和二叠盆地（14 个）以及北非地区的苏尔特盆地（13 个）。其中，在中东地区的波斯湾盆地和扎格罗斯盆地发现的碳酸盐岩大油田数量最多，约占全球发现大油田总数的 59.04%，发现的可采储量占碳酸盐岩大油田发现的总可采储量的 80.31%。

发现的碳酸盐岩大气田地域分布类似于碳酸盐岩大油田，主体分布于北半球，仅在南半球赤道附近的印度尼西亚和巴西发现了碳酸盐岩大气田。总体看，全球在 28 个沉积盆地发现碳酸盐岩大气田，发现最多的三个盆地依次是中东地区的扎格罗斯盆地（25 个）、波斯湾盆地（16 个）和中亚地区的卡拉库姆盆地（11 个）。其中在扎格罗斯、波斯湾两个盆地发现的碳酸盐岩大气田个数占总数的 43.2%，探明的天然气可采储量占总可采储量的 76.4%。

2. 油气田规模分布特征

从发现的油气田数量与规模看，截至 2009 年全球共发现 1021 个大油气田，其中碳酸盐岩大油气田 321 个，仅占发现大油气田总数的 31.4%，但发现的碳酸盐岩油气田多以大—巨型油气田为主，发现的油气可采储量占全球发现油气总可采储量的50%以上。统计全球已发现的10个最大油田，有6个分布在碳酸盐岩中，包括世界最大的超巨型油田——加瓦尔油田；全球发现的10个最大气田，碳酸盐岩的占5个，包括全球储量规模排名第一、二的超巨型气田均为碳酸盐岩气田（表1－1）。

表1－1　世界10个最大巨型气田基本特征表

序号	名称	国家	盆地名称	可采储量（10^6bbl油当量）			
				油	气	凝析油（气）	总计
1	North Field	卡塔尔	Qatar Arch（Central Arabian Province）	0	166666.67	26000	192666.67
2	Pars South	伊朗	Qatar Arch（Central Arabian Province）	1413	83600.00	18000	103013.00
3	Urengoyskoye	俄罗斯	Nadym－Taz Province（West Siberian Basin）	1081.32	63604.25	3888.9	68574.47
4	Yamburgskoye	俄罗斯	Nadym－Taz Province（West Siberian Basin）	77.245	36975.48	925.06	37977.79
5	Bovanenkovskoye	俄罗斯	South Kara－Yamal Province（West Siberian Basin）	34.368	25034.04	465.24	25533.65
6	Yoloten－Osman	土库曼斯坦	Murgab Sub－basin（Amu－Darya Basin）	0	24500.00	180	24680.00
7	Zapolyarnoye	俄罗斯	Nadym－Taz Province（West Siberian Basin）	466.963	20723.22	705.528	21895.71
8	Shtokmanovskoye	俄罗斯	Shtokman－Lunin High（East Barents Sea Basin）	0	21133.33	208.8	21342.13
9	Hassi R'Mel	阿尔及利亚	Tilrhemt Uplift	90	17500.28	2400	19990.28
10	Astrakhan	俄罗斯	Southern Precaspian Sub－basin（Precaspian Basin）	0	15681.67	3490.55	19172.22

统计数据表明，海相碳酸盐岩油气勘探潜力巨大，是全球发现巨型油气田的重要领域。从油气产量看，碳酸盐岩是全球油气生产的主体，约占全球总产量的60%。中东地区的石油产量占全球石油产量的2/3，其中80%为碳酸盐岩的。目前已确认的7口日产达到1×10^4t以上的油井都产自于碳酸盐岩油气田；日产量稳产千吨以上的油井，基本分布于碳酸盐岩油气田中。

3. 油气田层位分布特征

从已发现的碳酸盐岩大油气田层系分布看，除志留系和三叠系之外，各个层系都发现了碳酸盐岩大油气田（图1－6）。前寒武系大油气田主要分布于俄罗斯境内，属于古亚洲域范围；下古生界大油气田主要分布于美国、北非及阿曼等国家和地区；上古生界大油气田主要分布在西西伯利亚、北海、中东、美国、加拿大和澳大利亚等国家和地区；中生界大油气田主要分布于中东和西西伯利亚地区，新生界大油气田主要分布于墨西哥湾和中东等地区。

统计全球已发现的碳酸盐岩大油气田层位分布，大油田主要分布于中生界白垩系和侏罗系，如中东地区波斯湾盆地发现的众多大油田都是以侏罗系和白垩系碳酸盐岩为主力储层。这两套层系发现的大油田分别为72个和43个，发现的大油田数量分别占全球发现的大油田总数的38.3%和22.9%，分布于这两套层系的石油储量占碳酸盐岩石油总储量的70.8%。

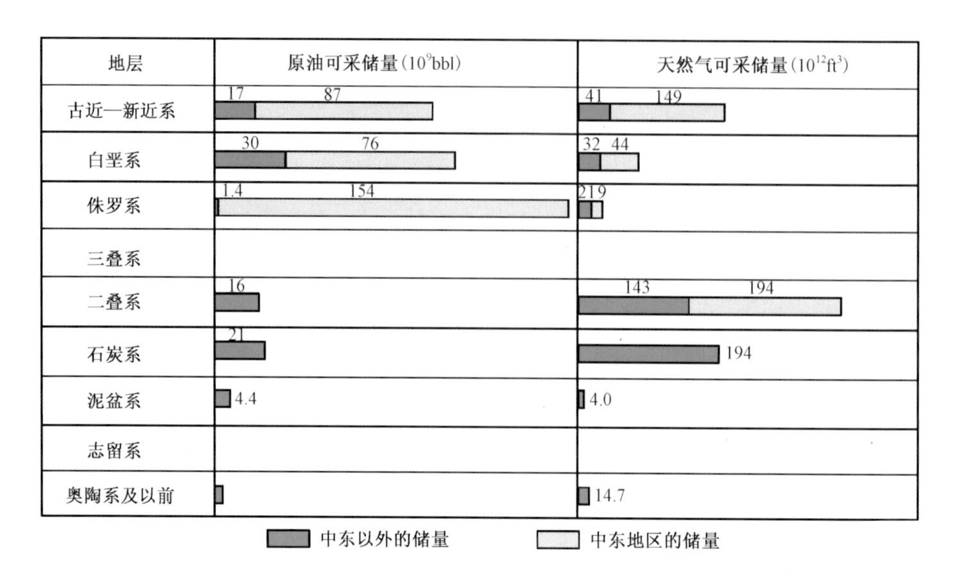

图1－6　世界海相碳酸盐岩储层分布特征

碳酸盐岩大气田主要分布于二叠系—新近系，但大气田的层系分布相对均一，白垩系、侏罗系、新近系和三叠系分别发现了19，19，17和16个大气田。从碳酸盐岩天然气储量分布看，白垩系和侏罗系尽管发现大气田个数较多，但储量主要分布于石炭系和二叠系，两套层系发现的天然气储量占碳酸盐岩发现的天然气总储量的70.13%。

4. 油气田深度分布特征

全球碳酸盐岩大油气田的主力储层深度分布范围较大。据统计，碳酸盐岩大油田从244m至6492m都有分布，但是集中分布于1000～3500m的深度范围，其个数占碳酸盐岩油田总个数的70.74%。1928年于扎格罗斯盆地的南部发现的埋藏最浅的加奇萨兰油田，探明石油可采储量27.29×10^8t、天然气可采储量$9016\times10^8m^3$，油气储量34.56×10^8t油当量，埋深小于1000m；1997年中国于塔里木盆地发现的塔河油田，主力储层埋藏深度6492m。

碳酸盐岩大气田的主力产层埋深范围亦很广，从549m至6057m都有分布，但不同深度范围内大气田个数分布相对均一。总体看，大气田相对集中的深度为2000～3500m，该深度范围内发现的大气田个数占碳酸盐岩发现的大气田总个数的42.11%。埋深最浅的阿瓦利气田位于波斯湾盆地的东缘，发现时间1932年；埋深最大的戈麦斯气田是1963年发现的，该气田位于二叠盆地。

5. 油气藏类型分布特征

全球海相碳酸盐岩发现的油气田以构造油气藏为主，其次为复合型与岩性地层油气藏。据C&C公司1998年统计资料，全球已发现198个碳酸盐岩大油气田中，属于构造型圈闭的油气田占46.9%。其中以与盐活动相关的背斜和断背斜居多，占15.2%；其次是与冲断相关的背斜圈闭，占9.5%。属于复合圈闭的油气藏占31.5%，其中又以鼻状构造—岩性复合圈闭为主，占12.9%。属于地层型圈闭的油气田占21.6%，又以生物礁岩性型圈闭为主，占发现油气藏数量的10.8%（图1－7）。

从储量分布看，构造型油气田发现的储量占碳酸盐岩大油气田总储量的84%；地层—构造复合型发现储量占碳酸盐岩大油气田总储量的14.2%；地层型发现储量占碳酸盐岩大油气田总储量的1.8%。总体看，早期发现的碳酸盐岩油气藏多以构造型为主，如美国堪萨斯州的克拉夫特普鲁沙、皮弗特拉、布鲁默、锡利卡等油田。后期,碳酸盐岩潜山逐渐成为海相碳酸盐岩发现油气的重点,如美国、加拿大两国边界威利斯顿盆地北翼的波克曼油田,在中国渤海湾盆地发现的任丘潜山油田等。近期,随着地质认识的深化与勘探技术的进步,以岩性地层油气藏发现为主,如美国、加拿大、原苏联、墨西哥、利比亚、印度和中国都发现了大量的碳酸盐岩岩性地层油气藏。

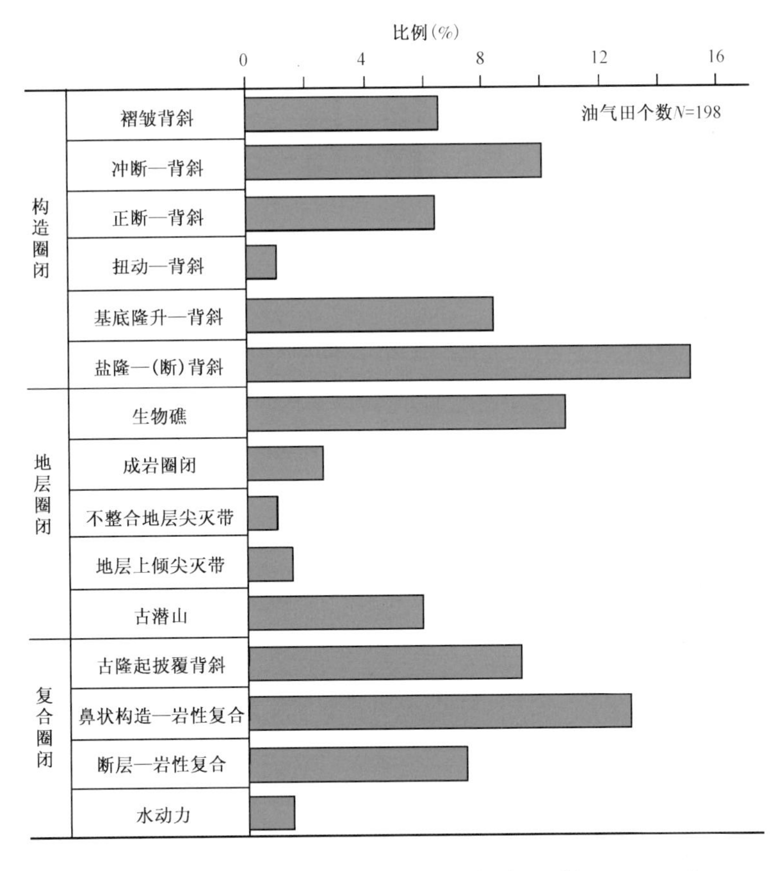

图1-7 国外碳酸盐岩大油气田的圈闭类型(据C&C,1998)

(三)全球海相碳酸盐岩油气勘探发展趋势

总体看,随着勘探程度的不断提高,全球油气发现难度不断增大。但随着成藏地质认识的不断深化、勘探技术的进步,近期全球海相碳酸盐岩勘探呈现出以下发展趋势。

1. 近10年来,全球海相碳酸盐岩勘探呈现出稳步发展的态势

总体来看,2000年以来全球碳酸盐岩勘探发现的油气田的数量持续保持在50~90个之间,处于平稳发展阶段(图1-8)。

统计2000年以来全球油气发现,全球共发现各类油气田4983个,发现油气可采储量2811.14×10^8bbl油当量。海相碳酸盐岩发现油气田773个,占发现油气田总数的15.5%;发现油气储量1175.18×10^8bbl油当量,占发现总油气储量的41.8%。从发现规模看,海相碳酸盐岩发现的油气储量具有单体规模比较大的特点,碳酸盐岩发现的471个油田,探明石油可采储量567.82×10^8bbl油当量,单个油田平均储量规模1.2×10^8bbl;发现的302个气田,探明天然气可采储量607.29×10^8bbl油当量,单个气田平均储量规模2.01×10^8bbl。

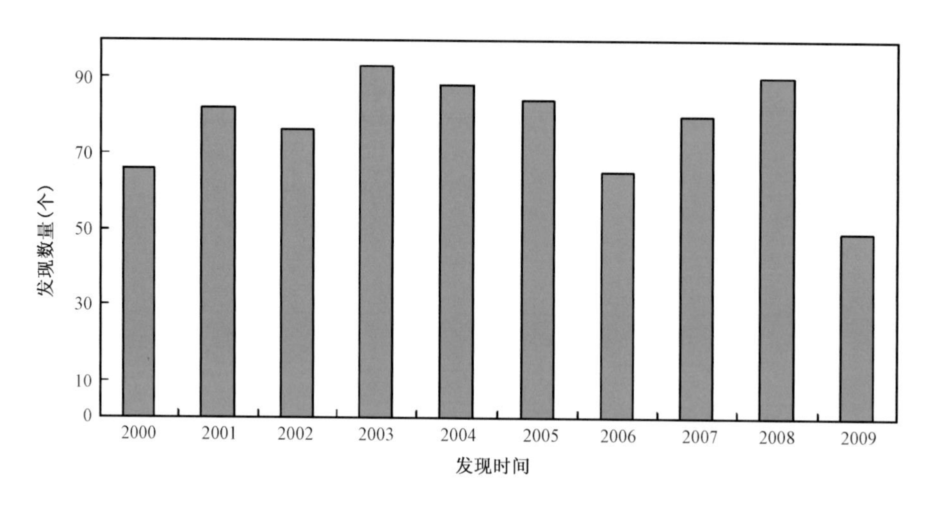

图 1-8　2000 年以来全球碳酸盐岩油气田发现趋势图

从巨型油气田发现情况看,2000—2009 年间全球新发现巨型油气田(油气可采储量≥5×10^8bbl 油当量)80 个,可采储量 1461.18×10^8bbl 油当量。其中,碳酸盐岩中发现的巨型油气田 29 个,占全球发现巨型油气田总数的 36%,但发现的油气可采储量达 938.87×10^8bbl 油当量,占全球巨型油气田发现总可采储量的 64.3%,占 2000 年以来油气发现总可采储量的 33.3%。显然,碳酸盐岩仍是全球发现大油气田的重要领域。

2. 陆上海相碳酸盐岩勘探范围由传统区域不断向新区、新领域扩展

随着油气需求的不断增加,全球碳酸盐岩勘探力度进一步加大。统计全球近 10 年碳酸盐岩油气勘探,新发现的碳酸盐岩油气田主要集中在中东、拉美和独联体以及远东地区,非洲日渐成为碳酸盐岩油气勘探的热点地区。近 10 年,非洲共发现了 66 个碳酸盐岩大油气田,主要分布在北非地区(图 1-9)。

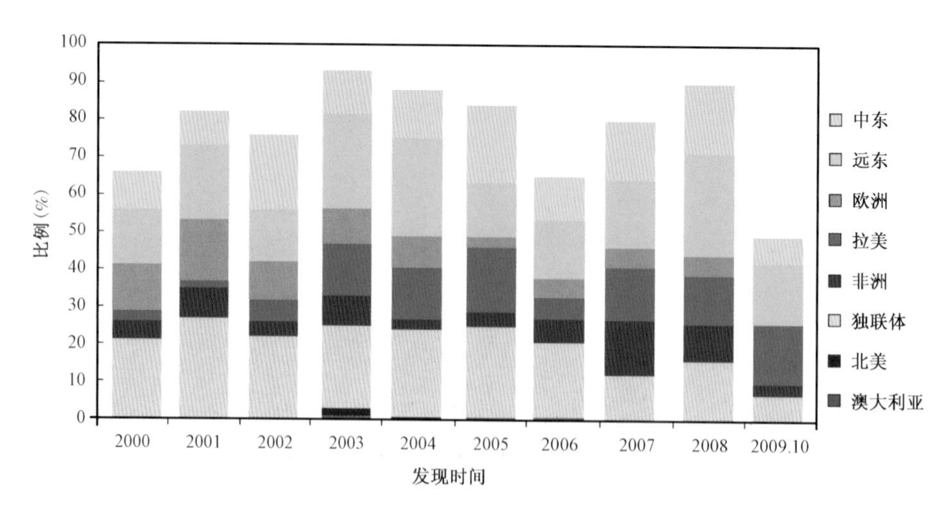

图 1-9　2000 年以来全球碳酸盐岩油气田发现区域分布图

从新发现的碳酸盐岩巨型油气田分布看,独联体、中东和拉美地区仍是发现巨型油气田的有利地区(图 1-10),这三大地区碳酸盐岩勘探发现的油气可采储量占碳酸盐岩发现油气总可采储量的 96%。其中,拉美地区碳酸盐岩勘探发现 8 个巨型油气田,中东地区发现 11 个巨

型油气田。独联体虽然仅发现 2 个碳酸盐岩大油田和 2 个大气田，但是发现的可采储量分别达到了 188.6183 × 10^8bbl 和 257.5679 × 10^8bbl 油当量。

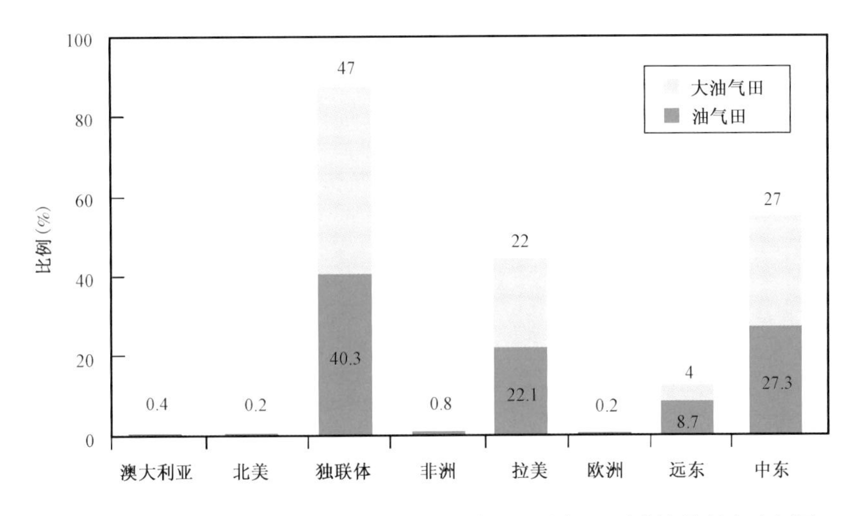

图 1-10　2000 年以来全球各区域碳酸盐岩巨型油气田可采储量所占比例图

3. 海域碳酸盐岩油气发现快速增长

随着海洋深水油气勘探技术的不断发展与完善，北海、墨西哥湾等海上老油气区勘探开发活动不断深入，里海、非洲海域等新区油气勘探开发活动得到加强。统计近 10 年全球海上碳酸盐岩油气勘探发现，其中发现的 14 个巨型油田有 10 个分布于海上；发现的 15 个巨型气田，海上占 3 个。特别是 2008 年以来，海上碳酸盐岩勘探发现的巨型油气田数量明显较陆上多（图 1-11），海上碳酸盐岩已经成为发现大油气田的重要领域。

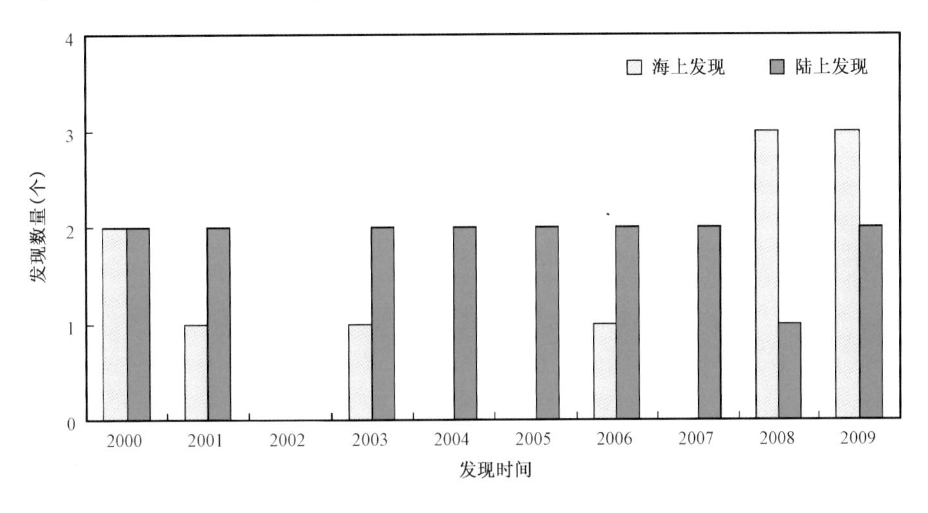

图 1-11　2000 年以来世界海上、陆上油气田发现数量对比图

4. 碳酸盐岩油气勘探正在向深层发展

近期，随着勘探的发展，深层碳酸盐岩已经成为油气勘探开发的热点。统计 2000 年以来全球碳酸盐岩巨型油气田的发现，有 78% 的碳酸盐岩巨型油气田主力储层埋深在 4000m 以深，53% 碳酸盐岩巨型油气田主力储层埋深在 5000m 以深，埋深大于 5000m 的深层碳酸盐岩已经成为全球发现巨型油气田的重要领域。特别是近期勘探的一些热点地区，如在拉美和远

东地区近期发现的碳酸盐岩油气田，主力储层埋深一般在4000m以深，一些大型油气田埋深超过5000m（图1－12），如2004年在土库曼斯坦发现的Yoloten－Osman巨型气田和2005年在伊朗发现的Kish2巨型气田等。

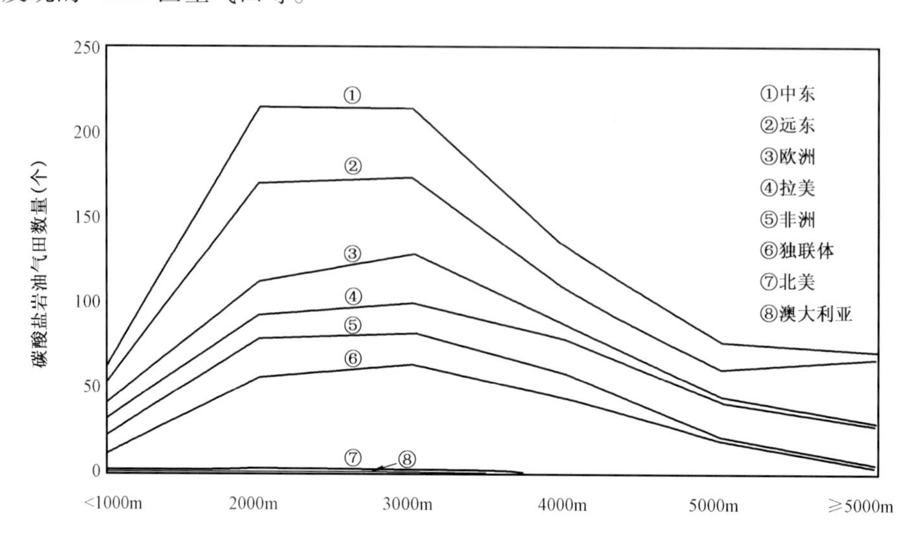

图1－12　碳酸盐岩油气发现的各区域深度分布

从全球发现的碳酸盐岩油气田圈闭类型看，2000年以前碳酸盐岩油气发现以构造型和构造—地层复合型圈闭为主，近期在岩性地层型圈闭发现大油气田的数量明显增加。近五年全球发现的碳酸盐岩岩性地层油气藏所占比例由2005年前的6%，快速增加到11%。

二、中国海相碳酸盐岩油气勘探现状与发展趋势

（一）中国海相碳酸盐岩油气勘探现状

中国海相碳酸盐岩地层的分布面积逾$300\times10^4km^2$，其中沉积覆盖区海相碳酸盐岩地层（以古生界为主）面积约$146\times10^4km^2$，油气资源量约300×10^8t油当量，主要分布在塔里木、鄂尔多斯、四川等盆地。截至“十一五”末，我国在海相碳酸盐岩领域，累计探明石油地质储量15.2×10^8t、天然气地质储量$1.36\times10^{12}m^3$。

我国海相碳酸盐岩油气勘探经历了复杂、艰辛的勘探历程（图1－13）。早期的海相碳酸盐岩油气勘探，以四川盆地嘉陵江组为重点，发现了一些小型油气田。20世纪50—60年代，以威远大型构造圈闭为主攻目标，在震旦系发现了威远大气田。60—70年代，勘探重点转移到四川盆地蜀南地区二叠系、三叠系石灰岩气藏，发现一批小型裂缝性气藏。70年代中后期，碳酸盐岩油气勘探出现了两大主战场，其一是东部渤海湾盆地古潜山油气勘探；第二个主战场是四川盆地川东高陡构造石炭系，1977年发现了相国寺石炭系气藏，其后在石炭系相继发现了一批以构造气藏为主的层状孔隙型储层大中型气田。

20世纪80年代中后期，在鄂尔多斯盆地奥陶系风化壳发现了靖边气田，这是我国首次在海相碳酸盐岩地层中发现与探明的非常规隐蔽性大型岩溶古地貌气藏。与此同时，在塔里木盆地塔北隆起轮南低凸起，于1988年发现奥陶系海相碳酸盐岩油气田。至2009年底累计探明、控制油气地质储量近20×10^8t，成为中国陆上发现的第一个海相碳酸盐岩大型油气田。

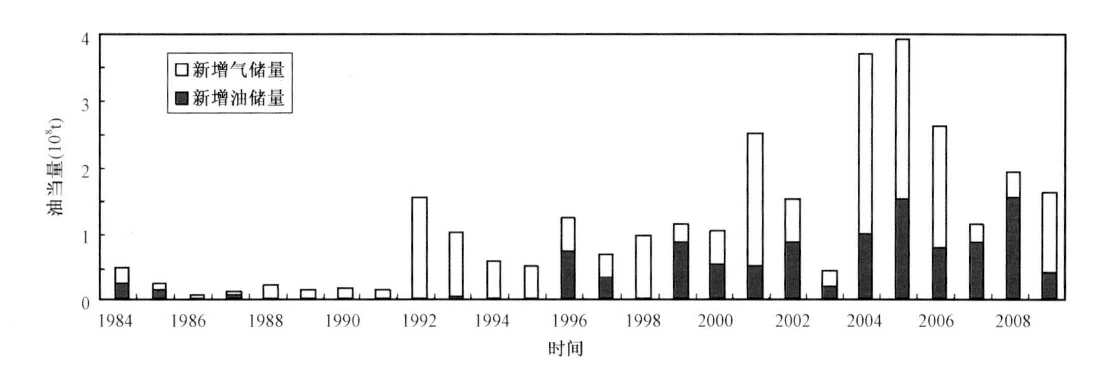

图 1-13 我国海相碳酸盐岩油气年增探明储量直方图

20 世纪 90 年代海相碳酸盐岩油气勘探得到加强，逐步形成了以塔里木、四川、鄂尔多斯三大盆地为主的勘探重点区。塔里木盆地的塔北隆起勘探成果进一步扩大，塔中隆起碳酸盐岩勘探获得重要发现；鄂尔多斯盆地立足靖边大油气田挖潜，储量规模进一步扩大；四川盆地于川东北地区，新发现了渡口河下三叠统飞仙关组鲕滩气藏新领域。

进入 21 世纪，随着理论认识的不断深化与勘探技术的进步，海相碳酸盐岩油气勘探进入快速发展时期，发现油气田的数量越来越多，大油气田的规模越来越大。近年来，在四川盆地一是围绕开江—梁平海槽台缘带礁滩体勘探，成果不断扩大，发现了铁山坡、罗家寨、滚子坪、普光、龙岗等一批大气田；二是围绕川中古隆起古生界碳酸盐岩勘探，加大探索力度，获得重大突破。在塔里木盆地立足塔北、塔中两大古隆起加大探索力度，塔北隆起南缘斜坡区，发现了哈拉哈塘地区鹰山组岩溶缝洞型大油田；塔中断裂带北斜坡勘探，奥陶系良里塔格组礁滩、鹰山组岩溶等多目的层获得重大突破，形成了塔北、塔中两大海相碳酸盐岩勘探重点区。在鄂尔多斯盆地立足碳酸盐岩风化壳岩溶储层研究，靖边气田西部岩溶带勘探获得重大突破，新发现了奥陶系马五$_{4-10}$亚段新的含气层系。

至 2010 年，我国陆上海相碳酸盐岩增储地位重要性日益突显，年增储量占中国石油年增储量比例由 2005 年以前的不到 5%，增加到 2010 年的 10% 左右。通过进一步的勘探，逐步形成五大油气富集带：分别是塔北隆起及斜坡区油气富集带、塔中隆起及斜坡区油气富集带、鄂尔多斯古隆起斜坡天然气富集带、环开江—梁平海槽台缘带礁滩体天然气富集带、川东高陡构造石炭系天然气富集带。在五大油气富集带累计探明的油气储量占碳酸盐岩发现总储量的 82%。

（二）中国陆上海相碳酸盐岩勘探发展趋势

我国海相碳酸盐岩油气勘探的曲折历程是由叠合盆地复杂的石油地质条件决定的，近期碳酸盐岩勘探开发呈现出快速发展的良好态势。总结近期油气勘探实践，海相碳酸盐岩油气勘探呈现以下五大发展趋势。

1. 构造部位由古隆起高部位向斜坡、向斜区推进

典型实例是塔里木盆地塔北隆起奥陶系碳酸盐岩油气勘探。塔里木盆地塔北地区油气勘探始于 20 世纪 80 年代末期，早期随着沙参 2 井的发现，按照碳酸盐岩潜山油气藏勘探思路，勘探重点集中在隆起高部位，以轮南断垒带古潜山为主要勘探对象，相继获得了轮南 1 井、轮南 8 井等一批重要发现，但勘探有点无面，拓展难度大。近期随着碳酸盐岩岩溶储层成因机理

认识的不断深化，勘探工作逐渐由隆起高部位向斜坡低部位逐步推进，先后发现了塔河、哈拉哈塘大油田。勘探范围也由早期的隆起上斜坡向隆起下斜坡乃至滞水区扩展，勘探深度与勘探范围扩大一倍以上。

2. 储层类型由潜山岩溶型向礁滩体、内幕岩溶型发展

早期我国碳酸盐岩油气勘探以潜山风化壳为主攻对象，相继发现了任丘、轮南、靖边等一批潜山风化壳油气藏，勘探对象相对单一。近期随着勘探研究工作的不断深入，礁滩体、内幕岩溶储层等相继获得突破，并成为勘探增储的重要领域。如礁滩体勘探，先后在塔里木盆地塔中地区奥陶系良里塔格组、四川盆地的川东北长兴组—飞仙关组获得重大突破，成为碳酸盐岩增储的主要区域之一。近期在鄂尔多斯盆地西南缘奥陶系礁滩体勘探，也见到良好效果，展示了该盆地礁滩勘探的良好前景。

岩溶储集体勘探也由潜山顶部风化壳岩溶储层向层间岩溶储层拓展。塔里木盆地的塔北隆起奥陶系勘探，实现了由奥陶系潜山风化壳储层向奥陶系鹰山组、一间房组等内幕岩溶储层的拓展；鄂尔多斯盆地碳酸盐岩勘探由奥陶系马五$_4$亚段潜山风化壳岩溶储层向马五$_{4-10}$亚段内幕岩溶发展；四川盆地川中古隆起震旦系灯影组勘探，在内幕岩溶储层获得重大突破。

3. 圈闭类型由构造圈闭向地层型、岩性型、构造—岩性复合圈闭扩展

我国发育的海相碳酸盐岩具有发育时代老、埋藏深、改造强的特点，碳酸盐岩油气成藏经历了多期成藏、多期调整的复杂历史，形成的油气藏多以岩性、地层等复杂类型油气藏为主。前期碳酸盐岩勘探按照碎屑岩找油思路，立足构造油气藏，尽管获得了一些油气发现，但勘探拓展难度大。近期，中国石油针对复杂碳酸盐岩，加大了岩性地层油气藏的研究评价与探索力度，四川盆地开江—梁平海槽西侧龙岗地区的长兴组—飞仙关组、塔里木盆地塔中地区良里塔格组以及鄂尔多斯盆地西南部奥陶系台缘礁滩勘探，相继发现了一批岩性油气层；在四川盆地的雷口坡组、塔里木盆地塔北和塔中地区以及鄂尔多斯盆地奥陶系岩溶储层发现了一批岩溶地层型油气藏，碳酸盐岩油气勘探实现了由构造圈闭向岩性、地层型圈闭的转变。

4. 勘探深度由中浅层向深层拓展

与全球相比，我国发育的碳酸盐岩多分布于盆地底层，具有发育时代老、埋藏深的特点。统计我国海相碳酸盐岩勘探深度变化，2000 年以前我国碳酸盐岩勘探主力储层埋藏深度一般小于 4500m。如渤海湾盆地的任丘潜山、鄂尔多斯靖边气田勘探深度、埋藏深度不超过 4000m。近 10 年来，随着碳酸盐岩油气勘探工作的不断深入，勘探深度明显增加。四川盆地碳酸盐岩勘探深度已经突破 5000m；塔里木盆地的勘探深度普遍大于 6000m，塔北隆起南缘勘探深度突破 7000m，并有向更深层推进的趋势（图 1－14）。

5. 海相碳酸盐岩已经成为油气勘探突破发现的重点

近年来，随着碳酸盐岩油气地质综合研究力度的加强，针对性勘探技术进步，海相碳酸盐岩已经成为中国石油油气突破发现的重点。统计近年来中国石油油气勘探重大发现，“十一五”期间，中国石油获得了 20 项战略性突破与发现，其中海相碳酸盐岩 9 项，占 45%。特别是通过进一步勘探，中国石油在海相碳酸盐岩逐步形成了塔里木盆地塔北、塔中两个油气储量规模超 5×10^8t 油当量以及四川川中古隆起下古生界、四川龙岗二叠系—三叠系台缘带礁滩体和鄂尔多斯第二岩溶带三个天然气储量超 $3000 \times 10^8 m^3$ 的规模储量区，显示出海相碳酸盐岩发现大油气田的良好潜力。

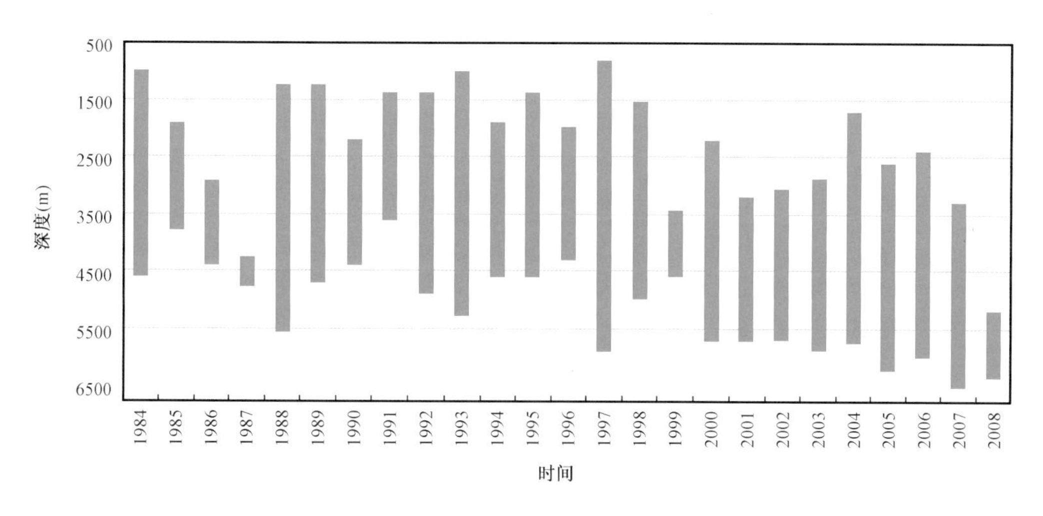

图1-14　三大盆地碳酸盐岩油气勘探目的层深度随时间变化

第三节　中国海相碳酸盐岩勘探开发面临的问题与挑战

与全球相比,我国以陆相油气田勘探开发为基本特色。长期以来,立足陆相油气勘探开发实践,形成了具有中国特色的陆相油气勘探开发理论与配套技术,有效推动中国油气工业发展。海相碳酸盐岩油气勘探开发基础相对薄弱,一直处于探索阶段。针对海相碳酸盐岩规模勘探、高效开发面临诸多理论与技术难题需要攻关解决。

一、海相碳酸盐岩油气规模勘探面临的问题与挑战

海相碳酸盐岩是我国油气勘探开发最为重要的接替领域之一,针对海相碳酸盐岩我国尽管开展了几轮科技攻关,但由于发育的海相碳酸盐岩多分布于沉积盆地的底层,历经多期构造运动的叠加与改造,导致多期生烃过程、油气输导体系演化与运聚机理以及多期成藏与保存机理等基础理论问题研究薄弱,对以古生界为主的古老碳酸盐岩的油气地质认识程度仍然很低,碳酸盐岩油气勘探的深化与拓展难度也越来越大。总体看,要实现海相碳酸盐岩油气规模勘探,仍然面临以下挑战。

(一)古老海相层系热演化程度较高,碳酸盐岩资源潜力与资源分布认识不清

总体看,我国发育的海相碳酸盐岩埋藏偏深,热演化程度偏高,多期次构造运动改造,导致对古老海相层系的资源潜力与资源分布认识不一,制约了勘探领域与方向选择。

(1)海相层系有效烃源岩的评价与分布预测问题。我国发育的海相碳酸盐岩经历多期构造运动的叠加改造,大陆边缘相带多被破坏,保留的多以台地相为主,致使前期针对海相层系烃源岩研究,多以碳酸盐岩作为主要研究对象,长期争论的焦点是碳酸盐岩丰度下限标准问题,对于碳酸盐岩主力烃源岩的认识一直争论不休。从国外大油气田的形成与分布看,泥质烃源岩是大油气田形成的主要贡献者。实际上,从露头剖面和钻井资料看,我国古生界海相层系同样发育多套泥质烃源岩,不仅分布范围广,厚度也很大。特别是,近期研究发现,我国海相层系发育的泥质烃源岩,有机碳含量远高于碳酸盐岩。海相碳酸盐岩油气来源,到底是泥质烃源岩的贡献,还是碳酸盐岩生烃贡献,主力烃源岩分布与生烃潜力需要深化。

(2)烃源岩中滞留分散液态烃成气潜力及对资源总量的贡献问题。总体看,我国海相层系热演化程度偏高,高—过成熟区分布范围约占盆地面积的80%。基于传统生烃理论,我国发育的古老海相层系,供烃潜力有限,这也是人们对古老海相碳酸盐岩层系勘探潜力长期争论的重大问题。但按照烃源岩生排烃模拟实验结果,烃源岩生成的液态烃类物质尚有40%~60%尚未排出,数量相当可观。如果这部分滞留于烃源岩中的分散液态烃能够为成藏作出贡献,将大大提升我国古老海相层系的油气资源潜力。

(3)跨构造成藏与深层油气保存问题。前期研究基于已发现碳酸盐岩油气藏解剖研究,认识到海相层系油气成藏具"三多一晚"的特点,即:多期生烃、多期成藏、多期调整、晚期成藏;同时也认识到重大构造运动对油气保存与破坏的影响。然而,我国发育的古老海相层系经历了复杂多变的温度场与压力场演化,温压共同控制条件下的生烃演化是否遵循Tissot提出的有机质演化模式?我国中西部地区普遍经历了地温梯度不断降低的"退火"演化与中、新生代以来持续深埋的耦合作用,能否使生烃作用延滞,从而避免多期构造活动带来的影响?诸如此类问题都有待进一步深入的研究。

(4)古老碳酸盐岩油气资源评价方法问题。前期碳酸盐岩油气资源评价借用碎屑岩油气资源评价方法技术和参数标准。实际上,古老海相碳酸盐岩经历多期构造运动改造,以缝洞型储层为主,储层的物性与储集体空间分布具有很强的非均质性。同时,前期的资源评价方法以成因法为主,主要基于Tissot生烃理论模型建立,对烃源岩内分散液态烃后期裂解对资源潜力的贡献没有考虑。针对古老海相碳酸盐岩复杂多变的温压系统和强非均质储层,烃源岩尚未排出的烃类物质后期裂解对成藏贡献等,需要发展相应的评价方法技术与参数标准,解决古老碳酸盐岩油气资源潜力评价方法的实用性问题。

(二)深层碳酸盐岩有效储层规模化发育机理与分布规律不清,对资源的经济性看法不一

碳酸盐岩储层类型的多样性以及成因机制的复杂性,长期以来都是国内外地质学家致力研究与探索的重点。我国发育的海相碳酸盐岩具有埋藏深、后期改造作用强的特点,前期碳酸盐岩储层研究,关注的是改造型储层,特别是碳酸盐岩风化壳储层成因机理与分布研究,研究重点局限于储层物性与储层微观特征描述。近期,随着勘探工作的不断深入,发现我国发育的碳酸盐岩储层类型与国外差别不大,既发育原生沉积型规模储层,也发育改造型规模储层。特别是在塔里木、四川等盆地埋深超过6000m的深层发现了储层物性较好、分布范围较广的规模优质储层。但对深层、超深层碳酸盐岩有效储层的形成条件、形成机理、发育规模与分布模式认识不清,储层分布预测缺乏有效技术,致使对深层碳酸盐岩储层的有效性与资源的经济性认识不一,勘探目标难选择,有效部署难度大。

(三)古老碳酸盐岩油气富集规律认识不清,重大接替领域与有利区带选择难度大

我国海相碳酸盐岩油气藏的形成具有成藏背景的多旋回性、成藏物质的多元性、成藏过程的多期性、成藏空间的多样性以及油气藏形成的晚期性等特点,如此复杂、多变的成藏过程,必然导致油气成藏与分布的复杂性,大大增加了认识与勘探难度。我国针对海相碳酸盐岩油气勘探,尽管历程虽长,但勘探范围具有明显的局限性,主要集中在渤海湾、塔里木、四川及鄂尔多斯四大盆地,勘探目标主要集中于古潜山、古隆起以及隆起斜坡带风化壳或台缘带礁滩体。研究工作关注的是碳酸盐岩成藏的特殊性,强调的是碳酸盐岩潜山、风化壳以及礁滩体成藏,油气成藏与富集规律认识相对肤浅。由于我国古老碳酸盐岩成藏经历了极为复杂的成藏历史,油气富集规律相当复杂,前期形成的认识与观点不能有效指导重大勘探领域、勘探目标优选,严重制约了碳酸盐岩规模勘探进程。

（四）勘探目标隐蔽、埋深大，勘探技术面临新的挑战

碳酸盐岩勘探目标相对隐蔽，勘探对象地面以沙漠、山地、黄土塬为主，地下以礁滩体、岩溶和白云岩储层为主，急需发展工程配套技术，解决规模勘探面临的关键技术难题。

（1）研发并集成地震储层预测与烃类检测技术，提高目标识别精度。具体内容包括：① 复杂地表提高深层原始资料信噪比技术，解决目标客观成像问题；② 深层碳酸盐岩储层有效识别技术，解决目标客观描述问题；③ 碳酸盐岩有效储层与流体评价技术，解决油气藏客观预测问题。

（2）研发碳酸盐岩储层与流体有效识别测井评价技术，提高岩性识别、储层分析及油气层解释精度。具体内容包括：① 不规则、复杂多变碳酸盐岩储层测井岩性岩相定量划分评价技术，解决油气层测井评价面临的基础问题；② 不规则碳酸盐岩储层定量评价方法，解决有效储层客观评价问题；③ 碳酸盐岩流体定量评价技术，解决提高油气层识别精度问题。

（3）形成深层碳酸盐岩复杂油气藏安全快速钻井技术，解决安全、快速钻井面临的技术难题。核心内容包括：① 深层酸性气藏防腐蚀、失效安全钻井技术，解决“三高”气藏钻具、套管腐蚀问题；② 深层岩石高效破岩方法与工艺技术，解决机械钻速慢、钻井周期长的问题；③ 深层控压钻井技术，解决深层酸性有毒气藏储层保护与安全钻进问题。

（4）攻克超深高温碳酸盐岩油气藏深度改造与测试技术，提高测试与改造效果。重点解决四个方面技术难题：① 碳酸盐岩储层改造前评估技术，解决储层改造的针对性与成功率问题；② 适宜纵向上非均质巨厚储层、多层有效酸化技术，解决厚储层酸化效果问题；③ 发展酸液深度穿透技术，解决沟通缝洞几率与稳产问题；④ 面向深层碳酸盐岩储层酸液、压裂液体系完善与酸携砂压裂技术开发，解决碳酸盐岩储层深度改造问题。

二、碳酸盐岩油气藏高效开发面临的挑战与技术需求

碳酸盐岩油气藏的开发迄今仍是“世界级”难题，储层强烈的非均质性、流体分布的复杂性，造成认识油气藏和开发油气藏的难度大。尽管前期针对不同类型碳酸盐岩油气藏的研究取得了一些实质性进展，但还是不能满足油气储量、产量快速增长的需要。总体上说，碳酸盐岩油气藏高效开发仍然面临以下几个方面的技术难点。

（一）油气藏描述缺少有效方法技术

陆相砂岩油气藏是我国油气开发的主体，形成了配套的开发理论与技术，成功指导了我国陆相碎屑岩的开发实践。但我国发育的海相碳酸盐岩油气藏多经历多期构造运动的叠加改造，储集体以改造型、缝洞型储层为主，流体分布极为复杂，前期基于陆相砂岩形成的油气藏描述技术很难满足复杂碳酸盐岩油气藏描述技术需求。近期，我国结合碳酸盐岩油气藏地质特点，在储层预测、含气性预测、储集空间类型及展布、缝洞体的预测、压力系统划分、地层流体分布模式、动态描述缝洞系统和产能评价等方面，开展了大量研究与探索，部分研究成果也在开发早期阶段的储层评价和开发中后期阶段气藏稳产和挖潜等方面得以应用，但现有的碳酸盐岩油气藏描述技术，仍然不能满足碳酸盐岩油气藏有效开发需求。要实现碳酸盐岩油气藏规模有效开发，急需发展碳酸盐岩储集体储集空间分布描述、储集体非均质性描述以及油气空间分布描述配套技术。

（二）现有开发方式和开发技术对策不能满足有效开发技术需求

前期我国针对碳酸盐岩油藏开发，逐步形成了天然能量开发、人工注水、先利用天然能量

后进行注水等开发方式，也形成了“一井一策”开发技术对策，取得了较好的开发效果。但开发方式的选择最终是由地下地质体和技术经济评价决定的，目前我们对于地下不同地质体、不同技术经济条件、选择何种开发方式还处于探索之中。同时，由于碳酸盐岩储层的强烈非均质性和流体分布的复杂性，造成油气藏开发布井难度大、开发井生产产能差异和稳产难度大，针对碳酸盐岩的有效开发缺乏针对不同类型碳酸盐岩油气藏特征的开发技术方式与技术对策。因此，针对复杂碳酸盐岩油气藏，急需构建不同类型油气藏油气空间分布模型与有效开发方式，建立合理的开发技术对策满足有效开发技术需求。

（三）高效井布井及储量分布预测难度大

与碎屑岩相比，碳酸盐岩油气资源空间分布具有极强的不均衡性，富集规模把握难度大。近期随着塔河、塔中、龙岗、普光等一系列碳酸盐岩油气藏投入开发，针对复杂碳酸盐岩油气藏开发实践投入了大量探索性研究，也取得了一些成果认识。但碳酸盐岩与碎屑岩相比，油气资源空间分布不均衡性更为明显，有效储层和流体分布认识更难把握，基于碎屑岩开发形成的开发布井方式并不适用，针对碳酸盐岩油气藏不同孔、缝、洞组合的储渗空间的高效井布井方式尚未建立，造成开发井部署难度大，高效井比例低，严重影响了开发效果。同时，由于对碳酸盐岩有效储集体空间展布认识不清，造成开发早期油气藏储量计算存在较大的不确定性，开发中后期阶段油气藏剩余储量分布预测难度大，这些都增加了碳酸盐岩油气藏开发的不确定性。急需根据碳酸盐岩油气藏油气富集特点，建立不同类型储层、不同储集空间、不同流体分布模式油气藏的高效布井对策，研究强非均质储层油气分布规律，搞清油气资源空间分布，为高效井部署与储量分布预测提供有效的方法、技术支持。

（四）流体渗流机理研究难度大

总体看，我国发育的古老碳酸盐岩通常裂缝、孔洞发育，前期研究关注碳酸盐岩缝洞型储层的宏观分布，形成了用“缝洞系统”等术语来描述从各类静态资料所获得的储集体分布和井间连通性的基本方法。但从缝洞型油气藏有效开发看：必须搞清不同缝洞体间的流体连通性或整个油气藏内部连通性；必须搞清同一缝洞体内流体渗流特征、流体性质以及流体分布状况。应该说，前期针对这种具有双重孔隙介质，甚至三重孔隙介质的复杂储层流体渗流机理研究相对较弱，致使对缝洞型油气藏流动渗流规律认识不清，难以客观建立有效开发单元，急需在孔缝洞定量描述的基础上，研究多重介质系统的流体的渗流规律和渗流机理，形成行之有效的碳酸盐岩油气藏流体渗流模拟软件，揭示碳酸盐岩复杂介质流体流动规律。

总之，碳酸盐岩有效开发存在油气藏描述、油气藏开发方式和开发技术对策、高效布井及储量分布、流体渗流机理四个方面的难点急需攻关解决。未来要实现碳酸盐岩强非均质油气藏有效开发，需要多资料、多手段相互结合，研究储层非均质性、流体分布、储渗单元划分、开发方式优化、高效井布井和复杂介质流体渗流机理等几个关键科学问题。

第二章　中国海相碳酸盐岩沉积与岩相古地理特征

岩相古地理研究是重建地质历史中海陆分布、构造背景、盆地配置和沉积演化的重要途径和手段，通过重塑盆地在全球古地理中的位置、恢复沉积作用与成矿过程的关系，对油气资源远景预测评价和勘探开发实践有重要指导意义。前人针对塔里木盆地、四川盆地和鄂尔多斯盆地的岩相古地理，已经做过很多卓有成效的工作，主要存在以下三种类型的古地理图：(1)区域构造—岩相古地理图；(2)用"单因素分析多因素综合作图法"编制的古地理图；(3)层序格架下的岩相古地理图。这些基础图件为油气勘探提供了保障，但随着三大盆地海相碳酸盐岩油气勘探的逐步发展和深入，对更精确岩相古地理图件的需求也显得更加迫切。本次研究提出了"六步法"的岩相古地理研究思路和方法，在地层划分与等时对比、沉积层序建模与主控因素分析的基础上，以三级层序为单元，系统编制了塔里木、四川和鄂尔多斯盆地寒武—奥陶纪以及四川盆地二叠纪—中三叠世岩相古地理图，总结了沉积环境演化的主要控制因素，为海相碳酸盐岩有利勘探区带评价优选提供有益指导。

第一节　中国海相碳酸盐岩的分布特征

我国陆上海相碳酸盐岩层系涉及元古宇至新生界，以古生界为主，面积达 $330 \times 10^4 km^2$，主要分布在扬子克拉通、华北克拉通和塔里木克拉通(图 2－1)。南华纪—早古生代，漂移在大洋中的塔里木、扬子、华北等板块稳定沉降，板块内部以台地相碳酸盐沉积为主，板块边缘以拗拉槽、被动陆缘或边缘坳陷的盆地或斜坡沉积为主，晚石炭世到晚三叠世古大洋逐步消亡，板块拼贴聚合，在板块内部的坳陷盆地和板块边缘的裂陷盆地中普遍接受了含煤的海陆交互相沉积。塔里木盆地发育齐全的下古生界海相碳酸盐岩和上古生界海相、海陆相碎屑岩；四川盆地除了泥盆系—石炭系部分出现沉积间断或剥蚀外，整个古生界海洋沉积普遍发育；鄂尔多斯盆地发育了寒武系—中奥陶统稳定的陆表海碳酸盐岩层序和石炭系—二叠系海陆交互相和陆相。晚古生代是海相向陆相的剧烈转化时期，海西与印支运动后海水大面积退出，各盆地逐渐转变为陆相。

一、中国海相盆地发育的构造环境

现代板块构造体系之前的全球古板块构造格局由劳亚古陆和冈瓦纳古陆两个南北对峙的独立的全球超大陆块构成。中国板块始终位于这两大古陆之间，以华北、扬子和塔里木三个较大克拉通为核心，连同若干中、小陆块，历经多次离散、拼贴后形成中国大陆。各地块在形成结晶基底之后，从震旦纪到古生代，大地构造演化的主要形式是这些陆块间的离散、聚合及陆块内部裂陷，发育以海洋沉积为主的含油气盆地。受全球板块运动控制，中国板块在元古宙—三叠纪，经历了 Rodinia 和 Pangea 两大伸展—聚敛构造旋回。

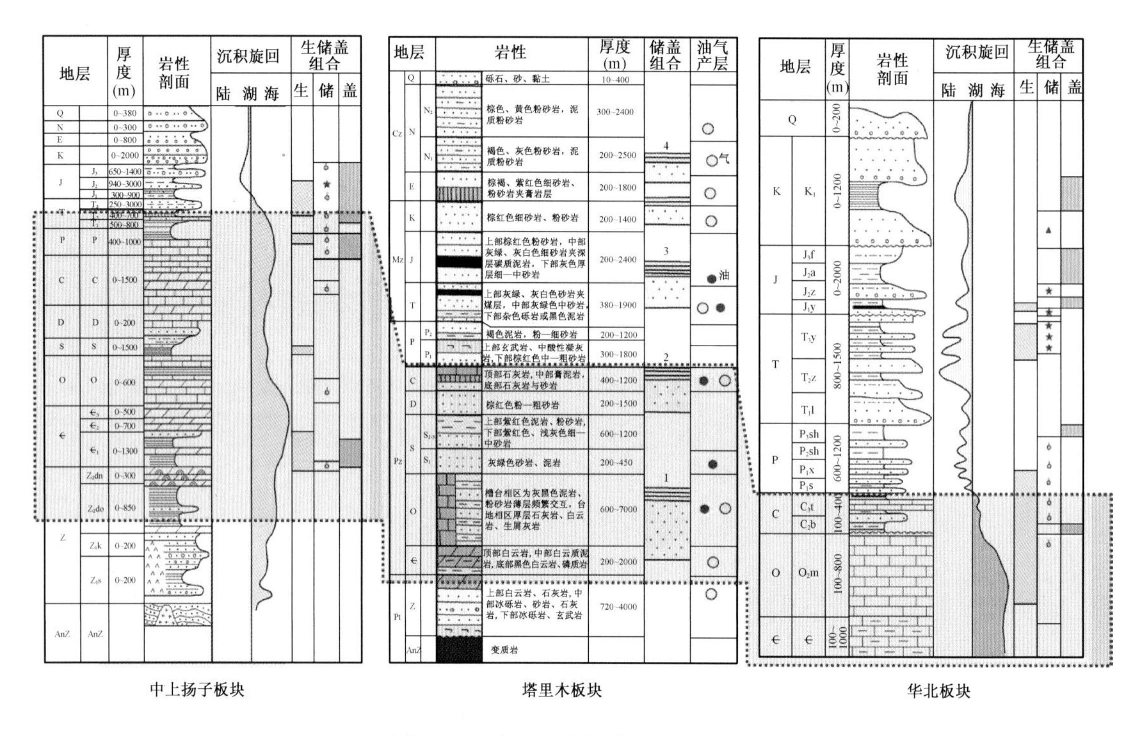

图2-1　中国三大板块地层柱状图

（一）Rodinia构造旋回

1. 中—新元古代中国克拉通形成

中国大陆各地块在形成结晶基底之后，从中元古代开始先后进入了地块运移、离散阶段。主要构造演化特征是华北陆块开始裂解和沉积盖层开始发育，扬子板块、亲冈瓦纳大陆的地块群（佳木斯—兴凯地块以及喜马拉雅、冈底斯和羌塘等地块）先后组成统一的结晶基底，中国古大陆各地块通过多次裂解、运移、碰撞开始重新组合，塔里木—柴达木板块由华北陆块裂解出来。

中元古代长城纪—新元古代青白口纪中国大陆各个板块内部都相对稳定，华北板块开始发育沉积盖层，并开始裂解成为三个地块；以江南俯冲、碰撞带的形成为标志，扬子板块完成了南北的拼接；秦岭—大别地块在其晚期也发生了挤压、碰撞作用。南华纪，中国大陆最重要的构造表现是较普遍地发生张裂作用。青白口纪形成统一基底的扬子板块，在这一时期形成第一个沉积盖层。扬子和塔里木—柴达木等板块进入冰川带，形成了南沱组冰碛层。震旦纪，华北板块南缘和塔里木—柴达木北缘发育罗圈组冰碛层。华南各地块与塔里木—柴达木地块的主体，在广阔陆表海形成以碳酸盐为主的沉积。佳木斯—兴凯、喜马拉雅、冈底斯和羌塘等地块形成统一的结晶基底。塔里木—柴达木板块与古中朝板块之间的祁连地区发育大陆裂谷性质的祁连拗拉槽。

2. 早古生代洋盆扩展—俯冲消减阶段

早古生代在中国大陆主要是一个地块运移和板块呈离散状态的时期，但同时也是西域板块完成拼合、阿尔泰—额尔古纳形成碰撞带、华夏板块构成统一结晶基底、南扬子板内褶皱的时期。

寒武纪，华夏大陆群发生离散，中国大陆各陆块向北运移，各板块之间发生张裂作用（图2-2）。就整个古中国洋而言，扩张作用持续到早—中奥陶世，洋壳达到最大宽度。具体到不同盆地扩张作用结束时间各有先后：塔里木盆地的边缘晚寒武世—早奥陶世已结束了拉伸扩张；四川盆地中、晚奥陶世时期开始区域性地由拉张反转为挤压隆升；鄂尔多斯盆地从中奥陶世开始，由伸展离散体制开始向聚敛体制转换。板块内部较为稳定，克拉通内坳陷盆地、克拉通边缘坳陷盆地、裂陷槽盆地和大洋盆地发育。中奥陶世初，古中国洋主体进入以俯冲为主的阶段，此时洋盆虽然还在扩张，但其速度已抵不上俯冲速度，洋盆逐渐消减。三大盆地构造格局转换的时间以塔里木盆地最早，在早奥陶世，向东四川盆地—鄂尔多斯盆地的构造转换时间要推迟到中—晚奥陶世。

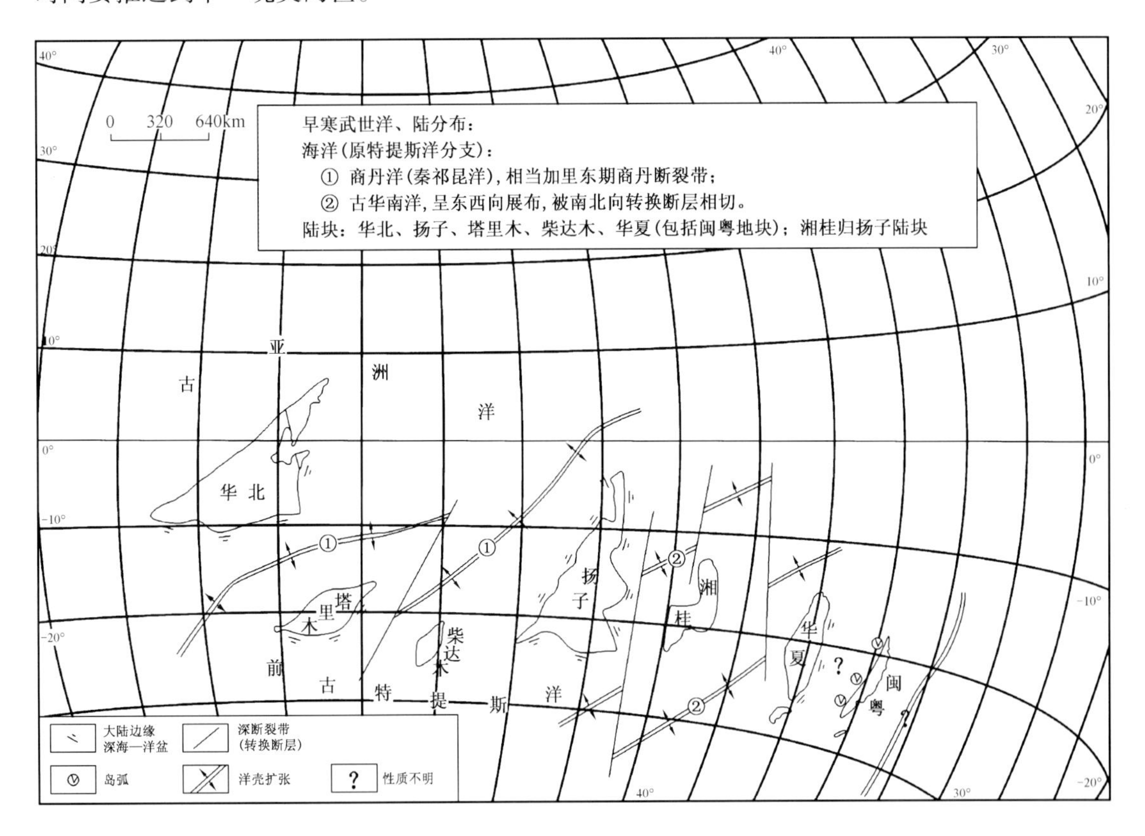

图2-2 早寒武世中国古大陆各陆块及邻区构造复原图（据许效松等，2004）

（二）Pangea 构造旋回

从石炭纪到早二叠世末，一个全球性的泛大陆——Pangea 大陆逐渐拼合而成。但是，中国大陆及邻区的多数陆块，基本上仍游离在东特提斯洋—多岛洋之中。三叠纪，Pangea 大陆开始裂解，出现原始的古大西洋，但是该阶段的裂解主要出现在西半球，东半球则发生大规模的陆块会聚和拼合。对于中国海相盆地的发育时期而言，主要处于 Pangea 大陆形成时期，可以分为两个阶段：泥盆纪—中二叠世东特提斯洋扩张和晚二叠世—三叠纪中国大陆碰撞拼合。

1. 泥盆纪—中二叠世东特提斯洋扩张

泥盆纪—中二叠世，东特提斯洋的扩张使中国大陆地块从古生代早期基本沿赤道排列转变为从石炭纪开始的近南北向排列的样式。构造事件的主要表现是形成天山—兴安碰撞带，中朝与西域板块拼合到劳亚大陆,南方则发育峨眉山地幔羽。受东特提斯洋扩张的影响,扬子板块在晚古生代长期处于拉张环境,板块主体发育克拉通内坳陷盆地,周缘存在克拉通边缘坳陷和边缘裂陷。石炭纪开始塔里木克拉通整体沉降,在中西部发育克拉通内坳陷盆地。

2. 晚二叠世—三叠纪中国大陆碰撞拼合

晚二叠世到三叠纪末期的构造事件,统称为印支构造事件,是中国大陆发生大规模碰撞和拼合的时期,使中国大陆四分之三的面积并入 Pangea 大陆。在这一时期,华北、塔里木北部形成大型内陆盆地。中国大陆发生普遍板块拼合的同时,晚二叠世扬子西南侧,受峨眉地裂运动作用,发生了张裂作用,使得上扬子内部表现为克拉通内坳陷盆地,而西缘和北缘则为伸展环境下的克拉通边缘坳陷盆地。中国南方陆表海沉积一直延续到中三叠世末。

二、中国主要海相盆地原型类型及碳酸盐岩分布

中国海相沉积盆地受多期构造运动影响,经历了早古生代海相盆地、晚古生代海相盆地和中—新生代陆相盆地三大沉积构造演化旋回,现存的是叠合残留盆地。同世界主要油气富集带的其他盆地一样,中国海相盆地在古生代地质历史发展过程中,具有良好的早期资源物质基础与成藏条件,但是需要开展盆地原型分析,来了解当时的盆地构造与沉积面貌。本次在前人研究基础上,按照动力学背景和构造位置,将三大盆地古生代原型划分为拗拉谷(裂谷)盆地、克拉通边缘坳陷盆地、克拉通内坳陷盆地、克拉通边缘挠曲盆地、前陆盆地和克拉通内挠曲盆地六类(表 2－1),再现了盆地的构造演化历史。

表 2－1　三大海相盆地原型类型

动力学背景	构造位置	盆地类型	实例
离散	克拉通边缘	拗拉谷(裂谷)盆地	满加尔拗拉谷($Z—O_1$) 开江—梁平海槽(P,大隆组)
		克拉通边缘坳陷盆地	川东、川北(∈) 塔里木东部($∈—O_1$) 鄂尔多斯西缘和南缘($∈—O_1$)
	克拉通内	克拉通内坳陷盆地	塔里木阿瓦提(∈) 鄂尔多斯盆地(O_2) 四川盆地($P_2{}^1$,龙潭组)
聚敛	克拉通边缘	克拉通边缘挠曲盆地	塔东($O_{2—3}$) 四川盆地(S)
		前陆盆地	塔西南(S)
	克拉通内	克拉通内挠曲盆地	塔里木阿瓦提($O_{2—3}$)

中国海相碳酸盐岩层系主要发育在中、新元古代—三叠纪,在形成较早、相对稳定的塔里木、华北和扬子三个克拉通之上保存较好。但是,由于中国陆块面积小、稳定性差,复杂的构造活动使得我国古生代小克拉通大陆边缘沉积多已褶皱成山,目前保留下来的是地台区沉积,这也是我国小克拉通海相沉积层序的一个特点。

(一)塔里木盆地

塔里木克拉通在中、新元古代末最终固结,上覆震旦系—古生界海洋沉积。震旦纪—早奥

陶世，由于岩石圈的伸展作用，塔里木克拉通周边形成大洋、裂陷盆地（图 2－3）。在克拉通主体部位，形成克拉通内坳陷盆地和克拉通边缘坳陷盆地。经历了早寒武世早期快速海侵后，塔里木克拉通进入到稳定碳酸盐岩台地发育阶段。塔西和塔东克拉通内坳陷盆地在寒武纪—早奥陶世发育了巨厚的碳酸盐岩，它们之间的边缘坳陷盆地则为盆地沉积。

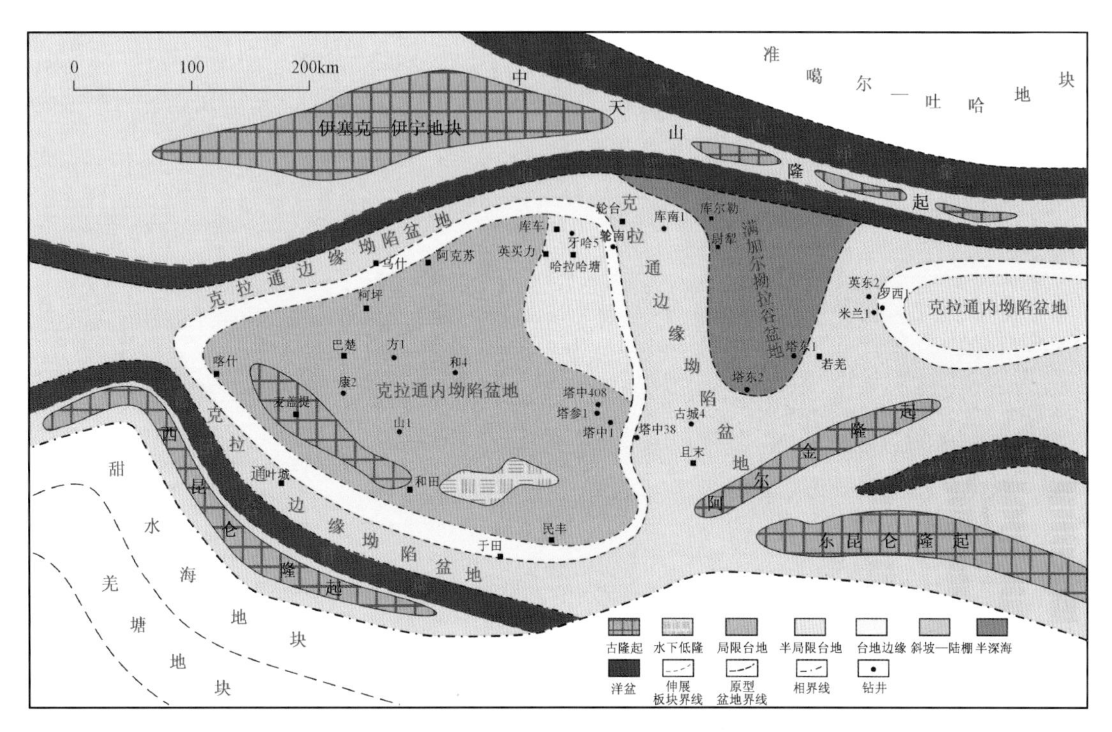

图 2－3　塔里木盆地及邻区早寒武世原型盆地分布

中奥陶世—泥盆纪，塔里木克拉通周缘大洋盆地和裂陷槽逐渐聚敛、闭合，形成残留洋盆地、前陆盆地。塔里木克拉通内部在挤压构造环境下，形成克拉通内挠曲盆地和克拉通边缘挠曲盆地。挤压作用造成克拉通内部隆坳格局的变化，在中奥陶世—晚奥陶世早期，古地貌高仍有碳酸盐岩台地建造，其间为浅海盆地相碎屑岩。随着挤压作用的增强和碎屑供给的增加，在晚奥陶世过渡为海相碎屑岩沉积环境。

晚古生代开始，随着南昆仑洋盆（古特提斯洋）和南天山南部窄大洋—裂谷打开，西南缘转变为被动陆缘。塔里木克拉通整体沉降，遭受海侵，总体表现为西南低、东北高的格局，并在中西部形成向西南开口的克拉通内坳陷盆地。盆地西部发育台地相碳酸盐岩，中东部则以碎屑潮坪环境为主。早二叠世中晚期—晚二叠世，塔里木克拉通周围洋盆或裂陷槽闭合造山，海水退出，转变为陆相环境。

（二）四川盆地

扬子克拉通基底在中元古代末已经基本形成，大致于晚古生代初发生的晋宁运动使克拉通基底最终形成，而后沉积了厚达 13000m 的震旦系—显生宇盖层。其中震旦纪—早、中三叠世为海相克拉通盆地，以碳酸盐岩为主的充填层，厚达 4000～7000m。

早古生代，随着原中国古陆裂解，秦岭—祁连洋和华南洋的不断扩张，在扬子克拉通南北均发育了被动大陆边缘，它们大体上都经历了早震旦世裂谷阶段、晚震旦世—早奥陶世被动陆缘阶段和中奥陶世—志留纪的闭合造山阶段。

早震旦世，扬子板块只有部分接受沉积，上扬子区大部分为古陆，中下扬子区为克拉通盆地，主要发育一套滨浅海碎屑岩。晚震旦世—早奥陶世，上、中、下扬子区均已成为典型克拉通盆地，现在的四川盆地位于克拉通坳陷盆地内，广泛接受台地相碳酸盐沉积（图2－4）。从早奥陶世开始扬子克拉通进入洋陆俯冲阶段。该时期在扬子板块南侧，华南裂陷洋盆沿武夷—云开一带的北西侧向南东俯冲；在扬子板块北侧，秦祁洋会聚收缩、扬子板块向华北板块之下俯冲，从而导致了华北板块南缘由前期的被动大陆边缘转化为活动大陆边缘。在扬子板块内部为中性的和弱挤压的克拉通内挠曲盆地，沉积物则转变为陆棚相的碳酸盐—碎屑混积沉积，或是以碎屑为主的沉积。

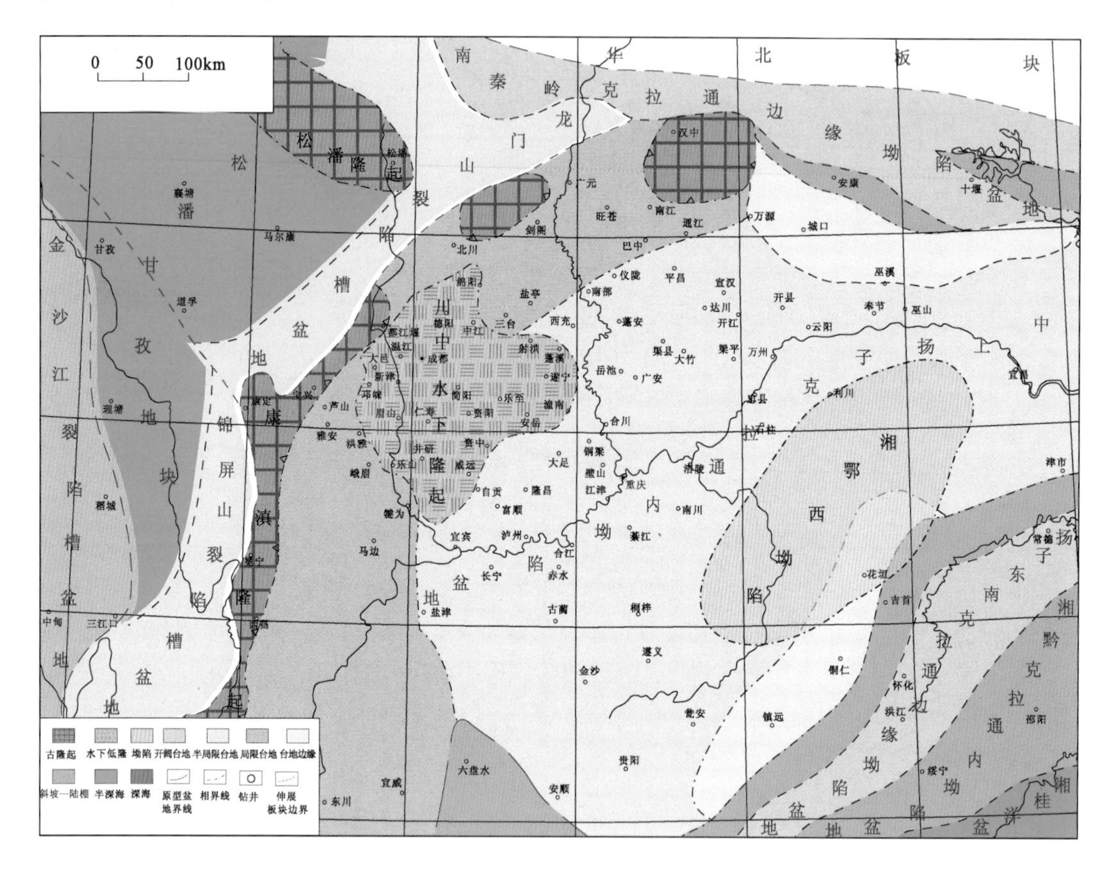

图2－4　四川盆地及邻区早寒武世沧浪铺—龙王庙组沉积时期原型盆地分布图

加里东运动后，华南陆块基本成形。进入晚古生代，华南陆块主要处于伸展构造条件下，多阶段拉张、裂陷盆地普遍发育是这一时期的主要特点。在古扬子陆块，形成克拉通内坳陷盆地，仍以碳酸盐和滨岸相碎屑沉积为主。晚石炭世，华南陆块整体沉降，遭受海侵，发育台地相碳酸盐岩，早二叠世早期，海侵达到最大，以碳酸盐为主的稳定沉积几乎覆盖了整个华南大陆。

三叠纪开始，华南陆块南缘开始出现小范围的造山运动，并逐渐向板块内部扩大；中三叠世开始，由于越南境内小洋盆向北俯冲，造成上、下扬子地区的封闭性膏盐盆地发育。中三叠世后的晚印支运动结束了中、上扬子区以克拉通盆地为主的盆地演化阶段，过渡为陆相盆地。

（三）鄂尔多斯盆地

鄂尔多斯盆地位于华北克拉通西缘。华北克拉通在古元古代末的中条运动中固结为统一的整体，其上发育中—新元古界和古生界盖层。华北板块在中、新元古代的突出特征是板块内侧或边缘裂陷，巨厚沉积集中于裂陷沉降带内，除构造转换沉积层外，均为非全域的沉积盖层（图2－5）。中元古界主要是一套碳酸盐岩组合，下部含有碎屑岩和火山岩夹层，新元古界以滨浅海—浅海沉积为主。早古生代早期，南北两侧板块扩张，古兴蒙洋和古秦岭洋形成，华北板块南北缘演变为被动大陆边缘。早古生代晚期，受怀远运动影响，华北板块南北大陆边缘抬升，板块内部下沉，形成克拉通坳陷盆地。克拉通上主要是浅海碳酸盐岩台地发育阶段，堆积了一套1200～1500m厚的海相碳酸盐岩和碎屑岩。中奥陶世末期，华北板块北缘的西伯利亚板块向南俯冲，南缘扬子板块继续向北推挤俯冲，导致华北板块整体抬升暴露，缺失了晚奥陶世—早石炭世沉积。从石炭纪中期开始，克拉通再次沉降，于中央古隆起东西两侧克拉通内坳陷盆地和裂谷盆地接受了石炭纪—二叠纪海陆过渡沉积，但是以碎屑岩为主。从早二叠世晚期开始，华北克拉通地区结束海洋沉积历史，转为大陆沉积。

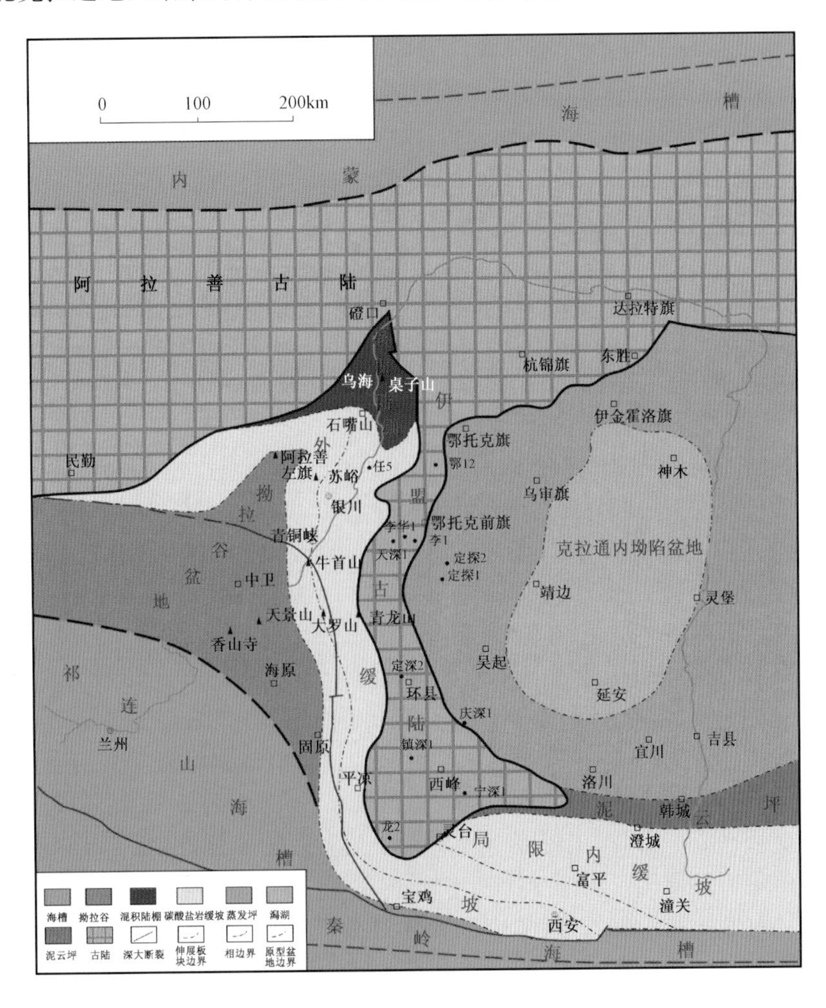

图2－5　鄂尔多斯盆地及邻区早奥陶世马家沟组三段沉积时期原型盆地分布图

第二节　中国海相碳酸盐岩沉积环境与沉积相

一、海相碳酸盐岩沉积环境与沉积相

海相碳酸盐沉积物主要形成于温暖气候条件的浅海环境。根据其形成的位置和特征差异，可以分为台地碳酸盐岩沉积环境和滨岸—潮坪碳酸盐岩沉积环境两大类。

（一）碳酸盐岩台地环境

碳酸盐岩台地边缘形态基本端元可分为缓坡及镶边两类，其沉积斜坡角度的差异会导致台地边缘高能相带分布样式不同。通常，碳酸盐岩缓坡的中缓坡或浅缓坡相当于镶边台地的台地边缘，其分布宽度较大，但厚度较薄，有时也可能缺失高能沉积；而镶边台地的台地边缘相带一般会发育以礁滩为主的高能相带，但其宽度常常较小、厚度较大，尤其是在断裂活动的位置，易于形成垂向加积型镶边台地边缘沉积样式。

1. 镶边型碳酸盐岩台地

镶边型碳酸盐岩台地是指位于大陆边缘的具有平的顶部的浅水碳酸盐岩台地，其外缘波浪搅动强烈，在地貌上具有消减波浪能量的镶边结构，经过此明显倾斜的坡折后，进入较深水区。高能相带主要出现在台地边缘，这里通常形成礁或滩建造；若是台地内部有明显古地形变化，也可形成高能颗粒滩沉积。

1）台地边缘

碳酸盐岩台地边缘是台地中水体能量最强的区域，造礁生物通常形成坚固的抗浪骨架，即生物礁。波浪作用将造礁生物骨架破坏，筛选、磨圆后形成高能颗粒滩。宏观上看，碳酸盐岩台地边缘的空间展布并非均匀的带状，而是呈现断续的分布特征，有的甚至表现为更复杂的结构，例如四川盆地开江—梁平海槽西侧龙岗西台缘带呈雁列形态。

我国碳酸盐岩台地的边缘相带有以下特征：（1）相比于大克拉通而言，在小克拉通建造的碳酸盐岩台地规模较小，从而台缘带的面积也相对较小；（2）小克拉通对周边构造活动敏感，克拉通内古地貌变化快，导致碳酸盐岩台地演化快，通常形成多期台缘建造；（3）碳酸盐岩台地边缘形式多样、演化快，在同一时期不同地区或者同一地区不同时期均可形成不同类型的台地边缘，具有不同的礁滩体空间分布结构。

以塔里木盆地为例，寒武纪—奥陶纪发育四期、六条台缘带，包括塔中北缘、塔中南缘、塔北南缘、轮南—古城、罗西、塘南台缘带，多期台缘带叠合面积达 $2.6\times10^4km^2$（图 2－6）。

台缘带空间结构有较大差异，主要取决于台缘带发育的构造背景。受断裂活动控制的台缘带通常以加积的方式生长，台缘带分布宽度相对较小，但是台缘带厚度可以较大。四川盆地开江—梁平海槽长兴组—飞仙关组台缘带和塔里木盆地塔中Ⅰ号带良里塔格组台缘带是断裂控制陡坡型台缘带的典型代表，前者形成于拉张构造环境，后者形成于挤压构造环境。

从四川盆地及邻区的构造演化看，盆地西缘、北缘的裂陷作用始于泥盆纪—石炭纪，构造性质表现为拉张断陷。到二叠纪，盆地内部受周缘裂陷作用影响，开始出现断陷。四川盆地内部的构造分异出现在早二叠世晚期（茅口组沉积时期），发育北西西向和北东向的克拉通内裂陷海槽盆地，并相互交叉，因而台地内发生沉积分异，沿海槽边缘形成了台地边缘建造。开江—梁平海槽长兴组以生物礁建造为主，飞仙关组则以台缘鲕粒滩为主。生物礁包括台缘堤

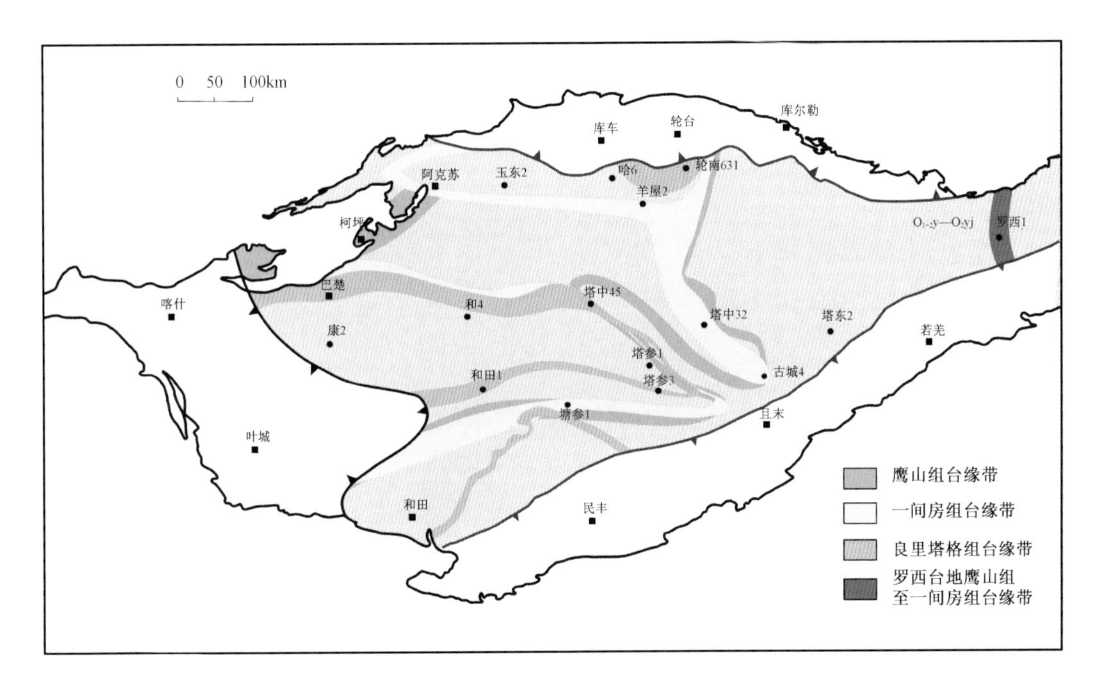

图2-6 塔里木盆地中—晚奥陶世台地边缘分布图

礁、台缘岛礁等。台缘堤礁以龙岗主体台缘带为典型代表，东侧的黄龙场、五百梯以及普光也属于该类型，具有纵向多期生物礁加积生长特点，厚度较大，平面上沿台地边缘带窄条状分布。以龙岗台缘带堤礁为例，该台缘带长兴组发育三期生物礁，每一期生物礁均由礁核与礁顶滩组成。由于生物礁加积生长，礁前斜坡带坡度较陡，易于发生礁前垮塌堆积；礁后因障壁作用，生屑滩不太发育，主要为潟湖相泥晶灰岩。台缘岛礁复合体主要分布在开江—梁平海槽西侧剑阁—元坝地区以及龙岗主体东部的台缘带，呈斜列式分布。

位于塔里木盆地塔中古隆起北斜坡的塔中Ⅰ号带在早奥陶世末开始发育大型逆冲断裂带，上奥陶统沉积前曾遭受长期侵蚀而形成复杂的断裂坡折带，这种构造和古地貌背景对良里塔格组台缘带的形成起到了关键作用。塔中台缘带沿断裂呈带状不连续分布，台缘带以加积的方式生长，因此宽度较小，外带（高能带）宽约1km左右，厚度可以很大。台缘带侧向相变快，岩性、岩相分异性强，高能相带位于外缘，斜坡为跌积型（图2-7）。沉积相类型为生物礁、颗粒滩及其复合体。

在断裂活动不发育的地区，碳酸盐岩台地边缘的演化受控于碳酸盐岩沉积作用。基于生物成因碳酸盐产率的估算，Wilson（1975）和Schlager（1981）绘制了总碳酸盐产率与深度的关系。台地边缘相带，条件适宜，碳酸盐产率最高，当海平面上升速率小于碳酸盐产率时，波浪作用会将过剩的碳酸盐产物搬运到台缘外侧。在碳酸盐生长速率和海平面波动的联合作用下，碳酸盐岩台地边缘以加积—进积的方式生长，例如塔里木盆地轮南和古城地区寒武系—奥陶系台缘带。

稳定构造背景下，这种类型台缘带的厚度可以很大，进积距离可以很远，例如塔里木盆地寒武系台缘带最大进积距离可达60km。台缘带的生长分为若干个旋回，通常表现为碳酸盐岩缓坡向镶边型台地的演化（图2-8）。平面上，礁滩体呈不连续带状分布，受海平面变化控制，可以见到明显的迁移特征，例如鄂尔多斯盆地南缘奥陶系台缘相带，生物礁随着海退的阶段性变化，礁体形成向南进积的分布样式，而且不同时期的礁体相互叠置，具有一定的展布规模，为规模有效储集体的形成奠定了基础。

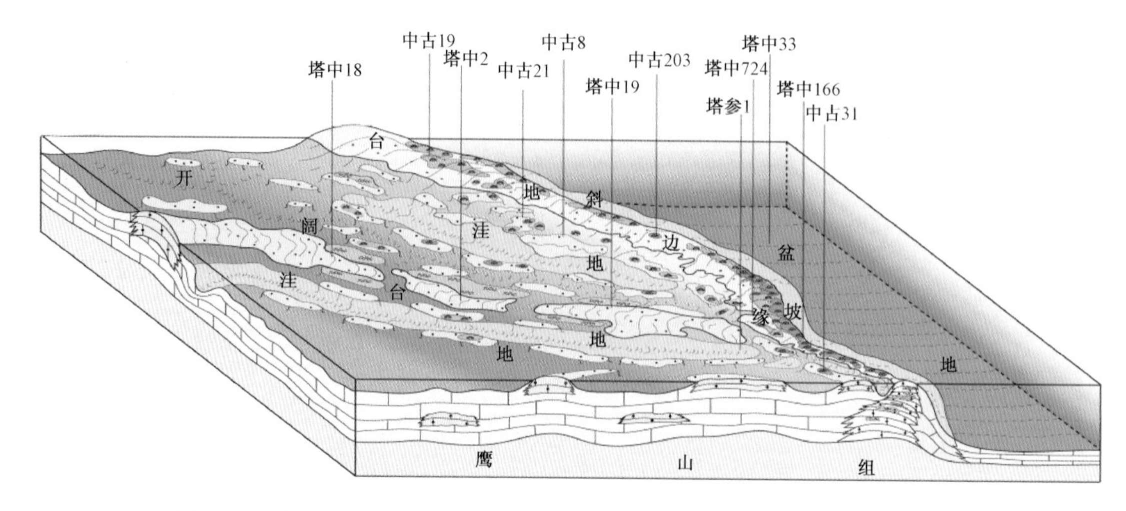

图 2-7　塔中上奥陶统良里塔格组台地边缘带沉积模式(据塔里木油田,2009)

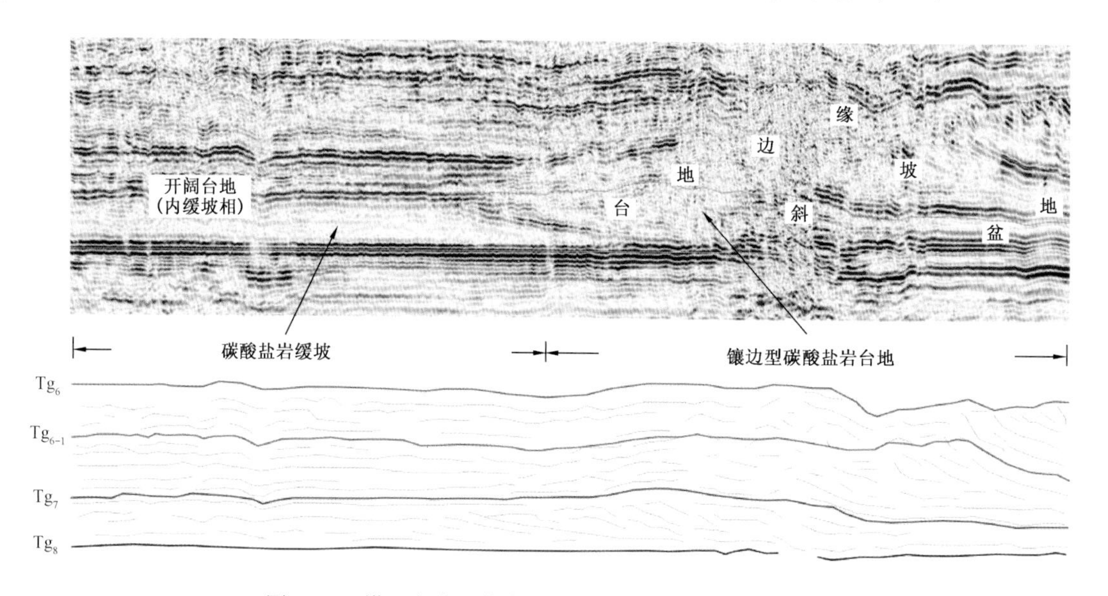

图 2-8　塔里木盆地轮南地区寒武系台缘带特征及演化

2)台内颗粒滩

颗粒滩是在波浪、潮汐流和沿岸流作用下由各种碳酸盐颗粒形成的一些大型底形,一般具有低缓的(相对于礁而言)正地形,但不形成坚固的抗浪构造,主要由松散的碳酸盐砂组成。颗粒滩形态上无一定限制,或是长条形,或是其他形状。台内滩是碳酸盐岩台地内部重要的沉积相之一,与台内地形变化关系密切。

塔里木盆地奥陶系蓬莱坝组、鹰山组、一间房组和良里塔格组,四川盆地寒武系龙王庙组和洗象池组、二叠系栖霞组—茅口组和长兴组、三叠系飞仙关组和嘉陵江组等均有台内滩大面积发育,分布面积高达$(20\sim22)\times10^4km^2$。以四川盆地雷口坡组为例,台内滩发育于局限台地、局限—蒸发台地内。台内滩颗粒成分以砂屑为主,并有鲕粒、生屑等,交错层理发育,在垂向上以向上变浅的沉积序列为特征,滩体厚度规模不一,单层一般小于2m。

台内滩储层通常发育在单个向上变浅旋回的顶部,以粒内溶孔和铸模孔为特征,随着滩体的生长,受高频旋回影响,滩体暴露并接受大气淡水淋溶改造,形成优质储层。

2. 碳酸盐岩缓坡

碳酸盐岩缓坡是一个位于小角度倾斜海底上的沉积作用面，从浅水滨岸或潟湖到盆地底部的沉积斜坡的坡度变化通常小于1°。碳酸盐岩缓坡在造礁生物还不繁盛的地质历史时期很普遍。碳酸盐岩缓坡的规模变化很大，其宽度变化在10～800km之间，但以小于200km的居多。它们通常是碳酸盐岩台地演化的早期阶段，随后演变为镶边型碳酸盐岩台地。

Read(1982,1985)根据海底地形形态，可以将缓坡分为等斜缓坡和远端变陡缓坡两大类。等斜缓坡具有平缓的斜坡，自滨岸线至深水区具有相同的坡度，没有明显的地形坡折。远端变陡缓坡在浅水和较深水盆地之间存在一个坡折，它同时具有等斜缓坡和镶边台地的特点。等斜缓坡和远端变陡缓坡是碳酸盐岩缓坡演化的两个连续阶段，并最终向镶边台地转变。因为波浪和洋流上涌可以直接冲刷浅海海底，所以浅水环境能量较高，高能相带位于内缓坡环境中的近滨岸带，或者是形成于中缓坡区。

塔里木盆地塔北地区中奥陶世一间房组沉积时期—晚奥陶世良里塔格组沉积时期是一个典型的向南倾斜的碳酸盐岩缓坡。中奥陶世，受南北向挤压应力作用，塔北开始隆升，而沿阿瓦提坳陷出现台内洼地，水体逐渐变深。在这种背景下，沿塔北隆起形成了碳酸盐岩缓坡。塔北地区一间房组以亮晶颗粒灰岩、泥晶颗粒灰岩、颗粒泥晶灰岩和泥晶灰岩为主，其中亮晶颗粒灰岩占主导地位，约为80%，颗粒类型主要包括砂屑、鲕粒、生屑和砾屑等。缓坡背景下海平面波动造成高能相带迁移，可能产生颗粒滩大面积分布的结果。

(二)滨岸—潮坪环境

海陆过渡的滨岸—潮坪环境，这里波浪、潮汐、风和洋流作用强烈，海平面变化频繁，碳酸盐沉积主要形成于滨岸海滩、障壁后潟湖、潮坪等环境，干旱和潮湿气候条件下的沉积物组成、堆积样式和生物群落均有不同。

蒸发潮坪是指热带、亚热带或干旱、半干旱气候条件下的潮坪环境，现代实例包括阿拉伯海南部的阿布扎比沿岸等。蒸发沉积物出现在潮上带，主要沉积物是碳酸盐岩—蒸发岩体系。其中碳酸盐岩主要是白云岩，蒸发岩主要是石膏和盐岩。潮间带位于平均高潮面与平均低潮面之间，沉积物主要是石灰岩，干旱气候环境下，准同生白云岩较多见。潮下带主要是颗粒泥晶灰岩、球粒灰岩等。

鄂尔多斯盆地早奥陶世马家沟组五段沉积时期，整体上表现为振荡性海退，中央古隆起阶段性暴露。马五$_5$亚段为夹在蒸发岩层序中的短期海侵沉积，平面上马五$_5$亚段自西向东发育东部环陆云坪、靖西台坪、靖边缓坡、洼地四种相类型(图2－9)。其中东部洼地位于潮下带，沉积期水体开阔，与广海相通，主要发育深灰色富含生物碎屑的泥晶灰岩，在局部地区有云化的迹象。靖边缓坡总体处于潮间带，以石灰岩为主，间夹泥粉晶白云岩；靖西台坪总体处于潮上和潮间环境交替发育带，马五$_5$亚段沉积早期可处于潮下环境，以白云岩为主，因古地形相

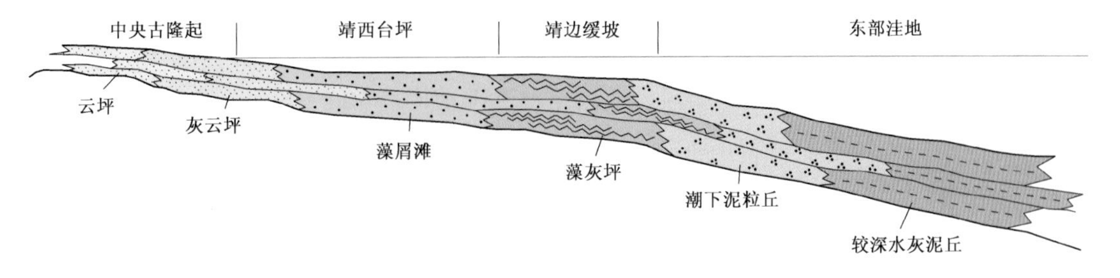

图2－9　鄂尔多斯盆地东侧马五$_5$亚段沉积时期沉积微相演化模式图

对较高，水体较浅，在局部的高能带可形成台内藻屑滩沉积。环陆云坪靠近中央古隆起，主要处于潮上带，沉积物以含泥白云岩为主，在加里东期多被剥蚀。

中奥陶统马家沟组最上部的马五$_1$—马五$_4$ 亚段是靖边气田主要的产气层之一，储层主要的岩石类型是含硬石膏结核或含硬石膏柱状晶的粉晶白云岩，其次为含有原生晶间孔的粗粉晶白云岩。尽管后期岩溶作用是储层发育的建设性作用，不可否认的是滨岸—潮坪环境下形成的白云岩夹石膏的岩性组合为后期成岩改造提供了良好的基础。

二、岩相古地理工业化制图技术流程

基于“综合考虑盆地构造背景、深入分析露头及钻井沉积信息，以地震资料的沉积地质解译为重要根据”的原则，形成了“六步法”岩相古地理重建技术流程(图 2 - 10)。

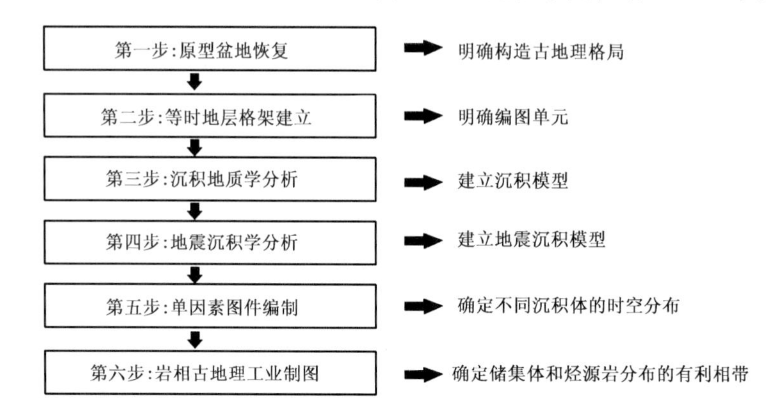

图 2 - 10　岩相古地理重建技术流程

(一) 原型盆地恢复

原型盆地恢复可以理解为板块构造背景分析，即通过对盆地原型研究，了解不同地质历史时期板块周边构造活动及其对板块内部古构造格局的影响，从而明确构造古地理格局。这样做的好处在于可以为克拉通内部碳酸盐岩台地的演化提供间接的宏观证据，例如通过塔里木板块早奥陶世晚期—中奥陶世构造背景研究，结合通过地震解释获得的地层结构特征，可以推演塔西碳酸盐岩台地在奥陶纪由一个统一台地演化为三个独立的碳酸盐岩台地的过程。

(二) 等时地层格架建立

岩相古地理图是在二维平面图上反映特定时间间隔内某一地区的沉积地质历史，其焦点是如何正确地选择等时地质体或等时面。层序地层学与生物地层学、地震地层学相结合，可以最大可能地实现地层等时对比。经典层序地层学认为，全球海平面升降是层序演化的主要驱动机制，地层单元的几何形态和岩性受构造沉降、海平面升降、沉积物供给和气候四大因素控制。为此以露头层序地层识别和划分为主线，以古生物地层和岩石地层为约束条件，进行钻井层序地层以及地震层序地层分析，重点研究层序地层理论体系中的“两面一关系”——层序界面和海泛面、地层叠置关系，建立层序地层划分方案和等时地层格架。

实际工作中，必须要考虑地震地层的穿时现象。首先利用露头剖面纵向分辨率高的特性，在系统采样的基础上进行岩性地层—生物地层—年代地层—层序地层综合划分对比，建立基准剖面，用来指导覆盖区钻井的地层划分。盆地相区则利用与台地相区时代相近的古生物化石来确定地层年代。通过合成记录技术，将单井划分结果标定在地震剖面上，进行区域解释，最终建立沉积盆地的等时地层格架。需要注意的是,钻井标定的层位位置与地震层序界线并不完全一致,为了便于在地震剖面上进行解释,通常会人为地允许一定范围内的偏差。

(三)沉积地质学分析

主要通过沉积微相分析,建立沉积相发育模式,为沉积相解释奠定基础。由于不同环境形成的岩石的微观特征也各不相同,因此可划分出一系列微相类型,并以此作为沉积相带划分的依据,所以说微相分析是岩相古地理研究的根本。通过微相分析,可以明确不同相带的沉积特征以及与地层几何形态的响应关系、建立露头区沉积模式,用于指导覆盖区钻井沉积相解释和地层厚度等值线图等单因素图件的沉积地质解释。

在层序地层及沉积相分析基础上,建立有利沉积相带发育演化模式,指导相带分布预测。按照台缘形态类型及三级层序的高频旋回叠置型式,提出三级层序碳酸盐岩台地及其台缘带发育模式分类方案,如表2－2、图2－11、图2－12所示。从国内外海相碳酸盐岩台地类型及其研究进展来看,碳酸盐岩台地边缘形态基本端元类型为缓坡及镶边两类。缓坡的沉积斜坡倾斜角度很小,一般为1°～2°甚至更小,而镶边台缘斜坡倾斜角度则可达几十度乃至直立(90°),因此其沉积斜坡角度的差异会导致台缘高能相带分布样式不同。通常,缓坡的中缓坡或浅缓坡相带是高能相带,分布宽度较大,厚度较薄,有时也可能缺失高能沉积;镶边台地台缘带一般会发育以礁滩为主的高能浅水相,但宽度常常较窄、厚度较大。

表2－2　三级层序碳酸盐岩台地及其台缘带发育模式分类表

高频旋回叠置样式	缓坡	镶边台地
退积	1. 退积型缓坡→淹没台地	4. 退积型镶边台地→缓坡
加积	2. 加积型缓坡 (1)稳定加积型缓坡→镶边台地 (2)变浅加积型缓坡→镶边台地 (3)淹没加积型缓坡→淹没台地	5. 加积型镶边台地 (1)稳定加积型镶边台地 (2)变浅加积型镶边台地 (3)淹没加积型镶边台地
进积	3. 进积型缓坡	6. 进积型镶边台地

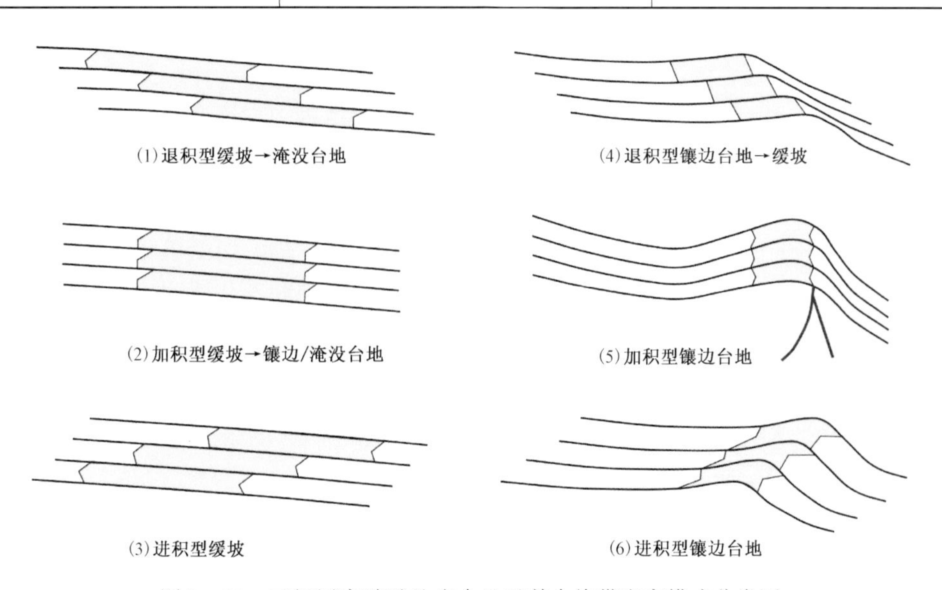

图2－11　三级层序碳酸盐岩台地及其台缘带发育模式分类图

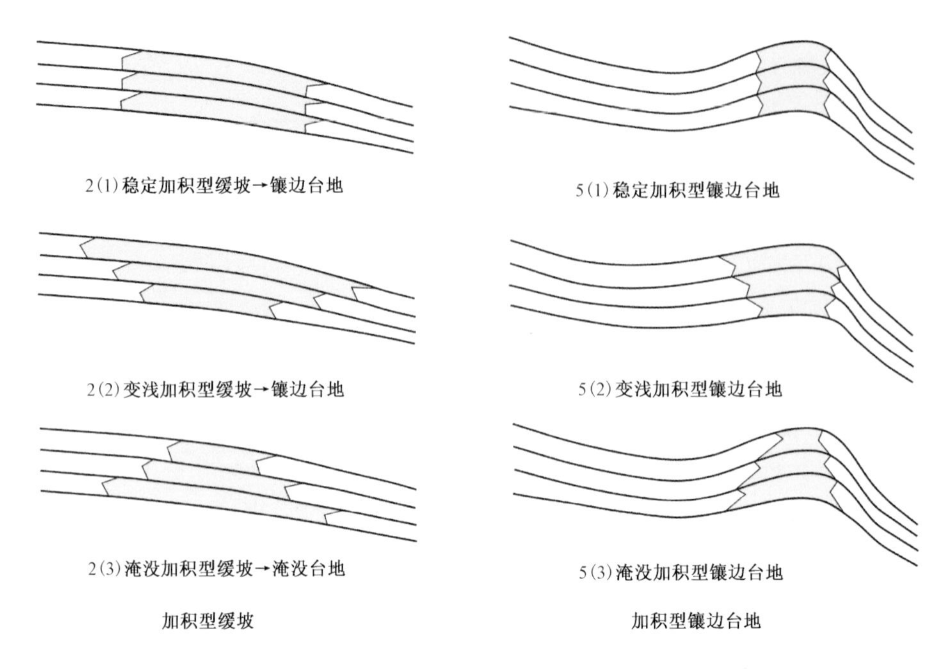

图2-12　三级层序加积型碳酸盐岩台地及其台缘带发育模式分类
各分图序号对应表2-2

三级层序的高频旋回叠置样式主要受控于相对沉积水深或可容空间的变化。一般情况下,在一个范围不大即基本处于相近气候纬度带中的碳酸盐岩台地,其碳酸盐沉积速率在相近的沉积相带中差别不大。因此,当相对沉积水深变深或可容空间增加的速率变大时,则表现为退积型叠置样式;当相对沉积水深变浅或可容空间增加的速率减小时,则表现为进积型叠置样式;在相对沉积水深基本保持不变或可容空间增加的速率稳定时,则发育为加积型叠置样式。上述6类碳酸盐岩台地演化样式除了受控于相对沉积水深变化外,还受局部断裂是否发育及其活动状况的控制。一般地,碳酸盐岩缓坡内断裂不发育,镶边台地尤其是加积型镶边台地常常在台地边缘斜坡处发育正断裂或逆冲断裂,亦即在台缘斜坡处存在断裂的情况下,其台地边缘多发育成为加积型镶边台缘类型。

缓坡与镶边台地之间也可以互相转化,当加积型缓坡或进积型缓坡发育到一定程度时,由于其中缓坡相带一般较内缓坡及外缓坡厚度大并逐渐加积—进积叠置,可以逐渐形成中缓坡部位显著的沉积古地貌高即台地边缘镶边,伴随镶边台缘高能相带的逐渐形成与加积—进积,其沉积斜坡倾斜角度也逐渐加大,最终转化成为典型的镶边台地。由缓坡转化成为镶边台地,多反映了相对沉积水深变化不大或者是下降的趋势,即可容空间变化速率稳定及减小的情况。而退积型镶边台地特别是低角度沉积斜坡的退积型镶边台地最终可能转化为缓坡或末端变陡缓坡以至于淹没台地。由镶边台地转变为缓坡乃至淹没台地,则反映了相对沉积水深增加趋势或可容空间增加速率增大的情况。

(四)地震沉积学分析

地震资料为碳酸盐岩沉积相研究提供了有效的手段,这其中地震相分析是一种有效的方法。地震相是由特定地震反射参数所限定三维空间的地震反射单元,是特定的沉积相或地质体的地震响应,其参数包括外部反射形态、内部反射结构、连续性、振幅和频率等。

碳酸盐岩地层几何形态有其自身的特殊性，特别是在台地边缘相带。而这些特殊的地层空间形态在地震反射上会有特征的响应(图 2－13)，例如斜坡相地震反射一般为较强振幅连续反射，表现为向盆地方向减薄的楔形，单个层组的下超面为产生强烈反射的低位楔顶。那么这些特征的地震反射可以帮助我们确定相应沉积相带的位置和空间展布特征，还可作为判识台内洼地和台内滩的间接证据。

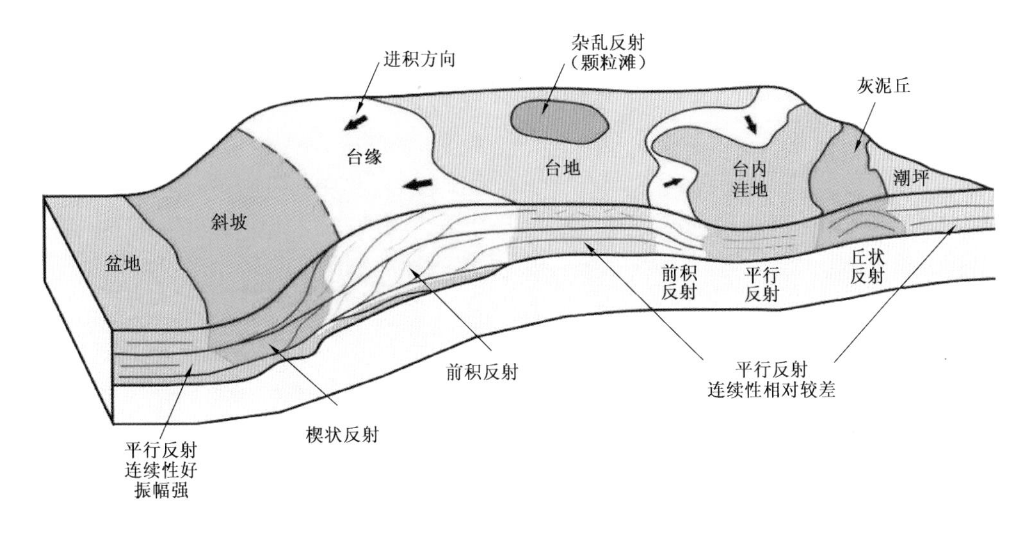

图 2－13　地震反射类型与沉积环境的对应关系

1. 台地边缘—台缘斜坡—盆地相带

向台地方向增厚，向盆地方向变薄，存在地形坡度变化的特征，是在地震剖面上确定台缘斜坡的判识标志。具体体现在以下两个方面：一是地震剖面上厚度薄，通常只有一个地震反射轴，横向厚度变化不大，振幅较强—强，连续性好，这些特征为盆地相的地震反射特征；二是碳酸盐岩台地斜坡沉积显示下超、交互地上超和下超，或者仅仅是上超。实际操作中，可以认为斜坡通常是起始于地层厚度开始变厚的点，终止于地层厚度最大的点，或者是地层厚度开始变稳定的点。具体情况取决于台地类型，前者多为镶边型和远端变陡型台地，后者为等斜缓坡型台地。形态上为向盆地方向变薄的楔状体，以中—强振幅、中等—好连续性地震反射为特征，内部靠近台地边缘位置也可见到杂乱或丘状反射，可能为斜坡滑塌产物或台缘斜坡内侧的灰泥丘反射。

对于台地边缘镶边程度较弱的碳酸盐岩台地，地震剖面上区分台地边缘与开阔台地难度较大，特别是缓坡型台地的台缘(中缓坡)与台内(内缓坡)。但是在镶边台地边缘，由于陡边、丘状和透镜状丘(生物丘和礁)的存在，通常可以见到丘状反射特征。丘状反射以一系列离散的连续或不连续的反射波为特征，这些反射波构成一系列较大的底平顶凸的反射轮廓，在丘状体两翼可以见到明显的上超现象。依此可以区分台地边缘与开阔台地。

2. 颗粒滩

颗粒滩在碳酸盐岩台地边缘和台内均发育，特别是在缓坡型台地中缓坡地带。通常为杂乱反射，而且滩体厚度通常较其邻近的滩间海沉积厚度大，因此弱振幅、低频、连续且厚度较周围略大的杂乱反射可以作为解释滩体的依据。此外台地边缘滩还常与礁(丘)体的丘状反射特征组合出现。单纯从地震剖面上很难对滩体的位置和轮廓作出确定的解释，需要结合地层等厚图以及钻井、测井信息来综合判断。

3. 台内洼地

台内洼地是指台地上相对低洼、水体相对较深的地区，其底部位于晴天浪基面之下，但通常在风暴浪基面之下，水体深度一般不会超过外陆棚的水体深度（小于200m）。台内洼地内部通常以中—强振幅、中—好连续性为特征，反映了台内洼地泥质灰岩或与纯石灰岩稳定的互层沉积。此外，在台内洼地周缘常有丘状反射和杂乱反射存在，并且在台内洼地周围有上超和地层增厚。丘状反射和杂乱反射可能为台内洼地周缘缓坡位置发育的灰泥丘，前积反射则可能是颗粒滩的地震响应。而台内洼地周围有上超和地层增厚方向反映出沉积期该地区处于相对低的地形部位。

（五）单因素图件编制

单因素是能独立地反映某地区、某地质时期、某沉积层段沉积环境某些特征的因素，它的有无或含量的多少均可独立地反映该地区、该层段沉积环境的某些特征，如沉积环境水体的深浅、能量大小、性质等，某沉积层段的厚度、岩石类型、结构组分、矿物成分、化学成分、化石及其生态组合等，均可作为单因素。需要注意的是，受资料点密度影响，并非每种单因素图件都能得出客观结论，这就需要针对性地选择适合研究区的单因素进行编图。如塔里木盆地寒武系钻遇井少，不足以支持泥质岩含量、颗粒含量等单因素图件；四川盆地钻遇二叠系—三叠系的钻井较多，因此可以编制白云岩厚度图、膏（盐）岩厚度图、砂岩厚度图和页岩厚度图等一系列单因素图件，为岩相古地理重建奠定了良好基础。

（六）岩相古地理工业化制图

油气工业对岩相古地理图件的要求更为苛刻，因此必须在保证资料点密度的情况下进行工业化成图，特别是盆地内部。在编图时，必须要注意到，每一类资料均有其局限性，每一种模式也有相应的适用范围。因此，在岩相古地理研究中要扬长避短，在熟悉区域构造背景的基础上，对各类资料进行综合分析，最大程度地消除资料多解性带来的负面影响。

三、重点层系岩相古地理特征

我国海相碳酸盐岩主要分布在古生界，目前在寒武系、奥陶系和二叠系—三叠系均有大型碳酸盐岩油气田发现。本部分将对塔里木、四川和鄂尔多斯三大盆地重要层段的岩相古地理特征作简要论述。

（一）塔里木盆地寒武纪—奥陶纪岩相古地理特征

1. 寒武纪岩相古地理

受震旦纪—早寒武世区域板块构造张裂运动的影响，在早寒武世早期（玉尔吐斯组沉积期），塔里木板块内形成了塔西、罗西及库鲁克塔格三个孤立碳酸盐岩台地，其间被盆地和外缓坡所分隔。塔西台地规模最大，台内主要是局限—半局限台地环境。台地西缘的阿克苏肖尔布拉克剖面表现为外缓坡沉积特征，而轮南、塔西台地东南缘古城4井西侧及塔西台地西南缘则表现为中缓坡沉积加厚及外缓坡沉积减薄特征。根据台地西南缘中—下寒武统由南东向北西逐渐减薄的特征，推测塔西南喀什—叶城—和田一带存在中—下寒武统盆地相区。罗西台地西缘外缓坡相带位于米兰1井及罗西1井附近，英东2井过渡到外缓坡环境。

早寒武世晚期（肖尔布拉克组、吾松格尔组沉积期）继承了三个孤立台地及其间深水沉积区（缓斜坡及盆地相）的古地理格局。不同之处在于，塔西台地加积—进积生长，塔西台地西北缘及东缘进积距离最大,并导致台地内部形成更为局限的环境。这表明,塔西台地边缘在早寒武世—中寒武世早期表现为由缓坡向弱镶边台地边缘过渡的特征。罗西台地仍表现为缓坡型台地。在盆地西北缘的温宿县,属于典型深水沉积环境;塔东 1 井、塔东 2 井及尉犁县元宝山—雅尔当山露头剖面一带为深水沉积环境。

中寒武世(沙依里克组和阿瓦塔格组沉积期)古地理面貌的主要变化表现在塔西台地中北部出现了分布较为稳定的膏盐潟湖,以及塔西台地东部弱镶边台地的边缘相带向东进积,台地西南缘仍旧保持了弱镶边加积型台地边缘特征。罗西台地西缘为弱镶边加积型台地边缘特征。塔东深水盆地相以塔东 1 井、塔东 2 井及元宝山—雅尔当山露头剖面最为典型。

晚寒武世(丘里塔格组沉积期),塔西台地的西北部及东部边缘相带分别向北及向东进积,并演变为典型的镶边台地边缘,且台地内主要为局限台地相,前期的大面积膏盐潟湖消亡,塔西台地分布面积达到了最大范围(图 2 - 14)。

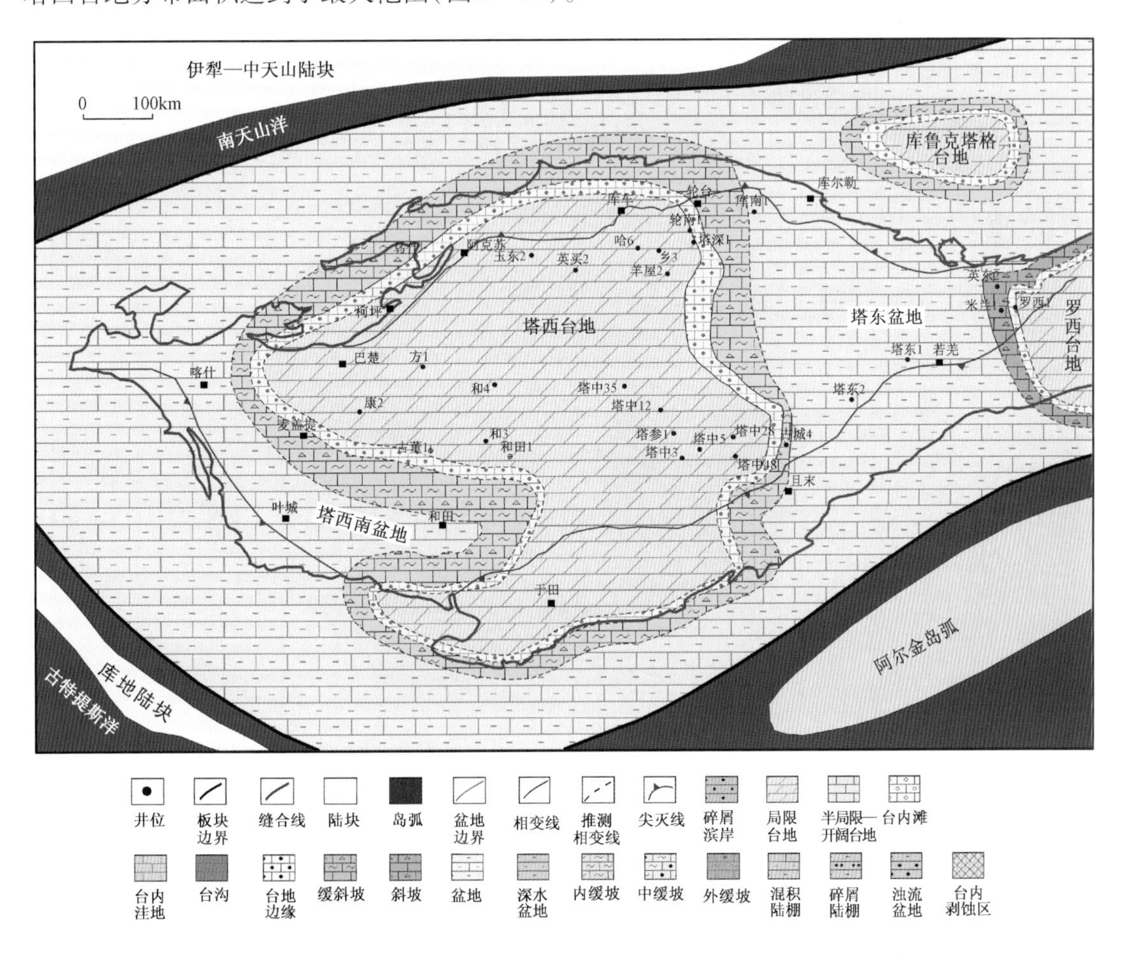

图 2 - 14 塔里木盆地晚寒武世层序∈SQ5 - 6(丘里塔格组)沉积时期岩相古地理图

塔西台地自早寒武世形成以来,一直发生进积作用,西北缘和东缘的进积作用表现最为明显,至晚寒武世达到最大范围。台地东侧边缘在轮南地区表现为进积型镶边台缘,在古城地区和西南缘则表现为加积型镶边台缘。罗西台地西侧在罗西 1 井地区已经过渡为加积型镶边台地边缘。东部的欠补偿盆地继承性发育。

2. 奥陶纪岩相古地理

早奥陶世蓬莱坝组沉积时期,塔里木板内基本继承了寒武纪的古地理格局。不同之处在于台地南部发育了沿塔中Ⅰ号断裂北侧分布的中古台沟,塔参1井一带可能发育有台内洼地。早—中奥陶世鹰山组沉积时期,中古台沟及塔中台洼均有所扩大,并推测出现了分布范围更大的塔西台洼及塘南台沟。塔西台地内部主要是半局限—开阔台地相环境,颗粒滩分布广泛。塔参1井证实塔中台洼依然存在,塔西台洼尚无钻井钻遇,但从地震剖面上可以看到前积结构,可能是台洼周围沉积物向洼地中心进积的地震响应。塔西台地东缘及西北缘可能均为加积型末端变陡缓坡,南缘为发育台地边缘高能相带的加积型缓坡。中古台沟南部边缘为加积型镶边台缘,北部可能为缓坡。罗西台地西缘应属于加积型镶边台地,塘南台地北缘推测为加积型缓坡台地(图2-15)。东部为欠补偿盆地,以碳质泥岩夹硅质岩为主,平均残余有机碳高达2.67%,是优质烃源岩。

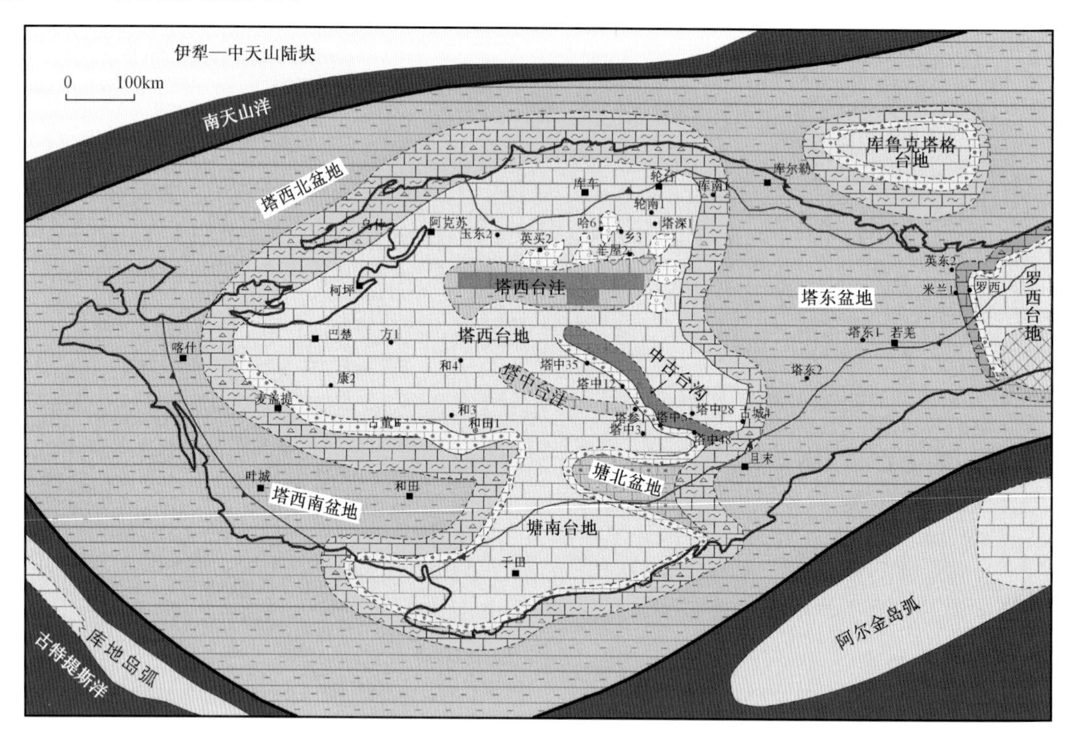

图2-15 塔里木盆地早—中奥陶世层序OSQ2-3(鹰山组)沉积时期岩相古地理图(图例同图2-14)

中奥陶世一间房组沉积时期,受区域板块张裂运动的持续影响,中古和塘古台沟分别继续向西北和向西扩展并演化为盆地,前期统一的塔西台地分化为塔北台地、巴楚—塔中台地及塘南台地三个孤立台地(图2-16)。塔北台地南缘及东缘、巴楚—塔中台地东北缘及南缘、库鲁克塔格台地南缘表现为缓坡型台地边缘,而巴楚—塔中台地北缘、罗西台地西缘及塘南台地北缘则表现为镶边型台地边缘。塔北台地南缘及东缘形成了宽达30~60km、厚30~150m的一间房组中缓坡(台地边缘)高能礁滩相带,古城4井钻遇厚约60m的中缓坡高能滩沉积,应该代表了塔北台地最东侧的台地边缘相带。巴楚—塔中台地西北方向外缓坡位于柯坪羊吉坎剖面一带,高能边缘相带(中缓坡)则位于巴楚地区。地震资料显示,巴楚—塔中台地北缘、罗西台地西缘及塘南台地北缘表现为镶边台地边缘特征。孤立台地内部,是以泥晶灰岩及泥晶生屑灰岩为主的开阔台地环境,之间为深水盆地,富含有机质的黑色泥岩是塔里木盆地海相油气勘探的主力烃源岩。

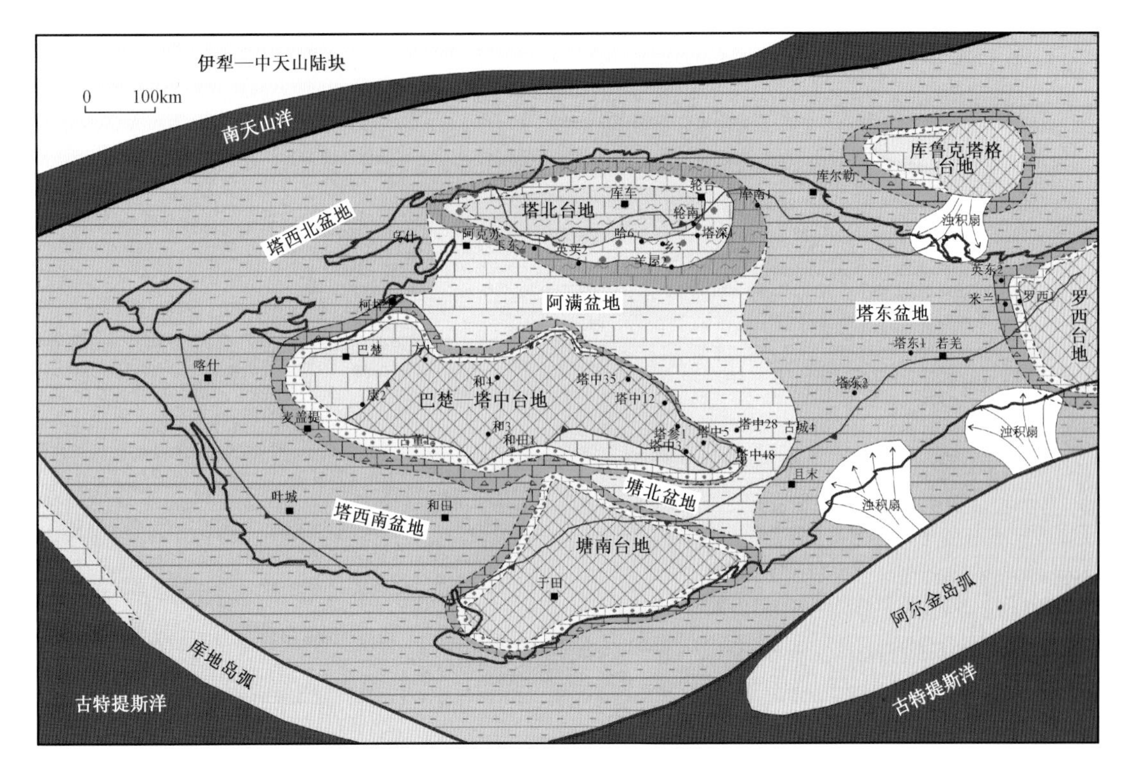

图2－16　塔里木盆地中奥陶世层序OSQ4高位体系域(一间房组上部)沉积时期岩相古地理图
(图例同图2－14)

塔里木板块南部被动陆缘的俯冲,导致在中奥陶世末构造应力由张裂性质转变为会聚挤压性质。巴楚—塔中台地开始隆升剥蚀,台地主体部位一间房组缺失。此时的塘南台地、罗西台地及库鲁克塔格台地在挤压应力背景下也发生了不同程度的隆升剥蚀作用。

晚奥陶世初期,即吐木休克组沉积时期,库地岛弧及阿尔金岛弧进一步与塔里木板块南缘发生会聚,提供了大量陆源碎屑物源,在塔东形成了厚达1500m的浊积岩。持续的向北挤压作用,导致塘南台地、罗西台地及巴楚—塔中台地的大部地区保持隆升状态,缺失了吐木休克组。在挤压应力和全球性海平面上升联合影响下,塔北台地被淹没形成较深水环境。此时的库鲁克塔格台地隆起区也再次被海水淹没并形成了开阔台地环境。

晚奥陶世良里塔格组沉积时期,塔里木板块与其周缘的库地岛弧、阿尔金岛弧及伊犁—中天山陆块会聚拼合,使得阿尔金岛弧及库地岛弧成为陆源碎屑供给的物源区,塔东盆地、塘北盆地及塔西南盆地被陆源碎屑浊积岩所充填,形成典型的浊流盆地群。在全球海平面上升背景下,巴楚—塔中台地隆起剥蚀区及塘南古陆再次被海水淹没,并演化为开阔台地环境。巴楚—塔中台地、塘南台地及库鲁克塔格台地的边缘均主要受断裂控制进而形成垂向加积型镶边台地边缘。巴楚—塔中台地南缘也表现为镶边台地边缘高能礁滩相带;西北缘应为沉积斜坡较陡的镶边台地边缘。塘南台地北缘推测为加积型镶边台缘。塔北台地逐渐由深水淹没台地演变为浅水开阔台地,其南缘总体表现为坡度平缓的加积—进积型缓坡台地边缘高能礁滩相带。此时罗西古陆在阿尔金岛弧的持续挤压作用下,继续保持隆升状态,并在其周缘形成了陆源碎屑陆棚—滨岸沉积(图2－17)。

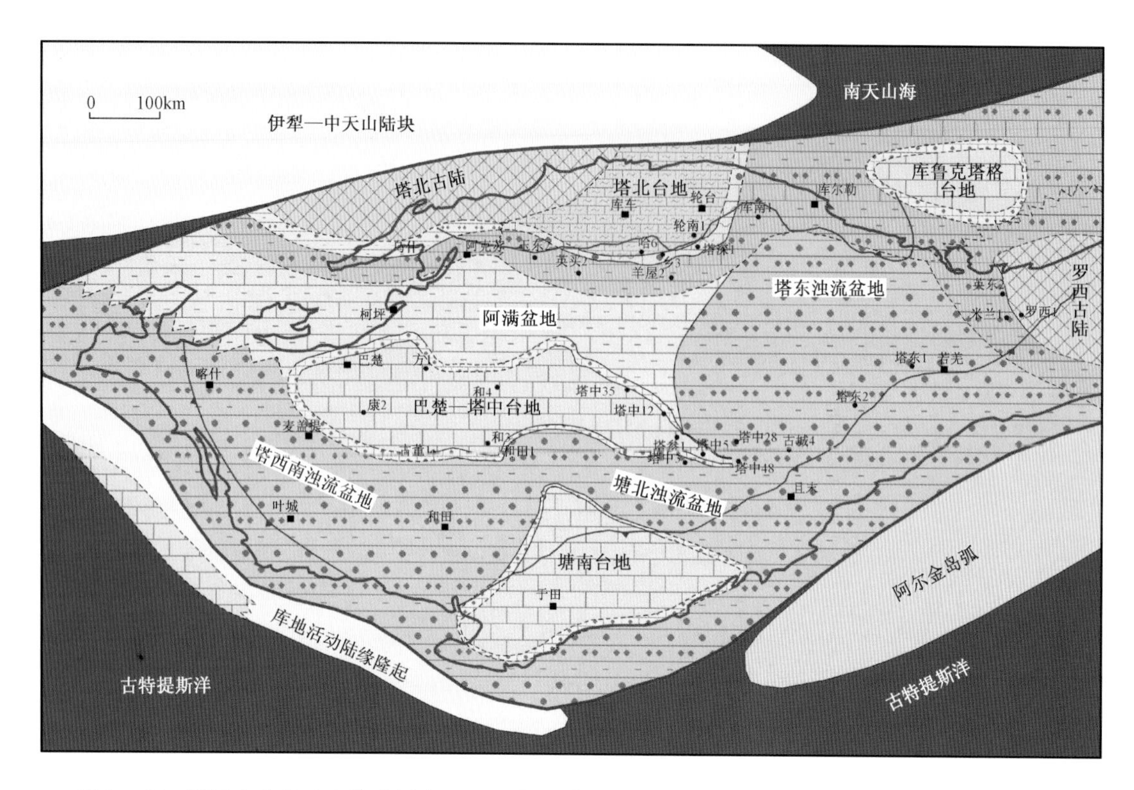

图 2－17　塔里木盆地晚奥陶世层序 OSQ6（良里塔格组）沉积时期岩相古地理图（图例同图 2－14）

晚奥陶世桑塔木组沉积时期，整个塔里木板块几乎被陆源碎屑沉积物所覆盖，仅库鲁克塔格地区仍然保持了清水碳酸盐岩台地沉积环境。塘南台地、巴楚—塔中台地及塔北台地因大量陆源碎屑注入而消亡，演变为碎屑陆棚或碎屑—碳酸盐岩混积陆棚环境；阿瓦提台盆则由较开阔的深水盆地环境演变为被陆源碎屑或混积陆棚环绕的滞流盆地环境。奥陶纪末铁热克阿瓦提组沉积时期，受南、北两侧陆块及岛弧的挤压，塔里木板块中西部的巴楚—塔中地区及塔北地区隆升成陆，进而成为阿满碎屑陆棚及其周缘的碎屑滨岸潮坪三角洲相带，在塔中古陆北缘及塔北古陆南缘则主要为无障壁开阔滨岸及三角洲沉积环境；阿满陆棚沉积以泥岩夹粉细砂岩为主要特征，总体属于陆源碎屑供给十分丰富的补偿—超补偿型陆棚环境。

（二）四川盆地寒武纪—奥陶纪、二叠纪—中三叠世岩相古地理特征

1. 寒武纪岩相古地理

四川盆地寒武纪古地理格局西高东低，盆地西部为剥蚀区并发育陆源碎屑沉积；中部为碳酸盐岩—碎屑岩混积区，台内滩发育；东部水体较深，以碳酸盐沉积为主，开阔台地和台地边缘礁滩发育。总体而言，寒武纪经历了海进—海退—海进的演化过程（图 2－18）。

早寒武世筇竹寺组沉积时期，海水入侵面积最大，水体较为安静。该时期整体为陆棚环境，根据砂泥岩和碳酸盐岩含量的不同，可分为砂泥质陆棚和碳酸盐岩陆棚。盆地西部和西北部为砂泥质陆棚环境，南部为泥质陆棚环境。盆地东部为碳酸盐岩—砂泥质混积陆棚，在彭水、石柱、城口一带发育碳酸盐岩滩坝，主要为鲕粒灰岩，厚度相对较薄。沧浪铺组沉积时期早期海水持续上升，海侵范围达到最大，由于陆源碎屑物供应较强，在盆地西北部广元至成都一带广泛发育三角洲相，峨眉—资阳—安岳—南充一带为滨浅海相。到晚期，盆地西部及西北部边缘开始缓慢上升，总体处于海退阶段。盆地通江—华蓥山—重庆地区以东主要为碳酸盐岩缓坡的中缓坡环境，

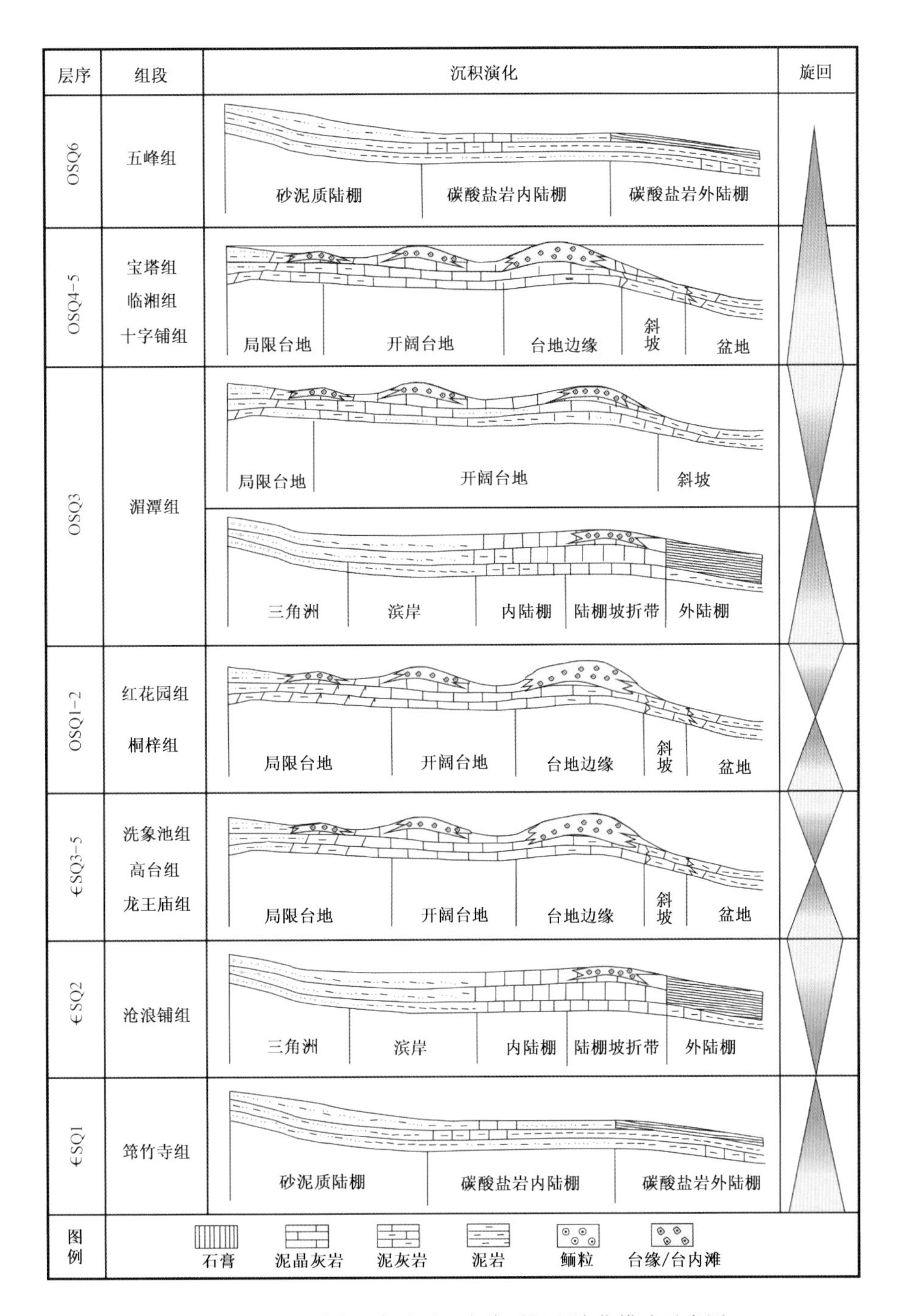

图 2-18　四川盆地寒武系—奥陶系沉积演化模式示意图

在彭水太原、习水润南、巫山徐家坝等地区大量发育鲕粒滩及生物碎屑滩沉积，鲕粒厚度最后可达 50m；东北部的南江地区发育鲕粒滩及古杯丘，其上覆为三角洲前缘砂泥质沉积。

到龙王庙组沉积时期，古地理格局发生了很大的变化，由混积陆棚逐渐转变为碳酸盐岩台地。但仍受到来自西侧康滇古陆的陆源碎屑的侵扰，在盆地西北部地区形成砂泥坪。盆地中部整体为局限台地环境，其中乐山范店、资阳等地发育云坪；威寒 1 井、女深 1 井、座 3 井等地区形成了高能砂屑滩或鲕滩沉积。宫深 1 井、临 7 井等地方发育膏岩，为潟湖环境。该时期，台地边缘位于盆地东部（图 2-19）。

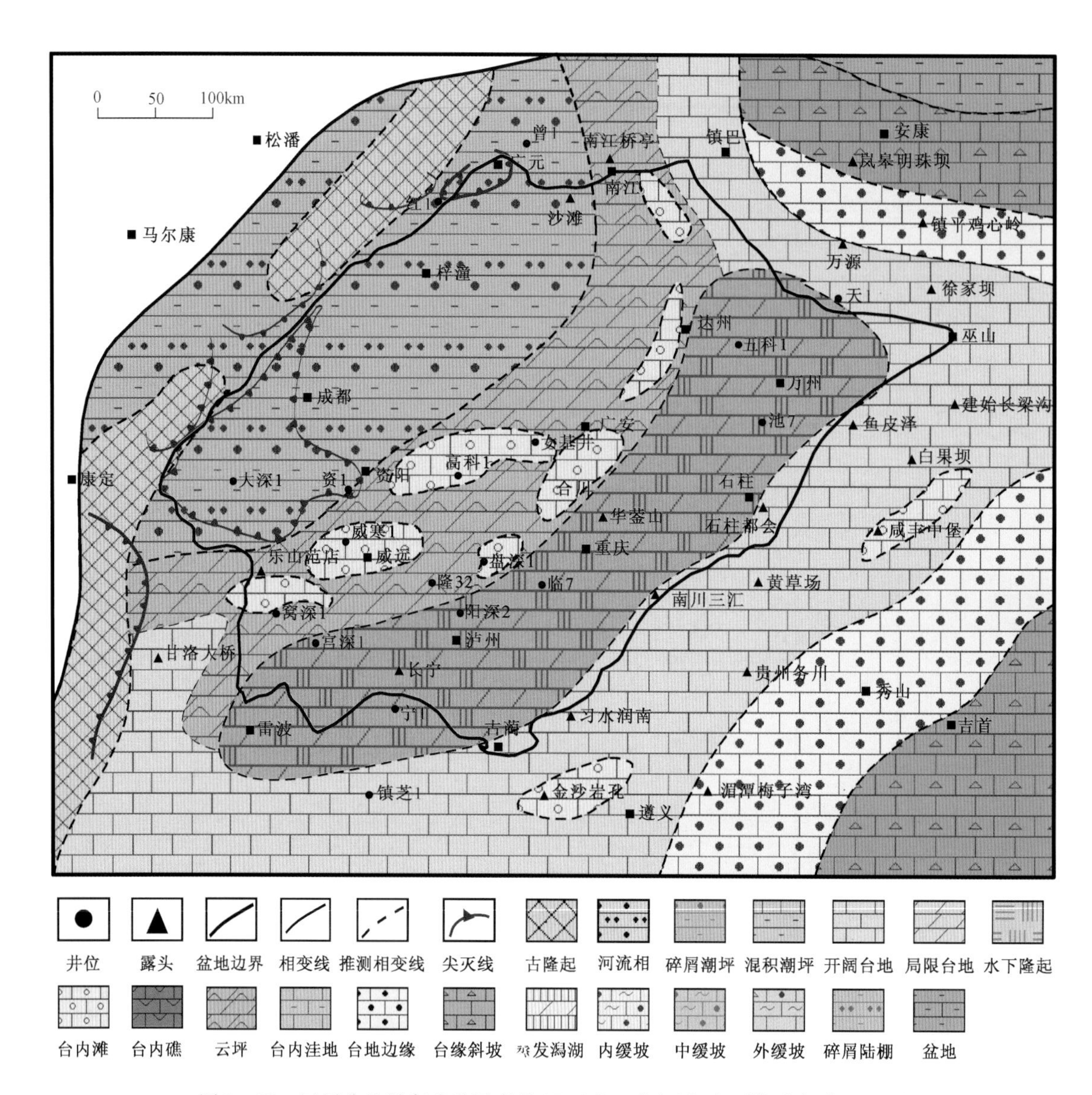

图 2－19　四川盆地早寒武世层序∈SQ3（龙王庙组）沉积时期岩相古地理图

中寒武世高台组沉积时期整体上继承了龙王庙组沉积时期的古地理格局，以碳酸盐岩沉积体系为主，只是在盆地的西缘形成了砂泥坪和混合坪环境。台地内部天 1—五科 1—池 7—盘 1 井一带发育云坪，在宫深 1、阳深 2、临 7、座 3 等地方为潟湖环境，在这些潟湖周围形成了广泛分布的砂屑滩。

中—晚寒武世洗象池组沉积时期主要为海退过程，盆地内以局限台地环境为特征。盆地西部峨眉、安岳、南充等地区主要为碎屑岩—碳酸盐岩混积潮坪环境；盆地中东部以云坪沉积为主，其中台内滩十分发育。

2. *奥陶纪岩相古地理*

早奥陶世早期继承了寒武纪古地理格局，整体上为碳酸盐岩台地环境（图 2－20）。桐梓组沉积早期受西部古陆影响，盆地西缘陆源碎屑供给充分，为碎屑潮坪环境。桐梓组沉积晚期和红花园组沉积时期过渡为清水碳酸盐岩台地环境，在盆地西部发育分布范围有限的局限台

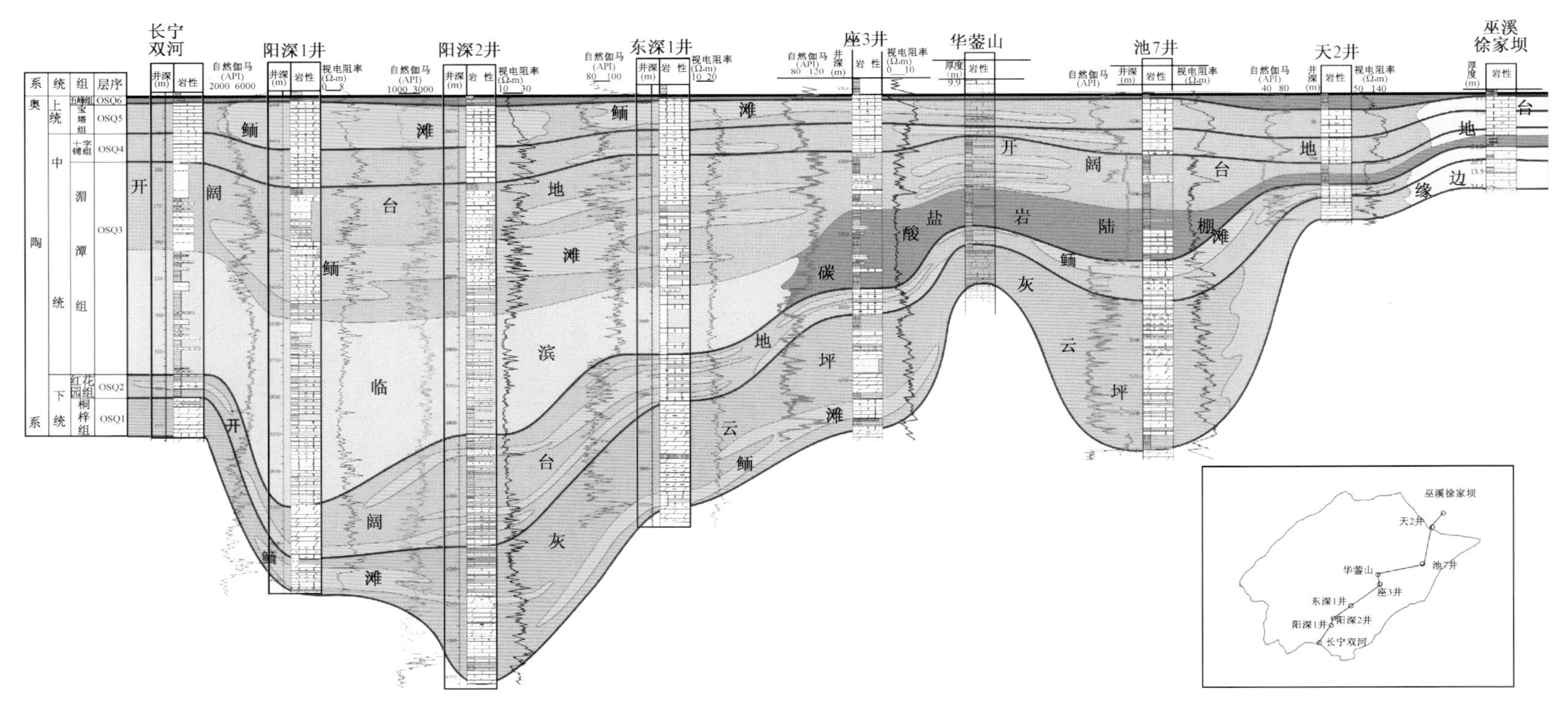

图2-20 四川盆地奥陶系长宁双河—巫溪徐家坝地层沉积剖面

地，以混合坪沉积为主；盆地东部主要是开阔台地环境，其中台内滩在东部呈条带状展布；盆地外缘东部分布有台地边缘滩，以鲕粒灰岩为主。此时，台地边缘相带位于鄂西和贵州三都一带。湄潭组是奥陶纪海水快速上升的沉积反映，早期主要为一套泥页岩，单层厚度较大，反映当时整体水体较深，水动力较弱；湄潭组沉积晚期水深逐渐变浅，水动力相对增强，生屑灰岩的含量、厚度增加，盆地内部以台地沉积为主。十字铺组沉积时期和宝塔组沉积时期，海水整体相对比较平静，在盆地内部以开阔台地环境为主，台内滩呈现条带状南北展布。奥陶纪末，随着海平面快速上升，过渡为滞留陆棚环境，整个盆地内为一套灰黑色泥页岩，是一套优质烃源岩。

3. 二叠纪—中三叠世岩相古地理

中二叠统沉积之前，四川盆地经历了一次大范围的暴露剥蚀。中二叠世早期，发生了海侵，发育了梁山组滨岸沼泽体系碎屑岩，之后四川盆地接受了栖霞组清水碳酸盐岩台地沉积。该时期沉积格局稳定，台内生屑滩零星分布，主要在川南和川西北发育。川西受裂陷洋盆的影响，形成较深水的盆地相和外缓坡相，往东在川西都江堰虹口、上寺长江沟、北川通口等地为中缓坡环境。

茅口组沉积时期基本上继承了栖霞组沉积时期的古地理格局，但水体较深。盆地西南部宝兴县跷碛藏族乡头道桥见混杂堆积的角砾灰岩，为外缓坡沉积物，推测其东侧存在中缓坡（台地边缘）相。中缓坡存在的直接证据来自绵竹天池剖面，茅口组见大套浅灰色厚层亮晶砂屑灰岩。因此可以认为自西往东依次发育盆地相、外缓坡相、中缓坡相和内缓坡相，台内滩亚相主要分布在盆地西南部。与栖霞组沉积时期不同的是，北缘的秦岭洋盆继续发育，在盆地北部出现了一条近东西走向的中缓坡相台地边缘沉积和外缓坡沉积，而盆地南缘古蔺三道水，见到大套薄层深灰色泥晶灰岩，为台内洼地沉积。

龙潭组沉积时期古地理格局较前期发生了较大的变化。晚二叠世，受西南部康滇古陆的影响，发育了一套海陆交替相潮坪沼泽含煤沉积和灰泥坪沉积。盆地西南部见有大量大陆裂谷型层状基性玄武岩和侵入岩，受其影响，川西北旺苍县大两乡吴家坪组见薄层泥晶灰岩夹硅质岩，代表盆地相。梁平—开江地区开始出现较深水沉积，川东华蓥山一带出现台内洼地积。川西绵竹天池为台地边缘相带，湖北利川红椿沟为盆地环境。

长兴组/大隆组沉积时期，西南部碎屑岩的分布范围较龙潭组沉积时期有所缩小，碳酸盐岩台地范围增大。梁平—开江海槽继续沉降，台内洼地分布范围也逐渐扩大，占据了川中大部分地区。川西台地边缘基本上在前期位置继承发展，川东北环开江—梁平海槽台地边缘加积生长。台内滩在川中地区围绕台内洼地零星分布。长兴组沉积时期另外一个显著的特征是在川东北地区大规模发育生物礁沉积，如咸丰黄草坝、开县红花等露头（图2-21）。

早三叠世飞仙关组沉积早期，基本上继承了长兴组沉积时期的格局。该时期四川盆地中部、西南部受康黔古陆的影响，为河流—混积陆棚环境，形成大套碎屑岩沉积建造。西北龙门山地区，在绵竹睢水见亮晶鲕粒灰岩，为台地边缘沉积，可见该台缘带有继承性。环梁平—开江海槽台地边缘继续进积生长。台地内部，川东北地区仍发育大面积的鲕粒滩。飞仙关组沉积晚期，梁平—开江海槽被沉积物填平，仅剩下局部分布的小型洼地（图2-22）。台地边缘仍旧在川西龙门山—川北—川东一带发育。受气候、沉积物供给等因素的影响，逐渐过渡为潮坪—三角洲、局限台地和蒸发台地环境，并最终走向消亡。

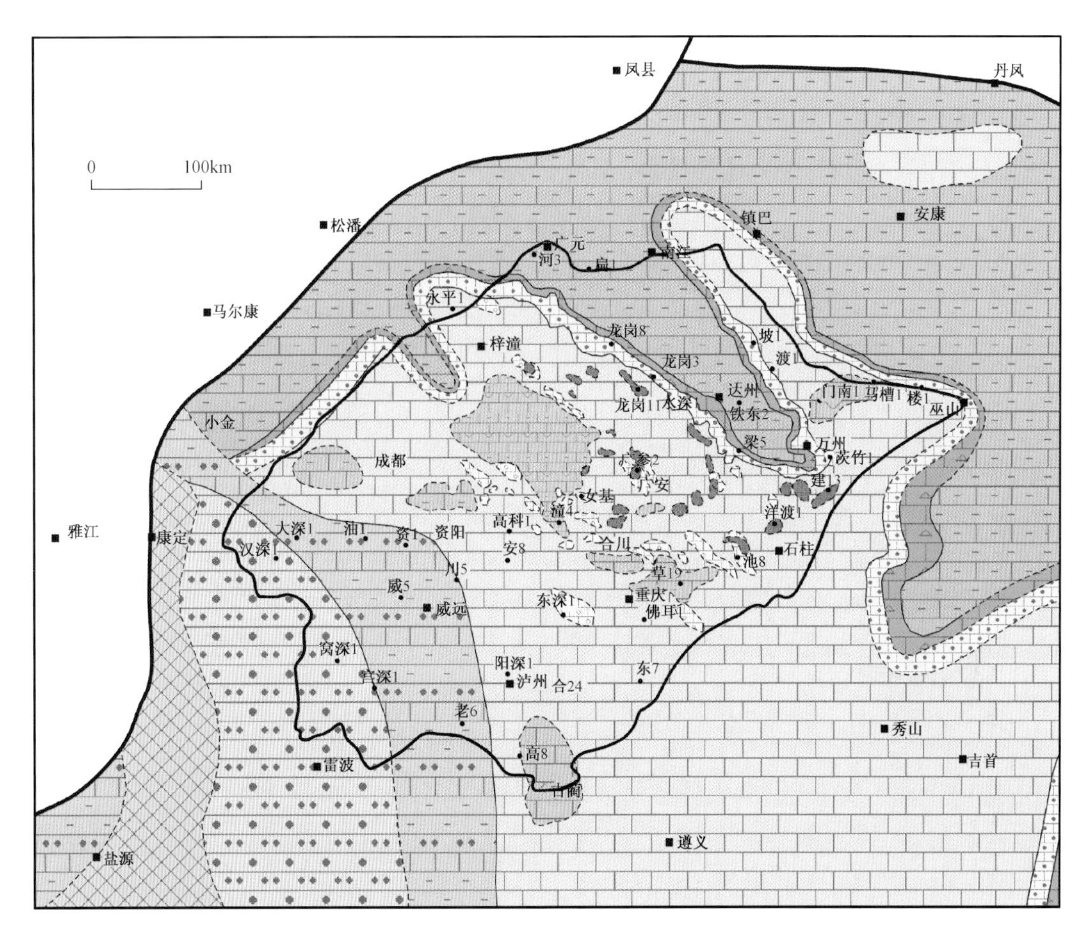

图2－21　四川盆地晚二叠世层序PSQ5(长兴组/大隆组)沉积时期岩相古地理图
(图例同图2－19)

嘉陵江组沉积早期发生大规模海侵,海平面大幅升高,周边古隆起的障壁作用大大减弱,与开阔海之间水体的自由流通能力大为改善,盆地以开阔台地环境为主。川中以开阔台地灰质沉积为主,相对低洼处演化成台内洼地,西南康滇古陆及周边以碎屑岩为主夹碳酸盐岩。高位体系域时期,海平面下降,盆地周边古隆起的障壁作用加强,水体的自由流通能力大大减弱甚至不流通,盆地以局限台地环境为主。川中以局限台地白云岩、膏质白云岩为主,相对洼地处则沉积膏盐,西南康滇古陆及周边以碎屑岩为主夹碳酸盐岩。

中三叠世雷口坡组沉积时期的古地理格局与先前相比有变化,主要表现在受来自东南侧江南古陆物源区的影响,在四川盆地东南部形成了另一个陆源碎屑沉积区。早期,盆地内主要为局限台地环境,在西北广元—江油一带,发育台地边缘浅滩,中部仪陇—营山—南充低洼处为膏盐潟湖环境,膏盐湖向四周古陆或水下隆起区方向,逐渐演化成膏质云坪和云坪环境。受西南康滇古陆及东南江南古陆影响,盆地西南缘和东部陆源砂泥质碎屑增多,主要为碎屑潮坪沉积。晚期,发生快速海侵及随后海退,使得台内由前期的局限环境转变为半局限—开阔环境,并再次转变为局限台地环境。膏盐潟湖的面积也随之发生相应变化。盆地东南侧的江南古陆进一步隆升并造就了更大的陆源碎屑沉积区。

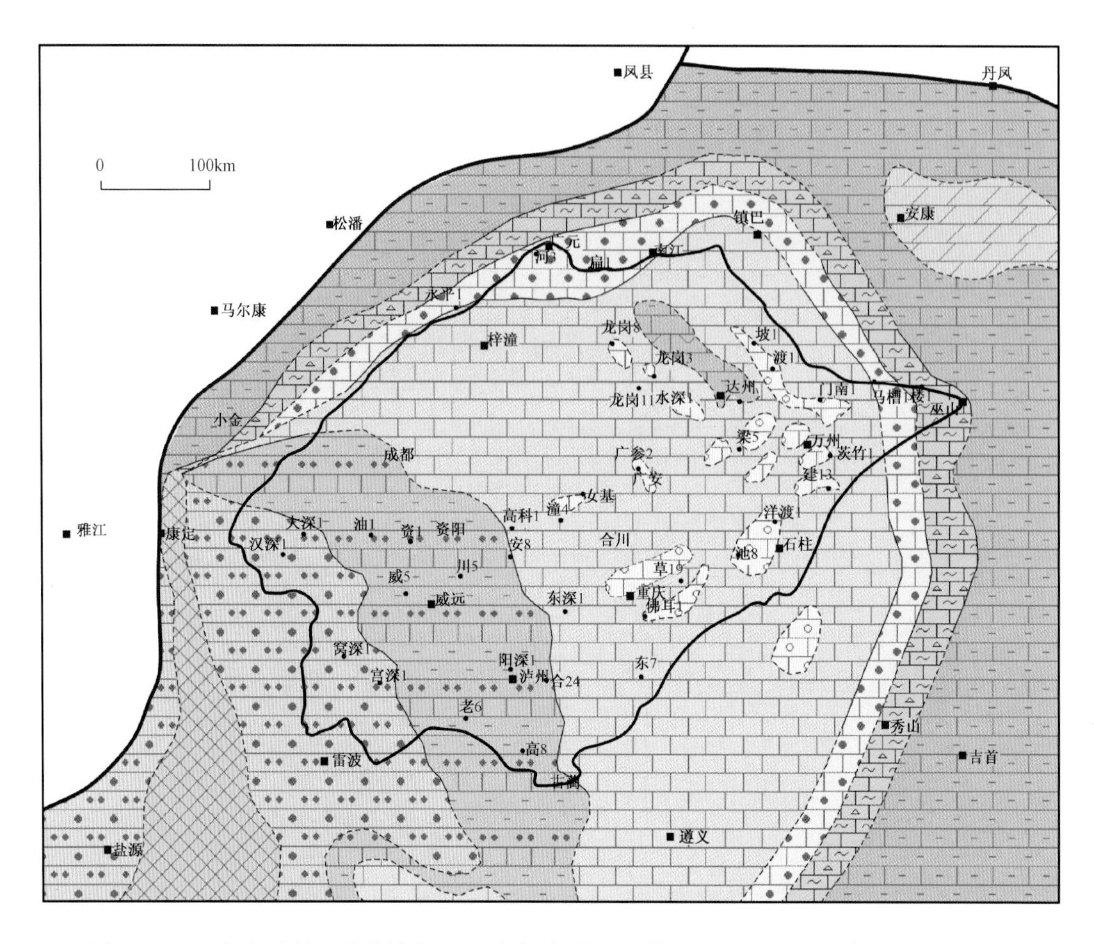

图 2 - 22　四川盆地早三叠世层序 TSQ2 海侵体系域(飞仙关组三段)沉积时期岩相古地理图
(图例同图 2 - 19)

(三)鄂尔多斯盆地寒武纪—奥陶纪岩相古地理特征

1. 寒武纪岩相古地理

寒武纪,鄂尔多斯地区主体是一个被西南边缘贺兰—秦祁海槽所围限的稳定平台,基本上呈北东高、南西低的平缓斜坡。自北东的陆架台坪向西南的陆坡转折或构造变陡缓倾斜过渡,这种构造样式控制了寒武纪的古地理展布。盆地内部为陆架台坪沉积,盆地西南缘为陆架转折带及陆坡环境(图 2 - 23)。

早寒武世,与华北地台主体部分一样,这个时期鄂尔多斯盆地边缘地区也主要是遭受风化剥蚀作用的古陆隆起区。这是新元古代 Rodinia 超级大陆形成导致整体抬升的结果。这个隆起的古陆一直持续至早寒武世晚期(辛集组沉积时期),随着该超大陆的裂解与离散程度的日益显著,华北地台及其边缘才开始发生区域性沉降,发生海侵,接受海洋沉积。由于海水从南部和西部缓慢侵进,因此形成环绕古陆的较窄的含磷砂砾质滨岸沉积,向外侧,过渡为深水陆棚环境。

早寒武世晚期—中寒武世,长期的风化剥蚀作用将古陆夷平,地势平缓。这一时期,海水很浅,以潮坪环境为主,局部可达到潮下带上部。从岩性特征看,大多数地区以紫红色细碎屑岩为主,至毛庄组沉积时期,开始出现白云岩和鲕粒灰岩夹层,但厚度不大,相应的碎屑沉积的颜色转为灰黄色—黄绿色。徐庄组沉积时期石灰岩增多,但一般均夹有较多的碎屑岩。在鄂

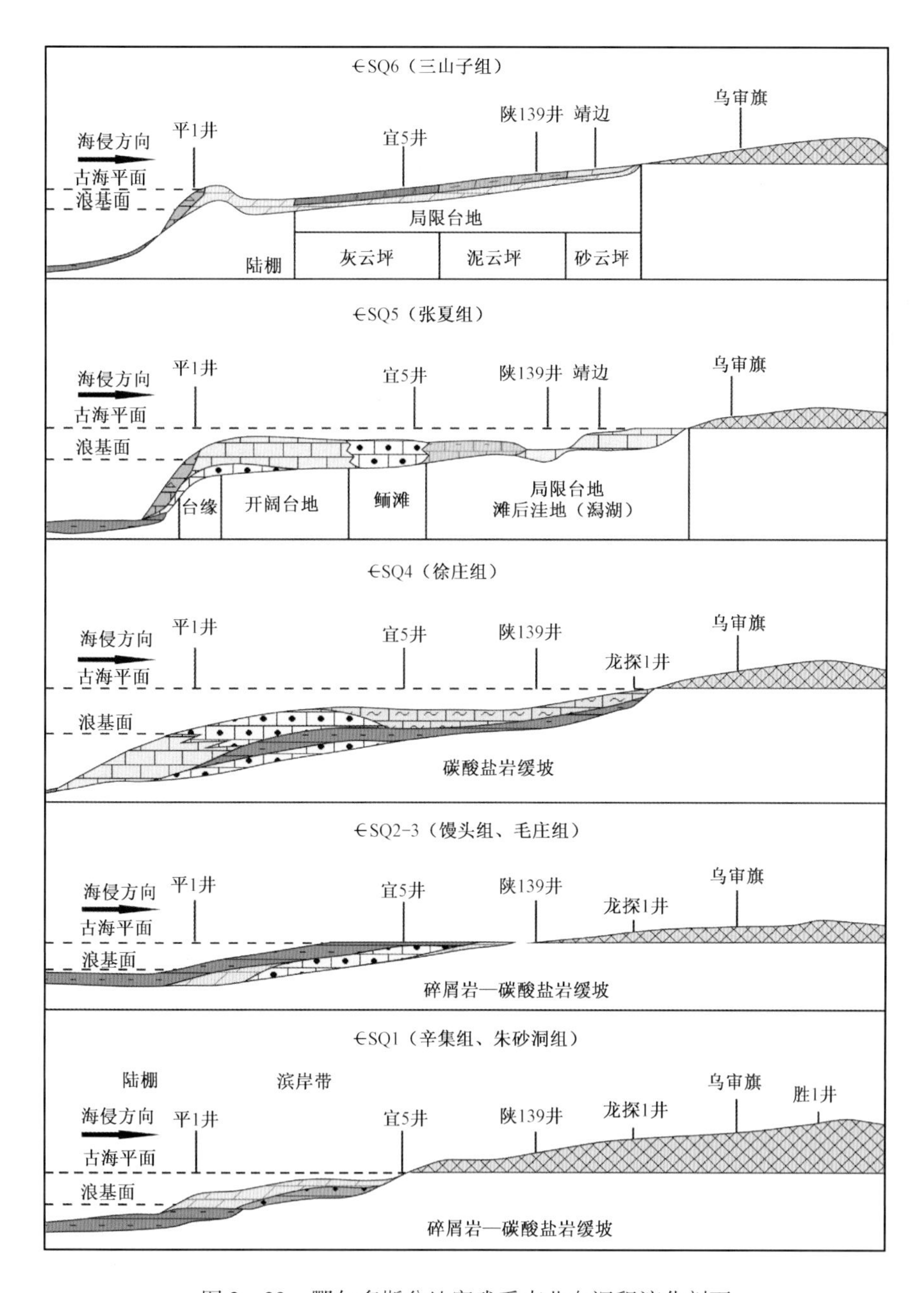

图2－23　鄂尔多斯盆地寒武系南北向沉积演化剖面

尔多斯西缘，出现厚度较大的中—薄层石灰岩、鲕粒灰岩，表明水深较其他地区略大，这也可能是出现明显沉降的标志。至张夏组沉积时期，全区范围内广泛发育鲕粒灰岩为主的滩相，并出现较多的叠层石—凝块石灰岩；而鄂尔多斯西缘夹有大量的风暴竹叶状砾屑灰岩。因此从特征上，至张夏组沉积时期，已经发展成以成熟的碳酸盐岩缓坡为主的古地理背景。

晚寒武世，由于怀远运动的影响，盆地内部隆升，发生大范围海退，古陆范围扩大，南北古陆连为一体，中央古隆起基本初具规模。东侧的吕梁古陆则沉没水下，成为水下隆起。该时期，在近南北向中央古隆起的控制下，古陆东北为局限台地潟湖相。围绕中央古陆及东北部的潟湖呈半环带状分布的是台缘相；苏峪口、青龙山为陆棚海—斜坡相；陇县周家渠、平1井以南也为陆棚相。

2. 奥陶纪岩相古地理

早奥陶世，鄂尔多斯地区西缘和南缘仍被贺兰—秦祁海槽所围限，北部为兴蒙海槽。这个时期，由于北部兴蒙海槽拉伸和裂陷作用增强，使得盆地内部发生构造分化，形成了盆地中东部的内陆架坳陷带、陆架边缘的定边—庆阳—黄陵“L”均衡翘升隆起带和西南缘面向海槽的外侧斜坡带。冶里组沉积时期发生了奥陶纪第一次海侵，海水从东、南和西南三个方向进入鄂尔多斯盆地，但海侵范围较小。盆地东部和南部地势平坦，形成(局限)台地环境，向外过渡为缓坡—盆地环境；盆地东部则以潮坪环境为主(图2-24)。到亮甲山组沉积时期，海侵范围有所扩大，古地理格局仍保持了冶里组沉积时期的特征。

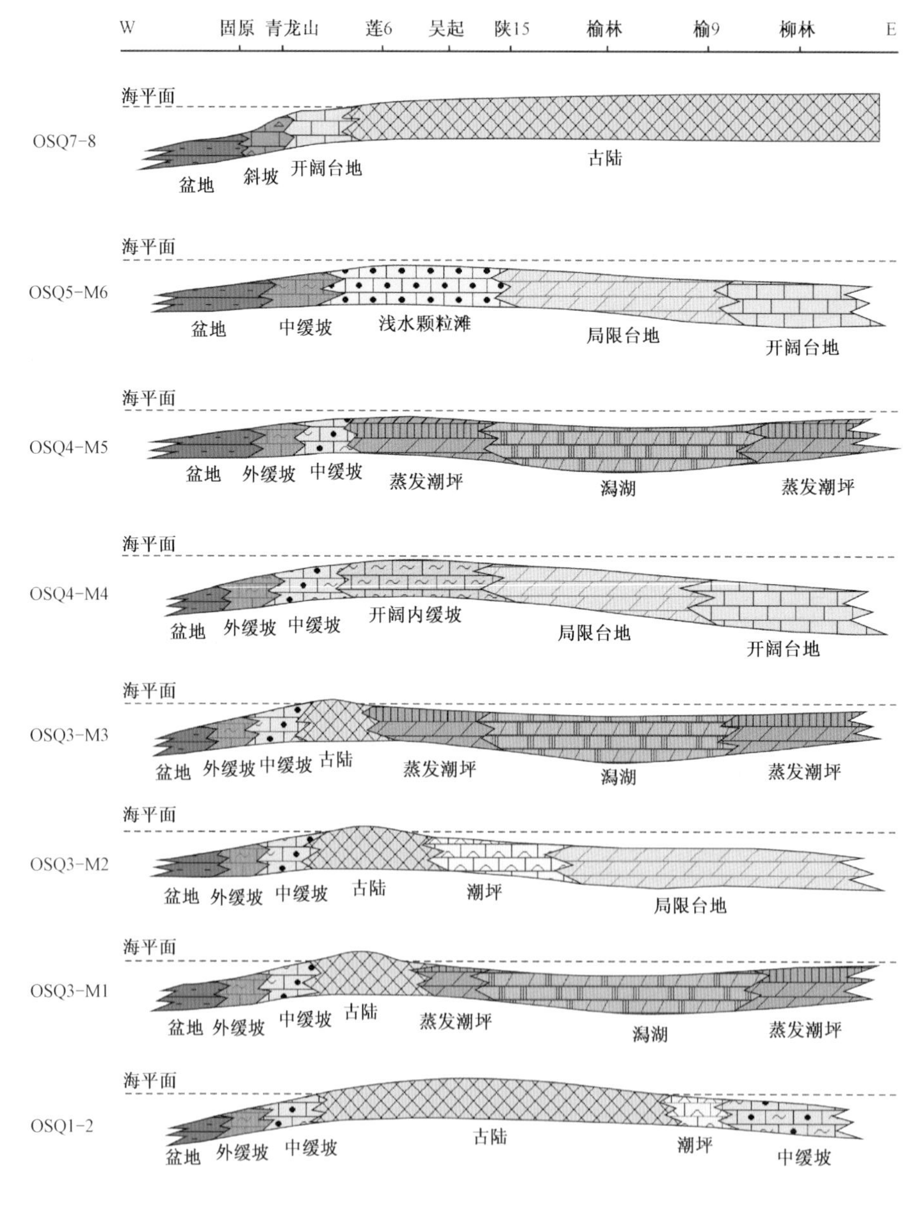

图2-24 鄂尔多斯盆地奥陶系南北向沉积层序演化模式

中奥陶世，鄂尔多斯地区的古环境格局呈现中部为鄂托克旗—庆阳—黄陵“L”形隆起，西、南、东侧均为开阔海环境的特点。早—中奥陶世马家沟组沉积时期表现为反复振荡的海进—海退，以马一段、马三段、马五段海退旋回的台内蒸发岩相和马二段、马四段、马六段海进旋回的石灰岩为代表(图2－25)。盆地中东部为台地相，南部和西部表现为斜坡形态，这种格局在马家沟组沉积时期继承性发展。海退期(马一段、马三段、马五段沉积时期)，盆地中东部发育一个分布广泛的蒸发潟湖，周缘为蒸发潮坪环境。中东部台地向南过渡为缓坡，之间有一个泥云坪带。海进期(马二段、马四段、马六段沉积时期)，盆地中东部演化为开阔—半局限台地环境，其周围沿陆地边缘为潮坪环境，开阔—半局限台地内部有生屑—砂屑颗粒滩发育。

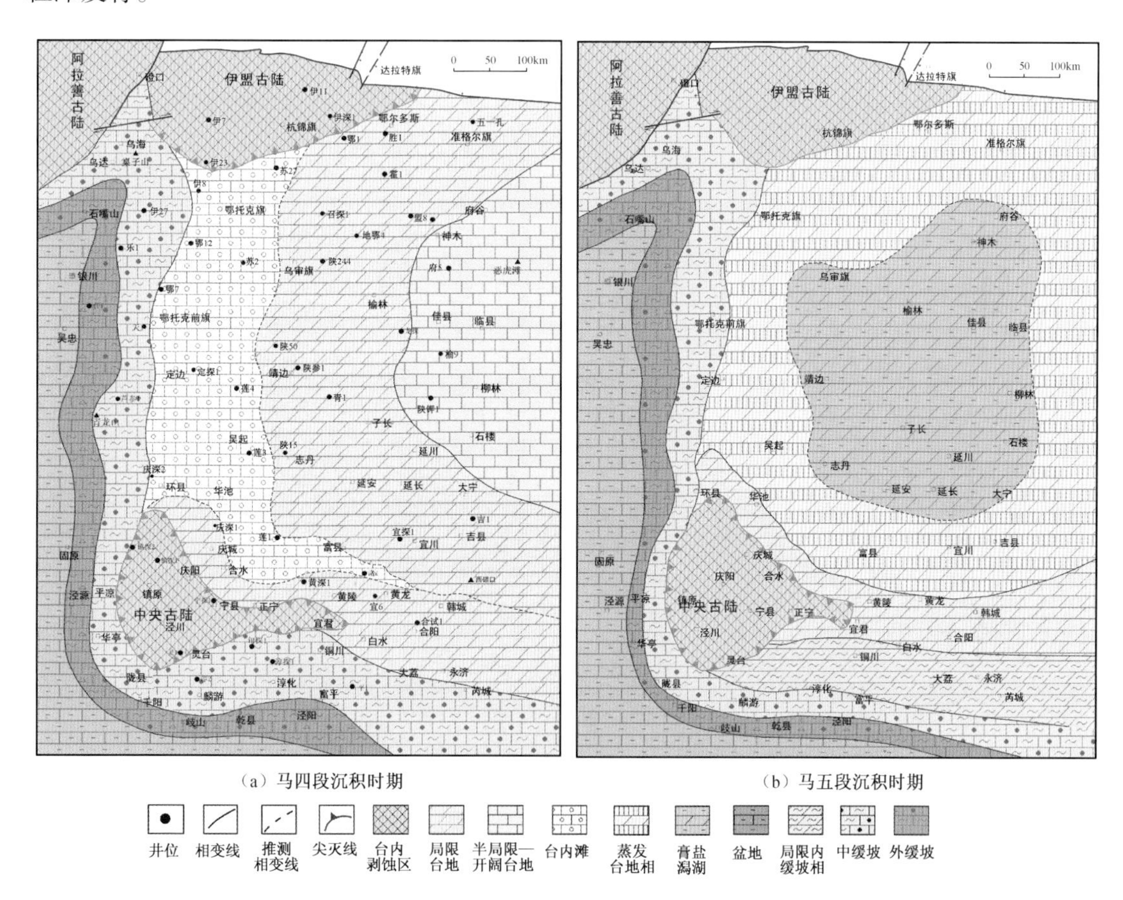

(a) 马四段沉积时期　　(b) 马五段沉积时期

图2－25　鄂尔多斯盆地中奥陶世层序OSQ 4－5海侵体系域沉积时期岩相古地理图

晚奥陶世，盆地南部转变为活动大陆边缘，开始海退，盆地本部抬升为陆，仅在西缘、南缘发育开阔台地—台地边缘—斜坡—深水环境，相带窄，分布局限，开阔台地、台地边缘相带内局部发育礁滩相。

第三节　小　结

本节重点论述了我国海相碳酸盐岩时空分布、沉积环境与沉积模式、重点层系岩相古地理特征三方面内容。

（1）中国海相碳酸盐沉积主要在中、新元古代—三叠纪发育，在塔里木、华北和扬子三个克拉通之上保存较好。由于中国陆块面积小，稳定性差，复杂的构造活动使得我国古生代小克拉通大陆边缘沉积多已褶皱成山，目前保留下来的是地台区沉积。

（2）基于"综合考虑盆地构造背景、深入分析露头及钻井沉积信息，以地震资料的沉积地质解译为重要根据"的原则，形成了"六步法"岩相古地理研究思路和技术流程，分别是：原型盆地恢复、等时地层格架建立、沉积地质学分析、地震沉积学分析、单因素图件编制和岩相古地理工业制图。

（3）按照台缘形态及三级层序的高频旋回叠置样式，提出三级层序格架下碳酸盐岩缓坡和镶边型台地2类台地6种台缘带发育模式，明确了不同类型台地有利储集相带空间展布特征，对海相碳酸盐沉积—储层地质建模具有重要指导意义。

（4）以层序为编图单元，采用"六步法"，系统编制了塔里木、四川和鄂尔多斯三大盆地重点层系岩相古地理图。指出残留型小克拉通台地对周边构造活动敏感，内部构造—沉积分异明显，主要表现在：① 普遍发育盆地相、台槽相和台内洼地相烃源岩；② 礁滩体在台缘和台内均规模发育。

第三章 中国海相层系烃源岩特征及成烃机理

古老海相烃源岩的生烃潜力评价一直是地球化学家深入探讨的问题,也是我国勘探家重点关注的问题。近年来,相继在四川盆地震旦系—寒武系、塔里木盆地奥陶系等发现了一批大油气田,展示出中国海相层系存在能够规模生烃的优质烃源岩。本章从海相烃源岩的分布、形成环境、海相碳酸盐岩大油气田的油气来源入手,论述中国克拉通盆地海相层系烃源岩特征及成烃机理。研究的关键问题及切入点是分散液态烃裂解成气的潜力及对深层天然气的贡献。虽然高—过成熟干酪根生烃潜力很小,但早先生成的液态烃处于亚稳定状态,在深埋和高温条件下会裂解形成天然气;更为重要的是像塔里木盆地寒武系这样的地层,裂缝不发育,烃源岩厚度大,初次排烃效率低,源内滞留烃数量大,且源外也赋存许多分散的液态烃,为后期分散液态烃裂解形成天然气奠定了物质基础。

Tissot 经典生烃模式提出了油气生成的四个演化阶段,其中包括深层裂解阶段,但只是一个概念模型,这主要是基于两方面的原因:一是因为国外海相碳酸盐岩的油气地质条件,多为中、新生界,时代新,经历后期的演化少或不完整;二是油气勘探的迫切性尚未那么高,开展的深层油气勘探的工作还比较少。因此,对这种成因的资源如何准确、定量评价,需开展哪几方面的工作,如何去研究等均未有可借鉴之处。有机质接力成气机理的提出及双峰式生烃模式的建立,对中国深层海相天然气的勘探具有指导性作用。概括而言,有机质接力成气机理的内涵包括三个方面内容:(1)生气母质的转化,即由烃源岩中的干酪根生气转化成早先生成的液态烃裂解成气,液态烃主要以三种状态赋存于地层中,源内分散液态烃、源外分散液态烃和源外聚集型液态烃;(2)生气时机的接替,即干酪根大量生气在先,液态烃裂解成气在后,二者主生气期构成接力过程;(3)气源灶的转化和变迁。油裂解型气源灶是一种特殊的气源灶,是优质生烃母质在成烃过程中派生出的;油裂解型气源灶也是一种中间型气源灶,我们可以直观看到的是原生气源灶和由此形成的气藏,而对油裂解型气源灶的赋存形式、分布范围、成气数量和储量规模等问题,只能通过正演和反演的研究去确定且相互印证。源内分散液态烃型气源灶继承了原生气源灶的特征,而源外分散和聚集型液态烃气源灶与原生气源灶相比,则发生了空间上的迁移。上述三部分液态烃在高—过成熟阶段均可裂解成气,但后者埋藏通常较前者浅,裂解成气的时机晚于前者,有利于晚期成藏。有机质接力成气机理的创新性体现在两个方面:(1)定量表征了不同类型烃源岩源内滞留烃的数量以及在不同介质条件下裂解成气的时机;(2)定量评价了源内和源外分散液态烃裂解成气的资源,肯定了对形成大气田的贡献。

第一节 海相层系泥质烃源岩分布特征

海相层系烃源岩主要有两大类:一类以泥岩和页岩为主,主要由细粒黏土矿物构成,是异地搬运再沉积的结果,可形成于浅海—深海的不同环境中;另一类以泥灰岩和石灰岩为主,通常为细粒泥晶或微晶结构,颜色为深灰色、褐色和黑色,呈纹层状,岩石中存在大量藻类、原地底栖生物和浮游生物碎屑等。根据 IHS 数据库统计,碳酸盐岩大油气田的烃源岩的 TOC 平均值绝大多数 >0.5%(在 122 个油气田的烃源岩统计中占 98.4%),其中有 1/3 的烃源岩平均

TOC >3.0%,达到优质烃源岩的标准。其中,国外碳酸盐岩大油气田的烃源岩主要分布在志留系、白垩系和侏罗系,岩石类型主要为页岩和泥灰岩,占到烃源岩总数的 80.6%,碳酸盐岩烃源岩仅占 13.6%。我国海相盆地碳酸盐岩有机质丰度相对较低,有机碳含量小于 0.5%。本书围绕海相层系是否发育优质烃源岩问题,针对塔里木、四川及鄂尔多斯三大盆地开展研究,发现我国海相沉积体系中烃源岩分布广泛,并不缺乏高有机质丰度的优质烃源岩,其层位主要分布在古生界,岩性以泥质岩为主。其中塔里木盆地海相烃源岩主要发育在寒武系、奥陶系;四川盆地发育在上震旦统、下寒武统、下志留统和上二叠统;鄂尔多斯盆地主要发育石炭系—二叠系海陆交互相煤系烃源岩(图 3-1)。

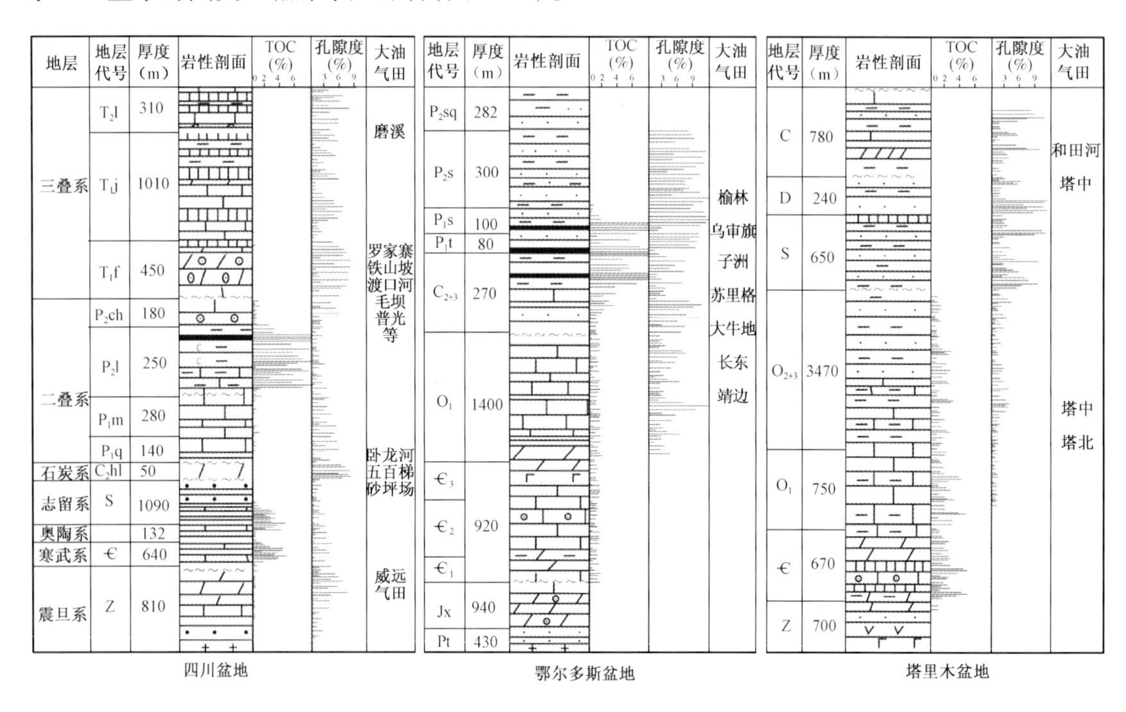

图 3-1 中国主要海相盆地烃源岩分布

一、四川盆地海相烃源岩

四川盆地海相层系主要发育四套泥质烃源岩层,分别是上震旦统陡山沱组、下寒武统筇竹寺组、上奥陶统—下志留统五峰组和龙马溪组、上二叠统龙潭组和大隆组。

(一)上震旦统烃源岩

四川盆地震旦系主要发育震旦系灯影组灯三段泥岩和陡山沱组泥岩两套优质烃源岩,烃源岩有机质丰度较高,烃源岩类型均为腐泥型,现今处于高—过成熟阶段,等效镜质组反射率大于 2.0%。上震旦统陡山沱组烃源岩分布在层组的下部和上部,下部为黑色、灰黑色页岩,上部为黑色薄层碳质泥岩,均为陆棚沉积。从野外露头资料看,大巴山、米仓山南缘陡山沱组烃源岩厚度 12~35m,有机碳丰度为 2.67%~4.33%,最高达 15.5%。川西南部峨眉地区该组泥岩丰度高,6 个样品的 TOC 含量介于 0.78%~4.64%之间,平均 2.42%。川南地区井下也可见到上震旦统烃源岩,但厚度分布不均,按有机碳含量大于 1%统计,女基井处厚度可达 200m,而南部威字号井仅为数米。上震旦统灯影组灯三段烃源岩主要分布在川北广元、川东北城口以及川中资阳—南充—仪陇一带,厚度为 10~30m;另外,川东南部石柱—彭水一带也有分布，但厚度较薄，多在 5m 左右（图 3－2）。该组烃源岩有机质丰度较高，TOC 介于 0.04%～4.73%，平均 0.65%，其中 TOC＞0.5% 的样品可占60%。川中高石梯地区震旦系灯三段泥岩厚度10～30m，有机质丰度较高，20 个样品的有机碳含量为 0.33%～4.73%，平均 1.03%。威远地区灯三段泥岩厚度稍薄，但有机质丰度高，为 0.08%～7.40%，平均 2.15%。

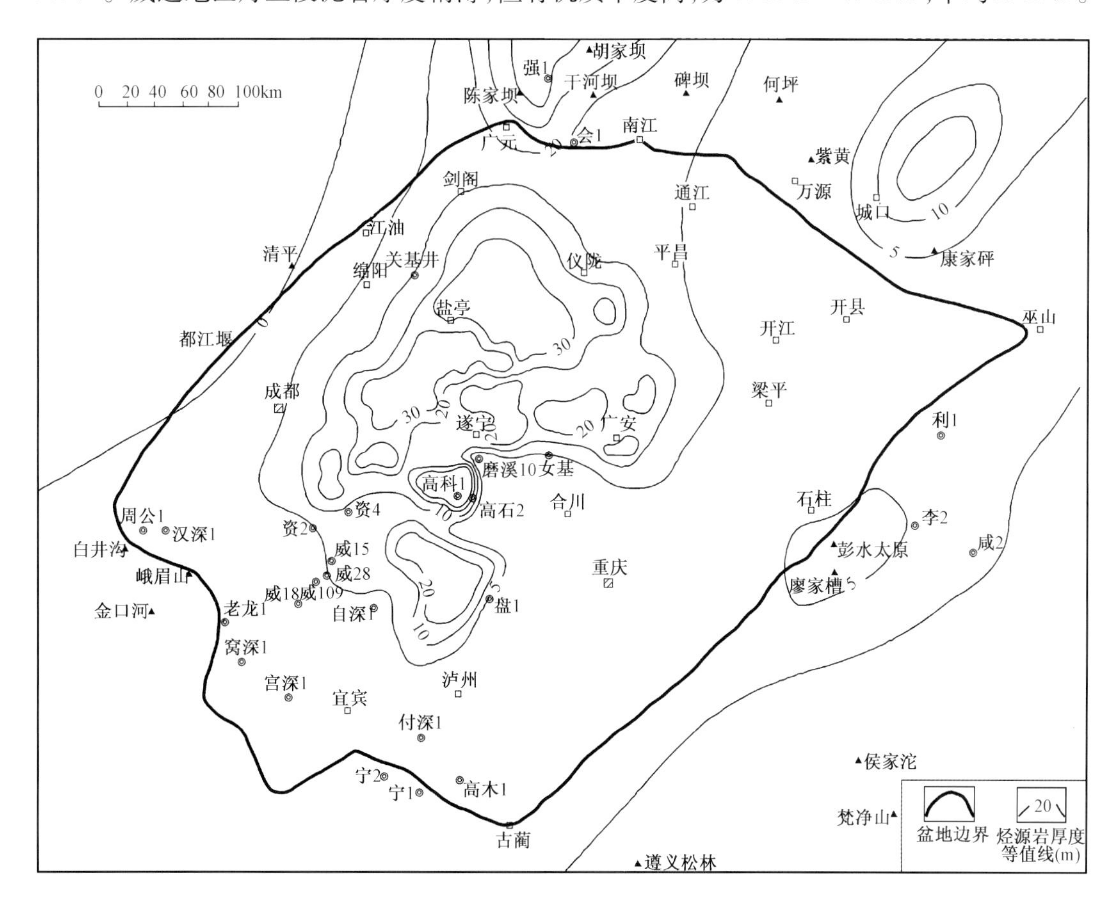

图 3－2　四川盆地上震旦统灯影组灯三段烃源岩厚度等值线图

（二）寒武系烃源岩

烃源岩分布受沉积相带控制，靠近深水陆棚厚度最大，川中古隆起东西两侧，宜宾、川东地区为厚度中心，厚度范围介于 0～180m 之间（图 3－3）。有机质丰度高值区主要位于盆地西部和东部，中部相对较低，川东北地区平均值为 1.38%，川中地区平均值为 1.58%，盆地范围最高值可达 4.43%。该组烃源岩目前处于高—过成熟热演化阶段，残余生烃潜力已很低，但其原始有机质类型好，推算烃源岩原始生烃潜力平均值为 7.1mg/g，属于好烃源岩。

（三）下志留统烃源岩

该套烃源岩发育于龙马溪组下部，岩性为硅质泥岩和含笔石页岩，广泛分布于盆地中东部，平面上表现为由西向东厚度逐渐增大趋势。川北旺苍地区厚度仅 8m 左右，向东到巫溪田坝则增加到 60～70m；由巫溪向南至利川毛坝烃源岩厚度 55～60m；至石柱漆辽地区加厚至 120m；由此再向西南厚度虽然变化不明显，但好烃源岩明显减薄，南川地区则基本上没有好烃源岩分布（图 3－4）。该烃源岩有机质丰度总体较高，虽不及寒武系筇竹寺组，但仍然是很好的烃源岩，平面上，从川北旺苍向东至川东巫溪田坝、开江五科 1 井，烃源岩的有机质丰度逐渐

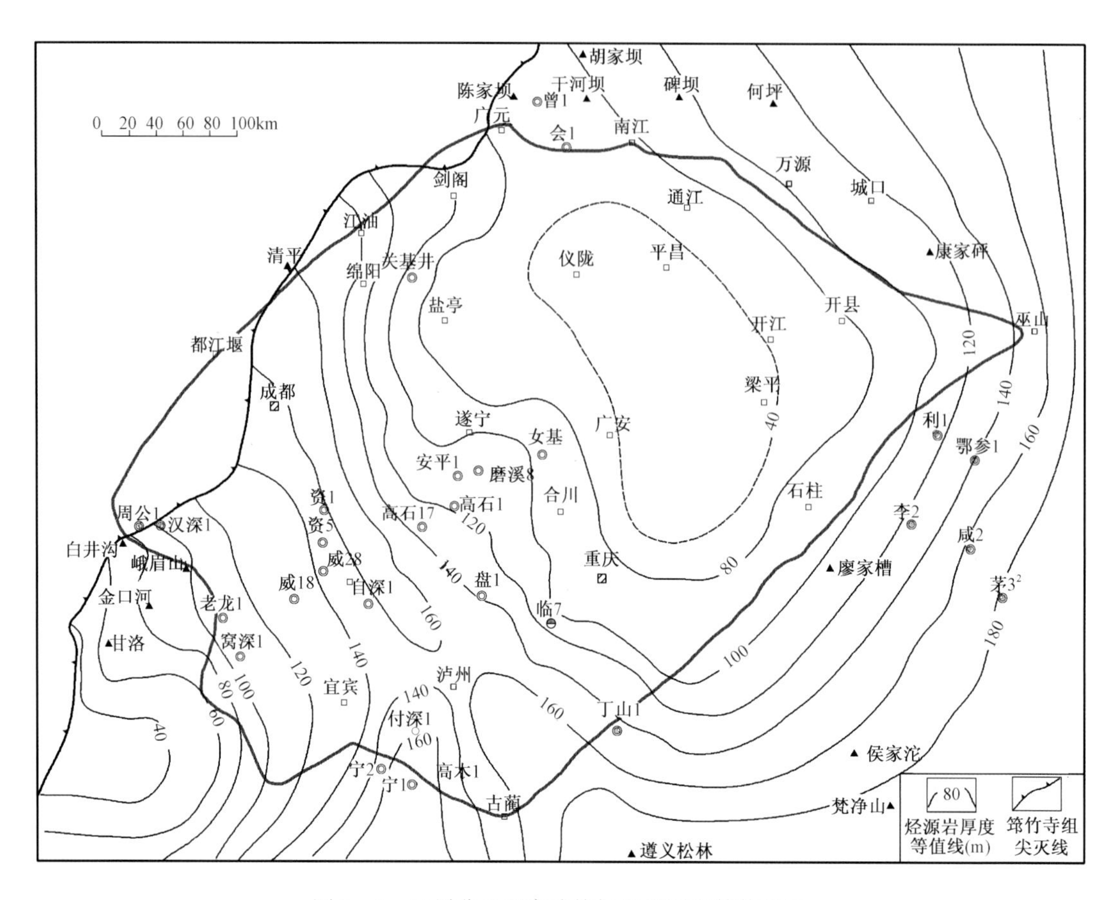

图 3-3　四川盆地下寒武统烃源岩厚度等值线图

增高，平均有机碳达到3%以上；石柱漆辽、利川毛坝等地区烃源岩平均有机碳含量达到2.5%以上；秀山地区烃源岩有机质的丰度也有所降低；南川三泉地区最低，主要是有机碳含量低于1.0%的差烃源岩。

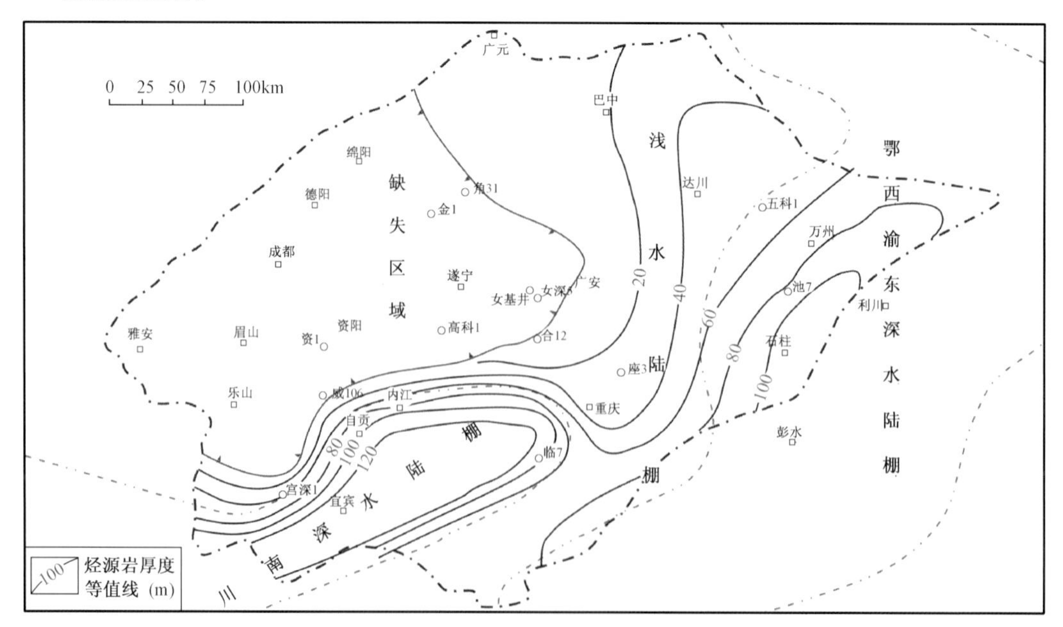

图 3-4　四川盆地志留系烃源岩厚度等值线图

(四)上二叠统龙潭组烃源岩

该烃源岩主要发育于沼泽—海湾—水下三角洲—近海湖盆环境，以煤系为主，平面分布上以成都和川东为厚度中心，川东北地区可达 150m(图 3－5)。盆地内钻探情况揭示该套烃源岩有机质丰度较高，其中女基井龙潭组煤系地层厚 100m 左右，有机碳含量最高达 14% 左右；安平 1 井揭示龙潭组厚 160m，TOC 大于 0.5% 的地层厚度大于 140m，煤系厚度为 80m；安 8 井龙潭组井段厚度 60m，整段地层有机碳含量都较高，平均值达 3.6%；龙会 1 井揭示龙潭组煤系地层厚近 210m，有机碳含量明显高于二叠系其他层段。

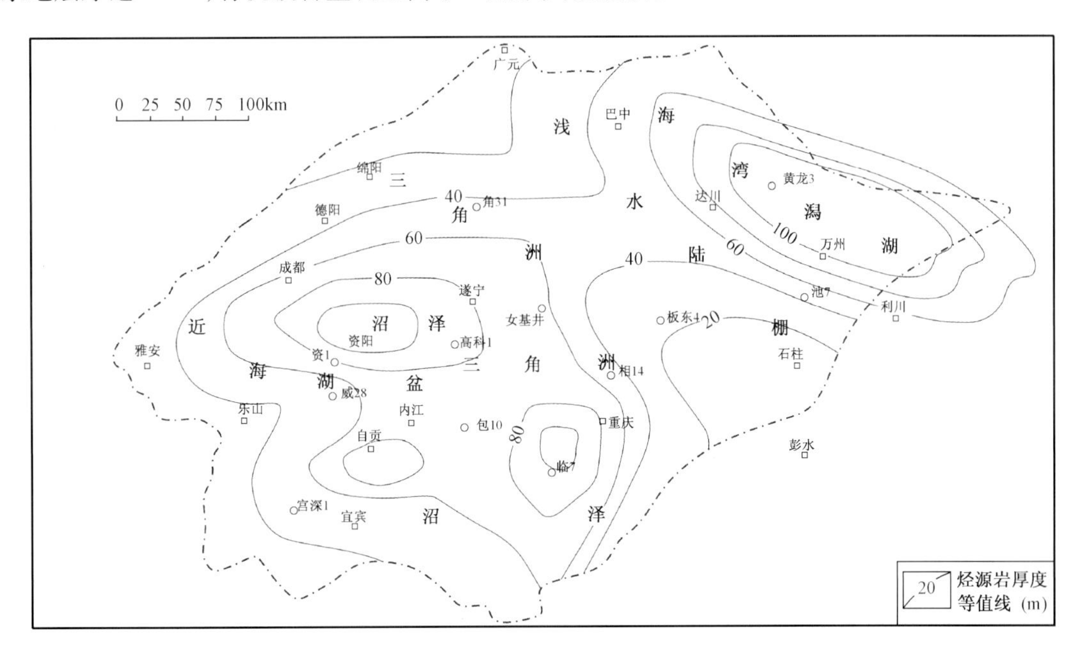

图 3－5 四川盆地龙潭组烃源岩厚度等值线图

(五)上二叠统大隆组烃源岩

地表出露在龙门山、米仓山、大巴山山前地区，以泥岩、含硅泥岩为特征。大隆组整体上有机质丰度很高，但地区差异性大，北部广元地区较高，南部较低。据广元上寺剖面、板 7 井、碥 1 井剖面等 48 个样品统计，TOC 介于 0.04% ~17.12% 之间，平均为 3.82%，其中 TOC 大于 0.5% 的样品占 40%，可见大隆组泥岩为非常好的烃源岩。

大隆组有效烃源岩分布整体为槽内厚槽缘薄、北部厚南部薄、分布不局限于海槽内的特点。其中，广元、旺苍地区最大厚度 40 ~50m，梁平地区为 20m，在海槽东西两侧的前缘斜坡带和碳酸盐岩深缓坡外带，有效烃源岩厚度为 0 ~20m。值得一提的是，东南部地区因资料不充分，南边界还不好确定，估计不会局限于梁平地区，有可能向南延伸至垫江地区。大隆组整体上有机质丰度很高，但地区差异性大，北部广元地区较高，南部较低。

四川盆地海相烃源岩整体上处于高—过成熟阶段，但各层差异性大，其成熟度变化受燕山末期的区域性古隆起控制，总体上随时代变老具有热演化程度增大、各层系的过成熟区(R_o > 2.0%)的分布范围变广、从腹部向盆地边缘渐低的特征。其中，寒武系现今热成熟度普遍偏高，川东大部分地区和川西南盆地周缘最高，R_o 最大达到 6.0%，最低在 1.2% 以上；志留系烃源岩主体热成熟度 R_o 为 2.2% ~3.6%，高热演化地区在盆地东部和盆地南缘；下二叠统热演化程度东、西部高，主体 R_o 为 2.2% ~3.0%；上二叠统龙潭组高热演化地区在盆地北部，整体上 R_o 大于 1.8%，最高值达到 3.2%；上二叠统大隆组热成熟度西南高、东北部低，R_o 为 1.2% ~2.0%，目前正处于生油高峰末期—生气早期。

二、塔里木盆地海相烃源岩

塔里木盆地寒武系—奥陶系烃源岩空间展布具有明显的“等时异相”特征，即沉积相带不同，其中烃源岩的发育特征亦有差别。

（一）下寒武统烃源岩

发育于台地内凹陷、深水陆棚、盆地相等沉积环境，其中深水陆棚和盆地相烃源岩发育于塔东、满加尔凹陷东部地区与西南部的皮山—和田一线以南地区，岩性以暗色泥质泥晶灰岩、钙质泥岩为主，含深水颗石藻化石。在下寒武统台地边缘以西为广泛分布的碳酸盐岩台地沉积，岩性主要为云质灰岩、泥质灰岩等，其中由阿瓦提凹陷向南至塔中低凸起表现为台地内凹陷沉积，是烃源岩发育的重要环境。另一处台地边缘位于塔东地区的罗西台地西缘，同样为缓坡型台地边缘。在上述两处台地边缘之间的广大区域为深水陆棚和盆地沉积，且深水陆棚相烃源岩一直延伸至西南部的塘古孜巴斯凹陷（图 3-6）。

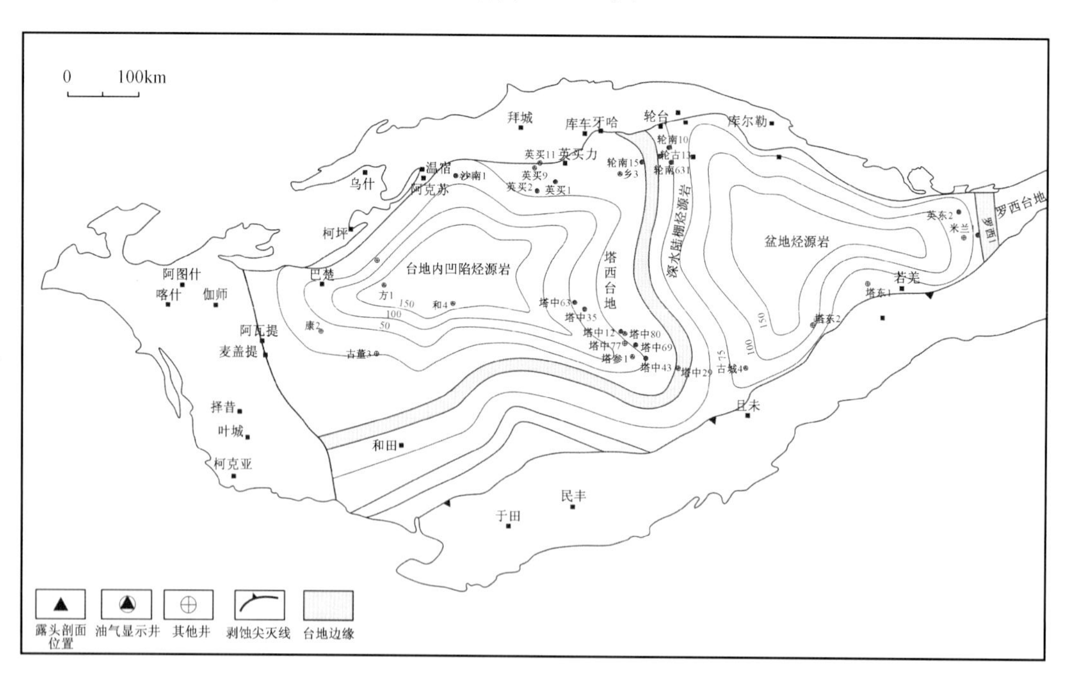

图 3-6 塔里木盆地下寒武统烃源岩厚度（m）与发育环境平面图

（二）中寒武统烃源岩

在空间展布上该烃源岩基本继承了下寒武统的分布格局，同时在盆地西部发育蒸发潟湖烃源岩，其整体分布范围与台地内凹陷的沉积范围大致相当（图 3-7），并由台地内凹陷沉积演化而来，这主要是由于干旱环境导致低位期海平面下降，从而使台地内凹陷与海隔离，形成了台地内凹陷的蒸发潟湖烃源岩。

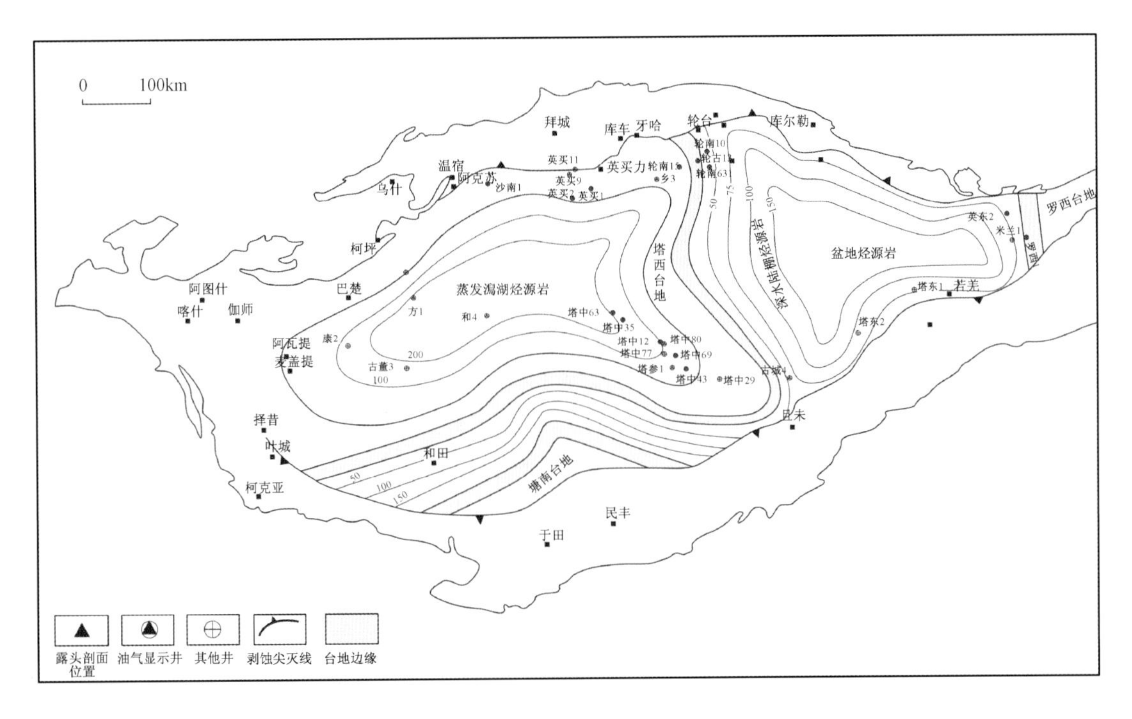

图3-7 塔里木盆地中寒武统烃源岩厚度(m)与发育环境平面图

有机质丰度分布上，满东凹陷库南1井，下、中寒武统泥质烃源岩段TOC为0.5%～5.52%，TOC大于0.5%的烃源岩厚度为153～336m(未穿)；有机质成熟度(R_o)为1.70%～2.45%。在柯坪断隆露头区，下寒武统底部玉尔吐斯组(ϵ_1y)，尽管厚度只有32.7m，但黑色页岩的有机碳含量可至7%～14%。在盆地中西部台地区，方1井、和4井钻遇该层段烃源岩的有机质丰度最高为2.43%和2.14%，其中TOC大于0.5%的厚度分别为195m和173m。在全盆范围内，该烃源岩的热成熟度普遍大于1.2%，其中，塔北坳陷区为热演化中心，满加尔凹陷中心的热成熟度最高，达4.0%，其次为阿瓦提凹陷，为3.2%。以上两凹陷主体部分热成熟度在2.4%以上，有机质进入过成熟生气阶段。

(三)中—下奥陶统烃源岩

具有三种沉积环境，深水陆棚相、盆地相和台地内凹陷型，前两种发育中奥陶统黑土凹组烃源岩，其分布范围较中—下寒武统深水陆棚—盆地相烃源岩有所减小，主要分布在西距古城—轮古东台缘30～50km处，并至塔东罗西台缘之间，烃源岩最厚处超过200m。而台地内凹陷型烃源岩发育于盆地中西部阿瓦提凹陷内，其分布范围明显小于中—下寒武统烃源岩，并形成孤立的烃源岩发育区，厚度一般小于100m(图3-8)。有机质丰度方面，在塔东2井中，黑土凹页岩TOC为0.35%～7.62%，平均值为2.84%；塔东1井TOC为0.5%～2.67%；库鲁克塔格露头区却尔却克剖面黑土凹组TOC为1.08%～2.19%，是塔东地区奥陶系重要的海相烃源岩之一。

下奥陶统烃源岩在北部凹陷区与隆起区的热演化程度差异明显，满加尔凹陷和阿瓦提凹陷主体热成熟度R_o为2.4%～3.6%，而隆起带R_o则在0.8%～1.6%之间。因此，凹陷主体进入生气高峰阶段，而隆起带则处于生油阶段。塘古凹陷的热成熟度低于满加尔、阿瓦提凹陷地区，但高于其他地区，R_o为1.6%～2.4%，为高成熟特征。

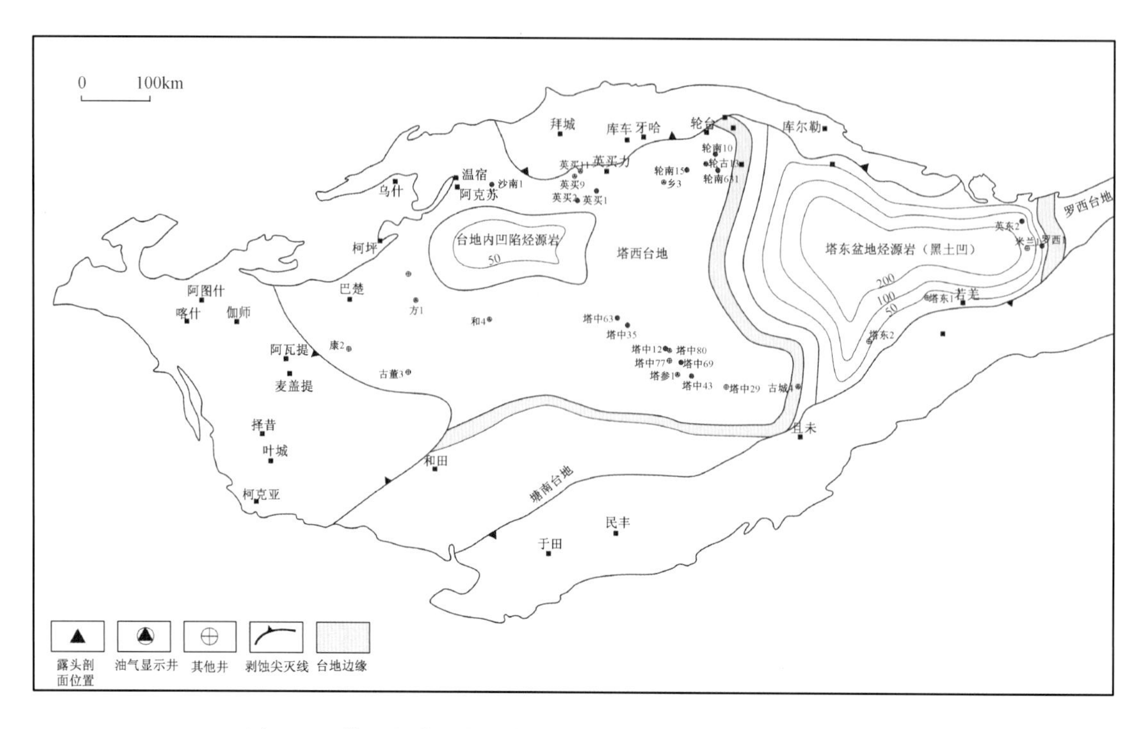

图3-8　塔里木盆地中奥陶统烃源岩厚度(m)与发育环境平面图

（四）中—上奥陶统烃源岩

中奥陶世晚期至晚奥陶世早期，海平面上升较快，是海相烃源岩分布面积最广的时期，发育四种烃源岩类型：(1)位于塔东盆地相区的却尔却克组烃源岩，为海侵背景下大规模海底扇发育间歇期发育的一套质纯的暗色泥岩，西缘受古城—轮古东台地边缘控制，东部受罗西台地边缘控制，烃源岩向东、西方向分别超覆在这两台缘之下，南北方向上分别于车尔臣断裂、孔雀河断裂处断失，而西北缘则超覆在孔雀河斜坡之上。(2)位于塔中至塔北之间的深水陆棚相区烃源岩，见于塔中29井中奥陶统一间房组顶部与上奥陶统吐木休克组底部的6256～6276m井段，厚度小于100m。(3)位于阿瓦提凹陷内深水陆棚—盆地相区的萨尔干页岩，西北部受控于沙井子断裂，北部超覆尖灭于胜利1井以南，东部超覆尖灭于满西2井附近台地边缘，南部止于巴楚断隆，西南部受控于阿恰断裂带。(4)位于塘古孜巴斯凹陷混积陆棚相区的烃源岩，其中塘参1井在该层段发现较好烃源岩，5200～5500m井段测得TOC为0.29%～1.43%，平均1.00%；在5800～6200m井段为0.54%～1.06%，平均0.84%。

（五）上奥陶统烃源岩

可划分为两种类型，一为塔中地区良里塔格组灰泥丘相烃源岩，二为位于西部阿瓦提凹陷的深水陆棚—盆地相区的印干页岩(图3-9)。印干页岩在阿瓦提凹陷覆盖区内均有分布，其展布范围西北受控于沙井子断裂，北部超覆尖灭于胜利1井以南，东部超覆尖灭于满西2井附近台地边缘(此为新发现台缘)，南部止于巴楚断隆，西南部受控于阿恰断裂带。无论是有机质丰度还是烃源岩厚度，上奥陶统良里塔格组烃源岩都居整个台盆区之最。其中，TOC介于0.5%～5.54%之间，烃源岩平均厚约80m，在塔中12井为130m，塔中43井最厚达300m。西部柯坪地区上奥陶统印干页岩TOC值相对偏低，为0.36%～1.16%，平均值为0.65%，为中等丰度烃源岩，柯坪剖面上TOC值大于等于0.5%的烃源岩厚度约为97m。

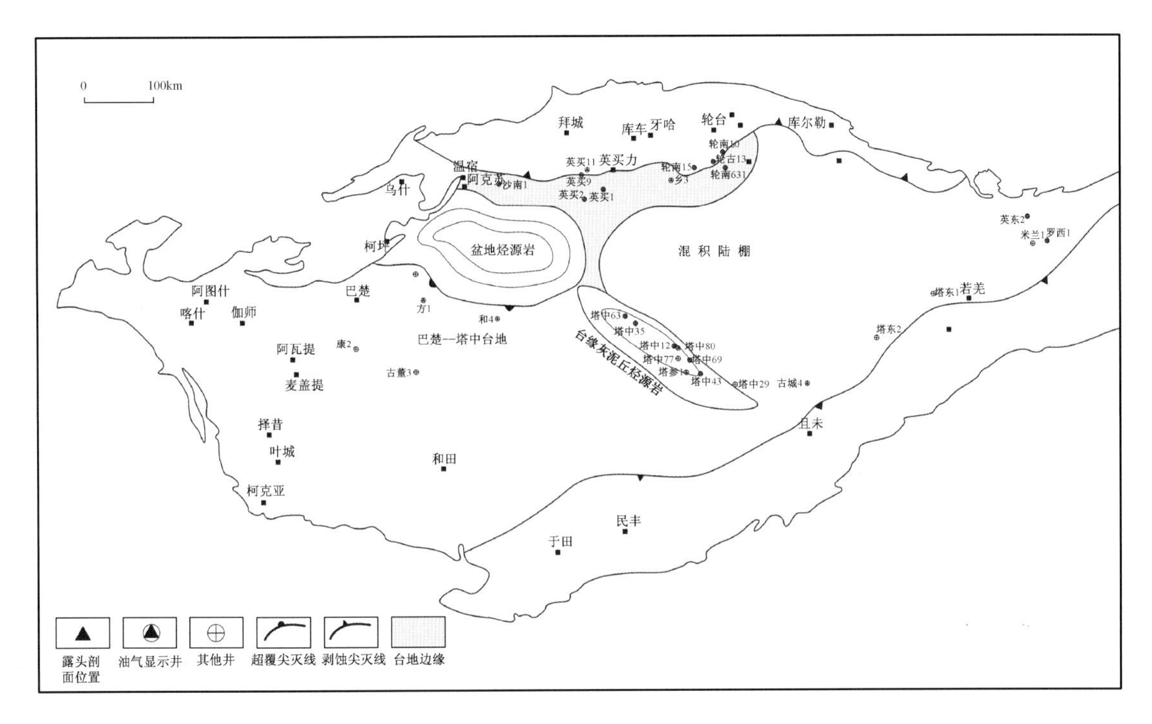

图 3－9　塔里木盆地上奥陶统烃源岩厚度(m)与发育环境平面图

上奥陶统现今高热演化区分布在北部凹陷区中西段和叶城凹陷，中心在阿瓦提凹陷，R_o 最高达 2.8%，已进入生气中晚期阶段。满加尔凹陷和叶城凹陷成熟度范围为 1.2% ~2.4%，进入生气阶段，油气并举。其他地区以低熟为特征。

综上所述，塔里木盆地海相烃源岩在早—中寒武世普遍发育。奥陶纪烃源岩与碳酸盐岩盆地的分布密切相关，如中奥陶世早期，优质烃源岩黑土凹页岩仅分布在塔东碳酸盐岩盆地；中奥陶世晚期，阿瓦提凹陷由台内凹陷演变为深水陆棚—盆地相区，阿满过渡带演变为深水陆棚相区，两者均发育海相烃源岩；晚奥陶世早期，满加尔凹陷演变为陆源碎屑陆棚或陆源碎屑—碳酸盐岩混积陆棚沉积环境，烃源岩不发育；相反，塔中台缘灰泥丘、柯坪地区与阿瓦提凹陷的盆地相区发育印干组黑色泥页岩烃源岩。晚奥陶世中晚期，整个塔里木盆地结束了清水碳酸盐沉积，完全进入陆源碎屑沉积时期，烃源岩不发育。

三、鄂尔多斯盆地海相烃源岩

鄂尔多斯盆地虽然从寒武纪就开始海侵，但范围有限，中奥陶世是下古生界海相烃源岩主要发育期。盆地内奥陶系烃源岩分布受沉积环境控制，盆地中东部为陆表海碳酸盐岩台地沉积，以蒸发岩与石灰岩互层状发育为特征，东部盐洼下伏的泥晶灰岩、泥质云岩、含泥泥晶云岩等具有一定的生烃条件；盆地西南部斜坡—海槽带发育的笔石页岩、泥岩、泥灰岩、泥晶灰岩，有机碳含量高，是海相层系主要烃源岩，主要发育层位为平凉组。

(一)平凉组烃源岩

盆地西南部呈“L”形分布的深水斜坡相带是该组烃源岩的主要发育区，岩性以泥岩和泥灰岩为主，厚度 50 ~350m，并由盆地内侧向外逐渐增厚。泥(页)岩主要分布在西缘，其 TOC

在桌子山乌拉力克组为0.7%～1.35%，在鄂7井高达2.17%，属较好—好烃源岩。泥灰岩在整个西、南部均有分布，但在南部厚度较薄，一般在20～50m之间，以Ⅰ—$Ⅱ_1$型干酪根为主，TOC平均值为0.41%，其中环14井至平凉地区TOC较高，多为0.45%以上，从分布频率看，0.2%～0.5%区间内样品数量占80%以上，属较好烃源岩。

（二）马家沟组烃源岩

马家沟组分布范围遍及整个盆地，其中尤以盆地中东部发育的该组烃源岩最为重要，其岩性特征表现为低TOC的石灰岩段和高TOC的纹层状泥质岩段。龙探1井岩心分析结果显示，奥陶系及其以下地层有50.5%的样品TOC小于0.2%，反映奥陶系碳酸盐岩有机质丰度低的客观事实。但是，有18%的样品TOC大于0.6%，但厚度均较薄，这与国外许多油气盆地的烃源岩以薄层状、纹层状富有机质的泥灰岩或泥质灰岩为特征极其相似。

在平面分布上，马一段、马三段和马五段烃源岩厚度较薄，等值线最高值为20m，但高值区与沉积中心匹配较好，如马五段烃源岩在东北部和西部分别以盟8井、陕55井为沉积中心，而对应的烃源岩厚度均为20m左右，为较厚的烃源岩发育区。另外，平面上，各层段烃源岩厚度较稳定，没有剧烈变化的地带，反映沉积环境稳定，烃源岩发育较均匀（图3－10）。

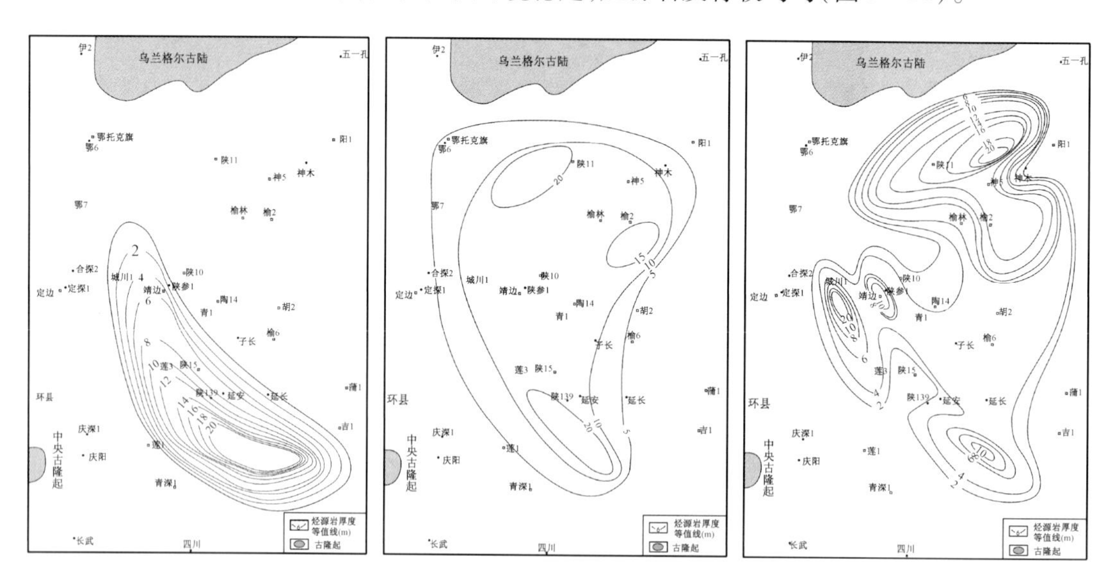

图3－10　鄂尔多斯盆地中东部马家沟组一（左）、三（中）、五（右）段烃源岩等厚图

综上所述，我国古生界海相层系烃源岩的形成受小型克拉通原型盆地类型与沉积相带控制，有四种模式（表3－1）。在古生代伸展作用背景下，塔里木、四川、鄂尔多斯等盆地在克拉通边缘坳陷的陆棚—斜坡—盆地沉积中发育海相优质泥质烃源岩。塔里木盆地海相烃源岩主要发育在中—下寒武统、中奥陶统和上奥陶统三个层段；四川盆地主要发育在上震旦统、下寒武统、上奥陶统—下志留统和二叠系；鄂尔多斯盆地主要发育中—上奥陶统烃源岩。克拉通内坳陷盆地的局限台地相（通常为蒸发潟湖）薄层泥质岩和海陆过渡相煤系地层是有利烃源岩发育区，塔里木盆地中寒武系与膏盐岩共生的泥质层是前一种类型，四川盆地二叠系龙潭组煤系地层属于后一种类型。四川盆地开江—梁平海槽内发育的大隆组属于克拉通边缘裂陷槽盆地相，已被证实是有利的烃源岩。

表 3-1　中国三大盆地烃源岩发育的构造—沉积环境关系

模式	原型盆地类型	沉积相带	实例	模式图
模式 1	克拉通边缘坳陷盆地	斜坡—盆地相	满加尔凹陷寒武系—下奥陶统、鄂尔多斯盆地西缘和南缘寒武系—下奥陶统	克拉通内坳陷盆地 克拉通边缘坳陷盆地 斜坡—盆地相
模式 2	克拉通内坳陷盆地	台内洼地	阿瓦提凹陷中寒武统	克拉通内坳陷盆地 克拉通边缘坳陷盆地 局限台地相
模式 3	克拉通边缘裂陷槽	盆地相	四川盆地开江—梁平海槽大隆组	克拉通边缘裂陷槽 盆地相 斜坡—盆地相
模式 4	克拉通边缘挠曲盆地	前陆盆地稳定翼陆棚相	满加尔凹陷中—上奥陶统	前陆盆地稳定翼陆棚相 斜坡—盆地相

第二节　典型大油气田油气源对比

准确识别油气源对确定有效烃源岩、认识不同类型油气藏的特征、进一步寻找有利勘探目的层系具有十分重要的意义。前已述及，我国克拉通盆地海相层系具有烃源岩古老、多套烃源岩层复合、多期油气生成、多期油气成藏的特点，这种复杂性使得海相油气田的油气源研究一直存有争议。本节重点对我国大型海相油气田的主力烃源开展系统研究，以期明确海相烃源岩对碳酸盐岩层系油气成藏的有效性。

一、塔里木盆地碳酸盐岩大油田的主力烃源

塔里木盆地是我国陆上面积最大的含油气盆地，现已发现的商业性油藏集中在塔中和塔北两个隆起上，受高成熟度影响，常规生物标志物作为油源对比指标已经失效，而稳定碳同位素也因具有热演化分馏作用难以进行精细对比，本书选取与藻类生源有关的甾类化合物作为油源对比参数对塔中和塔北地区海相原油油藏进行研究，该类参数热力学特征稳定，基本不受成熟度或次生变化的影响，可使对比结果更为可靠。

（一）泥质烃源岩的有效性

本研究选取泥质含量较高的海相烃源岩、泥质含量很低的碳酸盐岩、塔里木盆地海相原油进行了综合对比研究，以甄别盆地内碳酸盐岩油藏的主力油源。

塔中 12 井奥陶系烃源岩是海相碳酸盐岩 TOC 含量最高的样品之一，总有机碳含量分布在 0.5% ~5.54% 之间。对其抽提产物（氯仿沥青“A”）分析显示，塔中 12 井泥灰岩中发育完整的甾烷系列，生物成因的规则甾烷和成岩演化的重排甾烷并存（图 3-11），并含有较为丰富

的三芳甲藻甾烷,代表了浮游藻类参与有机质构成。这种生物标志化合物的分布特征与塔中地区所发现的海相原油具有良好的可对比性,一方面说明了塔中原油与塔中 12 井泥灰岩具有亲缘关系,更重要的是指示 TOC 含量较高的泥灰岩可能是塔中原油的主要生烃母质。作为对比,本研究选取了塔参 1 井寒武系白云岩和康 2 井寒武系纯石灰岩进行了 GC – MS 分析,二者 TOC 含量均较低,分别为 0. 2% ~0. 8% 和 0. 08% ~0. 16% 。结果显示,泥质含量较低的白云岩和石灰岩中未发育完整的甾烷系列(图 3 – 12)。

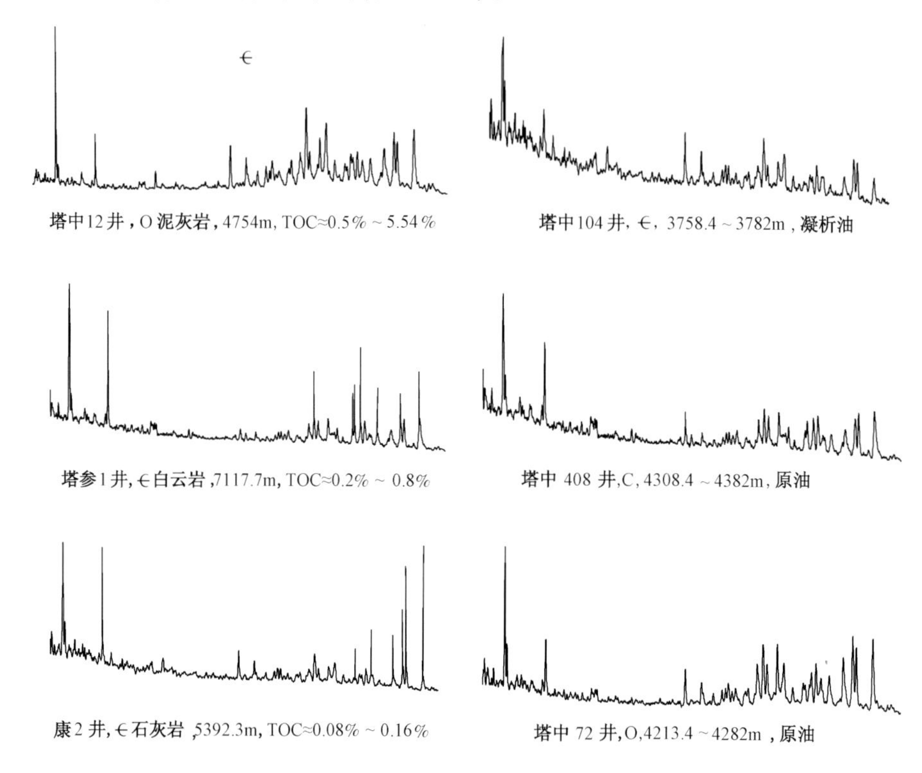

图 3 – 11　塔中地区不同类型的海相烃源岩与原油的甾烷生物标志物对比图（*m/z* 217）

在塔里木盆地下古生界普遍发育的沟鞭藻和甲藻所产生的特殊生物标志化合物三芳甲藻甾烷在两类碳酸盐岩中也几乎不发育,这与原油的生物标志化合物特征相去甚远,由此进一步说明泥质含量很低的碳酸盐岩不可能充当海相原油的主力烃源岩。

塔北地区由钻井揭示的主要是奥陶系烃源岩,其中满参 1 井奥陶系烃源岩(TOC≈0. 5% ~3. 24% ,4808m)TOC 含量较高,泥质含量丰富,对其抽提物进行的 GC – MS 分析显示,其中发育非常完整的甾烷系列,重排甾烷含量小于规则甾烷,孕甾烷含量相对突出,这种生物标志物的分布特征与塔北原油具有良好的相似性。而 TOC 含量较低的哈 6 井奥陶系石灰岩(TOC≈0. 1% ~0. 26% ,6715. 3m)和轮南 46 井奥陶系石灰岩(TOC≈0. 29% ~0. 56% ,6127m),其中并未发现完整的甾烷系列,与原油的生物标志物特征相去甚远(图 3 – 13)。这种特点与塔中地区相似,由此验证了泥质含量很低的碳酸盐岩不可能充当海相原油的主力烃源岩。

综上所述,目前塔里木盆地所发现的海相原油,不论是正常油、稠油还是凝析油,在生物标志化合物方面均与纯碳酸盐岩相去甚远,可见纯碳酸盐岩不太可能是塔里木盆地海相原油的主要来源。而与泥质含量较高的碳酸盐岩的质量色谱指纹非常相似,可见原油主要来自于寒武系—奥陶系泥质烃源岩。

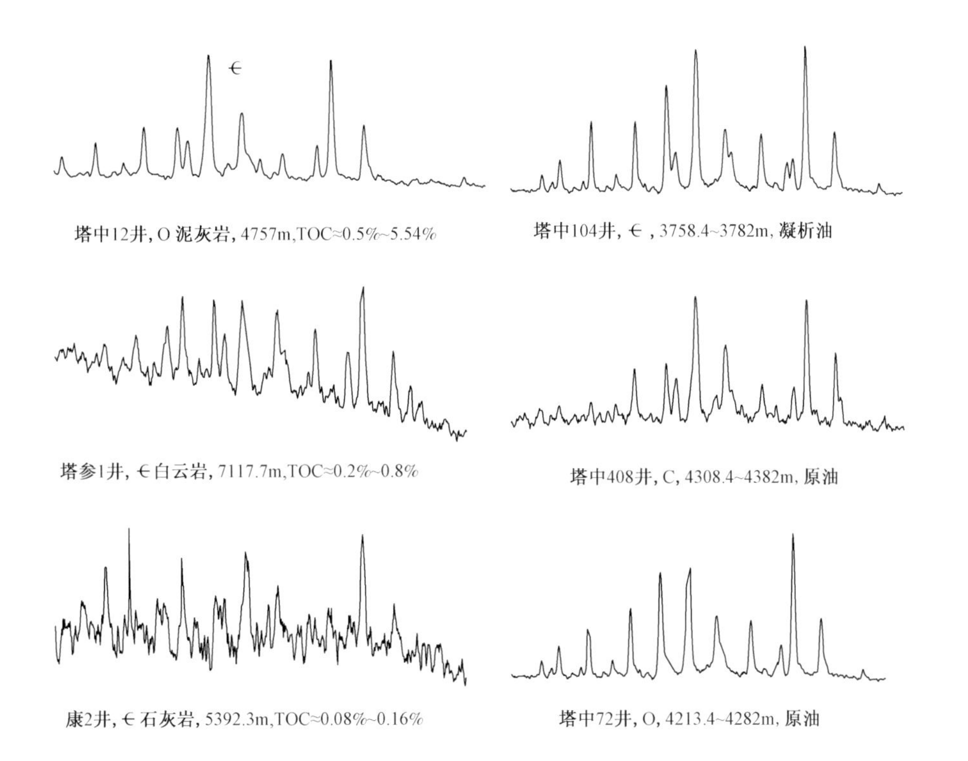

图3－12　塔中地区不同类型的海相烃源岩与原油的三芳甲藻甾烷 GC－MS 特征对比图（*m/z* 245）

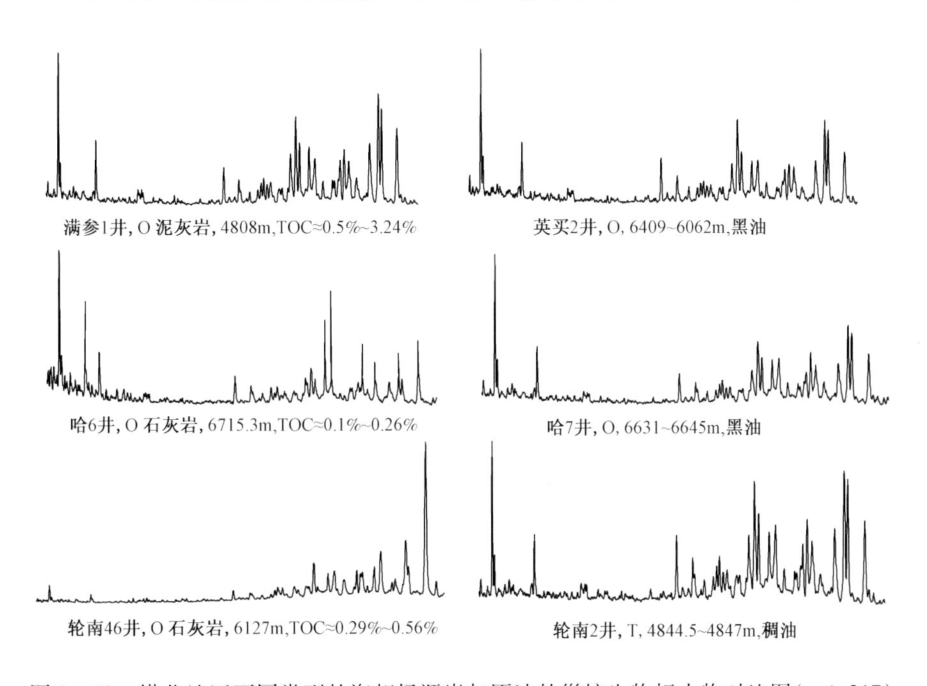

图3－13　塔北地区不同类型的海相烃源岩与原油的甾烷生物标志物对比图（*m/z* 217）

（二）塔中地区油源对比

本书对塔中地区原油样品进行了大量分析检测，发现有的原油与烃源岩有较好可比性，有的是两套烃源岩的混合油，有的可能是同一套油源不同时期的混合油。这与中国叠合盆地油气成藏过程的复杂性是密切相关的，塔中隆起多条断层交错组合，多个不整合面存在，构造运动复杂，从而使得原油的油源特征复杂化。但总体上可划分出三种类型的原油。

(1)具有中、上奥陶统油源特征的原油，包括 TZ45，TZ111，TZ15，TZ44，TZ52，TZ63 等，特点是芳香烃 *m/z* 245 质量色谱图强度高(图 3－14)，三芳甾烷之中没有三芳甲藻甾烷。在饱和烃中 $C_{29}\alpha\beta$ 藿烷的峰高接近 $C_{30}\alpha\beta$ 藿烷，甾烷中 $C_{28}\alpha\alpha20R$ 峰相对峰高较低。有的样品中，如 TZ44，TZ52 还可以见到 C_{28+} 三环萜烷强度较高。还有像 TZ242，TZ161，TZ621，TZ622，TZ2 等原油，它们分布在塔中Ⅰ号断裂带上。其芳香烃 *m/z* 245 质量色谱图响应强度特低，在相应的保留时间中，分辨不出三芳甾烷和甲藻三芳甾烷的峰形。但是，饱和烃中的 *m/z* 217 质量色谱图上可以看见，$C_{28}\alpha\alpha20R$ 色谱峰高较小，这也是 O_{2+3} 油源的重要特征。在芳香烃成分上，甲基萘、二甲基萘、三甲基萘的峰群强度很大。*m/z* 245 质量色谱图强度低的原因可能是有一些以低碳数的烷烃及芳香烃为主要成分的油源加入所致。

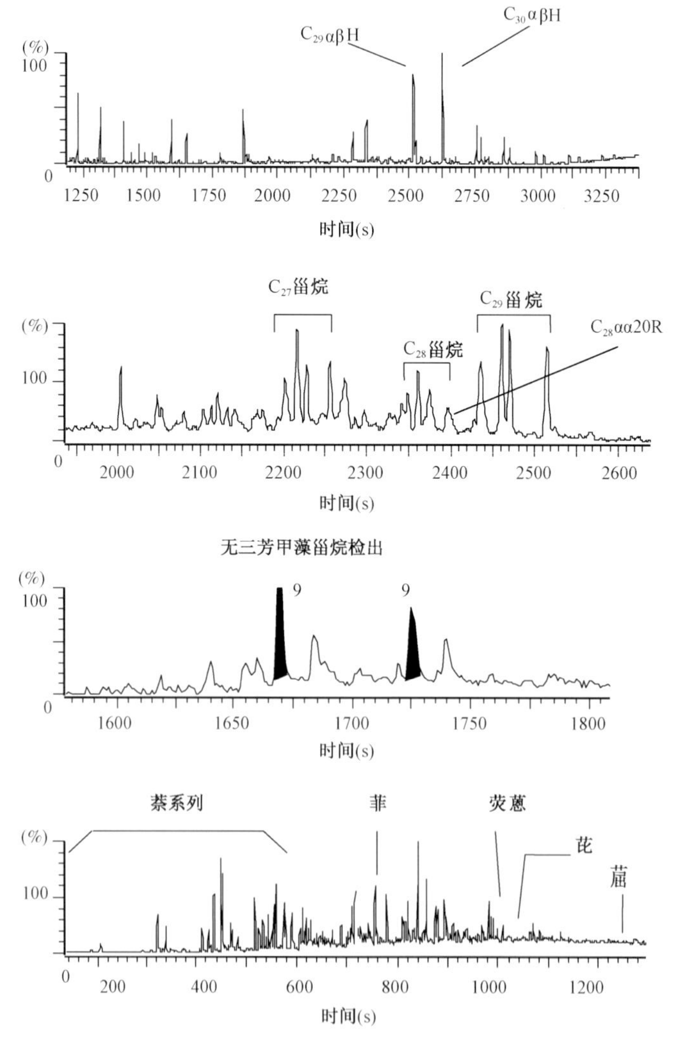

图 3－14　中、上奥陶统烃源岩的原油的生物标志物和芳香烃标志物特征

“9”字黑色色谱峰为 C_{29}3－甲基－24－乙基三芳甾烷

(2)具有寒武系—下奥陶统油源特征的原油，包括TZ26，TZ24，TZ54，TZ452等，它们分布在塔中Ⅰ号断裂带东西两侧。其 *m/z* 245 质量色谱图强度较高，可以鉴定出甲藻三芳甾烷的峰群（图3－15）。在饱和烃 *m/z* 217 质量色谱图上可见 $C_{28}\alpha\alpha20R$ 色谱峰较高，是寒武系—下奥陶统油源的重要特征。其次，在 *m/z* 191 质量色谱图上 $C_{29}\alpha\beta$ 藿烷的峰高明显小于 $C_{30}\alpha\beta$ 藿烷，还检测到伽马蜡烷色谱峰。TZ26 和 TZ452 原油的 TIC 总离子色谱图上有非常明显的菲、荧蒽、芘、苯并[c]蒽、苯并[a]蒽、䓛、苯并[k]荧蒽、苯并[e]芘、苯并[a]芘及苝的色谱峰，与塔参1、方1、塔东2等井寒武系烃源岩非常相似。但TZ24和TZ54中虽然上述的芳香烃成分仍然以较高的含量存在，但与萘、甲基萘、二甲基萘、三甲基萘相比，已经不明显，表明可能有其他油源成分的混入。

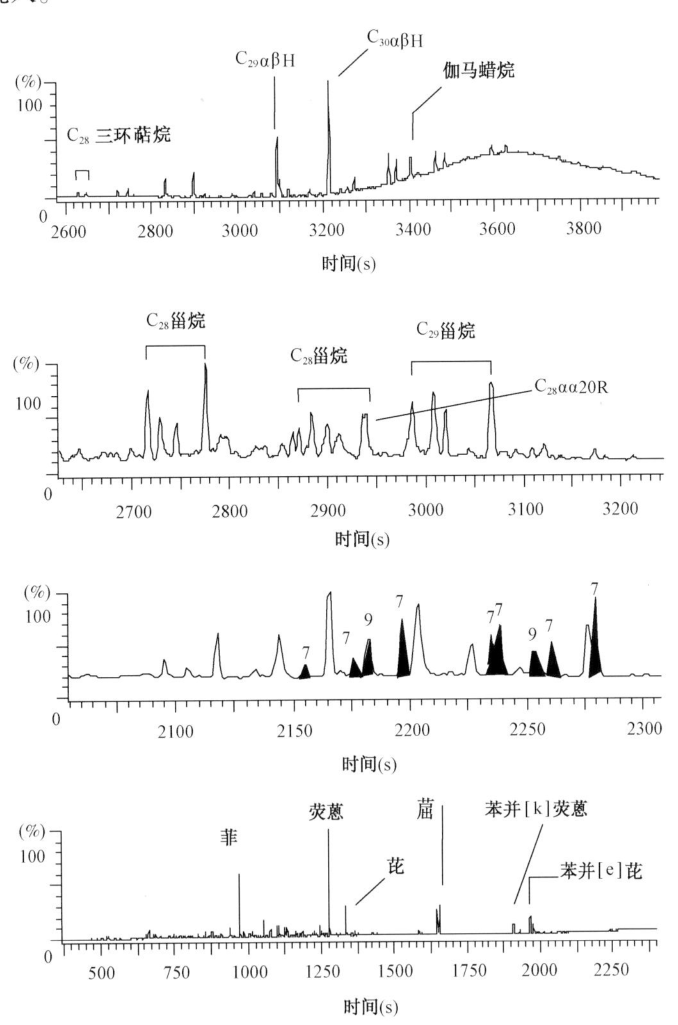

图3－15　寒武系—下奥陶统烃源岩的原油的生物标志物和芳香烃标志物特征

“7”黑色色谱峰为 C_{29} 三芳甲藻甾烷，“9”黑色色谱峰为 C_{29} 3－甲基－24－乙基三芳甾烷

(3)具有寒武系—下奥陶统和中、上奥陶统混合油源的原油，如塔中1井，其下奥陶统油气藏属碳酸盐岩古潜山构造，储层为下奥陶统溶孔白云岩和角砾状白云岩。原油包括轻油和稠油。稠油（深度3755m）芳香烃的 *m/z* 245 质量色谱图虽然强度较低，也可看出在以中、上奥陶统烃源岩为特征的三芳甾烷峰群中出现较低的三藻三芳甾烷的峰群，这是鉴定为混合油源

的依据之一。饱和烃 m/z 217 质量色谱图上，$C_{28}\alpha\alpha20R$ 峰较高（这是鉴定寒武系—下奥陶统烃源岩的依据）。两种烃源岩特征同时出现在同一油样中。此外，在m/z 177质量色谱图上也可鉴定出25－降藿烷的峰群，可推断为生物降解油。在芳香烃成分上主要为二苯并噻吩、甲基二苯并噻吩、二甲基二苯并噻吩等有机含硫化合物。混合油的形成可能与潜山构造有关，下奥陶统储层与寒武系相接，为该油藏接受寒武系油源提供便利条件，古潜山的不整合面可能为O_{2+3}油源进入提供通道。

（三）塔北地区油源对比

塔北地区发育两套烃源岩，分别是寒武系—下奥陶统和中、上奥陶统。由于二者的发育环境和形成模式不同，因此生物标志物的分布也有明显差异。寒武系—下奥陶统烃源岩的特点为C_{28}规则甾烷、伽马蜡烷、甲藻甾烷和三芳甲藻甾烷、4－甲基甾烷、C_{26}－4－降胆甾烷、三环萜烷等含量较高，重排甾烷含量较低，原油的正构烷烃单体烃碳同位素较重；而中、上奥陶统烃源岩的特点正好相反。本书选取这些指标对两套烃源岩生成的原油进行了研究，发现其中的沟鞭藻生源的甲藻甾烷和三芳甲藻甾烷生物标志物应用效果十分显著（图3－16）。

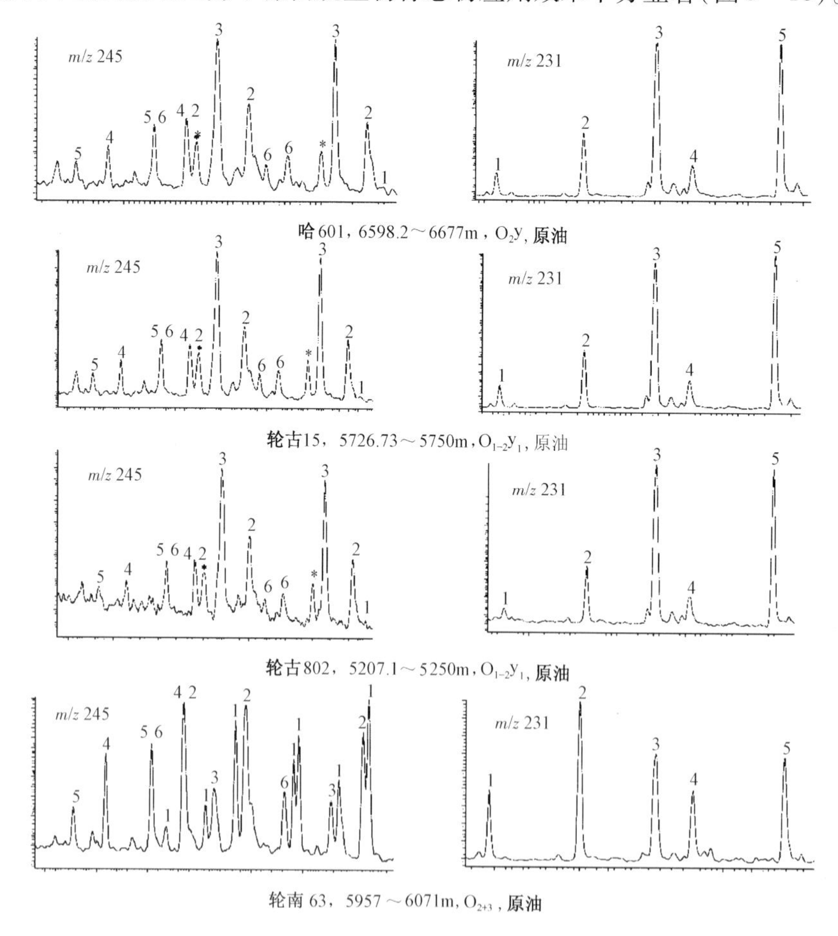

图3－16 塔北地区原油甲基三芳甾烷（m/z 245）和三芳甾烷（m/z 231）的分布

m/z 245（左列图）：1—4，23，24－三甲基三芳甾烷（C_{29}三芳甲藻甾烷）；2—4－甲基－24乙基三芳甾烷；3—甲基－24乙基三芳甾烷；4—4－甲基三芳甾烷；5—3－甲基三芳甾烷；6—3－甲基－24甲基三芳甾烷。m/z 231（右列图）：1—C_{26}20S三芳甾烷；2—C_{26}20R三芳甾烷＋C_{27}20S三芳甾烷；3—C_{28}20S三芳甾烷；4—C_{27}20R三芳甾烷；5—C_{28}20R三芳甾烷来源于寒武系—下奥陶统烃源岩的原油中甲基三芳甾烷（*m/z* 245）和三芳甾烷（*m/z* 231）含量丰富。哈601、轮古15和轮古802井的*m/z* 245和*m/z* 231谱图的峰形非常一致，具有相同的油气源，其质谱峰与典型奥陶系来源的原油的峰形有很好的对比性。*m/z* 245谱图中超低的4，23，24－三甲基三芳甾烷峰（C_{29}三芳甲藻甾烷）是奥陶系来源油的显著特点；而轮南63井的*m/z* 245和*m/z* 231质谱峰与典型寒武系来源的原油具有相同的特征，位于谱图最后的4，23，24－三甲基三芳甾烷（C_{29}三芳甲藻甾烷）和4－甲基－24乙基三芳甾烷呈现双峰形态，并且4，23，24－三甲基三芳甾烷峰的强度很高（图3－16）。

塔北油气来源对比表明，其中90%以上原油来自于中、上奥陶统烃源岩，而具有寒武系—下奥陶统烃源岩生物标志物特征的原油主要分布在轮古东地区，且以混源形式存在，含量不高。中西部地区的英买力、哈拉哈塘、塔河、轮古西地区的油气主要来自于中、上奥陶统烃源岩。

二、四川盆地长兴组—飞仙关组礁滩气田的主力烃源

从天然气成因特征看，四川盆地礁、滩天然气既有油型气，又有煤型气，以及油型—煤型混合气。本书从天然气、储层固体沥青、地质条件分析三个方面入手，对盆地内海相层系典型气藏进行气源对比研究。

（一）天然气组分与碳同位素特征

天然气组分及其同位素是判识天然气成因及气源的直接依据，其中碳同位素是最有效的判别指标。戴金星等（2005，2008）先后提出$\delta^{13}C_2$值大于－28‰和－27.5‰为煤型气的判识界限。宋岩等（2005）则认为，煤型气$\delta^{13}C_2$值大于－27‰，油型气$\delta^{13}C_2$值小于－29‰，在－29‰～－26‰之间的是煤型气和油型气的混合气。事实上，需考虑天然气成熟度以及混源等因素进行综合判识。依据天然气$\delta^{13}C_1$—$\delta^{13}C_2$相关图（图3－17），川东北地区的罗家寨、渡口河、铁山坡、七里北、黄龙场等礁、滩气藏天然气$\delta^{13}C_1$值为－31.5‰～－29.5‰，$\delta^{13}C_2$值为－32.4‰～－29.4‰，表现为油型气。普光礁滩气藏天然气$\delta^{13}C_1$值为－31‰～－29.6‰，$\delta^{13}C_2$值为－31.5‰～－25.2‰，表现为油型—煤型混合气。具体而言，普光2井飞仙关组天然气$\delta^{13}C_2$值均轻于－28‰，为油型气；长兴组天然气$\delta^{13}C_2$值均重于－28‰，为煤型气。铁山

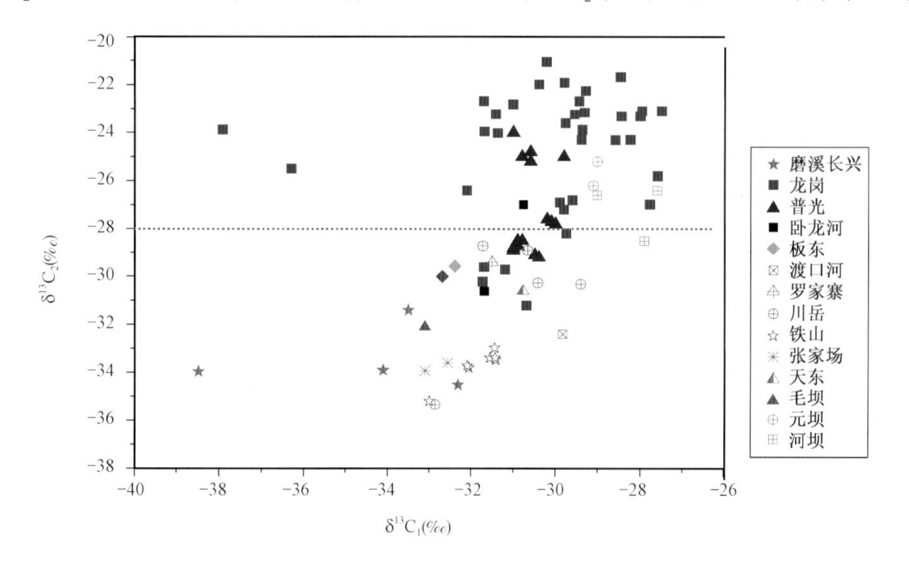

图3－17 四川盆地主要礁滩气藏天然气$\delta^{13}C_1$与$\delta^{13}C_2$交会图

地区礁滩天然气$\delta^{13}C_1$值为 -32.05‰~ -31.4‰,$\delta^{13}C_2$ 值为 -33.8‰~ -32.97‰,为油型气。此外,川东地区板东、卧龙河、张家场、相国寺等台内礁滩气藏的 $\delta^{13}C_1$ 值为 -36‰~ -31‰,$\delta^{13}C_2$值为 -32‰~ -31‰,表现为典型油型气。台内磨溪 1 井长兴组天然气也表现为油型气。

相比而言,龙岗礁滩天然气具有明显不同的特征,其大部分数据点落在煤型气范围内。龙岗 1 井长兴组和飞仙关组天然气 $\delta^{13}C_2$ 值均大于 -28‰,最轻为 -26.9‰,表现为典型的煤型气。龙岗 6、龙岗 11、龙岗 28 长兴组和龙岗 12 井飞仙关组天然气成因类型与龙岗 1 井长兴组和飞仙关组天然气类似,$\delta^{13}C_2$ 值均大于 -28‰,属煤型气。龙岗 26 井飞仙关组(5558.98m)天然气 $\delta^{13}C_1$ 和 $\delta^{13}C_2$ 值分别为 -31.07‰和 -29.87‰,表现为油型气特征(图 3 -18)。龙岗 2 井天然气成因比较复杂。该井天然气 $\delta^{13}C_2$ 值大部分重于 -28‰,$\delta^{13}C_2$ 平均值为 -24.8‰,主体呈现煤型气特征。但其飞仙关组 6008m 和 6011m 深度取样天然气 $\delta^{13}C_2$ 值分别为 -28.19‰和 -31.2‰,均轻于 -28‰,似乎应确定为油型气。考虑到在该井 6008m 深度天然气重复测试 $\delta^{13}C_2$ 值为 -26.8‰,6011m 深度天然气重复测试 $\delta^{13}C_2$ 值为 -21.98‰和 -23.88‰,均重于 -28‰,又表现为煤型气特征。这种矛盾现象的出现,一方面说明龙岗 2 井 6008 ~6011m 储层段天然气性质不稳定,另一方面也说明在该层段天然气存在煤型气和油型气的混合充注。龙岗 2 井长兴组 6169 ~6194m 处天然气重复测试 $\delta^{13}C_1$ 值出现较大差异(-37.91‰和 -27.6‰),本研究认为是低成熟的煤型气混合所致。因此,龙岗 2 井长兴组—飞仙关组天然气主要为煤型气,在飞仙关组 6008 ~6011m 储层段有少量晚期油型气混入,在长兴组 6169 ~6194m 有低成熟煤型气的混入。龙岗 3 井长兴组和飞仙关组、龙岗 9 井长兴组天然气与龙岗 2 井天然气成因类似,既有煤型气,又有油型气。并且龙岗 3 井天然气重复测试 $\delta^{13}C_1$值偏轻,说明与龙岗 2 井(长兴组 6169 ~6194m)类似,有低成熟的煤型气混入。仅从天然气碳同位素特征看,龙岗礁滩天然气成因主体为煤型气,但在不同井区或不同层段有油型气的混入,煤型气全区均有充注,油型气充注仅在台缘带。

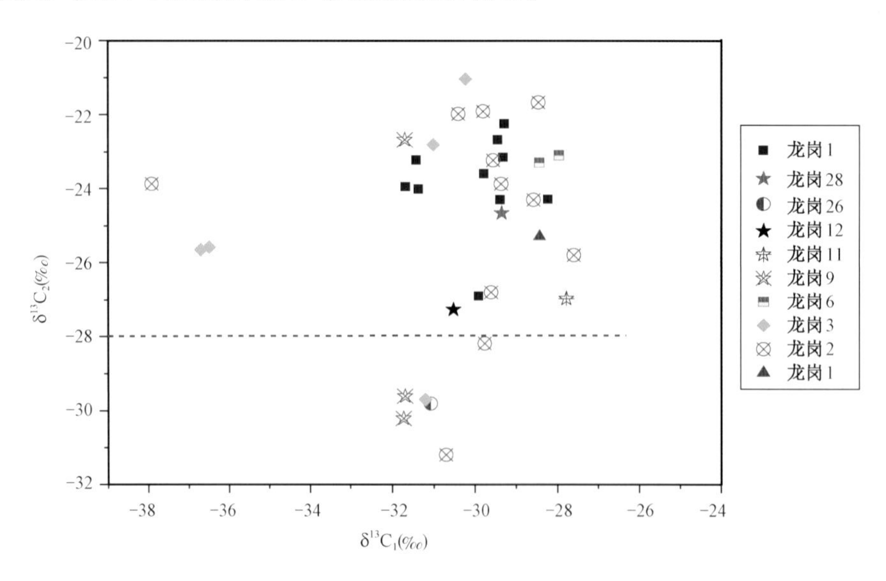

图 3 -18 龙岗地区礁滩天然气 $\delta^{13}C_1$—$\delta^{13}C_2$ 交会图

（二）储层固体沥青特征

如前所述，天然气碳同位素组成特征表明川东北地区礁滩天然气主体为油型气，本书对其礁滩储集体中的固体沥青进行了分析。川东北地区礁滩体中固体沥青十分发育，镜下观察可见，在碳酸盐岩储层的各种孔隙中，固体沥青呈他形充填构造，往往沿孔隙壁呈脉状、球粒状（图3－19a，c）、角片状（图3－19d）充填，具有明显的镶嵌状结构（图3－19b），反映了原油裂解气阶段的高温热变质成因特征。可见川东北地区礁滩储层固体沥青来自古油藏原油裂解，是液态烃进入储层后热裂解生气而形成的残留物。

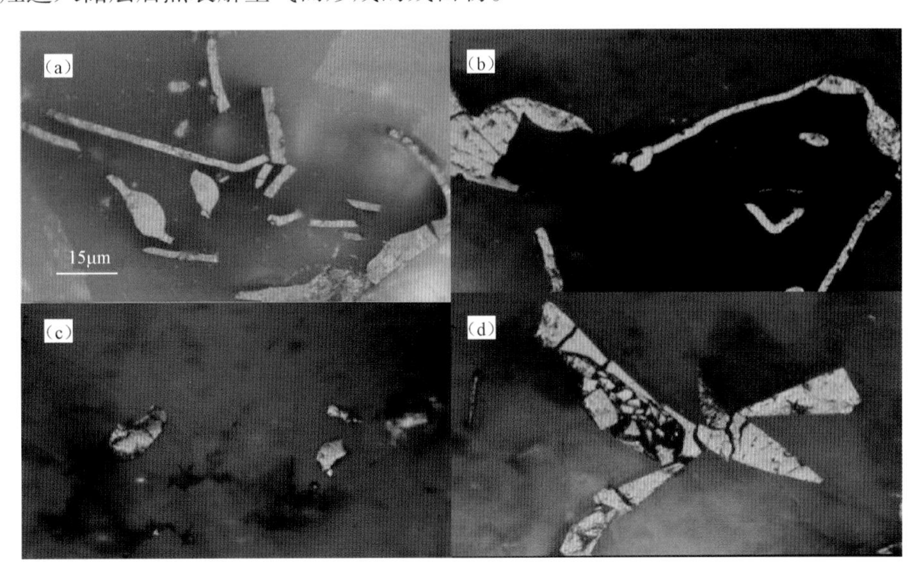

图3－19 川东北地区飞仙关组鲕滩储层固体沥青光性结构特征

对于龙岗地区，台缘带与台内带礁滩储层固体沥青的成因特征有所不同，反映出母质来源上的差异。岩心观察可见固体沥青呈黑色富集状赋存在碳酸盐岩储层的溶孔、溶洞、构造缝及缝合线中。单偏光下薄片显示沥青以细小颗粒状充填于储集空间。有机岩石学镜下观察发现，龙岗台缘带礁滩储层固体沥青具有各向异性，呈角片状、脉状或镶边状等光性结构，是热成因非均质焦沥青。如龙岗1—龙岗2等井区长兴组灰白色溶孔白云岩含沥青在镜下呈灰色块状、条状沥青、镶边状，沥青表面均一平整无突起，荧光下呈角片状，具各向异性，沥青反射率（R_b，%）高（在2.2%～3.2%之间），与川东北地区类似是热裂解成因（表3－2）；而台内带龙岗11井区礁滩储层发育浸染状运移沥青，沥青反射率（R_b，%）低（仅0.92%），明显低于川东北地区，不具热裂解成因特征。

表3－2 龙岗与川东北地区礁滩储层固体沥青反射率

井位	层位	R_{min}（%）	R_{max}（%）	R_b（%）	折算 R_o（%）
龙岗2	P_2ch	2.73	2.96	2.81	2.22
龙岗8	T_1f_{3-1}	2.32	3.27	2.84	2.24
龙岗8	T_1f_{3-1}	2.86	3.77	3.26	2.52
龙岗9	T_1f_{3-1}	2.12	3.17	2.28	1.87
坡1	T_1f_{3-1}	2.4	3.1	2.4	1.95

续表

井位	层位	R_{min}(%)	R_{max}(%)	R_b(%)	折算 R_o(%)
坡2	T_1f_{3-1}	2.07	4.04	2.98	2.34
渡3	T_1f_{3-1}	2.69	3.25	2.9	2.28
七里北1	T_1f_{3-1}	1.87	2.73	2.29	1.88
罗家1	T_1f_{3-1}	2.92	3.51	3.14	2.44
罗家9	T_1f_{3-1}	1.89	3.02	2.49	2.01
铁山5	T_1f_{3-1}	2.33	2.76	2.5	2.02

另外，龙岗礁滩固体沥青碳同位素（$\delta^{13}C$）分布范围在-32‰~-26‰之间，分布范围较宽。川东北礁滩储层固体沥青碳同位素（$\delta^{13}C$）分布在-30‰~-27‰之间，分布范围较窄。说明二者虽然都主要来自腐泥型烃源岩的贡献，而龙岗礁滩储层沥青来源更为广泛。详言之，龙岗台缘带龙岗1—龙岗2、龙岗8等井区礁滩储层固体沥青主要来自腐泥型烃源岩，而台内带龙岗11井区等主要来自腐殖型烃源岩，反映以煤系供烃的特征。

（三）天然气—储层沥青—烃源岩成因联系

川东北地区属于典型的古油藏裂解气，而龙岗地区礁、滩气藏天然气的气源较为复杂，下面从天然气、储层沥青、烃源岩干酪根碳同位素综合对比的角度进行讨论。依据天然气 $\delta^{13}C$ 值（主要是乙烷）轻于母源干酪根 $\delta^{13}C$ 值、固体沥青 $\delta^{13}C$ 值与干酪根 $\delta^{13}C$ 值可以直接对比的原则，龙岗礁滩天然气不可能来自比它具有更轻 $\delta^{13}C$ 值的寒武系、志留系和下二叠统烃源岩，只有上二叠统烃源岩有供气的可能（图3-20）。从龙岗礁滩储层固体沥青的 $\delta^{13}C$ 值来看，龙岗8井飞仙关组储层固体沥青 $\delta^{13}C$ 值偏低（-31.5‰），只有志留系烃源岩可与之匹配，但由于龙岗地区缺乏深大断裂，志留系烃源岩供给的可能性不大。更可能的情况是，龙岗8井飞仙关组储层沥青来自轻质油（饱和烃含量高）的裂解，因而其 $\delta^{13}C$ 值低于烃源岩干酪根。龙岗2井长兴组储层固体沥青 $\delta^{13}C$ 值（-28.5‰）反映它与上二叠统龙潭组、大隆组烃源岩均有亲缘关系，应来自 $Ⅱ_1$ 型有机质形成的液态烃的裂解。龙岗11井长兴组储层固体沥青 $\delta^{13}C$ 值偏重（-26.2‰），只有龙潭组烃源岩可与之匹配，是龙潭组煤系生气时伴生的液态烃（煤系凝析油）经短途运移沉淀和轻度裂解形成的。综合考虑天然气、储层沥青和烃源岩干酪根 $\delta^{13}C$ 值

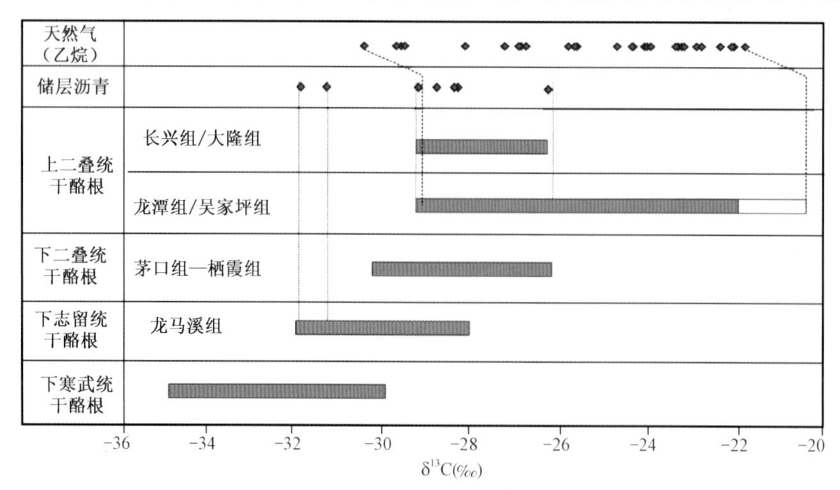

图3-20 龙岗与川东北礁滩天然气—储层沥青—烃源岩干酪根 $\delta^{13}C$ 值对比

的对比关系，龙岗地区台缘带礁滩天然气和储层固体沥青都来自上二叠统龙潭组和海槽相大隆组烃源岩的联合贡献，从龙岗 2 井向龙岗 8 井方向，海槽相腐泥型烃源岩贡献变大，台内带礁滩天然气（如龙岗 11 井区）则主要来自龙潭组煤系烃源岩。

综上，川东北地区礁、滩体天然气以油型裂解气为主，古油藏裂解是天然气生成的主要途径；龙岗地区礁、滩体天然气主体表现为煤型气，台缘带局部存在油型裂解气的混入，龙潭组和海槽相大隆组烃源岩在台缘带联合供烃，台内带以龙潭组煤系供烃为主。

第三节　烃源岩中分散液态烃裂解成气潜力

我国以古生界为主的海相层系烃源岩成熟度普遍较高。对这部分烃源岩的资源贡献，多数学者持怀疑观点。然而，一个重要的问题，就是油气在“液态窗”阶段发生排烃以后，仍然有可观数量的液态烃滞留其中（以下简称滞留烃）。对这部分滞留烃在高—过成熟阶段的生气潜力与成藏贡献，国内外勘探界在过去相当长一个时期都未予充分重视。本节围绕滞留烃数量、最佳成气时机、裂解气鉴别方法等关键问题展开论述。

一、滞留烃源岩中分散液态烃数量

干酪根在生油窗阶段热降解生成的油主要有三种赋存状态：源内滞留烃、源外分散液态烃和源外聚集液态烃（古油藏）。源内、源外液态烃的分配比例在某一研究区具体应用时，由于地质条件的差异，参数的取值会有所变化。如不同地区烃源岩的类型和源储配置关系不同，因而排油效率不同，导致源内和源外分散液态烃的分配比例不同。通过不同类型烃源岩的生排烃模拟实验研究，建立不同有机质的排油率图版，可以帮助确定滞留烃源岩中分散液态烃数量。

（一）不同类型烃源岩排油率模拟实验

综合考虑样本有机质丰度、类型和成熟度等因素，筛选出 13 个未熟—低熟的海相、陆相烃源岩样品，进行密闭体系下加水热模拟实验。样品主要基础数据见表 3－3。

表 3－3　模拟实验样品基本情况

序号	地区/井号	岩性	时代	TOC（%）	T_{max}（℃）	S_1+S_2（mg/g）	I_H（mg/g）	R_o（%）	类型
1	张家口	石灰岩	Pt	0.68	435	0.32	231	0.68	$Ⅱ_2$
2	沂州	石灰岩	C	0.68	430	19.05	209	0.58	$Ⅱ_2$
3	卫 20 井	泥灰岩	E	4.75	431	47.51	502	0.64	$Ⅱ_1$
4	唐山	页岩	Pt	7.55	434	44.40	564	0.60	Ⅰ
5	茂名	油页岩	E	10.08	436	56.65	608	0.34	Ⅰ
6	鱼 24 井	泥岩	E	1.40	443	8.96	629.66	0.67	Ⅰ
7	兴 2 井	泥岩	E	5.87	434	47.62	802.10	0.60	Ⅰ
8	凤 29－19 井	泥页岩	E	7.71	438	52.96	674.58	0.58	$Ⅱ_1$
9	盐 14 井	泥岩	E	4.47	424	32.54	706.58	0.38	$Ⅱ_1$
10	沈 6 井	泥岩	E	2.27	423	14.71	622.95	0.38	$Ⅱ_1$
11	港深 50 井	泥页岩	E	4.50	435	18.56	396.55	0.67	$Ⅱ_2$
12	歧 86 井	泥岩	E	2.26	441	4.68	199.67	0.53	$Ⅱ_2$
13	板 59 井	泥岩	E	1.05	441	2.44	221.19	0.68	$Ⅱ_2$

烃源岩生排烃模拟实验所得排油率示于图3-21。可见随着温度升高，每一样品的排油率都有一个快速升高段，对应于烃源岩内部液态烃大量排出期，该时期多发生于 R_o 值为0.6%～1.5%的“液态窗”阶段。不同岩性、不同有机质类型与不同有机质丰度的烃源岩，排油率有较大不同，总体上，有机质类型越好，排油率越高，即Ⅰ型＞Ⅱ$_1$型＞Ⅱ$_2$型；TOC含量越高，排油率越高，油页岩的有机质丰度最高，排油效率也最大，可达80%左右，且高排烃效率主要发生在 R_o 值大于1.4%的高成熟阶段。而TOC含量适中到偏低的一般性烃源岩，排油率相对较低，在“液态窗”阶段，多在40%～60%，最低的只有20%左右。

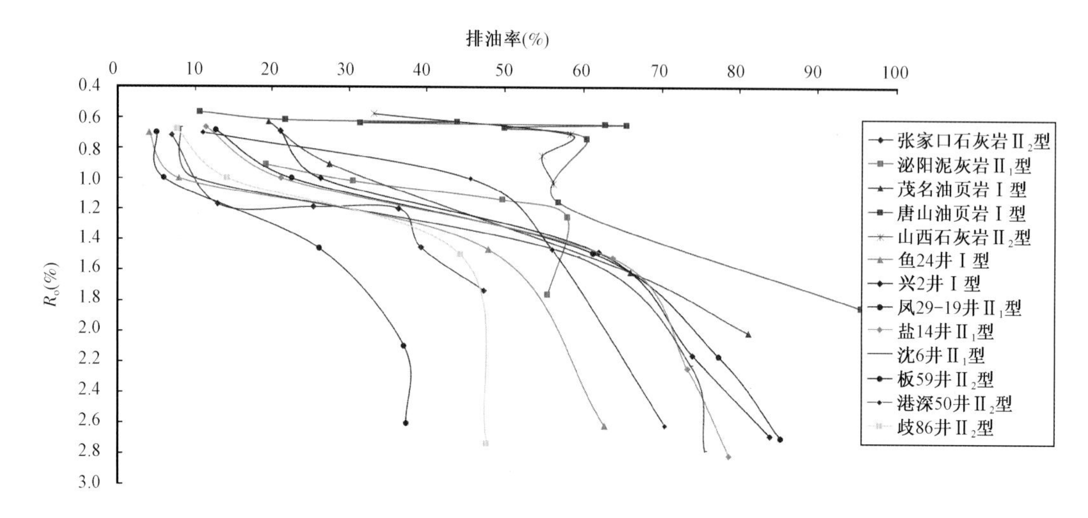

图3-21 海、陆相不同有机质丰度烃源岩排油率对比图

由此可见，液态烃滞留于烃源岩内是普遍现象，尤其是在有机质丰度较低的情况下。值得注意的是，在模拟实验体系中，由于模拟温度远远高于实际地层温度，所以模拟实验中热作用更强，导致排烃效率比实际地质体更高。

(二)地质体中分散液态烃数量统计及下限指标

岩石热解分析是研究烃源岩内滞留烃数量的另一种方法，其中，S_1 为300℃下检测的单位质量岩石中的吸附烃含量，可近似代表烃源岩中滞留烃的数量。针对塔里木盆地和渤海湾盆地发育的海相和陆相烃源岩统计分析，已揭示烃源岩在“液态窗”阶段发生排烃以后，滞留烃量相当大。为进一步确认研究结果的可靠性，本书又搜集了东海盆地、珠江口盆地新生界海相和湖相烃源岩，松辽盆地中生界湖相烃源岩，鄂尔多斯盆地中生界湖相烃源岩和下古生界海相烃源岩以及四川盆地上古生界海相烃源岩的热解数据，以进一步核实滞留烃数量(图3-22)。由图可见，滞留烃数量在“液态窗”阶段也存在“富集”峰值，证实烃源岩在“液态窗”阶段发生排烃以后，仍有可观数量的液态烃滞留。笔者认为，对烃源岩滞留烃数量的统计，宜在“液态窗”阶段进行，原因是“液态窗”阶段既是液态烃大量生成期，也是大量排出期，这个阶段得到的数据更逼近地下实际。而在“液态窗”之后的高—过成熟阶段，由于滞留烃会发生热裂解，数量会急剧减少，不宜纳入统计。一些学者把高—过成熟阶段的数据也纳入统计，笼统对滞留烃数量给出趋势评价，难免会造成误导。

这里还有一问题，就是烃源岩滞留烃数量下限达到多少，高—过成熟阶段的烃源岩就可以成为有效气源岩？笔者早前已有研究，认为 S_1 =0.1mg/g可以作为滞留烃数量下限值。以此为标准，看海、陆相烃源岩滞留烃数量，较高含量样品还比较多。值得注意的是，在进行滞留烃

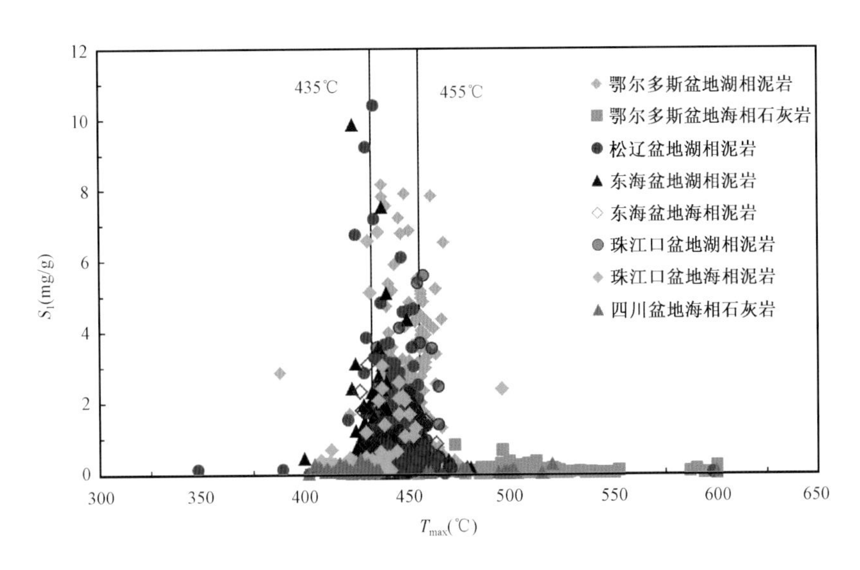

图3-22　烃源岩分成熟度区间的源内液态烃滞留量统计图

数量统计时，尚有部分重质组分因与 S_2 发生重叠，并未包含在 S_1 数据内，而这部分重质组分在高—过成熟阶段也是重要的生气物质。实际上，烃源岩滞留烃数量应该更高。

二、分散液态烃裂解成气机理与成气时机

（一）液态烃裂解成气机理

原油裂解的实质是长链烃类混合物向短链烃类混合物的转化，最终转化为甲烷。不同组分在不同成熟度阶段的变化速率存在很大差异（图3-23），R_o 在2.3%时，重烃气体（C_2—C_5）开始减少，2.5%以后重烃气体的裂解速率与 C_1 的增长速率相当，也即是说 R_o 大于2.5%，C_1 的增加主要是 C_2—C_5 裂解的结果。在 R_o 到达2.5%以后，还存在极重的稠油，随成熟度增加主要都转化为沥青。

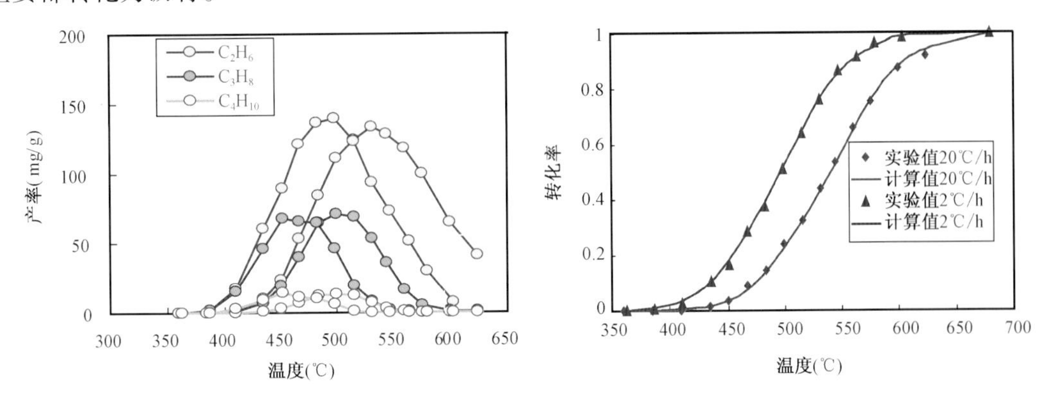

图3-23　甲烷和重烃气体的演化特征

图3-24对比了塔里木盆地轮南地区不同性质海相原油裂解生成烃类气体和甲烷的活化能分布。轮南57井海相轻质油裂解生成甲烷的平均活化能为62.34kcal/mol，而裂解生成总气态烃（C_1—C_5）的平均活化能为59.47kcal/mol，油成甲烷的活化能比油成总气态烃的活化能高出2.87kcal/mol，说明短碳链要比长碳链更难断裂。不同类型烃源岩生成的原油化学组成和物性不同，导致原油开始裂解的温度、大量裂解的时机以及最终结束时的温度都有所差异。

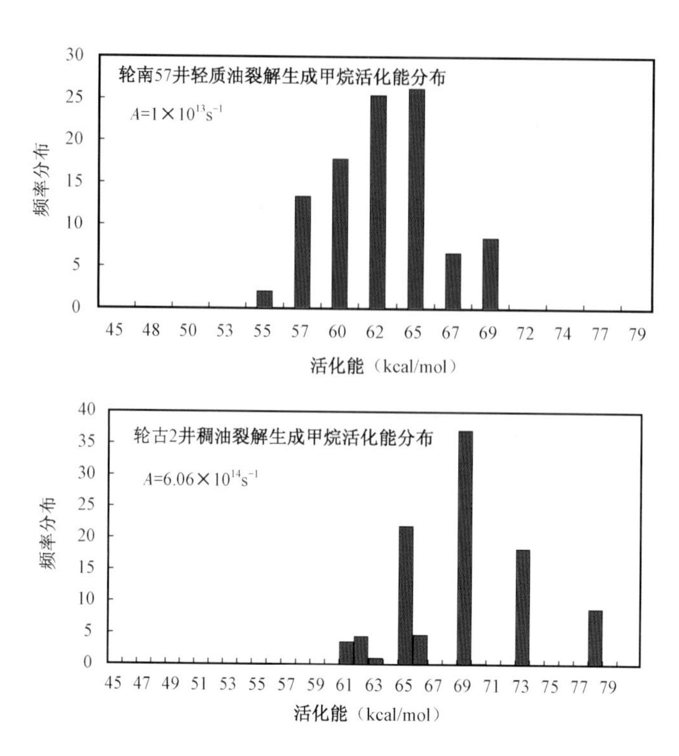

图3-24　不同性质原油裂解成气态烃的活化能分布

（二）分散液态烃裂解成气最佳时机

烃源岩中滞留烃主生气时机的确定是研究的重点之一。干酪根和原油裂解生气时机的模拟实验及其对比研究表明，高、过成熟干酪根的生油气潜力有限，Ⅰ、Ⅱ型干酪根的主生气期在 $R_o=1.1\%\sim2.6\%$ 的"液态窗"后期—高成熟阶段（图3-25）。

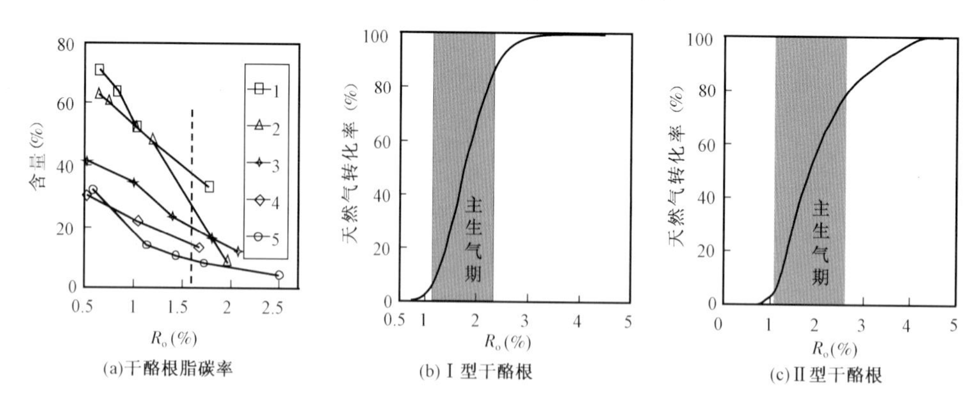

图3-25　干酪根的主生油和生气期

图(a)：1—伊拉蒂油页岩不同温阶加水热模拟固体产物制备的干酪根；2—湖相灰泥岩不同温阶加水热模拟固体产物制备的干酪根；3—低位沼泽泥炭不同温阶加水热模拟固体产物制备的干酪根；4—沼泽泥炭不同温阶加水热模拟固体产物制备的干酪根；5—自然演化系列样品

地质条件下液态烃具有不同的赋存状态，或以聚集态存于古油藏，或呈分散状分布于烃源岩内或输导层中，为研究其在不同环境下发生热裂解的情况，本研究分别选择纯原油、原油+碳酸盐岩、原油+泥岩和原油+砂岩四组样品。安排两组实验：一组是单温度变化下的裂解生气过程；另一组是变温变压条件下的生气模拟。将同一样品分别置于50MPa，100MPa，200MPa

三种压力条件下，分别施予2℃/h和20℃/h升温速率，采用金管封闭体系完成变压变温模拟实验。实验结果揭示两种现象，(1)压力对液态烃裂解生气的影响具有多样性，有三个特征：① 慢速升温条件下，压力对液态烃裂解过程有抑制作用，可使液态烃大量裂解的起始时间滞后；② 快速升温条件下，压力对裂解过程影响不明显；③ 在高演化阶段，压力对裂解过程的影响增强(图3-26)，其结果可助推液态烃裂解过程延至更高演化阶段，具体细节还有待新实验补充完善。(2)液态烃的赋存环境对其裂解过程有重要影响。按影响强度大小，依次是碳酸盐岩 > 泥岩 > 砂岩。相应的主生气期 R_o 值依次是：纯原油1.5%～3.8%、碳酸盐岩1.2%～3.2%、泥岩1.3%～3.4%和砂岩1.4%～3.6%。按主生气期分布，可将干酪根生气和不同环境下的液态烃裂解生气过程示于图3-27。

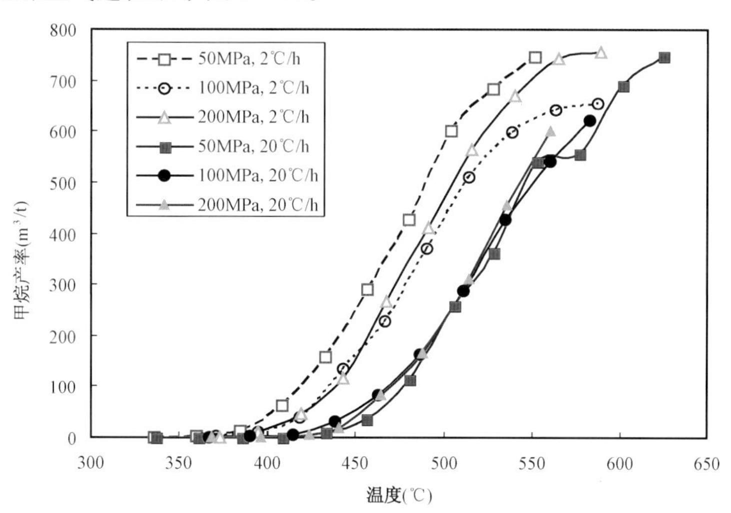

图3-26 不同压力条件下原油裂解生气数量比较

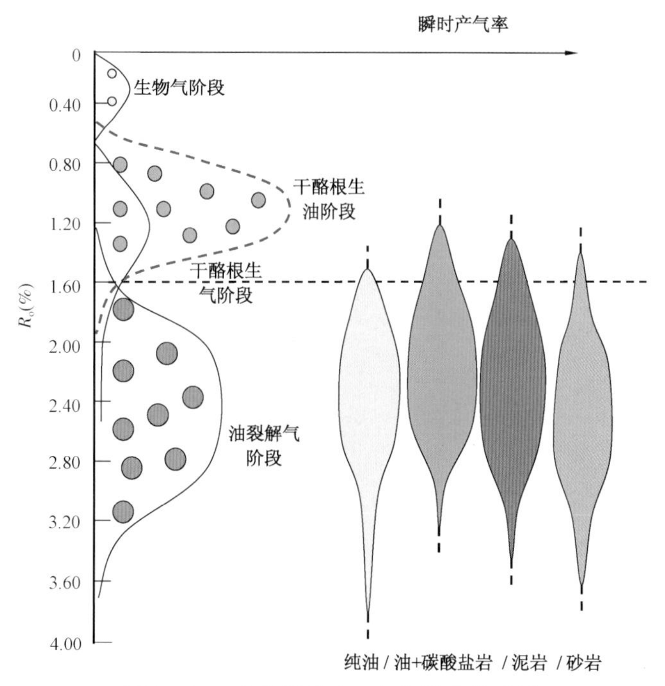

图3-27 有机质接力生气的演化模式图

综上所述，固体有机质的生气过程尽管可延至 $R_o=2.6\%$ 的过成熟阶段，但主生气阶段在 $R_o<1.6\%$ 以前，之后的生气量有限。液态烃裂解的起始点可在 $R_o=1.3\%$，在压力作用下，可迟滞到 $R_o=1.6\%$，主生气阶段在 $R_o=1.6\%\sim3.2\%$。液态烃裂解生气的终点目前判断应在 $R_o>3.5\%$ 之后，在有压力参与环境中，终止点有可能延至 $R_o>4.0\%$ 以后。

三、分散液态烃裂解气的判识指标

随着我国天然气田的不断发现，对这些气田（藏）中天然气的来源的判识和鉴别已经成为我国高—过成熟阶段海相地层天然气勘探所面临的现实问题。应该说，滞留烃裂解气也是原油裂解气的一种，与干酪根热降解气不难区分，关键是如何与古油藏裂解形成的天然气作有效区分。从赋存环境上，滞留烃以分散状存在于烃源岩中，与蒙皂石等催化性较强的矿物广泛且紧密接触，其裂解过程可能以催化裂解为主；而古油藏中的原油以聚集形式存在，原油裂解过程以热裂解为主。为对比上述两种不同环境产生的裂解过程与产物的差异，选取塔里木盆地塔中15井奥陶系原油，分别开展三种情况下的封闭体系热模拟：(1)纯原油、(2)原油+碳酸钙+碳酸镁、(3)原油+蒙皂石。加热温度全部为550℃。结果：在纯原油条件下，裂解产物以链烷烃为主，环烷烃及苯含量较少，仅占20.9%和7.5%；在原油+碳酸钙+碳酸镁组合中，裂解气轻烃中环烷烃相对含量非常高，占51.7%；原油+蒙皂石组合中，热解产物中环烷烃含量也非常高，占48.15%。可见，催化裂解有利于环烷烃的生成。

由于储层中也存在少量黏土矿物，古油藏中原油裂解时也存在少量的催化裂解，为进一步明确滞留烃裂解气与古油藏裂解气的区别，选择上述原油样品进一步开展了不同黏土含量条件下原油裂解模拟实验。实验条件设定为封闭体系，加热温度为550℃，实验系列分别为：100%原油、50%原油+50%蒙皂石、20%原油+80%蒙皂石、5%原油+95%蒙皂石、1%原油+99%蒙皂石。模拟结果示于表3-4，可以看出，随着原油含量的相对降低和蒙皂石相对含量的增高，环烷烃、甲基环己烷相对含量的变化具有非常好的规律性，在原油相对含量高的情况下，特别是原油占总量的20%以上时，环烷烃/(正己烷+正庚烷)、甲基环己烷/正庚烷、甲苯/正庚烷的比值很低；但在原油相对含量较低时，环烷烃/(正己烷+正庚烷)、甲基环己烷/正庚烷、甲苯/正庚烷比值迅速增高，表明催化剂相对含量的变化对原油裂解气轻烃的组成变化影响很大。因此应用这些指标，可以区分滞留烃裂解气和古油藏裂解气。

表3-4　聚集型和分散型液态烃热催化裂解实验结果

类型	实验系列	温度(℃)	环烷烃/(正己烷+正庚烷)	甲基环己烷/(正庚烷)	甲苯/(正庚烷)
聚集型	100%原油	550	1.14	0.43	0.37
	50%原油+50%蒙皂石	550	0.85	0.44	0.34
	20%原油+80%蒙皂石	550	0.83	0.44	0.51
分散型	5%原油+95%蒙皂石	550	9.32	3.38	1.26
	1%原油+99%蒙皂石	550	18.14	3.48	3.41

为检验这一指标的有效性，选择塔里木盆地和田河气藏作为由滞留烃裂解形成的气藏，其中环烷烃含量较高，尤其是甲基环己烷显示有明显峰值(图3-28a)；选择四川盆地川东地区

罗家寨气藏作为由古油藏裂解形成的气藏，其轻烃组成中链烷烃含量高，环烷烃、苯含量低，其甲基环己烷的含量明显偏低（图 3－28b）。由此可见，可用上述指标鉴别和区分滞留烃在高—过成熟阶段裂解形成的天然气。

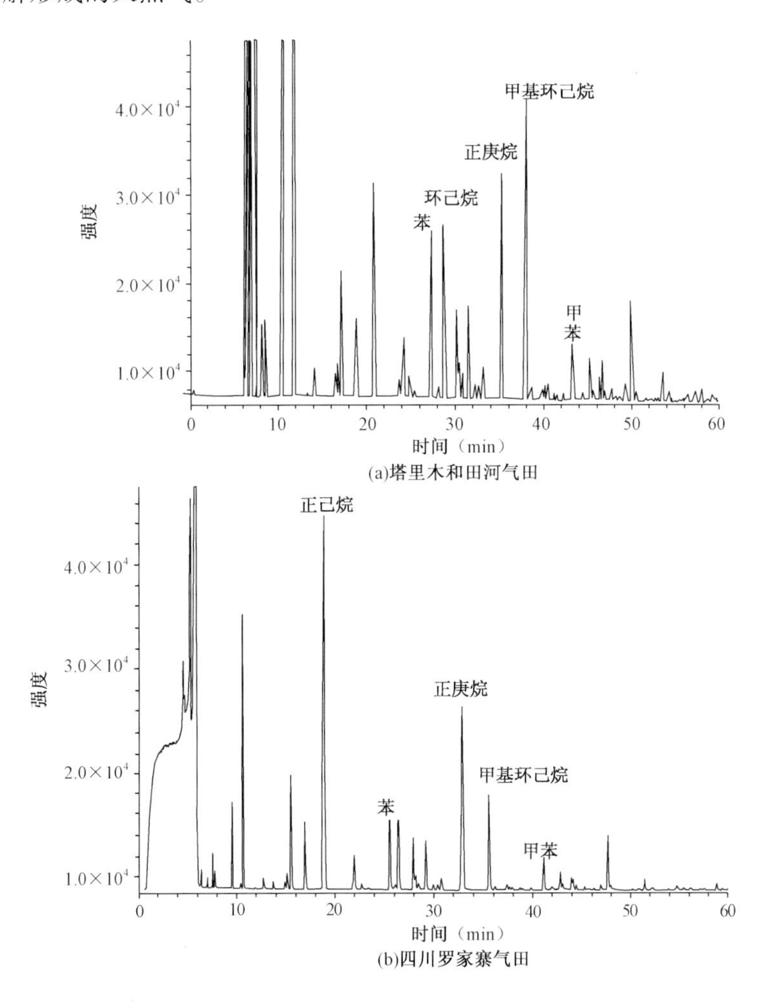

图 3－28　塔里木和田河气田和四川罗家寨气田天然气轻烃色谱图

第四节　古老烃源岩“双峰”式生烃演化及分散液态烃对成藏的贡献

中国以古生界为主的海相烃源岩与国外以中—新生界为主的海相烃源岩，由于所受的地质背景差异，所经历的成烃演化也有所不同。如中东地区海相烃源岩主要发育在侏罗系，构造演化与生烃历史相对简单，目前主要处于生油窗阶段。而塔里木盆地寒武系—奥陶系烃源岩，经历多期构造旋回作用，埋藏历史复杂，生烃历史也很复杂，部分烃源岩经历了早期生油—晚期生气的完整生烃演化历程，部分烃源岩自海西期以来长期处于生油窗阶段。本节重点对塔里木、四川等盆地海相烃源岩演化进行分析，建立古老克拉通烃源岩生烃模式，阐明中国特定构造环境下古老烃源岩成烃历史及其对资源的贡献。

一、温压共控的生烃模拟实验

以 Tissot 为代表提出的经典油气生成理论揭示，原始有机质从沉积、埋藏到石油和天然气的生成经历了一个逐渐演化的自然过程。在有机质演化过程中，温度是最主要的因素，时间作用次之。除了温度、时间作用因素外，越来越多的证据证实压力也是有机质演化的重要因素之一，超压对有机质演化具有抑制作用。然而，部分学者研究认为超压对有机质演化没有明显影响。因而，压力对有机质演化和生烃作用的影响仍需要进一步研究。

基于干酪根热降解成烃理论和有机质热演化的时间—温度补偿原理所建立起来的各种热压模拟实验方法，能够再现有机质在地质体中所经历的物理和化学演化过程，为评价烃源岩的生烃潜力，研究成烃过程与机理，推导成烃模式并为动力学规律提供实验依据和基础资料。只要逼近地史中物质场、热场和应力场环境状况，生排烃热解模拟实验结果会更客观地反映地质事实。

（一）地质条件的实现与实验模型

地层的真实埋藏演化过程，常常经历抬升剥蚀和沉积，地质温度有升也有降，压力场由随埋深和岩石渗透性变化着的静压压力和流体压力构成，介质是岩石颗粒和（多数时间）卤水，生排烃的空间是孔隙和微裂缝，并在整个过程中呈半封闭体系状态。因此，要实现逼近地质真实环境的生排烃模拟，须采用全岩石样品、较低的升温速率和程序升降温、地质双压力耦合以及半封闭的、有水参与的反应排烃系统。

样品是模拟实验的基础，本书选取中国华北地区新元古界青白口系底部的浅海、滨海沉积的下马岭组灰质页岩为对象。样品分析参数如表 3－5 所示。对于实验条件，首先基于塔里木盆地塔中—轮南典型埋藏热演化史研究结果，利用生烃动力学方法，将关键地质时间点的地质温度、时间参数转化为实验室的参数。其次，压力根据关键点的埋深进行定义，其中，静岩压力以埋深的静水压力的 2.3 倍为标准，流体压力的范围是静水压力的 1.0～1.35 倍。流体压力的范围定义也正适合以幕式排烃的方式进行排烃过程的控制（表 3－6）。

表 3－5　模拟实验的样品及特征

地区	深度（m）	岩性	有机质类型	TOC（%）	R_o（%）	T_{max}（℃）	S_1（mg/g）	S_2（mg/g）
华北张家口	地表	海相页岩	$Ⅱ_1$	7.03	0.57	434	1.84	42.56

表 3－6　多期抬升、地温梯度递减、双压共控地质条件

实验点	进样量（g）	变温速率（℃/h）	累计时间（h）	温度（℃）	埋深（m）	静岩压力（MPa）	流体压力浮动范围（MPa）		
							基准值	最小值	最大值
			5.3	200	1200	27.6	12	12	16.8
点 1	100	5	15.3	250	1600	36.8	18	16	22.4
点 2	100	5	25.3	300	2400	55.2	27	24	33.6
点 3	100	5	30.6	327	3000	69	32	30	42
点 4	100	5	33.1	314	2500	57.5	25	25	27
点 5	100	2.19	40.4	330	3600	82.8	41	36	50.4
点 6	80	2.19	42.4	327	3200	73.6	32	32	34

续表

实验点	进样量(g)	变温速率(℃/h)	累计时间(h)	温度(℃)	埋深(m)	静岩压力(MPa)	流体压力浮动范围(MPa)		
							基准值	最小值	最大值
点7	80	3.37	45.5	337	4000	92	48	40	56
点8	80	7.5	52.5	390	6400	147.2	76	64	89.6
点9	50	7.5	60.6	450	7000	161	83	70	98
点10	50	7.5	67.3	500	7400	170.2	89	74	103.6
点11	50	7.5	73.9	550	7800	179	95	78	109
点12	50	7.5	80.7	600	8200	188	101	82	115

实验模型方面，以塔中轮南"退火"、多次沉积—剥蚀反复、晚期深埋的典型埋藏热演化史为基础，按照逼近地质条件的生排烃实验标准，设计了三个系列的对比实验。按照埋藏史条件，一组实验模拟"退火"背景下多期沉积—剥蚀反复、晚期深埋的生排烃过程，包括多期抬升、温压共控实验和多期抬升、控温实验两个系列；另一组实验模拟持续埋藏和恒升温速率的生排烃过程。实验由无锡石油地质研究所自行设计的地层孔隙热压生烃模拟实验仪完成，通过油泵活塞对釜内的样品施加机械压力，来模拟地层静岩压力。通过高压水泵加入一定量的水，利用水和热解产物的增压作用，达到模拟流体压力的效果。装置配有连接釜体的导管阀门开关，利于人工释放釜内的流体压力，以模拟地质条件下多次剥蚀—沉积反复、变温压共控生排烃环境。

（二）模拟实验结果

图3-29为烃源岩在不同实验模式下液态烃累计产率曲线图。在三个模式中，塔中轮南地质温压共控模式的阶段产率高峰最晚，其次是塔中轮南控温模式，常规持续埋藏控温压模式的阶段产率高峰最早。从累计产率图上可看出：常规持续埋藏控温压模式下生油在70h基本结束，且累计产率最低；而塔中轮南温压共控和只控温两模式的生油过程还在进行，累计产率还在增加。根据镜质组反射率的检测结果，塔中轮南温压共控模式下，生油高峰期对应 R_o 为1.5%，塔中轮南控温模式生油高峰期对应 R_o 为1.2%。总体上，与其他两种模式相比，塔中轮南温压共控模式下的生油过程明显滞后，生油高峰期来临得晚，生油结束晚，累计生油率偏高。

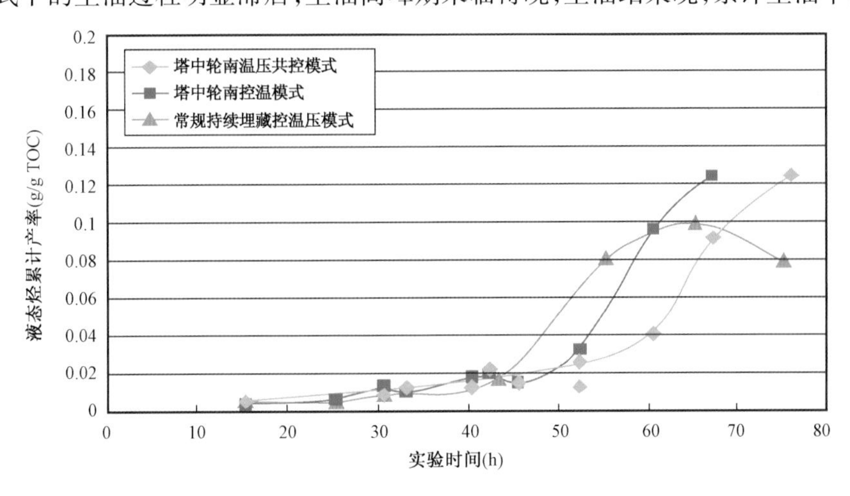

图3-29　不同模型下液态烃累计产率对比

实验残样的氯仿抽提物主要为烃源岩内滞留烃，从单位岩样抽提物的重量(图3－30)来看，总体上加压模拟实验抽提物产率相对于温控模拟实验要高，滞留烃相对较大。随着实验温度的升高，在450～550℃，两实验的滞留烃差值达到最大，表明加压使滞留烃增加，对后期天然气的大量生成有利。

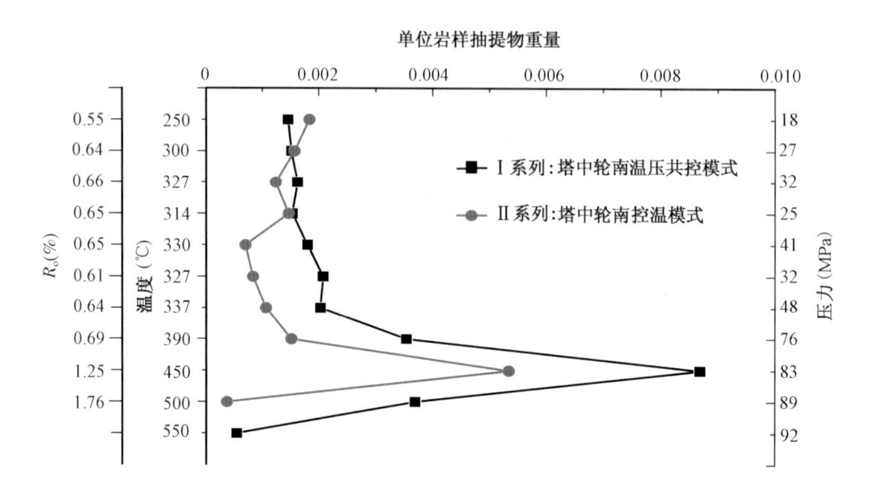

图3－30　不同加压情况下残样氯仿抽提物

前人研究成果揭示，封闭流体系统和水的存在是产生压力抑制作用的重要条件。在可逆化学反应中，反应物与生成物的过剩与不足，对反应速度和进程有直接影响。自然界有机质热降解生烃过程是不可逆的，但在这一转化过程中，生烃环境的封闭与开放，使反应物与生成物存在平衡与非平衡的状态。开放条件下，烃类可源源不断地从烃源岩中排驱出来时，热降解作用进程则快；封闭条件导致有机质热演化产物的滞留，热降解作用过程被延缓。而水的存在本身既可以抑制有机质的热演化，又能显著降低黏土矿物的催化作用，有利于促进压力对有机质热演化的抑制。此外，水本身的吸热作用与水吸热后汽化产生的增压作用，可能会降低干酪根自身的实际受热程度，进而减缓有机质的热反应速度。这从机理上揭示了本实验中压力对生烃过程的影响，而实际地质情况也证明了这一点。例如，在我国渤海湾盆地、塔里木盆地和准噶尔盆地等均在深层(＞4500m)发现了大量的液态石油。在莺歌海盆地超压系统进行的研究也发现，超压的抑制作用和伴生的流体滞留效应导致烃源岩有效排烃期增长，主排烃期后移，并导致烃源岩在不同历史时期、不同温度和不同成熟度条件下生成的烃类在烃源岩内累积。

二、塔里木盆地海相烃源岩生烃演化

(一)构造分异与埋藏演化史的差异性

塔里木盆地是由古生代海相克拉通盆地与中、新生代陆相前陆盆地组成的大型叠合复合型盆地，在古生代克拉通盆地发育及中、新生代盆地叠加过程中发生了多期次的构造运动，不同时期盆地内的隆坳单元既有继承，又有反转，构造分异十分强烈，不仅使盆地不同构造单元的地层埋深发生了复杂的变化，而且也影响了不同时期古地温的差异演化。表现在早古生代及石炭纪—二叠纪板块拉张期古地温较高，而古生代中期的克拉通内部坳陷及中、新生代陆内盆地及复合前陆盆地阶段的古地温较低。根据对盆地下古生界烃源岩埋藏热演化历史的分析，埋藏历史和不同时期地温梯度在不同地区不同层位上都存在明显的差异性。总结起来，台盆区可以划分出三种埋藏热演化模式：持续埋藏型、早深埋晚抬升型和晚期快速深埋型。

持续埋藏型主要分布在满加尔凹陷、阿瓦提凹陷中南部、孔雀河斜坡、英吉苏凹陷、塔北隆起东缘以及塔西南坳陷中西部除麦盖提斜坡西段以外的大部分地区。其中上奥陶统具有早期浅埋低成熟、中期持续埋藏温度保持、晚期快速深埋成熟的特征，寒武系则为早期持续深埋高—过成熟、中期持续埋藏温度保持、晚期快速深埋过成熟的特征。以满西1井为代表，中—上奥陶统在奥陶纪末的埋深为3000m左右，地温仅为90℃，印支—燕山期埋藏深度缓慢增加，但由于地温梯度的递减，其地温基本上保持在90℃左右，喜马拉雅期以来，埋深迅速增大到6000m以深，地温增至150℃左右。寒武系在奥陶纪末埋深就达到近7000m，地温达到210℃左右；印支—燕山期地温保持在270℃，直到喜马拉雅期的快速深埋，地温一度达到300℃以上（图3－31）。

早深埋晚抬升型分布在巴楚隆起—塘古凹陷—塔东隆起，以早期生烃、后期长时间抬升降温、晚期浅埋为特征，以塔东2井为代表（图3－31）。塔东2井烃源岩层在加里东期高速深埋，进入生烃生气门限；加里东末期抬升并遭受剥蚀，古油藏遭受破坏；之后持续低沉积—低剥蚀的反复，直到燕山—喜马拉雅期，上覆地层迅速沉积，部分地区可能经历二次成气阶段。晚期快速深埋型分布在塔北隆起中西部、塔中低凸起及麦盖提斜坡西段，以早期浅埋低温、长期处于生油窗、晚期快速埋藏高成熟生油、生气为特征。以轮古38井为代表，奥陶系在加里东—印支期经历多期沉积—剥蚀的反复，埋藏深度增加缓慢，直到侏罗纪—白垩纪，埋深未超过3000m，地温不超过90℃，才进入中、低成熟状态；燕山期末—喜马拉雅期，随着上覆地层的快速堆积而埋深迅速加大，埋深达近6000m，地层顶面温度达到120℃，开始大量生油；在新近纪达到生油高峰，目前仍处在生油晚期、生气早期阶段（图3－31）。

（二）深层古老海相烃源岩生烃演化特征

塔里木盆地地温场退火背景与不同时期快速深埋的耦合作用，导致深层古老海相烃源岩成油、成气演化历史长。以塔中、轮南为代表的凹陷边缘地区，在早期，虽然烃源岩层在沉积和小幅度抬升剥蚀中埋深缓慢增加，但其地温梯度也在逐渐降低，从早古生代的3.0℃/100m降到晚古生代的2.8℃/100m再到中生代的2.5℃/100m，埋深和地温梯度的消长关系，使中—上奥陶统烃源岩层的温度一直处在低成熟和成熟成油范围。因此，在新生代以来的快速深埋时期，还存在较高的生烃潜力。对于寒武系烃源岩也是如此，虽然早期已进入生油甚至生气的初级阶段，但有机质生气的成熟度范围宽，可能在晚期的快速深埋升温条件下，才真正进入生气的高峰期。

另外，晚期深埋的高压力场作用有利于古老烃源岩生烃滞后，使生烃期延长。深埋作用抑制了生烃进程，降低了岩层的渗透性，排油迟滞，油裂解成气滞后。深埋的过程是温度和压力增加的过程，但对于生烃来说，压力的增加，特别是流体压力的增加，对生烃影响明显。实验已经证实，深埋过程中静岩压力和流体压力耦合条件下，仍然表现为对生烃过程的抑制。以成熟度参数 R_o 为标准，以塔中、轮南中—上奥陶统的埋深为例，6000m的埋深压力可以使成熟进程 R_o 降低0.4%左右，在加压热解生烃实验中，表现为成熟度演化和生烃的不平行。同时，深埋高成岩作用，使得岩层孔渗降低，特别是对于灰质岩层，基质的孔渗性能随埋藏的增加而大大降低，显然降低了排烃效率。深埋增压作用对排油的抑制作用明显强于对排天然气的作用。因此，深埋作用不但抑制生烃，也降低了排烃的效率，从而推迟了对储层供烃的时机，增加了晚期成气、排气的量。

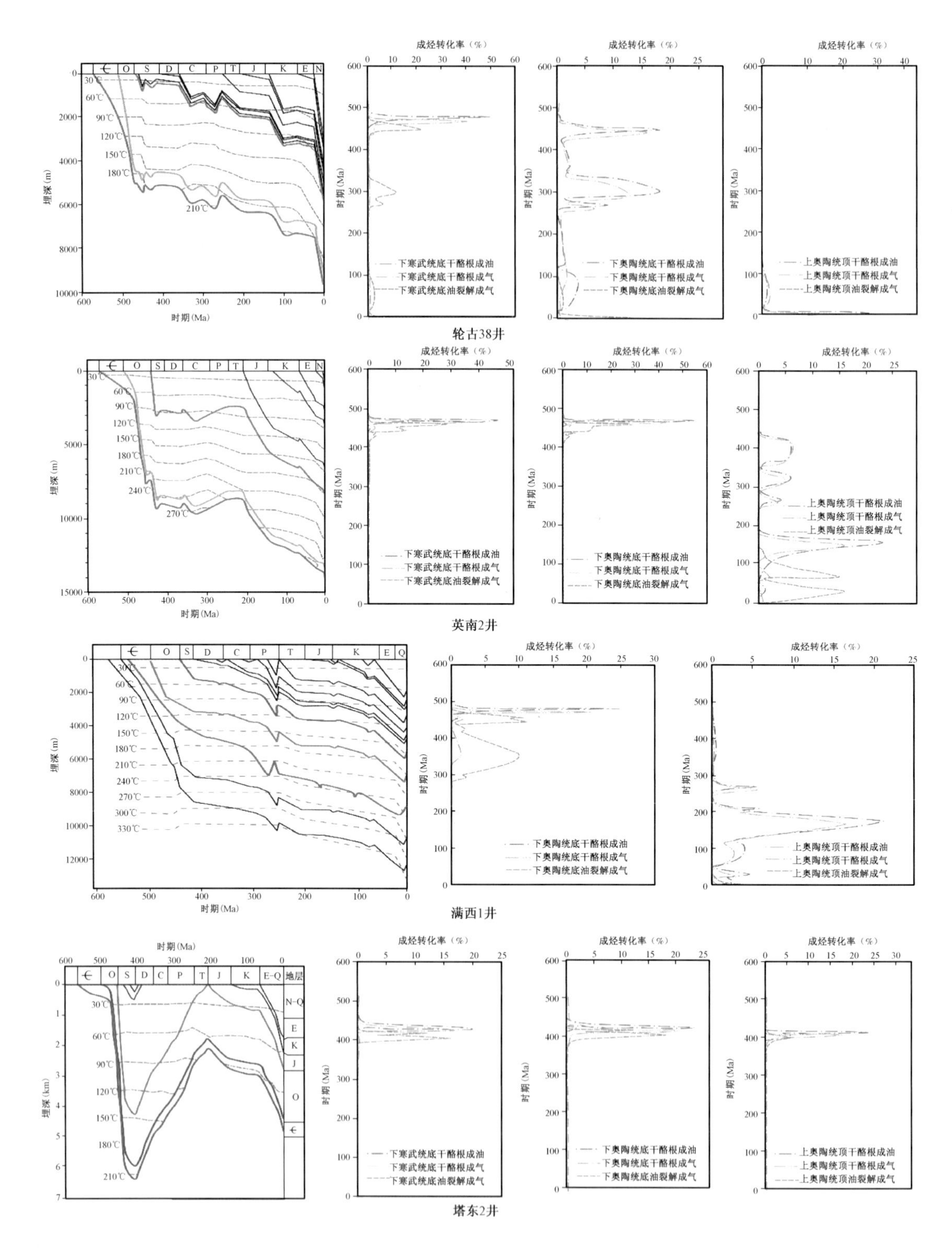

图3－31　塔里木盆地下古生界有机质的双峰式生气演化历程

（三）干酪根和分散液态烃成烃过程

塔里木盆地下古生界加里东—海西隆坳相间的古构造格局控制了海相有机质不同的生烃演化历史。东西联井剖面（阿参1—满西1—满参1—满东1—英南2—塔东2—米兰1）和南北连井剖面(轮古 2—轮古 38—哈得 4—满西 1—塔中 45—塘参 1)的对比研究展示了下古生界海相有机质的生烃演化历史。

1. 单井生烃史分析

烃源岩的埋藏、受热历史决定了干酪根生油、干酪根生气和油裂解生气的演化历程。塔里木盆地“递进埋藏”与“退火受热”相耦合,使部分古老烃源岩古近纪以来仍有大量液态烃生成;另外,同一烃源岩因埋藏深度不同的差异演化,构成了现今海相碳酸盐岩烃类相态丰富的分布格局。轮古 38、英南 2、满西 1、塔东 2 等井埋藏史图,还有下寒武统底层烃源岩、下奥陶统底层烃源岩以及上奥陶统顶层烃源岩干酪根生油、干酪根生气和油裂解生气的演化历史示于图 3-31,再现了生烃的整个历程。

2. 连井生烃史对比

塔里木盆地横贯东西和南北连井剖面中干酪根生油、干酪根生气和油裂解生气的对比(图 3-32)表明:

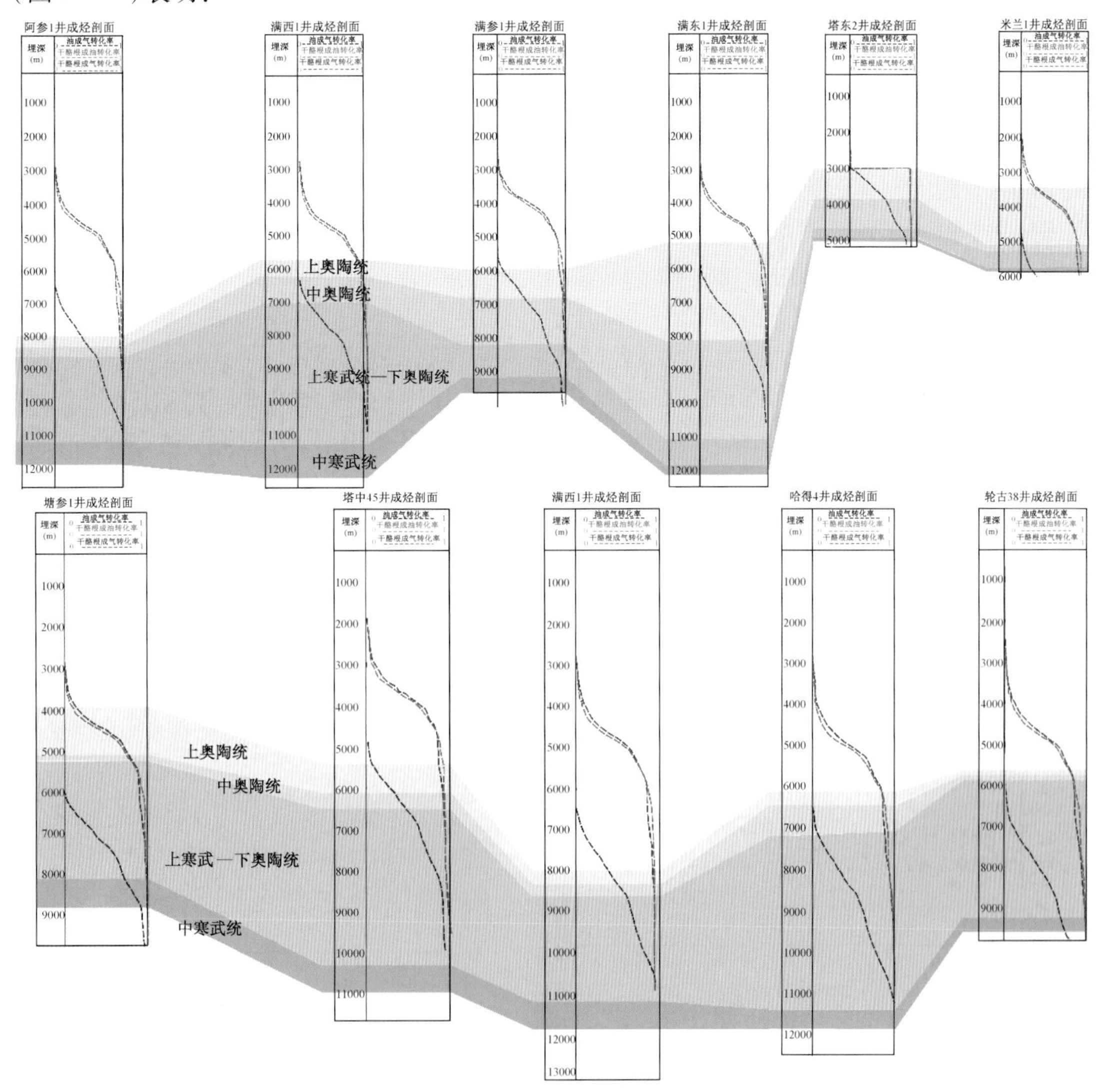

图 3-32　塔里木盆地连井生烃史对比

阿参1—满西1—满参1—满东1在6000m左右干酪根生烃转化率达到极限，塔东地区塔东2—米兰1地区的干酪根生烃极限深度明显小于其他地区。寒武系—奥陶系烃源岩干酪根生烃潜力有限，油成气（分散可溶有机质成气）具有较强的生气潜力。寒武系—奥陶系干酪根成烃转化率基本达到极限（90%以上），不同深度油成气（分散可溶有机质成气）转化率变化范围较大，分散可溶有机质分布较广，生气潜力巨大。寒武系—奥陶系干酪根成烃基本结束，油（部分可溶有机质）成气正处于快速裂解时期。

三、四川盆地海相烃源岩生烃演化

四川盆地发育了多套海相烃源岩，包括下震旦统泥质烃源岩、下寒武统泥质烃源岩、下志留统泥质烃源岩、下二叠统碳酸盐岩烃源岩、上二叠统煤系和泥质烃源岩。总体上，川东北烃源岩发育层数最多、质量好，是烃类富集最为有利、勘探潜力最大的地区，而川南、川中南部和川西南部烃源岩层数相对较少。上述烃源岩在漫长地质历史过程中，经历了地温场的演变、多期构造变动，使得油气生成、运聚成藏的历史复杂。

（一）地层沉积埋藏史特征

四川盆地地层的沉积埋藏大体都经历了早期浅埋—抬升、后期深埋、晚期抬升的演化阶段。古生界沉积厚度有限，沉积基本连续，偶有间断或剥蚀，部分地区遭受较大剥蚀，但一般剥蚀厚度和持续时间都较为有限。印支—燕山期是一个非常重要的沉积时期，地层急剧沉降，接受三叠纪—白垩纪巨厚沉积，沉积平均速率达到30m/Ma以上，较古生代的9m/Ma要大得多，川东地区古生代平均沉积速率仅为10m/Ma，印支—燕山期平均沉积速率高达20m/Ma以上；喜马拉雅期普遍处于抬升剥蚀阶段。

高科1井位于四川盆地乐山—龙女寺加里东古隆起高石梯构造，该井震旦系—寒武系埋藏史经历了四个阶段（图3-33a）：（1）震旦纪—志留纪，沉积了厚约3000m的地层，后因加里东期在志留纪末抬升、剥蚀；（2）二叠纪—三叠纪，该区又开始沉降，沉积了厚达2500m的地层；（3）侏罗纪地层快速沉降，地层升温速度快，是寒武系烃源岩热成熟演化的重要时期；（4）白垩纪在中、晚白垩世有一定规模的沉降，白垩纪末期以来持续隆升。川东北地区的普光2井的埋藏史曲线也有类似特征（图3-33b）。

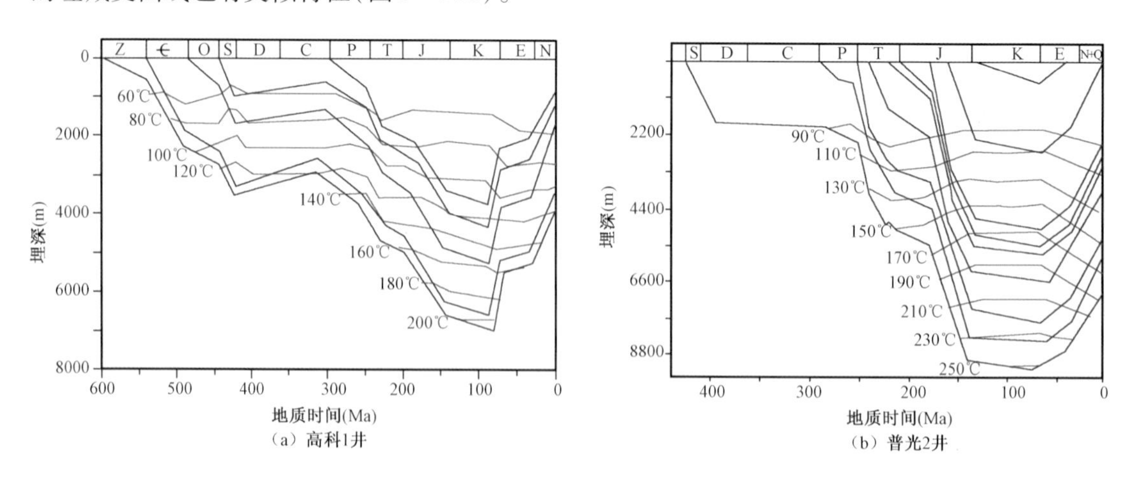

图3-33　川中高科1井和川东北普光2井埋藏史曲线

（二）“双峰”式生烃演化特征

由于埋藏历史长、热演化充分，四川盆地海相烃源岩均表现出“早期生油、晚期生气”的“双峰”式生烃特征，在不同的区块，被构造改造程度以及埋藏深浅等因素的影响，烃源岩生烃的早晚也表现出一定的差异性。

1. 中期快速演化型

以川中和川南地区为代表，主要发育了寒武系和二叠系烃源岩，虽然它们的演化明显不同步，但印支—燕山期烃源岩演化速度快，是天然气生成的最重要的时期。

下寒武统烃源岩生油时间较早，川中地区（以高科1井为例）加里东期就已经生成大量液态原油，志留纪末演化中止，直到早侏罗世才再次演化，且迅速加快，生成大量天然气，中侏罗世末达到过成熟演化阶段，侏罗纪末达到生气“死亡线”（图3－34a）。川南地区（以资1井为例）下寒武统烃源岩加里东期演化程度略低，志留纪末下寒武统有机质 R_o 值达到0.8%，生成少量原油随后反应中止，直到中侏罗世才再次演化，侏罗纪末开始进入高成熟演化阶段，生气为主；早白垩世末达到过成熟演化阶段，由于喜马拉雅运动的整体抬升，烃源岩在白垩纪末停止演化，现今 R_o 值仍保持在2.3%左右（图3－34b）。

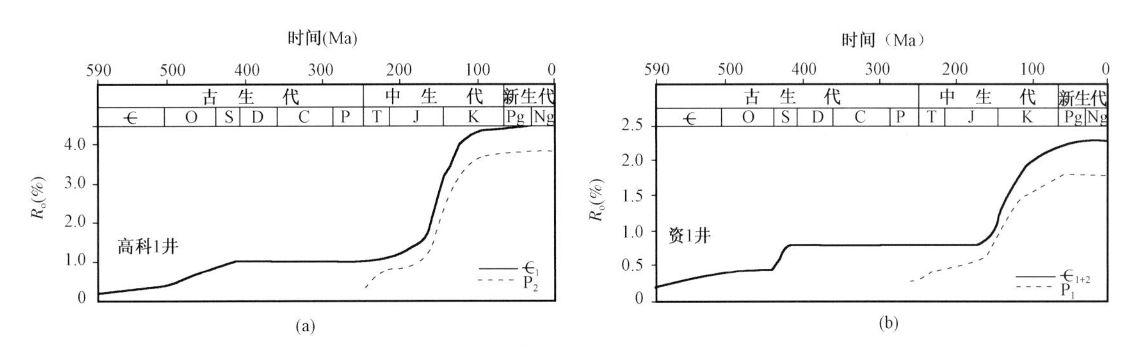

图3－34 川中地区和川南地区烃源岩演化史

二叠系烃源岩大量生烃时间为印支—燕山期。高科1井上二叠统烃源岩在三叠纪—中侏罗世处于大量生油阶段，晚侏罗世达到高成熟演化阶段，以生成天然气为主。晚侏罗世—早白垩世烃源岩演化速率明显加快，在短短的35Ma内即达到生气“死亡线”（图3－34a）。资1井下二叠统烃源岩在中侏罗世—白垩纪初处于生油高峰，白垩纪以生气为主，白垩纪末 R_o 值达到1.7%左右，新生代以来由于构造抬升烃源岩没有进一步演化（图3－34b）。

2. 多期演化型

由于前期的深埋和地温场的作用，早期经历过一定程度的演化，达到生油高峰阶段，生成一定数量的油气；随后由于地层的抬升或者地温梯度的降低，烃源岩热演化中止；之后某一时期地层再次沉降，地层温度超过前期的最高温度，烃源岩发生“二次生烃”。以四川盆地川东和川东北地区为代表。如川东地区池7井发育有下寒武统和下志留统两套海相烃源岩，二者的演化过程完全不同步。下寒武统烃源岩生烃潜力释放较早，在加里东期就已经达到高成熟演化阶段，产物以凝析油和湿气为主，海西期主要是干酪根生气和原油裂解生气阶段，至二叠纪末 R_o 值达到2.0%以上，基本丧失生烃潜力。而下志留统烃源岩主要生油时间在海西期，燕山—印支期为干酪根生气和原油裂解成气的时期，白垩纪初 R_o 值达到3.0%，生烃潜力基本丧失（图3－35）。

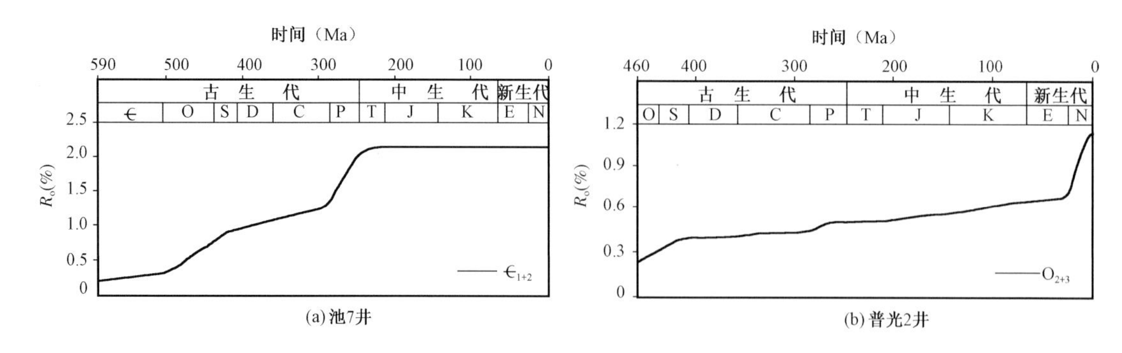

图 3－35　川东地区(a)和川东北地区(b)海相烃源岩热演化史

川东北地区发育有三套海相烃源岩:下寒武统、下志留统和上二叠统。以普光 2 井为例,虽然这三套烃源岩现今成熟度较为相近,都达到了生气“死亡线”,但是它们的热演化也并不完全同步,寒武系烃源岩的生油期在加里东期,而下志留统和上二叠统烃源岩的主生油期在燕山—印支期,三套烃源岩的干酪根生气和原油裂解气发生的时间都在侏罗纪(图 3－35)。川东和川东北地区海相烃源岩演化程度都很高,均已达到生气“死亡线”,以生成干气为主。由于烃源岩层位多,生成油气数量大,前期生成的液态原油相当一部分能够保存下来,在后期高温条件下裂解成气,与干酪根裂解成气一同聚集成藏,形成大规模工业性天然气藏。喜马拉雅期处于整体抬升阶段,没有烃类生成,天然气藏经过调整改造,并最终定型。

(三)“双峰”式生烃与天然气晚期成藏

四川盆地海相烃源岩的“双峰式”生烃演化模式,说明古油藏和分散液态烃的裂解是天然气的重要来源,古油藏的完好保存为油裂解成气提供了完好的物质基础,烃源岩演化至枯竭之后仍有充足的新气源。多数烃源岩的演化经历了从干酪根→油→气的过程,储层中广泛分布的沥青便是最可靠的证据。古油藏及分散液态烃裂解生气的高峰对应于 R_o 大于 1.5% 之后阶段,天然气生成时机较晚,加之与多期构造运动乃至各种成藏要素的有效匹配,决定了天然气普遍晚期成藏(图 3－36)。

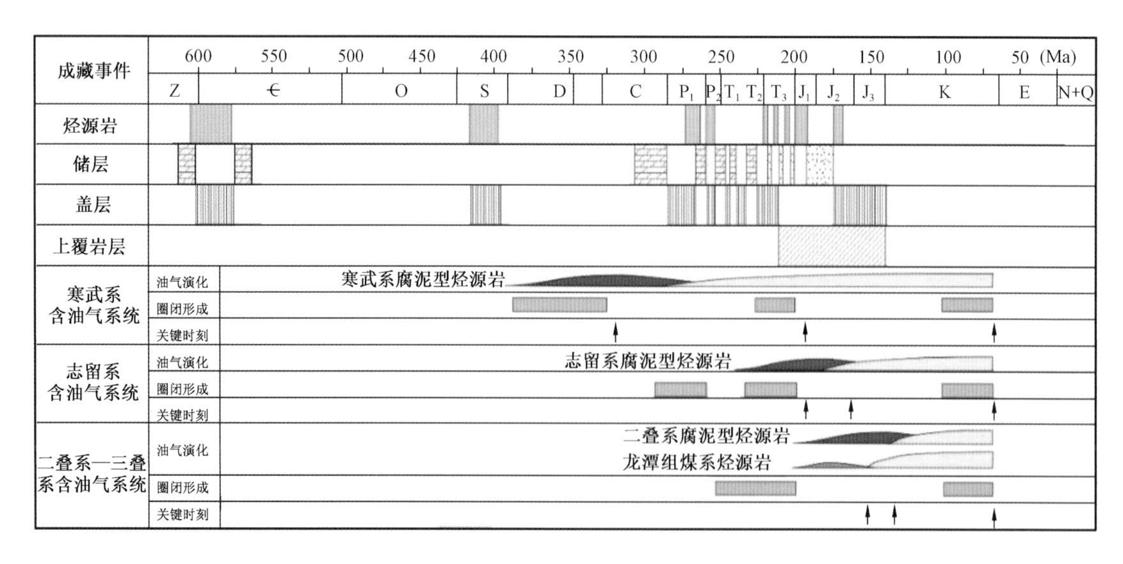

图 3－36　四川盆地海相复合含油气系统成藏事件综合图

乐山—龙女寺古隆起以寒武系为主要烃源岩，在加里东末期，古隆起成为川东南古坳陷区油气运移的主要指向区。加里东运动，盆地区域性抬升与剥蚀作用，使得寒武系烃源岩生烃作用趋于停滞。印支期，区域性构造沉降，使得大部分寒武系烃源岩进入成油气期，同时古隆起部位发育大型背斜圈闭，如资阳古圈闭，发育一系列古油藏。燕山晚期，古隆起发生构造变异，早期背斜等构造圈闭变为斜坡，古油藏一方面裂解成气，另一方面古油气藏发生调整。喜马拉雅期之后气藏最终定型。现今的威远气田应属于喜马拉雅期调整后的气藏。川东地区的石炭系气源主要来自志留系烃源岩，气藏的形成同样经历了古油藏（印支期）阶段、原油裂解气古气藏阶段（燕山期）以及喜马拉雅期气藏调整定型阶段。

川东石炭系气藏是受晚期调整与改造而最终成藏的典型实例。志留系烃源岩在晚三叠世—早侏罗世处于生油期，开江古隆起已经形成，因而在古隆起轴部聚集成藏（古油藏）。到白垩纪—古近纪时期，志留系烃源岩和石炭系古油藏被深埋至6000～7000m，有机质及液态烃在高温作用下，裂解成气，并在开江古隆起聚集成藏。新近纪以来的喜马拉雅运动，川东高陡构造形成，使得古气藏被调整、改造甚至破坏，形成现今以构造型气藏为主的分布格局。

总之，伴随古老海相烃源岩“双峰式”生烃演化过程，四川盆地海相层系油气藏的形成普遍经历了早期古油藏形成、古油藏裂解气成藏以及晚期气藏调整定型三个阶段，并与加里东—早海西运动、印支—燕山运动以及喜马拉雅运动这三期大的构造运动相对应。沉积埋藏过程以及重大构造变革期的改造作用，决定古老海相烃源岩早期生油、晚期生气的“双峰”式生烃模式，烃源岩热演化充分，生气母质“接力”转换过程、生气时机形成连续相接，在高—过成熟阶段仍能保持充沛的气源条件。

四、四川盆地震旦系源外分散液态烃的成气贡献

分散液态烃裂解成气的定量评价涉及五个方面的研究，可概括为“5步骤”法。(1)残留烃量的准确评价，解决源内分散液态烃的数量问题。影响烃源岩排油效率的内因有四个方面：有机质丰度、类型、演化程度和岩性。类型越好，排油效率越高，即Ⅰ型＞Ⅱ_1型＞Ⅱ_2型；TOC含量越高，排油效率越高，油页岩的有机质丰度最高，排油效率也最大，可达80%左右；高排烃效率主要发生在R_o值大于1.4%的高成熟阶段；TOC含量偏低的烃源岩，排油效率相对较低，在“液态窗”阶段，多为40%～60%，最低的只有20%左右。(2)源外分散液态烃的主要分布富集区及数量研究。通过正演油气运移路径的研究，结合沥青的分布和数量进行反演研究，二者相互验证。(3)不同时期不同烃源灶油气生成数量和运移比例研究。重点考察不同演化阶段源内、源外分散液态烃的数量和赋存状态。(4)分散可溶有机质裂解成气的转化率确定。考察不同赋存状态的原油后期经历的受热历史，有多少达到了原油裂解的热动力学条件，即油裂解成气的比例。(5)含油气系统分析及分散可溶有机质裂解成气的定量评价。基于研究区含油气系统分析及上述各项参数的研究，正演法计算分散可溶有机质裂解成气的数量，同时，可根据沥青等其他遗迹特征，反演相互验证。

实例解剖四川盆地震旦系源外分散液态烃的成气贡献。为了定量评价灯四段、灯二段储层中天然气的来源与不同烃源灶的贡献比例，研究工作包括：(1)陡山沱组、灯三段、筇竹寺组烃源岩生油、生气、油裂解成气定量分析；(2)各时期陡山沱组、灯三段、筇竹寺组烃源岩干酪根成油、成气、油成气演化阶段分析；(3)与灯四段、灯二段储层有关的三套烃源岩（陡山沱组、灯三段、筇竹寺组）油成气强度叠合图，即源外分散液态烃裂解成气的数量评价；(4)分散液态烃（三套液态烃以及两套储层灯四段、灯二段）裂解成气定量评价。分析结果示于图3－37，左

列图是用传统方法计算的结果，对灯二段储层天然气的贡献最大者为陡山沱组烃源岩，达65%左右，对灯四段储层天然气的贡献最大者为筇竹寺组烃源岩，达78%左右。右列图是用接力成气方法计算的结果，对灯二段储层天然气的贡献最大者为灯二段的源外分散液态烃（+古油藏），达60%以上；对灯四段储层天然气的贡献最大者不仅有筇竹寺组烃源岩，且灯四段的源外分散液态烃（+古油藏）贡献亦颇多，二者平分秋色。

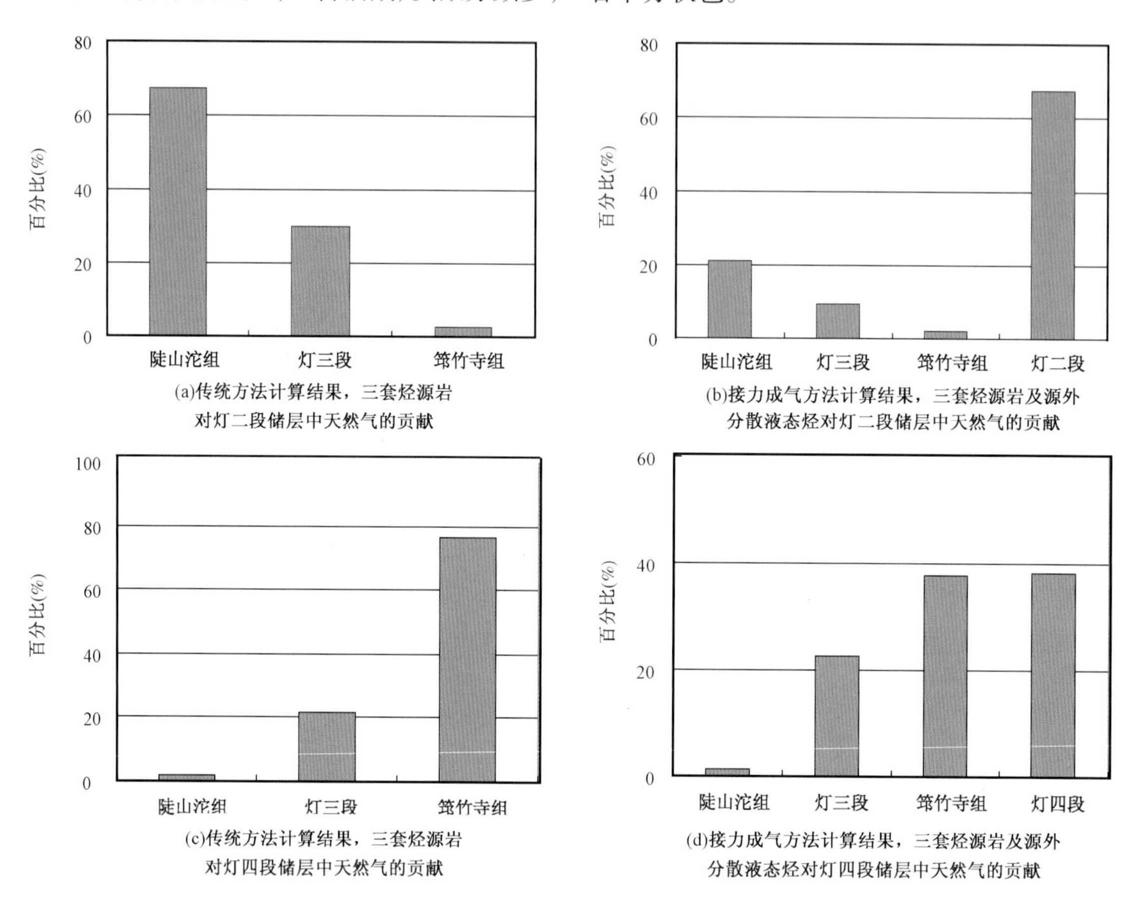

(a)传统方法计算结果，三套烃源岩对灯二段储层中天然气的贡献

(b)接力成气方法计算结果，三套烃源岩及源外分散液态烃对灯二段储层中天然气的贡献

(c)传统方法计算结果，三套烃源岩对灯四段储层中天然气的贡献

(d)接力成气方法计算结果，三套烃源岩及源外分散液态烃对灯四段储层中天然气的贡献

图3－37　源外分散液态烃（+古油藏）裂解成气的贡献

和Tissot经典生烃模式相比，“双峰”式生烃不仅包括了干酪根热解成烃演化，而且还包括了液态烃裂解成气演化，同时还考虑到温度与压力共同影响下有机质成油高峰期延迟（R_o为1.0%～1.4%）。因此，对天然气资源来说，有机质经历干酪根降解生气和原油裂解生气两个高峰，有机质演化充分，资源总量大。该模式不仅发展和完善了传统的生烃理论，而且对拓展深层油气勘探具有重要意义。

第五节　小　结

（1）通过系统编图和油气源对比分析，明确我国塔里木、四川及鄂尔多斯三大盆地受克拉通坳陷内差异沉降与沉积分异控制，在海相层系均发育数套泥质岩，具有机质丰度高、生烃潜力大、热演化程度高、源灶规模大等特点。烃源岩类型决定了生烃演化具有早期生油为主、晚期生气为主的特点，且差异演化和（分散）可溶有机质裂解成气的特性，决定了晚期成藏的规模大，是碳酸盐岩大油气田的主要贡献者。

（2）烃源岩生排烃模拟实验研究，海相富含Ⅰ、Ⅱ型有机质的烃源岩，在“液态窗”阶段发生排烃以后，烃源岩内部仍有一定数量的滞留烃，随TOC含量不同，滞留量也有较大变化。高丰度烃源岩滞留量20%～30%，低丰度烃源岩滞留量40%～60%。这部分液态烃是高—过成熟阶段重要的成气母质。滞留烃裂解气主要发生在高—过成熟阶段（$R_o > 1.6\%$），主生气时机$R_o = 1.6\% \sim 3.2\%$。液态烃向气态烃转化过程中，体积膨胀为气体排出母体提供了动力，且产生的连通性较好的纳米级孔隙，为天然气运移提供了有效通道。天然气轻烃组分中环烷烃与链烷烃的相对比值可作为滞留烃裂解气的鉴别指标。

（3）塔里木盆地递进埋藏与“退火”受热的耦合作用，使得古老烃源岩存在跨重大构造期的油气有效成藏作用，部分烃源岩古近纪以来仍有大量液态烃生成并成藏，使得塔里木盆地古生界富气也富油。同时，（分散）液态烃规模生气时机相对偏晚，因而天然气散失量少，成藏效率高，这对于我国叠合盆地深层处于高—过成熟状态的烃源岩生烃成藏，具有重要意义。近年来，四川盆地震旦系—寒武系、塔里木盆地下古生界天然气勘探取得一系列重大突破，说明海相天然气资源潜力大，增加了在我国中西部地区深层海相层系寻找大气田的信心。

第四章　中国海相碳酸盐岩储层类型与分布特征

近年来，中国石油天然气集团公司和中国石油化工股份有限公司在塔里木盆地塔中地区、塔北地区的奥陶系和四川盆地磨溪—高石梯震旦系的岩溶型储层、四川盆地环开江—梁平“海槽”区的上二叠统—下三叠统礁/滩型储层以及四川盆地川东北的普光地区的白云岩储层中获得了重大勘探突破，揭示中国海相碳酸盐岩层系具有良好的油气勘探前景。但由于中国海相碳酸盐岩储层经历了多旋回构造运动的叠加与改造，具有沉积类型多样、年代古老、时间跨度大、埋藏深度大、埋藏—成岩历史漫长而复杂的特点，导致碳酸盐岩储层的形成机制和分布规律与国外有很大不同。另外，我国海相碳酸盐岩多发育于古生界和中生界的中下部，分布于叠合沉积盆地的深层。对于这些特殊性，在“十一五”之前并未关注，研究仅侧重于储层特征的描述，而对于深层规模储层成因机制、主控因素和分布规律并未形成系统的认识，甚至有些早期的认识与勘探实践相矛盾。本轮研究为了深入了解中国海相碳酸盐岩储层的基本特点和分布规律，基于对塔里木、四川和鄂尔多斯盆地重点探区和层系300余口井的岩心和薄片观察，结合地震、录井、测井和试油等资料的详细分析，就我国海相碳酸盐岩有效储层的主要类型及特征进行了系统总结，并分析了碳酸盐岩储层分布的控制因素与分布规律，评价了重点层系的潜在勘探领域。研究将为三大海相盆地风险探井的井位部署与实施起到理论技术支撑作用，对于进一步推动中国海相碳酸盐岩油气勘探新发现和储量增长具有重要的现实意义，同时对推动中国古老海相碳酸盐岩储层地质理论的进一步深化也具有重要的理论意义。

第一节　碳酸盐岩规模储层的成因类型

从碳酸盐岩储层类型来说，我国海相碳酸盐岩发育的储层类型相对齐全，国外有的我国都有发育，但从占主体、优势发育的储层类型来说，我国碳酸盐岩储层的发育又有其特殊性。目前碳酸盐岩储层的分类方案众多，国内外许多学者都曾试图对碳酸盐岩储层类型进行划分。归纳起来总体有三大类：(1)按储集岩类型可分为石灰岩储层、白云岩储层及其过渡类型，并可依据结构组分进一步细化；(2)根据储层的孔隙空间进行类型划分，考虑孔、洞、缝发育程度的差异、物性特征以及不同的孔隙系统在勘探、开发中表现出来的特点进行划分；(3)根据储集体的类型进行划分，划分为礁滩、岩溶和白云岩型储层。对于这些碳酸盐岩储层分类方案至今仍存在争论与分歧。本书不专门讨论碳酸盐岩储层的分类问题，仅为油气勘探的使用和预测评价的便利，按沉积型、成岩型和改造型对碳酸盐岩储层进行初步分类，其中由两种和两种以上建造和改造作用形成的储层，则视影响因素作用的大小，将其列为两种成因间的过渡型来归位(表4-1)。应该说，这是一种便于应用的分类，对指导储层评价预测及勘探部署有重要参考价值。

表 4-1　中国海相碳酸盐岩储层类型与基本特征

储层类型			形成机理	基本特征	典型实例		
					塔里木盆地	鄂尔多斯盆地	四川盆地
沉积型	沉积型礁/滩储层	进积—加积型镶边台缘礁/滩	高能礁/滩沉积受早表生大气淡水淋溶+埋藏岩溶作用综合影响	岩性以生屑灰岩、颗粒灰岩为主;储集空间为生物格架孔、体腔孔和粒间孔、粒间溶孔等	塔中Ⅰ号带良里塔格组、鹰山组	西缘、南缘中—上奥陶统	开江—梁平海槽两侧长兴组和飞仙关组
		缓坡退积型台内礁/滩		岩性以台内生屑砂屑滩、颗粒灰岩滩为主;储集空间以基质孔为主,少量格架孔	塔北一间房组、鹰山组		台内长兴组—飞仙关组
	沉积型白云岩储层	蒸发潮坪白云岩	萨布哈白云岩+早表生大气淡水溶蚀型	岩性以蒸发潮坪泥粉晶白云岩为主;储集空间以石膏结核溶孔+粒间孔为主,少量晶间孔	塔北、塔中中—下寒武统(和4井、牙哈10井等)	下奥陶统马家沟组五段	中—下三叠统嘉陵江组和雷口坡组
		蒸发台地白云岩	渗透—回流白云岩+早表生大气淡水溶蚀型	岩性以颗粒白云岩、藻礁白云岩为主;储集空间为铸模孔、粒间溶孔、藻礁格架孔等	塔北、塔中中—下寒武统(牙哈7X-1井、方1井等)	东部盐下和盐间马家沟组	中—下三叠统嘉陵江组、雷口坡组和川东石炭系黄龙组
成岩型	埋藏—热液改造型白云岩储层	埋藏白云岩	交代作用+重结晶作用	岩性以细、中、粗晶白云岩为主;储集空间以晶间孔、晶间溶孔为主,少量溶蚀孔、溶洞等	塔北、塔中上寒武统及下奥陶统蓬莱坝组(东河12井等)	上寒武统三山子组,中部马家沟组四段,南缘奥陶系	上震旦统灯影组和寒武系,川北下二叠统栖霞组
		构造—热液白云岩	热液白云石化作用+热液溶蚀作用	鞍状白云石,斑块状,受断裂控制;储集空间以残余溶蚀孔洞和晶间孔为主	晚海西期断裂—热液活动区		晚海西期断裂—热液活动区
改造型	后生溶蚀—溶滤型岩溶储层	层间岩溶	层间岩溶作用	发育于巨厚碳酸盐岩层系内的古隆起及其斜坡部位,储集空间为溶蚀孔、洞、缝和未—半充填大型溶洞	巴楚—塔中中—下奥陶统鹰山组、蓬莱坝组	西缘中—上奥陶统和靖边气田马家沟组	威远震旦系灯影组和川东石炭系黄龙组
		顺层岩溶	顺层岩溶作用	与潜山岩溶伴生,发育于古隆起围斜低部位,循环深度可达几百至数千米;储集空间以溶蚀孔、洞、缝和未—半充填大型溶洞为主	塔北南缘鹰山组、一间房组		—
		潜山(风化壳)岩溶	喀斯特岩溶+垂向、埋藏等岩溶作用	发育于古隆起核部,储集空间包括缝洞、基质孔等,构成岩溶缝洞体系	轮南凸起和麦盖提斜坡区的奥陶系石灰岩潜山	西缘中—上奥陶统,靖边气田及东部盐上下奥陶统马家沟组	龙岗地区三叠系雷口坡组

沉积型储层是指沉积作用和古地理环境控制占主导而形成的一类碳酸盐岩储层，包括礁/滩和沉积型白云岩。礁/滩储层可分为台缘礁/滩及台内礁/滩，有时是礁/滩共生，有时二者又可独立存在，主要见于我国四川盆地二叠系和三叠系的长兴组—飞仙关组，塔里木盆地奥陶系鹰山组、一间房组和良里塔格组。此外，鄂尔多斯盆地中—上奥陶统也有发育。准同生期形成的沉积型白云岩储层可分为蒸发潮坪白云岩储层和蒸发台地白云岩储层，前者形成于潮坪环境，而后者的形成与蒸发潟湖有关。蒸发潮坪白云岩储层在塔里木盆地巴楚隆起和塔北隆起的中—下寒武统、四川盆地中—下三叠统嘉陵江组和雷口坡组以及鄂尔多斯盆地下奥陶统马家沟组均有分布，蒸发台地白云岩储层主要分布在塔里木盆地塔中—巴楚隆起和塔北隆起的中—下寒武统，还有四川盆地石炭系黄龙组、下三叠统嘉陵江组、中三叠统雷口坡组和鄂尔多斯盆地东部盐下和盐间马家沟组。

成岩型储层是指形成于埋藏成岩环境的碳酸盐岩储层的总称，包括埋藏白云岩储层和热液白云岩储层。埋藏白云岩储层具有分布范围广、厚度大的特点，主要见于塔里木盆地塔北隆起和塔中隆起上寒武统和下奥陶统蓬莱坝组，四川盆地震旦系灯影组、下寒武统龙王庙组、下二叠统栖霞组以及鄂尔多斯盆地中部马家沟组四段等；热液白云岩储层在塔里木盆地塔北和塔中隆起晚海西期断裂及热液活动区发育，其分布与深大断裂带密切相关。

改造型储层是指碳酸盐岩暴露地表后，受大气淡水改造而形成的复杂储层系统。根据发育的古地貌位置和形成机理的差异，可细分为三种类型，分别是潜山（风化壳）岩溶储层、层间岩溶储层和顺层岩溶储层。改造型储层发育的类型和空间结构受不整合类型控制，即与下伏潜山区有明显地形起伏的角度不整合，控制潜山（风化壳）岩溶储层的形成，如塔里木盆地轮南凸起和麦盖提斜坡的奥陶系石灰岩潜山储层、牙哈和英买 23 井区寒武系白云岩潜山储层、四川盆地龙岗地区三叠系雷口坡组和鄂尔多斯盆地下奥陶统马家沟组白云岩风化壳储层；碳酸盐岩地层内幕没有明显地形起伏的平行不整合，控制层间岩溶储层的形成，如塔中Ⅰ号带鹰山组、威远气田震旦系灯影组、川东石炭系黄龙组和鄂尔多斯盆地西缘中—上奥陶统。此外，在古隆起的围斜地区，受顺层岩溶的改造还可形成另一种表现形式的层间岩溶储层——顺层岩溶储层，如塔北南缘的奥陶系。

第二节　沉积型储层特征与分布

沉积型储层是非常重要的油气勘探对象，其形成的油气藏统称为沉积型油气藏。据统计，全球 226 个大型碳酸盐岩油气田中属于沉积型储层的有 141 个，包括颗粒滩型 46 个，礁滩体型 52 个，沉积白云岩型 43 个。沉积型储层也是我国海相碳酸盐岩油气勘探的重要领域。我国在塔里木盆地发现了塔中奥陶系良里塔格组礁滩油气藏，在四川盆地发现了寒武系龙王庙组颗粒滩气藏、二叠系长兴组礁滩气藏和三叠系飞仙关组鲕粒滩白云岩气藏。

一、沉积型礁滩储层特征与孔隙成因

礁滩沉积是储层重要的载体，尽管成孔作用因其所经历地质背景的不同而有变化，如有的礁滩体发生了白云石化作用，而有的礁滩体则发生了同生溶解作用及埋藏溶蚀作用，但寻找有效储层的前提是要找到礁滩体。所以，无论储层的成因如何，只要储层的载体是礁滩体并保留有礁滩体的主体结构，就称为礁滩储层。

礁滩储层包括具生物格架结构的镶边台缘礁滩储层及不具生物格架结构的缓坡型礁滩储层。前者与生物格架的生长、破碎以及骨屑的再沉积有关，滩往往由生屑滩构成，生物格架和

生屑滩共同构成礁滩体，如四川盆地长兴组及塔里木盆地奥陶系鹰山组的镶边台地型礁滩复合体中的滩相储层，均与生物礁相伴生；后者发育的礁体往往为孤立的点礁，规模较小，且在缓坡背景上往往只发育滩而不发育礁。滩往往由砂屑、颗粒、生屑和鲕粒等构成，可以是单一颗粒类型的滩，也可以是复合颗粒类型的滩。如四川盆地寒武系龙王庙组为颗粒滩，二叠系栖霞组—茅口组及川中台内地区的长兴组为生屑滩，而四川盆地川中台内地区飞仙关组则为鲕粒滩。本轮研究对四川、塔里木、鄂尔多斯三大海相盆地的礁滩储层进行了详细的解剖，本书以晚奥陶世良里塔格组良二段的台缘礁滩及四川盆地川中台内长兴组—飞仙关组缓坡型礁滩为例对其从地质背景、岩性特征、储集空间特征、孔隙类型及成因、储层物性等发面进行了详细的介绍（表4－2），在此基础上对三大海相盆地不同类型的礁滩体差异和详细特征进行了对比分析，见表4－3和表4－4。

表4－2　飞仙关组台内取心段储层物性统计表

地区	井号	孔隙度（%）				气体渗透率（mD）			
		最小值	最大值	平均值	样品数	最小值	最大值	平均值	样品数
龙岗台内	龙岗21	2.02	23.92	9.55	8	—	—	—	—
	龙岗22	2.6	8.25	6.4	10	—	—	—	—
	合计	2.02	23.92	7.8	18	—	—	—	—
磨溪广安台内	广探1	2.4	5.18	3.91	3	—	—	—	—
	磨溪3	2.44	8.29	4.25	37	0.0007	87.5000	9.9484	11
	磨溪7	2.52	19.05	7.33	45	0.0007	0.2250	0.0157	29
	合计	2.4	19.05	5.87	85	0.0007	87.5000	2.7472	40

表4－3　塔里木、四川和鄂尔多斯盆地礁滩储层特征对比表

序号	储层亚类	共性特征	个性特征		
			塔里木盆地	四川盆地	鄂尔多斯盆地
1	进积—加积型镶边台缘礁滩储层	（1）沿台缘带呈条带状断续分布，生物礁及滩并存； （2）厚度大，有效储层垂向上多套叠置； （3）礁滩体规模大，礁间相距近，邻近烃源	（1）格架岩不发育，以滩相生屑灰岩为主，尤以棘屑灰岩为优质储层； （2）陡的台地边缘，3～4期生屑滩呈加积式叠置； （3）未发生白云石化或弱白云石化	（1）长兴组格架岩发育，伴生的滩沉积有生屑灰岩，飞仙关组以鲕粒灰岩为主； （2）陡的台地边缘，3期生物礁和3期鲕滩呈进积型叠置； （3）受断层控制的埋藏白云石化	（1）格架岩不发育，以滩相生屑灰岩为主； （2）陡的台地边缘，多期断阶带控制多排礁滩的发育； （3）受断层控制的埋藏白云石化
2	台内缓坡型礁滩储层	（1）沿台洼周缘及台内呈点/面状分布，以滩为主； （2）厚度小，分布面积广，垂向有效储层以单套为主； （3）滩体规模可大可小，相距可近可远，距烃源远	（1）台地分异不强烈，不见格架岩； （2）上寒武统—奥陶系各层位发育滩沉积，呈点状/斑状分布； （3）以生屑灰岩为主，未见白云石化	（1）台地分异强烈，北西向台洼； （2）二叠系和三叠系各层位广泛发育，层状大面积分布； （3）生屑灰岩及鲕粒灰岩，弱白云石化	未发现或不落实

表 4－4 塔里木、四川和鄂尔多斯盆地不同类型礁滩储层特征比较

特征	镶边台缘礁滩储层				台内缓坡型礁滩储层		
储层特征	塔中晚奥陶世良里塔格组礁滩石灰岩储层	环开江—梁平海槽长兴组礁滩白云岩储层	鄂尔多斯盆地南缘中—上奥陶统礁滩白云岩储层	环开江—梁平海槽飞仙关组台缘鲕滩白云岩储层	四川长兴组台内滩相石灰岩储层	飞仙关组台内鲕滩石灰岩储层	四川茅口组—栖霞组台内生屑砂屑滩储层
地质背景	受塔中Ⅰ号断层控制的陡坡型台缘带	拉张构造背景下形成开江—梁平海槽，台缘发育礁滩沉积	渭河地堑北界断裂以北的渭北隆起南缘的断阶带	拉张构造背景下形成开江—梁平海槽，台缘发育礁滩沉积	洼隆相间的开阔碳酸盐岩台地盐亭—潼南台洼边缘生屑滩	洼隆相间的开阔碳酸盐岩台地上大面积分布	稳定构造背景的开阔碳酸盐岩台地及浅水缓坡的高部位
岩性特征	颗粒灰岩，颗粒成分有各种生屑和砂/砾屑，尤以棘屑最为富集，颗粒支撑	晶粒白云岩、残余生物碎屑白云岩、残余生物骨架白云岩及石灰岩—白云岩过渡岩类	残余生物碎屑白云岩，礁前垮塌角砾岩	晶粒白云岩、残余鲕粒白云岩及鲕粒灰质和鲕粒云岩过渡岩类	亮晶生屑灰岩、粉晶含云灰岩、泥晶生屑灰岩	主要为鲕粒灰岩	亮晶生屑灰岩、泥晶生屑灰岩，局部发育白云岩，生物碎屑含量高
储集空间	宏观储集空间以溶蚀孔洞为主，少量大型溶洞及洞穴，微观储集空间以溶孔为主，包括粒间溶孔、粒内溶孔、晶间溶孔，少量裂缝	宏观储集空间以残余生物体腔孔、格架孔和溶孔溶洞为主；微观储集空间以晶间孔和晶间溶孔为主	宏观储集空间以砾间孔缝为主；微观储集空间以晶间孔和晶间溶孔为主	宏观储集空间以溶蚀孔洞为主；微观储集空间以鲕模孔为主，少量粒间溶孔	生物体腔溶孔、晶间微孔、粒间微孔以及裂缝	粒内溶孔、铸模孔及粒间孔	以晶间孔、晶间溶孔、较大的溶蚀孔洞及构造裂缝为主
储层类型	孔洞型、裂缝—孔洞型储层为主，少量裂缝型、洞穴型	孔隙型、裂缝—孔隙型为主，少量孔洞型及裂缝—孔洞型	孔隙型、裂缝—孔隙型为主，少量裂缝—孔洞型及孔洞型	裂缝—孔隙型及裂缝—孔洞型为主，少量孔隙型及孔洞型	孔隙型、裂缝—孔隙型为主，少量裂缝—孔洞型及孔洞型	孔隙型、裂缝—孔隙型为主，少量裂缝—孔洞型及孔洞型	孔隙型、裂缝—孔隙型为主，少量裂缝—孔洞型及孔洞型
储层物性	中低孔—中低渗储层，孔隙度 0.099% ~13%，平均 2%，渗透率 0.002 ~840mD，平均 8.39mD	孔隙度 3% ~13% 之间，存在 6% 和 11% 两个峰值；渗透率 0.001 ~ 100mD，以 1mD 为主	中低孔—中低渗储层，面孔率 3% ~5%	孔隙度与渗透率之间相关性好，孔隙度 3% ~19%，渗透率主要集中在 0.01 ~ 100mD 之间	孔隙度主区间 1% ~ 2%，少量 6% ~8%，渗透率 0.1mD	中等的孔隙度，渗透率极低（与孔隙度无相关性）或中等（与孔隙度相关性好）	平均孔隙度 1.09%，渗透率 0.1mD
测井响应特征	—	“四高一低”的特点，即相对高伽马、高电阻、高声波时差、高中子和低密度	—	低伽马、低阻、低密度和高声波时差、高中子特点	—	—	—
地震响应特征	—	呈丘状、宝塔状反射，礁内杂乱或空白反射，礁底断续弱反射或连续较强反射，略向上拱，礁两翼地层上超反射特征明显	—	强—中强振幅的“亮点”地震响应特征，外形呈扁平的长条状	—	—	—

（一）镶边型礁滩储层特征与孔隙成因

塔里木盆地上奥陶统良里塔格组良二段发育比较典型的台缘礁滩体生物建造。主要分布在巴楚—塔中台地北缘东段的塔中Ⅰ号断裂带，南北宽1～20km，东西长260km，有利勘探面积1298km²。塔中Ⅰ号断裂带形成于早奥陶世末，地震结构表现比较清楚，断裂结构及切割地层有所差异。上奥陶统沉积前遭受长期的侵蚀，缺失中奥陶统及上奥陶统下部地层。上奥陶统良里塔格组沉积时形成高陡的坡折带，沿着断裂坡折带发育台地边缘礁滩复合体，向北部的满加尔凹陷相变为砂泥岩。塔中Ⅰ号断裂坡折带控制了塔中的基本构造格局及上奥陶统台缘礁滩复合体的沉积演化。在塔中隆起下奥陶统鹰山组长期暴露的岩溶斜坡背景上，海平面上升发育了上奥陶统良里塔格组，自下而上由含泥灰岩段—颗粒灰岩段—泥质条带石灰岩段构成，并可识别出五期礁滩体，由内侧向外侧迁移叠加。礁滩复合体在地貌上营建为地貌凸起，顶部遭受暴露和大气淡水的同生溶蚀，形成孔隙型储层。良里塔格组整体发育有礁滩储层，其中颗粒灰岩段（良二段）岩性条件整体最好，储层发育最多。有利的储集区带由内带向外带迁移，呈现出与礁滩体进积、加积大体一致的趋势（图4－1）。

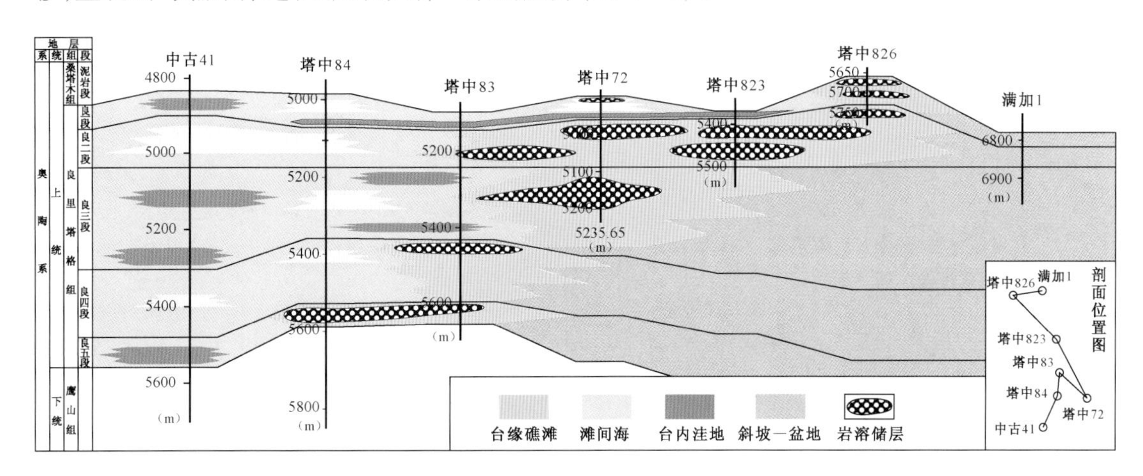

图4－1　塔中Ⅰ号断裂带奥陶系良里塔格组礁滩复合体发育期次及迁移规律

良里塔格组台缘礁滩体厚度大，多期次加积—进积厚度300～500m，累计储层厚度30～100m，总体上台缘比台内礁滩体更发育，溶蚀强度更大，储集性能更好。

储层岩石类型主要为颗粒灰岩和礁灰岩。颗粒灰岩的颗粒含量大于70%，颗粒成分有各种生屑和砂/砾屑，尤以棘屑最为富集，颗粒支撑。礁灰岩主要由障积岩构成，骨架岩并不发育，而且规模不大，具小礁大滩的特征。有效储层主要发育于滩相的颗粒灰岩中，尤其是棘屑灰岩。

宏观储集空间以岩心级别的溶蚀孔洞为主，少量大型溶洞及裂缝，微观储集空间以薄片级别的溶孔为主，包括粒间溶孔、粒内溶孔、晶间溶孔和微裂缝（图4－2a至c）。塔中62—塔中82井区岩心溶蚀孔洞发育（图4－2a至c），孔洞呈圆形、椭圆形及不规则状，大多半充填—未充填，孔洞发育段岩石呈蜂窝状，面孔率一般1%～2%，最高可达10%。溶洞大多顺层或沿斜缝分布，孔洞发育段与不发育段呈层状间互分布。对塔中62井可视大、小洞和孔的统计表明，大小多为1～5mm，占所统计239个孔洞的66.5%。岩心统计表明绝大多数孔洞处于半充填—未充填状态，塔中62－1井全充填洞占4.4%，半充填—未充填洞占95.6%，塔中82井半充填—未充填孔洞为100%。

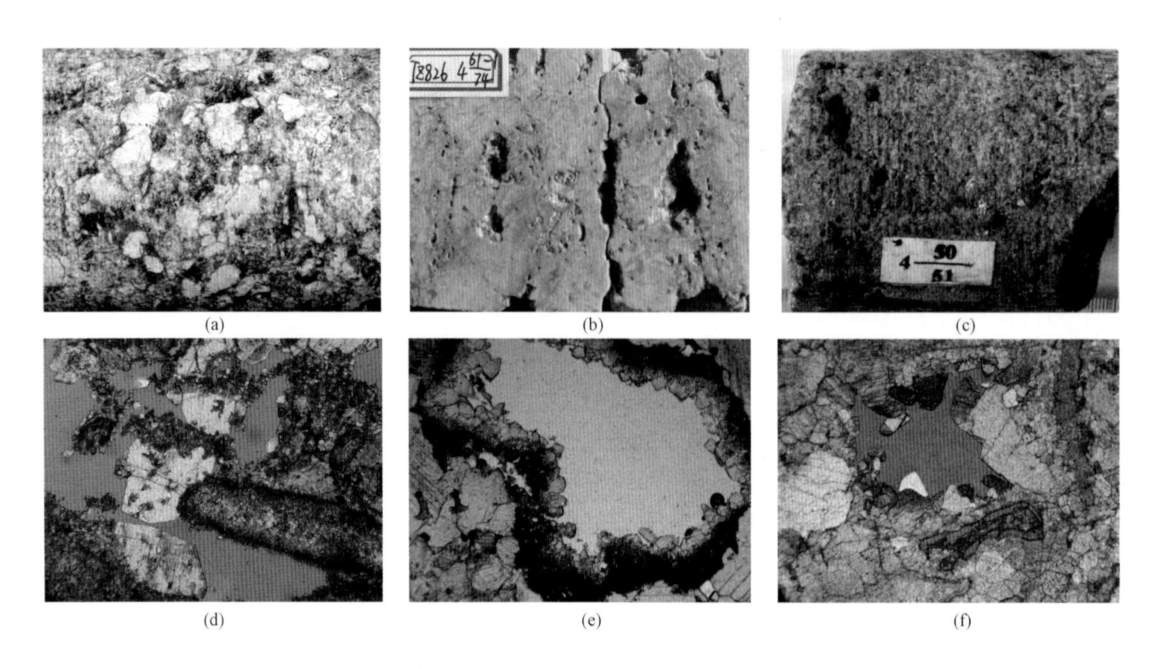

图 4－2 塔中良里塔格组台缘带礁滩储层岩心和薄片特征

(a)粒间溶孔溶洞，岩心，良里塔格组，塔中62井，15－55/61，×0.2；(b)粒间溶孔和溶蚀孔洞，孔径可达2cm，岩心，良里塔格组，塔中826井，4－61/74，×0.2；(c)粒间溶孔和溶蚀孔洞，孔径可达1cm，岩心，良里塔格组，塔中621井，4－50/51，×0.2；(d)粒内溶孔和粒间溶孔相连，内充填少量亮晶方解石，良里塔格组，塔中721井，4952.53m，×10，铸体片；(e)粒内溶孔，良里塔格组，塔中62井，15－17/61，×10，单偏光；(f)粒内溶孔和粒间溶孔，良里塔格组，塔中62井，4753.85m，×10，铸体片，单偏光

微观储集空间主要有粒间溶孔、粒内溶孔、晶间溶孔和微裂缝(图4－2d至f)。粒间溶孔是出现频率最高的一种储集空间类型，也是最主要的储集空间，其孔径0.1～1.5mm，主要出现在亮晶颗粒灰岩中。粒内溶孔是出现频率较高的一种储集空间类型，孔径0.1～0.5mm。晶间溶孔出现在重结晶的方解石晶体之间，孔径大小0.1～0.5mm，出现频率较低。微裂缝出现的频率也较高，镜下观察的微裂缝主要是构造缝和缝合线，裂缝率一般为0.1%～0.5%。

统计表明，塔中Ⅰ号带主要为粒间溶孔，约占60%，粒内溶孔和晶间溶孔次之，占30%左右，裂缝最少，不到10%。在粒间溶孔中，孔径大于1mm的占80%以上，其中大多数孔径大于2.5mm。粒内溶孔和晶间溶孔孔径均在0.1～2mm之间，而裂缝主要分布在0.1～1mm之间。岩心观察统计结果分析，塔中62井区孔洞较发育，多数为2～5mm，以未充填和半充填居多。裂缝也以半充填为主，能构成孔、洞、缝网络系统，对油气储集和渗流均具重要意义。

根据岩心样品的物性数据统计，最大孔隙度12.74%，最小孔隙度0.099%，平均孔隙度2.03%，渗透率分布范围0.002～840mD，平均8.39mD(图4－3)。因此，良里塔格组礁滩储层整体属中低孔—中低渗储层，局部夹中高孔—中高渗相对优质储层。储层孔隙度与渗透率之间的相关性差。

沉积相与常规物性的关系揭示，礁基—礁翼和台缘粒屑滩石灰岩物性最好，平均基质孔隙度在2%以上，为有效储层。灰泥丘物性差，平均孔隙度1.3%；滩间海孔隙度最低，一般小于0.8%。测井解释储层段孔隙度一般为2%～6%，大型缝洞发育段孔隙度大于8%，有部分钻井钻遇大型缝洞系统的孔隙度高达25%。

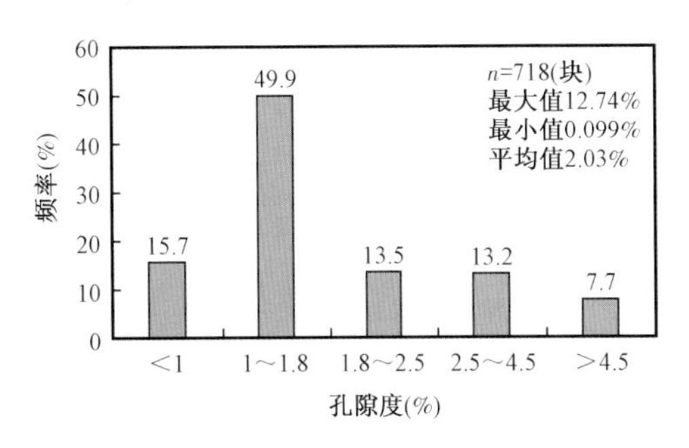

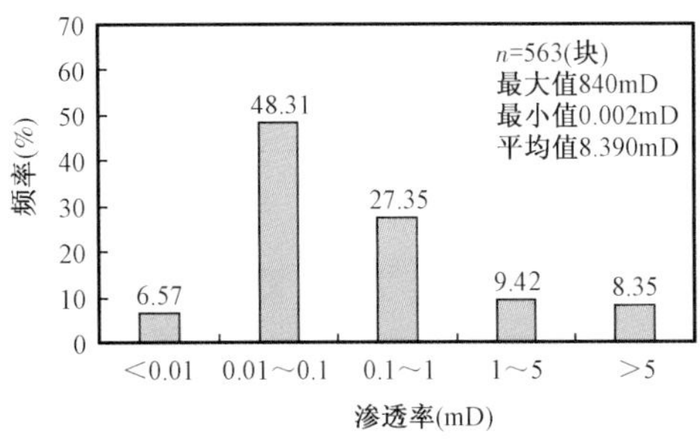

图4-3　塔中Ⅰ号带上奥陶统良里塔格组礁滩储层岩心物性统计直方图

分析表明，塔中Ⅰ号坡折带上奥陶统良里塔格组台缘礁滩储层发育主要有以下四方面原因：(1)台缘带礁滩沉积、生屑灰岩滩沉积为储层发育奠定了物质基础；(2)相对海平面下降、礁滩体暴露和大气淡水溶蚀导致组构选择性基质溶孔的发育，不同类型的基质溶孔构成了礁滩储层储集空间的主体，也是礁滩储层重要的发育期；(3)沿断裂和裂缝发育的溶蚀孔洞是礁滩储层储集空间的重要补充，溶蚀孔洞主要形成于表生期的岩溶作用；(4)埋藏成岩环境的埋藏溶蚀作用、热液作用可以形成非组构选择性基质溶孔及溶洞，是礁滩储层储集空间的重要补充。各种建设性成岩作用的叠加改造导致了前述的礁滩储层储集空间的多样性。

(二)缓坡型礁滩储层特征及孔隙成因

四川盆地川中地区长兴组—飞仙关组为典型缓坡型礁滩储层，其中长兴组发育点礁和生屑滩，而飞仙关组为鲕粒滩。其范围东北达剑阁、龙岗地区，东南抵华蓥山，西南到威远构造，西北至龙泉山、绵阳、江油一线，面积约41900km^2。从前述章节中长兴组沉积时期岩相古地理图上可以看出，以蓬溪—武胜陆棚为界，陆棚西侧由于受陆源物质供给的影响，不利于生物礁的发育，主要发育生屑滩。而东侧清水碳酸盐岩台地则有利于生物礁的发育，到飞仙关组沉积时期则主要为鲕粒滩沉积。台内缓坡型生屑滩(或礁)与鲕滩厚度变化大、横向变化快，以低孔渗储层为主，在溶蚀成岩作用与构造作用的控制下，局部发育优质储层。

目前台内地区长兴组主要发育三种亚类储集体：台内点礁、台内礁滩复合体和台内生屑滩。其中台内点礁的储集体岩石类型主要为礁(含)云质灰岩(图4-4)，其主要储集空间为生物体腔孔和格架孔洞(图4-5)。

串管—硬海绵障积礁含云灰岩，龙岗11井，6058.28m

生屑云质灰岩，龙岗11井，6058.93m

图4-4　台内点礁储集体岩石类型

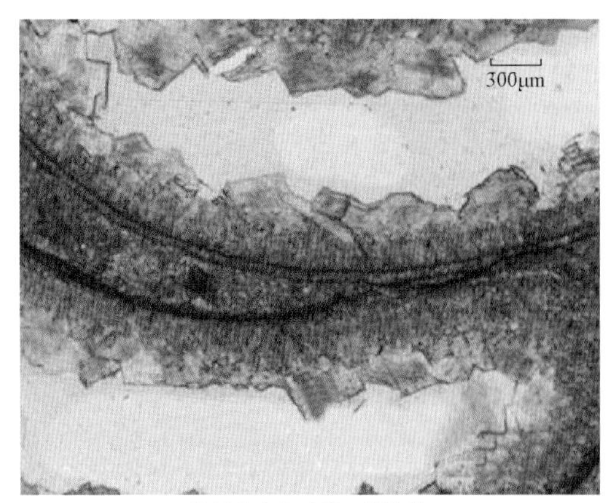

生屑含灰白云岩，体腔孔
ϕ=6.6%, K=1.07mD, 龙岗11井, 6032.24m

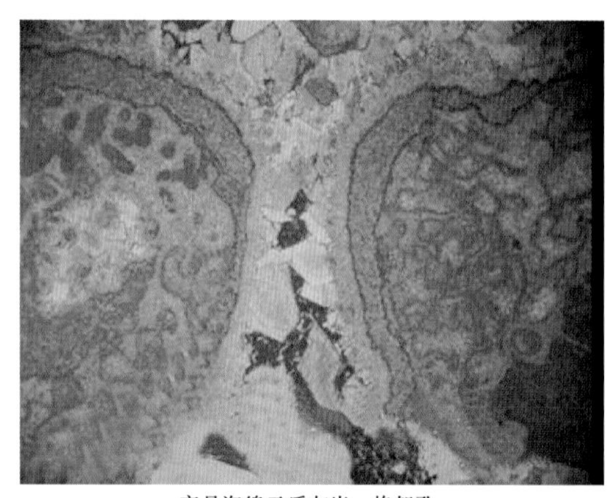

亮晶海绵云质灰岩，格架孔
ϕ=5.93%, K=0.344mD, 龙岗11井, 6066.53m

图4－5　台内点礁储集体储集空间类型

储层的平均孔隙度为6.35%，平均渗透率为1.64mD，该类储集体属低孔—低渗、特低渗储层(图4－6)。

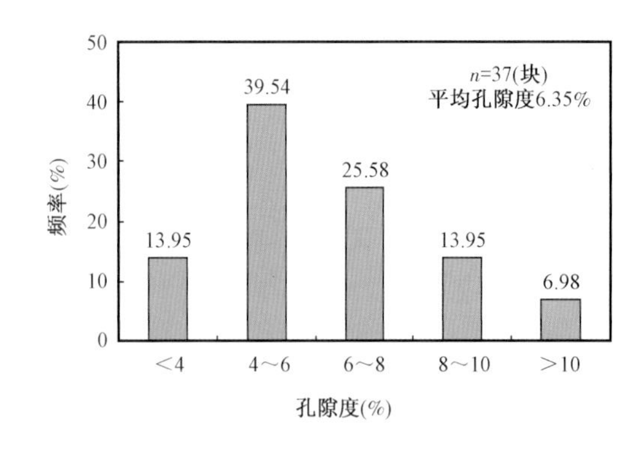

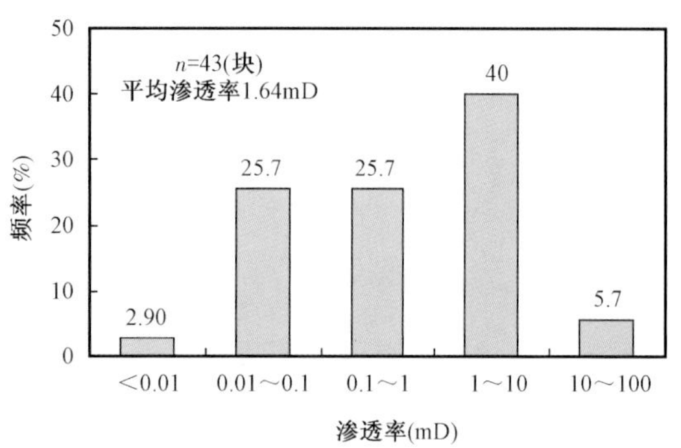

图4－6　台内点礁储集体孔渗分布直方图

台内礁滩复合体的主要岩石类型为生屑白云岩和晶粒白云岩(图4－7)，主要储集空间为粒间溶孔和晶间孔。

残余生屑白云岩，和尚梁剖面　　　　细晶白云岩，广3井，4228.60m

图4－7　台内礁滩复合体岩石类型图

储层的平均孔隙度为5.79%，平均渗透率为13.8mD(图4－8)，该类储集体物性相对较好，属低孔—低渗储层。

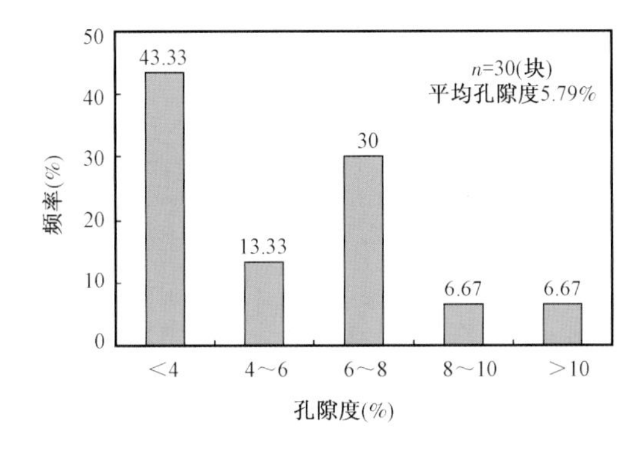

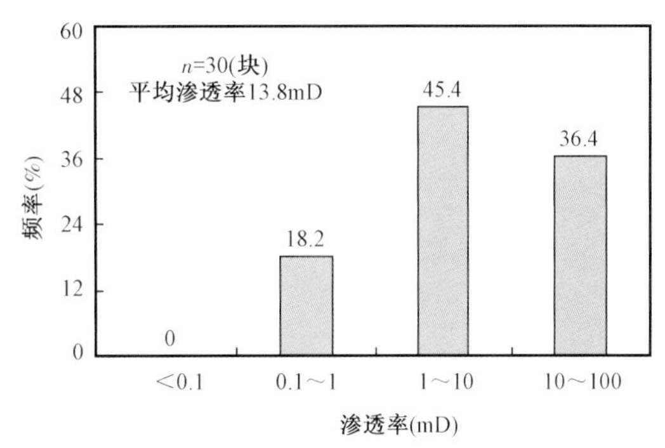

图4－8　台内礁滩复合体孔渗分布直方图

台内生屑滩的主要岩石类型为生屑灰岩(图4－9)，主要孔隙空间为粒间溶孔和晶间孔(图4－10)，储层的平均孔隙度为3.8%，平均渗透率为0.96mD(图4－11)，物性相对较差，属特低孔—特低渗储层。

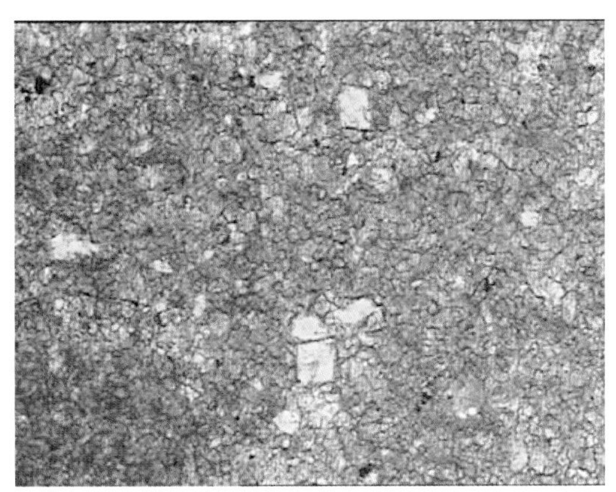

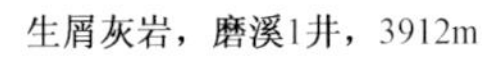

生屑灰岩，磨溪1井，3912m

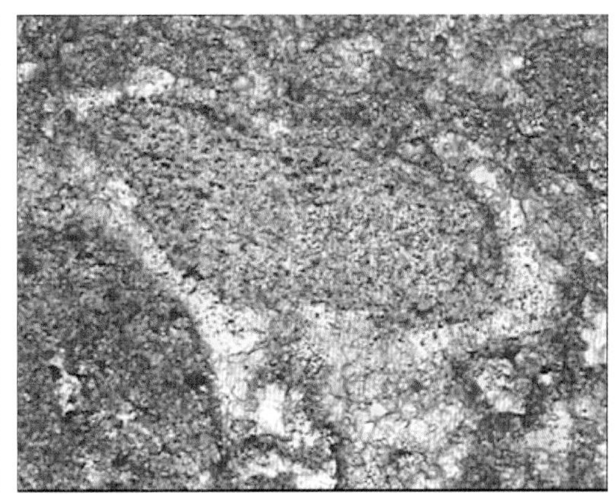

生屑灰岩，磨溪1井，3919m

图4－9　台内生屑滩储层岩石类型图

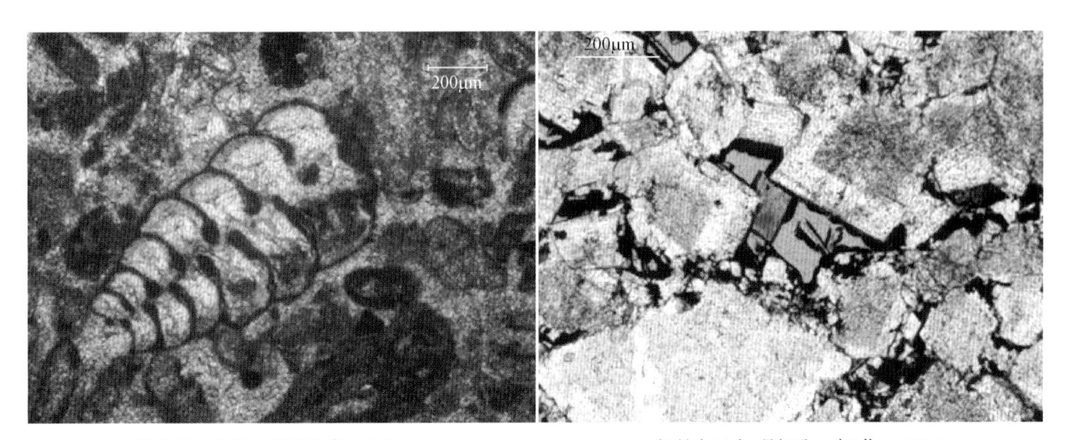

泥晶生屑灰岩，龙岗22井，5778m　　细晶白云岩，晶间孔，广3井，4228.7m

图4－10　台内生屑滩储层储集空间类型

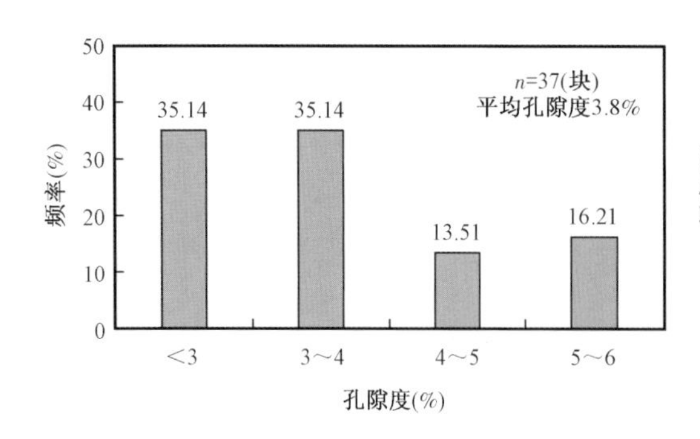

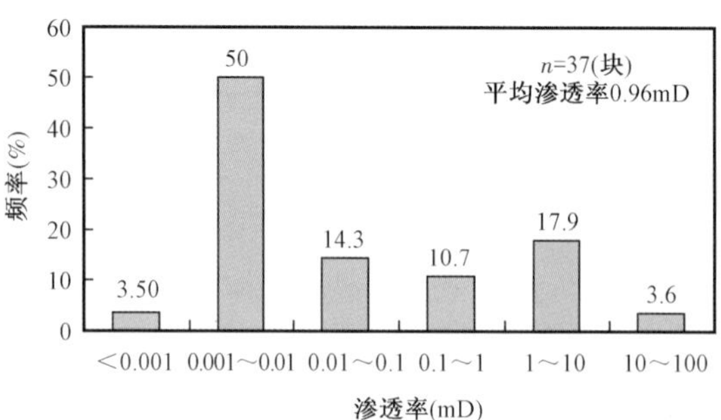

图4－11　台内生屑滩储层孔渗分布直方图

而飞仙关组主要发育鲕滩储集体，岩石类型主要为亮晶鲕粒灰岩，鲕粒大小不等，铸模孔发育(图4－12)，白云石化作用不强烈，平均孔隙度较低，约为6.4%，平均渗透率4.2mD(表4－4)，为低孔—低渗储层。

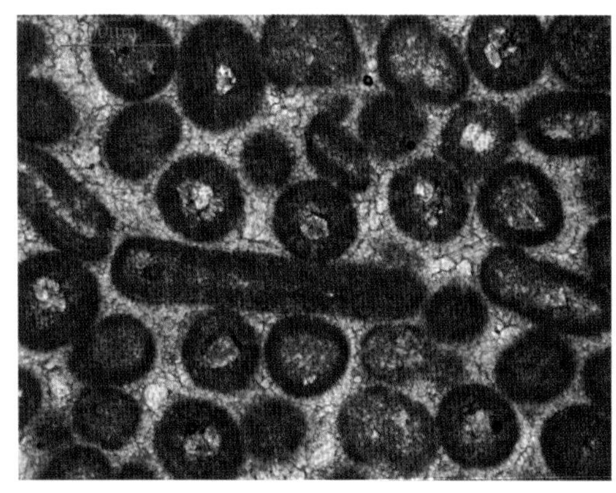

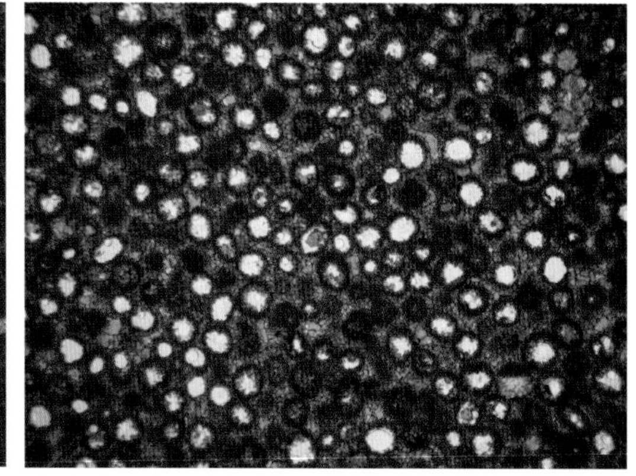

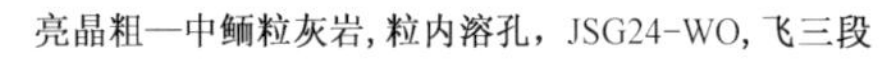

亮晶粗—中鲕粒灰岩，粒内溶孔，JSG24-WO，飞三段　　亮晶细—中鲕粒灰岩，鲕模孔，磨溪7井，3536.96m

图4－12　台内飞仙关组鲕滩储层储集空间类型

从以上对储层特征的分析可以看出，无论是长兴组还是飞仙关组储层总体上具有低孔低渗特征，然而分析其孔隙成因，具有以下两方面的原因：长兴组—飞仙关组礁滩体本身是形成气藏储层的物质基础，它们受古地貌和古沉积环境的控制，在空间上呈现出有规律的分布，或叠合连片、或成排成带、或分散地发育于台地内部；局部地区经过白云岩化、埋藏溶蚀等成岩作用的后期改造，可以形成优质储层，为礁滩气藏的形成提供有效的储集空间。

二、沉积型白云岩储层特征及孔隙成因

沉积型白云岩储层是从物质基础的角度命名的，与蒸发的气候条件相关，并往往与膏盐沉积相伴生，形成于准同生期，也就是许多学者早期所认为的“原生白云岩”，其形成受沉积作用和古地理环境控制。在近地表环境条件下，卤水对白云石的过饱和程度高，晶体成核速度快，导致晶粒细小，自形程度低，晶间孔不发育。此外，白云石化流体中镁离子浓度高，参与交代反应的流体的量大，往往会发生过度的白云石化作用，使得白云石晶体过度增大并可能造成白云石胶结物的沉淀，从而导致白云石化形成的岩石致密，原生孔隙不发育，往往需要后期的溶蚀作用才会形成优质储层，蒸发潮坪和潟湖等环境中大规模准同生期的蒸发潮坪及蒸发台地白云岩即为此类。

本章第一节已经提到，三大海相盆地均发育有沉积型白云岩，本次研究对这些沉积型白云岩储层均进行了详细的解剖以塔里木盆地中—下寒武统蒸发潮坪白云岩储层和四川盆地雷口坡组三段蒸发台地白云岩为例对沉积型白云岩储层特征进行详细介绍。

（一）沉积型蒸发潮坪白云岩储层特征

塔里木盆地在早—中寒武世时期为大型的孤立陆表海台地，从中西台地区中—下寒武统大面积分布的厚层膏盐可以看出，中—下寒武世为干旱蒸发气候，在这种古地质、古气候背景下发育大规模层状萨布哈成因的白云岩。与此同时，受海平面升降影响，在高位体系域的顶部经常暴露并接受大气淡水淋溶改造，所以萨布哈白云岩储层就位于潮间—潮上坪的萨布哈地层序列中。塔里木盆地目前钻遇到中—下寒武统白云岩的探井不多，主要集中在塔北地区（如牙哈 5 井、牙哈 10 井、牙哈 7X－1 井等）和巴楚地区（和 4 井、和 6 井、康 2 井、方 1 井），塔中地区井较少（塔参 1 井）。从已有取心资料分析，蒸发潮坪白云岩储层发育最为典型的井段是和 4 井第 33 筒心、牙哈 5 井第 19—21 筒心、牙哈 10 井第 4 筒心。

岩性以含硬石膏的纹层状泥晶白云岩、粉晶白云岩和泥晶隐藻白云岩为主（图 4－13a 至 d），夹薄层瘤状硬石膏夹层及溶塌角砾岩（图 4－13c、e）；多见硬石膏被溶解形成的膏模孔（图 4－13b、d）；岩石颜色多为褐色、暗红色（图 4－13d、e）；具有鸟眼、泥裂—干裂等暴露构造；宏观上常呈薄层状，连续性和成层性较好，横向分布较稳定。

岩心和薄片观察表明该类储层的储集空间主要为石膏或未被白云石化的文石质灰泥被溶解形成的组构选择性溶孔（如膏模孔）（图 4－13b、d）和膏盐层溶解导致白云岩层垮塌和角砾岩化形成的砾间孔（图 4－13c、e）。铸模孔孔径一般在 0.1～3mm 之间，多为孤立状，连通性差，但当局部膏模孔呈蜂窝状富集时，铸模孔连通性会极大的提高。

对牙哈 10 等 5 口井近 40 个储层段岩心样品进行物性分析，孔隙度为 2.83%～14.15%，平均 7.2%，渗透率一般为 0.01～0.8D，溶塌角砾岩发育处渗透率为 2.16D，其中 31 个样品的孔隙度大于 4.5%，19 个样品的孔隙度在 2.5%～4.5%之间，48 个样品的的孔隙度在 1.5%～2.5%之间，58 个样品的孔隙度小于 1.5%。孔隙度大于 2.5%的样品约占总样品数的 32%（图 4－14）。总体表现为高孔低渗的特征，这与储层裂缝欠发育，大多数组构选择性溶孔（如膏模孔）彼此不相连通有关。测井解释总体为Ⅰ—Ⅱ类溶孔型储层，储层单层厚度 1～4m，平均孔隙度 5.1%～8.5%。

（二）沉积型蒸发台地白云岩储层特征

四川盆地雷口坡组三段主要为一套石灰岩夹膏云岩，纵向上可分为三亚段：雷三^1、雷三^2、雷三^3 亚段，雷三^2 亚段是储层最发育的层段。目前已在川西雷口坡组三段探明了中坝气田，储量为 $86.3\times10^8m^3$。雷口坡组三段在干旱气候背景下的蒸发台地环境下发育了一套渗透—回流白云岩储层，在川西台地边缘和川中台内颗粒浅滩带可以大面积规模展布，是非常重要的勘探领域。雷三^2 亚段沉积时期属于一个受周边古陆和内部水下古隆起区限制的干旱气候下、古盐度较高的蒸发台地—潟湖环境，水体浅、盐度大、范围广阔是其基本沉积特征。印支运动导致川东大部分地区雷三段被剥蚀，川中、川西地区保存较好；雷三^1 和雷三^3 亚段沉积时期为海侵体系域时期，盆地内部主要为灰质沉积；雷三^2 亚段沉积时期为高位体系域时期，盆地内部主要为渗透—回流白云岩，坳陷处沉积厚层膏盐，有效储层主要发育在川西台地边缘（内侧）及川中台内高能滩坝颗粒白云岩沉积区，侧向上靠近膏盐潟湖。

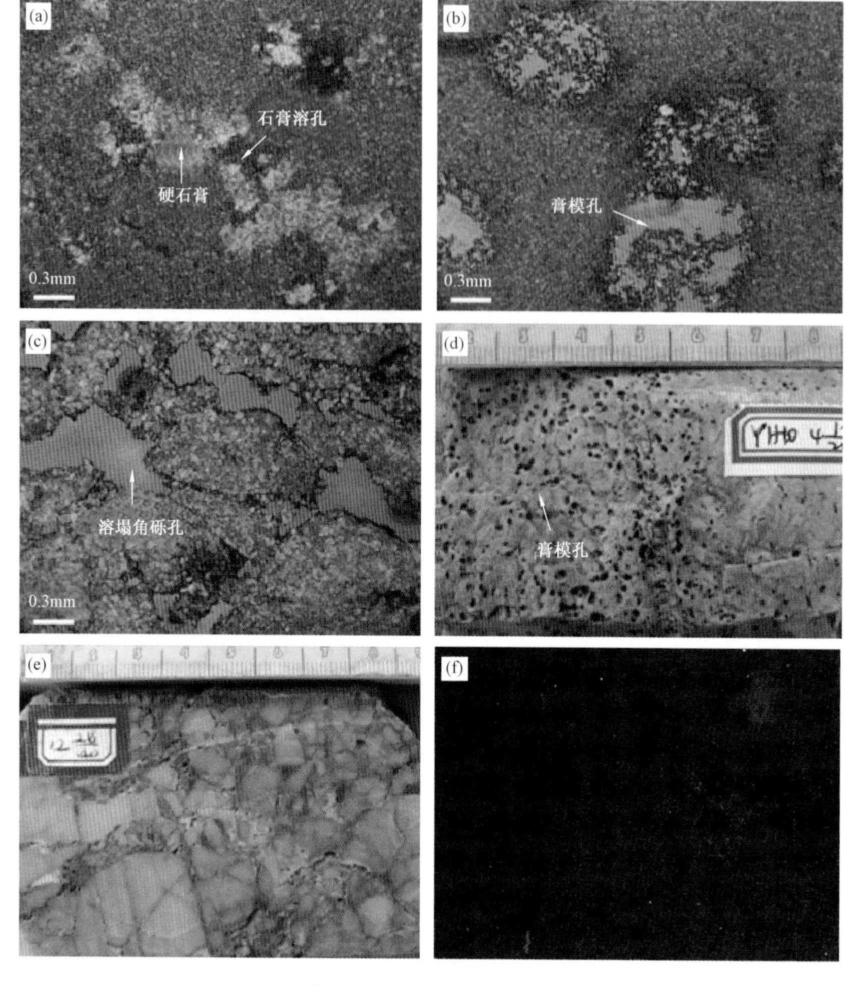

图 4-13　塔里木盆地萨布哈白云岩岩石特征

(a)含硬石膏泥晶白云岩，部分硬石膏被溶解，牙哈 10 井，ϵ_2s，6172.85m，铸体片，单偏光；(b)泥晶白云岩，粒状硬石膏被溶解而形成铸模孔，牙哈 10 井，ϵ_2s，6210.76m，铸体片，单偏光；(c)泥—粉晶白云岩，角砾状，砾间溶孔发育，牙哈 10 井，ϵ_2s，6210.40m，铸体片，单偏光；(d)褐色泥—粉晶白云岩，1～2mm 的铸模孔(暗色)极为发育，牙哈 10 井，ϵ_2s，6211.05m，岩心；(e)灰褐色含泥质泥晶白云岩，岩石呈角砾状，沿裂缝发育较多的溶孔，残留少量石膏，牙哈 7X-1 井，ϵ_2a，5843.20m，岩心；(f)泥晶白云岩，白云石呈暗棕色发光，塔中 1 井，ϵ_2，4305.40m，阴极发光

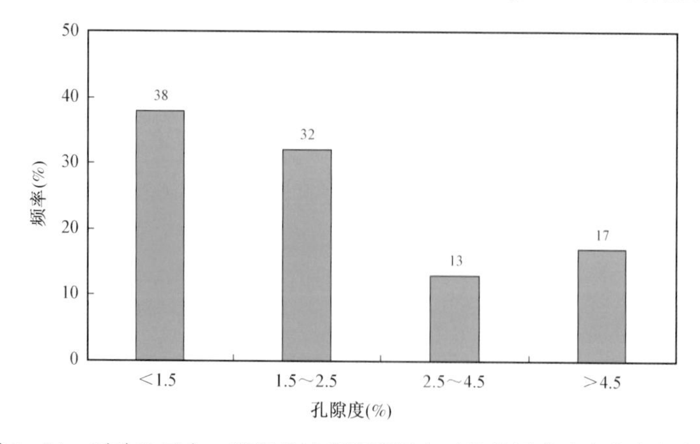

图 4-14　牙哈地区中—下寒武统蒸发潮坪白云岩储层孔隙度分布频率图

野外露头、钻井岩心、薄片观察等综合研究表明：储层岩石类型主要有颗粒白云岩、细—粉晶白云岩、泥—粉晶白云岩及藻白云岩，颗粒白云岩种类包括砾屑白云岩、砂屑白云岩、粉屑白云岩和鲕粒白云岩等，其中又以砂屑白云岩最为发育，其次是砾屑白云岩和粉屑白云岩，鲕粒白云岩较少，颗粒白云岩还含有大量特殊的蓝绿藻及相关组分，构成多种粘结和粘连结构，储层在雷三^{1}、雷三^{2}和雷三^{3}亚段均有发育，雷三^{2}亚段尤其发育。以中坝气田中46井为例，该井储层单层厚度1～3m，累计厚度超过100m，主要岩性是砾屑白云岩、砂屑白云岩、藻粘结格架白云岩和鲕粒白云岩。宏观储集空间以露头、岩心级别的针状溶孔为主，微观储集空间类型有残余粒间孔、粒间溶孔、粒内溶孔和铸模孔、颗粒粘结格架（溶）孔、晶间溶孔、生物体腔孔或遮蔽孔、膏模孔、构造缝、缝合线，以残余粒间孔、粒间溶孔、晶间溶孔、粒内溶孔为主。四川盆地中坝气田雷三段蒸发台地白云岩储层的储集空间为残余粒间孔、粒间溶孔、粒内溶孔和铸模孔，少量粘结格架（溶）孔和生物遮蔽孔及裂缝（图4－15）。物性特征主要表现为中孔中渗、中孔高渗特点，孔隙度最高可达25%，渗透率达131mD（表4－5）。颗粒白云岩储层以缩颈喉道和管状喉道为主，为粗孔大喉型；粉（细）晶白云岩储层为粗孔细喉型；泥—粉晶白云岩储层为细孔细喉型；排驱压力小，孔喉半径大，孔喉组合好（表4－6）。

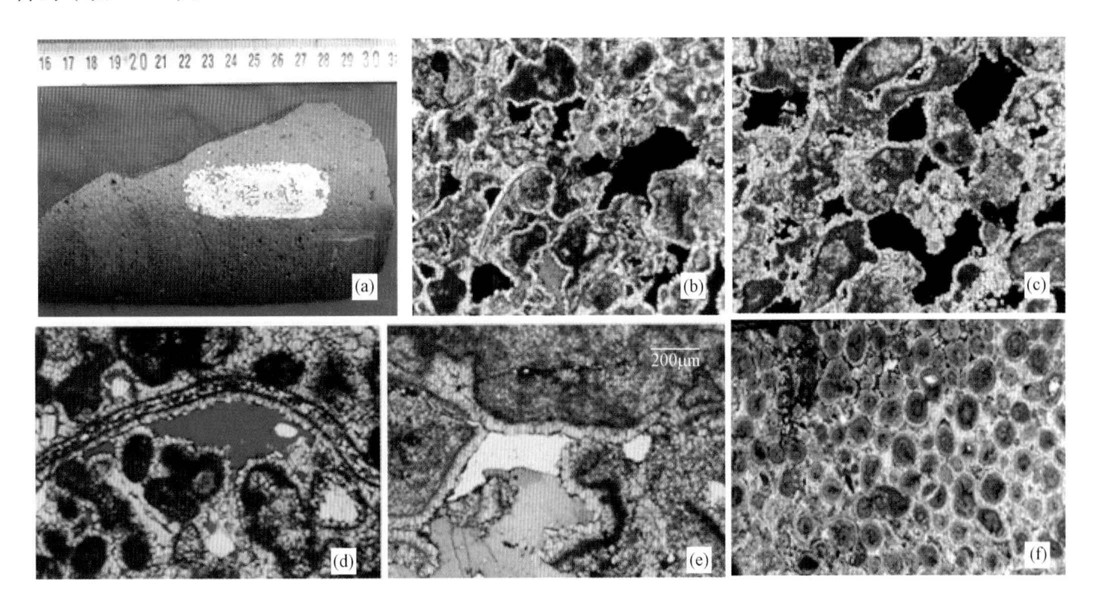

图4－15　中坝气田雷口坡组三段蒸发台地白云岩储层岩性及储集空间类型

（a）灰色砂屑白云岩，针状溶孔，青林1井，雷三段，14－35/40，岩心；（b）砂屑白云岩，残余粒间孔，中坝80井，雷三段，3134.02m，×10，正交光；（c）颗粒白云岩中的残留原生粒间孔，等厚环边白云石胶结物，形成于准同生期超碱性海水，中坝80井，雷三段，3134.02m，×10，正交光；（d）含生屑砂屑白云岩，瓣鳃类壳体遮蔽孔和粒间溶孔，彰明1井，雷三段，5203.52m，×10，铸体片，单偏光；（e）亮晶砂屑白云岩，砂屑具有暗色泥晶套，马牙状白云石和粗晶方解石充填，见粒间溶孔，中46井，3135.72m，×10，染色，单偏光；（f）颗粒白云岩，充填于粒间的等轴粒状亮晶方解石胶结物，青林1井，雷三段，3709.45m，×10，染色，单偏光

表 4-5　四川盆地雷口坡组三段蒸发台地白云岩储层孔隙度、渗透率数据表

井号	孔隙度(%)		样品数	渗透率(mD)		样品数
	范围值	平均		范围值	平均	
中 80	0.18~25.30	4.60	265	0.000103~131.00	2.35	183
青林 1	0.08~10.57	2.48	305	0.000001~28.20	1.06	165
重华 1	0.25~8.17	2.40	122	0.00183~28.10	0.86	99
彰明 1	0.13~11.27	2.42	141	0.00001~8.42	0.37	62
双河 1	0.12~6.51	1.56	134	0.00001~16.20	1.79	59
鱼 1	0.34~4.98	2.03	25	0.00987~32.90	1.95	18

表 4-6　四川盆地雷口坡组三段储集岩分类评价表

项目		储层类型	
		多孔颗粒白云岩	多孔细—粉晶白云岩
岩石学特征	岩性	颗粒白云岩	细—粉晶白云岩
	孔隙类型	残余粒间孔、粒间溶孔、粒内溶孔	晶间(溶)孔
物性	平均孔隙度(%)	5.25	4.53
	平均渗透率(mD)	4.94	1.05
孔喉结构	中值压力(MPa)	<1	2.1~4
	中喉半径(μm)	>2	0.5~2
	主孔分布(μm)	>1	>0.02
	孔喉结构类型	粗孔大喉型	粗孔细喉型
沉积环境		颗粒浅滩	云坪
综合评价		好	较好

(三)沉积型白云岩储层孔隙成因

通过以上实例的解剖发现,蒸发潮坪白云岩储层多形成于干旱气候条件下的潮间—潮上坪蒸发成岩环境,萨布哈白云石化作用、大气淡水淋溶导致的石膏溶解作用、石膏层溶解导致的白云岩层的垮塌对储层孔隙发育起重要的控制作用。在萨布哈向上变浅的地层序列中,石膏主要分布在中上部,并有两种产状。中部石膏以斑块状散布于泥晶白云岩中为特征,形成膏云岩,上部以膏岩层和膏云岩或泥晶白云岩互层为特征,由下至上构成气候逐渐干旱和石膏含量逐渐增多的序列。石膏的存在非常重要,它为石膏的溶解和膏溶孔的形成、白云岩地层的垮塌和砾间孔的形成奠定了物质基础。

蒸发台地白云岩储层是在由障壁岛围成的半封闭海相台地(或潟湖)环境中发育的白云岩储层。该类白云岩储层的发育分布受沉积环境特征和气候演化所控制。侧向上,蒸发台地(或潟湖)由陆向障壁方向,蒸发盐沉积逐渐减少,向陆的一侧可以是成层的膏盐沉积,向海方向形成的储层序列依次为石膏溶孔型泥晶白云岩储层、颗粒白云岩储层、礁丘白云岩储层、台缘带礁滩体储层。垂向上,随着气候的进一步干旱,膏岩层将向海一侧迁移,逐渐覆盖于下伏白云岩储层之上，形成白云岩层和膏岩层的互层，孔隙空间主要为残余的白云岩晶间孔和少量的晶间溶孔。由于渗透—回流白云石化作用主要发生于水下，大规模石膏层的溶解和上覆白云岩层的垮塌现象并不多见，这也是与蒸发潮坪环境的最大区别(表4-7)。

表4-7 塔里木、四川和鄂尔多斯盆地沉积型白云岩储层特征比较

储层类型 / 储层特征	萨布哈白云岩储层		渗透—回流白云岩储层	
	四川盆地雷口坡组一段	鄂尔多斯盆地马家沟组	四川盆地雷口坡组三段	塔里木盆地中—下寒武统
地质背景	泸州、开江古隆起周边主要为蒸发潮坪沉积环境	受鄂尔多斯盆地中央古隆起控制，盆地东部早奥陶世发育蒸发潮坪沉积	泸州、开江古隆起及其周边主要为开阔—蒸发台地沉积环境	干旱气候背景下陆表海大面积分布蒸发台地—潟湖环境
岩性特征	含膏(膏质)泥—粉晶白云岩为主，少量含膏(膏质)颗粒白云岩	含膏(膏质)泥—粉晶白云岩为主，少量细晶白云岩	颗粒白云岩、细粉晶白云岩、泥粉晶白云岩及藻白云岩	含膏(膏质)颗粒白云岩及藻白云岩，保留原岩结构
储集空间	粒间(石膏)溶孔、粒内(石膏)溶孔、膏模孔为主，少量裂缝及晶间孔	膏模孔为主，少量晶间孔、晶间溶孔及裂缝	残余粒间孔、粒间溶孔、粒内溶孔和铸模孔为主，少量藻架孔及裂缝	鲕粒铸模孔、粒间孔(溶孔)、石膏溶孔、残留粒间孔及格架孔
储层类型	孔隙型和裂缝—孔隙型为主，少量孔洞型和裂缝—孔洞型	孔隙型和裂缝—孔隙型为主，少量孔洞型、裂缝—孔洞型及洞穴型	孔隙型和裂缝—孔隙型为主，少量孔洞型和裂缝—孔洞型	孔隙型和裂缝—孔隙型为主，少量孔洞型和裂缝—孔洞型
储层物性	孔隙度分布区间0.84%~8.39%，渗透率分布区间1.06~5.06mD	孔隙度0.1%~14%，平均1.94%，渗透率0.008~42.6mD	中孔中渗、中孔高渗储层，孔隙度25%，渗透率达131mD	孔隙度1.5%~4.5%，孔隙度和渗透率有一定的相关性

三、沉积型储层的控制因素与分布规律

(一)沉积型礁滩储层的控制因素与分布规律

通过对塔里木、四川和鄂尔多斯盆地不同类型礁滩储层的解剖，其控制因素既有共性之处，又因所处地质背景的差异而有其各自的差别(表4-8)。就整体而言礁滩储层分布有两个特点：(1)滩沉积是有效储层，礁核相的格架岩往往比较致密或礁核相格架岩不发育；(2)有效储层主要分布于三级及四级层序界面之下向上变浅序列的台缘或台内礁滩体的上部，可能与储集空间主要形成于早表生大气淡水成岩环境不稳定碳酸盐矿物相的溶解有关，埋藏白云石化形成的晶间孔是对早期孔隙的继承和调整。其共性控制因素主要包括两个方面：礁滩相的沉积背景及表生期大气淡水溶蚀作用。而三大海相盆地中控制礁滩储层形成的个性因素中，影响两个以上地区的控制因素有两个方面：埋藏溶蚀作用与埋藏白云石化作用及多期构造作用形成的裂缝。

表4－8　塔里木、四川和鄂尔多斯盆地不同类型礁滩储层的主控因素

<table>
<tr><th rowspan="2">储层类型</th><th rowspan="2">实例</th><th colspan="2">主控因素</th></tr>
<tr><th>共性控制因素</th><th>个性控制因素</th></tr>
<tr><td rowspan="4">镶边台缘礁滩储层</td><td>塔中上奥陶统良里塔格组礁滩石灰岩</td><td rowspan="7">(1) 礁滩沉积为储层发育奠定了物质基础；(2) 相对海平面下降、礁滩体暴露和大气淡水溶蚀导致组构选择性基质溶孔的发育，不同类型的基质溶孔构成了礁滩储层储集空间的主体，也是礁滩储层重要的发育期</td><td>(1) 礁滩体表生期的岩溶作用形成沿断裂和不整合面发育的溶蚀孔洞；(2) 埋藏溶蚀作用、热液作用形成非组构选择性基质溶孔及溶蚀孔洞</td></tr>
<tr><td>环开江—梁平海槽长兴组礁滩白云岩</td><td>(1) 埋藏白云石化作用和埋藏溶蚀作用形成晶间孔和晶间溶孔；(2) 埋藏期构造裂缝的形成大大改善了储层物性</td></tr>
<tr><td>鄂尔多斯盆地南缘中—上奥陶统礁滩白云岩</td><td>(1) 埋藏白云石化作用和埋藏溶蚀作用形成晶间孔和晶间溶孔；(2) 表生期岩溶作用形成溶蚀孔洞</td></tr>
<tr><td>环开江—梁平海槽飞仙关组台缘鲕滩白云岩</td><td>(1) 同生期渗透—回流白云石化作用是孔隙发育的关键；(2) 埋藏白云石化作用和埋藏溶蚀作用形成晶间孔和晶间溶孔</td></tr>
<tr><td rowspan="3">台内缓坡型礁滩储层</td><td>四川长兴组台内滩相石灰岩储层</td><td>(1) 埋藏溶蚀作用形成少量的溶蚀孔洞；(2) 印支—喜马拉雅期构造作用尤其是断裂作用产生的裂隙沟通了早期孔隙</td></tr>
<tr><td>飞仙关组台内鲕滩石灰岩储层</td><td>(1) 埋藏溶蚀作用形成少量的溶蚀孔洞；(2) 印支—喜马拉雅期构造作用尤其是断裂作用产生的裂隙沟通了早期孔隙</td></tr>
<tr><td>四川茅口组—栖霞组台内生屑砂屑滩</td><td>(1) 表生期的岩溶作用形成沿断裂和裂缝发育的溶蚀孔洞；(2) 埋藏白云石化作用和埋藏溶蚀作用形成晶间孔和晶间溶孔</td></tr>
</table>

(1)礁滩沉积为储层发育奠定了物质基础。

礁滩沉积的岩性非常复杂，不同的礁滩类型还有不同的岩性组合，但有效储层主体发育于滩沉积中。塔里木盆地礁滩体不发育典型的格架岩，而以障积岩和粘结岩为主，岩性致密，有效储层以礁基、礁盖和礁翼亚相颗粒灰岩为主，包括生屑灰岩、砂屑灰岩和生屑砂屑灰岩。四川盆地二叠系长兴组礁滩体海绵格架岩发育，残留少量格架孔，有效储层主要发育于礁盖亚相白云石化的生屑灰岩中，晶间孔和晶间溶孔是对原岩孔隙的继承和调整；飞仙关组有效储层主要发育在鲕滩白云岩中。

(2)同生期大气淡水溶蚀是礁滩储层孔隙发育的关键。

礁滩储层的孔隙主要形成于同生期大气淡水的溶蚀，形成各种组构选择性溶孔，包括粒间溶孔、粒内溶孔和铸模孔等，储层发育段与层序界面密切相关，最为典型的实例是塔中62井上奥陶统良里塔格组礁滩储层。塔中62井测试井段为4703.50～4770.00m，厚66.50m，日产油38m^3，气29762m^3。测试段的相应取心段为4706.00～4759.00m，高分辨率层序地层研究揭示，高位体系域向上变浅准层序组上部的台缘礁滩体最易暴露和受大气淡水淋溶形成优质储层，而且越紧邻三级层序界面的准层序组，溶蚀作用越强烈，储层厚度越大，垂向上多套储层相

互叠置(图4-16)。紧邻储层之下的泥晶棘屑灰岩粒间往往见大量的渗流沉积物,再往深处才变为正常的泥晶棘屑灰岩,构成完整的大气淡水渗流带→潜流带淋溶剖面,孔隙类型以组构选择性基质溶孔为特征。塔中62—82井区良里塔格组礁滩储层的垂向分布特征揭示其同生期的大气淡水溶蚀成因。

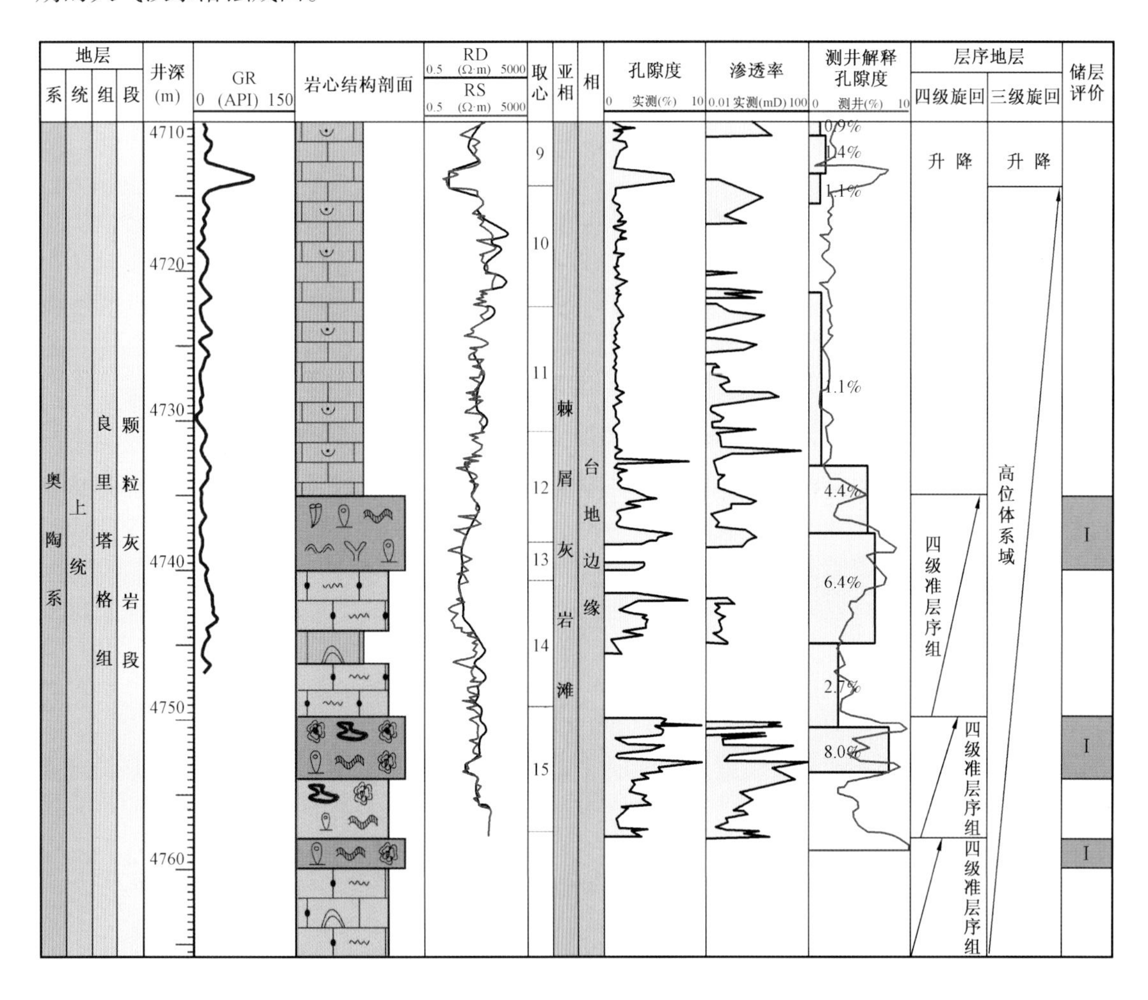

图4-16 塔中62井4730~4765m井段海平面升降旋回导致的三次大气淡水渗流带→潜流带旋回与三套储层发育的关系(有效储层发育于高频旋回的上部)

(3)埋藏溶蚀作用和埋藏白云石化作用形成的晶间孔和晶间溶孔是礁滩储层储集空间的重要补充。

塔里木盆地良里塔格组及四川盆地长兴组—飞仙关组礁滩储层在埋藏期普遍经历了埋藏溶蚀作用,形成非组构选择性溶蚀孔洞,还可形成大的洞穴,前者与有机酸、盆地热卤水及TSR(硫酸盐热化学还原作用)有关,后者与热液活动有关,其分布受断层、不整合面及渗透性岩石的控制。

四川盆地长兴组—飞仙关组礁滩储层还发生了埋藏白云石化作用。长兴组生物礁礁盖相生屑灰岩埋藏白云石化形成残留生屑结构的细—中晶白云岩,晶间孔和晶间溶孔发育。飞仙关组鲕粒灰岩经准同生期渗透—回流白云石化形成鲕粒白云岩,再经埋藏白云石化形成残留鲕粒结构的细—中晶白云岩,鲕模孔、晶间孔和晶间溶孔发育。

(4)多期次构造作用,尤其是断裂作用产生的裂隙沟通了早期孔隙,大大改善了礁滩储层的物性,尤其是渗透率。

四川盆地不同层位礁滩储层受印支—喜马拉雅期构造作用改造尤为明显,形成的裂缝除沟通早期孔隙外,在埋藏成岩环境还可成为成岩流体的通道,在近地表环境还可因大气淡水的淋溶形成沿断裂或裂缝发育的溶蚀孔洞,对礁滩储层物性的改善作用明显。礁滩体主要分布于台缘及台内。台缘带礁滩体呈条带状断续分布,单层厚度大,礁核相格架岩发育,伴生的滩沉积也很发育,甚至以滩沉积为主;台内礁滩体沿台洼周缘或平坦台地大面积层状分布,以滩为主,礁核相格架岩欠发育,单层厚度相对较小,但累计厚度可以很大。

总之,礁滩储层包括镶边型礁滩储层和缓坡型礁滩储层两类,它们在沉积环境、沉积体发育规模、分布规律等方面有差异(表4-3)。从勘探潜力而言,缓坡型礁滩储层的勘探潜力要好于镶边型礁滩储层,因为规模发育的镶边型礁滩储层主要分布在台缘带,而缓坡型储层可以在台地内规模发育。所以,礁滩储层的勘探应该把重点放在缓坡型礁滩储层的勘探上,特别是缓坡型颗粒滩的勘探,而不应把研究和勘探工作过于聚焦在镶边型礁滩体的预测和评价上。事实上,即使是镶边型礁滩储层,孔隙的载体仍然是与礁伴生的生屑滩和砂屑滩沉积。

(二)沉积型白云岩储层控制因素与分布规律

沉积型白云岩储层分布均为受沉积相带控制的早期白云石化储层,储集空间主要形成于同生期大气淡水成岩环境不稳定碳酸盐矿物相及石膏的溶解,有效储层分布于三级及四级层序界面之下潮坪—台内向上变浅序列的碳酸盐沉积中,具带状及面状分布、有效储层垂向上多套叠置的特点。规模有效储层发育的条件为沉积相带和古气候,分布规律分析表明蒸发潮坪及蒸发台地是有利的储层发育区,同生期大气淡水溶蚀是非常重要的建设性成岩作用。具体的控制因素与分布规律包括以下两个方面。

(1)沉积型白云岩储层的规模分布受古气候条件控制。

干旱气候条件下的蒸发环境是这类储层发育的气候背景,所以,沉积型白云岩储层的分布主要受古气候和沉积相带控制。塔里木盆地中—下寒武统、四川盆地三叠系飞仙关组—嘉陵江组—雷口坡组、鄂尔多斯盆地中—上寒武统及马家沟组沉积时期均为干旱气候,在蒸发潮间—潮上坪环境及蒸发台地及台缘带大面积发育沉积型白云岩储层,侧向上与膏岩层/盐岩层呈相变关系,垂向上与膏岩层/盐岩层互层。炎热气候背景下蒸发潮坪和蒸发台地环境是有利的储层发育区,白云岩储层的有效储集空间主要来自早期表生大气淡水对不稳定碳酸盐矿物和膏盐岩的溶解,有效储层分布在三级/四级层序界面之下台缘或台内礁/滩序列中,如塔中地区的良里塔格组台缘礁/滩体,有效储层在垂向上呈多套叠置;或是分布在三级/四级层序界面之下潮坪—台内向上变浅序列的碳酸盐沉积序列中,以四川盆地中三叠统雷口坡组、下三叠统飞仙关组最为典型,具有带状或面状分布的特点,垂向上呈多套叠置分布。

(2)表生期的大气淡水溶解作用为沉积型白云岩储层孔隙空间的形成和发育提供了条件。

由于早表生期大气淡水成岩环境不稳定碳酸盐矿物相及石膏的溶解使得沉积型白云岩储层的晶间和晶内溶孔得以形成,所以,有效储层分布于三级及四级层序界面之下蒸发潮坪—台内向上变浅序列上部的碳酸盐沉积中,具带状及面状分布、有效储层垂向上多套叠置的特点。这也很好地解释了为什么四川盆地雷口坡组、塔里木盆地中—下寒武统及鄂尔多斯盆地马家沟组所见到的大套含膏(膏质)泥—粉晶白云岩、含膏(膏质)礁滩白云岩只有位于层序界面之下时才发育成有效储层,而且越远离层序界面,溶蚀作用越弱,储层物性越差,层序界面代表的暴露和溶蚀时间越长,有效储层发育的厚度越大,顺层序界面呈层状叠置分布。

四、沉积型储层的分布预测

在塔里木、四川和鄂尔多斯盆地碳酸盐岩沉积型储层特征的基础上，分析了规模储层发育的主控因素和分布规律，为储层预测奠定了基础。同时，应用了地质、测井和地震一体化的储层识别和预测技术，尤其是礁滩储层的测井识别和地震预测技术，绘制了三大盆地重点层位的盆地级的储层预测图，为有利区带优选和新区新领域评价提供了依据。本部分以四川盆地二叠系长兴组、三叠系飞仙关组的礁滩储层为代表详细介绍其预测过程与结果。

（一）二叠系长兴组礁滩储层

长兴组主要发育镶边型礁滩储层，镶边型礁滩储层可分为礁滩白云岩储层和礁滩石灰岩储层两种类型，缓坡型礁滩储层分为台内点礁、台内礁滩复合体和台内生屑滩，各类储层的区域展布见图 4－17。

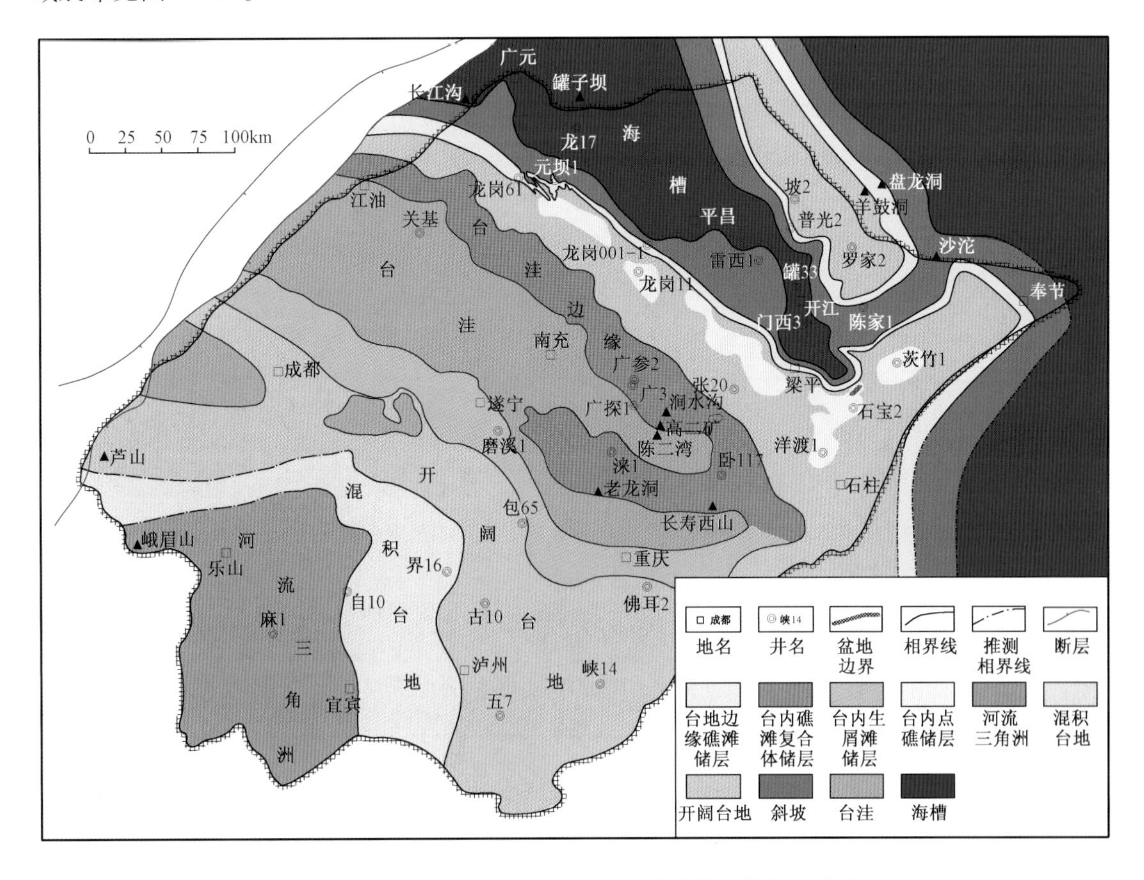

图 4－17　四川盆地二叠系长兴组礁滩储层分布预测图

台地边缘礁滩白云岩储层环开江—梁平海槽东西两条台缘带及城口—鄂西海槽台地边缘地区分布，储集岩以生物礁复合体中残余生屑白云岩、礁骨架白云岩、细晶白云岩为主，白云石晶间孔、晶间溶孔及生物格架溶孔为主要储集空间，孔隙度较大，储层单层厚度较大，储层物性较好，面积约 $0.95 \times 10^4 km^2$。台内礁滩复合体储层分布在盐亭—潼南台洼边缘向海一侧（北东侧），以生物礁复合体中生屑滩白云岩为主要储集岩，晶间孔及生物格架溶孔为主要储集空间，白云化程度较高，但较台地边缘生屑滩白云化程度弱。生屑白云岩单层厚度较薄，但分布广，面积约 $1.25\times10^4km^2$。台内点礁石灰岩储层主要分布在开江—梁平海槽和盐亭—潼南台洼之间的开阔碳酸盐岩台地内，以龙岗11井、石宝2井等为标志，岩性主要为未云化或弱云化的礁石灰岩，以残余骨架孔和体腔溶孔为主要储集空间，单层厚度较大但单个面积有限，总面积约 $0.26\times10^4km^2$。台内生屑滩石灰岩储层分布在盐亭—潼南台洼边缘向陆一侧(西南侧)，该区生物礁不发育，储层以生屑滩石灰岩为主，主要为生物溶孔和粒间微孔，孔隙度较低，储层单层厚度较薄，储集性能相对较差，裂缝对该类储层的有效性起着关键作用。该储层分布范围较广，面积约 $1.0\times10^4km^2$。

（二）三叠系飞仙关组鲕滩储层

飞仙关组主要发育鲕滩储层，分台地边缘鲕滩白云岩储层、台洼边缘鲕滩石灰岩储层和台内鲕滩石灰岩储层三类。研究表明，鲕滩储层与相带和层序界面密切相关，其分布见图4-18。

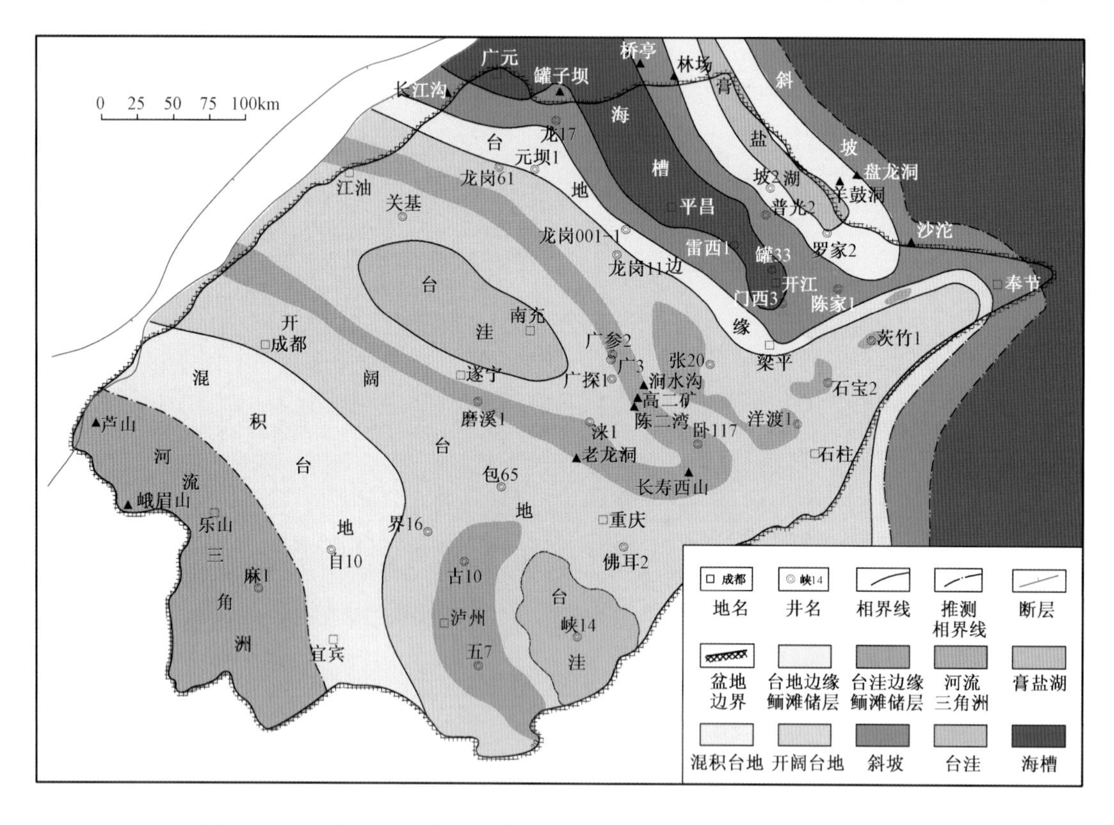

图4-18 四川盆地三叠系飞仙关组飞一—飞二段鲕滩储层分布预测图

鲕滩白云岩储层主要发育在飞一—飞二段，沿开江—梁平海槽西侧龙岗台地边缘带及川东北孤立台地边缘分布(图4-18)。主要储集岩为残余鲕粒白云岩、细—中晶白云岩，储集空间以晶间孔、粒间孔、粒内孔及超大溶孔为主，孔隙度较高，储层单层厚度大，分布面积约 $1.1\times10^4km^2$。

台洼边缘鲕滩石灰岩储层也主要发育在飞一—飞二段，环绕盐亭—潼南台洼边缘分布；该类储层岩性主要是鲕粒灰岩和云质鲕粒灰岩，显示鲕滩白云石化程度较弱或未发生白云石化的特点；储集空间以粒内溶孔为主，孔隙间的连通靠构造裂缝；鲕粒灰岩储层单层厚度相对较薄，但总厚度较大，是相对较好的储层，分布面积约 $2.0\times10^4km^2$。台内鲕滩灰岩储层发育于飞仙关组三段,随着台洼被充填,飞三段沉积时期的古地理格局总体表现为台内缓坡背景,鲕粒滩在盆地范围内广泛发育,尤其在早期发育海槽的周缘地区规模较大;以川东草滩和龙会场气田为例,滩相储层主要是鲕粒灰岩,发育粒内溶蚀孔,在有裂缝沟通时可以形成有效储集空间;该类储层单层厚度小,分布面积广,面积达 $4.0\times10^4km^2$。

第三节　成岩型储层特征与分布

成岩型储层是埋藏成岩环境中形成的碳酸盐岩储层的总称,埋藏白云石化作用可以发生于埋藏成岩环境的各个阶段,总体上具非组构选择性白云石化和晶粒较粗大的特点,而且随埋藏深度加大、作用时间加长,晶粒有变粗的趋势。原岩可以是各种石灰岩被白云石化成岩介质交代的产物,并进一步重结晶,使晶粒变粗变大,也可以是同生期形成的白云岩经过重结晶作用改造的产物。虽然理论上说该类储层的发育和分布是受埋藏成岩相控制,但从残留结构分析,原岩多为颗粒灰岩,这可能与埋藏流体的运动主要集中在沉积期或沉积期后不久建立起来的高孔隙度—渗透率带有关。包括埋藏白云岩储层和热液白云岩储层两大类。

埋藏条件下的白云石化作用与近地表环境中形成的沉积型白云岩有很大区别。在埋藏条件下,白云石化流体的浓度相对较低,对白云石的过饱和程度低,晶体成核速度慢,因此形成的白云石晶体往往较为粗大,自形程度高,在相互接触后生长受到抑制,因而易于发育晶间孔而成为好储层。热液白云岩也是埋藏作用的产物,其为深部热液对已固结的古老碳酸盐岩进行白云石化改造的产物。热液可来源于与区域构造运动、火山活动、变质作用有关的构造热液、火山热液和变质热液。但热液白云岩不等同于埋藏白云岩,二者最关键的区别是前者要求成岩流体具备高于周围环境至少5℃的温度,而后者的形成温度与周围环境相同。热液白云岩常发育晶间孔,且白云石化过程中原岩(石灰岩)受到溶蚀后形成大量残余溶蚀孔洞,储集性优于沉积型白云岩。

本次研究通过对三大海相盆地深层成岩型白云岩的微观及地球化学分析,明确了成岩型白云岩储层的基本特征、孔隙成因与控制因素。本书中以塔里木盆地上寒武统—蓬莱坝组的埋藏白云岩和鹰山组的热液白云岩为例来详细阐述这两类白云岩的具体特征。

一、成岩型埋藏白云岩储层特征及孔隙成因

塔里木盆地上寒武统—蓬莱坝组埋藏白云岩比较发育,层位上主要见于上寒武统丘里塔格组和下奥陶统蓬莱坝组,平面上主要见于塔西台地、罗西台地及塘南台缘带礁滩和台内礁滩。在观察研究的60余口井中,有超过90%的井均见到埋藏白云岩。

埋藏白云岩储层的储集岩类型以各种晶粒大小的细、中、粗晶白云岩为特征,包括细晶、中晶及粗晶白云岩(图4-19),原岩可以是石灰岩,也可以是准同生期白云石化作用形成的白云岩,可以完全重结晶也可以残留部分原岩结构。原岩结构越粗,埋藏白云石化作用时间越长、埋藏深度越大,白云岩的晶粒往往越粗。

孔隙类型主要有晶间孔和晶间溶孔,少量的裂缝及溶蚀孔洞。晶间孔是埋藏白云石化作用的产物,可以是白云石晶体间灰泥溶蚀形成的,也可以是白云石重结晶或交代作用后密度增大、体积缩小形成的,也可以是继承性孔隙经埋藏白云石化后的再调整。晶间溶孔是埋藏岩溶作用的产物,是白云石晶体非组构选择性溶解导致晶间孔的溶蚀扩大。大多数的埋藏白云岩储层均受构造裂缝作用及热液作用的叠加改造形成少量的溶蚀孔洞。

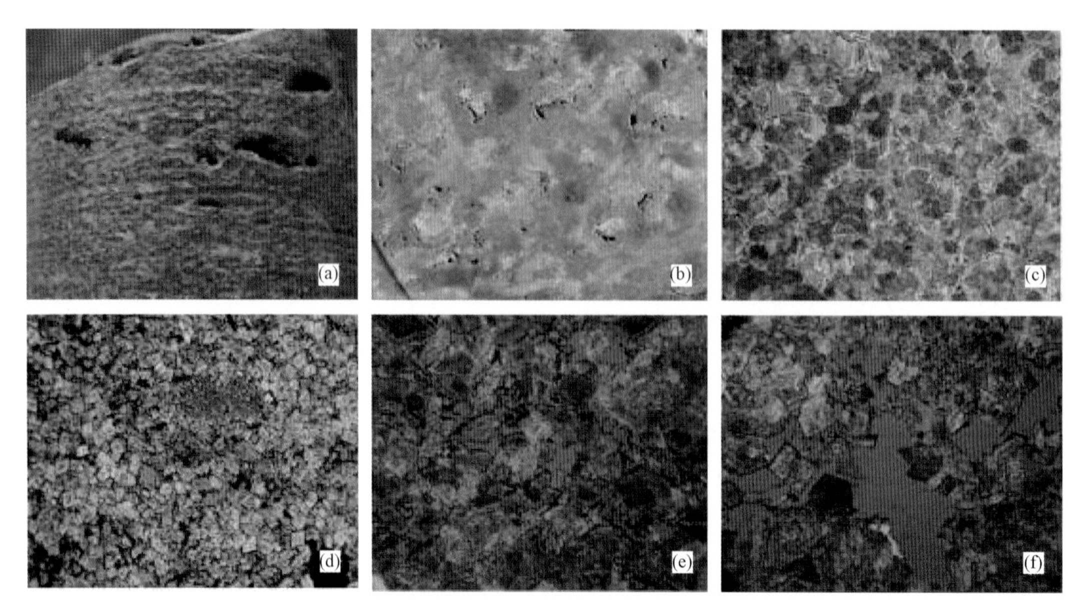

图4-19 塔里木盆地上寒武统—蓬莱坝组埋藏白云岩储层岩性及孔隙类型

(a)灰色细—中晶白云岩,晶间溶孔和溶蚀孔洞发育,塔中7井,上寒武统,8-12/30,岩心;(b)灰色藻粘结粉—细晶白云岩,晶间孔和晶间溶孔发育,塔中5井,下奥陶统蓬莱坝组,27-27/44,岩心;(c)细—中晶白云岩,白云石为他形—半自形,多具雾心亮边结构,晶间孔和晶间溶孔发育,东河12井,下奥陶统蓬莱坝组,5668.60m,×10,铸体片,单偏光;(d)细晶白云岩,白云石为半自形—自形,晶间溶孔发育,东河12井,下奥陶统蓬莱坝组,5761.16m,×10,铸体片,单偏光;(e)中晶白云岩,白云石为半自形—自形,晶间溶孔发育,牙哈3井,上寒武统,5967.15m,×10,铸体片,单偏光;(f)中晶白云岩,白云石为半自形—自形,晶间孔及晶间溶孔发育,英买32井,寒武系,5409.10m,×10,铸体片,单偏光

埋藏白云石化通常形成两种类型的白云石:(1)缝合线附近形成的粗晶自形白云石,与压溶作用有关,通常分布相对分散,且不成规模;(2)粗粒结晶白云石,存在着组构选择性,孔隙发育,孔隙度和渗透率都较高。例如塔里木盆地上寒武统—下奥陶统蓬莱坝组的埋藏白云岩原岩为渗透性好的颗粒灰岩,这可能与埋藏流体的运动主要集中在沉积期或沉积后弱成岩阶段形成的高孔隙度—渗透率带有关。蓬莱坝组发育的埋藏白云岩储层,有效储层厚度多在3~5m之间,垂向上多套叠置。根据1083块样品统计,孔隙度大于2.5%的样品占18%,孔隙度最高可达12.2%。

埋藏白云岩储层特征的分析表明,主要有三方面的因素导致了塔里木盆地上寒武统—蓬莱坝组埋藏白云岩孔隙的形成:(1)多孔的滩相沉积物为埋藏白云化介质提供了通道,而且邻近层序界面的滩相沉积物因暴露和大气淡水淋溶容易导致滩相沉积物多孔;(2)埋藏白云岩储层中的晶间孔是继承早期孔隙并经埋藏白云石化后的再调整,同时为有机酸、TSR及盆地热卤水和热液提供了通道,为晶间溶孔和溶蚀孔洞的发育奠定了基础;(3)不同晶粒白云岩侧向上的交替可能代表了原岩(石灰岩)相带的变化,垂向上的交替则可能代表了原岩(石灰岩)沉积旋回的变化。

二、成岩型热液白云岩储层特征及孔隙成因

热液白云岩是指由来自地壳深部的热液交代碳酸盐岩(或重结晶)或沿热液通道的热液白云石晶体析出所形成的白云岩,鞍状白云石常见。规模分布的热液白云岩并不多见,这主要是深部热液往往需要沿深大断裂或大型不整合面向上侵入,在热液通道附近沉淀,导致热液白云岩分布的局限性。

塔里木盆地构造—热液活动比较活跃，并具多期次的特点，主要活动期与二叠纪全盆地广泛发育的岩浆活动有关，因而在下古生界多个碳酸盐岩层系发生热液交代白云石化、热液白云石的沉淀和热液溶蚀孔洞的发育，尤以塔中下奥陶统鹰山组最为典型，大量的热液白云岩及热液溶蚀孔洞沿断裂及不整合面发育。

热液白云岩储层的微观岩性特征为白云岩斑块，可以是粗晶、中晶、细晶或不等晶白云岩，岩石组合为云灰岩、灰云岩或石灰岩和白云岩的互层，原岩以颗粒灰岩为主（图 4－20）。在野外，鹰山组顶部不整合面附近有三类现象是非常值得关注的：(1) 大量斑块状或准层状白云岩，白云石化弱时表现为石灰岩包裹斑块状白云岩，白云石化强时，表现为残留石灰岩被白云岩包裹，白云石化率达 30%；(2) 顺层分布的洞穴，大多被充填；(3) 顺不整合面或断层分布的洞穴，大多为热液矿物半充填。

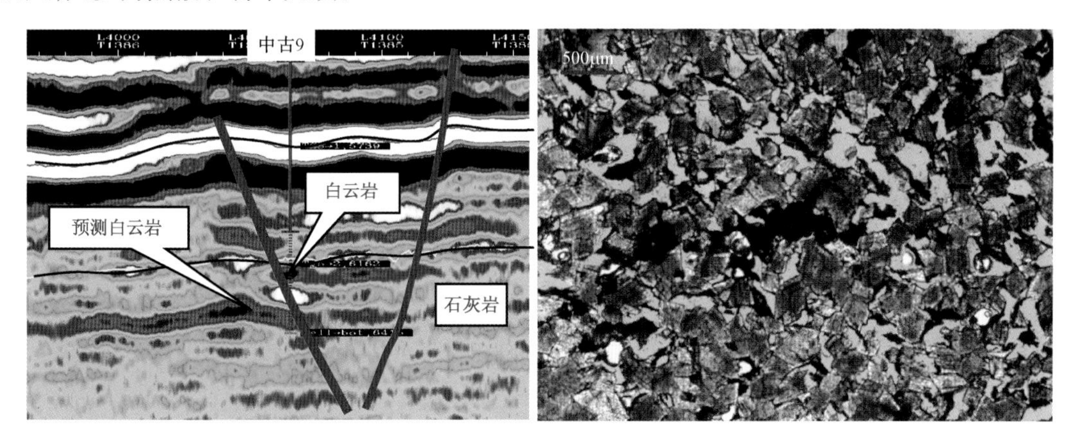

图 4－20　中古 9 井热液白云岩储层地震响应及孔隙特征

热液白云岩储层以粗晶白云岩为主，孔隙类型主要是晶间孔、晶间溶孔（图 4－20），此外由于热液流体的溶蚀性，还可形成一定规模的溶蚀孔洞，孔洞内常见鞍状白云石、萤石、重晶石、天青石等热液矿物（图 4－21）。

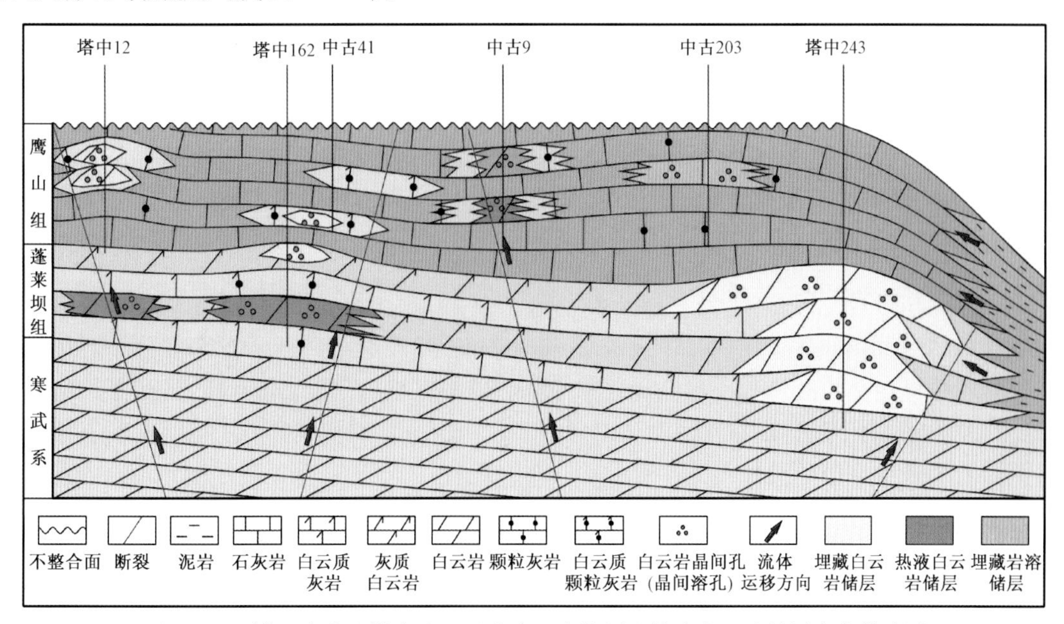

图 4－21　塔里木盆地塔中地区埋藏白云岩储层和热液白云岩储层发育模式图

根据多口井的统计，热液白云岩储层的孔隙度一般在1.5%～4.5%之间，个别井的孔渗性很好，例如塔里木盆地塔中地区中古9井单层有效储层厚度最大达16m，孔隙度最大达16.1%，最大渗透率达637mD。

相比于准同生期形成的沉积型白云岩储层，埋藏—热液改造型白云岩晶粒粗，晶间孔更为发育，但其孔隙成因相对复杂，热液流体以断裂、不整合面和渗透性较好的岩石为通道，将其临近石灰岩或早期白云岩交代改造为颗粒较为粗大的白云岩，在交代改造过程中形成溶蚀孔洞，同时部分早期形成的溶蚀孔洞被充填，或致密化。所以热液白云岩储层多分布在主断裂带附近（图4－20），因此，相比其他类型的白云岩储层，其分布具有一定局限性。

三、成岩型储层的控制因素与分布规律

在对塔里木、四川和鄂尔多斯盆地碳酸盐岩成岩型储层特征及孔隙成因分析的基础上，分析了规模储层发育的主控因素和分布规律，为储层预测奠定了基础。

对深层埋藏—热液改造型白云岩储层，规模有效储层发育的控制因素包括两个方面：一是多孔的高能礁滩沉积为深层规模有效白云岩储层的发育奠定了物质基础；二是埋藏白云石化与热液的联合作用。几大克拉通区发育的一系列断裂为深层热液侵入创造了条件，也为成排、成网分布的串珠状储集体大范围分布提供了基础。

（一）高能沉积相带为埋藏白云岩优质储层发育的有利场所

埋藏白云石化作用的发生同样具有组构选择性，即在台缘和台内的高能沉积相带，埋藏白云石化作用既容易发生又比较充分，这可能与埋藏流体的运动主要集中在沉积期或沉积期后不久建立起来的高孔隙度—渗透率带有关（Clyde H. Moore，2001）。在白云石化流体存在的前提下，高能沉积环境中的颗粒灰岩和礁石灰岩在埋藏条件下更易于形成优质的白云岩储层。高能环境中的礁滩体原生孔隙发育，同时也容易发育由准同生期层间岩溶造成的次生溶蚀孔洞，发生白云石化作用后，除可由减体积效应产生新增空间外，部分原有孔隙空间也得以保存。在礁滩相石灰岩中，较多孔隙空间的存在也为埋藏期白云石化流体及溶蚀流体的流动提供了条件，既有利于诸如热液白云岩等一些后生白云岩的形成，又有利于各类溶蚀作用的发生，从而对先期形成的白云岩进行叠加改造，产生更多储集空间。由于高能沉积相带水体循环良好，不具备形成准同生白云岩的条件，因此，高能相带沉积物的白云石化作用往往是在埋藏条件下发生的，易于形成储集物性良好的白云岩储层。四川盆地飞仙关组和长兴组的埋藏白云岩晶粒粗，晶形好，规则的多面体状晶间孔非常发育，糖粒状残余鲕粒中粗晶白云岩的平均孔隙度可达12.71%。

（二）埋藏白云石化进程控制着白云石结晶程度与连续分布的规模

根据对塔里木和四川盆地埋藏白云岩的深入解剖，发现埋藏白云岩发育与分布有以下基本规律：埋藏早期交代白云石呈零星状散布于石灰岩中，白云石化程度不高，具泥晶结构的石灰岩比颗粒结构的石灰岩更易发生白云石化，随着埋藏深度和持续时间的加大，白云石逐渐富集，由沿着缝合线呈斑块状分布至连续层状分布；埋藏白云石化进程无疑控制了白云石结晶程度与连续分布的规模。

（三）埋藏溶蚀作用是埋藏白云岩储层孔隙空间发育的建设性成岩作用

在埋藏环境中，溶蚀作用普遍可由生排烃过程中释放的有机酸和CO_2形成的酸性流体造

成。而越来越多的研究还表明，在具备条件发生硫酸盐还原作用的地区，深埋白云岩的溶蚀改造更为显著。硫酸盐还原作用包括微生物硫酸盐还原作用（BSR）和硫酸盐热化学还原作用（TSR），作用过程中产生的 H_2S 和 CO_2 在溶于水后可形成酸性流体对白云岩进行溶蚀。在深埋条件下，起作用的是 TSR，而 BSR 多发生于不整合面附近及浅层。国内最近在实验室中成功地模拟了地质条件下的 TSR 作用。由于 TSR 发生在高温（>120℃）条件下，故储层埋藏越深、温度越高，就越有利于 TSR 作用和溶蚀作用的发生，因此 TSR 作用对于深埋环境中白云岩的改造十分有利。

（四）热液白云岩储层的分布受深部热源与深大断裂联合控制

热液白云岩储层是埋藏成岩环境热液作用的产物，塔里木盆地和四川盆地在二叠纪发育着不同规模的岩浆活动，与岩浆活动相伴生的热液活动现象十分丰富，具有多期活动的特点，并叠加改造下古生界多套碳酸盐岩储层。热液受断层、深部热源等控制，可通过断层运移到地表。热液作用表现在两个方面：（1）热液作用形成热液溶蚀洞穴，并往往为热液矿物半充填；（2）热液作用引起斑块状或准层状白云石化，导致晶间孔和晶间溶孔的发育。因热液需要断裂沟通，并有持续的热源流体供给，导致热液白云岩储层的分布主要沿断裂带分布。塔里木盆地热液沿深大断裂及不整合面运移，可以影响下古生界多套碳酸盐岩地层，尤以鹰山组最为典型。在塔中—巴楚隆起，大量露头及钻井资料都证实了热液作用的广泛发育，各种热液矿物与热液白云岩分布于鹰山组的上部，如康 2 井 3821.23～3823.83m 井段、塔中 3 井 3887.20～3893.00m 井段及中古 9 井鹰山组发育的优质热液白云岩储层。以中古 9 井的热液白云岩储层为例，其分布规律具有以下两方面特点：（1）邻近大断裂，具有富镁热液运移的通道；（2）鹰山组顶部致密颗粒泥晶灰岩可作为热液的隔挡层，而下面的高孔渗的颗粒灰岩则成为热液的汇集区，热液在其中与岩石充分作用形成高孔渗的热液白云岩储层（图 4－21）。

总之，三大盆地的成岩型储层分布规律分析表明，在原始沉积相带约束下，在深层形成条带状或斑块状大面积分布的有效储集体，沉积期或沉积后不久建立起来的高孔隙度—渗透率带最容易发生埋藏白云石化作用，有效储集空间的发育不明显受白云岩埋藏深度的制约，深埋的白云岩仍可具备良好的储集物性而成为优质储层。这很好地解释了埋藏白云岩的原岩大多为高能滩相颗粒灰岩的原因，可以是台缘高能相带的礁滩，也可以是台内礁滩。当受热液作用叠加改造时，储层往往沿深大断裂分布，垂向上呈串珠状、平面上呈带状—栅状。因此，由高能相带沉积物转变形成的埋藏成因白云岩、热液成因白云岩以及构造活动和水—岩作用活跃地区的成岩型白云岩是潜在的优质储层和深部碳酸盐岩油气勘探的重点目标区。

四、成岩型储层的分布预测

塔里木盆地下奥陶统蓬莱坝组储层为典型的成岩型储层，受埋藏白云石化和热液白云岩双重影响，整体以成岩型储层为主，但由于该套地层埋藏时间久，且经历多期构造运动和多种成岩作用改造，局部构造带也存在沉积型储层和改造型储层。其中塔北的东河构造带、塔中高垒带、鸟山构造发育热液白云岩储层；塔中—巴楚隆起断裂构造带发育热液白云岩储层；罗西台地边缘及轮南—古城台地边缘与台地内部颗粒滩发育埋藏白云岩储层。渗透性好的台缘、台内地区综合评价为Ⅰ—Ⅱ类埋藏白云岩储层，断裂发育带又受到晚期热液作用对储层的叠加改造，也多发育Ⅰ—Ⅱ类储层（图 4－22）。

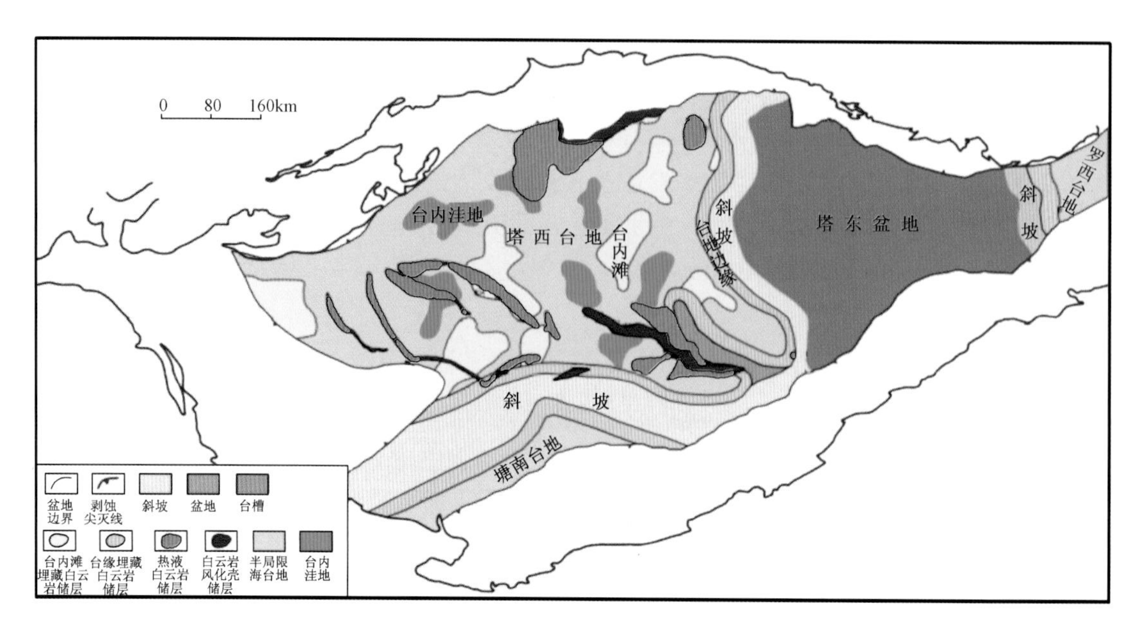

图 4-22 塔里木盆地下奥陶统蓬莱坝组下部储层分布预测图

该套白云岩储层有效勘探面积 $2.35\times10^4km^2$，其中热液白云岩储层有效勘探面积 $1.10\times10^4km^2$，台缘滩埋藏白云岩储层有效勘探面积 $0.70\times10^4km^2$，台内滩埋藏白云岩储层有效勘探面积 $0.55\times10^4km^2$。

第四节 改造型储层特征与分布

改造型储层也就是后生溶蚀—溶滤型岩溶储层，是从地质背景和成孔作用的角度命名的，由于碳酸盐岩在表生环境容易发生岩溶作用，碳酸盐岩暴露地表后，受大气淡水改造在古隆起及围斜区地质背景下容易发生表生岩溶作用，形成缝洞型岩溶储层，对岩性没有特殊的选择性，可以是不同类型的石灰岩和白云岩。近几年勘探实践表明，碳酸盐岩岩溶缝洞的分布不仅限于潜山区，内幕区同样发育有岩溶缝洞，而且是重要的油气储集空间，如塔北南斜坡和塔中北斜坡碳酸盐岩内幕区，这就使传统意义上的岩溶储层概念面临挑战。事实上，不整合面类型、斜坡背景和断裂均控制岩溶作用类型和岩溶缝洞的发育。本轮研究根据岩溶的主控因素差异将岩溶储层细分为以下三个亚类，分别是潜山（风化壳）岩溶储层、层间岩溶储层和顺层岩溶储层，见表 4-1，其中潜山（风化壳）岩溶储层又可根据围岩岩性的不同细分为石灰岩潜山岩溶储层和白云岩潜山岩溶储层。

大气淡水溶蚀作用改造暴露碳酸盐岩，形成了复杂的缝—洞储层系统（多产生于石灰岩层系中）和孔洞储层系统（多产生在白云岩层系中）。石灰岩潜山（风化壳）岩溶、层间岩溶和顺层岩溶三类储层的形成均受控于大气水的溶蚀作用，所以储集空间的表现形式也相对一致，主要由不同规模的洞—缝系统构成，缝洞体积约占岩石总体积的 6% ~10%。溶洞以坍塌型和碎屑物充填型为主，常成群出现。洞穴坍塌后在其围岩中形成的破碎带（角砾岩带）是有效储层的重要组成部分，其直径约为洞穴直径的 4 ~5 倍。溶洞和裂缝的充填物中仍见有多种有效孔隙，如基质孔、粒间孔及溶孔等。而白云岩层系中的潜山型储层发育特征有所不同，首先是以发育地貌起伏不大的风化壳为特征，溶洞系统不发育，多以孤立洞穴为主；其次是围岩往往为各种多孔白云岩，也是较好的储层。尽管表生岩溶形成的缝洞储层多分布在不整合面之下0～50m，但是受多期构造活动的影响，可形成多层溶洞系统。本次研究中为了深入了解三种类型的岩溶储层的主控因素与分布规律，各选取了塔里木盆地三个地区三种类型的岩溶储层，进行了详细的解剖。

一、层间岩溶储层特征

层间岩溶是准同生期岩溶的一种表现，是成岩早期的碳酸盐沉积物因大地构造作用或海平面下降而相对短期暴露于大气淡水作用下形成的岩溶，岩溶面上、下地层通常呈假整合接触。塔里木盆地塔中北斜坡鹰山组发育层间岩溶储层。

加里东中期构造运动第Ⅰ幕发生于中、晚奥陶世之间，昆仑岛弧与塔里木板块的弧—陆碰撞作用，使区域构造应力场开始由张扭转变为压扭，塔中乃至巴楚台地整体强烈隆升，缺失了中奥陶统一间房组和上奥陶统吐木休克组。鹰山组裸露区为灰云岩山地，其接触关系为上奥陶统良里塔格组与下部鹰山组主体呈微角度不整合接触（图4－23），代表10～16Ma的地层缺失和层间岩溶作用，形成了塔中北斜坡鹰山组上部的层间岩溶储层。地层剥蚀程度由北东Ⅰ号构造带向南西中央高垒带增强，残存厚度200～700m不等。

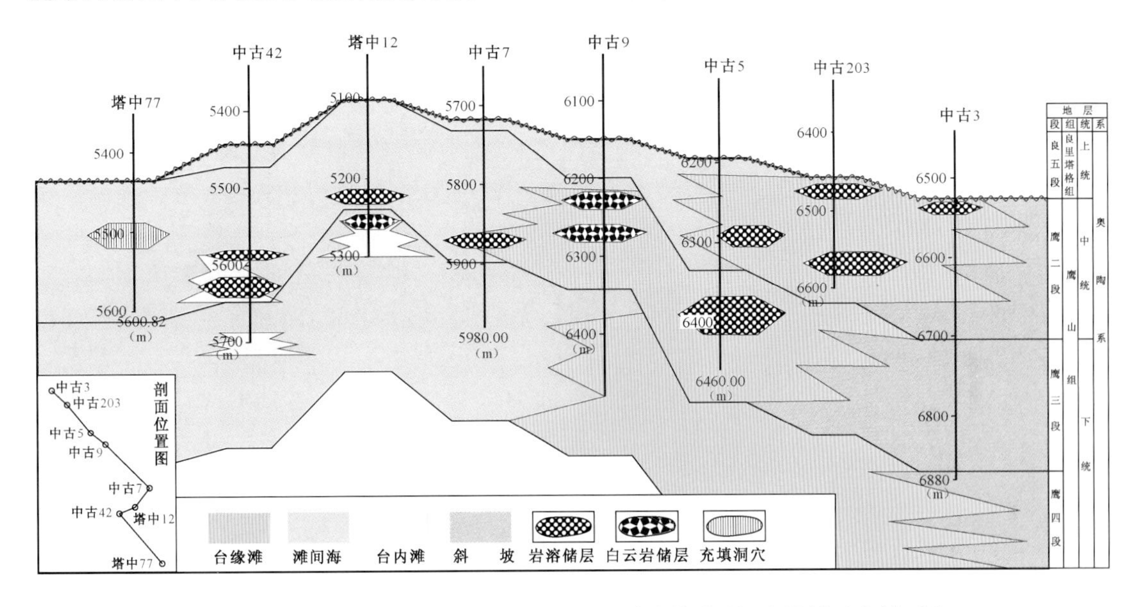

图4－23 塔中北斜坡奥陶系鹰山组地层剥蚀关系及沉积储层对比剖面图

储层主要岩石类型为亮晶砂砾屑灰岩、白云质砂屑灰岩，局部发育优质白云岩储层。储集空间主要是溶蚀孔洞、洞穴和裂缝（图4－24a），有些井基质孔也比较发育，例如中古203井颗粒灰岩粒间孔和中古9井白云岩晶间孔。大型洞穴较常见，但大多已垮塌和被充填，主要表现为钻井过程中钻井液漏失、放空、岩心收获率低等，其中可见洞穴充填物等。洞穴在地震剖面上表现为串珠状特征。塔中77井鹰山组最大洞穴高度33m，被灰质角砾和泥砂充填；中古5井鹰山组1.4m高洞穴被石灰岩角砾和泥质半充填；中古103井在鹰山组6233.00～6233.46m井段漏失钻井液1621.10m^3。塔中北斜坡鹰山组钻录井和测井资料表明，超过三分之一的井钻遇大型缝洞系统，钻井放空尺度从0.33m至4.3m，平均2.31m。岩溶缝洞发育的主体深度为0～50m，准层状分布。

图 4-24　塔中北斜坡鹰山组层间岩溶储层储集空间类型

(a)粒间溶孔,中古 203 井,6571.81m,×10;(b)晶间溶孔发育,塔中 12 井,5032.40m,×10;(c)裂缝及晶间孔,塔中 162 井,5032.40m,×10,铸体片,单偏光;(d)岩溶垮塌角砾,混杂堆积,角砾间为泥质充填,中古 171 井,第 3 筒心第 21 块次;(e)蜂窝状溶孔沿锯齿缝合线发育,中古 203 井,岩心;(f)溶蚀孔洞发育,针眼孔密集如蜂窝状,中古 9 井,岩心

塔中 16-12 井区发现岩溶作用形成的溶蚀孔洞,部分被灰绿色泥质充填,溶蚀孔洞呈圆形、椭圆形及不规则状,溶蚀孔洞发育段岩石呈蜂窝状,面孔率最高可达 10%,溶蚀孔洞发育段与不发育段呈层状间互分布。

塔中鹰山组裂缝主要有构造缝、溶蚀缝和成岩缝三类,分别与断裂活动、古岩溶作用和压溶作用相关。从产状看多为垂直缝、网状缝和斜交缝,少量水平缝,明显的扩溶现象,缝率 1.5%,缝宽 0.2~20mm,半充填—全充填。

根据孔洞缝组合特征,塔中北斜坡鹰山组层间岩溶储层可划分为孔洞型、裂缝型、裂缝—孔洞型和洞穴型,以洞穴型为主,次为裂缝—孔洞型和孔洞型。

根据塔中北斜坡鹰山组 18 口井 558 个岩样常规物性实测数据统计(图 4-25a),孔隙度小于 2% 的样品数占总样品数的 84.5%,而部分井(如中古 203 井颗粒灰岩、中古 9 井白云岩)孔隙度、渗透率异常偏高,孔隙度大于 4% 的样品数占总样品数的 6.3%,孔隙度大于 8% 的样品占总数的 4.3%。渗透率大于 1mD 的样品数占总样品数的 18.3%,渗透率大于 10mD 的样

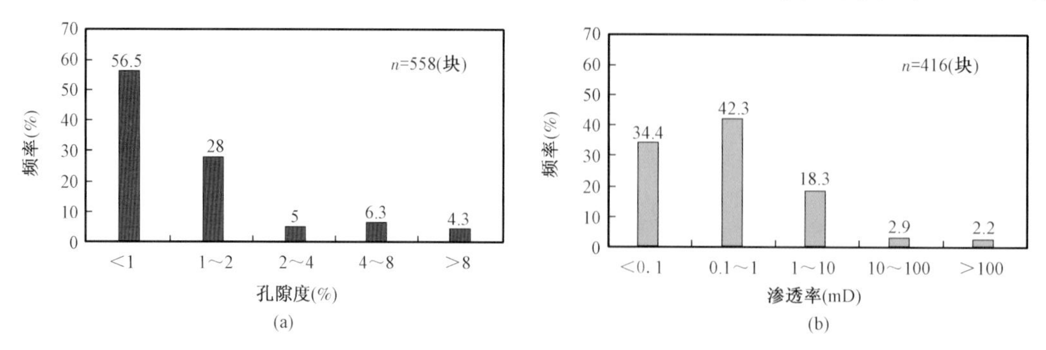

图 4-25　塔中北斜坡中—下奥陶统鹰山组岩心物性统计直方图

品数占总样品数的2.9%(图4-25b)。岩心基质孔隙度和渗透率很低,孔渗关系在低孔部分相关性较差,孔隙度大于3%的部分样品孔渗关系具有一定的正相关性。由于岩溶储层强烈的非均质性,直径2cm的岩塞样并不能真正代表岩溶储层的物性,塔中下奥陶统鹰山组与层间岩溶作用相关的岩溶洞穴及裂缝是主要的储集空间,目前钻遇的高产工业油气流井多是地震剖面上有串珠响应的大型缝洞发育带。

二、顺层岩溶储层特征

顺层岩溶多在碳酸盐岩古隆起的围斜部位发育,空间上与潜山岩溶相邻。其形成需要两个必要条件:(1)围斜部位的碳酸盐岩层系内存在层间岩溶面或与三级层序界面有关的表生期岩溶面,从而为后期地下水的侧向顺层渗流和扩溶提供了先决条件;(2)来源于邻区构造高部位潜山岩溶水的巨大压差助推了顺层承压深潜流的形成,其循环深度可达几百至数千米,但其排泄主要靠断裂,沿断裂带向上覆岩层排注,并可在地表形成承压泉(群)。由于该类岩溶水属承压水,水动力强,所以具有强烈的侵蚀溶蚀性。此外,断裂在水的排泄过程中发挥了导流通道作用,因而在断裂带附近往往形成强烈岩溶发育带。该类岩溶发育区远离物源,因而具有充填程度低的特点,随着逐渐远离古潜山,溶洞充填程度愈来愈低。塔里木盆地塔北南缘斜坡区奥陶系鹰山组顺层岩溶储层非常发育。

以桑塔木组剥蚀线为界,塔北隆起被划分为潜山区和内幕区(图4-26),内幕区位于塔北隆起的围斜部位,是轮南低凸起向外延伸的大型构造斜坡,向东进入草湖凹陷,向南进入满加尔凹陷,向西南进入哈拉哈塘凹陷。受中加里东—早海西期潜山区岩溶作用的影响,内幕区中—下奥陶统一间房组—鹰山组I段虽上覆吐木休克组区域性泥岩盖层,但大气淡水从潜山顶部的补给区由北至南向泄水区流动的过程中,在围斜部位发生大面积顺层岩溶作用,形成顺层岩溶储层。

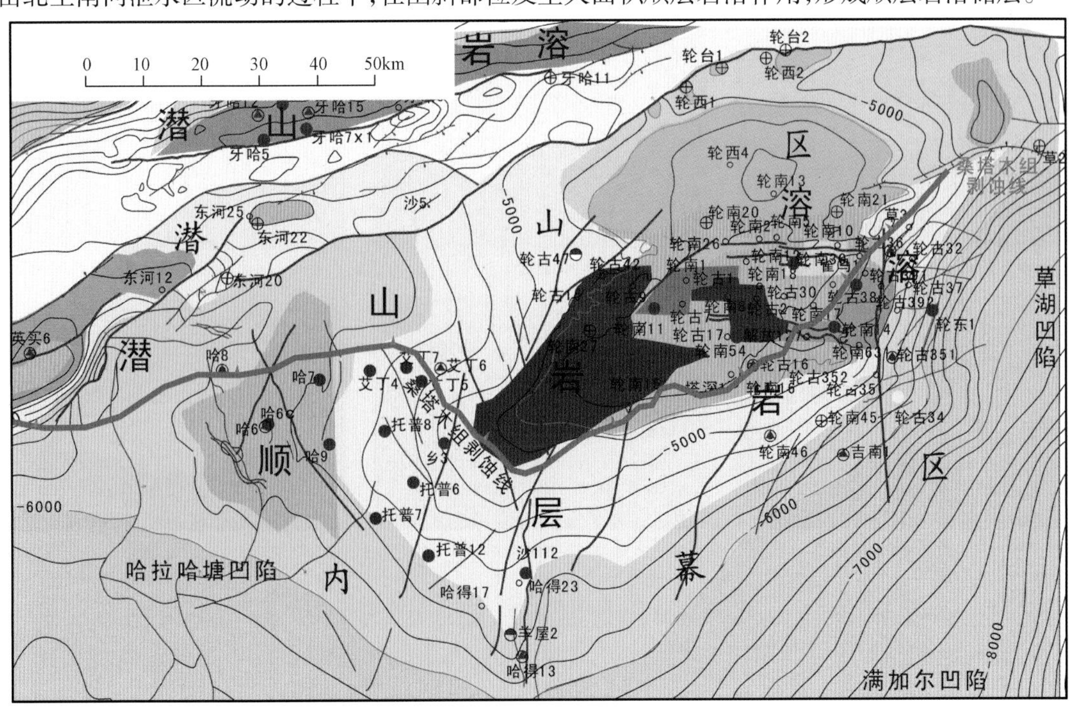

图4-26 塔北南缘奥陶系潜山区与内幕区分布图(据塔里木油田分公司,2010)

底图为奥陶系碳酸盐岩顶面构造图(m)

储集空间有基质孔、溶蚀孔洞、洞穴和裂缝，以溶蚀孔洞、洞穴和裂缝为主。大型的岩溶洞穴在深埋藏环境往往发生垮塌并被大的垮塌角砾充填，而小的溶蚀孔洞在深埋藏环境往往得以保存。

溶蚀孔洞孔径大于2mm，为塔北南缘中—下奥陶统一间房组—鹰山组Ⅰ段重要的储集空间类型，大多顺层状或沿裂缝发育，常见方解石充填或半充填，偶见泥质充填。成像测井揭示溶蚀孔洞清晰，哈6C井、哈9井和轮古391井最为典型。

大型洞穴较常见，但大多已垮塌和被充填，在地震剖面上表现为串珠状反射特征，尤其发育于断裂的交会处，受断裂控制明显。常规测井和成像测井、洞穴角砾岩、地下暗河沉积物、巨晶方解石充填、钻井放空、钻井液漏失、钻时明显降低等标志能有效识别大型洞穴（表4－9）。

表4－9　塔北南缘中—下奥陶统一间房组—鹰山组Ⅰ段钻录井显示洞穴的发育

井号	钻、录井显示			距吐木休克组顶（m）	距一间房组顶（m）
	井段（m）	层位	显示		
哈7	6626.40～6645.24	O_2y	漏失1223.72m^3	43.40	21.40
哈8	6675.00～6677.00	O_2y	放空2m	27.00	6.50
哈9	6693.00～6701.00	$O_{1-2}y$	顶部放空1m，溢流0.7m^3	99.50	71.00
哈11	6725.00～6736.00	O_3t	漏失225m^3	18.00	16.50
哈803	6654.66～6666.00	O_2y	放空11.34m，漏失1129.5m^3	71.66	44.50
轮古34	6698.00～6707.00	$O_{1-2}y$	漏失1475.5m^3，岩屑未返出	63.00	44.00

根据孔洞缝组合特征，塔北南缘斜坡区鹰山组顺层岩溶储层可划分为孔洞型、裂缝型、裂缝—孔洞型和（裂缝—）洞穴型四种储层类型，以（裂缝—）洞穴型为主，次为裂缝—孔洞型（图4－27）。

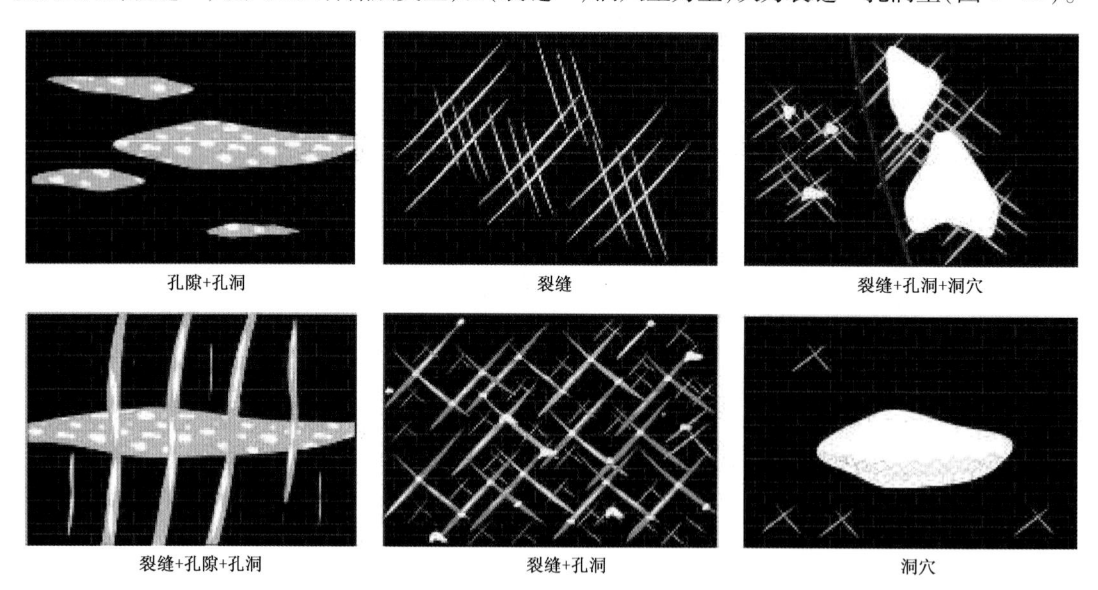

图4－27　塔北南缘中—下奥陶统一间房组—鹰山组Ⅰ段顺层岩溶储层储集空间组合类型模式图

塔北南缘奥陶系一间房组—鹰山组Ⅰ段具有低孔低渗的特征（图4－28），孔隙度小于2%的样品占80.65%，渗透率小于0.1mD的样品占51.38%，且孔渗相关性较差，微裂缝对于渗透性的改善起到了决定性作用。但是岩溶型储层的储集特点决定了常规岩心孔渗分析只反映围岩或基岩的特征。

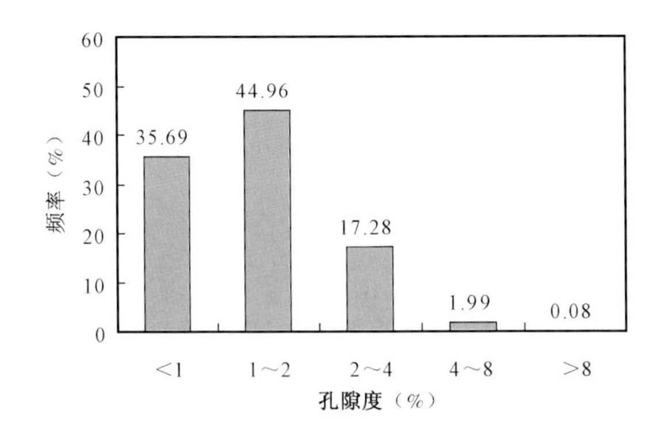

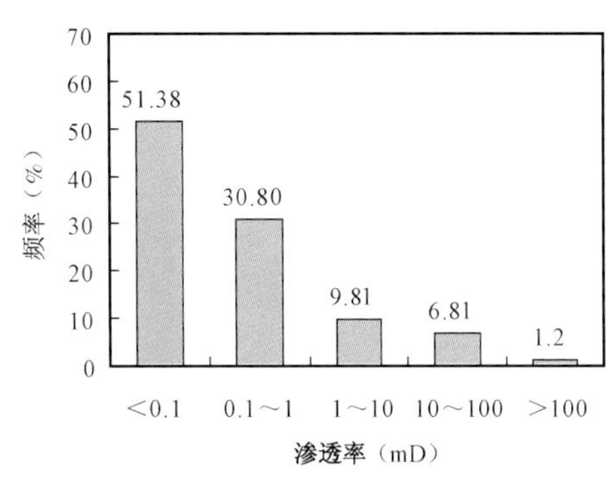

图4－28　塔北南缘顺层岩溶储层岩心物性特征

由于碳酸盐岩储层的非均质性与取心层位的局限性，测井解释储层物性对于未取心段储层物性的认识与整体储层评价将起到至关重要的作用。测井解释储层物性揭示，哈拉哈塘地区各井储层物性差异较大，哈6、哈6C、哈9、哈10、哈13井孔隙度集中区均小于1.8%，哈7、哈11、哈12和哈601井孔隙度较高，集中区为1.8%～4.5%，孔隙度大于4.5%的优质储层也占有较大比例，渗透率差异不明显，除哈6井外，其余各井渗透率在0.01～3mD之间。

三、潜山型岩溶储层特征

潜山区有明显地形起伏的角度不整合在表生期岩溶作用阶段大气淡水淋滤及溶蚀作用下形成不同规模的溶孔、溶洞和溶缝，后期得以保存，形成了潜山型岩溶储层。其按照岩性可以划分为石灰岩潜山岩溶储层和白云岩风化壳岩溶储层，本书以轮南潜山为代表，详细介绍潜山型岩溶储层的特征。

轮南潜山位于塔里木盆地塔北隆起轮南低凸起中部的古生界残余隆起，整体表现为大型背斜，面积2450km^2。其形成于中加里东晚期—早海西期，在这期间碳酸盐岩地层主体被剥至下奥陶统鹰山组，地形起伏大，与上覆石炭系呈角度不整合接触，代表120Ma的地层缺失，形成了轮南潜山。

轮南低凸起奥陶系石灰岩潜山主要的岩石类型为各种类型的石灰岩，以亮晶砂砾屑灰岩、白云质砂屑灰岩为主，蓬莱坝组下段发育少量灰质白云岩、白云质灰岩及白云岩，溶洞中充填有碎屑岩及岩溶角砾岩。

石灰岩潜山岩溶储层主要发育三类储集空间（图4－29），表生期和埋藏期形成的溶缝及洞穴是主要的储集空间，而且以表生期的溶缝及溶洞为主，储集空间主要为未充填的大型溶洞、地下暗河，并通过断裂相沟通。大洞、大缝是塔北轮古奥陶系潜山岩溶储层最主要的储集空间；以缝洞充填物为载体的储集空间，以基质孔为主；洞穴垮塌使围岩角砾岩化，形成裂缝和沿裂缝发育的溶孔。

根据孔、洞、缝的组合特征，轮南低凸起奥陶系潜山岩溶储层可划分为孔洞型、裂缝型、裂缝—孔洞型和洞穴型四类，以洞穴型为主，其次为裂缝—孔洞型。除大型的缝、洞及孔洞外，围岩基质孔并不发育或发育少量的粒间溶孔、粒内溶孔、晶间溶孔等基质孔隙。

洞穴型储层的储集空间主要为未充填的大型溶洞、地下暗河，并通过断裂相沟通。这类储层规模大，并具有很好的储渗性。大洞、大缝是塔北轮古奥陶系潜山岩溶储层最主要的储集空间，超过一半的探井钻遇了不同尺度的洞穴（图4－30a，表4－10）。

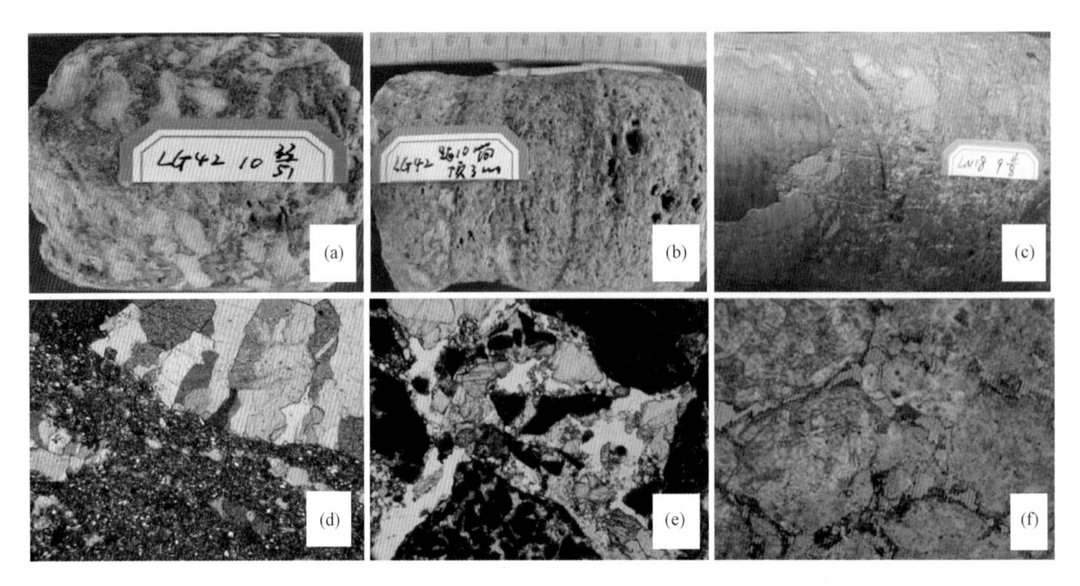

图 4-29　轮南低凸起石灰岩潜山储层洞穴充填物及孔隙类型

(a)灰绿色粉砂质角砾 3~10mm,砾间充填褐灰色粉砂质,少量基质孔,岩心,轮古 42 井,鹰山组,10-33/51;(b)岩溶洞穴为钙泥质砂砾岩充填,充填物中发育大小不等的孔洞,岩心,轮古 42 井,鹰山组,5829.00m;(c)洞穴充填物,围岩为灰褐色泥晶灰岩,岩溶角砾岩与围岩成分一致,砾间充填灰绿色泥质、粉砂质陆源物质,岩心,轮南 18 井,鹰山组,9-4/8;(d)洞穴充填物,第一期为地下暗河搬运的陆源碎屑沉积,残余孔洞为放射簇状亮晶方解石充填,轮南 12 井,鹰山组,5203.30m,×10,正交光;(e)原地垮塌石灰岩角砾及亮晶方解石岩屑,砾间孔及溶孔发育,轮南 12 井,鹰山组,5312.48m,×10,单偏光;(f)洞穴垮塌导致围岩角砾岩化形成的裂缝、砾间孔及溶孔,轮古 17 井,鹰山组,5463.61m,×10,铸体片,单偏光

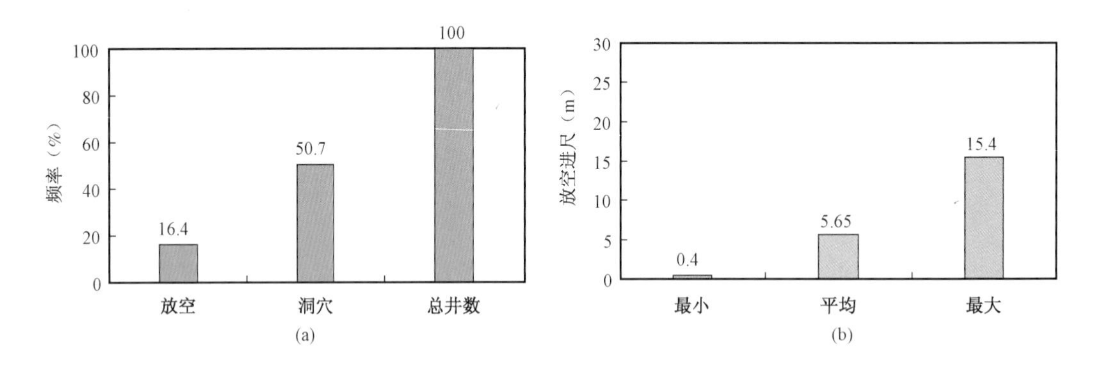

图 4-30　轮南潜山奥陶系洞穴—放空统计(a)和轮南潜山奥陶系钻井放空尺度统计(b)

表 4-10　轮南低凸起石灰岩潜山部分钻井钻遇岩溶洞穴统计表

井号	钻遇层位	不整合面深度(m)	洞穴显示特征	试油情况	距不整合面深度(m)
轮古 100	O_1	5436.50	5506.5~5524.5m 泥岩、角砾岩等洞穴沉积物,半充填洞穴,半径 17m	5431.17~5525m 日产油 293m^3,气 66777m^3	70.00
轮古 102	O_1	5499.00	5613.80~5836.00m 井段放空 5 次,累计 15.24m	5509 ~ 5552m 日产水 177.9m^3,气 4564m^3	114.80

续表

井号	钻遇层位	不整合面深度(m)	洞穴显示特征	试油情况	距不整合面深度(m)
轮古17	O_1	5440.50	5465~5593m溶洞中的充填物为泥岩,洞穴最大直径31m,一般为1~2m	5459.42~5480m日产油$412m^3$,气$94000m^3$	25.00
轮古2	O_1	5294.13	5395.41~5500.00(斜深)井段钻井液漏失量达$1920.20m^3$,夹两层泥岩(洞穴沉积)	5345.35~5430.84m(斜深)日产油$493m^3$,气$65243m^3$	101.28(斜深)

轮南低凸起奥陶系鹰山组储集空间以缝洞为主,围岩基质孔隙度总体偏低,属特低孔、特低渗储层,平均面孔率小于1.48%,裂缝率小于0.12%。据轮古1等9口井548个围岩样品常规物性统计,孔隙度范围值0.19%~24.37%,平均1.25%,渗透率范围值0.000013~20.4mD,平均为0.326mD。孔隙度频率呈双峰分布,57%的岩样孔隙度0.5%~1.0%,31.6%的岩样孔隙度1.0%~1.5%,渗透率分布则呈单峰分布。图4-31为轮南低凸起奥陶系基于缝洞围岩样品测得的孔隙度和渗透率,由于岩溶缝洞型储层强烈的非均质性,直径2cm的岩塞样不能真正代表物性特征。

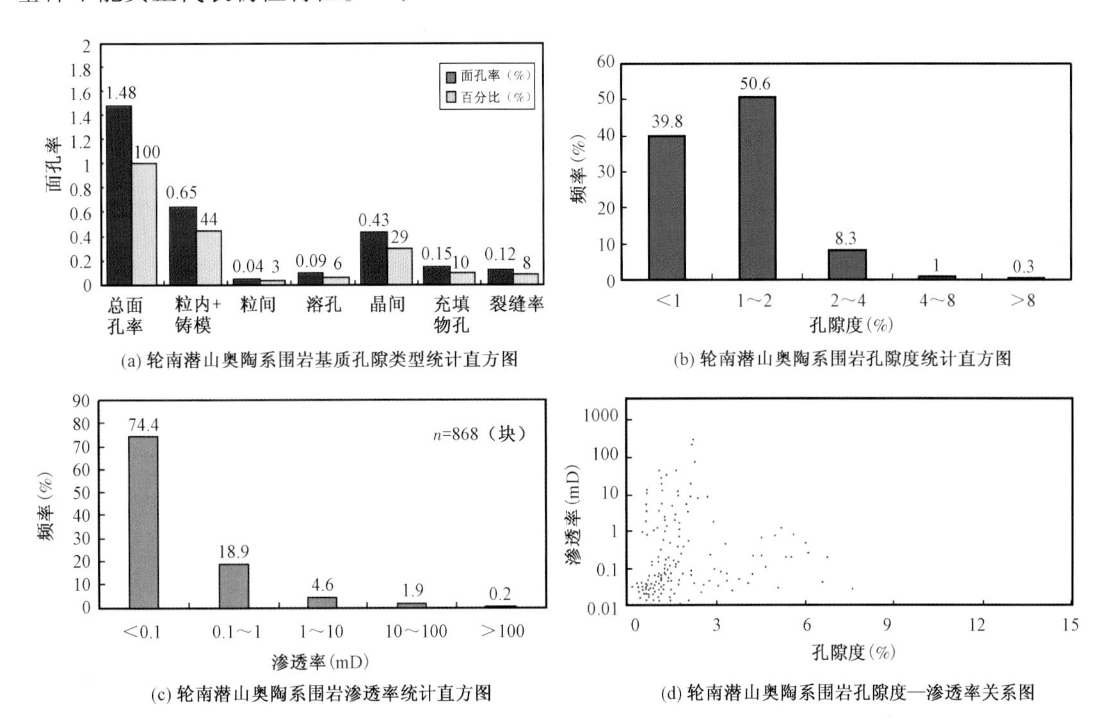

图4-31 轮南低凸起奥陶系基于缝洞围岩样品测得的孔隙度和渗透率值

据9口井548个孔隙度、446个渗透率分析数据绘制的孔隙度、渗透率关系图,表明鹰山组碳酸盐岩储层孔渗相关性很差(图4-31d)。压汞曲线可分成三段,每段都有不同的斜率和拐点,分别代表不同的孔喉类型,第1、2段代表裂缝—孔洞型储层的孔喉结构,第3段代表微裂缝—孔隙型储层的孔喉结构。轮南地区奥陶系储层的孔隙结构不均一,特别是连通喉道大小和形态具有多样性,基质孔隙结构差,不同尺度的缝洞是主要的储集空间。

四、改造型储层的控制因素与分布规律

通过对上述三种类型岩溶储层的解剖发现，不管是哪种类型的岩溶储层，其缝洞体系的发育不外乎与以下6种建设性成岩作用（表4－11）中的一种或几种的相互叠合有关。不同的岩溶作用叠加可以形成不同类型的岩溶储层，并具有不同的控制因素和分布规律。但其控制因素既有共性之处，又因所处地质背景的差异而有其各自的差别（表4－12）。就整体而言改造型储层有三种共同的控制因素：（1）古隆起及斜坡背景为各种岩溶储层的发育提供了地质背景；（2）断裂和裂缝系统为各种岩溶作用提供了成岩介质通道；（3）埋藏溶蚀与热液作用形成的各种孔隙是对岩溶缝洞的重要补充。对个性控制因素而言，表生期的溶蚀作用是层间岩溶储层孔隙空间形成的关键控制因素；顺层岩溶作用是顺层岩溶储层中各类储集空间形成的关键；而碳酸盐岩地层的抬升和长期风化剥蚀是潜山岩溶缝洞储层发育的关键。

表4－11　岩溶储层6种孔隙建造机理

期次	孔洞建造作用	成岩环境	储层类型	识别标志
1	层间岩溶作用	表生大气淡水成岩环境	层间岩溶储层	洞穴充填物往往为同期的碳酸盐岩角砾或围岩垮塌角砾，顺层分布（距层面0～50m深度），与断层相关的洞穴可以更深
2	顺层岩溶作用	表生大气淡水成岩环境	顺层岩溶储层	洞穴充填物为异源的碎屑岩，或围岩垮塌的产物，由潜山浅部位向斜坡深部位，岩溶作用强度逐渐减弱，呈平面分带，与断层相关的洞穴可以更深
3	喀斯特岩溶作用	表生大气淡水成岩环境	潜山岩溶储层（白云岩风化壳储层）	洞穴充填物为异源的碎屑岩或围岩垮塌的产物，主要位于不整合面之下0～50m的深度范围，准层状分布，与断层相关的垂向岩溶形成的洞穴可以更深
4	垂向岩溶作用	表生—埋藏成岩环境	叠加改造先期发育的各类储层为主	受断层控制的洞穴，串珠状或栅状分布，不受深度控制，亮晶方解石或热液矿物充填
5	埋藏岩溶作用	埋藏成岩环境		往往见于颗粒灰岩中，组构选择性溶解，充填溶孔的亮晶方解石洁净明亮
6	热液岩溶作用	埋藏成岩环境		主要受断层控制，洞穴往往为热液矿物或巨晶方解石充填，无垮塌堆积物及异源沉积物

表4－12　不同类型岩溶储层主控因素对比

储层类型	实例	主控因素	
		共性控制因素	个性控制因素
层间岩溶储层	塔中北斜坡鹰山组	（1）古隆起及斜坡背景为各种岩溶储层的发育提供了地质背景；（2）断裂和裂缝系统为各种岩溶作用提供了成岩介质通道；（3）埋藏溶蚀与热液作用形成的各种孔隙是对岩溶缝洞的重要补充	表生期的溶蚀作用是层间岩溶储层孔隙空间形成的关键控制因素
顺层岩溶储层	塔北南缘斜坡区奥陶系鹰山组		顺层岩溶作用是各类储集空间形成的关键
潜山岩溶储层	塔北隆起轮南奥陶系鹰山组潜山		碳酸盐岩地层的抬升和长期风化剥蚀是潜山岩溶缝洞储层发育的关键

（一）古隆起及不整合为各种岩溶储层的发育提供了地质背景

中加里东晚期—早海西期，地层持续的抬升作用，形成了不同尺度和规模的古隆起，同时地层强烈剥蚀，形成了不同时间尺度的地层沉积间断，地层剥蚀为表生期层间岩溶储层的发育提供了地质背景，形成的储集空间有非组构选择性孔洞、洞穴及裂缝，准层状分布，距不整合面深度一般小于50m，非均质性强，缝洞充填程度不一。如塔中83井鹰山组渗流带见到宽大的溶缝及溶洞，并为灰绿色渗流粉砂、古土壤和围岩小角砾充填，证明良里塔格组沉积前发生了强烈的层间岩溶作用。而隆起的大幅度抬升，导致地形起伏高差大，潜山区遭受强烈的潜山岩溶作用改造，围斜区则遭受强烈的顺层岩溶作用改造，均可形成大型的缝洞系统（图4－32），但潜山岩溶储层发育于潜山高部位或斜坡区，而顺层岩溶储层则发育于围斜部位。与早期潜山油气勘探理念相比，顺层岩溶储层的提出拓展了岩溶储层的勘探范围。

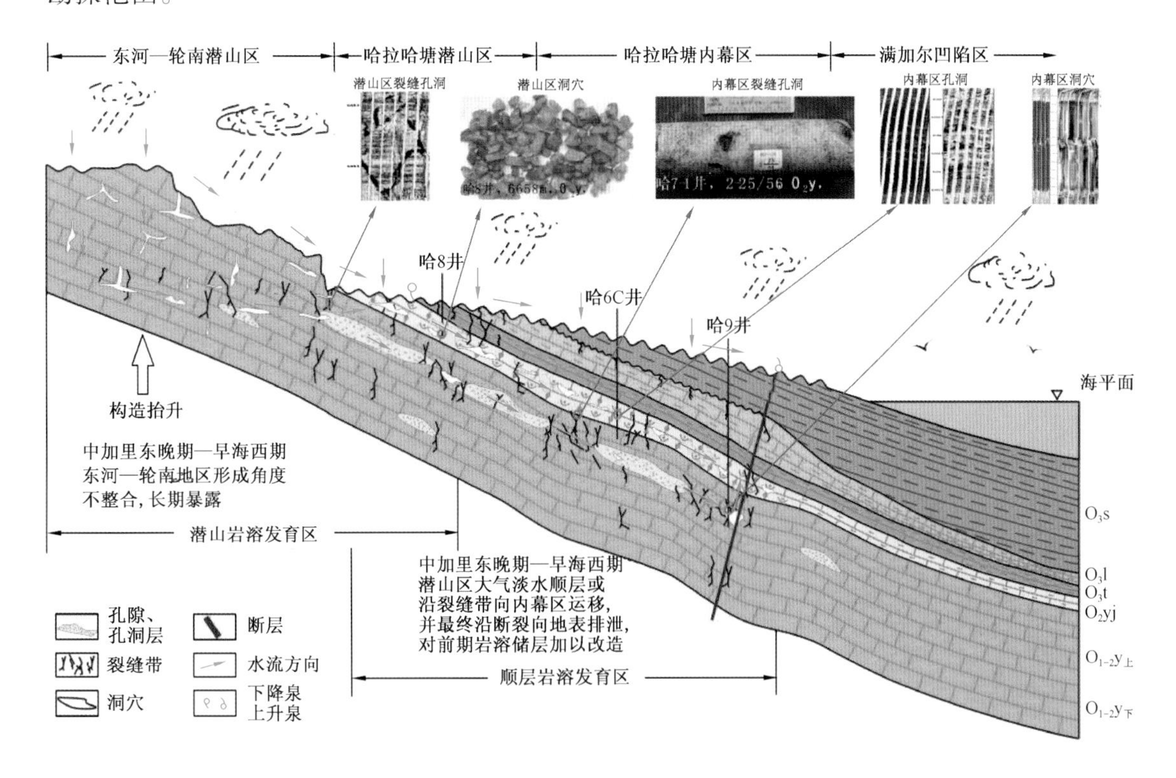

图4－32 塔北南缘奥陶系一间房组—鹰山组顺层和潜山岩溶作用模式及储层形成机理示意图

（二）断裂和裂缝系统为各种岩溶作用提供了成岩介质通道

断裂与裂缝系统是岩溶作用及热液作用重要的成岩流体通道。塔中地区与塔北南缘塔北隆起均发育两期断裂：两期断裂组成网状断裂系统，构成成岩流体的运移通道。西克尔、一间房及硫磺沟剖面鹰山组顶部发育大量顺层或沿断层分布的大洞穴，并大多为闪锌矿、萤石充填，就是热液流经断层形成溶蚀洞穴的典型实例，另外地震剖面上的“串珠”为岩溶缝洞的响应，其平面分布具有明显的规律性，90%以上的溶蚀孔洞及洞穴均与断裂有关，并通过断裂及裂缝相连通。

（三）埋藏溶蚀与热液作用形成的各种孔隙是对岩溶缝洞的重要补充

埋藏溶蚀大大增加了围岩的基质孔隙度，但分布局限，发育于邻近断裂及裂缝的颗粒灰岩中，成层性差，与有机酸、盆地热卤水及 TSR 有关，中古 203 井鹰山组颗粒灰岩中发育的非组构选择性粒间溶孔是最为典型的实例。

热液白云石化作用形成的晶间孔及晶间溶孔与热液溶蚀洞穴的形成，是对岩溶缝洞的重要补充，与表生期形成的岩溶缝洞一起构成重要的储集空间，大大增加了围岩的基质孔隙度，但分布局限，受断裂控制，呈栅状分布，距不整合面深度可以达到数百米。中古 451 井和塔中 201C 井鹰山组沿断层分布的斑块状或花朵状中—粗晶白云岩是最为典型的实例，晶间孔及晶间溶孔发育。

（四）表生期的溶蚀作用是层间岩溶储层孔隙空间形成的关键

由于中国古老海相碳酸盐岩的多期构造运动，导致地层遭受多期的强烈抬升剥蚀和暴露，进而导致其受到多期大气淡水的淋滤作用，形成多期各种溶蚀洞穴，控制了层间岩溶储层的发育，溶蚀洞穴呈准层状大面积分布，一般深度距不整合面 0 ~ 50m，如受断裂控制，扩溶缝及溶蚀孔洞距不整合面深度甚至可以达到 180m。

（五）顺层岩溶作用是顺层岩溶储层中各类储集空间形成的关键

围斜部位处于大型构造斜坡背景中，地表泄水点的位置远高于正常裸露碳酸盐岩潜山的水压平衡点位置，这种情况下潜水面并非处于完全稳定状态，其下“缓流带”仍具一定的水力梯度，具有向内幕区运移的趋势，为内幕区地下流体的流动提供了动力。使得潜山区仍具水力梯度的深部缓流带流体，经过孔隙层、裂缝带顺层向盆地区运移，最后经过断裂沟通向地表泄水，导致顺层岩溶作用持续发生，形成顺层岩溶储层。轮东 1 井奥陶系一间房组—鹰山组溶洞（6791 ~ 6797m）中见石炭系腹足类、腕足类化石，地层水显示古大气水特征，岩溶强度平面上具分带性，向斜坡倾角方向岩溶强度逐渐减弱，这充分说明与潜山岩溶作用同期的顺层岩溶作用是潜山周缘内幕区岩溶缝洞发育的关键（图 4 - 32）。

（六）碳酸盐岩地层的抬升和长期风化剥蚀是潜山岩溶缝洞储层发育的关键

多期构造运动抬升形成的多期叠加的古隆起，经历了表生成岩环境下的长期风化剥蚀、暴露、埋藏和再抬升，造成碳酸盐岩多期、多形式的溶解，形成了叠加的古潜山型岩溶储层。有效储集空间是溶蚀孔洞、大型溶洞和裂缝，溶蚀空间规模变化大，主要分布于古风化面以下 0 ~ 200m 范围内。岩溶储层垂向上的发育特征、岩溶缝洞系统具有明显差异；可以分为岩溶高地、岩溶斜坡和岩溶洼地三种不同地貌单元，由于古岩溶流域水动力条件不同，岩溶储层发育特征也明显不同，岩溶缝洞系统后期充填特征也明显不同。

总体而言，改造型储层规模分布规律有两个方面：（1）后生溶蚀—溶滤型储层受多旋回构造运动控制以及表生期岩溶作用与不同规模的断裂和不整合控制，垂向上相互叠置形成多层楼房式的分布，非均质性明显；（2）平面上呈似层状大面积分布，从古隆起高部位一直延伸到斜坡低部位。通过对塔里木盆地三种典型岩溶储层的深入解剖，明确了不同类型岩溶储层规模发育所需的主控因素与分布规律，并将这些认识推广到四川盆地和鄂尔多斯盆地，预测类似地质条件下的有利岩溶发育区，对中国海相含油气盆地碳酸盐岩油气勘探具重要的指导作用。

五、改造型储层的分布预测

中奥陶统鹰山组上段是改造型储层的典型代表，结合前述改造型储层的分布规律，利用井震结合的方法，重点对本套岩溶储层开展了平面预测，鹰山组上段在塔北东北部（特别是轮南古隆起）发育潜山岩溶储层，是轮南—塔河大油田的主体储层层位。在塔北南部同时发育顺层岩溶储层，在英买力南部构造发育受断裂控制的岩溶储层，局部存在缝洞型优质储层，已经成为目前的重点勘探领域。在塔中北斜坡大面积发育层间岩溶储层，是目前塔中隆起最大规模油气藏的层位。这套层间岩溶储层向南延伸至塔中隆起南斜坡，向西延伸至巴楚隆起的大部分地区，是下一步值得探索的领域。

在轮南—古城、塔中北斜坡、罗西台地发育礁滩储层，钻探证实以Ⅱ、Ⅲ类储层为主，局部遭受强烈埋藏溶蚀、热液白云石化和裂缝改造可形成优质储层。在玛扎塔格构造带、玛东构造带发育潜山岩溶储层，和田河气田玛4、玛8井获得工业气流（图4－33）。埋藏深度小于7000m的礁滩储层有效勘探面积$2.15\times10^4km^2$，层间岩溶储层有效勘探面积$6.15\times10^4km^2$，顺层岩溶储层（含英买1－2井区受断裂控制岩溶储层）有效勘探面积$0.90\times10^4km^2$，潜山岩溶储层有效勘探面积$1.60\times10^4km^2$。

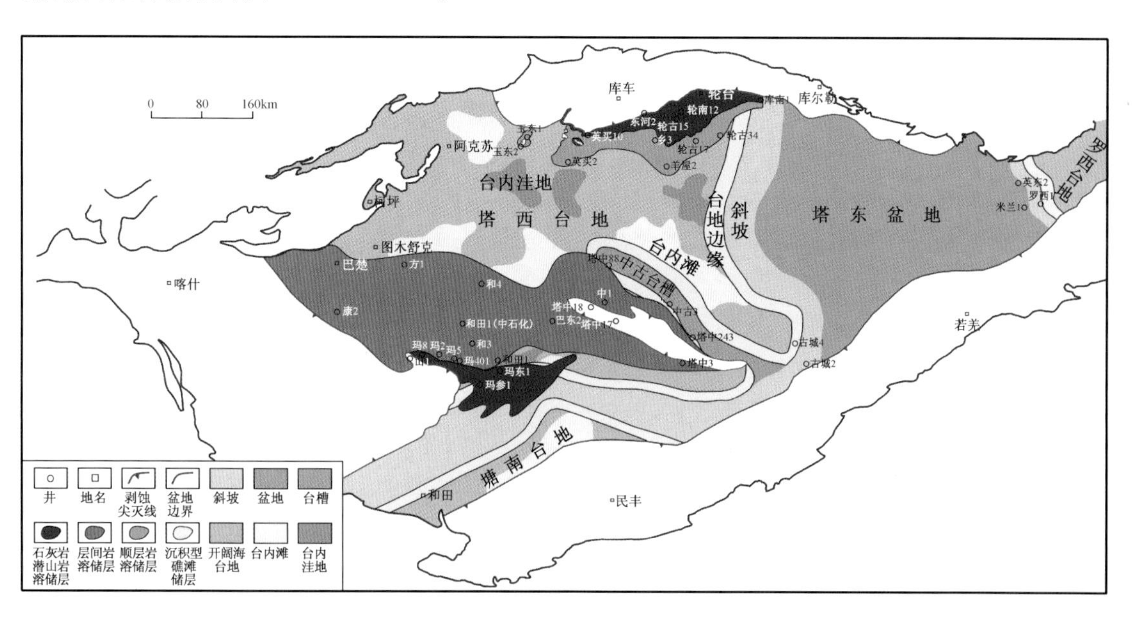

图4－33 塔里木盆地中奥陶统鹰山组上部储层分布预测图

第五节 小 结

通过对塔里木、四川和鄂尔多斯三大海相盆地三种类型碳酸盐岩储层的解剖分析可以得出，中国海相碳酸盐岩规模、有效储层主要有三类：沉积型礁/滩及白云岩储层、埋藏—热液改造型白云岩储层和后生溶蚀—溶滤型储层。沉积型礁/滩及白云岩储层以发育基质孔为特征，埋藏—热液改造型白云岩储层以晶间孔、晶间溶孔为主，伴生少量的缝洞，后生溶蚀—溶滤型储层以缝—洞系统或孔—洞系统为特征。这三类储层都可形成大型油气田（群）。

中国海相碳酸盐岩发育的特殊地质背景决定了中国海相碳酸盐岩有效储层的发育具有三

方面特殊性:(1)规模有效储层是多种建设性成岩作用长期综合作用的结果,单一成因储层发育较少;(2)不同类型的储层垂向叠置,呈多层楼房式分布;(3)碳酸盐岩呈规模分布的有效储层不受埋深控制,深层仍然有物性良好的储层呈大型化发育。但中国海相碳酸盐岩储层也具有其规律性,总体而言,中国海相碳酸盐岩优质储层的发育受以下四种因素的控制:(1)有利的沉积相带为优质储层的发育提供物质基础;(2)古气候条件决定岩溶和沉积型白云岩形成的难易程度;(3)构造背景为优质储层的沉积及成岩改造提供条件;(4)各种建设性成岩作用使古老海相碳酸盐岩优质储层的发育变为现实。具体而言:(1)储层发育受沉积相带控制,这是储层发育的建造基础,特别是以礁/滩类为主的沉积型储层,原始沉积建造为多类型建设性成岩和改造作用提供了约束条件;后生溶蚀—溶滤型岩溶储层、埋藏—热液改造型白云岩储层理论上受后生成岩改造控制,但后生成岩改造具有很大的物质选择性,高能滩相的颗粒碳酸盐岩似乎更容易发生岩溶作用和白云石化作用,这可能与埋藏流体的运动主要集中在沉积期或沉积后不久建立起来的高孔隙度—渗透率带有关;(2)古气候背景对沉积型和改造型储层的发育均具有明显的控制作用,首先是气候的干湿程度决定着古潜山岩溶喀斯特发生的难易,而干旱的气候背景有利于沉积型白云岩储层的白云石化作用的发生;(3)受多期次构造运动的影响,岩溶储层多层段、大面积发育,构造对碳酸盐岩储层发育的控制表现在两个方面,① 构造背景对沉积作用的控制最终体现在对储层发育物质基础的控制上,如前述的沉积型礁滩储层和沉积型白云岩储层,② 构造背景对后生成岩改造的控制最终体现在对储层分布和规模的控制上;(4)受漫长而多变埋藏历史的控制,储层经历强烈的埋藏和成岩改造作用,导致储层类型、成因和分布具多样性。

综上,可按照以上分布规律对三种类型的储层进行分布预测:(1)沉积型储层主要沿古地形高部位分布,这使得对沉积型储层的预测有章可循。(2)后生溶蚀—溶滤型储层沿不整合面和沉积间断面分布,从古隆起高部位一直延伸到斜坡低部位,平面上呈似层状大面积分布,垂向上受多期岩溶作用控制,多套叠置呈楼房式分布,非均质性明显。(3)埋藏白云岩受原始沉积相带约束,在深层形成条带状或层状分布的有效储集体,规模比较大,可依据沉积环境的重建和成岩机理研究,结合地球物理反演等新方法,如白云岩含量定量评价技术,进行白云岩储层有利分布区预测评价;与热液作用相关的热液白云岩储层多沿深大断裂分布,形成垂向上呈串珠状、平面上呈带状—栅状分布的有效储集体,分布不受埋深限制。

第五章　海相碳酸盐岩大油气田形成与分布特征

“八五”至“十五”期间，我国学者加强了海相碳酸盐岩大油气田形成条件与富集规律研究，普遍认为我国克拉通盆地油气成藏具有从多期生烃、多期成藏、晚期成藏为主的特点，总结提出了克拉通盆地油气成藏与富集受“生烃凹陷、古隆起、不整合和岩溶、后期保存”等因素控制，明确了古隆起是碳酸盐岩油气长期运移指向的有利区带。这些认识在指导东部断陷盆地古潜山、鄂尔多斯盆地靖边奥陶系、川东石炭系、塔北轮南—塔河潜山奥陶系及塔中Ⅰ号断裂带等领域碳酸盐岩大油气田勘探发现中发挥了重要作用。“十一五”以来，我国陆上以古生界为主的海相碳酸盐岩油气勘探对象发生了重大转变，勘探难度加大。目的层埋深从中深层向深层、超深层转变；勘探对象从构造型圈闭向岩性—地层型转变；从古隆起高部位向古隆起深斜坡转变；从以碳酸盐岩风化壳型储集体为主向碳酸盐岩内幕储集体、生物礁、颗粒滩储集体转变。已有的碳酸盐岩油气成藏与富集规律的认识不能有效指导新领域的油气勘探，勘探发展仍然面临一系列重大基础问题亟待解决。

本次紧紧围绕勘探生产中的地质难题以及有利勘探区带的评价优选，加强攻关，通过油气藏解剖研究，深入分析成藏条件与成藏过程，建立油气成藏模式，总结大油气田分布规律，预测有利勘探区带。研究重点层系包括塔里木盆地寒武系和奥陶系、四川盆地震旦系—中下三叠统、鄂尔多斯盆地奥陶系。重点解剖区块包括塔北隆起斜坡带、塔中隆起斜坡带；四川盆地长兴组—飞仙关组礁滩、乐山—龙女寺古隆起；鄂尔多斯盆地靖边大气田周缘、西北缘及西南缘等新区。

本轮研究在碳酸盐岩油气藏类型、古老碳酸盐岩层系跨重大构造期成藏机理、成藏模式、大型油气田形成条件及分布规律等方面取得了新进展。研究成果不仅丰富和发展了碳酸盐岩大油气田成藏理论，而且提出了未来大油气田勘探的有利区带，对指导碳酸盐岩油气勘探有重要参考价值。

第一节　海相碳酸盐岩油气藏主要类型

国外从中—新生界为主的海相碳酸盐岩大油气田主要为构造型圈闭。C&C 公司（1998）完成对世界碳酸盐岩大油气田的统计分析。结果表明，世界 198 个碳酸盐岩大油气田中，属于构造型油气藏的大油气田有 91 个（占大油气田个数的 46%）；属于地层型油气藏的大油气田有 33 个（占 17%）；属于复合型油气藏的大油气田有 74 个（占 37%）。从储量分布看，构造型油气田发现储量占碳酸盐岩大油气田总储量的 84%；地层—构造复合型发现储量占碳酸盐岩大油气田总储量的 14.2%；地层型油气田发现储量占碳酸盐岩大油气田总储量的 1.8%。

我国陆上发现的碳酸盐岩油气藏数量众多，成藏过程复杂，成因类型多样，目前尚未有统一的碳酸盐岩油气藏类型划分方案。不同学者从不同角度对碳酸盐岩油气藏进行分类：如有学者从油气藏演化角度，强调古油气藏的保存与改造，将碳酸盐岩油气藏分为原生型油气藏和改造型油气藏；还有学者认为中国海相碳酸盐岩油气藏既不是典型的原生型，也与次生油气藏有明显的区别，它应属准原生油气藏。更多学者从其所研究工区碳酸盐岩油气藏特点出发，提出适合本地区的分类，如鄂尔多斯盆地奥陶系古地貌油气藏；塔河奥陶系古风化壳潜山(丘)型和岩溶储集体型两类油气藏。

我国古老海相碳酸盐岩油气藏类型的复杂性是碳酸盐岩储层强非均质性决定的。油气藏中流体分布受储集类型控制，油气水关系复杂，在非构造型油气藏中表现尤为明显。因此，海相碳酸盐岩油气藏类型的划分，不仅要考虑圈闭类型，更要考虑储集体类型。这样的分类方案将有助于正确理解油气藏特征，更重要的是在勘探开发中将针对不同类型油气藏，有针对性地采取不同的勘探部署思路、勘探方法及开发方案。本书提出碳酸盐岩圈闭与油气藏类型划分方案(表5-1)。首先将碳酸盐岩圈闭分为构造型、地层型、岩性型及复合型四大类。在各大类中，按照圈闭形成的主导因素进一步细化类型。其中，岩性圈闭和地层圈闭的细化分类中，充分考虑储集体类型。下文主要介绍岩性型与地层型油气藏的基本特征。

表5-1　我国海相碳酸盐岩圈闭类型与油气藏实例

圈闭类型			油气藏实例
构造圈闭	挤压背斜圈闭		英买2(O)、塔中4(O)、塔中16(O)、和田河(O)、渡口河(T_1f)、铁山(T_1f)
	逆断层—背斜圈闭		五百梯(C)、大池干(C)、轮南14(O)、普光2(P_2)、铁山坡(P_2)
	正断层—背斜圈闭		解放渠(T)、桑塔木(T)
	断层—裂缝圈闭		蜀南($P-T_1$)
岩性圈闭	生物礁圈闭	边缘礁圈闭	龙岗1(P_2)、塔中62(O_2l)、塔中82(O_2l)
		点礁圈闭	高峰场(P_2)、龙岗11(P_2)、板东4(P_2)
	颗粒滩圈闭	鲕滩岩性圈闭	龙岗(T_1f)、元坝(T_1f)
		生屑滩岩性圈闭	磨溪(P_2)
		砂(砾)屑滩	磨溪(T_2l)
	成岩圈闭(如白云石化)		靖边陕6-30井区($O_1m_4^1$)、磨溪(T_1j)
地层圈闭	不整合面之下	块断潜山圈闭	任丘(O—Pt)、南堡2(O)、牛东(O)
		准平原化侵蚀古地貌圈闭	靖边(O_1m_4)、龙岗($T_2l_4^3$)
		残丘古潜山缝洞体圈闭	轮南(O)、轮古东(O)
		似层状缝洞体圈闭	塔河(O)、哈拉哈塘(O)、塔中鹰山组
		地层楔状体圈闭	华蓥山西(C)
	不整合面之上	地层上超尖灭圈闭	哈德4(C)
复合圈闭	构造—岩性复合	构造—生物礁复合	普光(P_2)、黄龙场(P_2)
		构造—颗粒滩复合	铁北101(T_1f)
	构造—地层复合		温泉井(C)、天东(C)
	地层—岩性复合		靖边西(O_1m_5)
	断层—热液白云岩复合		中古9(O)

注：(　)内为主产层位。

一、岩性圈闭

岩性圈闭是指碳酸盐岩地层中由于沉积相变化或者成岩作用差异所形成的岩性圈闭体，可以是透镜体状，也可以是上倾尖灭。岩性圈闭的形成受沉积相或者受成岩相控制，而非受地层不整合控制,与地层圈闭有较大的差别。岩性圈闭多发育在层系内部,受沉积相控制明显;而地层圈闭受不整合控制,与构造运动关系更为密切,因而将岩性圈闭和地层圈闭两种类型分开非常有必要。

岩性圈闭根据储集体类型,可进一步划分为三类:生物礁圈闭、颗粒滩圈闭及成岩圈闭。

生物礁圈闭,可根据生物礁分布与形态,分为边缘礁圈闭和点礁圈闭。边缘礁圈闭主要分布在碳酸盐岩台地边缘,规模大、呈带状分布,地震上好识别,成藏条件良好,可形成油气富集带。四川盆地龙岗地区长兴组发育台缘带生物礁,按形态可分为堤礁、岛礁(杜金虎等,2010),前者呈直线条状分布于龙岗1井区,后者呈盘状分布在剑门地区,如龙岗63岛礁面积可达37km²。点礁圈闭主要分布在碳酸盐岩台地内部,规模小、成片分布,地震上识别有难度,往往以小型油气藏为主,如龙岗11井区。

颗粒滩圈闭,可根据颗粒滩成因细分为鲕滩、生屑滩、砂(砾)屑滩等圈闭类型(图5-1)。圈闭的规模受滩体大小控制,通常在水动力较强的沉积环境(如台缘带)发育的滩体规模大,物性条件较好,油气藏规模较大。如四川盆地下三叠统飞仙关组鲕滩气藏,在开江—梁平海槽台缘带,鲕滩气藏以鲕粒白云岩储层为主,储层厚度达30 ~110m,目前已发现普光、罗家寨等一批鲕滩大气田。

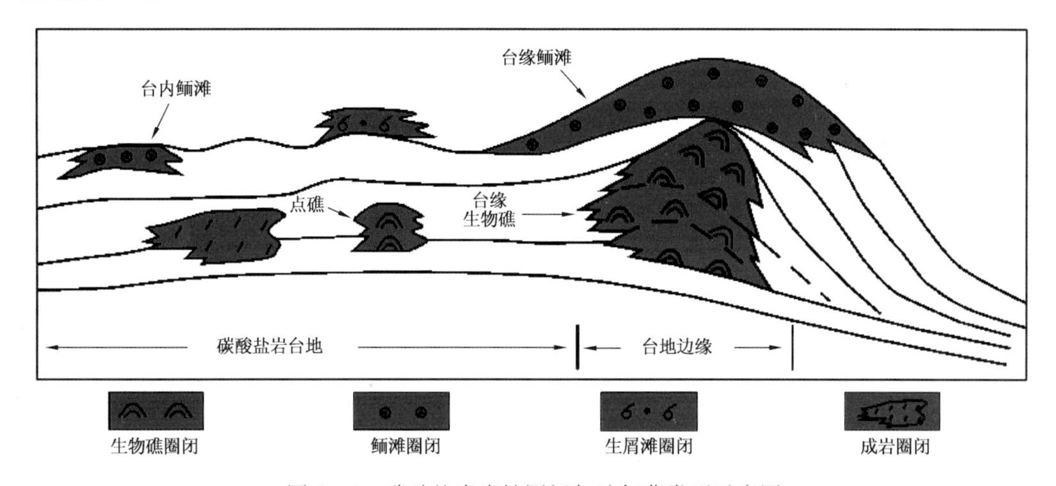

图5-1 碳酸盐岩岩性圈闭与油气藏类型示意图

成岩圈闭,可以是局部白云石化作用导致白云岩储层被致密石灰岩所围限的圈闭,如四川盆地雷口坡组、嘉陵江组普遍存在局部白云岩圈闭。从这两套层系的钻探情况看,白云岩储层发育区往往含气,而相邻的致密石灰岩中不含气。成岩圈闭也可以由差异溶蚀作用形成,如鄂尔多斯盆地陕6井区奥陶系的成岩透镜体气藏(何发岐,2002)。这类圈闭主要分布在层间,与沉积相横向变化有很大关系。如蒸发潮坪相区周缘发育的砂屑滩体,易于发生白云石化作用,形成的白云岩储集体与围岩共同构成岩性圈闭。可见,将成岩圈闭纳入到岩性圈闭中更为合理。

二、地层圈闭

碳酸盐岩地层中普遍发育溶蚀缝洞型储集体,由于储层非均质性强烈,使得缝洞体内油气水关系复杂,很难按照经典石油地质学的油气藏定义进行描述,具特殊性。碳酸盐岩地层中溶蚀缝洞储集体形成主要受大气淡水溶蚀作用控制,与不整合面、古风化壳有密切关系。因此,本书将与不整合面、古风化壳有密切关系的岩溶储集体圈闭称之为地层圈闭,可分为“不整合面之下”及

“不整合面之上”两类。不整合面之下的圈闭类型多样，可依据岩溶储集体形成的主导因素以及储集体形态、空间分布等，进一步划分为5种类型（图5－2）。

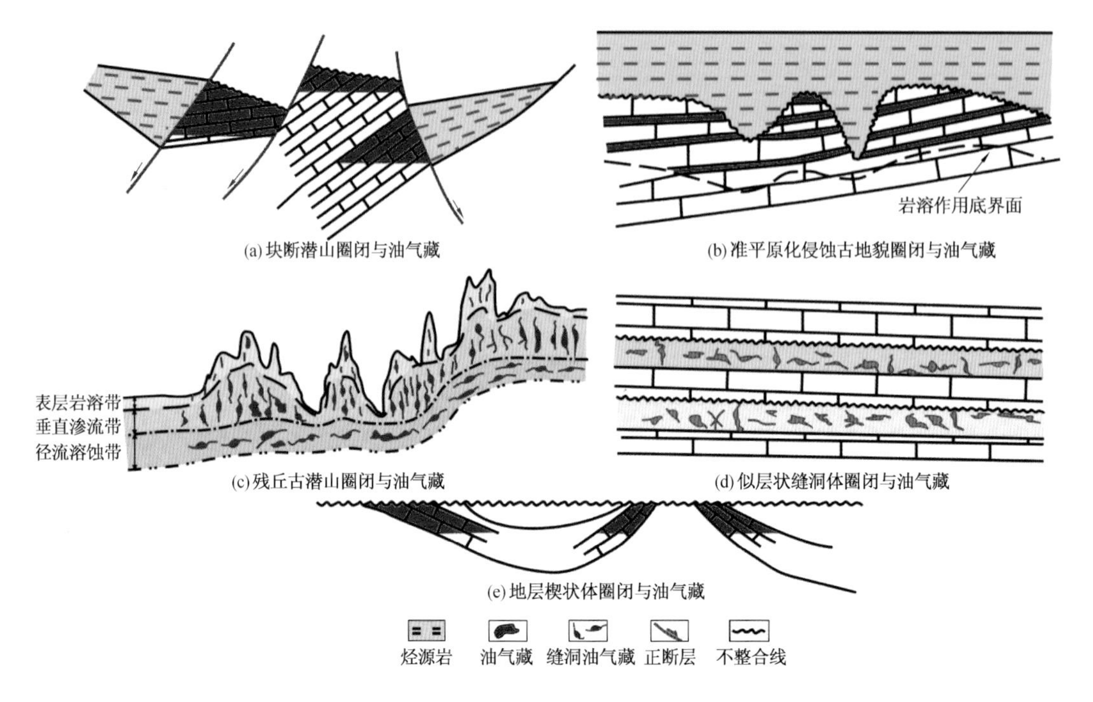

图5－2　碳酸盐岩地层圈闭与油气藏类型

（1）块断潜山圈闭是指断陷盆地中碳酸盐岩基底在断层活动控制下形成的潜山断块圈闭。这类圈闭在渤海湾盆地中常见（图5－2a），烃源岩为断陷期沉积的湖相泥质岩，储层为前断陷期发育的碳酸盐岩，储集空间为溶蚀孔、洞，或者裂缝，两者构成新生古储的油气藏，如任丘古潜山油藏。这类圈闭能否成藏取决于与上覆烃源岩接触的“供油窗”是否存在。

（2）准平原化侵蚀古地貌圈闭（图5－2b），是指准平原化喀斯特古地貌背景下发育的岩溶储集体圈闭，长时间的岩溶作用使得岩溶储层层位稳定，互层状大面积分布；圈闭的侧向封堵主要靠侵蚀沟谷充填泥质岩形成岩性封堵带。如靖边气田奥陶系马五$_4$—马五$_1$亚段。

（3）残丘古潜山缝洞体圈闭（图5－2c），是指峰林耸立、沟壑纵横的喀斯特古地貌背景下发育的岩溶储集体圈闭。这类圈闭多发育在长期隆升的古隆起部位。由于古潜山地貌落差大，使得岩溶储层发育深度跨度大，各岩溶相带中，表层岩溶带的洞穴最发育，其次为水平潜流带和季节变动带，垂直渗流带洞穴最不发育。此外，构造裂缝发育，以发育立缝和低角度缝为主，高角度缝和水平缝则较次发育。油气分布受局部构造影响不明显，油水界面宏观上呈现与岩溶储层平行的倾斜特点。

（4）似层状缝洞体圈闭（图5－2d），是指碳酸盐岩地层中由顺层岩溶或者层间岩溶作用形成的溶洞、溶孔与裂缝相互连接形成的孔—缝—洞网络圈闭体，具有沿某个层系集中分布的特点。这类圈闭中以缝洞体为油气聚集单元，具有相对独立的油水系统及油水界面。多个缝洞单元以不同方式叠加形成复合油气藏，平面上沿着洞缝储层发育带似层状分布，缺少统一的油气水边界。顺层岩溶作用和层间岩溶作用是似层状缝洞体圈闭形成的关键因素。根据这两类岩溶作用，可将这类圈闭分为顺层岩溶型圈闭和层间岩溶型圈闭，前者主要发育在古隆起围斜部位的顺层岩溶储集体中，通常位于残丘古潜山圈闭向斜坡带延伸部位，如塔北哈拉哈塘奥陶系;后者主要发育在碳酸盐岩层系内受较短时间的层间不整合面控制的层间岩溶储集体中,可以在古隆起斜坡或者古隆起高部位分布,如塔中鹰山组。

(5)地层楔状体圈闭(图5-2e),是指不整合面之下被剥蚀削截的碳酸盐岩楔状体圈闭。川东石炭系在地层剥蚀缺失“天窗”区周围以及石炭系地层尖灭带均发育这类圈闭,其上覆的二叠系泥质岩具良好的封盖条件。这类圈闭与不整合面之上的地层上超尖灭圈闭,形态上很相似,分布上后者受沉积相控制、沿古隆起分布。

需要指出,残丘古潜山圈闭以及似层状缝洞体圈闭中,缝洞体为基本的聚油气单元,可以是纯油藏或有底水油气藏。多个缝洞体油气藏以不同方式叠加形成缝洞体油气藏群,平面上沿着洞缝储层发育带似层状分布,垂向上油气水分布复杂,局部高点油气相对富集。如塔北古隆起南缘斜坡的哈拉哈塘地区鹰山组发育大面积似层状分布的洞缝型储集体。钻井证实该区油气水关系复杂,受缝洞的连通性控制。根据缝洞体分布状态、连通性及缝洞体大小,可以分为三类:孤立缝洞油气藏、大缝洞体沟通油气藏和小缝洞体沟通油气藏。孤立洞缝油气藏由于缝洞相对孤立,油气藏能量随开采不断下降并最终枯竭,需要能量的补充。大缝洞体沟通油气藏具有高产高能的特征,能量变化平缓,见底水后,油气产量迅速下降。

第二节　古老海相碳酸盐岩油气田跨重大构造期成藏机理

所谓跨重大构造期成藏,是指特定地质条件下,由于烃源岩处于生烃窗的时间跨度可达数亿年,生烃历史可以跨数个构造运动旋回,由此带来成藏期的时间可以跨重大构造期。这一现象在我国古老海相碳酸盐岩油气生成与成藏中比较常见,与国外中—新生界海相碳酸盐岩油气成藏相比,有其特殊性。导致跨构造期成藏的地质因素复杂,其中跨重大构造期的生烃演化是关键因素。如第三章所述,古老海相烃源岩经历了“双峰”式生烃演化,每一个演化阶段又与克拉通盆地所经受的温度场演化、不同构造单元的差异埋藏等因素有关。目前研究表明,四川盆地寒武系烃源岩在乐山—龙女寺古隆起区的“液态窗”时间可以从二叠纪持续到中三叠世,经历了海西运动、早印支运动;“生气窗”从早三叠世持续到白垩纪,经历了印支运动、燕山运动,现今以生气为主。塔里木盆地寒武系—奥陶系烃源岩同样经历了跨重大构造期的生烃演化,“退火”地温场演化与埋深的耦合作用,使得部分烃源岩至新生代仍处于“液态窗”阶段,仍发生生油作用。

一、跨重大构造期的生烃演化是跨重大构造期成藏的基础

对于单旋回沉积盆地而言,如中国东部新生代断陷盆地,有机质热演化生烃作用往往只经历了一个生油高峰期和生气高峰,生烃历史相对简单。对于叠合盆地深层的海相烃源岩而言,有机质生烃历史复杂,受埋藏历史和受热历史影响,有机质多数都经历了“双峰”式生烃演化历史。研究塔里木、四川、鄂尔多斯三大盆地烃源岩生烃演化,揭示三大盆地中不同层系烃源岩在不同构造部位成烃演化历史差异大,但每个层系烃源岩演化均经历了“早油晚气”生烃历史,而且生油或生气的时间长,可以跨重大构造期。比如,塔里木盆地塔北隆起周缘的寒武系—奥陶系烃源岩经历了早海西期生油作用、晚海西—燕山期生油作用,部分烃源岩目前仍处于生油窗。

“退火”地温场与递进埋藏的耦合作用是古老海相烃源岩跨重大构造期生烃演化的关键因素。这一现象在我国中西部地区发育的众多叠合盆地中表现尤为明显。这些盆地中生代以来基本上是在区域挤压与造山隆升背景下,盆地的地温场随时间发展是逐渐降低的。例如,塔

里木盆地古生代的地温梯度高达 3.0 ~ 3.5℃/100m，三叠纪—侏罗纪的地温梯度为 2.0 ~ 2.5℃/100m，现今的地温梯度只有 1.8 ~ 2.0℃/100m。相似的情况在准噶尔、鄂尔多斯、吐哈、柴达木、四川等盆地也存在。早期高地温场导致了一部分凹陷中埋深较大烃源岩的生烃作用早，像塔里木盆地满加尔凹陷周围志留系所见大面积的沥青砂岩就是早期油藏被海西早期运动破坏的结果。后期盆地演化出现的退火过程，与几乎同时出现的强挤压背景下的快速沉降，又使得一部分烃源岩在很长时间里都处在生液态烃的范围内（图 5 - 3），也导致在距今很晚的时间出现一次大规模的成藏过程，勘探找油气的现实性远好于早期成藏。成藏解剖显示，在塔里木盆地台盆区所发现的油藏和气藏，有相当多的都是晚期形成的，仅在距今 2 ~ 5Ma 的时间形成。

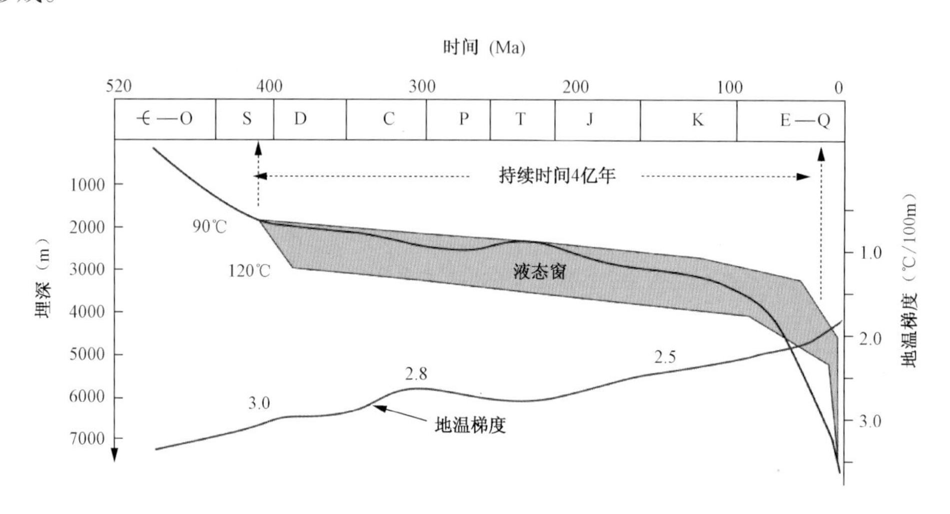

图 5 - 3　塔里木盆地地温场演化与下古生界烃源岩热演化模式

根据烃源岩的埋藏史，可以将塔里木盆地下古生界烃源岩埋藏演化分为三种类型（图 5 - 4），即：持续埋藏型（如满西 1 井）；早深埋、晚抬升型（如塔东 2 井）；晚期快速深埋型（如轮古 38 井）。（1）持续埋藏型烃源岩，液态烃生油窗所持续的时间可从加里东晚期到晚海西期，主要分布在满加尔凹陷区及塔西南凹陷区。（2）早深埋、晚抬升型烃源岩，由于加里东—海西期快速深埋，使得液态窗分布的时间跨度较窄，一般在晚海西期基本结束生油历史；晚期的抬升作用，使得这部分烃源岩的生烃作用处于停滞，取而代之的是滞留在烃源岩中的分散液态烃成气作用，如塔东隆起等。（3）晚期快速深埋型烃源岩，主要发生在古隆起区，如塔北隆起，这部分烃源岩沉积后直至新生代之前，埋藏较浅，有机质热演化长期处于液态窗阶段，直到新生代深埋后才进入高成熟阶段。

跨重大构造期的生烃作用，除温度因素外，还有压力因素。在叠合盆地深层的海相烃源岩，由于埋深较大，压力都较高，超压环境对有机质生烃具抑制作用，从实验分析看，生油高峰期可推延到 R_o 为 1.4% ~ 1.5%。

二、跨重大构造期成藏与晚期成藏

多期成藏与晚期成藏是中国克拉通盆地海相碳酸盐岩油气成藏的特点之一，这一认识已被众多学者所证实。表 5 - 2 为我国主要海相碳酸盐岩大油气田的成藏期统计表，从表中可以看出以古生界为主的海相碳酸盐岩主要成藏期有：海西早期、海西晚期、印支—燕山期、喜马拉雅期，但以海西晚期和喜马拉雅期为主要成藏期。

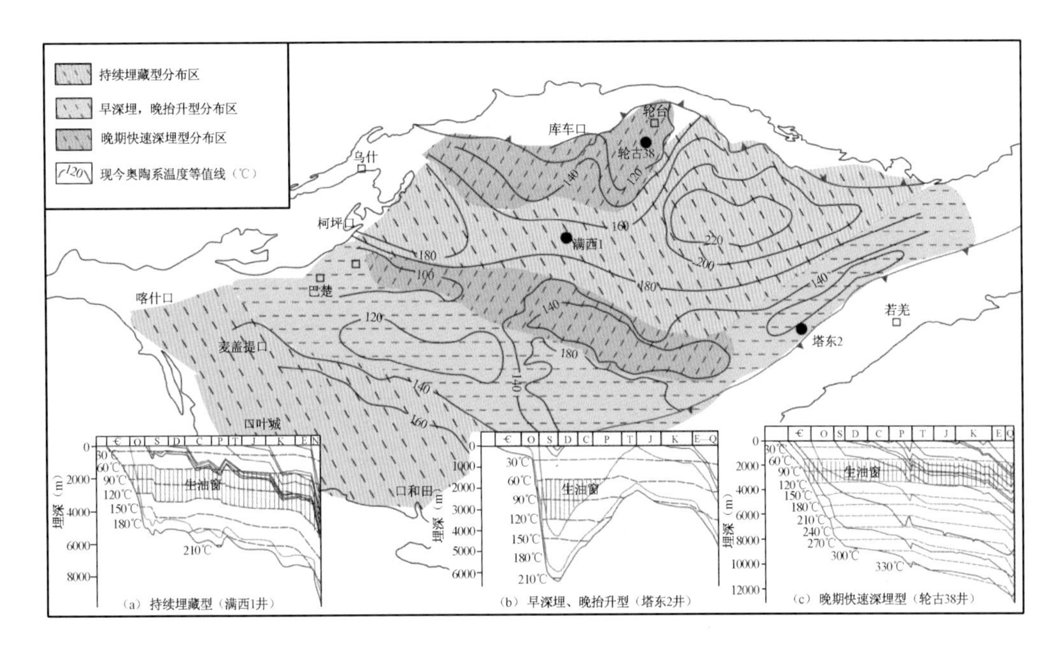

图5-4 塔里木盆地海相烃源岩埋藏史类型与分布

表5-2 我国主要海相碳酸盐岩大油气田成藏期次统计表

盆地	油气田(藏)名称	油气藏类型	主要烃源岩层系	含油气层系	成藏期次与年代	代表井	油气藏形成过程	资料来源
塔里木	轮南	油气藏	O,∈	C	K—E,N—Q	轮南46	次生/原生	何登发(2002) 赵文智(2007)
				O	S末,P末,K—E		原生/调整	
	塔河	油气藏	O,∈	C	K—E,N—Q	沙46、沙47	原生/次生	陈红汉(2003)
				O	O末,J—K		原生/调整	
	英买力	油气藏	∈,O	O	S末,E—Q	英买32	原生/调整	张水昌(2000)
	哈拉哈塘	油藏	O	O	S末,E—Q	哈6	原生/调整	本次研究
	塔中45	油气藏	∈,O	O	P末,K—E	塔中45	原生/调整	林青(2002)
	塔中1	油气藏	∈,O	O	S末,E—Q	塔1	原生/调整	张水昌(2004)
	和田河	气藏	∈	C,O	E—Q	玛4、玛5	次生	周兴熙(2002)
鄂尔多斯	靖边	气藏	C,P	O_1m	J_3—K_1	陕参1	原生	戴金星(2005)
四川	五百梯	气藏	S	C	T_3—J_1,K—E	天东1	原生/调整	王一刚(1996)
	卧龙河	气藏	S,P_1	P_1	J_3,K—E	卧70、卧88	原生/调整	戴金星(2003)
			S	C	T_3—J_1,K—E			
	威远	气藏	∈	∈	S末,K—E	威28、威117	次生	戴金星(2003)
				Zdn				
	普光	气藏	S,P_2	P_2ch—T_1f	T_3—J_3,K—E	普光2	原生/调整	马永生(2007)
	铁山坡	气藏	S,P_2	P_2ch—T_1f	T_3—J_3,K—E	坡2	原生/调整	赵文智(2006)
	龙岗	气藏	P_2	P_2ch—T_1f	J_3,K—E	龙岗1	原生/调整	本次研究
	磨溪	气藏	∈、Z	∈	T_3,J—K	高科1	原生/调整	本次研究
				Z				

实际上,油气成藏期次与油气生成期有着密切关系。如前所述,中西部盆地中深层海相烃源岩具有跨构造期生烃作用,这种经历了长时间的生烃作用势必导致油气成藏也具有跨构造期成藏特点,体现了古老克拉通成藏的特殊性。研究表明,塔北地区奥陶系发生过三次主要成藏期:晚加里东期、晚海西期(二叠纪晚期)—喜马拉雅早期、喜马拉雅晚期。寒武系—下奥陶统烃源岩演化快、生烃早,加里东晚期(志留纪中—晚期)进入大量生排烃阶段;而中、上奥陶统烃源岩演化慢、生烃晚,晚海西期(二叠纪晚期)—喜马拉雅早期长期处于生油窗阶段;喜马拉雅晚期(20Ma 以来)寒武系—下奥陶统烃源岩到达裂解生成干气阶段。因此,从生烃史的分析来看,该区可能存在三期重要充注成藏过程,加里东晚期(志留纪中—晚期)、晚海西期—早喜马拉雅期和喜马拉雅晚期,前两期以油充注成藏为主,后一期以气为主。从奥陶系储层包裹体资料分析来看,奥陶系有机包裹体均一化温度分布跨度大,从 70℃ 至 170℃,其中 70 ~ 90℃ 的低温部分可能是晚加里东期—晚海西期;中高温包裹体是二叠纪以来的产物(图 5 - 5)。从 LG35 井奥陶系包裹体看(井深 6178m),方解石脉的微裂缝中见大量发黄色荧光油包裹体,共生盐水包裹体均一温度达 108 ~ 137℃,是喜马拉雅期产物,这表明喜马拉雅期仍有油充注(图 5 - 6)。

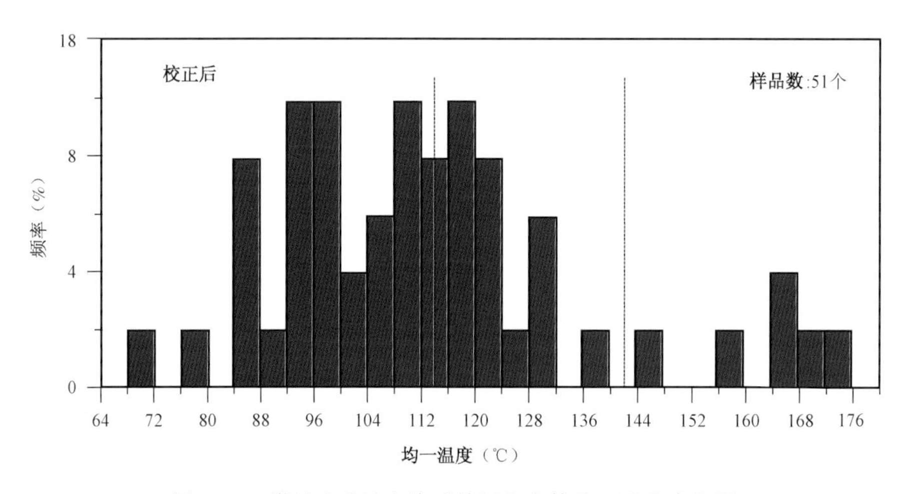

图 5 - 5　塔里木盆地奥陶系储层包裹体均一温度直方图

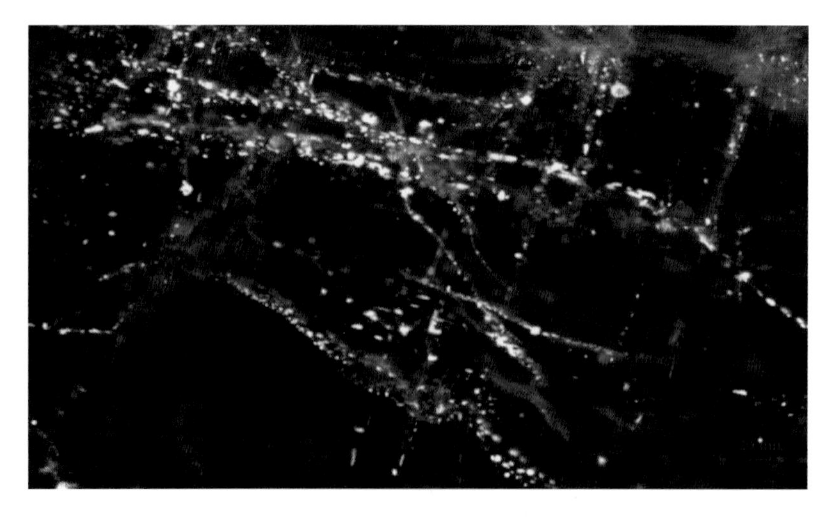

图 5 - 6　LG35 井奥陶系方解石脉微裂缝见黄色荧光油包裹体

样品深度 6178m,盐水包裹体均一温度 108 ~ 137℃, ×10

第三节　碳酸盐岩大油气田主要成藏模式

根据成藏组合分析，塔里木、四川、鄂尔多斯三大盆地中海相碳酸盐岩大范围成藏主要有三种成藏模式：下侵式、扬程式、转接式。

一、下侵式成藏

下侵式成藏是指烃源岩在上、储层在下的生储盖组合条件下，油气从上覆烃源岩层向下运移并在储层内聚集成藏（图5－7）。下侵式成藏的油气运移动力来自源—储压力差。有机质大量成烃期，在烃源岩内产生较大的流体压力，当压力大于下覆储层流体压力时，油气克服浮力向下进入储层。下侵式成藏主要发生在区域性不整合面附近，上覆烃源岩层一般具大面积分布特征；不整合面之下的风化壳储层也是大面积分布，因而可以大范围成藏。这类成藏模式的典型实例有：鄂尔多斯盆地奥陶系风化壳储集体（烃源岩为上古生界煤系）、四川盆地震旦系风化壳储集体（烃源岩为下寒武统泥质岩）、中三叠统雷口坡组风化壳储集体（烃源岩为上三叠统须家河组煤系）等，目前已发现靖边奥陶系、龙岗雷口坡组、威远震旦系灯影组、磨溪—高石梯震旦系灯影组等大气田。

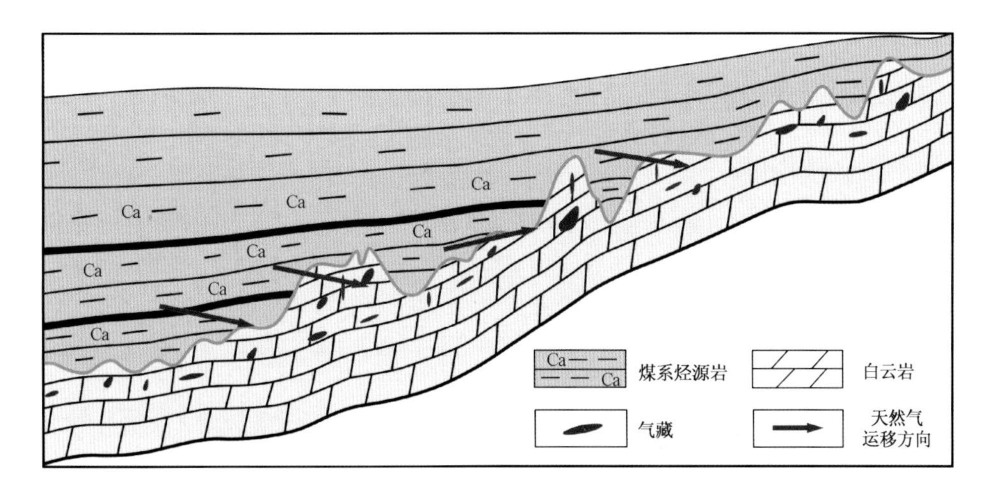

图5－7　碳酸盐岩下侵式成藏模式

二、扬程式成藏

扬程式成藏是指隆升幅度较高（可以超过1000m）的古隆起，当油气从位于古隆起下部或侧翼的烃源岩中生成之后经过“爬坡”到达古隆起高部位的成藏过程，是碳酸盐岩缝洞型油气藏特有的一种成藏模式（图5－8）。扬程式成藏的最大特点是油气运移的输导介质，它既不同于断层面，也不同于孔隙型储渗体，而是由缝、洞（包括大洞）共同构成的缝洞网络体。当油气进入缝—洞网络体中，在洞中聚集。油进入体积较大的洞中存在一个浮力积累过程，只有当浮力达到一定程度，才能克服阻力向上进入位置较高的缝洞。体积较大的洞在运移过程中起到“中转站”作用。这一过程可称之为“浮力蓄能，扬程中转”。如此反复，使得低部位的油气能够“爬坡”在构造高部位聚集成藏。以塔北隆起及其斜坡区奥陶系成藏为例。隆起高部位到斜坡低部位落差超过1300m，都有油气分布。纵向上油气分布具“似层状”特征。油气藏类型以风化壳型和缝洞型为主。从生储盖组合条件看，烃源岩是寒武系—下奥陶统、上奥陶统中部，储层为非均质性强烈的缝洞系统，且多层系发育。盖层为上奥陶统及上覆地层的泥岩。

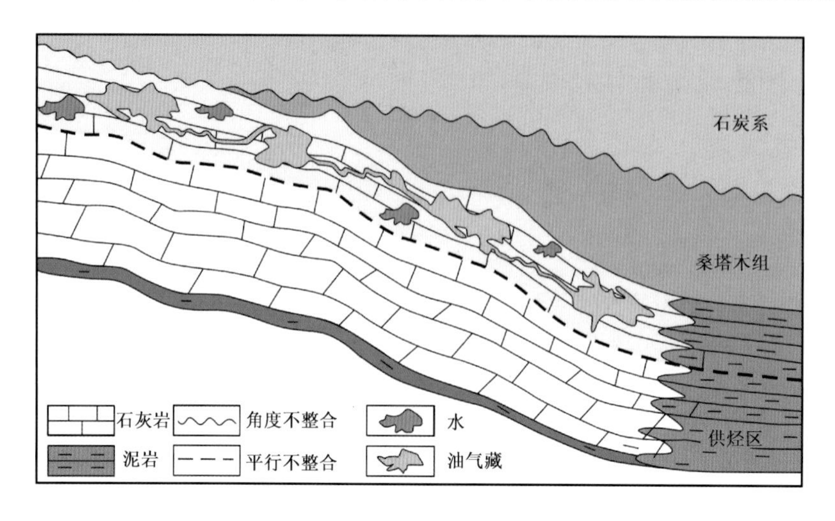

图5-8　碳酸盐岩扬程式成藏模式(以塔北为例)

三、转接式成藏

转接式成藏是指烃源岩分布在储层的侧翼下方，油气自烃源岩中生成后，通过断层或不整合等输导介质，向储层运移并聚集成藏。同构造期成藏组合条件有利于转接式成藏，如台缘带礁滩体与同沉积期相邻的台地边缘深水陆棚—盆地或台内凹陷泥质烃源岩，组成良好的生储盖组合，油气成藏以转接式成藏为主。与扬程式成藏所不同，转接式成藏中断层是很重要的输导介质，油气运移多以幕式为主，而扬程式成藏则以不整合面的缝洞体为主要输导介质。四川盆地长兴组—飞仙关组礁滩以及塔里木盆地塔中Ⅰ号断裂带良里塔格组台缘带油气藏是转接式成藏的典型实例(图5-9)。

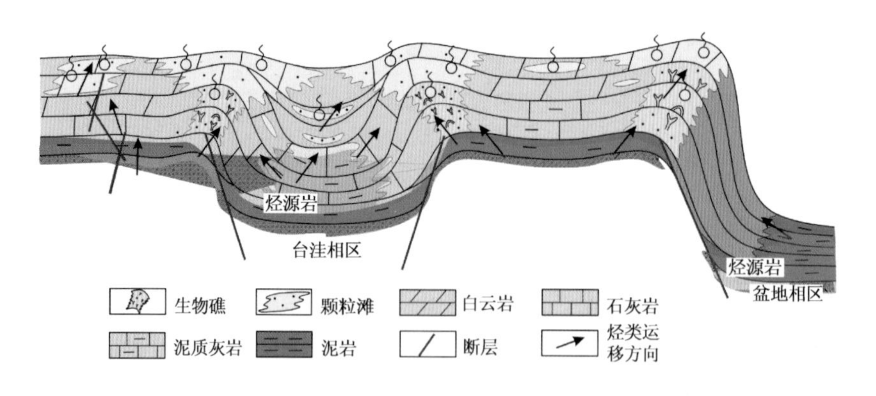

图5-9　碳酸盐岩转接式成藏模式(以四川盆地礁滩为例)

四川盆地川中古隆起东段的磨溪龙王庙组大气田气藏类型属于构造背景上构造—岩性复合型气藏。气源对比表明，气源来自下寒武统筇竹寺组烃源岩。筇竹寺组烃源岩与龙王庙组储层组成下生上储型成藏组合，两者之间存在厚150~180m的沧浪铺组泥质岩、泥质粉砂岩，因而需要断层作为油气运聚通道。筇竹寺组烃源岩具广覆式分布特点，但烃源岩厚值区在磨溪—高石梯构造西侧的裂陷槽区。生气强度在$(20\sim160)\times10^8m^3/km^2$之间，裂陷槽区的生气强度高达$(100\sim160)\times10^8m^3/km^2$，为裂陷槽侧翼的灯影组和龙王庙组提供了充足的烃源。从油气运移的输导条件看，不整合面及断层组成的网状输导体系在古隆起区广泛发育，为大面积油气成藏提供良好通道。一方面，灯影组发育灯二段顶面、灯四段顶面两套区域性不整合面，有利于裂陷槽区烃源沿不整合面向侧翼高部位运移并聚集成藏。这一运聚成藏特点已被磨溪—高石梯、威远等地区发育的古油藏所证实。另一方面，磨溪—高石梯地区高角度断层发育，断层向下切割烃源岩层，多数断层向上止于龙王庙组，且以张性断层为主，是龙王庙组油气运移的有效通道（图5-10）。由此可见，网状输导体系不仅使得油气沿不整合面发生侧向运移，而且使得油气沿断层发生纵向运移，导致古隆起区多层系油气富集。

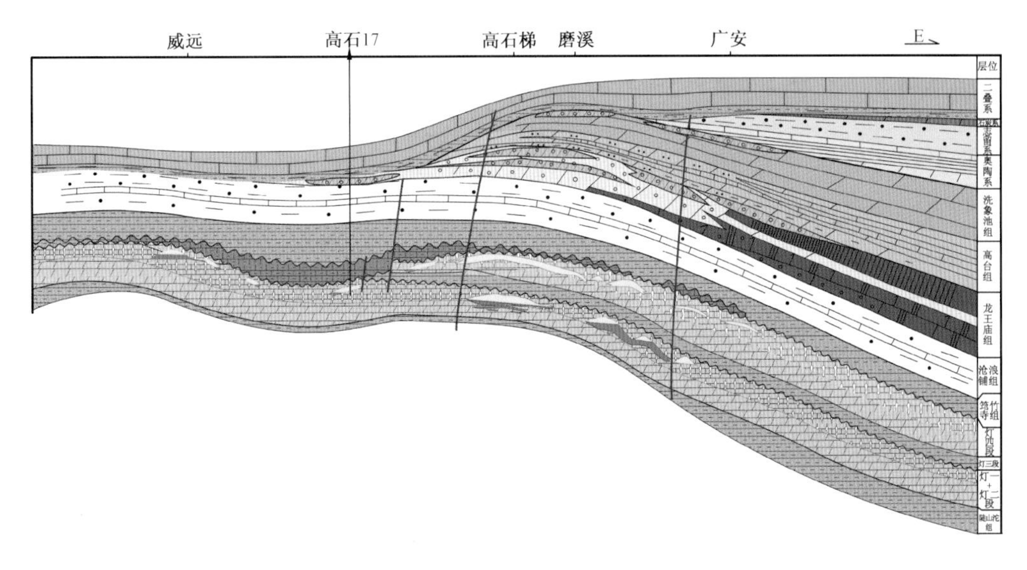

图5-10　川中古隆起震旦系—寒武系气藏成藏模式图

第四节　我国海相碳酸盐岩大油气田的基本特征

总结我国以古生界为主的碳酸盐岩大油气田地质特征，将有助于了解和掌握大油气田的分布规律，不仅丰富了碳酸盐岩油气地质理论，而且对大油气田勘探起指导作用。

一、海相碳酸盐岩大油气田中地层—岩性油气藏占主导地位

我国在塔里木、四川、鄂尔多斯及渤海湾四大盆地，已发现碳酸盐岩油田42个，其中属于块断型古潜山圈闭的油田有30个，集中分布在渤海湾盆地；其余12个油田集中在塔里木盆地，包括2个构造型圈闭和10个风化壳型圈闭。已发现气田123个，属于礁滩型10个，属于块断潜山型9个（渤海湾盆地），属于风化壳古地貌型2个，属于风化壳层间岩溶型9个，属于构造型或者地层—构造复合型93个。构造型气藏主要分布在四川盆地川东高陡构造带，少数分布在塔中1号断垒带、塔北轮南桑塔木断裂带。

在我国已发现的碳酸盐岩油气田中，碳酸盐岩大油田（指技术可采储量大于2500×10^4t的油田）只有任丘油田和塔河油田，前者属于古潜山油气藏，后者属于风化壳缝洞型油气藏；

中型油田[技术可采储量为(250 ~2500)×10^4t]有6个,分布在塔里木盆地塔北和塔中地区,其中塔中4和塔中10油田属于构造型气藏,其余以风化壳油气藏为主。这些大中型油田累计储量占总储量的89%。发现大中型气藏10个,其中礁滩型5个,风化壳型2个,构造型3个,累计探明储量占总探明储量的92%。由此可见,中国古老海相碳酸盐岩大油气田主要油气藏类型以古潜山、风化壳、礁滩等地层—岩性油气藏为主。这一点与国外碳酸盐岩油气藏有本质区别。

二、碳酸盐岩大油气田中主力含油气层分布稳定

大量勘探实践表明,我国塔里木、四川、鄂尔多斯三大盆地碳酸盐岩具油气层系多、分布广的特点,从震旦系至三叠系均有分布。但是,碳酸盐岩大油气田中主力含油气层位集中分布在某个层组,甚至在某个层段。导致这一现象的关键因素主要有两个方面:(1)碳酸盐岩地层中有效储层呈层状分布特点,现今保存在三大克拉通盆地中古老碳酸盐岩地层以台地相为主,不论是沉积型储层还是成岩型储层,在经历多期成岩作用之后,有效储层分布多表现出与高能环境沉积物有关,具“相控”特点,因而使得碳酸盐岩储层具成层状分布特点;(2)大油气田形成需要丰富的烃源供给,生储盖组合条件优越的区带,才能形成大油气田。因此,某一地区即使存在多套储层,但只有那些与烃源岩相邻近的储层或处于烃源优势供给部位的储层,才利于形成大油气田。

(1)塔北南缘哈拉哈塘主力含油气层分布在奥陶系一间房组—鹰山组。其中,鹰山组含油气层主要发育在鹰一段上部风化壳岩溶储层中,表现为纵向成层、横向连片的特征。一间房组含油气层主要分布在顶面之下90m的范围内(图5-11)。鹰山组与一间房组之间发育高阻石灰岩段,成为分隔两个含油气层段的分隔层。

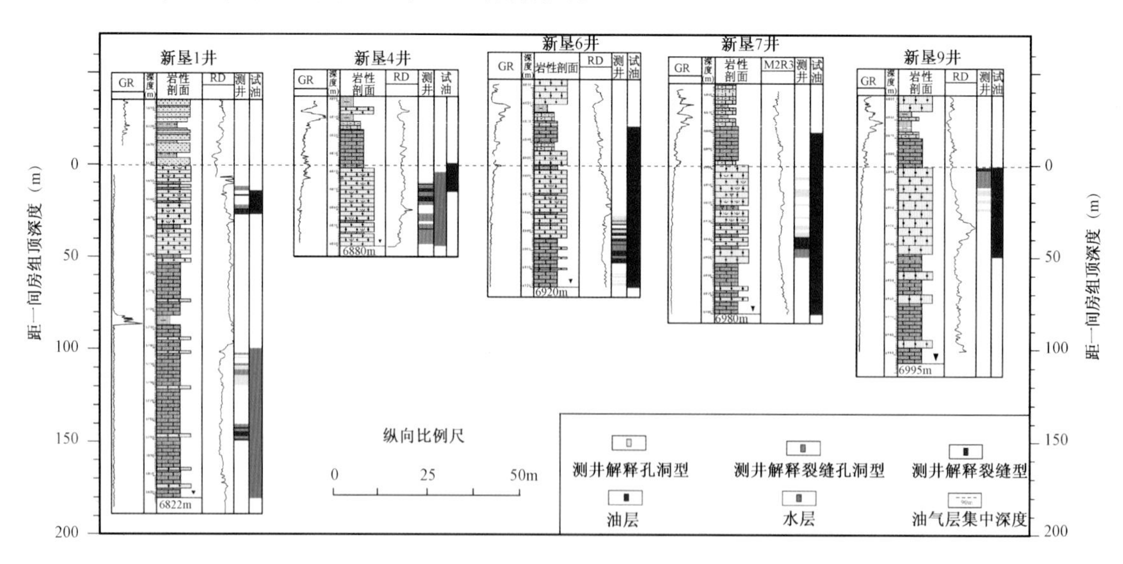

图5-11 塔北南缘新垦地区一间房组—鹰山组油气层分布对比剖面(据塔里木油田,2010)

(2)塔中地区主力含油气层包括良里塔格组、鹰山组。其中,良里塔格组含油气层分布在礁滩发育的良二段。受礁滩体迁移影响,中古15区块含油气层为良三段,横向分布稳定。鹰山组具有整体含油气特征,但主力层段主要分布在鹰山组顶部风化壳储层中(图5-12)。

(3)鄂尔多斯盆地奥陶系马家沟组,由六个岩性段组成,其中一、三、五段为膏云岩与盐岩发育段;二、四、六段为石灰岩发育段。马五段划分为10亚段,其中马五$_{1+2}$、马五$_4$气层组是靖

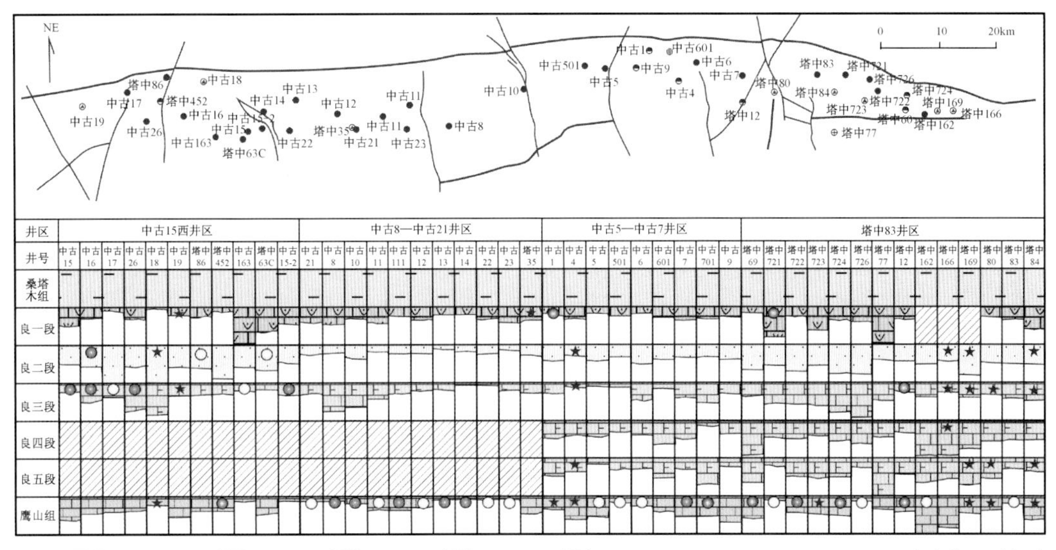

图 5-12 塔中奥陶系主力含油气层段对比

边大气田的主力产层。含气层位分布均匀,以马五$_1{}^4$、马五$_3{}^1$顶、马五$_4{}^1$底三层最为特征,含气层位连片性好,全气田均可追踪对比。气层平均厚度 5.7m,除了沟槽外,在大范围内分布比较稳定。

(4)四川盆地海相碳酸盐岩从震旦系至中三叠统发育 17 个含气层系。其中,已发现大气田的层系包括震旦系灯影组、寒武系龙王庙组、石炭系黄龙组、二叠系长兴组及三叠系飞仙关组与雷口坡组。碳酸盐岩天然气储量与产量主要来自寒武系、石炭系、二叠系及三叠系,累计探明地质储量占盆地总探明储量的 90%,天然气产量的 95% 以上来自层系。

三、碳酸盐岩大油气田由中—低丰度油气藏集群式构成

通过对塔里木、四川、鄂尔多斯三大盆地碳酸盐岩大油气田中油气藏统计分析,油气藏类型以岩性—地层型为主,储量丰度总体偏低。按行业标准(2005),绝大多数属于中—低丰度(图 5-13)。从油藏储量丰度看,塔里木台盆区油藏储量丰度为$(2\sim90)\times10^4t/km^2$,低于渤海湾潜山油藏储量丰度。从气藏储量丰度看,台缘带天然气储量丰度较高,为$(3\sim30)\times10^8m^3/km^2$,台内礁滩气藏储量丰度只有$(1.2\sim6.5)\times10^8m^3/km^2$,而风化壳古地貌气藏储量丰度最低,只有$(0.3\sim1.8)\times10^8m^3/km^2$。

以塔河油田为例。截至 2009 年,该油田已累计探明石油地质储量 10×10^8t。在 $2800km^2$ 含油范围内可划分出 100 个缝洞单元(图 5-14),其中大型缝洞单元 35 个,中型缝洞单元 22 个,小型缝洞单元 43 个,平均缝洞体面积 $28km^2$,储量规模小于 1000×10^4t。

表 5-3 是环开江—梁平海槽台缘带礁滩体已发现气藏的储量丰度。从表中可以看出,礁滩气藏丰度总体属于中—低丰度,但局部构造型气藏储量丰度较高,如川东北的罗家寨鲕滩气藏、普光气藏等。除构造因素外,礁滩储层厚度也是影响储量丰度的重要因素,储层厚度大,储量丰度高。

鄂尔多斯盆地靖边奥陶系大气田也是由中—低丰度的古地貌油气藏群构成。气藏之间互不连通,没有明显的油气水界面和压力系统,单个油/气藏自成体系。以鄂尔多斯盆地靖边气田陕

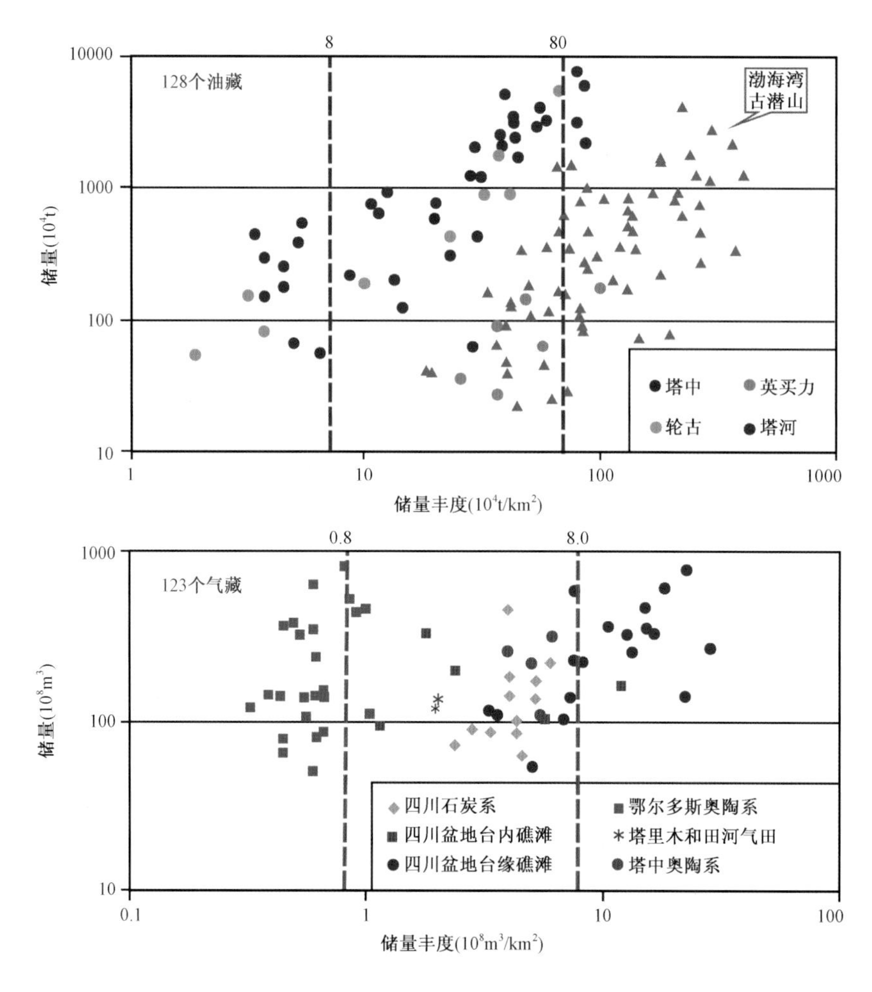

图5-13 我国已发现碳酸盐岩油气藏储量丰度统计

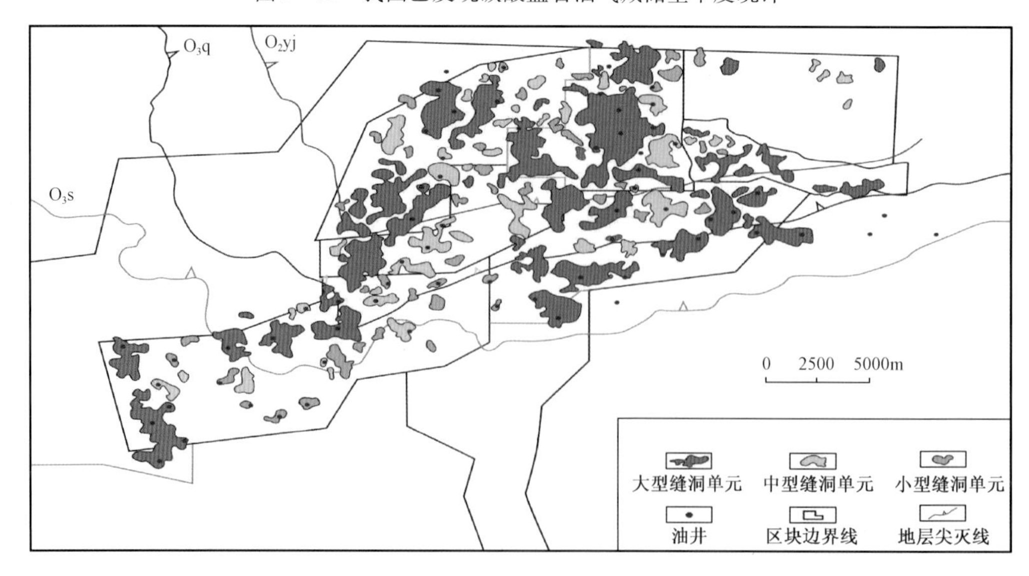

图5-14 塔河油田缝洞单元刻画(引自中石化研究院,2010)

106井区为例，风化壳气藏属于中—低丰度纯气藏，不产水。稳产情况好的井主要在古地貌的台丘区，Ⅰ类储层发育，无阻流量大于$10 \times 10^4 m^3/d$，储量丰度主力产层马五$_1^3$为$0.4 \times 10^8 m^3/km^2$，六个产层叠合储量丰度一般为$1.7 \times 10^8 m^3/km^2$。而在中部和外围大部分地区气井生产情况较差，Ⅱ、Ⅲ类储层发育，无阻流量小于$10 \times 10^4 m^3/d$，大部分低于$5 \times 10^4 m^3/d$，对应于古地貌的斜坡区、台内浅凹和剥蚀区，储量丰度主力产层马五$_1^3$为$0.3 \times 10^8 m^3/km^2$，六个产层叠合储量丰度一般为$0.98 \times 10^8 m^3/km^2$。Ⅰ类储层发育区、高储量丰度区与台丘区三者对应，反映一个台丘区为一个独立的气藏单元。

表5-3　四川盆地礁滩气藏白云岩储层厚度与气藏丰度统计

地区	层位	气藏	白云岩储层				储量丰度（$10^8 m^3/km^2$）
			厚度（m）	平均孔隙度（%）	平均渗透率（mD）	延伸距离（km）	
龙岗	T_1f	龙岗2	47.01	9.45	67.45	4.2	3.6
		龙岗1	61.34	11.49	40.22	11.2	5.8
		龙岗26	32.21	7.47	30.67	4.2	2
		龙岗27	26.03	3.16	0.05	7.9	2.3
	P_2ch	龙岗8	24.78	4.67	0.146	4.7	1.4
		龙岗2	54.73	4.84	1.866	3.9	1.6
		龙岗1	32.94	4.84	0.277	6.2	5.1
		龙岗28	43.11	4.96	1.283	5.6	4
		龙岗26	50.19	5.76	0.44	3.5	3.8
		龙岗27	32.92	5.19	0.653	5.3	2.6
		龙岗11	19.43	4.78	0.601	5.9	2.5
川东北	T_1f	渡口河	42.5	8.64	10.62	15.4	10.6
		罗家寨	37.7	7	7.56	33.8	7.6
		铁山坡	67.92	7.41	15.04	14.2	15
	P_2ch	七里北	42.7	3.82	4.24	8.2	7.7
		黄龙场	42.2	4.97	2.79	5.6	2.6

四、碳酸盐岩大油气田油气藏集群式分布特征

如前所述，我国以古生界为主的碳酸盐岩油气藏类型多样，具层状、似层状分布特点；单个油气藏储量规模较小，但油气藏集群式分布、总储量规模较大。总结塔里木、四川、鄂尔多斯三大盆地碳酸盐岩大油气田分布特点，按照油气藏集群式分布的思路，可归纳为五种分布形式。

（一）古隆起及斜坡带油气藏群楼房式分布

油气藏群楼房式分布是指在某一区带发育多套似层状分布的油气藏，平面上沿某个层系发育多个油气藏，集群分布构成似层状；纵向上发育多套，构成楼房式分布。这种分布模式主要发生在古隆起及其上斜坡部位，如塔中古隆起和塔北古隆起的轮南构造带。

从塔中碳酸盐岩成藏组合条件看，烃源岩主要分布在下构造层寒武系—奥陶系，上下构造层之间存在上奥陶统桑塔木组厚层泥质岩以及志留系泥质岩区域性盖层。但受地层剥蚀缺失影响，在塔中中央断垒带缺失这两套区域性盖层，石炭系直接与下构造层接触。从储层发育层

位看,石炭系、泥盆系、志留系、奥陶系、寒武系发育储层。勘探也证实这些层系均含油气。受油源通道及成藏组合控制,油气分布表现为规律性变化,总体特征是“下气上油、北气南油、东气西油”(图5-15);油气藏类型多样,上构造层以构造—岩性油气藏为主,如中央断垒带发育披覆背斜和断裂背斜油气藏(塔中4,石炭系),中央断垒带与塔中Ⅰ号坡折带之间的志留系发育地层尖灭油气藏(塔中16,志留系)、地层超覆油气藏(塔中10,志留系)。下构造层以地层—岩性油气藏为主,中央断垒带寒武系发育潜山或风化壳型油气藏(如塔中1),中央断垒带与塔中Ⅰ号坡折带之间的鹰山组发育风化壳油气藏,塔中Ⅰ号坡折带发育良里塔格组台缘礁滩复合体油气藏,深层下奥陶统蓬莱坝组发育内幕油气藏(如塔中162)。

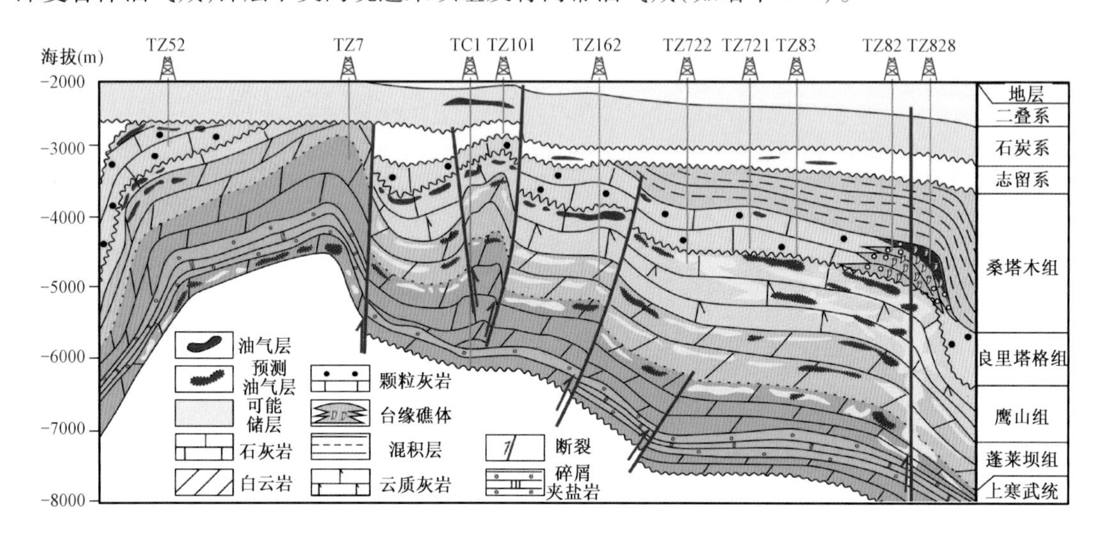

图5-15 塔中古隆起及斜坡带碳酸盐岩油气分布模式

塔北隆起的轮南地区也存在多层系油气的楼房式分布特点。塔北地区奥陶系在晚海西期曾有大规模油气聚集,成为一个层状含油的大型含油气系统。燕山期以来,随着库车快速沉降,塔北中生界以上地层的倾向发生反转,加上断层活动,奥陶系油气重新发生分配,在石炭系、三叠系、侏罗系等形成若干次生油气藏,形成楼房式油气分布的特点。

(二)古隆起斜坡带缝洞型油气藏似层状分布

古隆起斜坡区油气分布受顺层与层间岩溶储层控制,油气藏分布表现为似层状特点。如塔北斜坡奥陶系发育一间房组、鹰山组、良里塔格组等多套岩溶储层,这些储层分布具似层状特点。同一地区多层缝洞体油气藏具有平面上叠合连片含油、空间上不均匀富集的特征(图5-16)。多套似层状分布的油气藏共同构成大型油气田,如塔河油田、哈拉哈塘油田。

塔北南斜坡的哈拉哈塘地区奥陶系鹰山组——一间房组碳酸盐岩内部洞缝储层经历了多期次岩溶的叠加改造作用,其中控制鹰山组——一间房组洞缝系统发育最主要的构造—岩溶活动有两期。一是一间房组沉积后的短暂暴露期,发育广泛的淡水淋滤作用,并且发育有河流,准同沉降期岩溶发育;二是桑塔木组沉积后,北部地区碳酸盐岩发生暴露剥蚀,从而淡水沿着先前形成的裂缝和早期岩溶系统进行改造和扩溶,形成广泛的洞缝系统。这些洞缝系统垂向上具有多个旋回,每个旋回构成一个似层状储层发育层。油气藏分布受顺层岩溶储集体控制,具似层状分布特点。

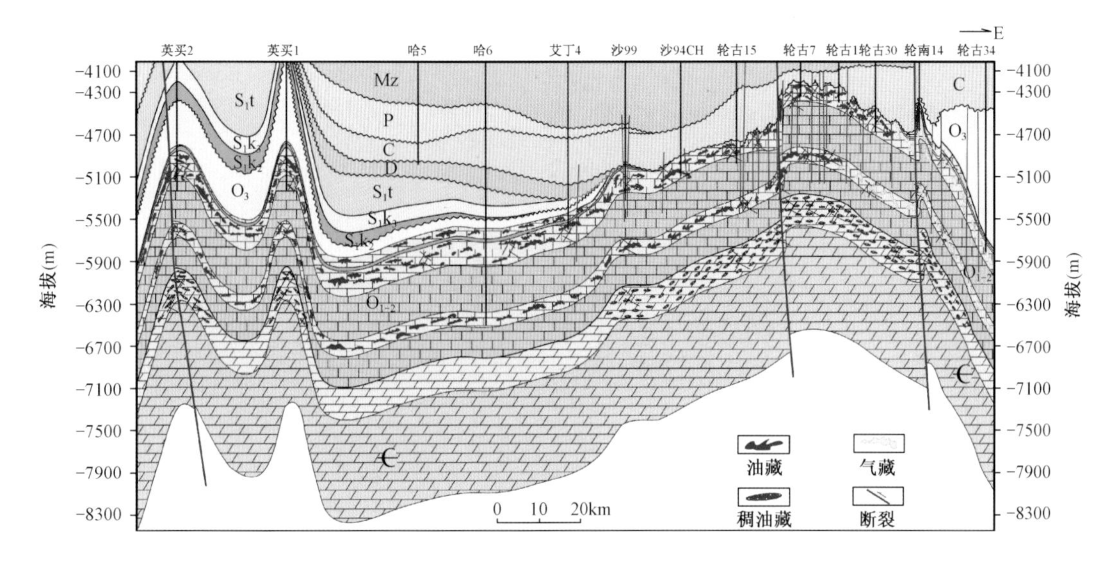

图 5 - 16　塔里木盆地塔北隆起及斜坡区油气似层状分布模式

（三）古地貌油气藏群沿侵蚀基准面大面积分布

这类油气分布主要发生在准平原化的风化壳储集体内。由于老年期喀斯特古地貌的显著特点是古地貌高低落差较小，岩溶古地貌呈现准平原化特点，局部见孤峰残丘。排水基准面落差小（ <100m），岩溶具水平岩溶带呈层状稳定分布特点。

油气藏类型以风化壳古地貌气藏为主，沿风化壳古侵蚀面集群式分布。受风化壳侵蚀面控制，储层厚度薄，气藏分隔受沟槽及岩性致密带控制，单个气藏规模较小，储量丰度低，但多个层系的气藏叠合连片，可形成大油气田。典型实例如鄂尔多斯盆地靖边大气田，是一个典型的由碳酸盐岩古地貌气藏组成的大气田（图 5 - 17）。气藏主要沿奥陶系顶部侵蚀基准面分布，气藏多分布在侵蚀基准面之上、距不整合顶面 30 ~ 50m 深度范围内，气层厚度小，横向连续性好。

（四）沿台缘带礁滩岩性油气藏群带状分布

我国已在塔里木盆地塔中奥陶系良里塔格组礁滩体以及四川盆地长兴组—飞仙关组礁滩体发现了大型油气田。礁滩体油气藏分布受礁滩体储层控制，而储层分布又与沉积相带关系密切，因而油气藏在层系上分布较稳定，平面上呈环带状沿台缘带分布。

四川盆地长兴组—飞仙关组环开江—梁平海槽台缘带是近几年来天然气勘探的重点区带。地震预测该台缘带礁滩体长度绵延 600km，宽度 2 ~ 6km。沿该台缘带发育长兴组生物礁以及飞仙关组鲕滩，勘探程度相对较高。目前，四川盆地长兴组已发现生物礁气藏 30 余个，储量规模近千亿立方米；飞仙关组鲕滩气藏 40 余个，其中大中型鲕滩气藏主要分布在蒸发台地、开阔台地及其边缘相带，台地内部分布有限。已发现罗家寨、渡口河、普光、龙岗等大型气田和一批气藏（图 5 - 18）。

（五）沿深大断裂带油气网栅状分布

网栅状油气分布是特指与热液白云岩化储集体或者埋藏热液溶蚀储集体相关的油气藏。由于这两类储层分布多与深大断裂有关，且储层分布具有沿断裂网栅状发育的特点，因而受储层分布控制的油气藏具穿层分布特点，空间形态具网栅状特点。

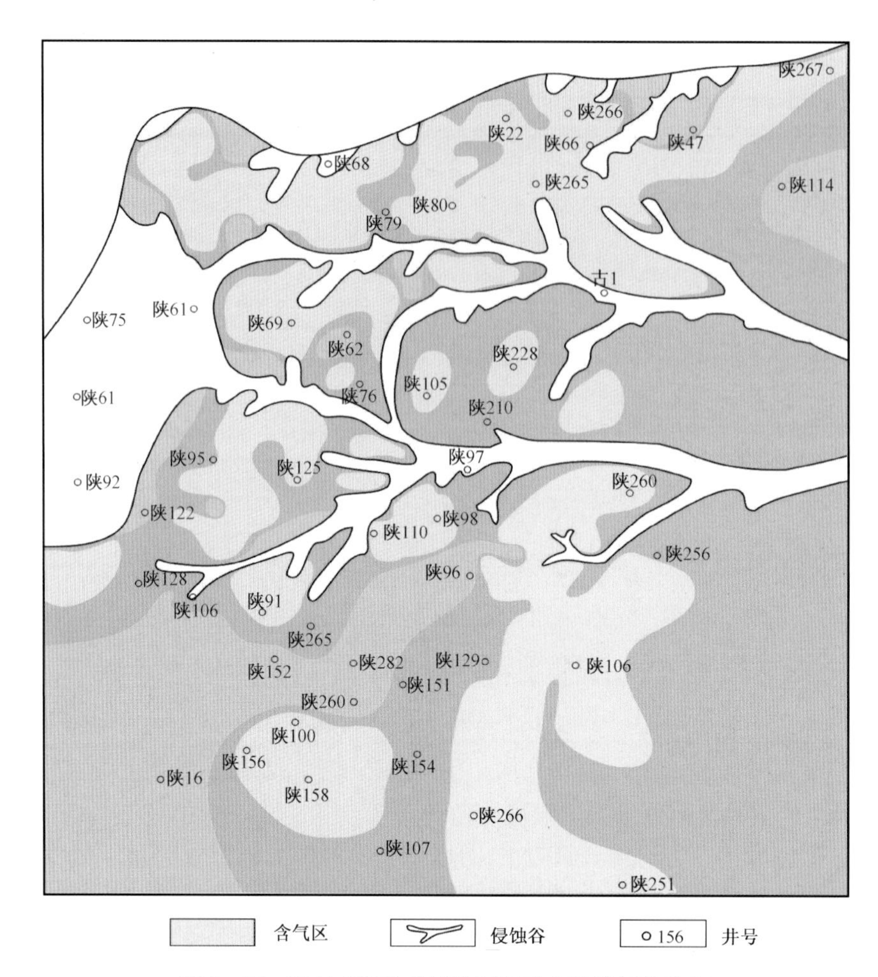

图 5－17　鄂尔多斯盆地靖边奥陶系古地貌气藏分布

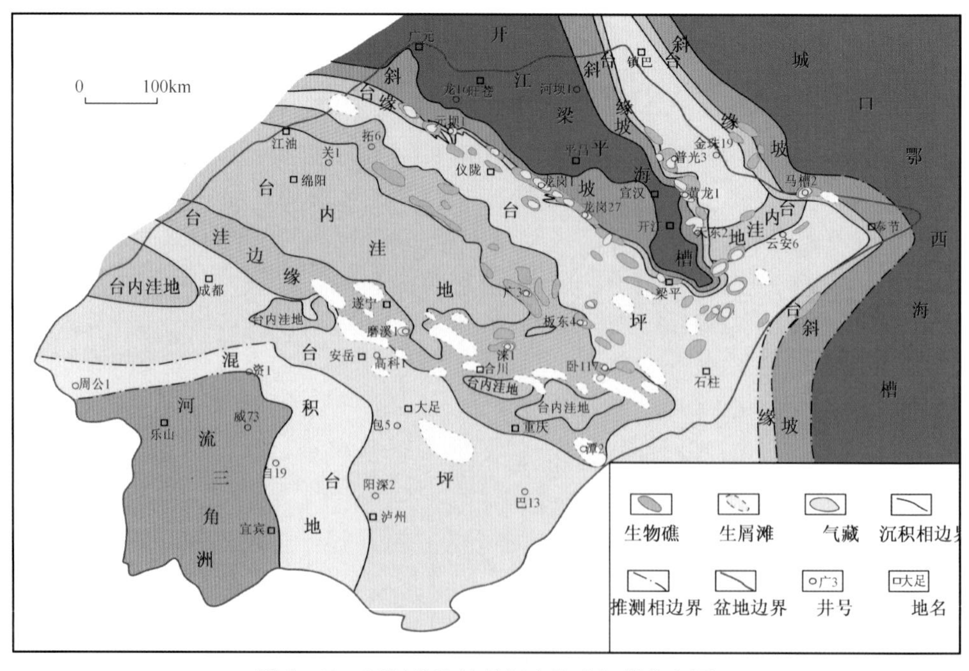

图 5－18　四川盆地长兴组生物礁气藏分布图

国内热液白云岩研究还处于起步阶段，认识程度偏低。由于海相碳酸盐岩时代老、埋深大，又处于克拉通台地内部，因而这类储层可能主要与克拉通盆地深大断裂有关。从目前研究与勘探看，在塔里木盆地塔中断裂带以及四川盆地乐山—龙女寺古隆起的深层可能存在这类储层，应引起高度重视。如塔中中古9井鹰山组6218～6314m发育白云岩储层，累计厚度可超过61m，研究证实具热液白云岩特征，测试获油气。从塔里木盆地深层地震剖面分析，沿深大断裂带发生的“花状串珠”反射，很有可能是热液对碳酸盐岩储层改造作用的地震响应，利于形成网栅状油气藏。

第五节　海相碳酸盐岩大油气田分布的有利区带

塔里木、四川、鄂尔多斯、渤海湾等大盆地海相碳酸盐岩经历50余年的油气勘探，已累计探明石油20.67×10^8t，天然气$2.84\times10^{12}m^3$。按领域划分，古隆起及斜坡带累计探明石油15.29×10^8t，天然气$1.46\times10^{12}m^3$；礁滩体累计探明石油0.61×10^8t，天然气$1.14\times10^{12}m^3$；断裂带累计探明石油4.77×10^8t，累计探明天然气$2400\times10^8m^3$。图5－19展示了不同领域探明油气情况。

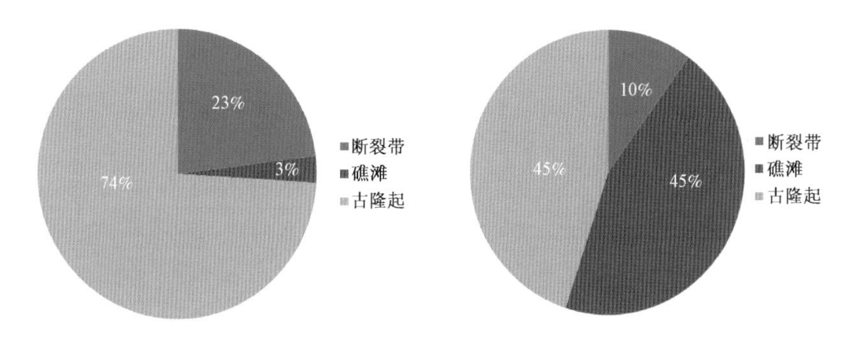

图5－19　三大盆地不同领域累计探明油气储量比例(左图为石油，右图为天然气)

归纳总结大油气田分布的主控因素，可概括为三大富集带，不仅是目前勘探的主战场，也是未来勘探的重点领域。

一、古隆起及斜坡带

国内外勘探实践证实古隆起对油气分布具有控制作用，古隆起是油气富集的有利场所。我国海相碳酸盐岩油气勘探主要以古隆起为重点勘探领域，随着勘探的深入，古隆起斜坡带已逐渐成为勘探的主战场，如塔里木盆地塔北南缘斜坡带、塔中北坡，鄂尔多斯盆地中央古隆起两翼，四川盆地川中古隆起的斜坡带，等等。近年来，针对上述斜坡带的油气勘探已取得重大发现，已成为碳酸盐岩增储上产的有利区带。表5－4列举了塔里木、四川、鄂尔多斯三大盆地古隆起碳酸盐岩油气勘探成果、未来勘探潜力。统计表明，在古隆起及其斜坡区探明油气储量24.9×10^8t油当量，占碳酸盐岩层系总储量64.5%。其中，在塔里木盆地塔北古隆起南斜坡发现了塔河、轮南、哈拉哈塘等大油气田，累计探明储量13.38×10^8t、天然气$2000\times10^8m^3$；塔中北斜坡奥陶系鹰山组——间房组探明石油2.42×10^8t，探明天然气$4442\times10^8m^3$。鄂尔多斯盆地奥陶系中央古隆起东斜坡发现靖边大气田，累计探明天然气储量$4600\times10^8m^3$，三级储量超过$6000\times10^8m^3$。近年来，在四川盆地川中古隆起发现磨溪—高石梯震旦系—寒武系大气区，发现灯影组灯二段、灯四段及寒武系龙王庙组三套区域性含气层系，预计储量规模超万亿立方米，其中磨溪构造主体探明龙王庙组气藏 $4400\times10^8m^3$。此外，开江古隆起石炭系在晚燕山期前为大型古隆起，发育大型古气藏，后经燕山晚期—喜马拉雅期构造变形，古气藏被调整、改造。

古隆起及斜坡带控制油气富集的有利条件，可归纳为如下方面：

（1）同沉积期古隆起长期处于高能沉积环境，利于高能滩相带发育，为形成大面积有效储层奠定基础。如塔北隆起的鹰山组发育大面积滩体；鄂尔多斯盆地奥陶系马五$_4$ 亚段发育滩沉积。

（2）古隆起及斜坡区发育多套岩溶储层，层状或似层状大面积分布。

（3）古隆起及斜坡区发育地层—岩性圈闭，集群式分布。

（4）位于生烃中心或周缘的古隆起及斜坡区，区域性不整合面是重要的输导介质，油气可大规模侧向运聚成藏。

通过对塔里木、四川、鄂尔多斯三大盆地海相古隆起油气勘探区带评价（表5－4），有利勘探区带主要有：塔里木盆地塔北隆起的潜山区（可勘探面积 $7500km^2$）及斜坡带（可勘探面积为 $11000km^2$）；塔中低凸起（可勘探面积 $22000km^2$）和北斜坡（可勘探面积为 $7200km^2$）；巴楚—塔西南地区古隆起及斜坡带（可勘探面积近 $100000km^2$）；塔东地区低凸起及孔雀河斜坡（可勘探面积 $60000km^2$）。四川盆地乐山—龙女寺古隆起及斜坡带（可勘探面积 $75000km^2$）；开江—泸州古隆起及斜坡带（可勘探面积 $93600km^2$）。鄂尔多斯盆地中央古隆起及斜坡（可勘探面积 $160000km^2$）。

表5－4　我国三大碳酸盐岩盆地古隆起特征及勘探潜力统计表

盆地	古隆起及斜坡带				主要油气藏类型	主要含油气层系	勘探发现
	古隆起	演化特点	古隆起面积	斜坡带面积			
塔里木	塔北	奥陶纪中晚期雏形，经历了三次较大的隆升与剥蚀，即：泥盆纪末的隆升与剥蚀，早二叠世末的断块隆升与剥蚀，以及三叠纪末的古隆起轴部抬升，侏罗纪至古近—新近纪，塔北古隆起整体下沉	潜山区面积 $7500km^2$	埋深7000m内的面积 $11000km^2$	背斜型、潜山型、构造—岩性型、地层不整合型	奥陶系、石炭系、三叠系等	轮南、东河、塔河、哈拉哈塘、新垦等油田，累计探明储量 13.38×10^8t、天然气 $2000\times10^8m^3$
	塔中	奥陶纪晚期雏形，志留—泥盆纪古隆起基本定型，石炭—二叠纪及中—新生代稳定发展，表现为整体沉降与隆升	低凸起 $22000km^2$	塔中北斜坡 $7200km^2$	背斜型、潜山型、构造—岩性型、地层不整合型	寒武系、奥陶系、志留系、石炭系等	塔中10号等，鹰山组—一间房组探明石油 1.86×10^8t，探明天然气 $3825\times10^8m^3$
	巴楚—塔西南	奥陶纪晚期雏形，志留—泥盆纪发展为巨型鼻状隆起，三叠纪末形成大型古隆起（塔西南古隆起），中生代强烈断块隆升；新生代巴楚古隆起和东部斜坡急剧隆升	$72000km^2$（奥陶系剥蚀面积计算）	$25000km^2$	背斜型、潜山型、构造—岩性型、地层不整合型	奥陶系、石炭系	和田河气田，探明天然气 $616\times10^8m^3$

续表

盆地	古隆起及斜坡带				主要油气藏类型	主要含油气层系	勘探发现
	古隆起	演化特点	古隆起面积	斜坡带面积			
塔里木	塔东	志留—泥盆纪雏形，石炭—二叠纪整体抬升，三叠纪进一步抬升、隆起幅度最大，侏罗纪—新生代断陷沉降为潜伏古隆起	塔东低凸起 41000km^2	孔雀河斜坡 18000km^2	背斜型、潜山型、构造—岩性型、地层不整合型	寒武系、侏罗系等	志留系与侏罗系见工业油流
四川	乐山—龙女寺	震旦纪末桐湾运动形成NW向古隆起，志留纪末加里东运动形成NE向古隆起，二叠纪—中生代整体下沉，燕山晚期—喜马拉雅期形成威远构造	30000km^2	45000km^2	背斜型、构造—岩性型、地层不整合型	震旦系、寒武系、奥陶系、二叠系	威远气田、磨溪气田、资阳等含气构造，累计探明天然气 5000 $\times 10^8 m^3$
	开江	石炭纪末云南运动雏型，印支—燕山期完整型古隆起，晚燕山—喜马拉雅运动褶皱冲断，成为川东高陡构造组成部分	5000km^2 (石炭系被剥蚀面积)	石炭系分布面积 40000km^2	背斜型、构造—岩性型、地层不整合型	石炭系、二叠系、中—下三叠统	五百梯、大天池等石炭系气田，累计探明天然气 2410 $\times 10^8 m^3$
	泸州	东吴运动雏型，印支运动定型，晚燕山—喜马拉雅运动褶皱冲断，成为川南低陡构造组成部分	13600km^2	35000km^2	背斜型、构造—岩性型、地层不整合型	寒武系—奥陶系、二叠系、中—下三叠统	蜀南二叠系—中、下三叠统中小型气田群，累计探明天然气 1086 $\times 10^8 m^3$
鄂尔多斯	中央古隆起	寒武纪雏形，奥陶纪末古隆起基本定型，“L”形展布；石炭—二叠纪稳定发展，中—新生代向西区域性倾斜	60000km^2	100000km^2	地层不整合型、岩性型	奥陶系，石炭系—二叠系	靖边气田，累计探明天然气储量 4600 $\times 10^8 m^3$

二、碳酸盐岩台地礁、滩体

通过对三大海相碳酸盐岩盆地岩相古地理研究及系统制图，在震旦系—中、下三叠统均发现了礁滩体，包括台缘带礁滩体和台内礁滩体。目前勘探主要集中在台缘带礁滩体，并取得了重大发现（表5－5）。在塔里木盆地塔中Ⅰ号坡折带良里塔格组礁滩体中，已累获三级储量 $2.26 \times 10^8 t$ 油当量，探明天然气 $972 \times 10^8 m^3$，原油 $6080 \times 10^4 t$。在四川盆地环开江—梁平海槽台缘带，发现一批大气田，其中包括普光、龙岗千亿立方米大气田，累计探明储量超过 $7000 \times 10^8 m^3$，三级储量超过万亿立方米。

表5-5 我国三大碳酸盐岩盆地礁滩体分布特征及勘探潜力统计表

盆地	层系	台缘带礁滩体		台内礁滩体		勘探发现	领域评价
		分布	面积(km^2)	分布	面积(km^2)		
塔里木	良里塔格组	塔中—巴楚、塔北、塘南	12000	塔中—巴楚	980(三维区)	塔中大油气田	现实领域;塘南台缘为接替领域
	一间房组	塔中—巴楚、塔北、塘南	10000~15000	塔北、塔中北、古城	15000	轮南、哈拉哈塘大油气田	现实领域
	鹰山组上段		10000~15000	全盆地	30000	轮南、哈拉哈塘大油气田;塔中722高产	塔北现实领域,塔中接替领域
	鹰山组下段		10000~15000	全盆地	20000	塔中12良好显示	潜在领域
	蓬莱坝组		10000~15000	全盆地	10000	塔中162工业气流;古城4井低产气流	潜在领域
四川	震旦系—寒武系	蜀南—川东	16000	川中	6000~8000	高科1井获低产气流	潜在领域
	栖霞组—茅口组			川西、川南	8000~10000	龙16、龙17、河3、大深1等井栖霞组—茅口组获高产气流	接替领域
	长兴组	环开江—梁平海槽台缘带	1500~2500	川中、川北、川东	8000~12000	台缘带:黄龙场、五百梯龙岗等大气田	现实领域
						台内:磨溪1、龙岗11等高产	
	飞仙关组	环开江—梁平海槽台缘带	2500~3500	川中、川北、川东	25000~30000	台缘带:铁山坡、罗家寨、渡口河、龙岗等大气田	现实领域
	嘉陵江组			全盆地	50000~60000	40余个小气田	接替领域
鄂尔多斯	奥陶系	西南缘	1200~1500			淳2井、旬探1井钻遇,见良好显示	接替领域

从四川盆地环开江—梁平海槽台缘带油气地质条件看,天然气富集条件有如下方面:

(1)台缘带高能环境,长兴组生物礁与飞仙关组鲕滩叠置发育,礁滩体叠合厚度大,沿海槽呈带状分布,长达600余千米,宽4~6km;

(2)台缘带礁滩体白云石化程度高,形成的优质白云岩储层厚度大、面积广;

(3)台缘带礁滩层系之下有龙潭组煤系和海槽相大隆组两套烃源岩,气源条件充足;

(4)礁滩体储层非均质性强,“一礁、一滩、一藏”特征明显;

(5)气藏分布不受构造控制,具有整体含气趋势。

碳酸盐岩台地内部也发育大面积分布的台内滩体。滩体类型多样,包括生屑滩、鲕滩、颗粒滩、砾屑滩等,分布面积大,纵向上表现为多层系互层。以滩沉积为原始物质的储层包括白云岩、粒内溶孔灰岩、溶蚀缝洞储层等。从圈闭类型看,以岩性圈闭为主,层状分布。一旦具备成藏条件,就有可能形成集群式油气藏大面积分布。

目前以台内滩体为油气赋存载体的勘探发现,包括四川盆地石炭系大中型气田群、铁山北飞仙关组铺滩气田、麻柳场嘉陵江组气田和磨溪雷口坡组气田等，累计探明储量天然气 $3650 \times 10^8 m^3$。在鄂尔多斯盆地马五$_5$ 亚段发现颗粒滩沉积，在浅埋藏期，间歇性暴露而发生混合水白云岩化作用，形成了粉晶白云岩储层，物性良好。2010 年针对靖边西的马五$_5$ 亚段颗粒滩体部署探井，6 口井钻遇气层，其中苏 203 井、苏 322 井获高产工业气流，展示了良好勘探潜力。

通过对塔里木、四川、鄂尔多斯三大盆地礁滩体油气勘探区带评价（表 5－5），台缘带礁滩体有利勘探区带主要有：塔里木盆地塔北、塔中—巴楚、塘南等地区的良里塔格组和一间房组，可勘探面积 10000～15000km^2。四川盆地震旦系—寒武系，面积 16000km^2；环开江—梁平海槽台缘带长兴组与飞仙关组，可勘探面积 4000～6000km^2；鄂尔多斯盆地西南缘奥陶系，勘探面积 1200～1500km^2。以上地区除塔里木盆地塘南、蜀南—川东地区、鄂尔多斯盆地西南缘为台缘礁滩体勘探的接替领域之外，其余地区均是现实的勘探领域。

台内礁滩体有利勘探区带有：塔里木盆地塔中—巴楚、塔北、塔中北和古城地区一间房组，面积 15000km^2；全盆地的鹰山组上段，面积有 30000km^2；全盆地鹰山组下段，勘探面积约 20000km^2，全盆地的蓬莱坝组，勘探面积为 10000km^2；四川盆地川中震旦系—寒武系潜在勘探领域，面积 6000～8000km^2；川西、川南地区的栖霞组—茅口组，勘探面积 8000～10000km^2；川中、川北和川东地区的长兴组和飞仙关组，前者面积为 8000～12000km^2，后者为 25000～30000km^2，；四川全盆地的嘉陵江组，面积约 50000～60000km^2。

三、深大断裂构造带

碳酸盐岩油气成藏很重要的前提是烃源供给。如前所述，区域性不整合面及断层是两种重要的输导介质。因此，断裂发育区有利于碳酸盐岩油气运聚。另一方面，深大断裂带热液活动较强烈，有利于埋藏溶蚀作用和埋藏白云石化，使得沿深大断裂带发育网栅状储层，为纵向多层系油气富集创造条件。我国三大碳酸盐岩盆地深大断裂发育带见表 5－6。

表 5－6　我国三大碳酸盐岩盆地深大断裂发育带区带综合评价统计表

领域	盆地	区带	区带综合评价	区带面积(km^2)	备注
深大断裂发育带	四川	川东石炭系	Ⅰ	8500	现实区带
		龙门山前断裂带	Ⅱ—Ⅲ	6200	潜在区带
		川中深层	Ⅱ—Ⅲ	1350	潜在区带
	塔里木	巴楚深层背斜带	Ⅱ—Ⅲ	15000	潜在区带
		玛东冲断带	Ⅱ	1600	接替区带
		塔东背斜区带	Ⅱ—Ⅲ	18000	接替区带
	鄂尔多斯	西缘推覆体下盘	Ⅱ—Ⅲ	8000	潜在区带
	小计			58650	

深大断裂与有效储层叠合发育利于形成多层系复合含油气的富集带。从四川盆地勘探实践看，川东、川东北高陡构造带断裂发育，而且存在多套层状裂缝—孔隙型储层，如石炭系、二叠系长兴组—飞仙关组台缘带礁滩体。与深大断裂伴生的高陡背斜带与有利储集体组成构造—岩性复合圈闭，利于天然气富集。目前揭示主力含气层系包括石炭系、二叠系、三叠系，累计探明天然气近万亿立方米。

以四川盆地礁滩气藏为例，高陡构造带断裂与台缘带礁滩叠加发育，气源供给充沛，气藏充满度高，已发现气藏充满度平均值在 90% 左右；而龙岗地区由于大断裂不发育以及裂缝输导的非均衡性，气源供给及输导条件不及川东北地区，气藏充满度较川东北地区偏低。但相对而言，裂缝较发育的龙岗1—龙岗2、龙岗5—龙岗27等井区气藏的充满度则较高。此外，整个长兴组与飞仙关组气藏相比，前者充满度（平均77.9%）高于后者（平均58.3%），反映了长兴组优先充注、礁滩天然气近断裂、近源富集的特征。

需要指出，克拉通盆地内部常常发育多组基底断裂，在后期构造演化过程中，基底断裂可能会发生“隐性”活动，导致上覆巨厚沉积盖层产生差异沉降（如四川盆地开江—梁平海槽及塔中Ⅰ号坡折带），利于礁滩体形成；或者产生走滑变形（如塔里木盆地塔北哈拉哈塘地区的“X”形走滑断裂带及塔中走滑断层带），利于油气晚期成藏，如塔中构造带的断层交会点是多期油气成藏和调整的主要通道和注入点。

总结我国三大碳酸盐岩盆地深大断裂发育带分布特征（表5－6），有利区带包括：四川盆地川东石炭系，勘探面积8500km^2；龙门山前断裂带，勘探面积6200km^2；川中深层，1350km^2；塔里木盆地巴楚深层背斜带，勘探面积15000km^2；玛东冲断带，勘探面积1600km^2；塔东背斜区带，勘探面积18000km^2；鄂尔多斯盆地西缘推覆体下盘，勘探面积8000km^2。

第六节　小　　结

（1）通过对近年来我国海相碳酸盐岩油气藏的解剖研究，提出我国古老海相碳酸盐岩圈闭与油气藏类型划分方案，分为构造型、地层型、岩性型及复合型四大类。在各大类中，按照圈闭形成的主导因素进一步细化类型，共划分出21个圈闭与油气藏类型。其中，岩性圈闭和地层圈闭较以往的分类方案更加细化，主要考虑到细化后的圈闭类型更易于掌握与辨别，更有利于指导勘探生产。

（2）我国以古生界为主的海相碳酸盐岩油气成藏具跨重大构造期成藏特点。导致这一现象的关键因素是烃源岩生烃历史可以跨数个构造运动旋回，由此带来成藏期的时间可以跨重大构造期。塔里木盆地寒武系—奥陶系烃源岩经历了“退火”地温场演化与埋深的耦合作用，使得部分烃源岩至新生代仍处于“液态窗”阶段，可以在新近纪以来聚集成藏。

（3）塔里木、四川、鄂尔多斯三大盆地中海相碳酸盐岩大范围成藏主要有三种成藏模式：下侵式、扬程式、转接式。下侵式成藏是指烃源岩在上、储层在下的生储盖组合条件下，油气从上覆烃源岩层向下运移并在储层内聚集成藏。扬程式成藏是指隆升幅度较高的古隆起，当油气从位于古隆起下部或侧翼的烃源岩中生成之后经过“爬坡”到达古隆起高部位的成藏过程。转接式成藏是指烃源岩分布在储层的侧翼下方，油气自烃源岩中生成后，通过断层或不整合等输导介质，向储层运移并聚集成藏。

（4）我国以古生界为主的碳酸盐岩大油气田中地层—岩性油气藏占主导地位，单个油气藏以中—低丰度为主，油气藏集群式分布构成储量规模较大的大油气田。油气藏群分布有五种模式：古隆起及斜坡带油气藏群楼房式分布、古隆起斜坡带缝洞型油气藏似层状分布、古地貌油气藏群沿侵蚀基准面大面积分布、沿台缘带礁滩岩性油气藏群带状分布和沿深大断裂带油气网栅状分布。

（5）古隆起及斜坡带、碳酸盐岩台地礁—滩体和深大断裂构造带控制了我国海相碳酸盐岩大油气田的分布，未来勘探潜力巨大。

第六章　中国海相碳酸盐岩油气资源评价与分布

油气资源潜力是指导油气勘探实践的基础，也是制定油气发展战略、勘探部署方案的重要依据，世界各国都非常重视油气资源潜力评价研究。我国经过几代石油地质工作者的艰辛努力与探索，逐步建立了完整的油气资源评价理论与方法技术，为我国的油气资源潜力评价研究奠定了良好基础。

但我国前期的油气勘探以陆相碎屑岩为重点，资源评价理论与方法多基于陆相碎屑岩而建立。我国海相碳酸盐岩相对陆相碎屑岩而言，形成于多旋回叠合盆地下部，大多经历了复杂的叠加复合过程，油气形成与分布十分复杂，具体表现在三个方面：(1)烃源岩多期生排烃，成藏过程复杂。多期的抬升和沉降形成多种油气来源，如烃源岩的一次生烃、二次生烃、分散液态烃裂解成气、古油藏裂解成气、原生油气藏改造调整等，呈现出多期生排烃、多源混合、多期成藏、多期调整等复杂的成藏现象；(2)储层类型多，非均质性强，油气富集程度差异大。目前的勘探实践表明，碳酸盐岩广泛发育风化壳和内幕岩溶型、沉积型礁滩体和白云岩以及裂缝型等多种类型储层，储层分布横向变化大，非均质性强，油气富集程度明显受有效储层分布控制；(3)油气藏多经历调整与改造，保存条件复杂。因此，基于碎屑岩建立的评价理论与方法，对古老海相碳酸盐岩并不完全适应，需要针对古老碳酸盐岩具体成藏特征，建立相应的评价方法，解决碳酸盐岩资源评价面临的方法技术难题。

第一节　碳酸盐岩油气资源评价方法

评价方法的选择是实现对油气资源潜力客观评价的基本保障，纵观国内外林林总总的油气资源评价方法，归纳起来主要有成因法、统计法和类比法三大类。从油气资源潜力评价过程看，包括两个基本过程：一是根据选取的评价对象，建立能为大家共同理解的预测模型，即地质模型；二是以建立的预测模型为基础，将有限的地质信息资源应用于模型，经过综合分析与判断，做出预测结论(胡素云，2008)。因此，油气资源评价本身就是方法论，是指导油气勘探开发实践、最大限度发现油气资源的重要方法与手段。

本次研究为建立古老碳酸盐岩油气资源评价方法与参数标准，(1)开展了基于地下真实环境的生排烃模拟实验研究，完成了10组不同温压条件下的生排烃模拟实验；(2)加强已发现碳酸盐岩油气藏(区)解剖研究，共解剖18个油气富集区、32个油气藏，获得了大量与油气资源潜力有关的地质参数与资源潜力参数；(3)开展了油气资源评价方法与参数研究：评价方法方面，基于“双峰生烃”与“接力成气”观建立成因评价方法，基于解剖研究建立有效储层面积丰度类比法、有效储层体积丰度模型法等类比评价方法；评价参数方面，立足模拟实验与解剖研究成果，利用参数优化技术，建立评价参数体系与评价参数取值标准；(4)选择重点区块开展油气资源评价研究，利用建立的评价方法与参数标准，完成了塔里木盆地塔北、塔中两个重点探区的油气资源评价，验证了评价方法与参数标准的实用性。

一、成因评价方法

成因法是一种特殊的体积资源量评价方法，也有人称之为体积生成法，或地球化学物质平衡法。即根据物质质量守恒原理，通过对烃源岩中烃类的生成量、排出量和吸附量、运移量和散失损耗量等计算，从而预测评价区的油气资源量(图6－1)。

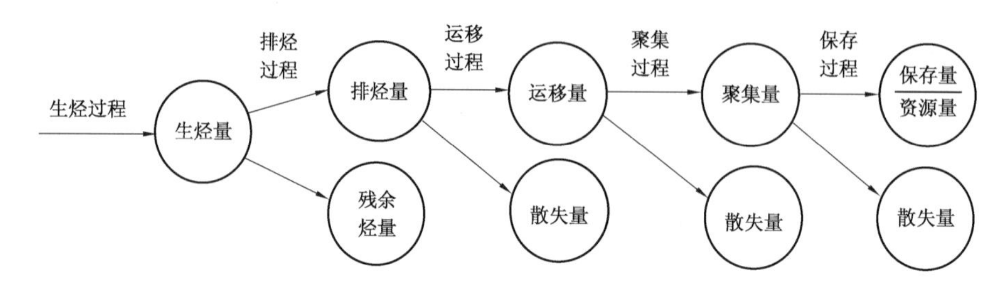

图6－1　成因法预测油气资源的一般地质模式

成因法使用的关键是客观确定评价区烃源岩的生烃潜力以及生成的烃类对成藏的贡献。由于我国碳酸盐岩层系多处于盆地底层，热演化程度高，现今达到高—过成熟($R_o > 2.0\%$)的烃源岩占盆地面积一般超过80%，按照传统的生烃理论，资源潜力有限。前人大量的生排烃模拟实验以及本次完成的不同温压条件下的生排烃模拟实验表明，不同类型烃源岩尽管排烃效率有差别，但仍有相当数量的液态烃尚未排出，滞留于烃源岩内，这部分尚未排出的液态烃在后期的演化过程中，发生裂解而成为天然气的重要来源。因此，要客观评价古老海相层系油气资源潜力，成因法既要考虑干酪根生烃对成藏的贡献，也要考虑滞留分散液态烃后期裂解对成藏的贡献。

(一)烃源岩生排烃潜力评价

到目前为止，我国的资源评价主要依据模拟实验法进行生烃潜力评价。前人在生油岩有机质(干酪根，藻类、水生动物、油、沥青、沥青质和现代孢粉等)热演化方面开展了大量的热模拟实验研究，并根据模拟实验结果，建立产烃率图版开展生烃潜力评价。

近期众多学者研究表明，实验条件下的成烃门限所对应的镜质组反射率值往往偏高(卢双舫，1996)。基于化学动力学理论分析，仅仅与镜质组演化有相近的动力学行为(相近的活化能分布和指前因子)的成烃过程，才能以镜质组反射率作为桥梁将实验结果推广应用到地下。近期大量有关有机质成烃动力学的研究显示，大多数有机质成油、成气的动力学行为均与镜质组演化过程有较大的差异(卢双舫等，1995)。因此，热模拟实验法只能近似地描述地质条件下的成烃过程。

有机质生烃过程实质上可以视为有机质裂解的化学反应，化学动力学的理论在许多化学反应过程中都得到了成功应用。如Loptin的TTI法在生油岩半定量评价中的应用、Lerch模型在沉积盆地热史恢复中的应用等。理论上讲，有机质生烃动力学模型可以描述烃源岩在地质条件下的有机质成烃过程。本次研究基于这一认识，利用化学动力学法动态描述古老烃源岩的生烃历史(图6－2)。

1. 烃源岩生烃史评价模型

基于化学动力学模型，烃源岩在热演化过程中与油气的生成密不可分。利用标定所得到的动力学参数(图6－3、图6－4)，结合烃源岩的沉积埋藏史和热史分析(卢双舫等，1996；庞雄奇等，1993)，即可定量计算烃源岩在任一时刻由干酪根初次裂解所生成的油、气的数量以

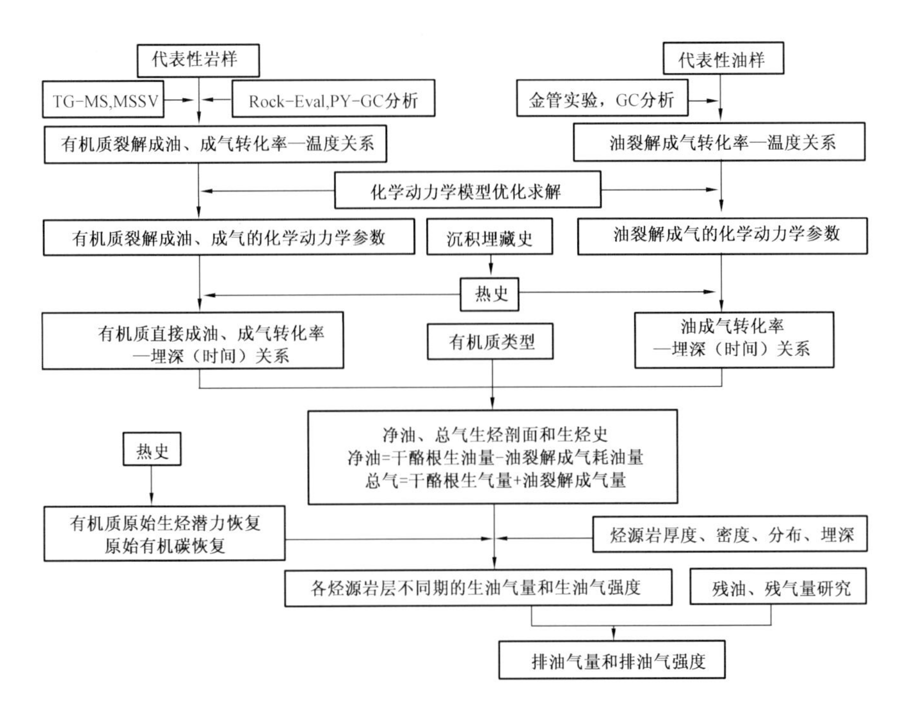

图6-2　化学动力学方法计算生排烃量流程

及油二次裂解所生成气的量。进而得到烃源岩的净生油量和总生气量:净生油量 = 干酪根成油量 - 油成气消耗油量;总生气量 = 干酪根成气量 + 油成气量。

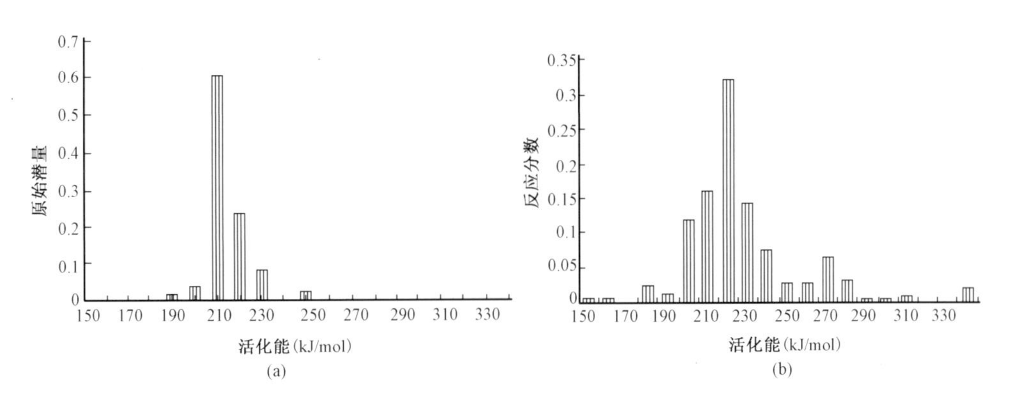

图6-3　下马岭页岩 Rock - Eval 实验有机质成油(a)、TG - MS 成气(b)的活化能分布图

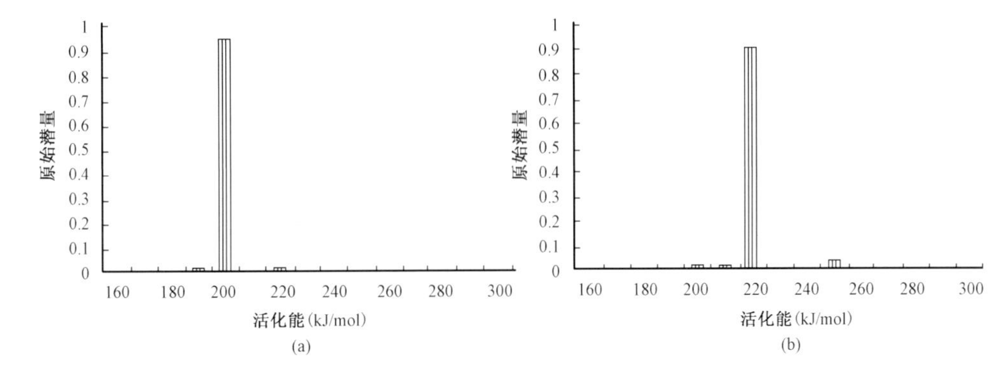

图6-4　三塘湖石灰岩 Rock - Eval 实验有机质成油(a)、成气(b)的活化能分布图

2. 生排烃理论模型

依据物质平衡法计算排油量,计算公式如式(6-1)至式(6-3)所示。

$$Q_{生烃} = S \times H \times \rho \times TOC^0 \times I_H^0 \times F \tag{6-1}$$

$$Q_{残留油} = S \times H \times \rho \times f \tag{6-2}$$

$$Q_{排油} = Q_{生油} - Q_{残留油} \tag{6-3}$$

式中 S——烃源岩面积;

H——烃源岩厚度,m;

ρ——烃源岩密度,本次取灰质烃源岩密度为2.5g/cm³,泥质烃源岩密度为2.4g/cm³;

TOC^0、I_H^0——烃源岩的原始有机质丰度和原始生烃潜力;

F——有机质成烃转化率;

f——单位岩石残留油量,由烃源岩埋深对应残留烃 S_o—深度关系曲线获得。

本次研究,塔里木盆地下古生界海相烃源岩残留烃(S_1)数据,主要通过拟合残留油饱和量(S_o)与深度关系确定,如图6-5。

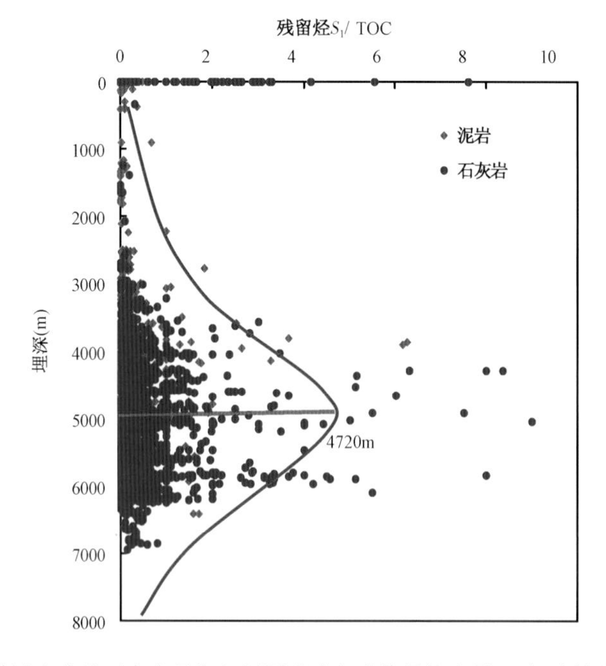

图6-5 塔里木盆地下古生界海相烃源岩残留油临界饱和量 S_o 与成熟度 R_o 的关系

根据图6-5拟合出残留油临界饱和量 S_o(mg/g)与深度(m)的关系式如下:

$$S_1 = a - b \cdot e^{-c \cdot (H/9000+0.38)-d} \tag{6-4}$$

式中各系数见表6-1。

表6-1 残留油临界饱和量与成熟度取值参数表

系数	a	b	c	d
当 $H \leqslant 4720$ 时	4.4	4.3	7.548	8.48
当 $H > 4720$ 时	4.3	14.25	3.354	-5

由式(6－4)所得的残留油饱和量并没有考虑有机质丰度的影响。通过对不同 TOC 分布段的残留油饱和量研究，在式(6－4)基础上建立了不同 TOC 的校正系数 C。

$$C = 0.332077 \cdot TOC^{0.4024} \tag{6-5}$$

(二)分散液态烃成气潜力理论模型

近年来，通过对不同类型干酪根、液态烃(包括原油与分散可溶有机质)生烃动力学实验研究，证实液态烃的成气量是等量干酪根的 2～4 倍，而且成气时机比干酪根晚，应该是处于高—过成熟演化阶段的烃源岩具备成藏能力的主要贡献者。生烃动力学研究揭示，不同赋存状态的液态烃裂解成气的主要时间段滞后于干酪根热降解成气，干酪根主生气时期的 R_o 为 1.1%～1.6%，液态烃主生气时期的 R_o 为 1.6%～3.2%，二者构成接力成气过程(图 6－6)。研究表明，处于高—过成熟阶段的古老海相层系，不仅有古油藏(聚集型液态烃)发生裂解成气作用，而且部分滞留于烃源岩或储层的分散液态烃也可以发生热裂解成气，仍然具有良好的生气潜力。

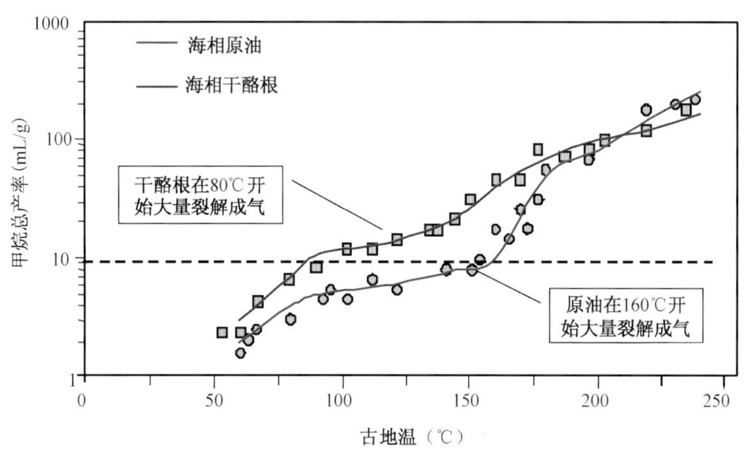

图 6－6 干酪根与原油裂解大量成气的温度

实际上，分散液态烃能够规模生气的认识，大大提升了古老海相层系天然气的勘探潜力。近期我国在塔里木盆地的塔北、塔中地区古老碳酸盐岩层系获得一批重要的天然气发现，改变了前期台盆区碳酸盐岩勘探以找黑油为主的历史，近 10 年台盆区天然气勘探获得的储量是前期几十年的 15 倍之多，特别是 2012 年古城地区古城 6 井的突破，进一步证实烃源岩内分散液态烃的成气潜力。此外，四川川中古隆起震旦系—寒武系勘探的重大突破，也客观证实了烃源岩内分散液态烃后期裂解成气对成藏的贡献。同时，美国页岩气研究也证实页岩气资源就是烃源岩内滞留分散液态烃裂解的结果。

分散液态烃对油气成藏贡献研究的最大难点是：如何客观确定分散液态烃的时空分布。从油气成藏过程分析看，可能对成气潜力有影响的分散液态烃，实际包括：源内分散液态烃、散失在运移通道上的液态烃以及古油藏破坏形成的液态烃三类。对于三类分散液态烃的成气潜力评价，必须采用不同的研究思路与方法对其进行研究。烃源岩内分散液态烃的成气潜力，主要依据烃源岩内残留烃量与深度的关系统计分析，究其液态烃的数量及其分布，进而进行生气潜力评价。运移通道和古油藏中分散液态烃成气潜力，则主要通过输导层中现今残留烃的分析与评价，在研究液态烃的数量及其分布基础上，开展生气潜力评价(图 6－7)。

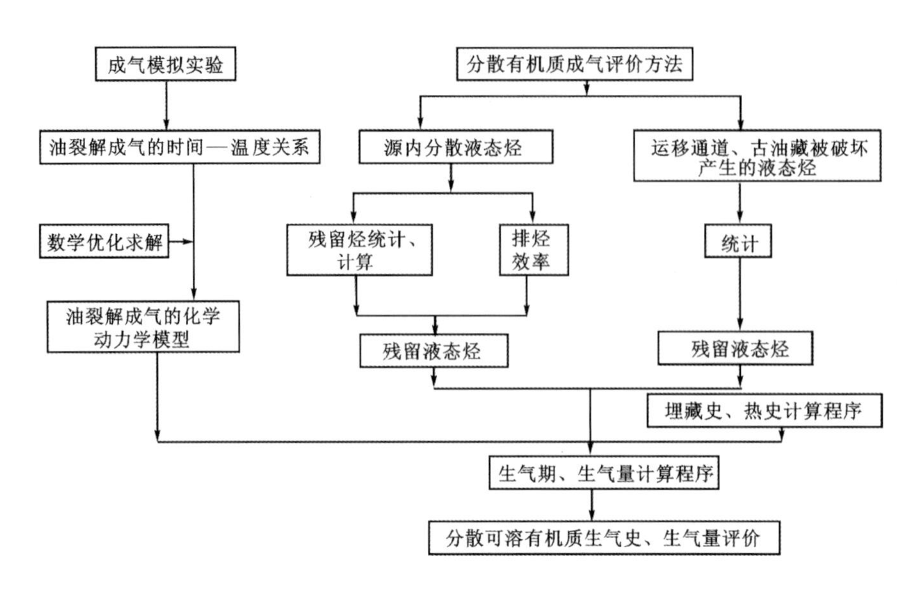

图6－7　分散可溶有机质成气计算原理

1. *烃源岩内滞留分散液态烃分布预测模型及裂解成气计算方法*

烃源岩内滞留分散液态烃数量的研究，主要依据残留液态烃的含量，求取烃源岩层内实际残留的液态烃量。所谓的烃源岩残留液态烃量实际是指烃源岩大量排烃后，滞留于烃源岩内尚未排出的液态烃量。当残留液态烃的含量低于烃源岩岩石的饱和残留烃量之前，烃源岩层处于“饥饿”状态，即生烃量并没有满足烃源岩自身吸附的需要，只有当生烃量大于或等于残余油临界饱和量或极限量时，即实际残留的液态烃量等于残余油临界饱和量或极限量后才可以开始大量向外排烃。我们将烃源岩内的原油随深度的减小量主要归因于原油的裂解，认为烃源岩在深埋状态下压实变化量一般较小，而储层则变化较大（解启来等，1996）。随深度的继续增加，残留于烃源岩内的液态烃类开始大量裂解成气，并向源外排出，导致残留烃量的减小（图6－8）。

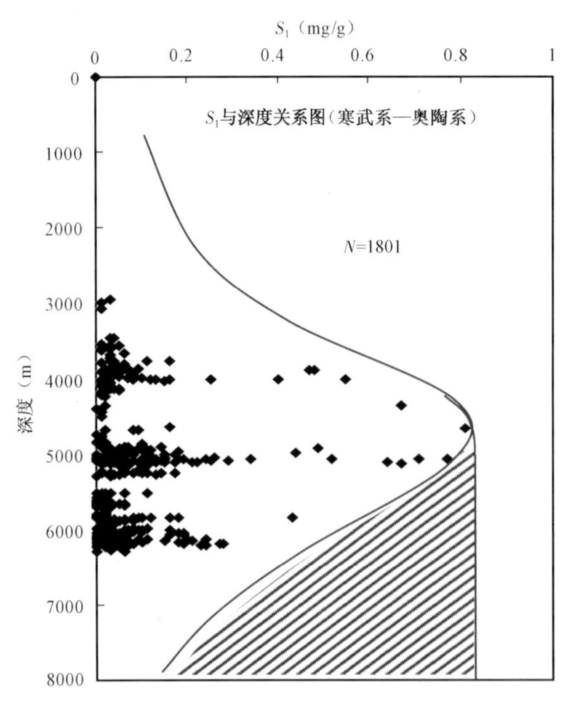

图6－8　塔里木盆地古生界烃源岩内最大残留烃量与实际残留烃量对比图

烃源岩内残留烃的成气量可以通过两条路径求取，一是依据物质平衡原理求取最大残留烃与实际残留烃的包络线的差值，即为烃源岩内残留的分散液态烃裂解成气量，这种办法相对简单。但存在的问题是该方法不能动态地反映各个时期烃源岩内残留液态烃的裂解成气量。二是根据实际残留烃量的包络线，依据烃源岩层所经历的埋藏史和热史分析，将油成气过程结合化学动力学原理，得到油裂解成气的比例进行裂解量计算，该方法能够得到各个时期烃源岩内残留液态烃裂解成气量以及裂解强度，计算公式为：

$$X_{og} = \frac{Tr}{1 - Tr} \times S_1 \tag{6-6}$$

式中 X_{og}——烃源岩内残留液态烃成气量；

Tr——残留液态烃成气转化率（求取方法与油成气转化率计算一致）；

S_1——现今的残留油量。

本次研究对两种方法计算结果进行了对比。总体看，按照物质平衡原理计算得到的烃源岩内残留油的成气量大约是基于化学动力学方法的1.137倍。

2. 烃源岩外分散液态烃分布预测模型及其裂解成气计算方法

烃源岩外分散液态烃的分布预测涉及油气运移等复杂问题，定量计算比较困难。应该说20世纪90年代以来，物理模拟实验和数值模拟技术进步，使油气运移通道预测、油气运移路径和油气藏定位成为可能，油气运移研究在定量、定时等方面取得了长足进展。国内外学者对油气的二次运移过程进行了大量的物理模拟实验和数值模拟研究（Dembickih 等，1989；Catalanl 等，1992；Thomas 等，1995；Hindle，1997）。研究结果表明，油气二次运移只是通过局限的优势通道进行，油气运移空间可能仅占整个输导层的1%～10%。李明诚（1989—1998）先后在渤海湾盆地的大民屯、歧口等8个凹陷，用录井资料求得各个凹陷有效运移通道的空间平均约占整个运载层孔隙空间的5%～10%；而塔里木台盆区满加尔凹陷的古生界，油气二次运移的有效通道空间系数平均仅为3.9%。

本次研究采用了简化模型，根据塔里木盆地运载层系的有效空间系数，初略估算了塔里木盆地各运载层系的有效运移空间，再结合统计的7000多个残留烃样点，进行残留烃量随深度变化的关系研究（图6－9）。统计结果表明，不同储层的残留烃最大值的深度，表现为下伏地层的最大残留烃量对应的深度往往大于上覆地层最大残留烃量对应的深度。如塔里木盆地寒武系—奥陶系残留烃量最大值对应的深度大约为4800m，而志留系最大残留烃量的深度在4600～4700m，相比之下石炭系最大残留烃的埋深不足4000m，三叠系更浅。通过对输导层中残留烃包络线的勾绘，得到各深度最大残留烃量，以此作为运移通道的残留烃量。再依据优势运移通道的比例（本次取有效运移通道空间比例的最大值为1%～10%）以及生排烃的分隔槽确定出不同地区残留烃量。依据该模型，得到了主要储层残留烃的分布。

虽然该模型与以往油成气评价相比在评价方法上有较大的进步，但也存在不足。比如说油气在地下基本处于不稳定状态，油气优势运移通道是非均质分布的，但模型尚未考虑。此外，由于满加尔、塔西南以及阿瓦提等凹陷区钻井资料较少，评价中统计的运移残留烃数据主要来自于塔中和塔北地区的油气井资料，代表性还存在一定的问题。

地下油气总是处于不断供给和散失的动平衡过程中，烃源岩生成的油气不断地向输导层充注，输导层中的油气不断散失，但油气的充注具有幕式特征，即大量的油气充注主要发生在油气大量生成期或稍晚于大量生烃期。图6－10给出了油气充注及其裂解的模式，并通过该模型，建立了计算烃源岩外分散液态烃的数学模型（式（6－7）和式（6－8））。需要说明的是，在建立烃源岩外分散液态烃数学模型过程中，需要对地质情况进行简化。

具体考虑：（1）各时期生油量与总生油比例，输导层各时期充注油量与该输导层累计充注油量的比例相一致；（2）各时期充注的原油性质稳定。为此，建立以下数学模型：

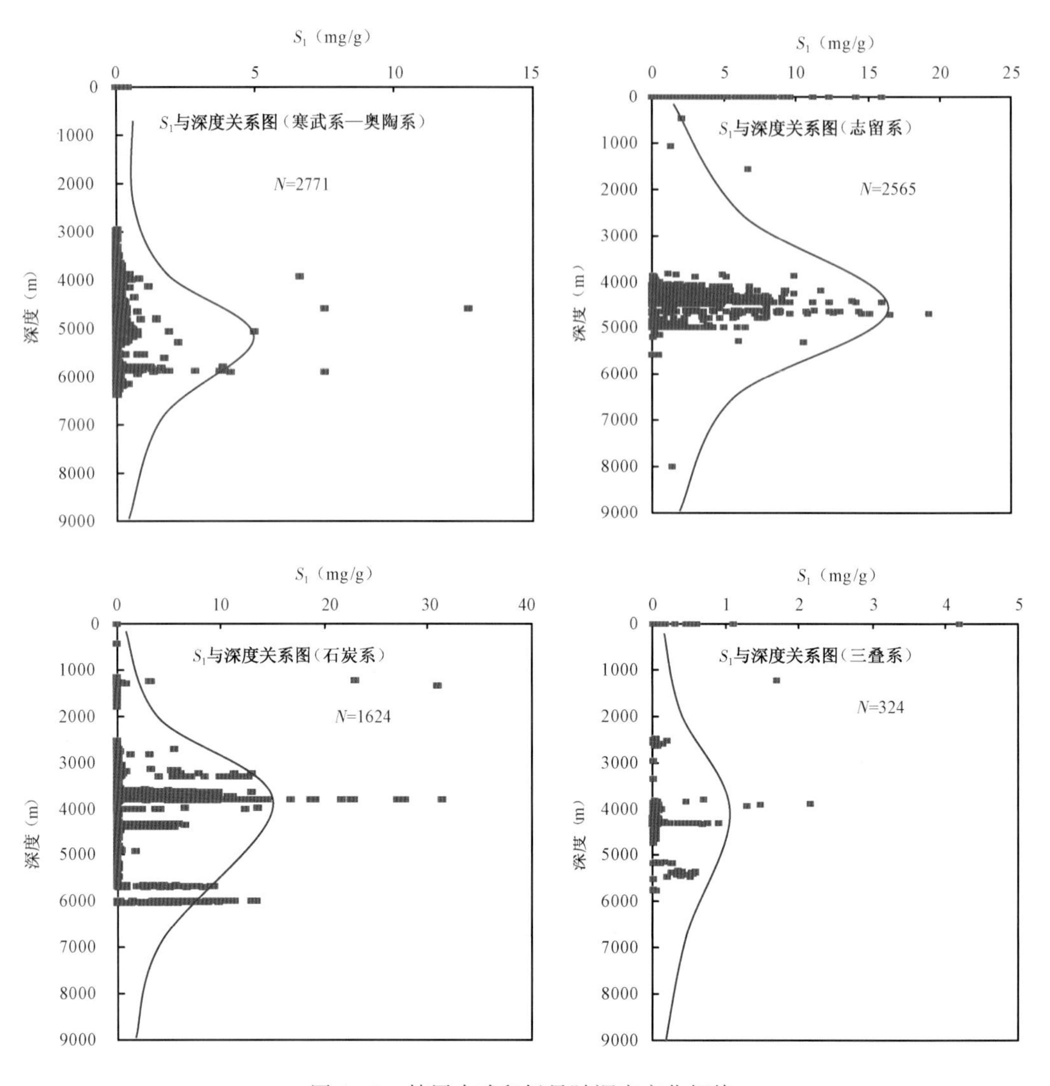

图6－9　储层中残留烃量随深度变化规律

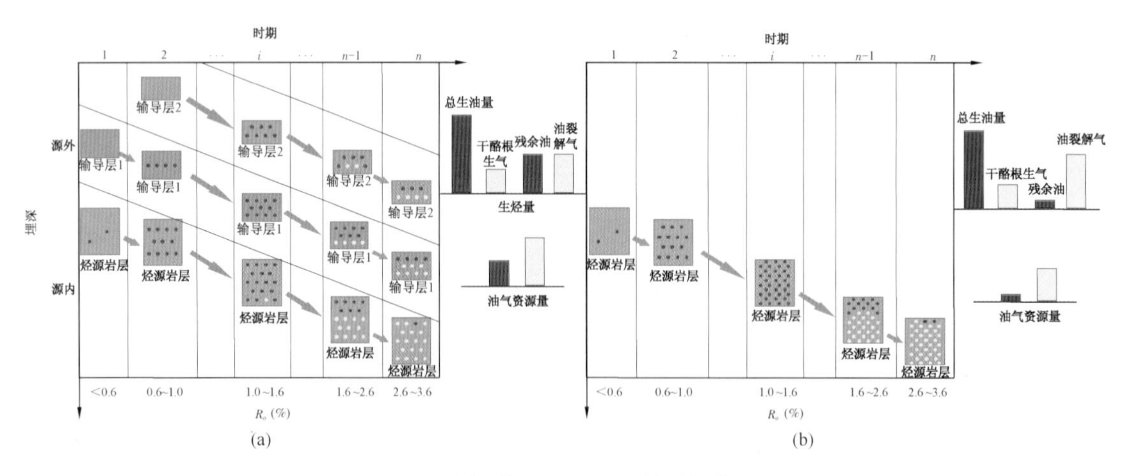

图6－10　不同时期原油充注及其裂解模式对比

（a）为分散可溶有机质成气模式；（b）为传统油成气模式

$$
\begin{cases}
S_{1_0} = S_1{}^0 \sum_{j=1}^{j=n} X_j \cdot (1 - Tr_{i,j}) \\
S_{1_i} = S_1{}^i \sum_{j=1}^{j=i} X_j \cdot (1 - Tr_{i,j}) \\
\mathrm{OXG}_i = S_1{}^i - S_{1_i} \\
X_i = KO_i / KO \\
S_1{}^i = S_1{}^0 \sum_{j=1}^{j=i} X_j
\end{cases}
\tag{6-7}
$$

$$
\mathrm{OXG}_i = S_{1_0} \cdot \left[\frac{\sum_{j=1}^{j=i} X_j \cdot Tr_{i,j}}{\sum_{j=1}^{j=n} X_j \cdot (1 - Tr_{i,j})} \right]
\tag{6-8}
$$

式中 X_i——第 i 个时期生油百分比；

KO_i——第 i 个时期干酪根生油量，KO 干酪根总生油量；

$Tr_{i,j}$——第 j 个时期充注的油到第 i 个时期的油成气转化率；

$S_1{}^0$——到现今累计充注油量；

$S_1{}^i$——到第 i 个时期累计充注油量；

S_{1_0}——现今残余油量；

S_{1_i}——第 i 个时期的残留烃量；

OXG_i——第 i 个时期油成气量；

n——时期数。

（三）“双峰”式生烃理论模型

建立了古老海相层系有机质“双峰”式生烃理论模型（参见图 3－36）。该理论模型，对天然气资源来说，有机质经历了干酪根降解生气和分散液态烃裂解生气两个高峰，模型揭示古老海相碳酸盐岩层系天然气资源可能超出原来预期。与传统的 Tissot 模式相比，“双峰”式生烃模型，不仅包括了干酪根热解成烃演化，也考虑了分散液态烃裂解成气演化，同时考虑了温度与压力共同影响下有机质成油高峰期的延滞（R_o 为 1.0%～1.4%）。

“双峰”式生烃模型大大提升了古老海相层系资源潜力认识，不仅是对传统生烃理论模型的继承与发展，而且对我国近期在高—过成熟古生界碳酸盐岩层系获得的众多天然气发现从理论上作出了较好的回答。

近期研究表明，我国古生界海相层系多经历了“双峰”式生烃历史。四川盆地寒武系烃源岩的生油高峰期主要在三叠纪，干酪根降解生气高峰期主要在早侏罗纪，油裂解成气高峰期在中侏罗世—早白垩世；志留系烃源岩生油高峰期在晚三叠世，干酪根降解生气高峰期主要在中侏罗纪，油裂解成气高峰期在早白垩世。塔里木盆地海相层系也经历了早期生油、晚期干酪根降解生气、油裂解成气等生烃高峰期。

二、类比评价方法

类比法是最大相似条件下的由“已知推未知”的一种评价方法，也是国际上广泛使用的一种评价方法，其基本的假设条件是：假设某一评价区和某一高勘探程度区（也称类比刻度区或标准区）有类似的油气地质条件，那么它们将会有大致的含油气丰度（胡素云，2008）。类比法使用的关键在于：一是客观确定理论模型，二是客观确定评价区与刻度区的相似程度。

针对我国古老海相碳酸盐岩而言，建立起适合碳酸盐岩层系油气地质特征，特别是储层特征的成藏条件类比参数体系与类比评价方法，是实现碳酸盐岩层系油气资源潜力客观评价的关键。本次类比评价方法建立的基本思路详见图6－11。

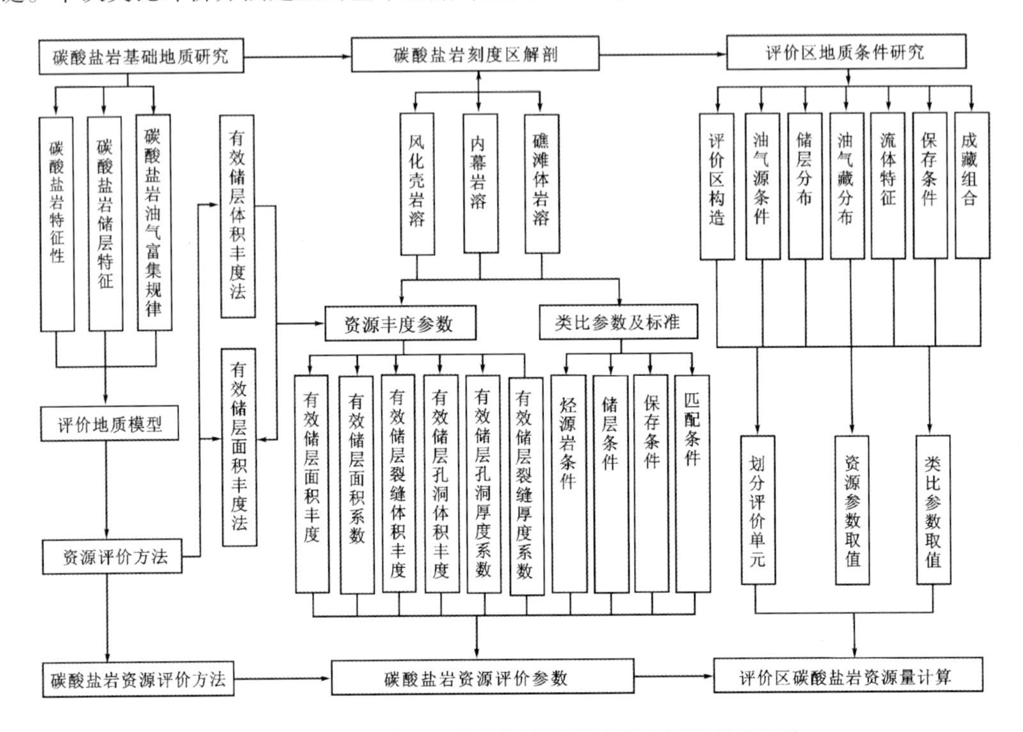

图6－11　海相碳酸盐岩油气资源潜力类比评价技术思路

（一）类比法理论模型

我国海相碳酸盐岩时代老、成岩程度高，原始孔隙空间基本消失殆尽，目前的油气储集空间主要是后期溶蚀作用形成的溶蚀孔洞和构造作用形成的裂缝。这种基于孔洞、裂缝组成的油气聚集空间，分布具有强烈的非均质性。解剖研究表明，既在平面上表现为明显的分区性，也在垂向上表现为强烈的分带性，只有孔、洞、裂缝发育区和孔、洞、裂缝发育带才能成为油气有效储层。由于油气资源分布受有效储层控制，因此有效储层的刻画是碳酸盐岩资源评价的关键。

（二）类比法的分类

类比法的核心是油气成藏条件的定量类比。由于储层是影响碳酸盐岩油气成藏与分布的关键，本次研究针对碳酸盐岩有效储集空间分布具有强烈非均质性的现实，基于有效储层分布的刻画，建立了有效储层体积丰度类比法和有效储层面积丰度类比法两种类比评价方法。

1. 有效储层体积丰度类比法

有效储层体积法的计算模型为：

$$Q = S \times H \times R \times M \times K \times a \tag{6-9}$$

式中　Q——评价区油气地质资源量；

S——评价区面积；

H——评价层系储层厚度；

M——解剖区有效储层面积系数；

R——解剖区有效储层厚度系数；

K——解剖区有效储层体积丰度；

a——类比系数。

有效储层体积丰度类比法，试图反映碳酸盐岩储层有效孔、洞发育的非均质性。用有效储层面积系数刻画碳酸盐岩储层孔、洞发育在平面上的非均质性，用有效储层厚度系数刻画碳酸盐岩储层孔、洞发育在垂向上的非均质性。有效储层体积丰度类比法涉及的关键参数如下。

(1)有效储层厚度系数：即为纵向上有效储层厚度（孔洞、裂缝厚度）与碳酸盐岩储层厚度的比值。碳酸盐岩的储层类型是由碳酸盐岩储层中各种储集空间（孔、洞、缝）以不同的方式组合在一起构成的，主要分为孔洞型、裂缝型或裂缝—孔洞型三种类型。根据录井、测井及试油等成果，确定纵向上的储层类型和储层发育段，分别统计不同类型储层发育段的厚度，进而得到有效储层厚度系数。

(2)有效储层面积系数：即为平面上有效储层分布面积（缝洞面积之和）与该评价区面积的比值。碳酸盐岩岩溶缝洞型储层具备整体含油、局部富集的特点，油气的富集程度同样具有强烈的非均质性。利用缝洞体雕刻技术可以刻画碳酸盐岩储层的平面分布，结合钻井、测井、试油结果，确定解剖区块的有效储层面积。

(3)有效储层体积资源丰度：即为单位体积有效储层（缝洞体）资源量。碳酸盐岩油气资源主体分布在有效储层（缝洞体）内，通过统计各解剖区块的油气储量（包括孔洞油气储量及裂缝油气储量）及区块内有效储层缝洞体体积（包括孔洞有效储层体积及裂缝有效储层体积），求取各有效储层缝洞体体积丰度（分别计算孔洞型体积丰度及裂缝型体积丰度）。

(4)类比系数：即为评价区与解剖区的相似程度，以评价区地质类比总分与解剖区地质类比总分比值表述。类比系数主要反映评价区与解剖区有效储层发育程度的相似性和评价区与解剖区成藏条件的相似性。对不同类型的储层应分别建立评价标准，通过解剖区解剖建立类比参数体系及参数取值标准。并在对解剖区及评价区逐项地质类比评分基础上，利用加法原则求出各解剖区与评价区的评价总分，最终求取类比系数。

2. 有效储层面积丰度类比法

有效储层面积丰度法计算模型为：

$$Q = S \times K \times M \times a \tag{6-10}$$

式中　Q——评价区油气地质资源量；

S——评价区面积；

K——解剖区有效储层面积丰度；

M——解剖区有效储层面积系数；

a——类比系数。

有效储层面积丰度类比法涉及的关键参数包括：解剖区有效储层面积丰度、解剖区有效储层面积系数以及类比系数等，各个参数的确定方法同有效储层体积丰度类比法。

第二节　碳酸盐岩油气资源评价参数与取值标准

参数研究的质量是决定资源潜力评价结果可靠性的关键，世界各国的油气资源评价都非常重视评价参数研究，特别是影响评价结果的关键参数研究。由于评价工作涉及的参数种类繁多，来源复杂，因此如何根据已经掌握的各类成果资料，采用有效的方法客观确定评价参数，特别是关键参数，这对资源潜力评价来说是十分重要的。本次研究，基于已发现油气藏或油气区解剖，获得了大量可以直接用于评价的基础数据，较好地解决了评价参数体系建立与评价参数的取值问题。

一、油气藏解剖与关键参数

油气藏或油气区解剖是获得资源评价参数、建立评价参数标准的重要方法。具体研究中，解剖区选择应该满足 3 个条件：(1)勘探程度较高；(2)研究认识程度较高；(3)资源探明程度相对较高。解剖工作必须满足两方面要求：一是通过解剖，能够系统建立解剖区石油地质特征参数和类比参数，为类比评价提供参照标准；二是通过解剖能够建立起影响资源评价结果关键参数的取值标准与参数预测模型，为具体评价关键参数的选取提供方法与模型支持。

近期勘探实践表明，我国海相碳酸盐岩储层主要是沉积型礁滩体、改造型岩溶缝洞型等，为此本次研究以塔里木盆地奥陶系碳酸盐岩层系为重点，按风化壳岩溶、内幕岩溶及礁滩体岩溶三种类型储层选择典型油气藏或油气区进行解剖，建立三种不同储层类型的类比评价参数体系与取值标准。

(一)风化壳岩溶解剖区

以轮南—塔河北部风化壳岩溶解剖区为例，该区位于塔北隆起高部位(图 6－12)，为轮南—塔河油气田分布区，东西分别是哈拉哈塘和草湖凹陷，面积 2144.9km^2。目前，该区块油气勘探程度相对较高，有探明、控制及预测储量区块 32 个，主要产层为奥陶系碳酸盐岩溶缝—洞储层，油气分布呈大面积连片整体含油。

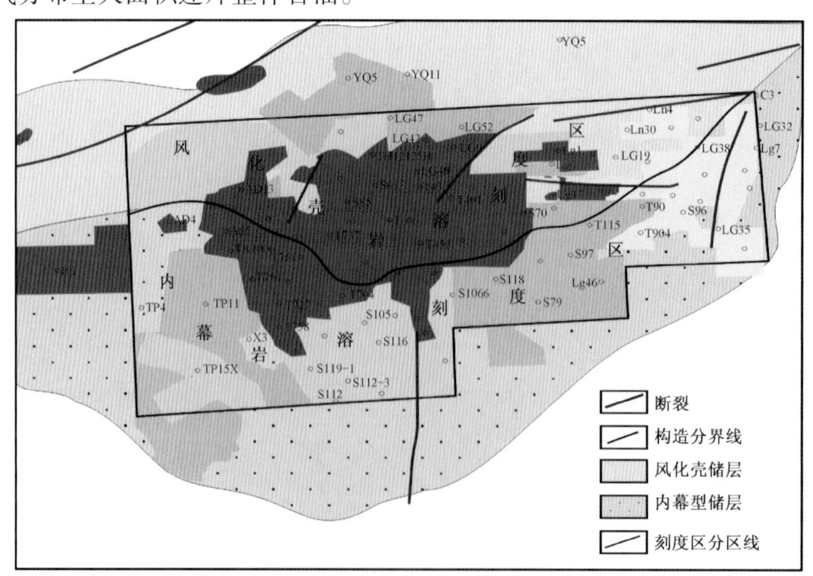

图 6－12　塔里木盆地轮南—塔河油气田风化壳岩溶及内幕岩溶解剖区分布图

解剖区储层主要为奥陶系一间房组及鹰山组风化壳型岩溶缝洞体，岩性为亮晶鲕粒灰岩、亮晶砂屑灰岩。储集空间以溶孔、溶洞、裂缝为主，纵向上发育表层岩溶带、垂直渗流岩溶带、水平潜流岩溶带，深部岩溶带相对不发育；平面上岩溶古地貌主要为岩溶高地及岩溶斜坡，经历加里东及海西期多幕岩溶改造。区内断裂较发育，有效储层集中发育在距断裂 0～5000m 附近，成岩作用强。勘探实践表明，区内整体含油，油气分布具有明显的分区性，呈东气西油的分布特征，气油比、天然气干燥系数东高西低，原油密度西高东低，东面为饱和凝析气藏，西面为未饱和油气藏。解剖区奥陶系潜山油气藏油气分布不受局部构造控制，储层发育程度是影响油气富集程度的关键因素。

有效储层为碳酸盐岩孔、缝、洞构成的岩溶缝洞发育带或缝、洞集合体，根据储集空间类型可划分为裂缝型及孔洞型两种类型储层。本次研究，我们将有效储层厚度系数分为孔洞型厚度系数和裂缝型厚度系数，孔洞型厚度系数是孔洞型储层厚度占总储层厚度的比值，裂缝型厚度系数为裂缝型储层厚度占总储层厚度的比值。

为解剖有效储层对油气富集程度的影响，本次研究对轮南—塔河风化壳岩溶区已有油气发现的 32 个区块进行了深入解剖，统计了 90 口井的有效储层厚度数据，解剖了 1237.8km^2 的风化壳储层缝、洞分布，得到了风化壳岩溶型区的有效储层厚度系数分布模型（图 6－13）、有效储层面积系数分布模型（图 6－14）、有效储层面积丰度分布模型（图 6－15）和有效储层体积丰度分布模型（图 6－16）。

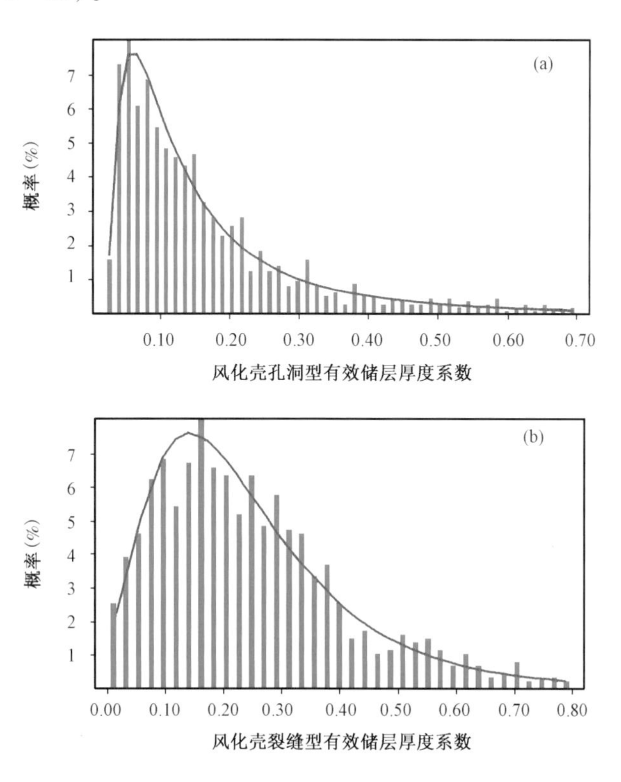

图 6－13 风化壳岩溶有效储层孔洞型厚度系数（a）和裂缝型厚度系数分布模型（b）

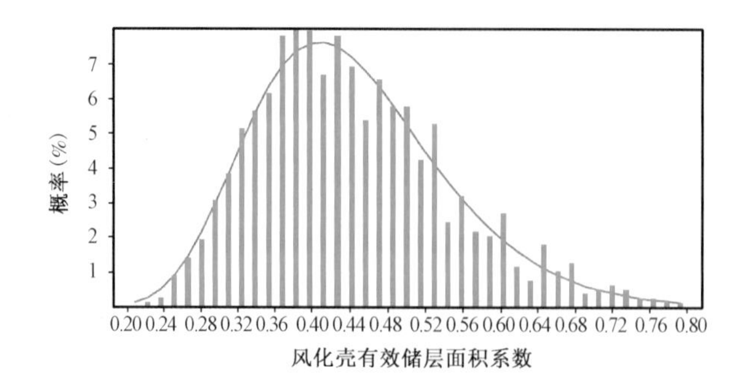

图6-14　风化壳岩溶储层有效储层面积系数分布模型

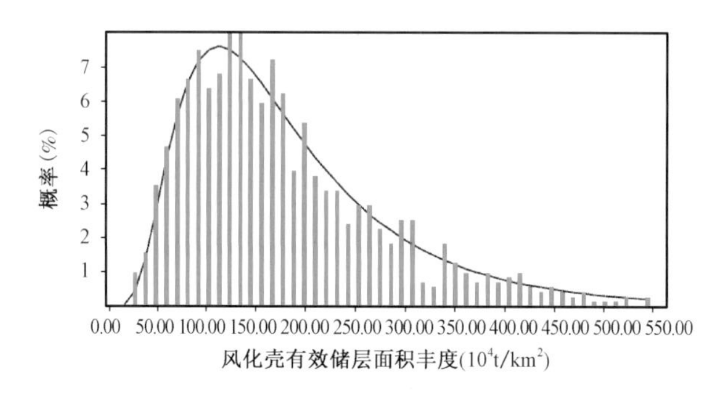

图6-15　风化壳岩溶储层有效储层面积丰度分布模型

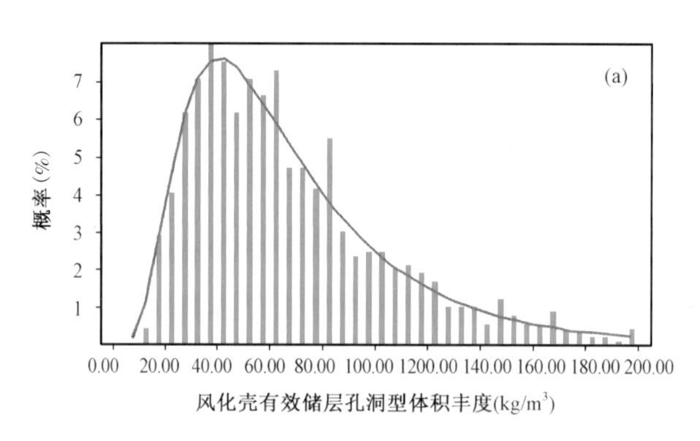

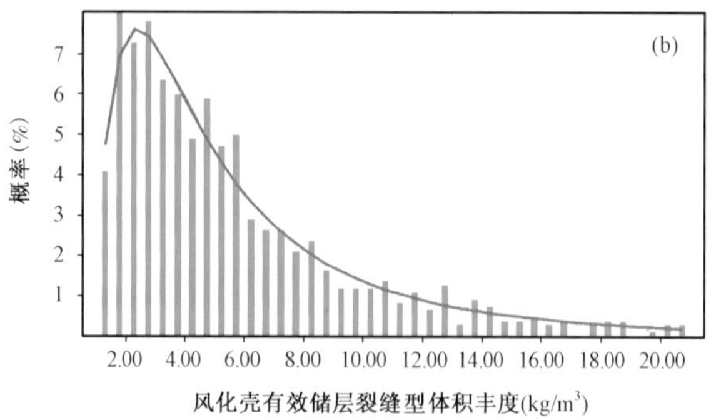

图6-16　风化壳岩溶有效储层孔洞型体积丰度(a)
和裂缝型体积丰度分布模型(b)

(二)内幕岩溶解剖区

以轮南—塔河南部内幕岩溶储层解剖区为例。良里塔格组、一间房组和鹰山组为有利储层发育段,岩性主要为瘤状灰岩、亮晶鲕粒灰岩和亮晶砂屑灰岩等。岩溶古地貌主要为岩溶洼地,部分为岩溶斜坡。内幕岩溶储层的形成同样经历了加里东期、海西期古岩溶的改造,有效岩溶储层集中在距断裂 0 ~ 3000m 附近。解剖了轮南—塔河内幕岩溶已发现油气储量的 17 个区块,统计了 46 口井的有效储层厚度系数,结合工区内 605.8km^2 的三维地震资料,对内幕岩溶储层缝洞展布进行了刻画。以解剖成果数据为基础,建立了内幕岩溶解剖区的有效储层厚度系数分布模型(图 6-17)、有效储层面积系数分布模型(图 6-18)、有效储层面积丰度分布模型(图 6-19)和有效储层体积丰度分布模型(图 6-20)。

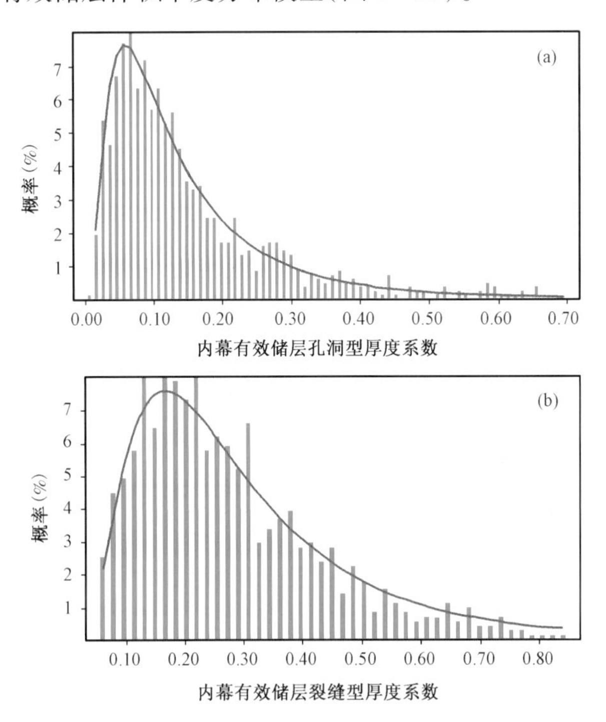

图 6-17 内幕型岩溶有效储层孔洞型厚度系数(a)和裂缝型厚度系数分布模型(b)

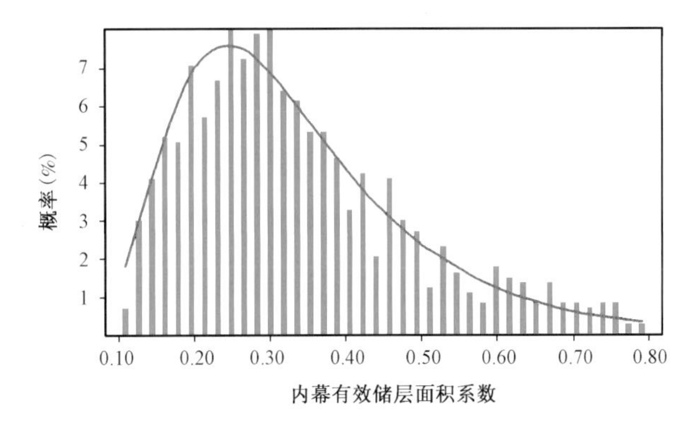

图 6-18 内幕型岩溶储层有效储层面积系数分布模型

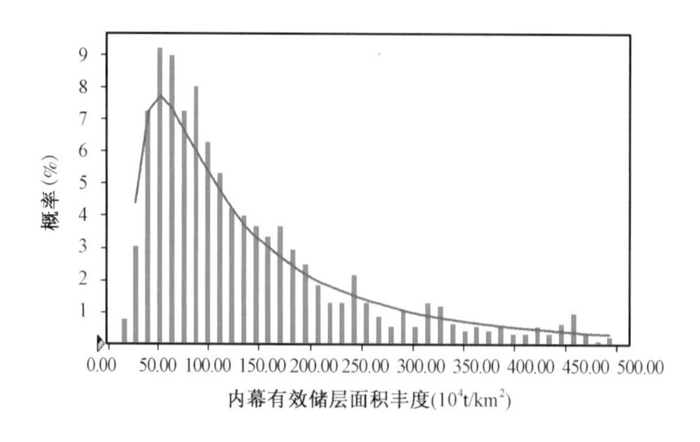

图 6-19 内幕型岩溶储层有效储层面积丰度分布模型

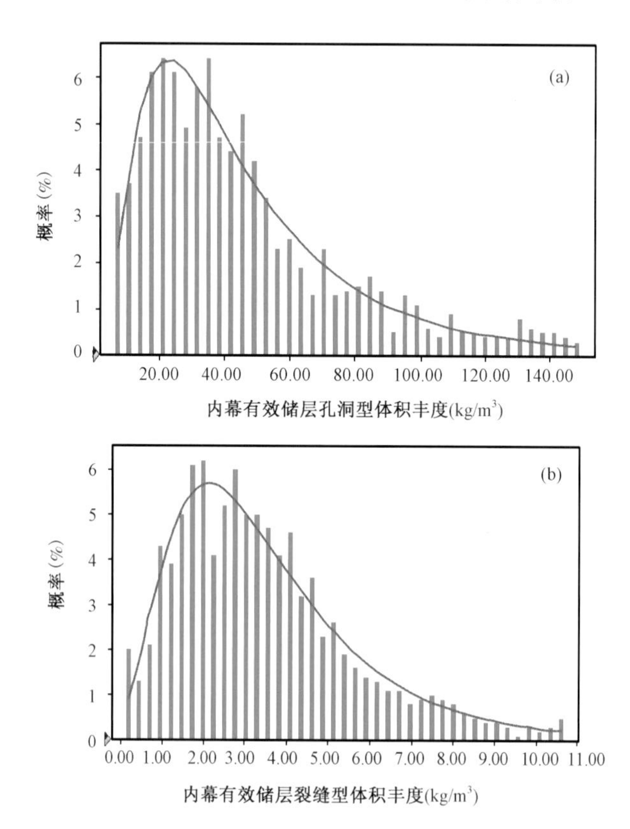

图 6-20 内幕型岩溶有效储层孔洞型体积丰度(a)
和裂缝型体积丰度分布模型(b)

(三)礁滩体解剖区

以塔中Ⅰ号构造带礁滩体解剖区为例,该区位于塔里木盆地的中央隆起带主体部位,东临满加尔凹陷,呈北西—南东走向,具有东高西低的构造格局。已发现的油气藏以台缘礁滩体岩溶储层为主,油气沿塔中Ⅰ号断裂带呈带状展布,以凝析气藏为主,整体含油。解剖区面积 1398.9km^2,解剖了 25 个礁滩体岩溶区块,系统收集整理了 61 口井的有效储层厚度系数,并利用三维工区内 1259.2km^2 的礁滩体储层缝洞雕刻数据,建立了台缘礁滩体岩溶储层的有效储层厚度系数分布模型(图 6-21)、有效储层面积系数分布模型(图 6-22)、有效储层面积丰度分布模型(图 6-23)和有效储层体积丰度分布模型(图 6-24)。

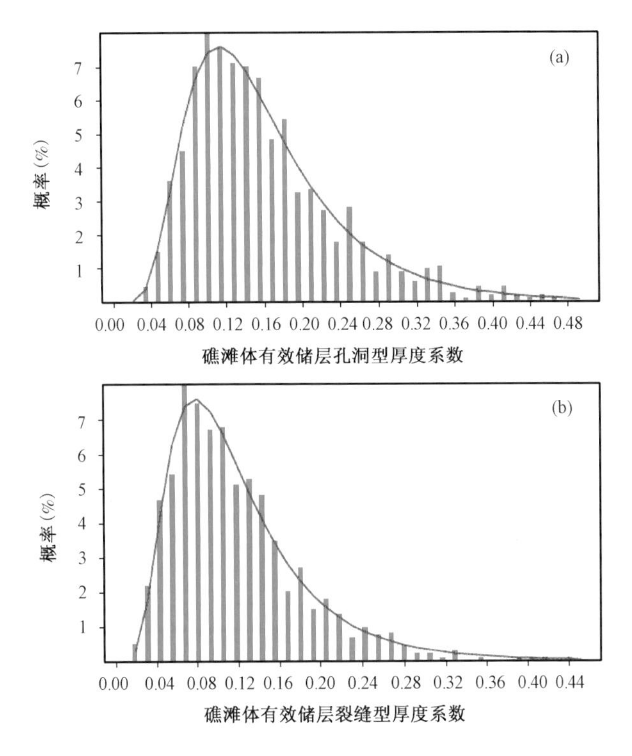

图6－21　礁滩岩溶储层有效储层孔洞型厚度系数(a)和裂缝型厚度系数分布模型(b)

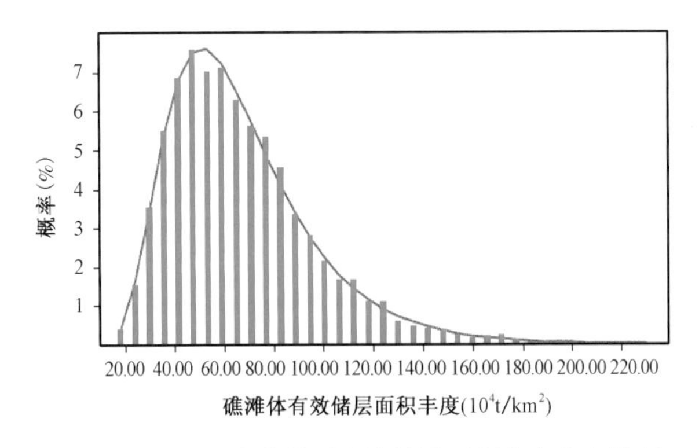

图6－22　礁滩岩溶储层有效储层面积丰度分布模型

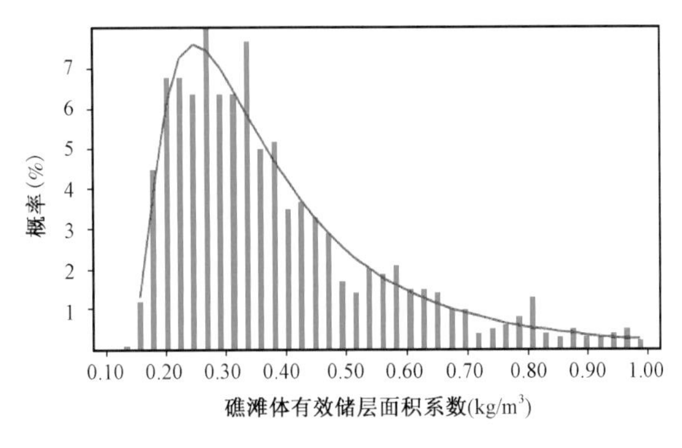

图6－23　礁滩岩溶储层有效储层面积系数分布模型

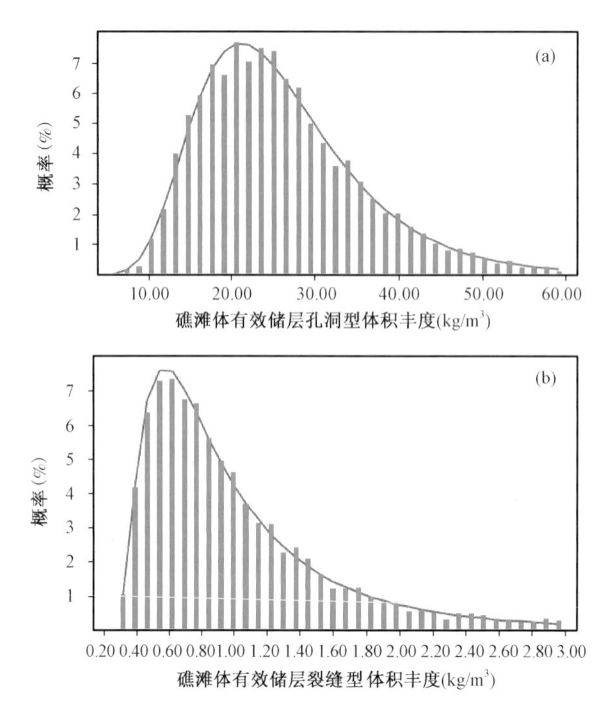

图6－24　礁滩岩溶储层有效储层孔洞型体积丰度(a)和裂缝型体积丰度分布模型(b)

二、参数体系与参数取值标准

地质评价是油气资源评价的重要内容,也是优选勘探目标和进行勘探决策的重要依据。本次研究基于古老碳酸盐岩油气成藏研究成果以及油气藏解剖研究成果,影响古老碳酸盐岩层系油气成藏与富集的关键地质要素是:油气源条件、储层条件、保存条件和各项地质要素的时空匹配四个方面。

为建立适合我国古老碳酸盐岩油气地质特点的评价参数体系与参数取值标准,第一,以油气藏或油气区解剖为基础,结合成藏研究及实验分析数据,按影响碳酸盐岩油气成藏四大关键要素,提取与成藏条件有关的地质参数;第二,对提取的各项地质参数进行归类处理,并按对油气成藏影响程度对提取的参数进行分类、分级,初步建立评价参数体系;第三,在评价参数统计分析基础上,采用参数优化技术确定影响油气成藏的关键参数,建立评价参数分级标准;第四,根据建立的参数分级标准对成藏条件进行量化处理,并通过因子分析,进一步剔除影响不显著的参数,最终确定评价参数体系与参数取值标准。

本次研究共提取64项参数(其中储层33项、油源12项、保存4项、油藏属性等15项)作为评价参数体系与取值标准建立的基础,通过不断优化,最终确立了与碳酸盐岩油气成藏密切相关的类比参数21项。

(一)碳酸盐岩储层类比参数分级

1. 岩溶发育部位

岩溶发育部位主要是指岩溶储层发育的岩溶古地貌,包括岩溶高地、岩溶斜坡及岩溶盆地等。岩溶高地是次级古地貌单元相对较高的部位,岩溶斜坡是古地貌地形相对较低和平缓部位,岩溶盆地是古地貌地形最为低缓的区域。岩溶古地貌决定古岩溶的深度、范围及强度,是岩溶发育的关键因素。统计结果表明,岩溶斜坡的碳酸盐岩储层发育最好,为风化壳岩溶的有利分布区,其次是岩溶高地,最后是岩溶盆地(图6－25)。

2. 岩溶岩性

不同岩石具有不同的溶蚀特征，不同类型岩石溶蚀的难易程度不同。总体看，岩性单一、质纯、性脆、裂缝较易发生的厚层石灰岩最易形成古岩溶型储层。塔北地区亮晶颗粒灰岩，岩性较纯，脆性较大，是有利岩溶储层发育区。其次，是泥晶颗粒灰岩和颗粒泥晶灰岩，泥晶灰岩最差(图6－26)。

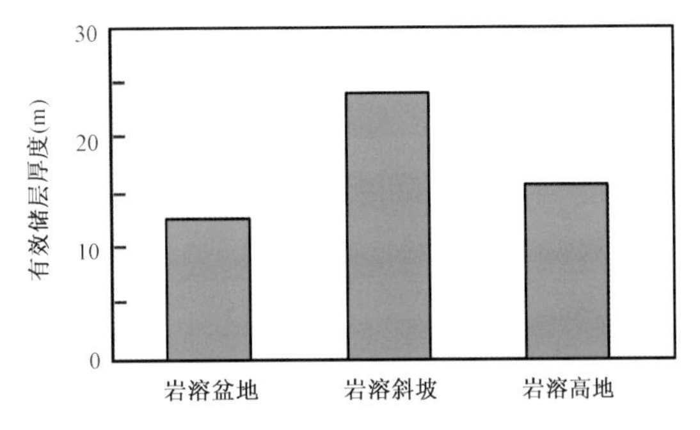

图6－25　不同发育部位的有效储层厚度

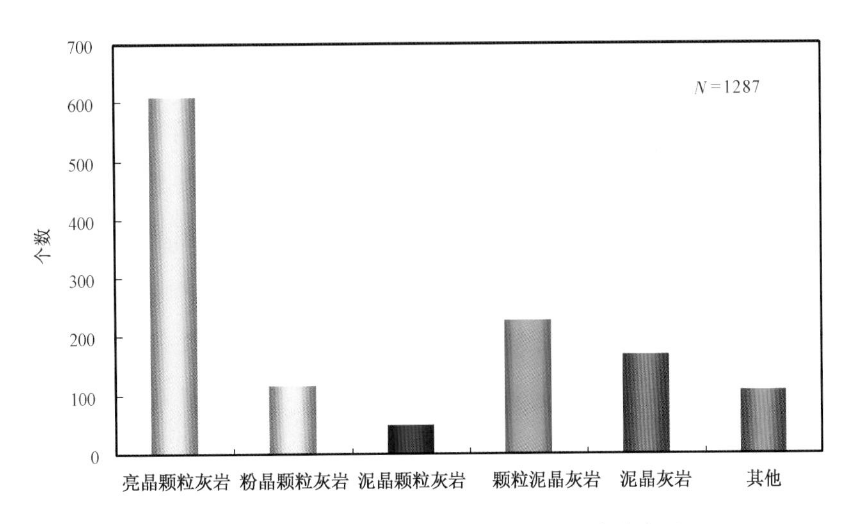

图6－26　塔北地区有效储层岩溶岩性频率分布图

3. 岩溶期次

塔里木盆地海相层系发育多期岩溶，不同期次岩溶对碳酸盐岩储层空间的改造不同，多期岩溶的叠加可以有效地改造碳酸盐岩储集空间。从解剖结果看，塔北大区奥陶系碳酸盐岩经历了加里东期、海西期多期岩溶作用，塔北北部鹰山组风化壳岩溶储层经历5期岩溶作用叠加改造，储集空间大为改善；南部鹰山组内幕型岩溶储层经历了3期岩溶作用改造。

4. 距断裂的距离

断裂对奥陶系碳酸盐岩古岩溶储层有明显的改造作用，断裂活动一方面形成次生断裂、裂缝或断裂破碎带；另一方面可与大气降水沟通，使断裂带附近碳酸盐岩岩溶作用加强、岩溶发育的深度加大，改善了储层的孔、渗条件与储集性能。具体表现在：碳酸盐岩岩溶储层孔洞孔隙度随距断裂距离的增大而减小、有效储层厚度与储层百分比随距断裂距离增大而减小(图6－27至图6－30)等。

5. 岩溶带

解剖结果表明，碳酸盐岩岩溶储层明显受岩溶带控制，纵向上古岩溶表现出良好的分带性，各岩溶带的岩溶储层发育程度并不完全相同。潜流岩溶带岩溶发育率最好，有效储层厚度最大；其次，为表层岩溶带，其岩溶发育率较高，但有效储层厚度相对潜流岩溶带而言，有效储层厚度偏小；渗流岩溶带有效储层厚度与表层岩溶带相差不大，但岩溶发育率较低；深部岩溶带岩溶发育率及有效储层厚度都较低(图6－31、图6－32)。

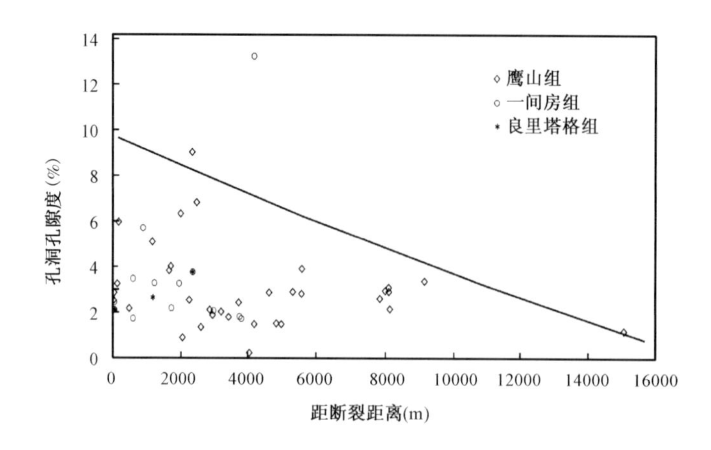

图6-27　风化壳储层断距与孔洞孔隙度关系

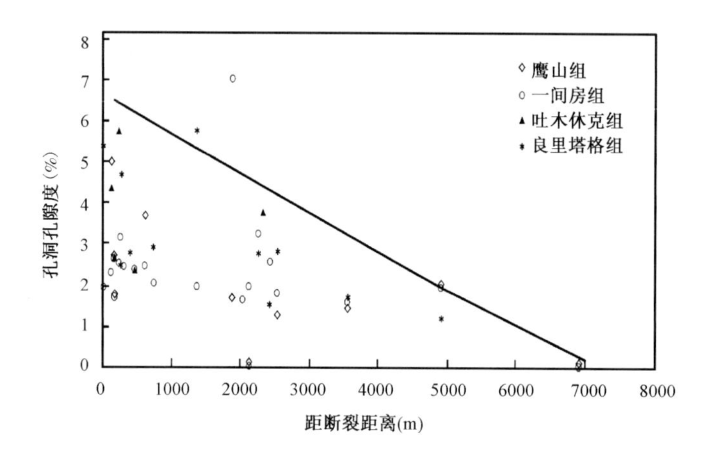

图6-28　内幕储层断距与孔洞孔隙度关系

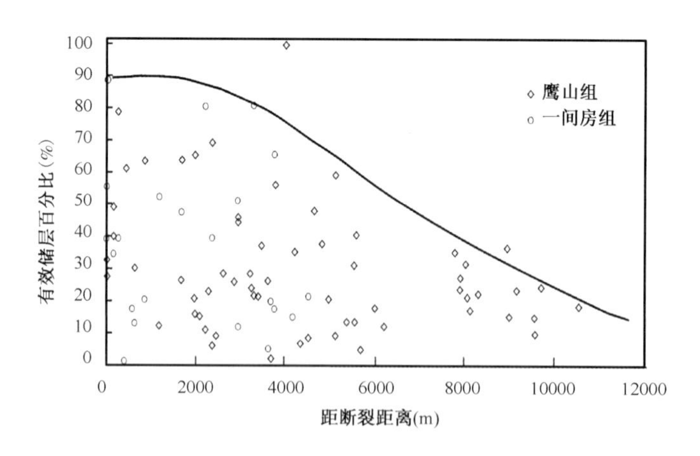

图6-29　风化壳有效储层百分比与断距关系

6. 距不整合面的距离

地层的抬升与剥蚀是岩溶储层发育的基本条件，抬升背景下大气淡水溶蚀作用对暴露碳酸盐岩的改造形成了复杂的缝—洞储层系统（多发生在石灰岩层系）和孔—洞储层系统（多发生在白云岩层系），不整合界面是岩溶储层发育的重要条件之一，对岩溶储层的发育与分布有

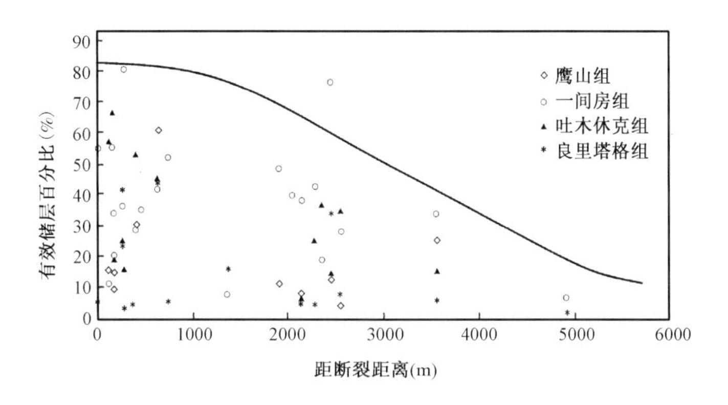

图6-30　内幕储层有效储层百分比与断距关系

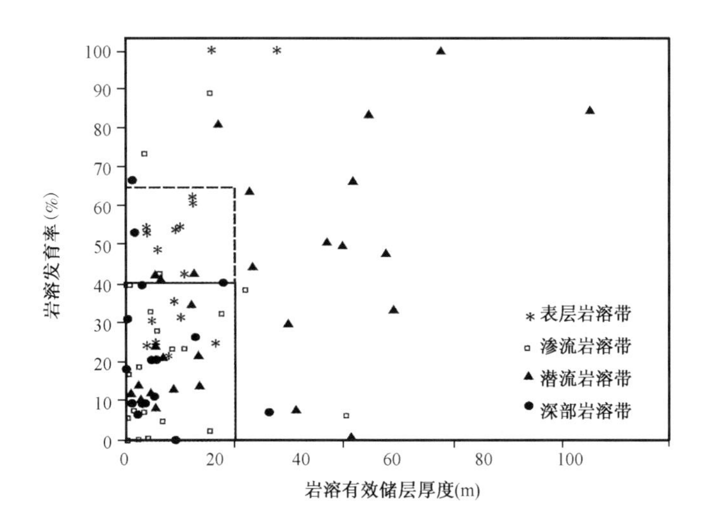

图6-31　塔北岩溶发育率与储层厚度交会图

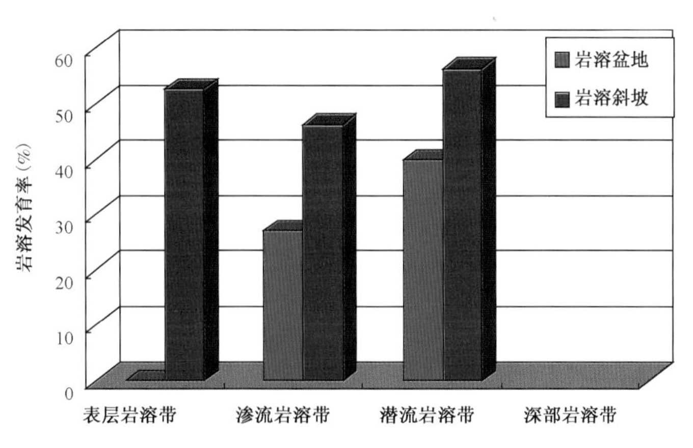

图6-32　不同部位岩溶储层发育率统计图

重要的控制作用。通过塔里木盆地岩溶储层发育与分布的解剖，发现存在明显地形起伏的角度不整合，控制潜山风化壳岩溶储层的形成；碳酸盐岩层系内幕区没有明显地形起伏的平行不整合，控制层间岩溶储层的形成。总体看，碳酸盐岩岩溶储层集中发育在不整合面附近，岩溶储层发育程度与不整合距离有关。岩溶储层的有效储层厚度、孔隙度与距不整合面的距离越远，有效储层厚度及有效储层孔隙度值越小(图6-33、图6-34)。

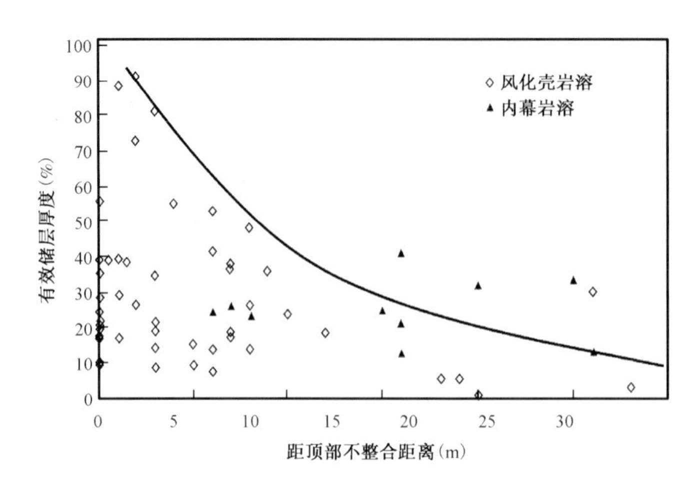

图6－33　塔北有效储层厚度与不整合面距离关系

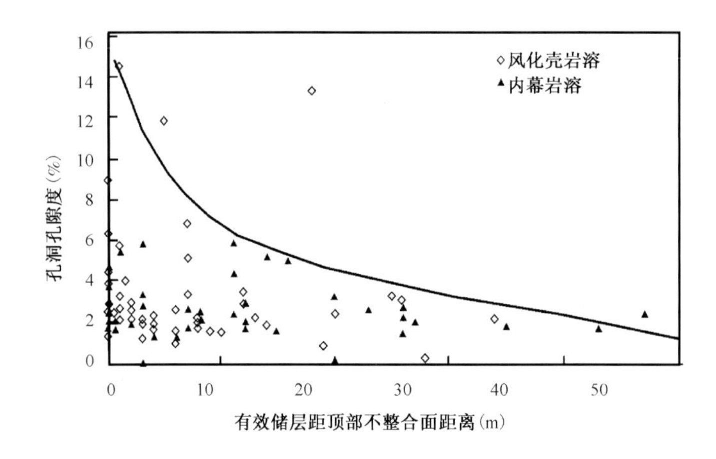

图6－34　塔北储层孔隙度与不整合面距离关系

7. 沉积相

受沉积作用控制的沉积相是规模有效储层发育的物质基础，尤其是沉积型礁滩储层和沉积型白云岩储层。如塔里木盆地塔中地区奥陶系良里塔格组礁滩储层，储层发育的基础是高能礁滩沉积。通过对塔中Ⅰ号构造带的解剖，发现有效储层分布与沉积相带关系明显，不同类型的沉积相带，有效储层发育程度差异较大。塔中Ⅰ号构造带已发现的油气，主要分布在粒屑滩、礁滩复合体、丘滩复合体和滩间海沉积微相中。通过对塔中Ⅰ号构造带48口井的统计，得出了各沉积相带与孔隙度、有效储层厚度的关系(图6－35)。总体看，粒屑滩及礁滩复合体的有效储层孔隙度和有效储层厚度较大，丘滩复合体次之，滩间海最差。

(二)评价参数体系与参数取值标准

评价参数体系与参数取值标准是评价工作的基础。本次评价参数体系与参数取值标准的建立，根据碳酸盐岩油气成藏条件的解剖，基于油气成藏的基本原理，选择对成藏起关键性作用的油源、储层、保存以及三大要素的匹配共四大地质要素作为主控要素，在此基础上进一步优选若干地质参数，并根据各地质参数对成藏影响的相关性分析结果，确定各成藏地质参数的权重(表6－2)。

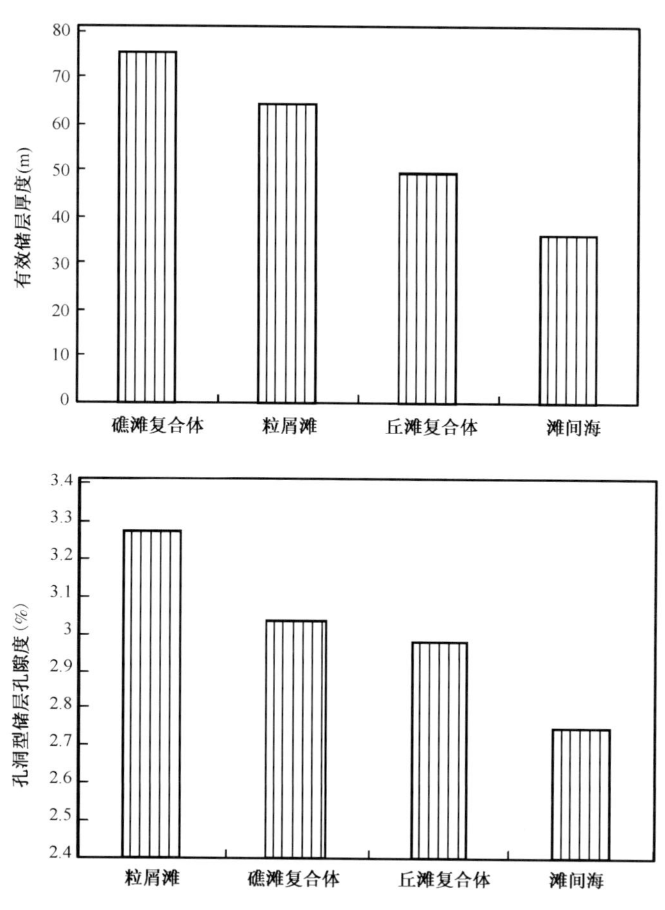

图6-35 塔中地区各沉积亚相储层孔隙度和有效储层厚度关系图

表6-2 碳酸盐岩类比参数体系及权重

地质条件	参数项	权重	地质条件		参数项	权重
油源条件(0.25)	有效烃源岩面积系数	0.25	储层条件(0.4)	礁滩型	沉积相带	0.3
	有效烃源岩生烃强度	0.25			距顶部不整合距离	0.2
	主要成藏时间	0.25			与断裂距离	0.2
	输导条件	0.25			成岩作用	0.3
保存条件(0.2)	区域盖层厚度	0.3		风化壳岩溶及内幕岩溶	发育部位	0.3
	盖层岩性	0.2			岩性	0.1
	剥蚀强度	0.2			岩溶期次	0.2
	断裂破坏程度	0.3			与断裂距离	0.3
匹配条件(0.15)	生储盖组合个数	0.4	储层条件(0.4)	风化壳岩溶及内幕岩溶	距顶部不整合距离或岩溶带	0.1
	主要成藏期时间匹配	0.6				

以初步建立的评价参数体系为基础,结合塔中、塔北不同类型储层成藏研究具体解剖成果和建立的地质参数分布模型,按照最优化原则,采用参数优化技术进一步优化评价参数体系,并根据优化结果确定各地质参数对成藏的贡献,建立碳酸盐岩油气资源评价类比参数体系及类比参数评分标准表(表6-3、表6-4)。

表 6-3 有效储层评分参数及取值标准

成藏条件	参数名称	分值			
		1~0.75	0.75~0.5	0.5~0.25	0.25~0
烃源条件	有效烃源岩面积系数	>3	3~2	2~1	<1
	生烃强度($10^4t/km^2$)	>500	500~300	300~100	<100
	主要成藏期	喜马拉雅期+晚海西期	喜马拉雅期	晚海西期	晚加里东期—海西早期
	输导条件	不整合+断层	断层+储层	不整合	储层(缝洞体)
储集条件	储层类型 生物礁滩	见表6-4			
	储层类型 风化壳岩溶				
	储层类型 内幕岩溶				
保存条件	区域盖层厚度(m)	>300	300~200	200~100	100~0
	盖层岩性	膏泥岩	泥岩、石灰质泥岩	泥灰岩、泥质石灰岩	石灰岩
	盖层剥蚀强度	无剥蚀	剥蚀弱	剥蚀较强	剥蚀强烈
	断裂破坏程度	无破坏	破坏弱	破坏较强	破坏强烈
配套条件	生储盖组合数	>3		<3	
	主要成藏时间匹配	早或同时		晚	

表 6-4 海相碳酸盐岩储层类比参数取值标准

储层类型	参数	1~0.75	0.75~0.5	0.5~0.25	0.25~0.05
生物礁滩型	沉积相带	粒屑滩、礁滩复合体	丘滩复合体	滩间海	台内洼地、藻坪、泥坪、滩间洼地
	距顶部不整合距离	0~40	40~80	80~120	>120
	与断裂距离	0~1500	1500~3000	3000~4500	>4500
	成岩作用	强(溶解及白云化作用)	较强	弱	较弱
岩溶型	发育部位	岩溶斜坡+岩溶高地	岩溶斜坡	岩溶高地	岩溶洼地
	岩溶岩性	亮晶颗粒灰岩	泥晶颗粒灰岩	颗粒泥晶灰岩	泥晶灰岩
	岩溶期次	加里东+海西期		加里东期	
岩溶型 风化壳型	与断裂距离	0~2500m	2500~5000m	5000~7500m	>7500m
	岩溶带	水平潜流带	表层岩溶带	垂直渗流带	深部岩溶带
岩溶型 内幕型	距顶部不整合距离	0~10m	10~20m	20~30m	>30m
	与断裂距离	0~1500m	1500~3000m	3000~4500m	>4500m

三、碳酸盐岩资源评价实例

油气资源评价实际是一项以油气地质条件评价为基础、以资源量估算为核心、以区带目标评价为重点的评价工作,因此资源评价涉及评价工作的方方面面。本节不对油气资源评价全过程进行阐述,仅结合本次研究工作基于碳酸盐岩储层强非均质性特点建立的类比评价方法在塔里木塔北、塔中地区资源评价中的具体应用作一简单介绍,试图借此来验证评价方法的实用性。

(一)塔里木盆地塔北地区奥陶系油气资源评价

塔北地区是塔里木盆地重要的含油气单元，塔北隆起面积约 $4.5\times10^4km^2$，残留的碳酸盐岩分布面积约 $2.8\times10^4km^2$。塔北地区奥陶系碳酸盐岩发育风化壳岩溶、潜山内幕岩溶等多种类型储层，风化壳岩溶储层主要发育在隆起的高部位，内幕岩溶发育在隆起的南侧斜坡广大区域。目前已发现的奥陶系碳酸盐岩油气藏主要分布在中—下奥陶统鹰山组、中奥陶统一间房组和上奥陶统良里塔格组，其中一间房组—鹰山组上段油气富集程度相对较高。

1. 评价区块划分

塔北地区碳酸盐岩油气成藏受大型隆起斜坡背景、多期断裂和多期烃类充注、大面积非均质岩溶储层“三要素”有机配置控制，具有似层状、集群式、大面积成藏的特点，油气成藏历史复杂，富集程度差异大。因此，针对这类具有强非均质性的岩溶型储层的评价研究，评价单元体系划分时应充分考虑评价区的地质结构特征、油气藏分布特征、流体性质、油气藏保存条件及成藏组合的差异。

本次评价考虑塔北地区奥陶系油气成藏与分布的差异，将评价单元体系划分为四个评价区(图 6－36)。第一个评价区为东部地区，包括评价区①、评价区②及评价区③三个评价区块；第二个评价区为轮南—塔河油气区主体区，包括评价区④、评价区⑤及评价区⑩三个评价区块；第三个评价区为轮古西地区，包括评价区⑥及评价区⑦两个评价区块；第四个评价区为英买力地区，包括评价区⑧及评价区⑨两个区块。

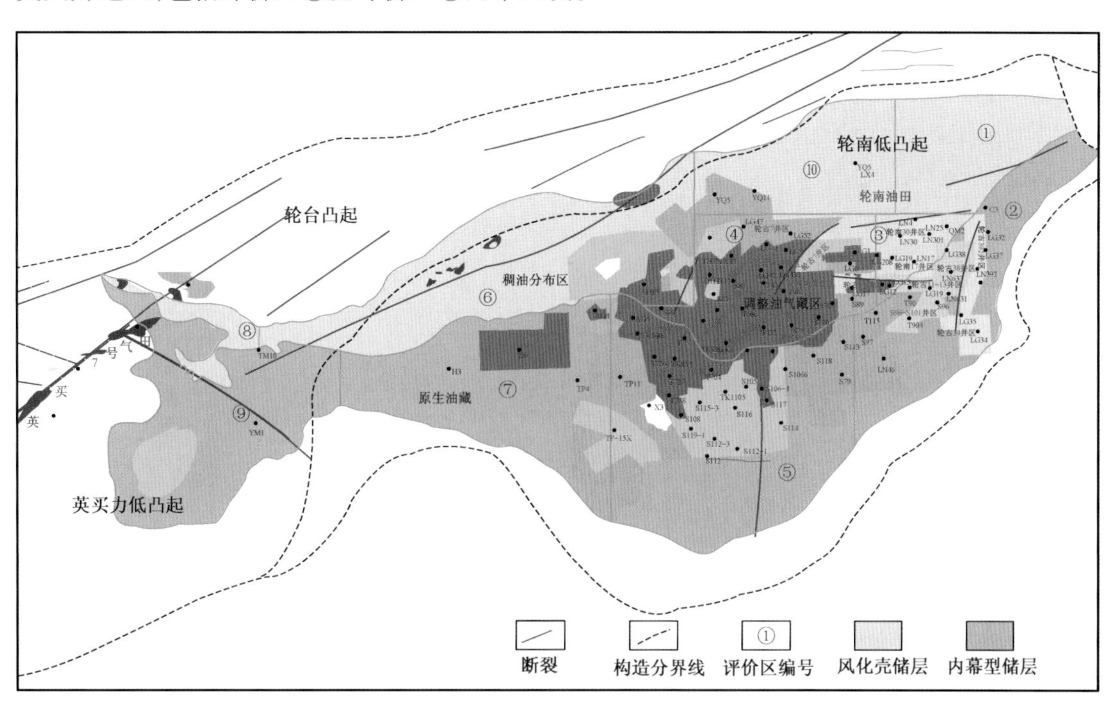

图 6－36　塔北地区评价区块划分图

2. 类比参数确定

类比评价的关键在于客观确定评价区与类比区成藏条件的相似程度，即类比系数。由于本次评价充分考虑了奥陶系碳酸盐岩风化壳与内幕岩溶两类岩溶储层油气成藏与分布的差异，因而在具体评价中，选择不同类型岩溶储层油气富集区分别解剖，并以解剖结果为基础，针对两类岩溶储层分别进行评价。

1）风化壳岩溶型储层评价

以评价区块⑥为例，该区块处于隆起主体部位，隆起强度大，储层改造强。勘探实践表明，风化壳岩溶区多为重质油分布区，油气经过长距离运移，地层剥蚀强烈，保存条件相对较差。塔北地区奥陶系经历了加里东、海相、印支等多期构造运动，特别是加里东和海西早期构造运动作用，岩溶作用强烈，隆起高部位长期处于抬升剥蚀状态，广泛发育风化壳型岩溶储层，为岩溶储层大面积成藏创造了条件。风化壳岩溶区油气成藏主要有海西早期、海西晚期及喜马拉雅期三期成藏，受轮古西断裂活动控制，印支末期轮古西断裂消失于三叠系中；喜马拉雅期轮古西断裂停止活动，作为一个重要的封挡层将轮古西地区分隔于轮南潜山之外。喜马拉雅期为寒武系大量干气侵入期，但气源距该区较远，天然气的气侵作用对该区原始油气藏几乎没有影响。因此，区内保存的油气藏主要为海西期成藏的产物。根据成藏条件分析，并与轮南—塔河风化壳储层解剖类比，类比参数取值见表6－5，通过类比评价，得到区块⑥的类比系数为0.77。同样，通过类比评价得到其他风化壳储层区块的类比系数。

表6－5　塔北评价区块⑥类比参数取值表

成藏条件	参数名称	轮南—塔河风化壳解剖区		评价区⑥		权重
		参数	分值	参数	分值	
烃源条件	有效烃源岩面积系数	4	0.8	1.5	0.45	0.25
	生烃强度（10^4t/km^2）	280	0.5	120	0.35	0.25
	主要成藏期	喜马拉雅期＋晚海西期	0.8	加里东晚期—海西早期	0.4	0.25
	输导条件	断裂＋不整合	0.85	断裂＋不整合面	0.7	0.25
储集条件	发育部位	岩溶斜坡＋岩溶高地	0.9	岩溶高地，岩溶斜坡	0.85	0.3
	岩溶岩性	亮晶颗粒灰岩、泥晶灰岩	0.8	亮晶颗粒灰岩、泥晶颗粒灰岩	0.75	0.1
	岩溶期次	海西期＋加里东期	0.9	海西期＋加里东期	0.9	0.2
	与断裂距离（m）	0～1000，1000～3000	0.85	0～5000	0.65	0.3
	岩溶带	潜流岩溶带、表层岩溶带、渗流岩溶带	0.9	潜流岩溶带、表层岩溶带、渗流岩溶带	0.9	0.1
保存条件	区域盖层厚度（m）	10～45	0.25	<20	0.1	0.3
	盖层岩性	泥岩、灰质泥岩、泥质灰岩	0.7	志留系泥岩	0.6	0.2
	盖层剥蚀强度	较强烈	0.4	剥蚀强烈	0.1	0.2
	断裂破坏程度	破坏较强	0.5	破坏强烈	0.2	0.3
配套条件	生储盖组合数	4，5	0.9	2	0.4	0.4
	主要成藏时间匹配	早或同时	0.7	晚	0.3	0.6

2）内幕岩溶型储层评价

以评价区块⑦为例。目前塔里木油田已提交内幕岩溶区哈6区块奥陶系储量10798×10^4t，其油源岩条件与轮南—塔河主体区（评价区⑤）相当，储层为鹰山组及一间房组，区域分布较稳定，横向变化小，纵向上叠置、横向上连片。储层纵向分布一般在一间房组顶面之下的50～100m范围内，钻井中漏失和放空现象明显。总体看，区内以岩溶斜坡及岩溶洼地古地貌为基本特征，发育加里东期、海西期多幕岩溶作用，形成多套内幕岩溶储层。岩溶储层发育强度受断裂影响较大，主要分布在北西—南东向、北东—南西向两组"X"状交叉走滑断裂的附近。直接盖层为上覆的桑塔木组厚层泥岩，保存条件较好；油气成藏期主要为晚海西期。从油气分布看，具有整体含油的特点，原油性质、气油比横向变化不大。根据成藏条件分析，并与轮南—塔河内幕储层解剖类比，类比参数取值见表6-6，通过类比评价，得到区块⑥的类比系数为0.77。同样，通过类比评价得到其他内幕岩溶储层区块的类比系数。

表6-6 塔北评价区块⑦类比参数取值表

成藏条件	参数名称	轮南—塔河风化壳解剖区		评价区⑦		权重
		参数	分值	参数	分值	
烃源条件	有效烃源岩面积系数	4	0.9	3	0.75	0.25
	生烃强度（$10^4t/km^2$）	380	0.7	200	0.45	0.25
	主要成藏期	喜马拉雅期+晚海西期	0.85	喜马拉雅期+晚海西期	0.75	0.25
	输导条件	断裂+不整合面	0.85	断裂+不整合面	0.8	0.25
储集条件	发育部位	岩溶洼地、少量岩溶斜坡	0.5	岩溶洼地、岩溶斜坡	0.4	0.3
	岩溶岩性	亮晶颗粒灰岩、泥晶颗粒灰岩	0.75	亮晶颗粒灰岩、泥晶颗粒灰岩	0.75	0.1
	岩溶期次	加里东期	0.5	加里东期	0.5	0.2
	距顶部不整合距离（m）	0~12	0.8	0~50	0.6	0.1
	与断裂距离（m）	0~2800	0.8	0~3500	0.65	0.3
保存条件	区域盖层厚度（m）	20~300	0.6	20~300	0.6	0.3
	区域盖层岩性	泥岩、灰质泥岩	0.7	泥岩、灰质泥岩	0.7	0.2
	剥蚀强度	无剥蚀	0.8	无剥蚀	0.8	0.2
	断裂破坏程度	破坏较弱	0.65	破坏弱	0.8	0.3
配套条件	生储盖组合数	4,5	0.8	4,5	0.8	0.4
	成藏时间匹配	早或晚	0.5	早或晚	0.5	0.6

3. 塔北地区奥陶系碳酸盐岩油气资源量估算结果

由于资源评价方法都是基于某一方面的实验结果或勘探研究结果而建立，因此利用某一种方法估算的油气资源量只能反映某一方面的可能性。由于油气藏形成是多种地质因素综合作用的结果，要客观反映真实的油气资源状况，必须对各种评价方法估算结果进行合理的综合。由于有效储层体积丰度法和面积丰度法，都是以有效储层评价为基础而建立的评价方法，因此需要对两种方法的计算结果进行合理的综合。

采用有效储层体积丰度类比法估算的油气资源量：石油资源量期望值为45.1×10^8t，天然气资源量期望值为$1.47\times10^{12}m^3$，油气总资源量期望值为56.8×10^8t油当量；采用有效储层面积丰度类比法估算的油气资源量：石油资源量期望值为45.5×10^8t，天然气资源量期望值为$1.51\times10^{12}m^3$，油气总资源量期望值为57.6×10^8t油当量。将两种方法估算结果加权平均，塔北地区奥陶系碳酸盐岩油气总资源量为57.2×10^8t油当量，其中石油45.3×10^8t，天然气$1.49\times10^{12}m^3$。

（二）塔里木盆地塔中地区奥陶系油气资源评价

塔中地区为一长期继承性古隆起，是油气长期运移指向区，也是台盆区古生界碳酸盐岩勘探最有利区之一。近期勘探于奥陶系鹰山组、良里塔格组获得规模油气发现，并于深层寒武系白云岩获得重要突破，是一个纵向上多层系含油气、横向上复合连片的大型含油气区。近期针对奥陶统鹰山组风化壳和良里塔格礁滩复合体勘探，已形成了东部连片探明、西部择优探明、中部基本控制的储量格局。鹰山组风化壳储层发现的油气主要分布在北部斜坡区塔中16—塔中45井区，良里塔格组发现的油气主要分布在塔中Ⅰ号坡折带内。

1. 区块划分

良里塔格组礁滩复合体储层表现为多旋回叠置、横向多期次加积，沿台地边缘成带分布，厚度120～180m。油气具有局部富集，受岩溶储层不均一展布特征的控制，主要分布在优质岩溶储层发育区。根据良里塔格组油气成藏与分布研究，结合近期勘探实践，将奥陶系良里塔格组划分为两个评价区块(图6－37)，评级区块①主要为礁滩复合体内带，是油气最富集区；评价区块②位于礁滩复合体内带，相对于评价区块①储层发育程度相对较差。

塔中地区奥陶系鹰山组是塔里木盆地中西部碳酸盐岩台地的一部分，受加里东期强烈构造运动影响，缺失一间房组和吐木休克组，不整合之下的碳酸盐岩遭受长期的淋滤溶蚀作用，形成广泛分布的大型风化壳岩溶储集体。岩溶风化壳主要分布在塔中北部岩溶斜坡带，近期勘探岩溶斜坡带呈现出整体含油气态势。因此本次评价将塔中北部斜坡带鹰山组风化壳岩溶作为一个整体来评价。

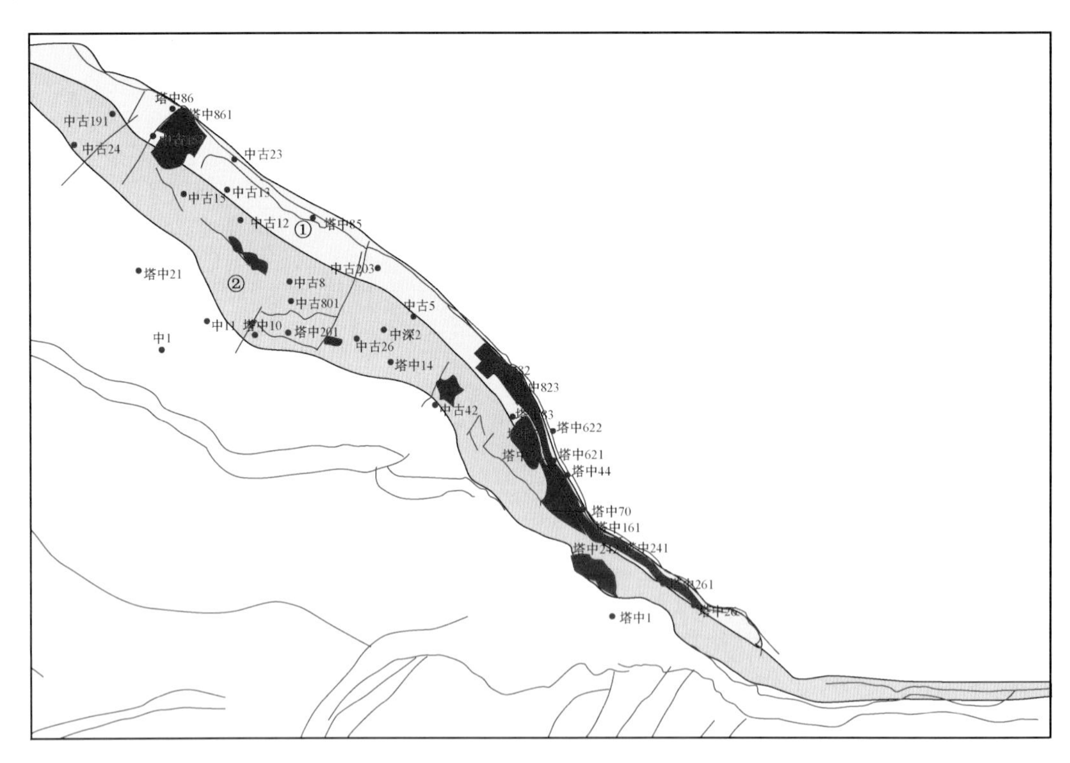

图6－37　塔中良里塔格组评价区划分图

2. 类比参数确定

1)塔中良里塔格组礁滩体岩溶

类比参数的确定是以塔中Ⅰ号构造带良里塔格组礁滩体解剖成果为基础，解剖结果表明，塔中Ⅰ号构造带良里塔格组礁滩体孔洞型有效储层厚度系数均值为0.16、裂缝型储层厚度系数均值为0.12；有效储层面积系数均值为0.41；有效储层资源面积丰度均值为69.26×10^4t/km^2；

礁滩体孔洞型有效储层体积丰度均值为26.12kg/m^3、裂缝型有效储层体积丰度均值为1.06kg/m^3。与解剖区成藏条件类比，评价区块②的油气源条件、保存条件、匹配条件等与解剖区基本相似，差别较大的是储层条件，这也是塔中良里塔格组礁滩复合体储层油气成藏与富集的关键。将评价区块②的储层条件与解剖区储层条件类比（表6－7），求得评价系数为0.4。评价区块②的沉积相主要为滩间海及丘滩，断裂较发育，成岩作用相对较弱。通过评价区块②的储层条件与刻度区储层条件类比，成藏条件相似系数为0.4。

表6－7　塔中地区评价区②与塔中Ⅰ号构造带良里塔格组类比参数表

成藏条件	参数名称	塔中Ⅰ号解剖区		评价区②		权重
		参数	分值	参数	分值	
烃源条件	有效烃源岩面积系数	1.5	0.5	1.5	0.5	0.25
	生烃强度（10^4t/km^2）	200	0.45	200	0.45	0.25
	主要成藏期	晚海西、喜马拉雅期	0.85	晚海西、喜马拉雅期	0.85	0.25
	输导条件	断裂＋储层	0.85	断裂＋储层	0.85	0.25
储集条件	沉积相带	礁滩复合体、粒屑滩、丘滩	1	丘滩、滩间海	0.25	0.3
	距顶部不整合距离（m）	0～50	0.85	0～80	0.5	0.2
	与断裂距离	200～400	0.95	250～450	0.55	0.2
	成岩作用	强	0.95	弱	0.3	0.3
保存条件	区域盖层厚度（m）	200～250m	0.8	200～250m	0.8	0.3
	盖层岩性	泥岩	0.7	泥岩	0.7	0.2
	剥蚀强度	无剥蚀	0.9	无剥蚀	0.9	0.2
	断裂破坏程度	弱	0.7	弱	0.7	0.3
配套条件	生储盖组合数	1	0.45	1	0.45	0.4
	主要成藏时间匹配	早或同时	0.7	早或同时	0.7	0.6

2）塔中鹰山组风化壳岩溶储层

塔中鹰山组风化壳储层，目前发现的储量区块为塔中83井区、中古5井区及中古8井区。其中，中古8井区以亮晶砂屑灰岩为主，次为泥晶砂屑灰岩和亮晶鲕粒灰岩，主要发育岩溶高地及岩溶斜坡，经历长时间剥蚀淋滤在纵向上形成了4个岩溶带，水平岩溶带及垂直岩溶带较为发育，为有利的油气储集空间。塔中鹰山组具体参数见表6－8，将其与轮南塔河风化壳岩溶储层刻度区类比，求得类比系数为0.58；将其与轮南—塔河风化壳岩溶储层解剖区类比，成藏条件类比系数为0.58。

表6－8　塔中鹰山组碳酸盐岩类比参数表

成藏条件	参数名称	风化壳岩溶刻度区		评价区		权重
		参数	分值	参数	分值	
烃源条件	烃源岩面积系数	4	0.8	1.2	0.2	0.25
	生烃强度（10^4t/km^2）	280	0.5	80	0.1	0.25
	主要成藏期	喜马拉雅期＋晚海西期	0.8	晚加里东、喜马拉雅期	0.3	0.25
	输导条件	断裂＋不整合	0.85	裂缝＋不整合	0.3	0.25

续表

成藏条件	参数名称	风化壳岩溶刻度区		评价区		权重
		参数	分值	参数	分值	
储集条件	发育部位	岩溶斜坡＋岩溶高地	0.9	岩溶斜坡＋岩溶高地	0.55	0.3
	岩溶岩性	亮晶颗粒灰岩、泥晶灰岩	0.8	亮晶砂屑灰岩	0.7	0.1
	岩溶期次	海西期＋加里东期	0.9	加里东期＋海西期	0.6	0.2
	与断裂距离(m)	0～1000,1000～3000	0.85	1000～1500	0.7	0.3
	岩溶带	潜流岩溶带、表层岩溶带、渗流岩溶带	0.9	垂直渗流带＋水平潜流带	0.5	0.1
保存条件	区域盖层厚度(m)	10～45	0.25	200～250	0.5	0.3
	盖层岩性	泥岩、灰质泥岩、泥质灰岩	0.7	泥岩	0.6	0.2
	盖层剥蚀强度	较强烈(250～500)	0.4	剥蚀较强	0.3	0.2
	断裂破坏程度	破坏较强	0.5	较强	0.4	0.3
配套条件	生储盖组合数	4,5	0.9	1	0.2	0.4
	主要成藏时间匹配	早或同时	0.7	同时	0.4	0.6

3. 塔中地区奥陶系碳酸盐岩油气资源量估算结果

塔中地区奥陶系良里塔格组礁滩体岩溶储层评价面积4341km^2,鹰山组风化壳岩溶储层评价面积5403.3km^2。采用有效储层面积丰度法估算的石油资源量期望值为6.0×10^8t、天然气资源量期望值为1.5×10^{12}m^3,油气总资源量期望值为17.8×10^8t油当量。采用有效储层体积丰度法估算的石油资源量期望值为5.7×10^8t、天然气资源量期望值为1.42×10^{12}m^3,油气总资源量期望值为17.1×10^8t油当量。将两种方法估算结果加权平均,塔中地区良里塔格组及鹰山组碳酸盐岩油气资源量期望值为17.5×10^8t油当量,其中石油资源量5.9×10^8t,天然气资源量1.46×10^{12}m^3。

四、评价结果对比

2003年完成的第三轮油气资源评价结果,塔北隆起石油为18.16×10^8t,天然气为8204×10^8m^3,总资源量为24.7×10^8t,其中奥陶系石油为7.93×10^8t,天然气为108×10^8m^3,总资源量为8.79×10^8t。塔中隆起塔中低凸起石油为9.47×10^8t,天然气为4732×10^8m^3,总资源量为13.24×10^8t,其中塔中隆起奥陶系石油为7.71×10^8t,天然气为5657×10^8m^3,总资源量为12.22×10^8t。

与第三次油气资源评价相比,本次评价的奥陶系碳酸盐岩总资源量大大增加,其中塔北地区奥陶系石油资源量增加37.4×10^8t,塔北、塔中奥陶系天然气资源量共增加2.37×10^{12}m^3。导致评价区资源量大幅增加的根本原因:(1)烃源岩认识问题,前期认为塔里木盆地海相层系以台地相为主,以碳酸盐岩为主要烃源岩,泥质烃源岩不发育。近期研究表明,碳酸盐岩台地沉积也有分异,广泛发育台盆、台凹,泥质烃源岩也很发育,丰度较高,是碳酸盐岩油气成藏的主要贡献者。(2)源灶的认识问题,前期认为海相层系源灶单一,主要是海相烃源岩形成的烃源灶。近期研究认识到烃源岩内滞留分散液态烃对成气潜力的贡献,提出了有机质接力成气新认识,大大提升了古老海相层系天然气资源潜力。(3)烃源岩成烃历史认识问题,前期认为塔里木海相层系热演化程度偏高,大部分烃源岩生烃潜力枯竭。近期生烃模拟实验表明,烃源岩在高压环境生烃作用滞后,石油生烃高峰期可以延至$R_o=1.5\%$以后,天然气生烃高峰期的

$R_o=1.8\%$以后。同时古老海相层系经历了完整的生油、生气两个高峰，生烃演化充分，形成的资源总量大。(4)海相层系成藏问题，前期认为古老海相层系生排烃高峰期较早，成藏期以晚加里东期和海西期为主，早期形成的油气藏多经历后期构造运动的破坏与调整。近期研究认为，递进埋藏与“退火”受热相耦合，部分地区烃源岩的液态窗保留时间可达400Ma之久，可能规避后期构造运动的破坏与改造，大大提升了深层碳酸盐岩油气资源潜力，特别是石油资源潜力。

第三节　三大盆地海相碳酸盐岩油气资源分布

运用研究建立的海相碳酸盐岩油气资源评价参数和方法体系，对塔里木、四川、鄂尔多斯三大海相盆地碳酸盐岩层系的油气资源进行预测计算，分析了三大盆地海相碳酸盐岩层系的油气资源分布特征和潜力。

一、塔里木盆地

(一)塔中油气资源量计算

从不同层系的特点出发，利用不同的方法分层系进行了计算。最终计算得到塔中资源量：石油9.69×10^8t，天然气$15462\times10^8m^3$，总资源量22.0×10^8t(表6-9)。

表6-9　塔中分层系资源量计算结果

层系	计算方法	预测资源量		
		石油(10^4t)	天然气(10^8m^3)	总资源量(10^4t)
石炭系	规模序列法	22985	230	24816
志留系	规模序列法	16922	85	17596
上奥陶统礁滩体	规模序列+面积丰度	16371	3274	42460
下奥陶统鹰山组	规模序列+面积丰度	26428	6607	79072
下奥陶统蓬莱坝组	类比法+面积丰度	6607	2451	26137
寒武系白云岩	类比法	7589	2815	30019
总资源量		96902	15462	220100

应用特尔菲加权法将上述四种方法计算的资源量进行综合(表6-10)，得到塔中隆起(中石油矿权范围内)资源量：石油11.2×10^8t，天然气$16060\times10^8m^3$，总资源量24.0×10^8t。由分层系计算结果可看出，塔中上奥陶统礁滩体有超过4×10^8t的资源规模，下奥陶统鹰山组有接近8×10^8t的资源规模，整个海相碳酸盐岩有17.7×10^8t的油气规模。

表6-10　塔中低凸起(中石油矿权区)油气资源量预测汇总表

计算方法	饱和探井法	规模序列法	类比法	分层系计算	特尔菲综合
特尔菲权重	0.2	0.2	0.3	0.3	
石油(10^4t)	161329	93120	104660	96901	112067
天然气(10^8m^3)	16793	15529	16832	15462	16060
总资源量(10^4t)	295138	216855	238779	220100	240031

(二)塔北油气资源量计算

类比法计算最终得到塔北地区志留系及以上层系总资源量为 12.32×10^{8}t，最终可探明储量为$(71.77\sim85.91)\times10^{8}$t(表 6-11)，志留系及以上层系最终可探明储量为$(12.32\sim16.80)\times10^{8}$t，奥陶系—寒武系最终可探明油气资源量为$(54.97\sim73.59)\times10^{8}$t，勘探潜力巨大。因此，塔北隆起油气资源主要还是分布在奥陶系—寒武系。

表 6-11　塔北隆起各层系油气资源量类比法计算结果表

层系	综合打分	区带面积	资源量			总资源量(权重比 4:2:4)
			乘幂法	直线法	指数法	
新近系	0.08	4433	5650.1	8961.8	5224.8	6142.3
古近系	0.15	6204	39035.8	39785.3	31731.7	36264.1
白垩系	0.15	6204	36252.1	36146.5	29811.0	33654.6
侏罗系	0.11	19300	5496.7	7064.8	4432.0	5384.4
三叠系	0.15	6200	24266.6	24371.6	19874.6	22530.8
石炭系	0.17	16027	53942.2	50698.0	46254.5	50218.3
志留系	0.09	14500	13493.9	19210.9	11462.5	13824.8
奥陶系	0.20	19300	527979.7	407734.7	592104.8	529580.7
寒武系	0.09	18500	19545.7	27974.7	16661.3	20077.8
合计						717677.7

二、四川盆地

运用本次研究建立的资源评价方法，在烃源岩定量评价的基础上并结合研究区地质情况，计算了四川盆地各层系的资源量(表 6-12)。

表 6-12　四川盆地碳酸盐岩天然气资源潜力预测表

层系		地质储量($10^{8}m^{3}$)	三次资源评价资源量($10^{8}m^{3}$)	本次计算($10^{8}m^{3}$)	资源发现率(%)
三叠系	雷口坡组	504.21	2717.5	8600	5.86
	嘉陵江组	1353.41	4016.7	19600	6.91
	飞仙关组	2158.99	10102	24500	8.81
二叠系	长兴组	356.13	4063.5	20000	3.35
	吴家坪组	314.42	4555.1		
	茅口组	795		12300	7.48
	栖霞组	125.29			
石炭系	黄龙组	2721.91	7953.4	16087.5	16.92
志留系	志留系			5512.5	0.00
奥陶系	奥陶系	0.55	2816	4565.5	0.01
寒武系	寒武系	129.9		13187.1	0.99
震旦系	灯影组	840	1737.3	7080.3	11.86
合计		9299.81	37961.5	131432.9	7.08

注：储量数据截至 2010 年底。

四川盆地碳酸盐岩天然气潜在资源量为 13.14 × $10^{12}m^3$，比三次资源评价的数据 37961.5 × 10^8m^3 增加了 246%。其中，二叠系、三叠系共 8500 × 10^8m^3，占海相层系的 64.7%，为四川盆地碳酸盐岩目前勘探的主力层系，以礁滩层系最高，其次为嘉陵江组和下二叠统。盆地下组合（二叠系以下）资源量共 46432.9 × 10^8m^3，占盆地海相层系的 35.3%，资源量较高的为石炭系，其次为寒武系和震旦系。

总体看，四川盆地碳酸盐岩潜在天然气资源丰富，勘探发现率较低，若按总资源量的 1/3 转化为地质储量计算，海相碳酸盐岩层系尚有 3.45 × $10^{12}m^3$ 的天然气储量等待发现，存在巨大的勘探空间和勘探潜力。

三、鄂尔多斯盆地

运用本研究建立的资源评价方法对鄂尔多斯盆地古生界碳酸盐岩层系资源量进行计算，并通过特尔菲法综合求取了盆地地质资源量和可采资源量。最终评价古生界天然气地质资源量 10.7025 × $10^{12}m^3$，可采资源量 7.5013 × $10^{12}m^3$，未发现地质资源量 6.8509 × $10^{12}m^3$。其中下古生界地质资源量 2.3616 × $10^{12}m^3$（占盆地古生界天然气总资源量的 22.1%），可采资源量 1.3392 × $10^{12}m^3$，未发现地质资源量 1.9279 × $10^{12}m^3$；上古生界地质资源量为 8.3409 × $10^{12}m^3$；可采资源量 6.1621 × $10^{12}m^3$，未发现地质资源量 4.9231 × $10^{12}m^3$。

下古生界天然气资源量的分区带分布情况如表 6 – 13 所示，资源量及资源丰度较高的几个区带主要分布在盆地中东部地区（陕北斜坡）的靖边—乌审旗、盆地东部、盆地东南部等地区，约占下古生界天然气总资源量的 68.3%；次为天环地区及渭北隆起带，约占下古生界天然气总资源量的 24.1%；伊盟隆起及晋西坳褶带资源量则较少，仅占下古生界天然气总资源量的 7.6%。

表 6 – 13　鄂尔多斯盆地下古生界分区带天然气资源量数据表

区带	计算面积（km^2）	类比系数（靖边气田刻度区）	资源丰度（$10^8m^3/km^2$）	地质资源量（10^8m^3）
靖边—乌审旗	31040	0.8	0.29	8733.53
盆地东部	28372	0.38	0.14	3821.39
盆地东南部	21627	0.46	0.17	3577.17
天环北段	32131	0.2	0.07	2169.07
天环南段	38379	0.3	0.11	2058.49
渭北隆起带	22548	0.18	0.07	1468.98
晋西坳褶带	25158	0.1	0.04	882.37
伊盟隆起南部	26182	0.06	0.02	905.33
全盆地总计	225437	0.14	0.1	23616.39

从目前盆地下古生界碳酸盐岩层系的勘探程度看，目前已在下古生界探明天然气地质储量 4337.01 × 10^8m^3，基本探明地质储量 330.42 × 10^8m^3，预测储量 1690.16 × 10^8m^3。探明率仅占下古生界总资源量的 18.4%。如果按 50% 的发现几率推算，大约还可找到 7500 × 10^8m^3 左右的探明储量，因此勘探潜力还较大。

第四节 小　　结

以往碳酸盐岩油气资源评价沿用碎屑岩的方法与参数标准，不能充分反映古老烃源岩的成烃演化及碳酸盐岩强烈非均质性特点，影响了碳酸盐岩层系油气资源评价的客观性。本次针对古老烃源岩成烃的自然历程，引入“双峰”式生烃和“接力成气”理论，在已有成因法基础上，引入生烃动力学和分散液态烃成气理论模型，进一步完善了成因法。在类比方法上，提出了有效储层体积丰度类比法，针对碳酸盐岩非均质性特点，充分考虑不同成因的储集体差异性，分别建立类比参数和类比方法。上述两种方法初步应用到塔里木、四川、鄂尔多斯盆地，使得三大盆地海相碳酸盐岩油气资源量在第三轮评价基础上有较大幅度的增加，尤其是天然气资源量增加1倍以上，展示了海相碳酸盐岩层系良好的勘探潜力。

第二篇

中国海相碳酸盐岩大油气田
高效开发的基础理论与关键技术

第七章　中国海相碳酸盐岩大油气田高效开发理论基础

由于碳酸盐岩储层具有更加强烈的非均质性，碳酸盐岩油气藏的开发不同于碎屑岩油气藏。针对目前我国碳酸盐岩油气藏特征，经过近几年的开发实践，初步形成了以储层非均质性描述为核心的储层描述方法，以多孔介质流动模拟为基础的数值模拟方法，以气藏高效布井为目标的气藏布井原则，以科学的开发技术对策为气藏管理理念的复杂碳酸盐岩油气藏开发理论，从而实现了我国碳酸盐岩油气藏的有效开发。

第一节　碳酸盐岩油气藏储层描述方法

与碎屑岩油气藏储层描述类似，碳酸盐岩油气藏储层描述是碳酸盐岩开发领域中的一项关键技术。自碳酸盐岩油气藏开发以来，集中地质、地球物理、油气藏工程等多学科多专业力量综合攻关，取得了显著的进展。现代油藏管理的目标是在搞清油气藏地下的基础上，决定开发战略，优化开发方式，确定开发技术措施，投入最少的人力财力，从油藏开发中获得最大的经济效益，因此油气藏描述是开发好油气田的基础。同时，油气藏描述所起的作用是为油气藏流动模拟预测开采动态提供一个油气藏地质模型。

一、碳酸盐岩储层描述与碎屑岩的区别

碳酸盐岩储层与碎屑岩储层相比由于其化学性质不稳定，容易遭受强烈的次生变化，通常经受更为复杂的沉积环境和沉积后成岩作用的改造，更易发生变化。两者之间有如下几点区别：

（1）碳酸盐岩储层储集空间的大小、形状变化很大，其原始孔隙度很大而最终孔隙度却很低，次生变化对碳酸盐岩储层的影响很大；

（2）碳酸盐岩储层储集空间的分布与岩石结构特征之间的变化关系很大，以粒间孔等原生孔隙为主的碳酸盐岩储层其空间分布容易受沉积岩石结构控制，而以次生孔隙为主的碳酸盐岩储层其储集空间分布与岩石结构特征没有关系或者是关系不密切；

（3）碳酸盐岩储层储集空间多样，且后生作用复杂，构成孔、缝、洞复合的孔隙空间系统；

（4）碳酸盐岩储层孔隙度和渗透率没有明显的相关关系，孔隙大小主要影响油气储量。

二、碳酸盐岩油气藏储层描述的内涵

油气藏描述是对油气藏各种特征进行三维空间的定量描述、表征和预测。油气藏描述的最终成果是建立反映油气藏圈闭几何形态及其边界、储集特征和流体渗流特征、流体性质及分布特征的三维或四维地质模型。在这一过程中要综合应用地质、地球物理、测井、测试、油气藏工程等多学科相关信息，通过多种数学工具，以油气地质学、构造地质学以及沉积学为理论基础，以储层地质学、层序地层学、地震地层学、地震岩性学、测井地质学、油藏地球化学、油气藏

工程学为方法,以数据库为支柱,以计算机为手段对油气藏储层和流体进行四维定量化研究并进行可视化描述。

对于任何类型的油气藏,储层和流体的认识是油气藏有效开发的基础。油气藏描述本身又是一个动态过程,因此要针对油气田所处勘探开发的不同阶段,充分利用现有油藏静态、动态资料,对油气藏类型、构造特征、储层特征和流体特征等作出当前阶段的认识和评价,建立油气藏三维地质模型,为油气田开发提供可靠的地质依据。

三、碳酸盐岩油气藏描述阶段的划分及主要任务

(一)油气藏描述的任务

现代油气田开发是以实现正确的油气藏管理为标志,即用好可利用的人力、技术、财力资源,以最小的投资和操作费用,通过优化开发方法,从油气藏开发中获得最大的利润。为实现这一目标,从技术上来说,必须正确预测各种开发方法下的油气田生产动态,其研究内容包括:资料采集、油藏描述、驱替机理、油藏模拟、动态预测、开发战略。只有正确预测储层的分布特征和规律,才能作出正确的开发战略决策,优化开发方法。油藏描述虽然取得了一些进步,但是从它的重要性和困难性来看很有可能还要经过相当长的时间攻关,才能得到很好的解决。对于碳酸盐岩油气藏来说,油气田开发工作成败的关键更是对油气藏的认识是否符合地下客观实际。因此,国内外均把油藏描述放在很重要的位置加以研究。

油藏地质特征很多,可以从不同的侧面来表征,不同勘探开发阶段由于目的、任务不同,所要重点把握的特征也会不同。进入开发阶段以后,油藏描述是为科学开发油气藏服务,油气藏描述的任务是正确地描述油藏的开发地质特征。油气藏的开发地质特征应该以描述储层及流体的非均质性为核心,可以归纳为三个主要部分。

(1)油气藏的构造和建筑格架的描述。储层由一个或多个储集体构成,以一定的构造形态存在。通过储集体各种形式的几何形态、规模大小、侧向连接和垂向叠加等建筑条件以及构造形态、断层、裂缝等构造条件,在地下构成一个或多个可供油气及其他流体在其内部储存和连续流动的连通体。这些连通体之间由不渗透的非储层和其他遮挡层所隔开,圈定这一复杂连通体的外部边界,描述其几何形态和产状。通过构造和建筑格架的描述可以建立油气藏的构造模型。

(2)油气藏物性的空间分布。储层的物性反映储层质量的好坏。从宏观的储集体到微观的孔隙结构,储层各个级次的物性参数在空间上都有不同程度的变化,储层内部还存在各种不连续的隔挡,这些构成储层复杂的非均质性和各向异性,很大程度上影响油气藏开发的效果。通过物性的空间描述可以建立油气藏的物性模型。

(3)储层内流体性质及其分布。油气藏内一般存在油、气、水三种流体,以一定的相态、产状、相互接触关系和储藏量共生于油气藏内,这些内容属于储层内流体分布的描述。由于油气生成、运移、储存和埋藏的条件存在千差万别,使得不同的油气藏之间和一个油气藏内不同部位流体性质及其空间变化也极大地影响着开发过程。通过流体性质及分布的描述可以建立油气藏的流体模型。

从上述油藏描述内容看,油气藏开发地质特征仍离不开石油地质学的三个基本论题:构造、地层(储层)和流体(油、气、水)。进入开发阶段所要研究的构造是储层的构造,流体分布是储层内油、气、水的分布,而储层本身的非均质性更是油气藏描述的重点。但是,由于对于油气藏的认

识具有阶段性,因此油气藏描述也有阶段性,不同的阶段油藏描述的任务和目的具有差异。

(二)油气藏描述阶段划分

油气田所处开发阶段不同,油气藏描述的研究内容在基本一致的情况下侧重点也有所差别。对于碳酸盐岩油气藏目前一般情况下可以划分为两个主要阶段:即开发早期描述阶段和开发中后期描述阶段。开发早期阶段主要是指提交探明储量至实施开发方案前;而开发中后期阶段是指开发方案实施至油气藏废弃这一阶段。由于各阶段所研究的目的不同,拥有的资料情况不同,要解决的主要问题也不同,因而又各具有不同的研究任务。

(三)碳酸盐岩油气藏描述开发早期阶段主要任务

该阶段油气藏描述的主要任务是利用少数探井和评价井的钻井资料以及地震信息资料,以石油地质理论为指导,进行油藏储层和流体评价,扩大探勘成果,估算油气藏规模,计算评价区的探明地质储量和预测可采储量;布好评价井,取好各种开发设计参数;确定开发方式和井网部署,对采油工程设施提出建议;优化开发设计方案,估算可能达到的生产规模,并对设计方案作经济效益评价,保证开发可行性研究和开发设计方案不犯原则性错误。

由于油气藏早期评价阶段的特殊性,借鉴油藏描述内容,碳酸盐岩油气藏描述开发早期阶段应该注重区域构造断层发育状况、储层规模和连续性连通性、油气藏流体分布及连通情况、油气藏探明储量等。具体来说,碳酸盐岩油气藏描述开发早期阶段研究任务和内容应着重强调以下十个方面的工作:

(1)构造形态、断层、裂缝分布及其发育程度;

(2)储层的岩性、岩石结构、储集体的几何形态、侧向连续性以及储层非均质性特征;

(3)层序地层的划分和对比;

(4)储层沉积相及成岩史的分析研究;

(5)隔层的类型、岩性、物性标准,确定隔层厚度及空间分布状况;

(6)储层流体的规模大小、物理化学性质以及储层内油、气、水的分布及其连通关系;

(7)油气藏压力、温度场的变化;

(8)估算油气藏水体的大小、规模,分析驱动方式及其能量强弱;

(9)计算探明油气地质储量;

(10)与钻井、开采、集输工艺有关的其他油气田地质问题。

除此之外,其他地质属性也会影响油气藏开发决策和措施的实施。如易漏、易喷、易垮塌、易腐蚀、易膨胀等地层的存在;还有区域的压力场、温度场、地应力场等分布状况,都应该属于碳酸盐岩油气藏描述的附属内容。

上述内容是控制和影响油气藏内流体储存和流动的主要因素,从而影响开发过程中油气藏的地质属性的变化。碳酸盐岩油气藏描述早期阶段应该以表征储层及流体的非均质性为核心,概括起来可以归纳为三个主要部分:储层的构造特征、储层的建筑格架及其物性的空间分布、储层内流体分布及其性质。因此从描述内容来看,早期阶段油藏地质模型主要包括构造模型、储层模型以及流体模型等。

(四)碳酸盐岩油气藏描述开发中后期阶段主要任务

该阶段油气藏描述的主要任务是钻好开发井,取全、取准油气田静、动态资料;利用开发井对油气藏地质进行再认识,核准构造形态;落实具体断块,计算油气藏可采储量;进行油气藏动态监测、开发分析；结合油藏工程的生产动态分析、数值模拟、历史拟合，量化油气藏能量和剩余储量分布；编制有关层系、井网等综合调整方案，并组织实施；确定挖潜、提高采收率措施，保证油气田经济有效地生产。

碳酸盐岩油气藏描述开发中后期应该着重强调油气藏区域构造的再核实和微构造的精细解释；分断块描述油气藏储层规模、连续性、连通性及流体分布特征；分断块、分开发层系计算油气藏可采储量；油气藏动、静态资料结合分析油气藏能量及剩余储量分布，确定挖潜及提高采收率方法等。具体来说，碳酸盐岩油气藏描述开发中后期阶段研究任务和内容应该强调以下九个方面内容：

(1)油气藏断层参数确认，断层分布及其密封性、微构造及微裂缝解释；

(2)优劣质储层分布特征、规模及形态，单一储渗单元内储层非均质性研究；

(3)隔层的岩性、厚度及空间变化；

(4)单一压力系统内油、气、水的分布及相互关系；

(5)油、气、水物理化学性质及其变化；

(6)整个油气藏压力、温度场分布及其变化；

(7)整个油气藏范围内或单一压力系统内水体分布、大小，天然驱动方式及能量；

(8)计算油气剩余可采储量；

(9)与钻井、开采、集输工艺有关的其他地质问题。

上述是控制和影响开发中后期油气藏内流体储存和流动的主要因素，进而影响开发过程中各种油气藏地质属性的变化。开发中后期油气藏描述仍以研究油气藏开发地质特征、表征油气藏非均质性为核心，最终是建立油气藏精细三维地质模型，为油气藏开发调整、挖潜及提高采收率服务。

四、碳酸盐岩油气藏非均质性描述

碳酸盐岩储层描述同碎屑岩储层描述既有相似之处也有自己的独特之处，同时碳酸盐岩非均质性的研究目前还处于初级阶段，没有形成系统的碳酸盐岩非均质性的描述体系。尽管碳酸盐岩储层储量丰富，但因其孔隙度、渗透率和其他储层特性之间的相互关系要么复杂，要么根本没有相互关系，这使碳酸盐岩非均质性的描述非常复杂。

(一)碳酸盐岩气藏储层描述研究的指导思想

碳酸盐岩非均质性的描述可以用来预测动态岩石物理性质实际三维图像的结构，它涉及储层地质学、地球物理学、岩石物理学、测井、地质统计学和油藏工程专业的多学科综合任务。但是由于岩心和电缆测井得到的岩组和岩石物理数据是一维的，需要一个地质构架来把这些数据分布于三维空间中。而层序地层方法的开发极大提高了井间相关的精确度，并提供了捕捉储层非均质性基本尺度的方法。层序地层学描述储层非均质性的最重要尺度是旋回尺度。层序地层学是一种鉴别和校正井与井之间时间界面的方法。这种方法对于鉴别油藏地质特征至关重要，原因是一个油藏的每一口井中必然存在一种自然特性不同而形成的特定年代地层界面。因此在层序地层刻画等时地层界面建立地层格架的基础上研究储层的非均质性更具有科学性和合理性。

由于碳酸盐岩储层更加强烈的非均质性，需要遵循“在应用层序地层学分析建立的层序等时地层格架下，主要从沉积、成岩和构造三个方面，在井眼和油藏两个规模内由粗到细、由大到小分级别研究储层非均质性”这一指导思想。在该思想指导下进行储层非均质性评价，从而在井眼规模内，实现地层评价和完井优化；在油藏规模内，帮助石油公司改进生产以及优化新井布井，从而提高气藏最终采收率，提升气藏综合管理水平。

（二）碳酸盐岩气藏储层非均质性描述要素

碳酸盐岩按非均质性的内容划分，可以划分为储层非均质性和流体非均质性两种。类似于碎屑岩非均质性，这两种研究内容是相互联系又相互制约的，但是岩石非均质性是首要的、主导的因素，储层非均质性是流体非均质性的根本原因，流体非均质性是储层非均质性的表现。由于流体（油、气、水）分布都遵守重力分异的原理，因此弄清了储层非均质性基本就弄清了整个油气藏的非均质性。同时，受限于资料程度和多样性，在研究储层非均质性的过程中需要依靠流体的动态特征来反映储层的非均质性。

碳酸盐岩气藏储层描述的研究主要表现在以下几个方面：（1）岩性分布的非均质性；（2）储集空间发育的非均质性；（3）孔隙结构的非均质性；（4）物性分布的非均质性。这几个方面的非均质性研究是相互统一、相互制约的，这些方面均受沉积、成岩以及构造作用的制约，整个油气藏非均质性的最终表现是这三方面因素综合作用的结果，对于不同的油气藏类型，沉积、成岩和构造三方面作用程度和范围可能不同，造成在非均质性描述重点上存在差异。

（三）不同类型碳酸盐岩储层非均质性描述重点

虽然碳酸盐岩油气藏非均质性都是受沉积、成岩及构造因素影响，但是对于不同的碳酸盐岩气藏类型，由于控制其非均质性的因素各有侧重，从而导致其非均质性的研究内容也各有侧重（表7－1），而对于其描述目的却是一样的。

表7－1　不同类型碳酸盐岩储层非均质性描述重点因素

气藏类型	典型气田	储集空间	主要特点	储层非均质性描述重点因素
缝洞型	塔中1号	裂缝、溶洞	（1）气藏呈带状展布；（2）不同规模的缝、洞错落分布；（3）油气水关系复杂	构造、溶蚀
礁滩型	龙岗	孔隙、溶洞	（1）气藏呈带状展布；（2）礁滩体规模差异较大；（3）流体分布复杂	沉积、成岩
岩溶风化壳型	靖边	孔隙	（1）气藏规模大；（2）非均匀性溶蚀；（3）地层水不活跃	构造、溶蚀
层状白云岩型	五百梯	孔隙	（1）气藏规模适中，薄层状；（2）非均匀白云化，非均质性严重；（3）受地层水影响严重	成岩、构造

五、不同开发阶段碳酸盐岩油气藏描述内容、技术及方法

根据碳酸盐岩油气藏开发过程中油气藏描述的任务和目的不同，将碳酸盐岩油气藏描述分为开发早期阶段和开发中后期阶段。每个开发阶段开发地质的任务是充分利用本阶段所取得的油藏资料信息，对油藏开发地质特征作出阶段的认识和评价，目的是为采取什么样的开发措施提供地质依据。开发早期阶段利用有限的动、静态资料，在对油气藏地质认识的基础上作出预测，为油气藏开发方案的制订提供依据。而开发中后期阶段，随着钻井、岩心等静态资料以及生产动态、动态测试资料的增加，对油气藏的地质认识更加深刻，同时检验开发早期阶段地质认识正确与否，如果出现过大的认识错误，则需要对原有的开发方案进行调整，以保证对

油气藏科学合理的开发。开发中后期阶段实践后的认识同开发早期阶段油藏地质特征作出的判断和预测符合程度越高，说明开发早期阶段对于油气藏描述的工作效果越好。

不同开发阶段的油气藏描述虽有其共同之处，但也有着很大的差别，主要表现在所拥有基础资料信息的质量、数量以及对油气藏所能控制的程度不同，所要解决的开发问题、描述重点等存在明显不同（表7－2）。

表7－2　不同开发阶段油气藏描述的主要任务、内容、技术和方法

阶段	研究任务	描述内容	技术方法
开发早期阶段（开发方案实施之前）	（1）从技术和经济上对油气藏是否开发作出可行性评价； （2）预测可能达到的生产规模； （3）计算油气藏可采储量； （4）钻好开发井，取全取准油气藏静、动态数据； （5）提出钻采、地面工程的轮廓设计	（1）油气藏的主要圈闭条件及形态； （2）整个油气藏小层划分与对比； （3）开展沉积相及亚相研究； （4）搞清主力储层的分布特征及油气富集分布规律； （5）宏观油气水系统划分及其控制条件； （6）建立储层静态模型	（1）井震结合的构造解释技术； （2）以层组为单元的地层划分与对比技术； （3）沉积相及亚相分析技术； （4）储层非均质性描述技术； （5）储层综合评价及分类技术； （6）储层静态地质模型建立技术
开发中后期阶段（开发方案实施之后）	（1）油气藏地质再认识，核准油气藏构造形态； （2）油气藏正常生产管理，进行动态监测，开发分析； （3）编制有关层系、井网等综合调整方案，并组织实施； （4）结合油气藏工程的生产动态分析、数值模拟等量化剩余储量三维空间分布； （5）确定挖潜、提高采收率措施	（1）油藏构造核准，沉积微相及微构造研究； （2）储渗单元划分及对比； （3）流体分布及动态变化； （4）剩余储量空间分布； （5）建立储层预测地质模型	（1）微构造精细解释技术； （2）以小层为单元的储层划分与对比技术； （3）沉积微相及能量单元分析技术； （4）动态监测分析技术； （5）储渗单元研究技术； （6）剩余储量评价技术； （7）储层动态预测模型建立技术

第二节　碳酸盐岩油气藏多孔介质模拟理论

油气藏数值模拟技术是编制油气田开发方案的核心技术之一，数值模拟效果的好坏往往关系到开发方案的成败。目前，对于孔隙型气藏，有相对系统的碎屑岩气藏开发理论与方法；对于裂缝—孔隙型油气藏，用双重连续介质理论，已形成开发理论与方法；针对缝洞型气藏，其开发理论还不成熟，目前对这类复杂介质气藏数值模拟研究还很少。

面对碳酸盐岩油气藏数值模拟方面存在的问题，主要针对靖边溶孔发育气藏、龙岗礁滩型气藏、塔中Ⅰ号缝洞型凝析气藏开展研究，结合碳酸盐岩存在不同尺度孔缝洞复杂介质气藏的特点，建立了针对碳酸盐岩孔缝洞多尺度复杂介质数学模型，并进行了数学求解，为碳酸盐岩孔缝洞多尺度复杂介质数值模拟技术奠定了理论基础。

一、碳酸盐岩油气藏数值模拟面临的难题

通过文献调研与研究认为碳酸盐岩油气藏数值模拟存在许多亟待解决的问题，其中以下三个问题至关重要。

（一）解决好介质多尺度，流态多样性问题

碳酸盐岩储层是典型的复杂介质储层，裂缝、溶洞和孔隙这三种主要的储集空间尺度变化大，不同尺度介质中流体的流动规律不同，数值模拟首先要针对不同的介质尺度，确定相应的流动特征，建立相应的数学模型，才能进行数值求解。

勘探与开发划分孔、缝、洞尺度的标准不尽相同，油藏与气藏也不一样，开发上主要以流态特征作为分类标准，流体在不同尺度的孔、缝、洞介质组合中的流动特征不一样。在不同尺度的裂缝中可以为渗流、管流、平板流，甚至高速非达西流；在不同尺度的孔洞中可以表现为渗流、管流、高速非达西流；在大溶洞中表现为空腔流（图 7 - 1）。表 7 - 3 溶洞尺度划分以塔河油田划分为标准，裂缝与孔隙尺度划分参考柏松章所著的《碳酸盐岩潜山油田开发》。由于气藏流体流动性大，尺度分类标准还要小。总的来说，表 7 - 3 的尺度分类标准还是相对定性的标准，更为准确的尺度分类还有待对流动规律进行物理模拟与数值模拟。

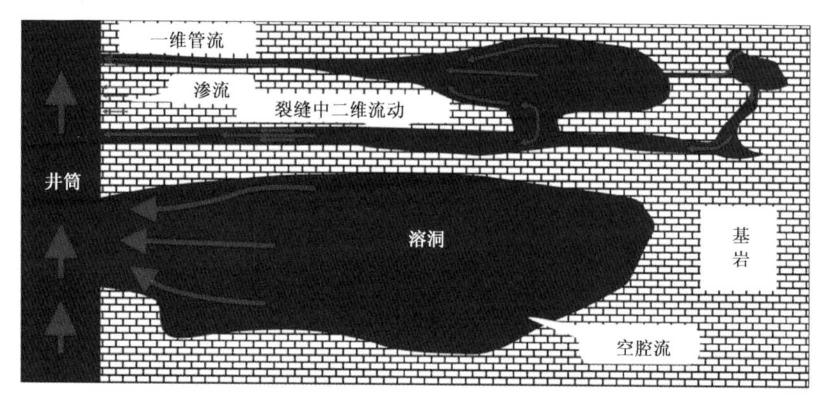

图 7 - 1　缝洞型油藏流态特征图

表 7 - 3　孔缝洞多尺度油藏划分

介质	大尺度	中尺度	小尺度
孔洞（L 洞径）	$L>100$mm	100mm $>L>$ 2mm	$L<2$mm
	洞穴	孔洞	孔隙
	空腔流或非达西流	管流	渗流
裂缝（L 缝宽）	$L>0.1$mm	0.1mm $>L>$ 0.01mm	$L<0.01$mm
	大裂缝	中裂缝	小裂缝
	管流或非达西流	渗流	渗流

现有的商用数值模拟软件对裂缝与孔隙分布均匀、连通性好的基质—裂缝双重介质的问题研究比较成熟，但对离散裂缝，尤其存在溶洞这种介质的研究才刚刚起步。油藏工程师在进行孔缝洞复杂介质油藏数值模拟时，通常把溶洞看成大孔隙，采用增加孔隙度、增加渗透率的所谓等效连续介质方式处理，这种方法在洞不太大、流体流动速度不大时还是有理论依据的。但当模拟气藏高速非达西流、溶洞空腔流时，这种方法模拟计算是不准确的。主要原因包括：（1）流体在中尺度溶孔、大尺度洞穴中的流动不同于渗流，前者是管流或者高速非达西流，后者属空腔流，流动机理完全不一样，空腔流遵循 Navier - Stokes 公式；（2）等效连续介质方式处理不能处理在大型洞穴中的情况；（3）溶洞分布随机性强，往往连通性也差，用基于 Warren -

Root 双重连续介质模型基础上的等效处理误差很大。

（二）溶洞单元两相流 Navier – Stokes 数值求解问题

现有气藏数值模拟均基于达西渗流理论，而溶洞内属空腔流，遵循 Navier – Stokes 公式，流动机理完全不一样，数值求解方法也不一样。渗流微分方程速度与压力呈显式关系，无须求解速度矢量，而洞穴流速度与压力成非显式关系，每一时间步都需要解压力以及三个方向的速度，采用传统数值模拟提高计算稳定性所采取的联立隐式方程、隐式井底压力等方法求解，计算难度陡增，甚至不可能实现。因此，寻找稳定、快速的数值求解方法是面临的关键问题之一。实际上，溶穴内两相流数值计算是计算流体力学难题之一，尤其是可压缩流体的计算，国内的文献中还没有见到对两相流可压缩流体的处理方法。

（三）多尺度耦合方法

孔缝洞复杂介质数学模型是多尺度、多流态问题，如何将不同尺度、不同流态的数值计算耦合在一起是有难度的，需要寻找有效的耦合方法。这是因为，如果不同尺度的变量一起求解，为了保证计算精度，计算步长取决于最小尺度的变量，时间步长会很小；同时不同尺度变量求解时，网格边界存在非正常连接，计算收敛性变差。

二、碳酸盐岩复杂介质流动概念模型

碳酸盐岩气藏孔、缝、洞三种主要储集空间尺度变化大，存在多种组合类型，按介质可分成单一介质、双重介质和三重介质。通过对国内外碳酸盐岩油气藏地质特征、开发特点与数值模拟研究的文献调研，分析了碳酸盐岩复杂介质油气藏流动特征，梳理并建立了不同介质组合类型储层数值模拟的概念模型。

（一）单一介质

已开发的油田单一介质类型主要有两种类型，单一孔隙介质和定容溶洞介质。

1. 单一孔隙介质

孔隙型碳酸盐岩油气藏的储集空间类型就是单一孔隙介质，孔隙既是储集空间又是渗流空间，其主要流动特征为达西渗流，气藏井筒流动有的软件采用高速非达西渗流公式，其概念模型可以用砂岩油气藏采用的网格模型（图 7 – 2）。

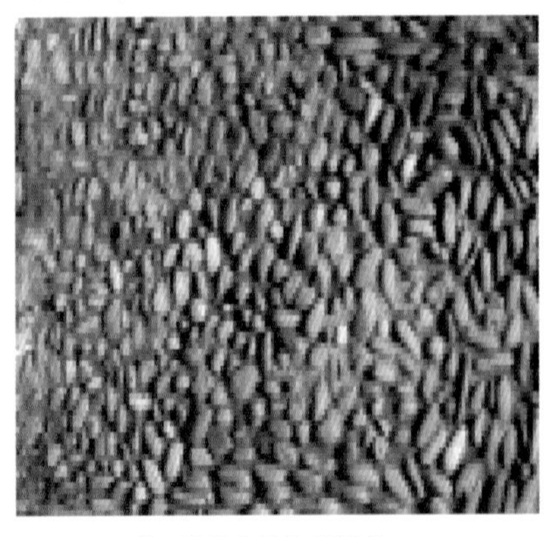

单一孔隙介质物理模型

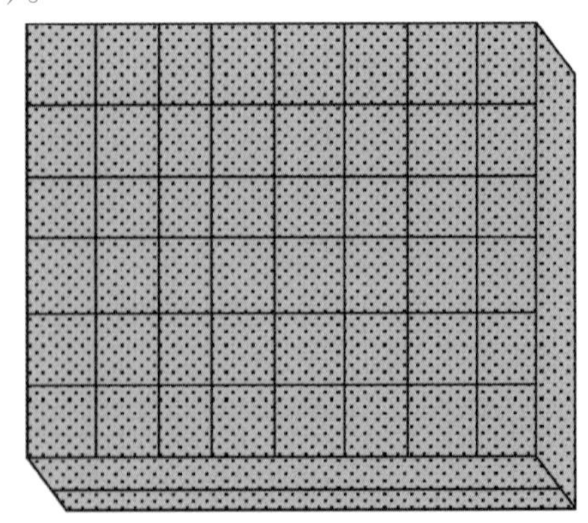

单一孔隙介质概念模型

图 7 – 2　单一孔隙介质模型

2. 定容溶洞介质

我国中国石化塔河、中国石油塔北发现了大量的相对封闭溶洞储集空间，可以归为定容溶洞介质，溶洞既是储集空间又是流动空间，流体在溶洞中的流动，其流动不再遵循达西流动规律，而是自由流体运动的 Navier - Stokes 公式，其概念模型可以假想为瓶子模型（图 7 -3）。

定容溶洞介质实际模型

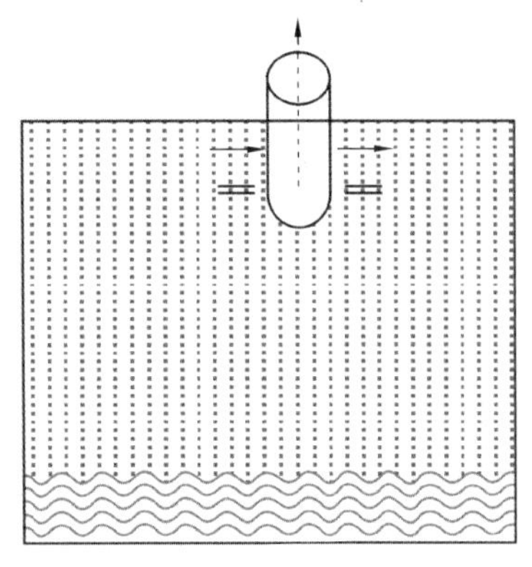

定容溶洞介质概念模型

图 7 -3　定容溶洞介质模型

（二）双重介质

双重介质主要分裂缝—基质双重连续介质（即常说的双重介质）、裂缝离散基质连续双重介质、溶洞—基质双重介质，可能还会有裂缝—溶洞双重介质。

1. 裂缝—基质双重连续介质

裂缝与基质分布均匀，连通性好，基质孔隙是主要储集空间，裂缝是主要渗流空间。目前，对裂缝—基质双重连续介质数学模型研究最成熟的，又分成双孔双渗与双孔单渗模型。双重连续介质的概念模型就是 Warren - Root 模型，又称为糖块模型，该模型把实际裂缝性储层简化为连续且均匀的网格，其方向与渗透率的主方向平行（图 7 -4）。

双重介质实际模型

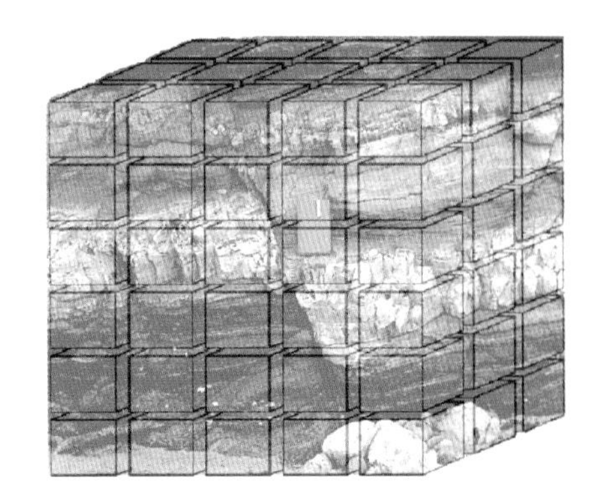

双重介质概念模型

图 7 -4　双重连续介质模型

2. 裂缝离散基质连续双重介质

实际的碳酸盐岩油气藏还存在大量裂缝不均匀或连通性差的情况，像塔北油田，采用双重介质模型计算会不准确，需要建立新的双重介质数学模型。目前，数值模拟的处理方法是用裂缝片描述裂缝，其概念模型称为 DFM 模型，即离散裂缝网络模型（Discrete Fracture Model）（图7－5）。

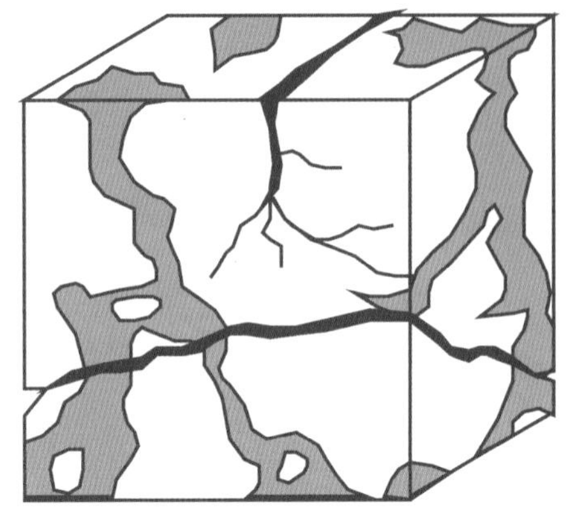

离散裂缝物理模型

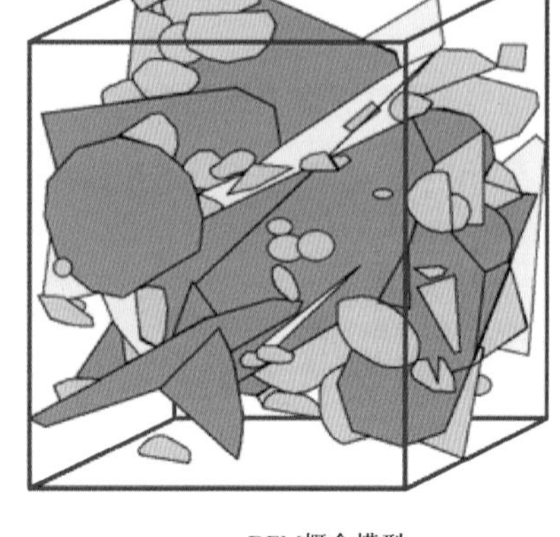

DFM概念模型

图 7－5　双重连续介质模型

3. 溶洞—基质双重介质

溶洞—基质结构是在粒间孔隙地层中分布着大小不等的溶洞，溶洞的尺寸超过毛细管大小（图 7－6）。溶洞—基质结构与裂缝—基质结构一样，有双重介质特点，即双重孔隙度、双重渗透率，甚至服从两种流体力学规律，溶洞和基质是储集空间，溶洞是主要的流动空间。基质服从渗流规律，溶洞流动规律复杂，可能是管流，也可能是高速非达西流，其概念模型类似于裂缝—基质的糖块模型，即将粒间孔隙间杂乱无章的洞穴模型化为形状是球形、大小相同的洞穴，且均匀排列在地层中（图 7－6）。我国的靖边气田存在这种介质组合类型。

溶洞—基质实际岩心

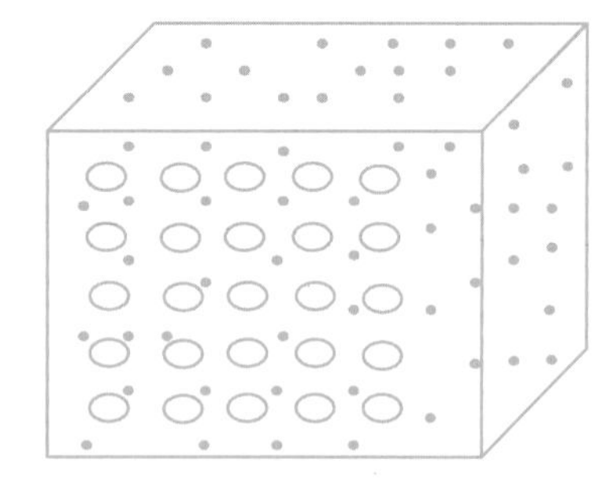

溶洞—基质概念模型

图 7－6　溶洞—基质双重连续介质模型

（三）三重介质

三重介质主要有孔缝洞三重连续介质、孔缝洞多尺度介质。

1. 孔缝洞三重连续介质

类似于双重介质模型，将孔、缝、洞三种介质作为独立的系统建立渗流基本微分方程，基质系统、裂缝系统以及溶洞系统之间的相互作用通过窜流系数来反映。Clossman（1975）建立了孔、缝、洞三重介质达西渗流模型。我国冯文光、葛家理在 1985 年建立了多重介质非达西高速渗流数学模型，即将粒间孔隙间杂乱无章的洞穴模型化为形状是球形、大小相同的洞穴，且均匀排列在地层中（图 7－7），该方法是将糖块模型推广到三重介质模型中，其概念模型是 MINC 模型。在该模型的基础上 Pruess、吴玉树进行了推广（Pruess，1983）（图 7－8），新的多重连续介质模型中，不限制裂缝系统要理想化正交，也不限制溶洞和溶孔要大小和分布均匀，裂缝和溶洞不规则和随机的分布，可以按照已知的实际分布模式采用数值方法进行处理。在多重连续介质模型中，孔、洞是储集空间，裂缝是流通空间，流体流动遵循达西渗流规律，改进的多重连续介质模型溶洞内可以是非达西流或者管流，龙岗气田可以采用改进的孔缝洞多重连续介质模型。

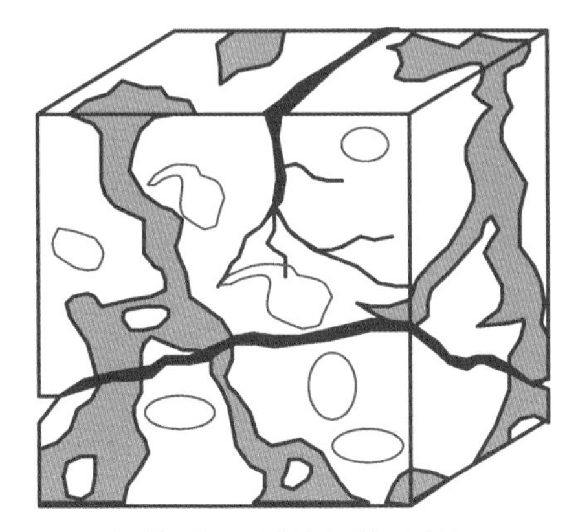

孔、缝、洞三重连续介质实际地层

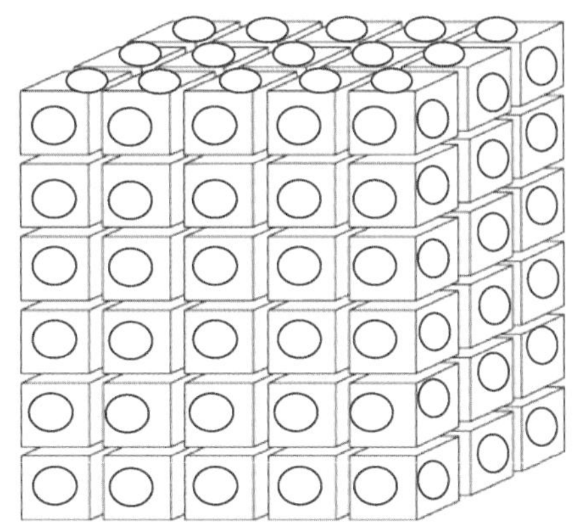

多重连续介质MINC概念模型

图 7－7　孔、缝、洞多重连续介质概念模型

孔、缝、洞连续介质物理模型

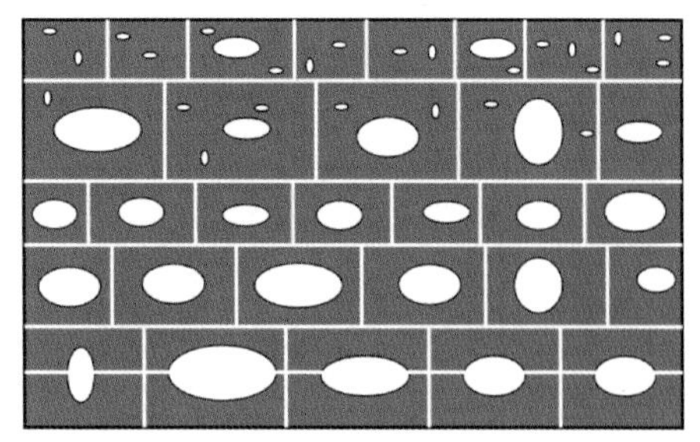

孔、缝、洞连续介质概念模型

图 7－8　改进的孔缝洞多重连续介质模型

2. 孔缝洞多尺度三重介质

缝洞型碳酸盐岩油气藏，储集空间主要有三类：大型洞穴、溶蚀孔洞和裂缝，三种储集空间尺度变化大（图 7－9）。缝洞型碳酸盐岩油藏流体流动存在多种形式，既有渗流，又有管流，洞穴中还存在空腔流。一般认为基质与裂缝中的流动属渗流或管流，遵循达西定律，在较高流速下，溶蚀洞与较宽裂缝中的流动为非达西流，而大型洞穴中流体流动属自由流体流动，遵循 Navier－Stokes 流体力学规律。孔缝洞多尺度介质不一定能处理为连续介质，为此我们提出多尺度一体化解决方案，首先将孔、缝、洞按尺度分成若干介质组合，不同区域的介质、流态、方程存在差异，采用区域分解方法对不同区域进行独立求解，再采用改进的 FAC 方法进行耦合模拟，概念模型如图 7－9 所示，塔中 1 号凝析气田属多尺度三重介质。

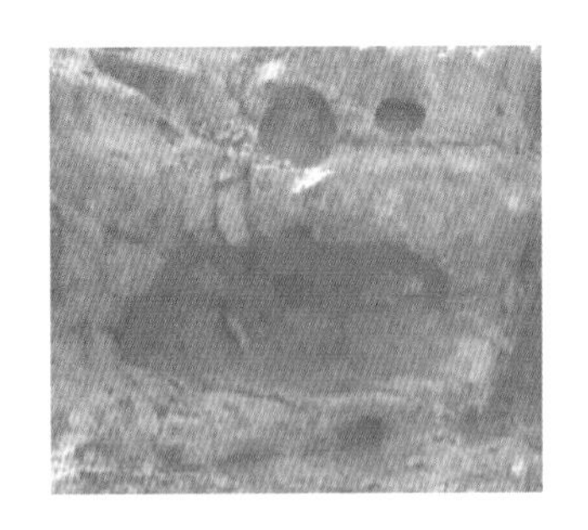

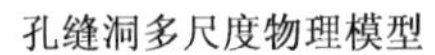

孔缝洞多尺度物理模型

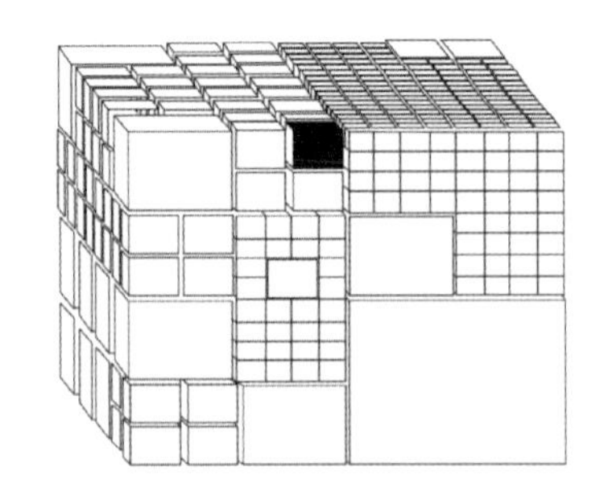

孔缝洞多尺度概念模型

图7-9　孔缝洞多尺度介质模型

三、碳酸盐岩复杂介质气藏数学模型及求解方法

针对靖边气田、龙岗气田及塔中1号气田，在地质特征研究、流动规律研究以及数值模拟方法研究的基础上，建立了相应的数学模型，并给出了求解方法。

（一）靖边气田考虑管流与紊流的气水两相双重介质数学模型

1. 数学模型

靖边气田的储集空间以溶蚀孔为主，晶间孔与膏模孔次之，发育少量微裂缝，溶孔孔径可达3~5mm（图7-10）。根据靖边气田储集空间发育特点，建立了靖边气田溶洞（考虑管流）和气井（考虑紊流）的气水两相溶洞—基质双重介质数学模型。

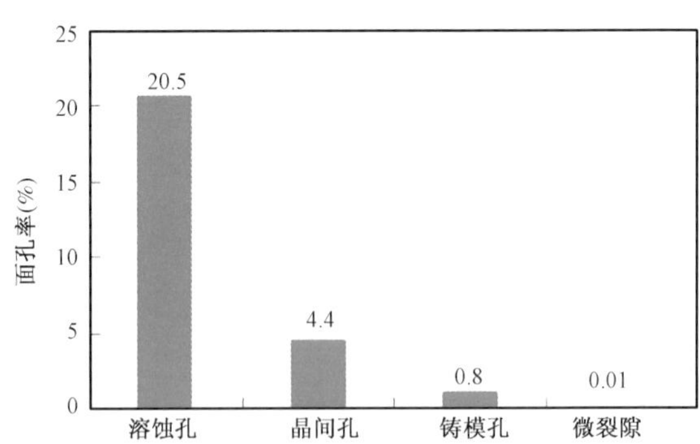

图7-10　靖边气田储集空间类型

1）基质系统

$$\nabla \cdot \left[K \cdot \frac{K_{rw}}{\mu_w} \cdot \rho_w \cdot \nabla \Phi_w \right]_m + q_{w,m} - q_w^* = \frac{\partial(\phi \cdot \rho_w \cdot S_w)_m}{\partial t} \tag{7-1}$$

$$\nabla \cdot \left[K \cdot \frac{K_{rg}}{\mu_g} \cdot \rho_g \cdot \nabla \Phi_g \right]_m + q_{g,m} - q_g^* = \frac{\partial(\phi \cdot \rho_g \cdot S_g)_m}{\partial t} \tag{7-2}$$

2）溶洞系统

$$\nabla \cdot \left[K_{rw} \cdot \rho_w \cdot \frac{r^2}{8\mu_w} \cdot \nabla \Phi_w \right]_v + q_{w,v} + q_w^* = \frac{\partial(\phi \cdot \rho_w \cdot S_w)_v}{\partial t} \tag{7-3}$$

$$\nabla \cdot \left[K_{rg} \cdot \rho_g \cdot \frac{r^2}{8\mu_g} \cdot \nabla \Phi_g \right]_v + q_{g,v} + q_g^* = \frac{\partial(\phi \cdot \rho_g \cdot S_g)_v}{\partial t} \tag{7-4}$$

气井考虑紊流，即气体二项式公式：

$$p_f^2 - p_w^2 = aq_{g,v} + bq_{g,v}^2 \tag{7-5}$$

式中　m，v——代表基质与溶洞；

K_{rg}，K_{rw}——气、水的相对渗透率；

μ_g，μ_w——气、水的黏度；

ρ_g，ρ_w——气、水的密度；

Φ_g，Φ_w——气、水势函数；

q_w，q_g——气、水产量；

q_g^*，q_w^*——气、水在基质与溶洞间的窜流量；

S_g，S_w——气、水的饱和度；

t——时间；

p_f——地层压力；

p_w——井底流压；

a，b——气井二项式系数；

ϕ——孔隙度；

r——溶孔半径。

2. 求解方法

溶洞—基质双重介质模型的求解方法与裂缝—基质的求解方法类似，只是将溶洞渗透率改成管流公式即可。

（二）龙岗气田考虑管流与紊流的气水两相三重连续介质数学模型

1. 数学模型

龙岗气田的储集空间主要是晶间溶孔、溶洞及裂缝，属孔缝洞三重介质类型（图7－11）。针对龙岗气田孔、缝、洞发育的地质特征，研究了基质孔隙、裂缝和溶孔的流态特征，建立了考虑管流和紊流多重介质气水两相流动的数学模型，中尺度溶洞流动规律考虑为管流，大尺度流动规律为高速非达西流。

（a）龙岗11井，6065.9~6066.04m，溶孔

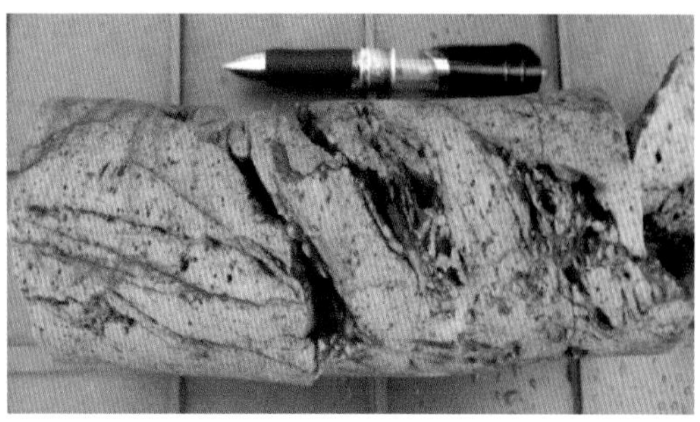

（b）龙岗2井，灰白色溶孔云岩中的缝洞系统

图7－11　龙岗气田储集空间类型

1）基质系统

$$\nabla \cdot \left[K \cdot \frac{K_{rw}}{\mu_w} \cdot \rho_w \cdot \nabla \Phi_w\right]_m + q_{w,m} - q^*_{w,mf} - q^*_{w,mv} = \frac{\partial(\phi \cdot \rho_w \cdot S_w)_m}{\partial t} \tag{7-6}$$

$$\nabla \cdot \left[K \cdot \frac{K_{rg}}{\mu_g} \cdot \rho_g \cdot \nabla \Phi_g\right]_m + q_{g,m} - q^*_{g,mf} - q^*_{g,mv} = \frac{\partial(\phi \cdot \rho_g \cdot S_g)_m}{\partial t} \tag{7-7}$$

2）裂缝系统

$$\nabla \cdot \left[K \cdot \frac{K_{rw}}{\mu_w} \cdot \rho_w \cdot \nabla \Phi_w\right]_f + q_{w,f} + q^*_{w,fm} + q^*_{g,fv} = \frac{\partial(\phi \cdot \rho_w \cdot S_w)_f}{\partial t} \tag{7-8}$$

$$\nabla \cdot \left[K \cdot \frac{K_{rg}}{\mu_g} \cdot \rho_g \cdot \nabla \Phi_g\right]_f + q_{g,f} + q^*_{g,fm} + q^*_{g,fv} = \frac{\partial(\phi \cdot \rho_g \cdot S_g)_f}{\partial t} \tag{7-9}$$

3）溶洞系统

$$\nabla \cdot [K_{rw} \cdot \rho_w \cdot \mu_w]_v + q_{w,v} + q^*_{w,vm} - q^*_{w,vf} = \frac{\partial(\phi \cdot \rho_w \cdot S_w)_v}{\partial t} \tag{7-10}$$

$$\nabla \cdot [K_{rg} \cdot \rho_g \cdot \mu_g]_v + q_{g,v} + q^*_{g,vm} - q^*_{g,vf} = \frac{\partial(\phi \cdot \rho_g \cdot S_g)_v}{\partial t} \tag{7-11}$$

中尺度采用管流：

$$\mu_l = \frac{r^2}{8\mu_l} \cdot \nabla \Phi_l \tag{7-12}$$

大尺度采用高速非达西流 Forchheimer 公式：

$$-\nabla \Phi_l = \frac{\mu_l}{kk_{rl}}\mu_l + \beta_l \rho_l \mu_l |\mu_l| \tag{7-13}$$

其中

$$\beta_l = \frac{c_l}{k^{\frac{5}{4}}\phi^{\frac{3}{4}}} \qquad l = g,w \tag{7-14}$$

2. 求解方法

采用改进的多重连续介质模型的求解方法。空间采用有限体积法进行离散，时间采用向后一阶差分离散。离散化后单元 i 的方程为：

$$[(M_l)_i^{n+1} - (M_l)_l^n]\frac{V_i}{\Delta t} = \sum_{j \in \eta_i} F_{l,ij}^{n+1} + Q_{li}^{n+1} \tag{7-15}$$

式中 M——l 相的质量；

n——前一时刻；

$n+1$——当前时刻；

V_i——单元（基质、裂缝或溶洞）的体积；

Δt——时间步长；

η_i——与单元 i 相连接的单元 j 的集合；

$F_{1,ij}$——单元 i 同单元 j 之间 l 相的质量流动项；

Q_{1i}^{n+1}——单元 i 内 l 相的产量项，即质量流量。

1）达西渗流

式（7－15）中多重介质之间通过连接（i，j）的流动项 $F_{1,ij}$ 可表示如下：

$$F_{1,ij} = \lambda_{1,ij+1/2}\gamma_{ij}[\Phi_{1j} - \Phi_{1i}] \tag{7-16}$$

其中，$\lambda_{1,ij+1/2}$ 是 l 相的流度：

$$\lambda_{1,ij+1/2} = \left(\frac{\rho_1 K_{r1}}{\mu_1}\right)_{ij+1/2} \tag{7-17}$$

由有限差分法可得（Pruess 等，1999）：

$$r_{ij} = \frac{A_{ij}K_{ij+1/2}}{d_i + d_j} \tag{7-18}$$

$$\Phi_{1i} = P_{1i} - \rho_{1,ij+1/2}gh_i \tag{7-19}$$

单元 i 的汇点/源点项定义如下：

$$Q_{\beta i} = q_{\beta i} V_i \tag{7-20}$$

式中 $\lambda_{1,ij+1/2}$——l 相的流度；

K_{r1}——l 相的渗透率；

h_i——单元 i 中心的深度；

r_{ij}——传导系数；

A_{ij}——单元 i 和 j 的界面面积；

d_i——单元 i 中心点到单元 i 和单元 j 之间界面的距离；

$K_{ij+1/2}$——沿着单元 i 和 j 连通处的平均绝对渗透率。

2）非达西渗流

速度与压力关系由式（7－5）可得

$$F_{ij} = \frac{A_{ij}}{2(k\beta_1)_{ij+1/2}}\left\{-\frac{1}{\overline{\lambda}_1} + \left[\left(\frac{1}{\overline{\lambda}_1}\right)^2 - \overline{\gamma}_{ij}(\Phi_{1j} - \Phi_{1i})\right]^{1/2}\right\} \tag{7-21}$$

其中

$$\overline{\lambda}_1 = \frac{K_{r1}}{\mu_1} \tag{7-22}$$

$$\overline{\gamma}_{ij} = \frac{4(K^2\rho_1\beta_1)_{ij+1/2}}{d_i + d_j} \tag{7-23}$$

式中，r——圆管的半径。

（三）塔中坡折带缝洞型凝析气藏孔缝洞多尺度介质多流态的数学模型

1. 数学模型

塔中1号气藏具有准层状特征，储集空间分缝洞型、裂缝—孔洞型两种，地震反射特征分别为串珠状杂乱反射和弱振幅杂乱反射，缝洞型实钻表现放空漏失特征。针对塔中1号气井储层特点，借鉴挥发油数学模型，建立了塔中坡折带缝洞型凝析气藏孔缝洞多尺度介质多流态的数学模型。

1）基质系统

$$\nabla \cdot \left[\rho_{w} \cdot K \cdot \frac{K_{rw}}{\mu_{w}} \cdot \nabla \Phi_{w}\right]_{m} + q_{w,m} = \frac{\partial(\phi \cdot \rho_{w} \cdot S_{w})_{m}}{\partial t} \tag{7-24}$$

$$\nabla \cdot \left[\rho_{o}^{o} \cdot K \cdot \frac{K_{ro}}{\mu_{o}} \cdot \nabla \Phi_{o}\right]_{m} + \nabla \left[\rho_{g}^{o} \cdot K \frac{K_{rg}}{\mu_{g}} \cdot \nabla \Phi_{g}\right]_{m} + (q_{o,m}^{o} + q_{g,m}^{o})$$
$$= \frac{\partial(\phi \cdot \rho_{o}^{o} \cdot S_{o} + \phi \cdot \rho_{g}^{o} \cdot S_{g})_{m}}{\partial t} \tag{7-25}$$

$$\nabla \cdot \left[\rho_{o}^{g} \cdot K \cdot \frac{K_{ro}}{\mu_{o}} \cdot \nabla \Phi_{o}\right]_{m} + \nabla \left[\rho_{g}^{g} \cdot K \cdot \frac{K_{rg}}{\mu_{g}} \cdot \nabla \Phi_{g}\right]_{m} + (q_{o,m}^{o} + q_{g,m}^{g})$$
$$= \frac{\partial(\phi \cdot \rho_{o}^{g} \cdot S_{o} + \phi \cdot \rho_{g}^{g} \cdot S_{g})_{m}}{\partial t} \tag{7-26}$$

2）裂缝系统

$$-\nabla \cdot [\rho_{w} \cdot \mu_{w}]_{f} + q_{w,f} = \frac{\partial(\phi \cdot \rho_{w} \cdot S_{w})_{f}}{\partial t} \tag{7-27}$$

$$-\nabla \cdot [\rho_{o}^{o} \cdot \mu_{o}]_{f} - \nabla \cdot [\rho_{g}^{o} \cdot \mu_{g}]_{f} + (q_{o,f}^{o} + q_{g,f}^{o}) = \frac{\partial(\phi \cdot \rho_{o}^{o} \cdot S_{o} + \phi \cdot \rho_{g}^{o} \cdot S_{g})_{f}}{\partial t} \tag{7-28}$$

$$-\nabla \cdot [\rho_{o}^{g} \cdot \mu_{o}]_{f} - \nabla \cdot [\rho_{g}^{g} \cdot \mu_{g}]_{f} + (q_{o,f}^{g} + q_{g,f}^{g}) = \frac{\partial(\phi \cdot \rho_{o}^{g} \cdot S_{o} + \phi \cdot \rho_{g}^{g} \cdot S_{g})_{f}}{\partial t} \tag{7-29}$$

小尺度裂缝渗流：

$$\mu_{1} = -\frac{K_{r1} \cdot K}{\mu_{1}} \nabla \Phi_{1} \tag{7-30}$$

中尺度裂缝管流：

$$\mu_{1} = -\frac{K_{r1} \cdot r^{2}}{8\mu_{1}} \nabla \Phi_{1} \tag{7-31}$$

中尺度裂缝平板流：

$$\mu_l = -\frac{K_{rl} \cdot w \cdot b}{12\mu_l} \nabla \Phi_l \tag{7-32}$$

大尺度裂缝高速非达西流：

$$-(\nabla P_l - \rho_l g) = \frac{\mu_l}{KK_{rl}}\mu_l + \beta_l \rho_l \mu_l |\mu_l| \tag{7-33}$$

3)溶洞系统

$$-\nabla[\rho_w \cdot \mu_w]_v + q_{w,v} = \frac{\partial(\phi \cdot \rho_w \cdot S_w)_v}{\partial t} \tag{7-34}$$

$$-\nabla[\rho_o^o \cdot \mu_o]_v - \nabla \cdot [\rho_g^o \cdot \mu_g]_v + (q_{o,v}^o + q_{g,v}^g) = \frac{\partial(\phi \cdot \rho_o^o \cdot S_o + \phi \cdot \rho_g^o \cdot S_g)_v}{\partial t} \tag{7-35}$$

$$-\nabla[\rho_o^g \cdot \mu_o]_v - \nabla \cdot [\rho_g^g \cdot \mu_g]_v + (q_{o,v}^g + q_{g,v}^g) = \frac{\partial(\phi \cdot \rho_o^g \cdot S_o + \phi \cdot \rho_g^g \cdot S_g)_v}{\partial t} \tag{7-36}$$

中尺度溶洞管流：

$$\mu_l = -\frac{K_{rl} \cdot r^2}{8\mu_l} \nabla \Phi_l \tag{7-37}$$

大尺度溶洞高速非达西流：

$$-(\nabla P_l - \rho_l g) = \frac{\mu_l}{KK_{rl}}\mu_l + \beta_l \rho_l \mu_l |\mu_l| \tag{7-38}$$

或者严格采用 Navier - Stokes 公式

$$\frac{\partial \rho_w \mu_w}{\partial t} + \nabla \cdot \rho_w \mu_w \otimes \mu_w = -\nabla P_w + \rho_w g + \nabla \cdot (\mu_w \nabla \mu_w) + F_\sigma \tag{7-39}$$

$$\frac{\partial \rho_o \mu_o}{\partial t} + \nabla \cdot \rho_o \mu_o \otimes \mu_o = -\nabla P_o + \rho_o g + \nabla \cdot (\mu_o \nabla \mu_o) + F_\sigma \tag{7-40}$$

$$\frac{\partial \rho_g \mu_g}{\partial t} + \nabla \cdot \rho_g \mu_g \otimes \mu_g = -\nabla P_g + \rho_g g + \nabla \cdot (\mu_g \nabla \mu_g) + F_\sigma \tag{7-41}$$

式中 ρ_o^o——油组分在油相中的部分密度，即油密度；

ρ_g^o——油组分在气相中的部分密度，即凝析油密度；

ρ_o^g——气组分在油相中的部分密度，即溶解气密度；

ρ_g^g——气组分在气相中的部分密度，即气密度；

q_o^o——油产量；

q_g^o——凝析油产量；

q_o^g——溶解气产量；

q_g^g——自由气产量；

F_σ——界面张力。

2. 求解方法

采用多尺度一体化方法求解。基质区域采用改进的挥发油模型，裂缝—基质区域主要采用改进的双重介质模型，缝洞组合区域主要考虑 N－S 方程，再采用改进的 FAC 方法进行耦合模拟，整个问题的难点在于溶洞内 Navier－Stokes 方程的求解。两相微可压缩流体 Navier－Stokes 方程的数值求解是计算流体力学中的一个难题。采用 Level Set 界面追踪方法解决两相界面的计算，并与 Simple 算法结合起来解决了两相流 N－S 方程的计算问题，同时把渗流微分方程数值计算的一些实用技巧引入到 N－S 方程的计算中，解决了 N－S 方程微可压缩流体的计算，在此基础上，确定了碳酸盐岩孔缝洞多尺度复杂介质数学模型的求解方法。

求解思路主要是先将孔缝洞按尺度分成若干介质组合，不同区域的介质、流态、方程存在差异，采用区域分解方法对不同区域进行独立求解，再采用改进的 FAC 方法进行耦合模拟。基本假设为：(1)气、水均为牛顿流体；(2)气、水进入溶洞中后瞬时分离；(3)流体微可压缩。

1)界面追踪方法

溶洞单元内流体界面的变化实际上是计算流体力学中的界面追踪问题。计算流体力学中界面追踪主要有三种方法：VOF 方法、Level Set 方法和 VOSET 方法，通过数值实验，我们优选了 Level Set 方法。

Level Set 方法的主要思想是选取连续光滑函数作为 Level Set 函数 $\alpha(x,y,z)$，在不同流体处(即两相界面处)Level Set 函数值不同，在一种流体处大于0，另一种流体处小于0，两种流体界面处为0(图 7－12)。

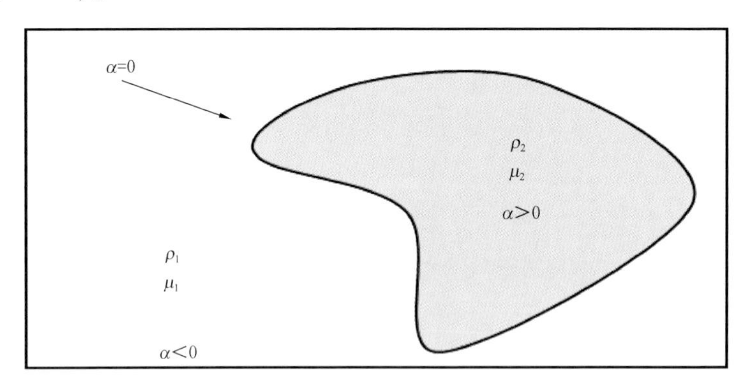

图 7－12　Level Set 方法二维界面函数定义

采用 Level Set 界面追踪方法后，溶洞系统两相流 N－S 方程求解转化成求以下方程。

(1)连续性方程：

$$-\nabla\cdot(\rho u)+q=\frac{\partial\rho}{\partial t}\tag{7-42}$$

(2)动量守恒方程：

$$\frac{\partial}{\partial t}(\rho u)+\nabla(\rho uu)=\nabla(\mu\mathrm{grad}u)+S_u-\frac{\partial p}{\partial x}+\rho F_{gx}+F_{\sigma x}\tag{7-43}$$

$$\frac{\partial}{\partial t}(\rho v)+\nabla(\rho vu)=\nabla(\mu\mathrm{grad}v)+S_v-\frac{\partial p}{\partial y}+\rho F_{gy}+F_{\sigma y}\tag{7-44}$$

$$\frac{\partial}{\partial t}(\rho w) + \mathrm{div}(\rho w u) = \mathrm{div}(\mu \mathrm{grad} w) + S_w - \frac{\partial p}{\partial z} + \rho F_{gz} + F_{\sigma z} \qquad (7-45)$$

(3)相界面函数方程(界面追踪方程):

$$\frac{\partial \alpha}{\partial t} + u \cdot \nabla \alpha = 0 \qquad (7-46)$$

(4)属性方程:

在进行数值计算的过程中,两相流不同于单相问题的一个关键之处就在于它的物性在界面附近变化大,不是连续的,易于引起计算的不稳定,甚至导致发散。为了减少数值不稳定性,流体的物性参数,如密度、黏度,借助 Level Set 函数 α 和 Heaviside 函数 H 来作光滑处理。

密度

$$\rho_\varepsilon = \rho_1 + (\rho_2 - \rho_1) H_\varepsilon[\alpha(x,y,z,t)] \qquad (7-47)$$

黏度

$$\mu_\varepsilon = \mu_1 + (\mu_2 - \mu_1) H_\varepsilon[\alpha(x,y,z,t)] \qquad (7-48)$$

重力

$$F_g = [F_{gx}, F_{gy}, F_{gz} = (0,0,g)] \qquad (7-49)$$

其中,g 为重力加速度。

界面张力

$$F_\sigma = \sigma k \delta(\alpha) \cdot n \qquad (7-50)$$

借助于相函数 α,相界面上的单位法向向量可表示为

$$n = \frac{\nabla \alpha}{|\nabla \alpha|} \qquad (7-51)$$

界面曲率为

$$k(x,y,z,t) = -(\nabla \cdot n) \qquad (7-52)$$

δ 是 Dirac Delta 函数

$$\delta_\varepsilon(x) = \begin{cases} \dfrac{1+\cos(\pi x/\varepsilon)}{(2\varepsilon)} & 当 |x| < \varepsilon \\ 0 & 当 |x| \geqslant \varepsilon \end{cases} \qquad (7-53)$$

$$H_\varepsilon(x) = \begin{cases} 0 & 当 x < -\varepsilon \\ (x+\varepsilon)/(2\varepsilon) + \dfrac{\sin\left(\dfrac{\pi x}{\varepsilon}\right)}{(2\pi)} & |x| \leqslant \varepsilon \\ 1 & 当 x > \varepsilon \end{cases} \qquad (7-54)$$

$$\frac{\mathrm{d}H_\varepsilon(x)}{\mathrm{d}x} = \delta_\varepsilon(x) \qquad (7-55)$$

式中,g 为重力加速度;σ 表示表面张力系数;k 表示相界面的曲率。

(5)边界条件:

涉及的边界有三类,① 溶洞单元与双重介质耦合边界条件;② 不发生流动的封闭边界条件;③ 井口内边界条件。生产井 $q<0$;注水井 $q>0$;关井 $q=0$。

(6)初始条件:

气藏初始压力 $P(x,y,z,0)=P_0$

流体初始速度 $u(x,y,z,0)=0,v(x,y,z,0)=0,w(x,y,z,0)=0$

初始界面相函数 $\alpha(x,y,z,t)$,根据气水界面的位置定义初始边界

$$\alpha(x,y,z,0)=\begin{cases}>0 & (x,y,z)\text{ 位于气区}\\ <0 & (x,y,z)\text{ 位于水区}\end{cases} \tag{7-56}$$

2)离散化方法

采用交错网格进行控制体有限差分方法进行微分方程离散化。溶洞系统数学模型的求解,不仅涉及质量守恒方程,而且还有动量守恒方程,如果所有变量采用同一套网格,会导致动量方程无法检测出不合理的压力场。我们采用交错网格解决这一问题,即三个方向的速度 u、v、w 的控制容积与压力 p 主控制容积之间在 x、y、z 方向各差半个网格步长的错位(图 7-13)。

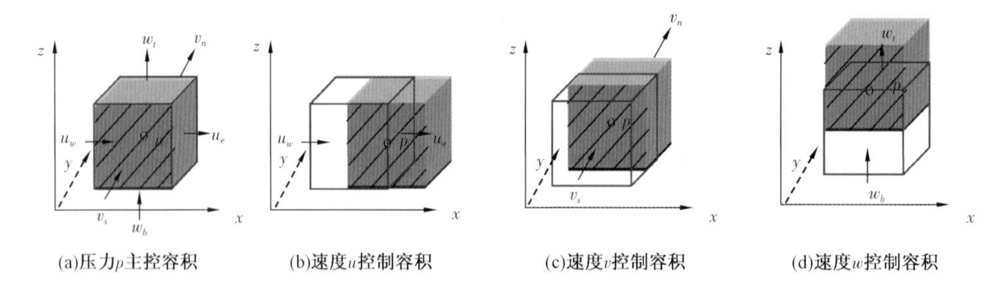

图 7-13 交错网格示意图

$$\frac{\partial(\rho\phi)}{\partial t}+\frac{\partial(\rho\mu\phi)}{\partial x}=\frac{\partial}{\partial x}\left(\Gamma_\phi\frac{\partial\phi}{\partial x}\right)+S_\phi \tag{7-57}$$

式中 ϕ——可以是压力 p,也可以是三个方向的速度,分别为 μ,v,w;

Γ_ϕ——扩散系数;

S_ϕ——源项。

采用控制体有限差分,稳态的离散化方程的通用形式:

$$a_{ijk}\phi_{ijk}+a_{i+1}\phi_{i+1,j,k}+a_{i-1,j,k}\phi_{i-1,j,k}+a_{i,j+1}\phi_{i,j+1,k}+ \\ a_{i,j,k+1}\phi_{i,j,k+1}+a_{i,j,k-1}\phi_{i,j,k-1}=b_{i,j,k} \tag{7-58}$$

其中

$$a_{i+1,j,k}=D_{i+1,j,k}+\max(-F_{i+\frac{1}{2},j,k},0) \tag{7-59}$$

$$a_{i-1,j,k}=D_{i-1,j,k}+\max(-F_{i-\frac{1}{2},j,k},0) \tag{7-60}$$

$$a_{i,j+1,k} = D_{i,j+1,k} + \max(-F_{i,j+\frac{1}{2},k},0) \tag{7-61}$$

$$a_{i,j-1,k} = D_{i,j-1,k} + \max(-F_{i,j-\frac{1}{2},k},0) \tag{7-62}$$

$$a_{i,j,k+1} = D_{i,j,k+1} + \max(-F_{i,j,k+\frac{1}{2},},0) \tag{7-63}$$

$$a_{i,j,k+1} = D_{i,j,k-1} + \max(-F_{i,j,k-\frac{1}{2},},0) \tag{7-64}$$

$$a_{i,j,k} = -a_{i+1,j,k} - a_{i-1,j,k} - a_{i,j+1,k} - a_{i,j-1,k} -$$

$$a_{i,j,k+1} - a_{i,j,k-1} - S_p\Delta x_i\Delta y_j\Delta z_k - \frac{(\rho\phi)_{ijk}^{n+1}}{\Delta t} \tag{7-65}$$

$$F_{i+\frac{1}{2},j,k} = (\rho\mu)_{i+\frac{1}{2},j,k}\Delta y_i\Delta z_k \tag{7-66}$$

$$F_{i-\frac{1}{2},j,k} = (\rho\mu)_{i-\frac{1}{2},j,k}\Delta y_i\Delta z_k \tag{7-67}$$

$$F_{i,j+\frac{1}{2},k} = (\rho\mu)_{i,j+\frac{1}{2},k}\Delta y_i\Delta z_k \tag{7-68}$$

$$F_{i,j-\frac{1}{2},k} = (\rho\mu)_{i,j-\frac{1}{2},k}\Delta y_i\Delta z_k \tag{7-69}$$

$$F_{i,j,k+\frac{1}{2}} = (\rho\mu)_{i,j,k+\frac{1}{2}}\Delta y_i\Delta z_k \tag{7-70}$$

$$F_{i,j,k-\frac{1}{2}} = (\rho\mu)_{i,j,k-\frac{1}{2}}\Delta y_i\Delta z_k \tag{7-71}$$

$$D_{i+1,j,k} = \Gamma_{i+\frac{1}{2},j,k}\Delta y_i\Delta z_k/\Delta x_{i+1/2} \tag{7-72}$$

$$D_{i-1,j,k} = \Gamma_{i-\frac{1}{2},j,k}\Delta y_i\Delta z_k/\Delta x_{i+1/2} \tag{7-73}$$

$$D_{i,j+1,k} = \Gamma_{i,j+\frac{1}{2},k}\Delta x_i\Delta z_k/\Delta y_{j+1/2} \tag{7-74}$$

$$D_{i,j-1,k} = \Gamma_{i,j-\frac{1}{2},k}\Delta x_i\Delta z_k/\Delta y_{j-1/2} \tag{7-75}$$

$$D_{i,j,k+1} = \Gamma_{i,j,k+\frac{1}{2}}\Delta x_i\Delta y_j/\Delta z_{k+1/2} \tag{7-76}$$

$$D_{i,j,k-1} = \Gamma_{i,j,k-\frac{1}{2}}\Delta x_i\Delta y_j/\Delta z_{k+1/2} \tag{7-77}$$

$$b_{i,j,k} = -S_{\phi ijk}\Delta x_i\Delta y_j\Delta z_k - \frac{(\rho\phi)_{ijk}^{n}}{\Delta t} \tag{7-78}$$

3)采用 Simple 方法进行离散方程的求解

Simple(Semi－Implicit Method for Pressure－Linked Equations)算法是求解压力耦合方程组的半隐式方法,Simple 算法没有像传统的数值模拟方法一样对变量进行隐式求解,而是类似传统油藏数值模拟的 IMPES 方法,变量是依次迭代求解的。首先依次求解三个方向的动量守恒方程,质量守恒方程却不直接参加求解,只是作为压力修正的约束条件,逐次迭代逼近真解。Simple 算法使得原本极其复杂的数值求解问题,变得简单了。Simple 算法的求解步骤如下:(1)假设一个初始速度场μ^0,v^0,w^0,计算动量方程的系数;(2)假定一个压力场p^*;(3)依次求解三个方向的动量方程,分别得到μ^0,v^*,w^*;(4)求解压力修正值方程,得到压力修正值p';(5)依据压力修正值p',改进速度值;(6)利用改进后的速度场重新计算动量离散方程的系数,用改进后的压力场作为下一步迭代的初值,重复前五步直至收敛。

4)可压缩流体的处理方法

经典的 Simple 算法中只处理不可压缩流体的 Navier - Stokes 计算问题,因为只考虑压力随时间的变化,而不考虑密度与黏度随时间的变化,这样质量守恒方程只出现速度项,而没有出现压力项,因此,质量守恒方程对压力是非直接约束。实际气田开采过程中,弹性驱是主要的驱动方式之一,有必要考虑流体压缩性问题。如果考虑流体压缩性,质量守恒方程中就必须考虑密度与黏度随时间的变化,即 $\rho = \rho_i(1 + C_\rho(P - P_i))$,$\mu = \mu_i(1 + C_\mu(P - P_i))$,这样质量守恒离散化后既出现压力变量,又出现速度变量,是非线性方程组。我们参照油藏数值模拟处理微可压缩流体技术,采用 Newton - Raphson 迭代方法改进 Simple 算法,得到考虑压缩性问题的 Simple 算法。

以一维问题为例:

$$\frac{\partial(\rho\phi)}{\partial t} + \frac{\partial(\rho\mu\phi)}{\partial x} = \frac{\partial}{\partial x}\left(\Gamma_\phi \frac{\partial\phi}{\partial x}\right) + S_\phi \tag{7-79}$$

其离散方程可以表达为:

$$\frac{(\rho\phi)_i^{n+1} - (\rho\phi)_i^n}{\Delta t} + \frac{(\rho\mu\phi)_{i+1/2}^{n+1} - (\rho\mu\phi)_{i-1/2}^{n+1}}{\Delta x}$$

$$= \frac{(\Gamma_\phi)_{i+1/2}^{n+1} \dfrac{(\phi)_{i+1}^{n+1} - (\rho\mu\phi)_i^{n+1}}{\Delta x_{i+1/2}} - (\Gamma_\phi)_{i-1/2}^{n+1} \dfrac{(\phi)_i^{n+1} - (\rho\mu\phi)_{i-1}^{n+1}}{\Delta x_{i-1/2}}}{\Delta x_i} + S_{\phi i}^{n+1} \tag{7-80}$$

将 $n+1$ 时刻的压力与速度作为未知数,采用非线性方程组的牛顿迭代法。

两个时间步的差值:

$$\bar{\delta}x = x^{n+1} - x^n \tag{7-81}$$

两次牛顿迭代值的差值:

$$\delta x = x^{l+1} - x^l \tag{7-82}$$

当牛顿迭代收敛后 x^{l+1} 即为 x^{n+1}:

$$x^{n+1} \approx x^{l+1} = x^l + \delta x \tag{7-83}$$

$$\bar{\delta}x = x^l - x^n + \delta x \tag{7-84}$$

$$\frac{[(\rho\phi)^l - (\rho\phi)^n + \delta(\rho\phi)]}{\Delta t} + \frac{(\rho\mu\phi)_{i+1/2}^{l+1} - (\rho\mu\phi)_{i-1/2}^{l+1}}{\Delta t} =$$

$$\frac{(\Gamma\phi)_{i+1/2}^{l+1} \dfrac{(\rho\mu\phi)_{i+1}^{l+1} - (\rho\mu\phi)_i^{l+1}}{\Delta x_{i+1/2}} - (\Gamma\phi)_{i-1/2}^{l+1} \dfrac{(\rho\mu\phi)_i^{l+1} - (\rho\mu\phi)_{i-1}^{l+1}}{\Delta x_{i-1/2}}}{\Delta x_i} + S_{\phi i}^{l+1} \tag{7-85}$$

其中

$$\delta(\rho\phi) = \frac{\partial\rho\phi}{\partial P}\delta P + \frac{\partial\rho\phi}{\partial\phi}\delta\phi \tag{7-86}$$

$$(\rho\mu\phi)_{i+1}^{l+1} = (\rho\mu\phi)_{i+1}^l + \frac{\partial\rho\mu\phi}{\partial P}\partial P + \frac{\partial\rho\mu\phi}{\partial\phi}\delta\phi \tag{7-87}$$

式中　x——求解变量；

n——求解时间步；

l——牛顿迭代步。

5）多尺度耦合方法

多尺度一体化数值模拟方法，将孔缝洞按尺度分成若干介质组合，不同组合区域的介质、流态、方程存在差异，采用区域分解方法对不同区域进行独立求解。然而，气藏在开采过程中，不同区域的压力、流体会相互影响，是随时间变化的，因此需要将不同区域的解耦合起来。通过研究，决定采用改进的全近似格式（Full Approximation Scheme，简称 FAS 格式）的快速自适应组合网格方法（Fast Adaptive Composite Grid，简称 FAC 方法）作为多区域多尺度耦合。

FAC 方法是在所研究的区域布一套相对较粗的基础网格（basic grids），在基础网格上对需要取得更准确值的区域进行局部加密（refined grids）。为了避免大网格与最小网格相邻，FAC 方法对局部区域采取逐级细化，并且各级局部加密区域求解域也不一样，由未加密粗网格和各级局部加密细网格形成组合网格（composite grids）（图 7－14）。

该方法的好处是：(1)将组合网格的残差分配到不同尺度的区域独立迭代求解；(2)网格可以逐级细化；(3)组合网格可以是不规则的，但子区域可以是规则的（图 7－15）；(4)FAC 方法非常适合动态网格管理；(5)采用缺陷方程可以作为不同区域间耦合方程。

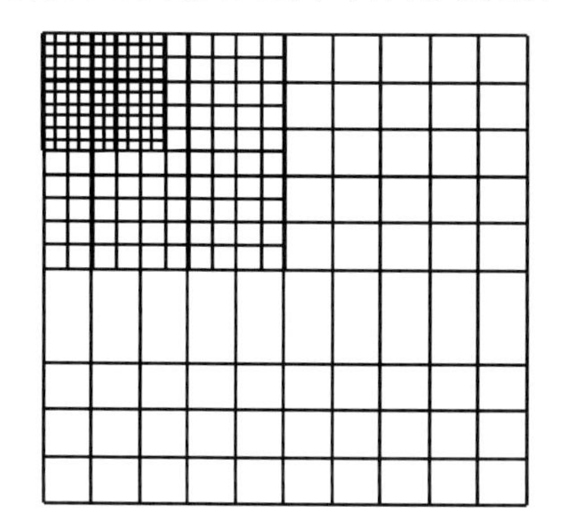
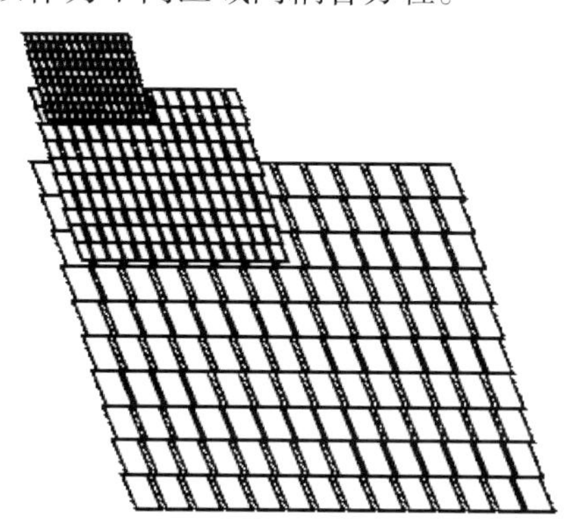

图 7－14　FAC 方法网格示意图

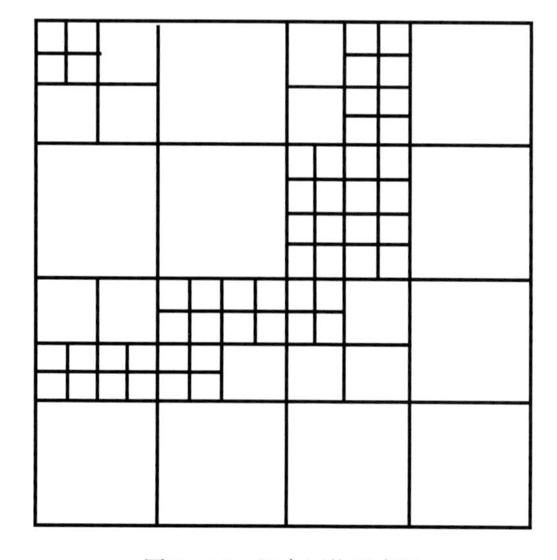

图 7－15　组合网格示意图

图 7－16 是改进的 FAC 方法用于孔缝洞不同尺度区域耦合的网格示意图。

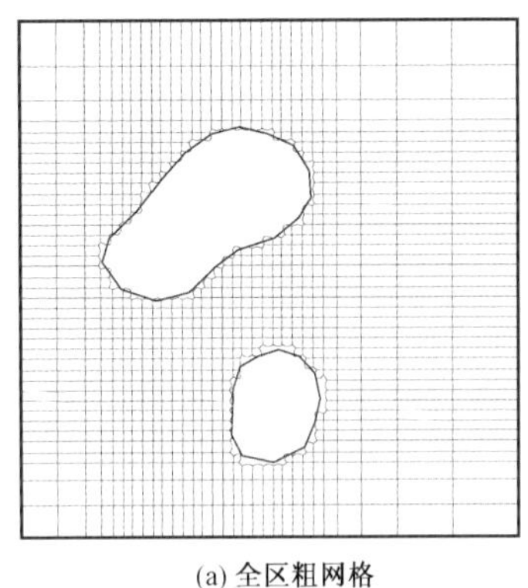
(a) 全区粗网格

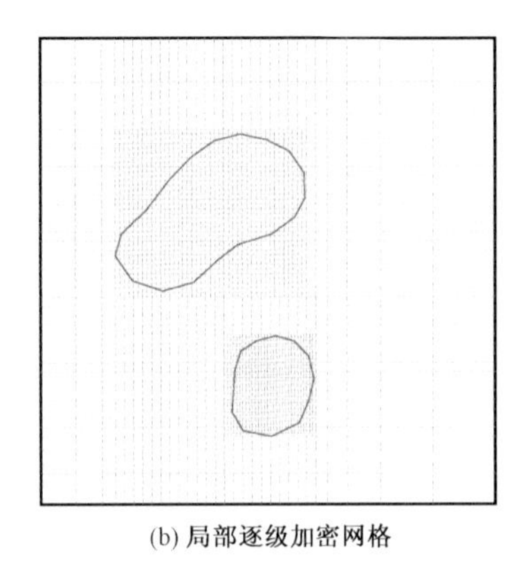
(b) 局部逐级加密网格

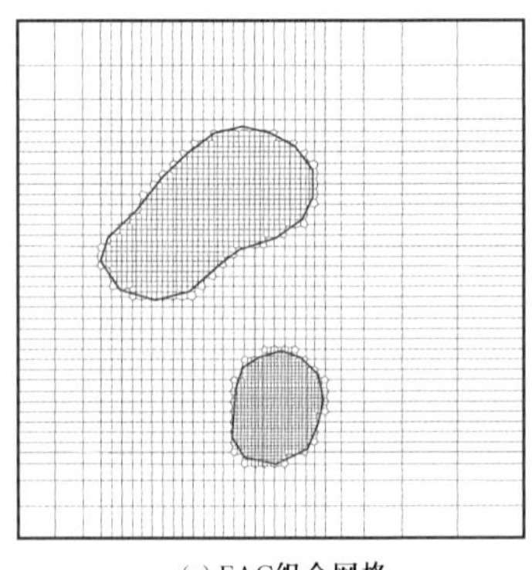
(c) FAC组合网格

图 7－16　网格示意图

设组合网格的变量为 U_g,则:

$$U_g = \begin{bmatrix} U_f \\ U_{f1} \\ U_{uc} \end{bmatrix} \tag{7－88}$$

设组合网格、基础网格及局部加密网格上的离散方程分别为:

$$L_g U_g = f_g \tag{7－89}$$

$$L_c U_c = f_c \tag{7－90}$$

$$L_f U_f = f_f \tag{7－91}$$

组合网格的余量为:

$$r_g = f_g - L_g U_g \tag{7－92}$$

式中　U_f——最细网格上的变量;

U_{f1}——除最细网格外的各级局部加密网格变量;

U_{uc}——未加密粗网格的变量;

L_g——组合网格的差分算子;

L_c——基础网格的差分算子;

L_f——细网格的差分算子;

U_g——组合网格的求解变量;

U_c——基础网格的求解变量;

U_f——细网格的求解变量;

f_g——组合网格差分方程的右端项;

f_c——基础网格差分方程的右端项;

f_f——细网格差分方程的右端项。

算法中还涉及函数值在组合网格与基础网格和局部加密网格间的转换算子。

设：I_g^c为函数值从组合网格到基础网格的转换算子，即 $U_c = I_g^c U_g$；

I_g^f为函数值从组合网格到局部加密网格的转换算子，即 $U_f = I_g^f U_g$；

I_c^g为函数值从基础网格到组合网格的转换算子，即 $U_g = I_c^g U_c$；

I_f^g为函数值从局部加密网格到组合网格的转换算子，即 $U_g = I_f^g U_f$。

用非线性全近似格式的(Full Approximation Scheme，简称 FAS)去改进经典的 FAC，并将粗网格缺陷方程作为粗细网格的动态耦合方程。得到的相应算法是：

(1)给定组合网格的初始假设 U_g^0以及收敛条件 ε，

求组合网格的余量 $r_g = f_g - L_g U_g$，

如果 $\| r_g \| < \varepsilon$，迭代终止，否则做(2)；

(2)在基础网格上求解缺陷方程：

求解 $L_c U_c = L_c I_g^c U_g + I_g^c r_g$，修正组合网格 $U_g \leftarrow U_g + I_c^g (U_c - I_g^c U_g)$；

(3)在各级局部加密网格上求解缺陷方程：

求解 $L_f U_f = L_f I_g^f U_g + I_g^f r_g$，修正组合网格 $U_g \leftarrow U_g + I_f^g (U_f - I_g^f U_g)$；

(4)如果 $\| r_g \| < \varepsilon$，迭代终止，否则回到(2)。

式中，L_g，L_c，L_f 可以为线性算子也可以是非线性算子。

第三节 碳酸盐岩气藏高效布井理论

对于一个给定的气藏，确定控制气井高产的内在机制对于提高整个气藏的采出程度非常重要。对于碳酸盐岩气藏来说，大多数储层具有双重介质特征，基质提供大部分的储存空间，裂缝提供重要的流通通道。这种双重介质性质使碳酸盐岩气藏的有效开发变得异常困难。因此，确定碳酸盐岩气藏的布井原则、布井方式对于该类气藏的高效开发至关重要。

一、气藏开发的布井

(一)布井原则及布井方式

1. 布井原则

根据天然气开发管理纲要的规定，布井方式要立足于提高储量控制程度、单井产量及采收率，论证各开发层系的井型、井网及井距。井型要根据气藏地质特点与开发要求以及地面条件，确定气藏合理井型。井网要根据气藏构造、储层物性与储层非均质性、储量丰度、流体分布等因素确定井网。

对于相对均质的气藏，采用均匀布井方式，而对于非均质性较强的气藏，一般采用非均匀布井方式，尽量使气井部署在构造、储层有利部位。井距要根据储层及储量分布特征、单井控制储量、试气、试井和试采资料，采用类比法、数值模拟等方法，结合经济评价，综合确定气藏的合理井距。低渗气藏应开展极限井距的研究。

2. 布井方式

碳酸盐岩气藏在气藏成因、储层结构、开发特征等方面与碎屑岩的砂岩气藏存在较大差别，国内外大量的油气勘探开发实践证明，碳酸盐岩气藏储集空间类型多、岩性变化大、储层结构复杂，使碳酸盐岩储层的非均质性增强，极强的非均质性是碳酸盐岩气藏勘探开发的难点，这对于碳酸盐岩气藏布井方式提出了更高要求。

对于油田一般采用正规井网，以便获得最大的水驱控制程度和充分动用石油地质储量。“五点法”、“七点法”以及“九点法”等规则井网是目前开发油藏的主要布井方式，基于规则井网应用等值渗流阻力法得到的井网理论也一直被广泛应用到油藏工程分析。气藏布井方式一般有4种：按规则的几何形状均匀布井、环状布井或线状布井、气藏中心（顶部）地区布井和含气面积内非均匀布井。气藏一般采用非正规井网，普遍采用的是均匀井网或非均匀高点布井方式。

我国碳酸盐岩气藏中具有代表性的主要有碳酸盐岩非均质含硫气藏、碳酸盐岩多裂缝系统气藏、碳酸盐岩层状气驱气藏、碳酸盐岩底水气藏等几种类型。对于碳酸盐岩非均质含硫气藏，布井方式主要采用高渗区轴线布井，通过高渗区气井采低渗区天然气。对于碳酸盐岩多裂缝系统气藏，气田产能上升阶段，按裂缝性气藏特征，采用“三占三沿”的布井原则，即“占高点、鞍部和扭曲，沿长轴、断裂和陡缓变化带”布井。对于碳酸盐岩层状气驱气藏，对于视均质条状气藏，宜采用沿轴线均匀布井方式，根据气藏存在边水的情况，开发井在构造的高部位适当集中一些更为有利。对于碳酸盐岩底水气藏，布井方式和井网密度不仅要考虑裂缝系统的特点、气藏非均质程度，还要考虑动态监测、修井和排水及井下作业的替补井。宜采用占高点沿轴线的布井原则。

（二）井网的选择、部署和调整

在油气田生产过程中，井网的选择、部署和调整是开发方案的重要内容，同时也是油气田企业提高经济效益的关键因素之一。

1. 井网的选择和部署

在气田开发初期，应该高度重视井网的选择和部署，因为初期开发井网不仅会对日后的生产产生很大影响，而且也会影响到后期的调整和加密。在现场生产中，井网形式主要受油气田的地质特点控制。从井网的几何形态规则与否来说，井网形式一般分为规则井网和不规则井网两种。一般来说，对于储层相对均质的，适宜采用规则井网开采；而对于储层强烈非均质的适宜采用不规则井网开采。因此，井网的选择和部署应该重点针对储层的地质特点和后期调整的方便性进行选择。

2. 井网的调整

气田开发过程是一个不断认识、不断调整的过程，随着开发时间的延长，新问题会不断出现。因此在气田开发中后期，对气田开发井网进行调整显得格外重要。气藏井网的调整往往是加密。由于油气在开发初期，往往采用较稀的井网开发储量比较集中、产能比较好的层位，储量动用不充分，剩余气较多，因此常采用加密方法来维持气田的稳定生产。

1）加密可行性

气藏能否加密，主要考虑两方面因素：一方面，加密是否有必要，气藏目前井网控制范围是否合理，是否已充分动用储量。气藏相对高渗透、高产井区的实际泄流范围、动态储量、“储量动静比”较大，或部分井间明显相互干扰，表明目前实际井距较合理或“偏小”，这类井区不宜加密调整；相对低渗透、低产井区的泄流范围、动态储量、“储量动静比”较小，且井间无干扰，这类低渗、低产井区存在储量未动用或动用程度较低的相对高压区，表明当前实际井距“偏大”，是加密布井的重点区块。另一方面，加密是否有效益，加密井是否满足经济井距界限值。

对于单井,可根据盈亏平衡原理,求出加密井初期产量界限,即新钻开发井所获得的收益是否能弥补全部投资、采气成本并获得最低收益率时所应达到的最低产量,当加密调整井初期产量大于这一值时,经济上是可行的。

2)加密必要性

如果目前井网分布范围较大,没有完全动用优质储量,实际井距大于气井井控范围,至气藏衰竭时,井间仍存在部分未动用储量(形成死气区),需部署加密井来动用这部分储量。

3)加密效益性

如果目前的实际井距已小于气井井控范围,说明所有储量都得到了动用,如果这时加密实质是要提高气藏采速,关键在于加密后是否具有经济效益。如经济极限井距小于目前实际井距,此时可加密;如经济极限井距大于加密井距,加密井没有效益,不可加密。不论哪种情况,加密可行性都应以经济效益为最终决策指标。气藏加密调整可行性研究实际上就是从经济、技术及与实际井网井距配置的合理性上寻找潜力,分析其加密可行性。

因此,气井是否加密要根据不同的地质特点、不同开发阶段和不同的加密目的综合考虑。

(三)井网密度的确定

气藏井多,气田采收率高,利润总值高,但同时投资增大,经济效益不一定高;反之,井少,投资少,投资收益率及短期经济效益可能高,但储量利用率低,采收率低,利润总值低,开发期拖得长,采气成本增高,最终的经济效益和社会效应不一定高。气藏布井首先要在满足产层经济极限条件的基础上考虑,确保单井不亏本,其次井网密度要满足单井经济极限值。只有在满足这两条的基础上才有可能达到少井高产、高效开发并取得较佳经济效益的目的。

对于低渗、非均质性强、低丰度、薄层、大面积的低渗气藏,由于其单井产能低,要形成一定的产能规模或达到一定的开发速度,其井网密度必定大于常规气田。另一方面,气层薄、储量丰度低,单井控制储量要达到经济下限值以上,不允许密井距,在一定的开采时间内,低渗气藏有效的泄气范围有限,稀井网不利于储量动用和提高采收率。因此,寻求合理的开发井数(井网密度)是这类气田开发的关键。在实际的应用中,井网密度细分为合理井网密度和极限井网密度。

1. 技术合理井网密度

所谓技术合理井网密度就是从气藏本身具有的地质特点出发,使气井达到最大的排流面积和最大的控制储量,使气藏达到储量控制程度较高、采气速度合理、采收率较高、开发效果较好应具有的井网密度。

气藏合理井网密度的研究关键在于气井泄气半径的准确确定,目前计算气井泄气半径最广泛的方法是根据较可靠的方法(如压降法)计算的单井动储量,结合储层参数反推气井泄气半径,这种方法操作性强、计算结果相对准确。泄气半径比较直接的研究方法有地层压力对比法和压力波探测半径法等。

1)地层压力对比法

气井泄气半径比较直接的研究方法是利用邻近新老井地层压力差来判断老井的泄气半径是否传播到新井的靶点。同时还可以利用新老井地层压力差来间接地分析新老井间连通和干扰情况。新井揭开的地层压力下降幅度越大,两井间的连通性越好。影响新老井地层压力差的主要因素是新老井的井距和老井的累计产量。总体上井距越小,累计产量越大,新井地层压力下降幅度越大;井距越大,累计产量越小,新井地层压力下降幅度越小。

2)压力波探测半径法

气井定产量降压稳产过程可近似地看作生产时间较长的压降试井,部分研究学者认为压力波传播的探测半径近似气井的泄气半径,其压降测试计算公式为:

$$r_i = 3.798\sqrt{\frac{K_e t_p}{\phi\mu_g c_t}} \tag{7-93}$$

式中 K_e——基质有效渗透率,D;

t_p——生产时间,h;

ϕ——储层孔隙度,f;

μ_g——黏度,mPa·s;

c_t——地层综合压缩系数,1/MPa;

r_i——探测半径,m。

影响气井探测半径大小的主要因素是气井生产时间和储层有效渗透率。

2. 经济极限井网密度

油气藏开发的原则是“少投入、多产出”,达到经济效益最优化。一般来说,井距愈小,井网愈密,开发效果愈好,最终采收率愈高,但井网太密,钻井过多,经济效益变差,甚至发现负经济效益。

因此,确定井网密度时必须进行经济评价。气田开发技术经济界限是指在现有开采技术水平和财税体制下,新钻井能收回投资和采气成本,并获得最低内部收益率时(12%)所应达到的最低产量或控制储量指标。具体的量化指标包括:单井初始产量界限、评价期累计产量界限、经济可采储量界限、控制地质储量界限、经济极限井网密度、经济极限井距。

经济极限井距的计算方法有动态法和静态法。动态法也称现金流量法,是指投入资金与产出效益进行折现后相平衡,即净现值为零时的井网密度(井距)。动态法从市场经济角度考虑了资金的时间价值,在目前经济条件下内部收益率为12%、净现值为0时的各项经济界限指标。静态法是指投入资金与产出效益相同,即气田开发总利润为0时的井网密度(井距)。静态法只回收投入资金,没有进行折现计算。目前国内外计算单井初期日产量经济极限、单井控制储量经济极限、经济极限井网密度、经济极限井距等参数,不同公司从不同角度考虑有时采用动态法计算结果,有时采用静态法计算结果。一般来说,当自主投资为主、投资回收期限较短时常采用静态法计算结果;当贷款投资为主、投资回收期限较长时常采用动态法计算结果。

总之,随着井网密度方法的不断增加,井网密度的研究应综合考虑各种因素,建立比较完整的数学模型,并且软件化;井网的选择、部署和加密要从系统角度出发,运用先进的方法,例如神经网络、系统辨识等,全面考虑各种因素的影响,综合评价气井井网密度。

二、碳酸盐岩气藏均匀井网布井

均匀井网适合于气藏相对均质的气藏,这一类型的气藏以靖边气田岩溶风化壳型气藏为典型特征。靖边气藏虽然也有局部发育的裂缝和溶洞,但是整体上来说,气藏大部分的储渗空间是基质孔隙。因此,对于该类气藏的井网选择采用均匀布井的方式。

(一)靖边气田优化布井技术

1. 优化布井的技术思路

长庆优化布井技术是针对靖边下古气藏埋藏深、含气面积大、非均质性强等地质特点开展的包括地震、地质、测井和气藏工程等多学科为一体的综合布井技术，其核心思想是以多学科分专题研究为基础，以各学科分支点为切入点，最终达到微观和宏观结合、动静结合、多学科综合优化布井的目的。靖边气田地震研究以识别侵蚀沟谷分布特征和储层厚度为指导思想，为井位优化奠定良好的物质基础；地质研究以下古生界气藏岩溶风化壳型气藏形成机理，确定气藏控制因素，筛选出气藏富集区，为优化布井井区的选择指明方向；气藏工程以气藏动态资料为主，结合压力系统、测试资料等认识，准确分析各区块井距的设计，为井位优化提供技术保障；最后以各学科研究成果为基础，优化布井有利区，部署开发井位（图7－17）。

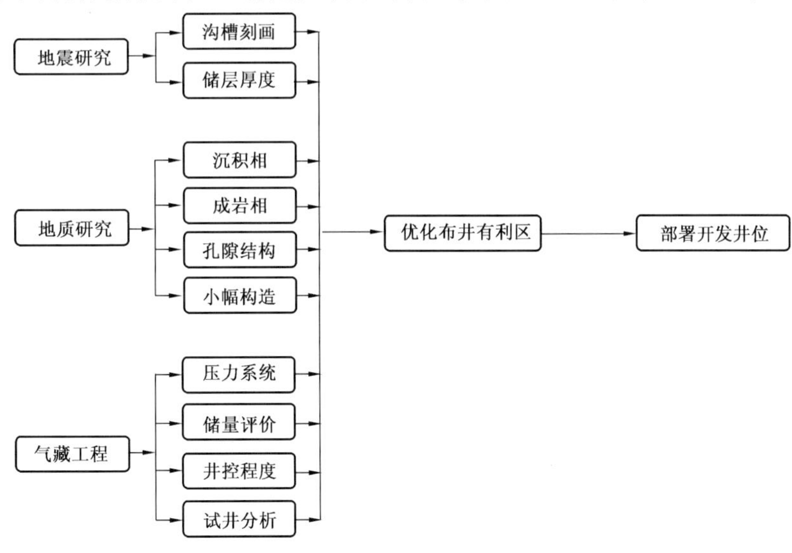

图7－17　优化布井技术思路

2. 优化布井技术系列

靖边气田在多年的开发实践及科学研究的基础上，根据气田地质特征和生产特点，通过分析提炼，总结出产能建设“五大”步骤：优选区块、优化部署、优选井位、跟踪分析和部署调整。根据气田内部和外部不同的地质特征，有针对性地开展了优化布井技术的研究，形成了靖边气田优化布井技术系列。该技术系列包括：压力评价技术、动储量评价技术、地震预测与构造识别技术、古地貌恢复评价技术、小幅度构造技术以及沉积微相研究技术。

（二）靖边气田本部加密调整技术

靖边气田井位优化部署分气田内部和气田外围两大部分进行。对于气田内部，采取加密调整措施，主要的技术攻关是加密井优选技术。通过内部加密调整，提高了储量动用程度。

为了提高气田内部低渗区、边缘区、现有气井未控制区的储量动用程度，加密区优选在沟槽边缘扩边，由于这些地方地层压力较高，储量动用程度低，因此布井时主要考虑构造是否落实等地质因素；而在气田内部致密区，储层基本落实，主要在区块地层压力、动储量研究的基础上，用动态方法确定布井有利区。

1. 压力评价技术加密调整

压力评价技术以动态监测为基础，形成了压降曲线法、二项式产能方程法、拟稳态数学模型法、井口压力折算法等不关井地层压力评价技术，结合区块整体关井测压和数值模拟，对靖边气田整体压力分布进行全面评价，为加密井部署提供依据（图7－18）。

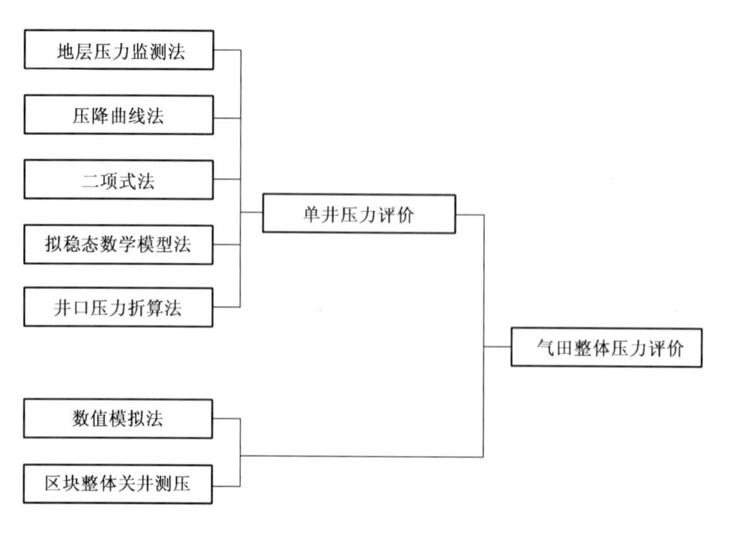

图 7－18　压力评价技术

图 7－19 是靖边气田压力分布图，通过分析发现，靖边气田压力整体呈现“中间部分低，四周边部高”的分布特征，这是由于地层压降漏斗中心多分布在渗流能力强、投产时间长、累计产量大的区块，渗流能力差、投产时间晚、采气量少的区块则处于压力高值区域。由于气藏本身地质特征的差异及其开发过程的阶段性，靖边气田地层压力分布不均衡，因此，可以在地层压力相对较高的地方适当部署加密井。

2. 动储量评价技术加密调整

针对气田地层压力测试点少、气井工作制度不稳定等难点，根据气井不同的渗流特征和生产动态特征，形成了以“压降法、产量不稳定分析法”为主，多方法综合评价的低渗非均质气藏动储量评价技术系列（图7－20）。分区块、分层位加强气藏动储量评价，为全面追踪评价靖边气田单井动储量及其变化特征提供了技术支持。

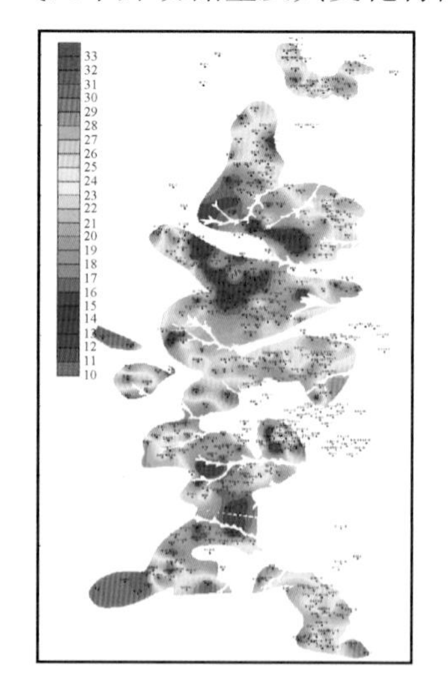

图 7－19　靖边气田压力分布图

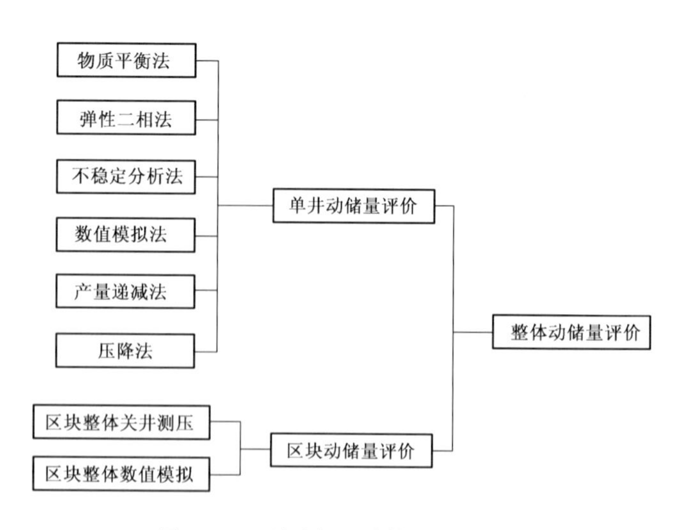

图 7－20　靖边气田动储量评价技术

随着评价低产井井数增多，单井平均动储量下降，目前评价 570 口气井平均动储量 $2.37\times10^{8}m^{3}$。同时，动储量和累计产气量平面分布具有较好的对应关系，平面上动储量分布不均衡，高值区主要为陕17井区、陕45井区等高渗、高产区块，约40%的面积内控制着近80%的动储量（图7－21）。通过研究发现动储量小于$2\times10^8m^3$的低产井，控制半径0.5～1.2km，尚有一定加密布井余地，动储量介于$(2\sim2.5)\times10^8m^3$的低产井，控制半径1～1.5km，在局部储量丰度较高的低产区有一定加密布井余地。

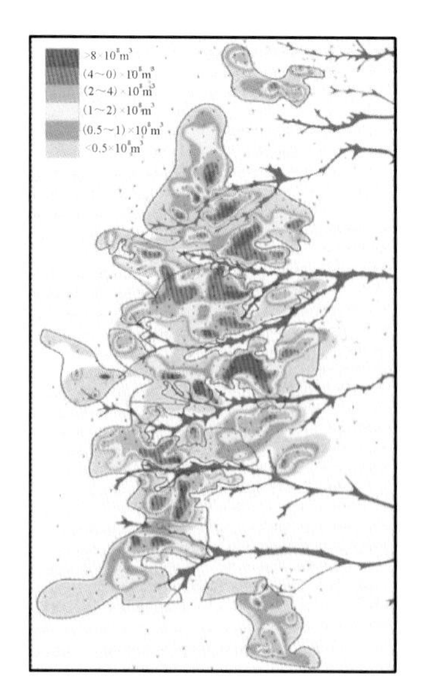

图7－21　靖边气田动储量平面分布图

2007年靖边气田内部部署加密井22口，平均无阻流量$35.0\times10^4m^3/d$，效果良好。2007年加密调整井经实施后，完试井地层静压平均值为29.3MPa，相应的井区地层压力21.36MPa，各井的地层静压均高于井区目前地层压力，说明加密井优选技术的有效性。

（三）靖边气田外围低渗区布井技术

对于气田外围地区，针对外围地质特征和开发难点，进行了技术攻关，包括地震预测与沟槽识别技术、古地貌恢复技术、低渗储量可动用性评价技术等。

针对靖边气田内部和外围存在较大差异的现状，在气田内部优化布井技术的基础上，调整开发策略，有针对性地加以攻关研究。通过地震技术预测储层厚度，刻画前石炭纪古地貌形态；通过沉积相研究，划分有利的沉积成岩微相；通过古地貌以及现今构造研究，揭示储层发育的主控因素；通过多方法压力评价，获得气田目前较为可靠的压力分布状况，为井位部署提供依据。

1. 地震预测与沟槽识别技术

前人对沟槽的研究是利用钻井、地震波形和古风化壳下地层的关系进行定性识别。由于气井的平均井距为3.17km，次级沟槽多在井间，按照上述方法进行沟槽识别时，二级、尤其是三级沟槽特征不明显，对调整井和加密井的部署意义不大。顾岱鸿提出集成系统信息的沟槽综合识别方法，该方法以钻井、试井和生产数据作为验证和约束条件，建立沟槽与地震属性之间的关系，实现以地震属性分析为主导的沟槽综合识别方法。该识别方法为气藏外围布井提供指导。

1）钻井和地质宏观控制

在地质剖面上，奥陶系顶面出露层位每一个小层都以溶蚀带的形式出现，溶蚀带可分为内侧的溶蚀零线和外侧的开始溶蚀线，内侧的溶蚀零线即是下部小层的开始溶蚀线，外侧的开始溶蚀线即是上部小层的溶蚀零线。在某一沟槽内，小层的平面出露关系始终是连续的。出露厚度依沟槽的坡度而变，坡度缓出露宽度大，坡度陡则出露宽度小；小层厚度大则出露宽度大，小层厚度小则出露宽度小（图7－22）。

2）地震波形识别

奥陶系顶部风化壳为高速致密的块状白云岩、石灰岩，其上部为低速的石炭系含煤地层，二者之间存在明显的波阻抗界面，由于沟槽部位奥陶系顶部层位的缺失，在某种程度上导致了地震反射同相轴的“小凹”、“不连续”和“相位增加”现象。根据这些认识对沟槽进行再认识。但顾岱鸿经过实践表明：该方法对描述一级沟槽侵蚀强度和走向效果较好，但

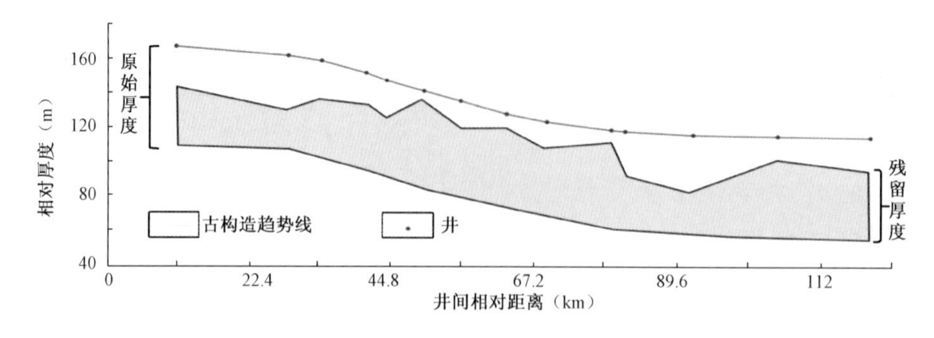

图7－22　沟槽纵剖面地貌特征

是对于二级、三级沟槽的刻画，即使在6km×8km至2km×4km测网条件下，要精细识别也存在困难。因此只利用地震资料的波形特征，只能达到定性和部分定量的解释效果。

3）弧长参数识别

为了进一步识别出沟槽形态，尝试运用地震特征反演，直接建立沟槽与地震道数据之间的对应关系。在VSP精确标定的基础上，对石炭系底、马五$_3$亚段底面进行追踪，提取反射强度、半时窗倾角、弧长等多种地震属性，并以钻井沟槽作为验证。结果表明弧长地震属性与沟槽边界存在良好的相关性，达到85%以上，其他地震属性的相关性较低，说明弧长地震属性对沟槽最敏感。因此，在弧长地震属性基础上，以钻井、试井资料作为验证和约束条件，将已知钻遇沟槽井揭示的沟槽部位的弧长地震属性值作为门槛值，勾绘出气藏沟槽识别图，从而实现了沟槽的定量识别。

2. 外围低渗区储量及可动用性评价技术

在储层分类的基础上，对单井进行有效储层分类解释，勾画有效储层连井对比剖面，参照地质建模程序方法，建立地质模型，分析有效储层的空间分布规律。同时，根据不同类型储量分布特征，采用数值模拟的手段对低效区布井及储量可动用性进行了评价。

三、碳酸盐岩气藏不规则井网布井

不规则井网适合于强烈非均质的气藏，这一类型的气藏分为三类：(1)由沉积作用造成强烈非均质的气藏，如龙岗礁滩等，该类以单一气水系统为布井单元进行不规则布井；(2)由构造作用造成强烈非均质性的气藏，如川东石炭系相国寺裂缝气藏，该类以"稀井高产"为原则进行不规则布井；(3)由溶蚀作用造成的强烈非均质性的气藏，如塔中1号气藏，该类以单一缝洞单元为布井单元进行不规则布井。该类气藏典型特征是储集体存在强烈的宏观非均质性。下面以开发期较长的相国寺气田为例进行论述。

（一）相国寺气田石炭系气藏概况

相国寺气田位于重庆市江北县境内，区域构造位置属川东平行褶皱带华蓥山大背斜向南延伸的一个分支。构造长60km，宽9km，轴向北北东，为呈反"S"形扭曲的高陡背斜。相国寺气田是川东地区典型的裂缝—孔隙型气藏，构造闭合面积30.54km^2，埋藏深度2200～2600m，储层是一套潮坪沉积，储层岩性以角砾云岩为主，气藏储层孔、洞、缝极其发育。储层平均有效孔隙度6.55%，渗透率2.5mD，以Ⅰ+Ⅱ类储层为主。孔隙层分布均匀，横向变化不大。气藏原始地层压力为28.734MPa，气藏温度为64.02℃。气藏具边水，气水界面海拔－1980m，气藏高度746m，含气面积28.08km^2，边水不活跃，属弹性气驱气藏。气藏容积法储量以储层孔隙度下限3%计算结果为45.56×10^8m^3。

（二）气藏特征

1. 气藏构造及圈闭特征

1）构造微狭长的高陡背斜

相国寺石炭系气藏构造为狭长的高陡背斜，长轴29.2km，宽1.45km，两翼倾角24°~70°，总的是西翼略陡，闭合高度760m。

2）纵向倾轴逆断层发育，并构成气藏不渗透边界

气藏范围内有6条逆断层，沿长轴分布于构造两翼的陡缓转折处，走向随构造轴线弯曲而弯曲，并分别构成了西翼的含气和东翼地层水的不渗透边界。

3）气藏主要属背斜圈闭

气水分布主要受局部构造控制，但气藏的具体边界情况比较复杂，整体上来说气藏圈闭是以背斜构造为主的断层、地层尖灭的复合圈闭类型。

2. 储层特征

1）石炭系层薄，但有效储层占比高

气藏范围内一般石炭系厚6.3~11.68m，平均8.5m，有效储层所占比例高，一般为60%~80%（表7-4）。

表7-4　相国寺气田有效储层分类统计表

储层类别	气井						
	10	14	30	18	25	16	13
钻厚（m）	15.4	9.7	7.6	12.3	9.8	13	9.1
真厚（m）	9.9	7.5	6.3	—	8.5	11.68	7.17
有效储层（m）	7.33	4.9	3.77	9.7	4.33	9.52	5.75
有效储层（%）	74	65	59.8	—	51	81.5	80.2
Ⅰ+Ⅱ（m）	7.33	4.9	0.91	5.9	2.34	8.84	3.39
Ⅰ+Ⅱ（%）	100	100	24	61	54	93	59

2）有效储层物性好，主要为Ⅰ、Ⅱ类储层

从表7-4可以看出Ⅰ+Ⅱ类储层百分比一般都在50%以上，其中在相10井、相14井、相16井基本上为100%。

3）石炭系次生溶蚀改造强烈，对改善储渗性能起到了很好的作用

石炭系储层岩性以角砾云岩为主，夹薄层生物灰岩、藻云岩、泥晶云岩及粉晶灰岩。属于潮上—潮间带沉积，藻架孔、晶间孔以及和角砾有关的砾缘孔都很发育，加之石炭系沉积后，因长期暴露地表，风化剥蚀作用强烈，几乎所有孔隙类型均被次生溶蚀扩大，显著改善了岩石的储集性能。

4)石炭系中的早期缝和构造缝构成了储层的主要渗流通道

储层裂缝发育,角砾岩的裂缝率平均达0.347%。其中早期缝形成于角砾岩最后胶结以前,其特点是宽度小、密度大,仅分布于角砾中而不穿过角砾。另一种是构造裂缝,是构造褶皱的同生缝,除一组呈"×"交叉的共轭扭裂缝外,还有立张缝和平张缝。它们的特点是裂缝直而光滑,延伸远,但宽度只有0.01~0.02mm;而立张缝则形状弯曲,缝壁粗糙,延伸补偿,常见分支现象,但缝宽较大,为0.02~0.05mm。以上两期缝构成了石炭系储层的主要渗流通道。

5)储层结构为裂缝—孔隙型

相国寺石炭系气藏储层平均孔隙度6.65%,而裂缝空间根据岩心揭示结果,最高只有0.53%,即天然气仍主要储集于岩石孔隙中。然而岩石基质渗透率普遍很低,对45块样品结果分析,其中有20块渗透率都低于0.01mD。单井平均一般都在1mD以下。因此储层的渗透性主要靠裂缝。由表7-5可以看出,试井计算渗透率远大于岩心基质渗透率,两者比达数十倍不等,这表明储层结构应该是裂缝—孔隙型。

表7-5 相国寺基质渗透率与试井计算渗透率对比表(mD)

资料来源		气井					
		16	25	18	30	14	10
试井资料	径向流计算	97.6	23.9	99.34	38.3	47.87	—
	压力恢复计算	93.86	24.22	86.8	—	—	—
物性分析	岩石基质渗透率	0.56	—	—	—	2.69	0.48

6)储层孔—缝搭配良好,整个气藏为统一水动力系统

由以上资料可以看出,气藏范围内岩性基本相同,各井孔隙发育,加之裂缝网与基质孔隙搭配良好,使气藏形成了统一的储渗体。1980年气藏干扰试验中,以相18井为激动井,其他井关井观察。结果相18井采气对气藏各井都有明显干扰,受影响时间最短为40h(相30井),最长为496h(相10井)。以后开发动态也显示出各井间连通好,压力降均衡,气藏高孔、高渗的视均质特点明显。

(三)气藏开发布井

气藏布井方式和生产井数直接影响地下渗流,不同的开发井网将产生不同的开发效果和经济效益。结合相国寺气藏特征,经过对比论证发现沿轴线高部位的不规则布井比较适合相国寺这样的裂缝—孔隙型储层。这表现在稳产期长、稳产期末的采出程度高、总开发时间短。

气藏1977年11月投入试采,1980年编制开发方案井进行正规开发,稳产至1987年,稳产期长达8年,稳产期平均日产气$90\times10^4m^3$,采气速度8.06%。1989年开始编制调整方案,方案日产气$45\times10^4m^3$,稳产3年,3年后又降至日产气$15\times10^4m^3$,又可稳产3年。1990年开始实施,日产气$(15\sim22)\times10^4m^3$。气藏1994年累计采气$36\times10^4m^3$,采出程度90.66%。

该气藏1991年被中国石油天然气总公司评为"高效开发气田"。虽然气藏有气井7口,但长期生产井仅有5口,其中在最顶部的3口气井(图7-23)至1994年累计采气$30.83\times10^8m^3$,占气藏累计采气量的84.7%。由此可以看出,对于气藏连通好、压力下降均匀的裂缝—孔隙型气藏,采用不规则布井方式,完全可以完成气藏的开发任务,从而实现气藏的高效开发。

整体上说，对于碳酸盐岩气藏，如果气藏储层存在强烈的非均质性，那么采用不规则井网，让低渗区的气补给高渗区；而对于非均质性相对较弱的气藏，一般采用规则井网，对于井网密度，要根据储层的物性好坏程度和经济效益综合考虑决定。

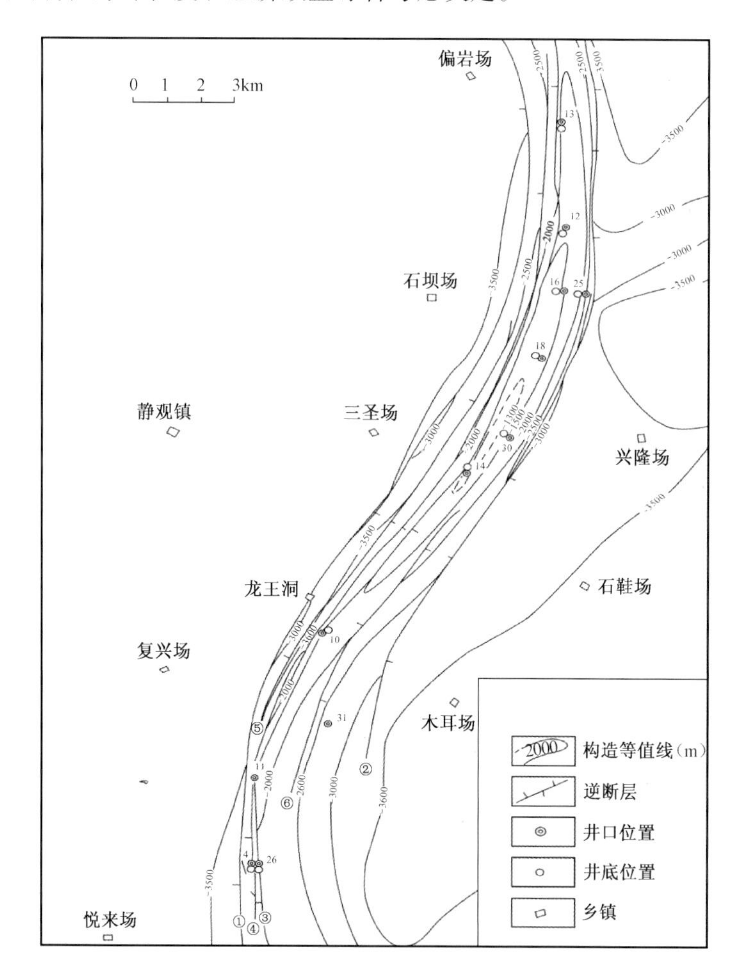

图 7－23 相国寺气田阳新统底界构造图

第四节 碳酸盐岩气藏开发技术对策

一、靖边风化壳型气田开发技术对策

靖边风化壳类型气藏属于低渗、低丰度、强非均质气藏。近年来，气藏地层压力已降至 19.98MPa，53.5% 的气井井口压力低于 10.0MPa。多年钻井资料表明，马五$_{1+2}$亚段储层侵蚀沟槽发育，含气面积内有 77 口井主力气层缺失，储层非均质性强，储量动用不均衡，产水气井和间歇井不断增加，这些因素使得气藏规模稳产面临巨大挑战。针对这类气藏目前主要有以下开发技术对策。

（一）制定气井合理工作制度，实现气井经济有效开发

对于靖边风化壳类型气藏，要在气藏最大生产能力之内，充分利用气藏的自然能量以达到

提高单井产量、气藏最终采收率的目的。针对不同类型气井，优化和调整气井工作制度，控制部分气井的递减率，延长气藏稳产期，提高气田采收率。针对间歇气井等低效气井制定合理的生产制度，最大可能地实现靖边气田低效气井的经济有效开发。

（二）加密调整完善井网与开展扩边评价工作，寻找可靠的建产接替区

由于靖边气田递减较为明显，急需补充建产从而弥补气田递减。一方面寻找有利区优选井位，部署加密调整井，进一步完善气田井网；另一方面，随着井网的完善，主体区加密调整的余地不大，为确保靖边气田长期稳产，提高整体开发效果，每年需新建$(6\sim8)\times10^8m^3$ 弥补递减。靖边潜台东侧有一定的储量基础和扩边建产潜力。加强评价和研究工作，加深地质认识，寻找可靠的建产接替区块，保证扩边建产弥补递减。

（三）开展增压开发试验，为气田后期实行增压开采提供技术支撑

增压开采是气田开采后期，由于地层压力下降，不能满足地面集输要求而采取的旨在提高采出能力和地面输送能力的采输方法。增压开采应用广泛，大部分气藏在生产后期都要通过实施增压开采技术最大限度地采出天然气。开展增压开采生产试验，掌握气藏动态与增压工艺的匹配关系，确定最佳增压时机，为靖边气田整体增压开采提供技术支撑。

（四）针对产水气井制定合理的开发政策

靖边气田马五$_{1+2}$亚段气藏相对富水区是以气水同存形式出现的成藏滞留水。针对不同富水区采取不同开发技术。对于较大的相对富水区，开发技术是“内降外控”；对于单井点产水区，开发技术为“以排为主”。多年的开发实践证实了该方法的有效性。“内降外控”，主要使富水区内产水气井全部开井生产，降低相对富水区内压力，外围气井控制产量生产，降低生产压差，抑制水体外侵。保持外围地层压力大于相对富水区内的地层压力。单井点产水区由于其水量少，通过持续、长时间排采，水量逐步减少，直到完全排完，其中小孔、微孔中的气即可随后采出。

（五）优选排水采气工艺，改善排液效果

采用排水措施是提高气井及气藏采收率的重要措施。靖边气田存在 7 个富水区和 59 个产水单井点，产地层水气井 86 口，占生产总井数的 17.37%，占气田年总产气量的 11%，平均单井日产水 $5.09m^3$，水气比 $2.09m^3/10^4m^3$（表 7－6）。产水气井中，17 口井因积液关井，日产气量小于 $2\times10^4m^3$ 的气井占开井的 43.5%，日产水大于 $10m^3$ 的气井 9 口，最大日产水 $42m^3$（表 7－7）。

表 7－6　靖边气田下古气藏富水区（产地层水气井）基本数据表

富水区	产水井数（口）	井均日产气量（10^4m^3）	井均日产水量（m^3）	水气比（$m^3/10^4m^3$）
陕 170—G8－17 井区	18	3.5905	11.091	2.96
陕 23—陕 20 井区	6	2.5101	4.4164	1.80
陕 93—陕 123 井区	8	2.1553	8.361	4.53
陕 181 井区	5	4.2311	1.871	0.71
陕 24 井区	7	2.6459	1.802	0.99
陕 106 井区	8	3.1885	3.436	0.45
陕 231 井区	5	2.203	10.399	5.2
合计/井均	57	2.4302	5.086	2.09

表 7-7　靖边气田产水气井生产情况统计表

产水气井(口)	日产气(10^4m^3)	日产水(m^3)	井数(口)	合计(口)
86	<2	<1	12	30
		1~5	13	
		5~10	3	
		>10	2	
	2~5	<1	8	28
		1~5	13	
		5~10	1	
		>10	6	
	>5	<1	2	11
		1~5	7	
		5~10	1	
		>10	1	
	积液关井		17	17

针对靖边气田的产水井的生产实际,开展了积液停产井复产工艺、弱喷气井助排工艺技术的研究和试验,形成了(1)复产工艺:套管引流、关放排液、氮气气举、连续油管伴注液氮等。(2)助排工艺:泡沫排水、柱塞气举、井间互连气举、小直径管等技术。已实施排水采气措施气井46口、100余井次,平均年增产气量$0.7\times10^8m^3$,历年累计增产气量约$3.7\times10^8m^3$。

(六)对低产井实施增产改造措施提高低产低效井的开发效果

对低渗透气层实施压裂、酸化等增产改造措施可有效改善气井开发效果。靖边气田开发初期,以解除近井地带污染和提高酸蚀裂缝长度为目的,形成了普通酸酸压、稠化酸酸压、多级注入酸压等多项工艺技术。近年来,随着产建井的加密和扩边,储层更加致密、充填矿物成分发生变化,以深度改造为目的,开展了碳酸盐岩储层加砂压裂和交联酸携砂压裂技术试验,并取得了重要突破。同时,水平井改造工艺试验见到初步效果。

1. 碳酸盐岩储层加砂压裂提高了下古生界致密储层的改造效果

针对部分Ⅱ、Ⅲ类物性逐渐变差、常规酸压改造产量低的问题,提出了通过加砂压裂以提高缝长和导流能力、扩大泄流面积的思路,并针对工艺难点开展了研究。2005年以来,碳酸盐岩储层加砂压裂工艺在靖边及榆林地区实施101口井,平均单井加砂量$24m^3$,最大单井加砂量达$34m^3$,平均试气无阻流量$8.08\times10^4m^3/d$,最高无阻流量达$29.73\times10^4m^3/d$。

2. 交联酸携砂压裂工艺为高充填致密储层提供了新的改造途径

针对气田潜台东侧白云岩储层充填程度增高、孔隙充填物方解石充填增加、物性含气性总体变差的问题,为进一步提高单井产量,提出了酸化溶蚀+加砂压裂的改造思路,试验形成了交联酸携砂压裂工艺。靖边气田实施13口井,最高加砂量$25m^3$,平均试气无阻流量$16.4\times10^4m^3/d$,试验表明交联酸携砂压裂井具有较强的稳产能力(表7-8)。

表7-8 交联酸携砂压裂数据表

年度	井数(口)	支撑剂量(m^3)	砂比(%)	排量(m^3/min)	无阻流量(10^4m^3/d)
2006	6	12	17.6	3.2	12.45
2007	5	23.2	21.3	3.3	21.15
2008	2	22	22.5	2.9	15.73
总计	13	19.1	20.5	3.1	16.4

3. 水平井改造工艺见到初步效果

针对靖边气田碳酸盐岩水平井水平段长、储层非均质性强等特点，以实现水平井全井段均匀改造为主体思路，主要开展：

第一，连续油管拖动均匀布酸+酸化改造工艺的研究与现场试验，获得较好的改造效果；试验形成了连续油管均匀布酸+酸化工艺；现场应用4口井，3口井测试无阻流量高于$40\times10^4m^3/d$，其中靖平01-11井测试无阻流量$80\times10^4m^3/d$。已投产井稳产能力强，累计产量是邻近直井3倍左右。

第二，自主攻关研发不动管柱水力喷射分段酸压工具，并开展了分段酸压工艺现场试验；2009年8月31在靖平33-13井开展了水力喷射分段(三段)酸压工艺现场试验。该井水平段长817m，测井解释气层175.7m、含气层245.1m，共420.8m，气层钻遇率51.5%。采用三段酸压改造，注入酸液$525m^3$，测试无阻流量$10.04\times10^4m^3/d$。

第三，探索试验了裸眼封隔器分段酸压工艺。为了探索下古生界水平井，提高单井产量新途径，引进试验了裸眼分隔器分段酸压技术，该工艺工具和完井管柱一体下入，通过投入大小不同的钢球，控制各级滑套的打开，可实现多段酸压改造。在靖平2-18井开展了试验，该井水平段长1001.6m，储层钻遇率65%，气层175.7m、含气层475.9m，气测峰值22.37%。采用完井一体化管柱进行分段酸压改造5段，总入地酸量$517m^3$，测试无阻流量$14.04\times10^4m^3/d$。

(七)落实有利区采取水平井开发技术，提高开发效果

水平井开发作为一种提高单井产量和油气田综合开发效益的有效手段，越来越受到人们的重视，近年来，靖边气田水平井有效储层钻遇率逐年升高，水平井试气产量逐年攀升，钻井周期进一步缩短，基本控制在130天左右，水平井按设计完钻，水平井平均长度达到1100m以上。在水平井开发实践中，总结出了水平井开发思路、原则和方法。

(1)靖边气田水平井部署技术思路：一是地震、地质结合精细预测微沟槽及微幅度构造；二是精细描述地层压力和动储量；三是加强气田周边储层精细描述，研究马五$_1^3$小层气层分布特征；四是骨架井先行，根据骨架井实施情况，及时调整水平井部署。

(2)靖边气田水平井部署原则：一是马五$_{1+2}$亚段地层厚度不小于20m，马五$_1^3$小层气层厚度不小于3m，储层为Ⅱ类以上储层；二是井区构造相对平缓，构造变化幅度不大；三是水平井部署区域具有地震测线支持；四是满足井网系统要求。

(3)靖边气田水平井开发技术方法：一是以储层精细描述为核心，加强地质研究和技术攻关，进行井位优选，主要是针对气田本部剩余储量分布复杂，潜台东侧侵蚀沟槽尤其是毛细沟槽发育、储层致密等难点问题。地震地质结合，在岩溶古地貌恢复的基础上，描述侵蚀沟槽和小幅度构造的分布形态，评价气藏压力，采取多种措施和技术方法，进行井位优选。二是地质建模和数值模拟相结合，多种方法进行归集优化和靶点设计。精细预测小幅度构造和地层厚

度变化，根据各小层纵向上的继承性，通过对多个小层构造形态和地层厚度的描述，预测靶点坐标。三是综合研究和现场实施相结合，严格进行水平井地质导向和随钻分析。靖边气田碳酸盐岩储层水平井实施中轨迹控制存在“四难”：① 马五$_1$ 亚段各小层岩性相近，小层判识难；② 录井及工程数据不能同步，现场判断难；③ 井底工程数据滞后，井斜控制难；④ 小幅度构造变化繁复，地层倾角预测难。针对这些难题，建立水平井随钻分析流程，有效进行过程管理和质量控制，利用钻时、气测、自然伽马、岩屑、井斜、方位角等地质、工程数据，通过正确定性、加强对比、精细预测，实时确定层位、预测靶点。

二、龙岗礁滩型气藏开发技术对策

国内外的很多含油气盆地为碳酸盐岩沉积盆地，这些盆地聚集着大量的含油气圈闭，礁滩型碳酸盐岩气藏是近年来发现的最重要的一类碳酸盐岩气藏类型。由于沉积环境的复杂性、纵横向上的非均质性以及多种多样的成岩特征，国内外很多油公司在勘探开发这一类型的气藏过程中一直面临着一些挑战。龙岗气田储层为礁滩型气藏，尽管礁的生长主要受全球海平面升降的控制，但是礁所处的构造位置对礁的沉积样式及形态影响也很大，台地边缘和台地斜坡上的礁具有完全不同的特征。由于位于构造活跃区域的礁受天然裂缝的强烈影响，这一类型的礁展现出不同的形态和内部建筑结构。另一方面，由于受各种各样成岩作用的影响，一些碳酸盐岩储层发生强烈的物性反转，另外一些则受整个盆地流体运移影响而物性有所增加。所有的这些因素决定了礁滩型碳酸盐岩在开发过程中必须制定科学合理的开发技术对策。

（一）井—震联合多技术、多手段进行储层精细描述，预测储层及流体在平面和纵向上的分布特征

制约礁滩型碳酸盐岩气藏勘探开发取得突破的瓶颈主要有两个方面：一个是有效储层的识别问题，也就是油气在什么地方富集的问题；二是提高采收率的问题，也就是提高开发收益的问题。而这两个方面问题的核心就是储层精细描述。过去若干年中，在对现代礁滩碳酸盐岩的对比的基础上，沉积相的划分在礁滩型气藏的开发过程中发挥着重要的作用。目前，基于地震属性预测基础上的沉积相划分和建模技术广泛应用于井位论证的过程之中，这强有力地指导了这类气藏的开发。为了详细地了解碳酸盐岩的非均质性，通过详细的露头分析和现代沉积的研究所建立起来的沉积和成岩相的划分技术逐渐应用和发展起来。地球物理技术的进步提供了更加可靠的生物礁形态、内部建筑结构以及流体在平面上的分布特征。

在未来的研究中，井—震联合多技术、多手段的碳酸盐岩储层精细描述将会实现对于礁滩储层演化的动态化。台地内部不同单元的解剖和组合将会产生新的储层模式；在平面上非均质性的精细描述将会变得越来越必要；井间沉积相和属性的分布得到更加精确的预测。因此，基于现代沉积以及详细的露头分析，通过井—震结合开展多技术、多手段的储层精细描述，研究储层模型、孔隙结构和地震属性之间的关系，开展碳酸盐岩岩石物理结构的分析以及成岩演化特征研究，详细预测不同孔隙结构的储层及流体在三维空间的分布特征，从而实现气藏高效开发。

（二）开发布井方式采用不规则井网，先在高、中渗区布井，达到“稀井高产”的目的，缩短投资回收期，后期投入低产井，接替开采，延长稳产期

礁滩型碳酸盐岩气藏开发过程中的复杂性和储层裂缝固有的非均质性对于油公司提出了更高的技术、经济和管理上的挑战。为了迎接这些挑战，油公司在这一类型的气藏开发过程中

必须应用创新的技术，增强对这一类型气藏的认识，并且适时调整这类气藏的开发技术对策。

同时，绝对均质的油气藏是不存在的，礁滩型碳酸盐岩气藏更是如此。若进行均匀井网开采，虽然开采过程中地层压力均匀下降，储量动用充分，稳产期较长，采收率较高，但高产区井距大且产能没有得到充分发挥，而低产气区井距相对较小且经济效益差，因此均匀开采井网不适合于低渗透非均质性强的气藏。

开发初期在高、中渗区布井，遵照“高产井—高产井组—高产井区”逐渐布井的原则，达到“稀井高产”的目的。根据数值模拟和分区物质平衡法研究结果，在高、低渗区均匀布井和在高产区加密布井情况下，不同开采方式的开发效果明显不同。在非均衡开采条件下，利用高产区的井采低渗区的气，以减少低产低效井，从而可达到开发初期少投入、多产出的目的。例如，龙岗气藏自2006年发现龙岗1井测试产量$160\times10^4m^3/d$以来，目前形成了龙岗1井飞仙关组高产井组，目前该井组有4口生产井，平均日产气量为$47\times10^4m^3$，累计产气量占整个气田产气量的62%，是气田产量的主要贡献者。另外，还建立了龙岗1井区长兴组、龙岗28井区长兴组等高效井区。因此，气藏开发初期的目的就是通过精细气藏描述，建立尽可能多的高效井组乃至高效井区，提高气藏开发效益，逐步增强对整个气藏特征的认识。

而对于开发中后期来说，要通过变“稀井高产”为“低产井”接替开采，提高气藏控制程度，逐步完善井网。在充分认识气藏特征的基础上，综合评估采收率，结合经济效益分析，在低渗区适当布井，解决经济效益分析，形成最终合理井网，使气田最大限度发挥潜能，取得最佳经济效益。

因此，对于龙岗礁滩型气藏，应该在井—震联合以及综合地质研究的基础上，在最有利储层发育区和构造主体区布井，采用不规则井网布井方式，优先开采高、中渗区井。初期达到“稀井高产”的目的，同时在综合地质研究及储层预测基础上对次有利区及低渗区布井，采用接替开采，延长整个气藏的稳产期，最大限度发挥整个气藏的潜能。

（三）加强动态监测，科学管理气藏，最大效益发挥气井潜能

油气藏的管理是一个动态过程，监测项目的选取要根据整个气藏和生产井面临的问题有针对性地取全、取准各种资料。取全、取准这些资料对于认识不清的气藏是至关重要的，只要有针对性地进行各种资料的监测和获取，科学合理地管理气藏，使现有气井科学合理生产，就能最大效益发挥气井产能。另一方面，由于流体分布的复杂性造成部分气井受地层水影响严重，由于管理不善导致气藏边水或者是底水过早地沿着裂缝或者高渗条带突进到高渗气井，造成气井水淹而关闭。

目前对于气藏监测的技术有多种方法，主要包括：地震技术、测井监测技术、地球化学监测技术、水动力学分析技术等。而对于龙岗礁滩型碳酸盐岩气藏，针对这一类型气藏特征，加强动态监测，特别是要加强对地层水的监测，比如对地层压力、气水界面、氯离子含量等指标的监测，预测地层能量以及地层水突进情况，实时动态监测气藏流体变化规律。因此，只有通过动态监测和管理，最大限度地延缓地层水进入气井，避免气井过快水淹，才能实现气藏“控水开采，延长无水采气期，提高采收率”的目的。但是，任何单一的监测都不能提高整个气藏的科学化管理水平，特别是对于边、底水型气藏更是如此。气藏的动态监测最终都要落实到动态监测、分析和管理信息系统的建立上，落实到“建设标准化，管理数字化”上来，从而提高气田建设和管理水平，提高气藏开发效益。

但是油气藏科学管理是一个动态过程，任何固有的开发技术都不可能适用于所有同类型

气藏的开发，因此任何针对整个气藏和生产气井的计划或者策略都要根据现有技术、商业环境和油气藏信息的变化而变化。

（四）坚持“边勘探、边滚动、边建产”的开发思路，降低投资风险

由于碳酸盐岩的复杂性，一个井点不能代表井区特点，少数井点资料无法解剖井区特征，次评价很难评价清楚，开发就等于二次勘探，仓促大规模上开发井，风险极大。因此要在工作模式上打破原有增储上产的模式，变为上产增储模式：一个是预探阶段“重在发现”；二是评价阶段重点不是为了交储量，而是落实油藏特征，围绕发现寻找更多高产井，确定油气富集区，在此基础上落实商业储量；三是开发在预探发现之后即可跟进，围绕每一个高产井建立高产井组，不同的高产井井组组合成高产区，即按勘探寻找高产井，评价开发建立高产井组，开发培育高产区的程序来开展工作。坚持勘探开发一体化来组织工作，不但在方法上互相借鉴，而且要在工作程序上变前后接力为互相渗透，真正做到研究一体化。

另外，任何油气田公司开发气藏的最终目的就是获取利润，但是礁滩型碳酸盐岩气藏由于其沉积、储层、成岩和构造的复杂性，造成储层发育非均质性极强。相邻一口日产 $80\times10^4m^3$ 以上的气井 2km 的地方有可能就是一口低产井（日产气量在 $10\times10^4m^3$ 以下）或者干井。同时龙岗地区目的层段大部分在 5000m 以下，钻井成本较高。气藏在预探、试采、开发各个过程中存在着极大的经济成本风险，因此针对这一类型的气藏必须坚持“边勘探、边滚动、边建产”的开发思路，随着资料的丰富程度和对气藏的认识程度，在滚动勘探的基础上加大建产能力，降低投资风险，增加气藏开发利润。

三、塔中缝洞型气田开发技术对策

（一）合理优化采气速度，尽量延长无水稳产期

碳酸盐岩储层往往具有双重孔隙结构特征，若采气速度控制不合理，容易水窜，使驱替效率降低，气井提前见水，降低了无水采收率。碳酸盐岩油气藏见水后含水上升速度比砂岩快得多，在高速条件下，稳产期几乎与无水期一致，因此无水期短，必然导致稳产期也短。只有在合理的采气速度下使岩块的自吸作用得到充分发挥，使缝洞与岩块的驱替过程协调一致，才能达到较长的无水稳产期。

国内外气田开发实践表明，为保持气田一定的稳产期，通常开发速度应控制在 2% ~10% 之间。对于一些中小型气田，为了满足供气需求，开发速度可能超过 10%。对于大型或特大型气田，无论从技术角度还是经济角度考虑，应严格控制开发速度在 2% ~5% 之间。

调研国内外几个典型的碳酸盐岩气藏的合理采气速度，如法国 Aquitaine（阿基坦省）地区的拉克气田是侏罗系背斜块状白云质碳酸盐岩气藏，该气藏于 1958 年投产，其定容衰竭开采速度为 2.3% ~2.7%，稳产 12 年。土库曼斯坦 20 世纪 80 年代投产的 6 个大、中型气田中有 4 个气田储量大于 $1000\times10^8m^3$［$(1527\sim4891)\times10^8m^3$］，稳产期气田开发速度在 0.66% ~8.95% 之间。在国内，目前，四川气区累计探明储量开发速度为 2% ~3.25%，当前剩余储量的开发速度为 3% ~4.25%（表 7 -9）。俄罗斯柯罗伯柯夫等 4 个中、小型气田是 20 世纪 60 至 70 年代气田高速开发（无稳产期）的典型实例，由于天然气需求量大，靠气田投产保持天然气稳定供应，气田开发速度高达 8.38% ~10.7%，气田产量急剧递减。从上面几个典型碳酸盐岩气藏开发实践来看，其采气速度普遍在 3% 左右。

表 7-9 国内外部分气田采气速度统计

气田名称	气藏类型	地质储量(10^8m^3)	采气速度(%)	稳产期(年)
拉克气田(法国)	块状白云质碳酸盐岩气藏	2540	2.3~2.7	12
靖边(中国)	碳酸盐岩风化壳气藏	3377.3	1.48	接替稳产
建南气田(中国)	鲕粒、砂屑、泥晶灰岩	98.67	4.1	—
奥伦堡气田(原苏联)	碳酸盐岩块状凝析气藏	17600	2.84	—
威远气田(中国)	裂缝性白云岩气藏	400	3.01	—
谢尔秋可夫(原苏联)	裂缝性石灰岩块状底水气藏	—	10.7	无稳产期
自流井(中国)	裂缝性碳酸盐岩气藏	55.7	17.5	无稳产期
阳高寺(中国)	裂缝性碳酸盐岩气藏	—	6.3	无稳产期

综合确定塔中Ⅰ号气田采气速度为3%。

(二)选择科学的开发方式,提高整个油气田最终采收率

碳酸盐岩储层非均质性、井间连通性不确定,需通过井组生产动态变化、干扰试井、示踪剂加以确认,选择合适的方式进行保压开采,提高采收率。

通过对裂缝—孔洞型长岩心实验证实注气可明显提高采收率(表7-10),但在气田具体实施时需要建立在对多井缝洞单元正确认识的基础上。

表 7-10 水平长岩心实验结果对比

方式	油采收率(%)	气油比(m^3/t)	10MPa下的油总采收率
衰竭到10MPa	23	8540	23
Pd以上注干气(1.4HCPV),56.4MPa	71.1	30141	71.4
最大凝析油饱和度下注干气(1.61HCPV)	44.5	36494	49.2
最大凝析油饱和度下注干气吞吐3次	17.6	23645	21
最大凝析油饱和度下脉冲注气15次	51.23	33128	53.5

塔中Ⅰ号气田主要为凝析气藏,凝析油含量属中—高,局部富油。考虑充分利用天然能量,根据现有资料针对油藏边底水分布及储层连通情况认识不足、早期井网密度小、无法开展保持压力开发、早期以衰竭式开发为主等问题,待后期多井单元认识清楚后凝析气藏可考虑注气开发,油藏可考虑单井注水吞吐或缝洞单元整体注水开发。

(三)大力采用水平井开发,提高储量动用程度,降低开发成本

一些国家和石油公司已把水平井技术作为碳酸盐岩油藏的主要开发技术。据报道,在1994—1998年的四年间沙特阿拉伯就已在陆上和海上钻了80多口水平井,成功地应用该技术开发新的油藏和提高老油田的采收率。美国和加拿大近年来每年钻水平井的井数都在逐年增长,目前每年钻水平井1000多口,1997年美国钻水平井超过了1600口。美国已在Ausdin白垩质碳酸盐岩油藏钻了3000多口水平井。在美国大约有90%的水平井是钻在碳酸盐岩地层内。据2000年美国能源部门统计,水平井的最大作用是穿越多个裂缝(占水平井总数的53%),其次是延迟水锥和气锥的出现(占总数的33%)。

塔中Ⅰ号气田东部试验区试采证实Ⅱ类储层区均为中低产井,该区直井产能低,达不到经济极限产量,只有通过利用水平井提高产能才能动用Ⅱ类储层区的储量。塔中Ⅰ气田单井动

态储量小，气井为(0.45 ~ 3.54) $\times 10^8 m^3$，油井塔中622井仅有25.7 $\times 10^4 t$，水平井可穿越多个缝洞系统，提高单井控制储量，从而提高开发效果。试采证实塔中气田井区含水类型以沟通定容水为主，水体能量弱，水平井开发基本不用考虑水平井见水问题，适合水平井开发。

塔中Ⅰ号气田总体上大缝大洞储层不发育，地质条件适合打水平井，东部试验区良里塔格组用水平井开发；鹰山组为风化岩溶储层，发育大的洞穴型储层，以直井开发为主。塔中Ⅰ号气田西部良里塔格组的中古15—塔中45井区为缝洞型凝析气藏，储层条件较试验区好，井型选择以50%直井与50%水平井组合，鹰山组中古8—中古10井区等其他井区也采用一半直井、一半水平井开发。

(四)优化缝—洞—井组合体系，采用不规则井网，优先动用优质储量

塔中Ⅰ号气田碳酸盐岩储层非均质性较强，利用不规则井网开发，以动用优质储量为主，寻找有利的开发井位，对于裂缝发育、具有明显组系和方向性的油气藏，井网方式还需要考虑与裂缝发育方向的配置关系。

第五节 小 结

(1)油气藏描述是对油气藏各种特征进行三维空间的定量描述、表征和预测。油气藏描述的最终成果是建立反映油气藏圈闭几何形态及其边界、储集特征和流体渗流特征、流体性质及分布特征的三维或四维地质模型。碳酸盐岩油气藏描述要以描述储层非均质性为重点，虽然其储层非均质性都是受沉积、成岩及构造控制，但是不同类型碳酸盐岩油气藏非均质性描述的重点却不相同。同时，依据碳酸盐岩油气藏的开发阶段，将碳酸盐岩油气藏描述分为开发早期阶段和开发中后期阶段，并根据每个开发阶段油气藏描述的目的和任务，指出每个阶段油气藏描述的内容、技术和方法。

(2)指出了碳酸盐岩油气藏数值模拟过程中所面临的难题，针对这些问题建立了不同介质组合下的流体流动概念模型、数学模型，并给出了求解方法。复杂介质流体流动数学模型建立和求解方法为碳酸盐岩油气藏数值模拟提供了理论基础。

(3)制定了碳酸盐岩气藏的布井原则和布井方式，给出气藏井网密度确定方法。同时指出对于相对均质气藏采用“均匀布井”的方式；而对于非均质性较强的气藏，宜采用以“稀井高产”为目的的“不均匀布井”方式。

(4)针对靖边风化壳型、龙岗礁滩型、塔中缝洞型碳酸盐岩油气藏开发过程中面临的问题，制定了不同类型碳酸盐岩油气藏的开发技术对策，为油气藏的快速上产、高效开发提供指导。

第八章　中国海相碳酸盐岩大油气田开发关键技术

第一节　中国海相碳酸盐岩大油气田高效开发面临的问题

碳酸盐岩油气藏的开发迄今仍是“世界级”难题，储层存在的强烈非均质性、流体分布的复杂性造成认识油气藏和开发油气藏的难度都很大。虽然不同类型碳酸盐岩油气藏的研究取得了很多实质性进展，但是目前的研究还不能满足油气储量、产量快速增长的需要。总体上说，碳酸盐岩油气藏开发面临以下几个方面的技术难点。

一、油气藏描述技术研究难度大

碳酸盐岩油气藏描述不同于碎屑岩油气藏描述。由于碳酸盐岩油气藏储层存在比碎屑岩储层更加强烈的非均质性以及流体分布的复杂性，造成碳酸盐岩油气藏描述技术的研究难度比碎屑岩要大的多。目前，结合碳酸盐岩油气藏的特点在储层预测、含气性预测、储集空间类型及展布、缝洞体的预测、压力系统划分、地层流体分布模式、动态描述缝洞系统和产能评价方面做出了有益的探索和进步。这些研究成果虽然对处于开发早期阶段储层评价和开发中后期阶段气藏稳产及挖潜起了一定的指导作用，但是还不能满足碳酸盐岩油气藏科学的开发部署以及确定合理的开发技术对策等方面的要求。目前，碳酸盐岩储集体规模和储集空间分布及其非均质性描述是碳酸盐岩油气藏描述技术攻关的重点方向。

二、油气藏动态评价研究难度大

对于常规砂岩油气藏动态分析方法较多(试井法、物质平衡法、生产动态分析法等)，每种方法都有其使用条件和独特的优势，而且对于相对均质的砂岩油气藏来说，每种方法都能适应，并且油气藏动态评价较准确，评价效果较好。而对于碳酸盐岩油气藏来说，由于碳酸盐岩油气藏比砂岩油气藏要复杂的多，同时与国外发现的碳酸盐岩油气田相比，中国的碳酸盐岩油气藏具有明显的特征：埋藏较深、非均质性强、流体类型更加复杂、开发难度更大。因此，在动态评价油气井或者是油气藏的过程中，单纯采用一种方法认识及描述该类油气藏非常困难，需要综合已有的动态评价方法，开展针对国内碳酸盐岩油气藏的复杂性及特点的动态描述方法及技术研究。

三、气藏稳产挖潜技术研究难度大

气藏整个开发过程中，稳产期是稳定供气的重要阶段，延长稳产期，提高稳产期采出程度是该阶段的主要任务。目前碳酸盐岩气藏稳产挖潜主要面临以下问题：

(1)储层非均质性强，井间产能差异大，气田储量动用程度不均衡，动用程度和采收率均较低。气藏的非均质性在平面和纵向上表现出较大差异，受储层、构造、埋深的影响，气井产能差异大，在气藏构造轴部和顶部高渗区的气井产能大，稳产性能好，位于气藏边部的气井产量小，递减快，稳产能力差。在开采中形成以高渗区为中心的压降漏斗，再加上单井控制储量差异大，目前井网、井距不能有效控制并动用储量，致使开采不均衡。

（2）气水关系复杂，稳产难度大。由于构造复杂，存在多个压力系统，储层非均质性强，使得气水关系复杂，气井产水，降低了储量动用程度，影响稳产。尤其是边水活跃气井，在气藏稳产挖潜期，采出天然气量较大，地层压力下降较多，易裂缝水窜、水侵，抑制气井产能，缩短气井稳产期，地层水占据部分渗流通道，从而减少气藏的可采储量，降低采收率。同时气井出水增加了井筒中的流动阻力，造成气井生产困难。

（3）部分井初期配产偏高，井口压力下降快且保持水平低。开发初期，受获取的资料限制，对气藏认识程度不足，对一部分井的配产不合理，导致产量压力下降快，稳产形势越来越严峻。产水井初期配产过大，配产偏高，频繁的工作制度调整，造成产水量快速上升，导致气井过早见水。

（4）低渗透难动用储量开采难度大，动用程度低，但开采潜力大，是气田未来稳产接替的重要资源。如果按储层物性特征、生产特征和储量动用程度的难易，将储量分成一、二、三类，一、二类为优质、较容易动用的储量，三类为难动用储量。不同类型气田均存在一定数量的难动用储量，该类储量有一定的储量规模，但开采难度大。部分气田主体区域外围，有一定储量基础和扩边建产潜力，但储量品位较低，探明动用程度低，扩边产能建设难度大。

四、油气藏开采工艺技术研究难度大

近年来我国新投入开发的碳酸盐岩油气藏，普遍具有储层埋藏深、压力温度高、含有酸性介质等特点。采气工程技术面临的主要问题：一是按照先裸眼、再筛管、后射孔的完井方式设计理念，研究分析水平井井壁在储层压力不断下降以及经过酸化、酸压条件下的稳定性，为裸眼完井的可行性研究提供可靠依据；二是对缝洞发育的储层，在施工工艺简单、安全可靠的条件下，实现分层、分段改造，大幅度提高气井的产能；三是在高温高压的井筒环境中，如何切实保证油管柱的安全性，同时实现一趟管柱具有多种功能，简化试油井下作业施工；四是在 H_2S、CO_2 共存的井筒条件下，如何研究分析气井井筒的腐蚀规律，筛选优化防腐技术措施，使气井实现安全有效防腐；五是对于超深、高温高压、高含硫气井，如何进行排水采气，以便降低流压，恢复改善储层的产气能力。针对以上技术问题，依托塔中Ⅰ、龙岗油气田，深入研究海相碳酸盐岩气井防腐、管柱安全性、深层排水采气等技术，形成海相碳酸盐岩气藏开采工艺关键技术，为海相碳酸盐岩油气藏实现安全采气提供技术支持。

第二节　碳酸盐岩储层描述与地质建模技术

一、碳酸盐岩储层表征技术路线

碳酸盐岩储层表征的效果取决于是否制定了合理的技术路线，尽管不同的油气藏有着各自的特殊性，但总体上，碳酸盐岩储层的表征有着一般的规律。本书根据多年的工作经验，结合当前储层表征研究趋势，提出了如下的技术路线（图 8－1）。

根据五大基础资料：地震、地质、分析化验、测井、生产动态和测试资料，通过地震资料处理、地震层位标定、构造解释，以储层成因分析为指导，并结合测井资料解释，弄清储层的储集空间、储层类型及其控制因素，建立地层等时对比格架、沉积模式、储层与缝洞的井震反演方法

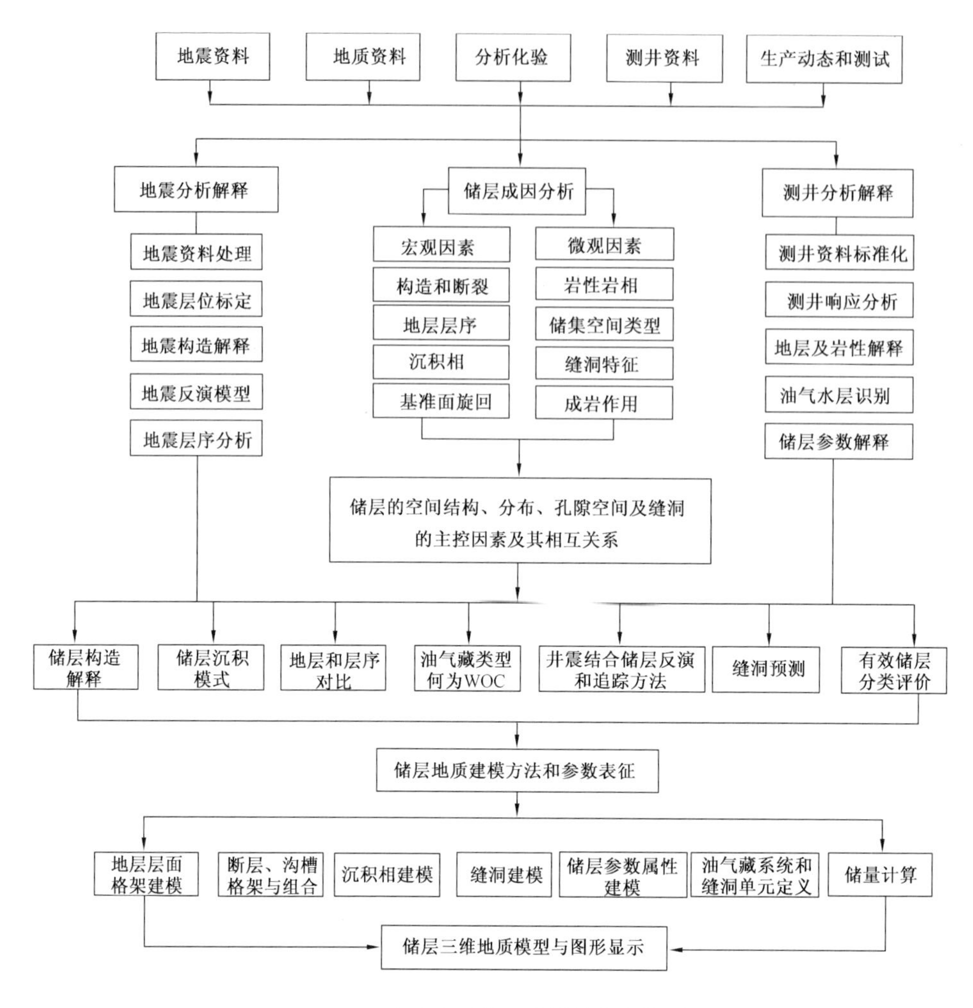

图 8－1　碳酸盐岩储层表征的技术路线

和储层分类评价等，在此基础上，通过统计分析和选择适当的地质建模方法，建立储层构造、层面、缝洞和储层属性的三维地质模型。高精度的储层三维地质模型经过合理的粗化，提供给油藏工程，建立油藏三维流动模型，为油藏的数值模拟和开发方案提供可靠的地质基础。

二、碳酸盐岩油气藏储层地质建模技术路线

（一）技术思路

储层地质模型是对储层所有地质认识的总体反映和三维空间的立体实现，储层地质模型包括 4 个组成部分，分别是构造模型、相模型、属性模型和流体模型。任何一个油气藏都是由这几个方面组成的，但是对于不同类型的油气藏而言，对各个部分的要求不同。比如对于复杂断块油气藏而言，构造模型显得尤为重要，尤其是构造与断层的组合关系、断层的封隔性、裂缝与构造的关系等，是影响油藏生产动态的关键因素；对于陆相河流沉积而言，相模型显得尤为重要，往往河道发育的地方砂体也较为发育，而且河道砂体物性好，沿河道方向砂体连续分布，垂直河道方向砂体不发育，把握住了河道的分布，也就把握了储层的分布；对于礁滩相碳酸盐岩油气藏而言，既不是构造控制储层，也不是简单的沉积相控制储层，礁滩体的空间分布受沉

积环境、海平面的相对变化等因素的控制，同时，不同时期礁滩体的暴露溶蚀等对储层的改造也极大地影响着储层的品质，所有这些因素都需要在地质模型中得以体现，才能使得模型具有更好的代表性。

建立储层地质模型的方法有两大类，一类是确定性建模方法，另一类是随机建模方法。确定性建模是指在所有地质认识的基础上，充分应用地震、地质、测井等各种资料，通过井间插值或者赋值的方法建立唯一确定的模型，而且这个模型是可重复实现的。随机建模是在所有地质认识资料的基础上，采用随机算法，对储层地质模型的各个方面进行模拟计算，并得到多个可能的实现，每一个实现都是在满足输入数据的条件下，对井间属性等可能的随机模拟。目前，随机建模已经成为储层地质建模的主流方法。

建立储层地质模型的一般思路如图8－2所示，对于不同类型的油气藏，控制储层和流体分布的因素不同，解释处理方法会有所不同，地质建模过程中的技术应用也会有差别。从操作的角度来看，地质模型可分为两大块，第一为构造与地层格架，第二为格架内的属性特征。构造格架包括构造层面、断层、裂缝等；格架内的属性包括岩石和沉积相、物性、流体等属性参数的空间分布。构造格架是属性空间分布的基础，而三维空间的属性分布则是模型的核心，这些都很重要。

储层构造模型的建立首先需要构建构造层面，这里的构造层面可以是地质意义上的等时面，也可以是控制储层发育的层面。笔者认为，应该从体现储层空间分布的角度出发，确定建模里地质模型的构造层面。若该区域地层断层发育，则需要对断层与构造层面的组合关系进行定义。构造层面的构建可以利用井数据进行插值计算，也可以利用地震层位解释的结果来构建，通常情况下是把二者结合在一起来构建构造模型。对于一些老油田而言，一方面没有采集地震资料，另一方面已经有很密集的开发井，能够控制地质层面的空间分布，应用井资料建立的构造模型也具有很高的准确性。

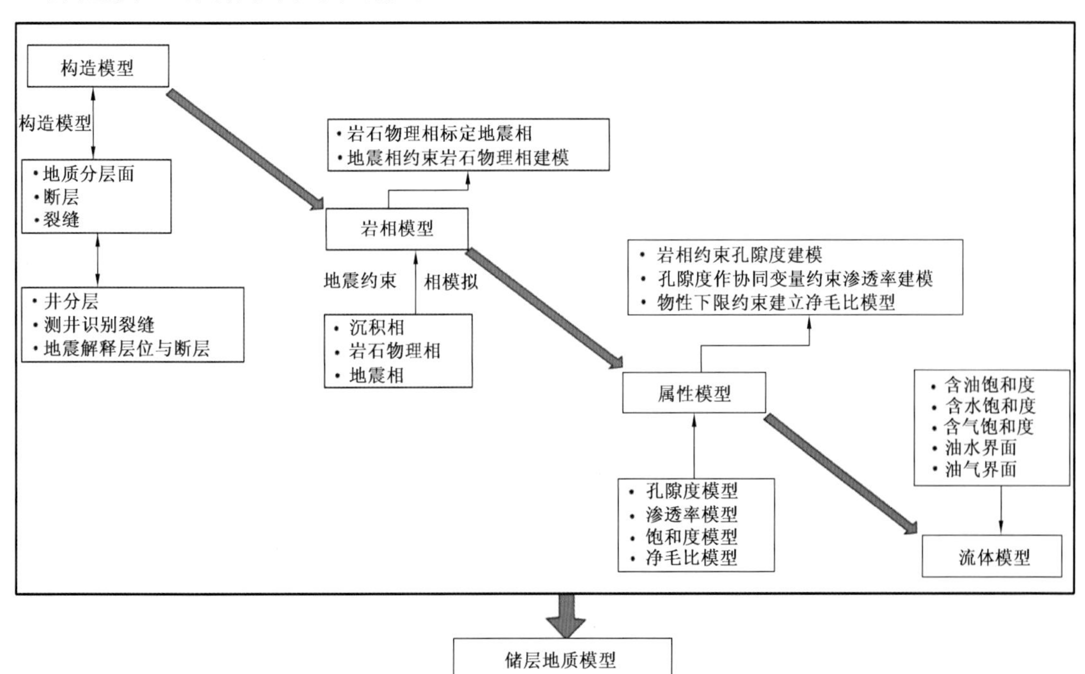

图8－2　储层地质建模的一般思路

属性的三维空间分布是地质模型的核心,目前地质建模的诸多算法都是针对属性建模而发展的。常用的算法都是基于三维空间任意两点相似性分析的地质统计方法而形成的,这一方法的具体实现是通过对某一个储层属性(如岩相或者孔隙度等)的变差函数分析,确定这一属性在空间上相对连续的方向性以及在这些方向上的影响范围等参数,进而对三维空间的储层分布进行模拟计算。这一方法对模拟的目标(具体的层段)只有一套表征参数,如某一层段内的某一属性其变差函数的主方向、次方向、主方向变程、次方向变程、垂向变程等。实际情况下,某一层段内该属性的空间分布在不同的平面位置具有不同的分布特征(如储层延续的方向、延伸范围等)。针对这一缺陷,最近又发展了基于多点地质统计学的相模拟方法,这一思路是在建立储层的相模型时就考虑储层空间分布的差异性,应用一个平面的相模式对储层的相建模进行约束,以此实现对储层平面非均值特征的更好描述。

储层流体模型有两个方面,其一是饱和度的分布,其二是流体的界面。饱和度的分布模型对于已开发的油气藏而言较为重要,经过水淹的油气藏,要准确反映当前的油气水分布关系需要花费很大的精力,而这又至关重要。对于一个开发初期的油藏,地层内部流体分布尚未经受大的变化,则可以通过相渗、压汞等资料分析得出束缚水饱和度之后建立原始油藏的饱和度模型。而流体界面模型往往是根据地质认识结合岩石物理测井曲线和生产测试资料确定的。

(二)礁滩储层地质建模

碳酸盐岩礁滩相储层主要受礁滩体发育规律的控制,而礁滩的生长是具有特定的地质条件的。通常情况下,在较长的一段地质历史时期,会有多期礁体相互叠加而形成一套完整的储集体。同时,由于不同期次礁滩体所处的沉积环境和所经历的成岩后作用过程不一样,使得其储渗能力会具有很大的差异。所以,对于礁滩相碳酸盐岩储层地质建模需要特别注重对于礁滩发育的期次以及每个期次发育礁滩体的规模、空间展布特征和岩石物理特征的分析和研究。同样,在建立礁滩相碳酸盐岩储层地质模型的时候也需要充分考虑以上因素。

不同时期礁滩体的空间分布不同(图8-3),准确识别不同时期的礁滩体就抓住了储层发育的核心。以塔中62井区为例,该地区礁滩体可以划分为三期,第三期是储层发育的主要期次,第二期礁滩体也有发育,而第一期礁滩体尽管分布面积较广,但储层不发育。在建立该区块储层地质模型时,首先要明确三期礁滩体的空间分布,油气沿坡折带和垂直于坡折带的方向上三期礁滩体的空间分布与连通关系。笔者等通过三年的研究,在测井曲线单井识别的基础上,对三期礁滩体在地震剖面上的响应进行识别,并建立了三期礁滩体的空间分布格架。

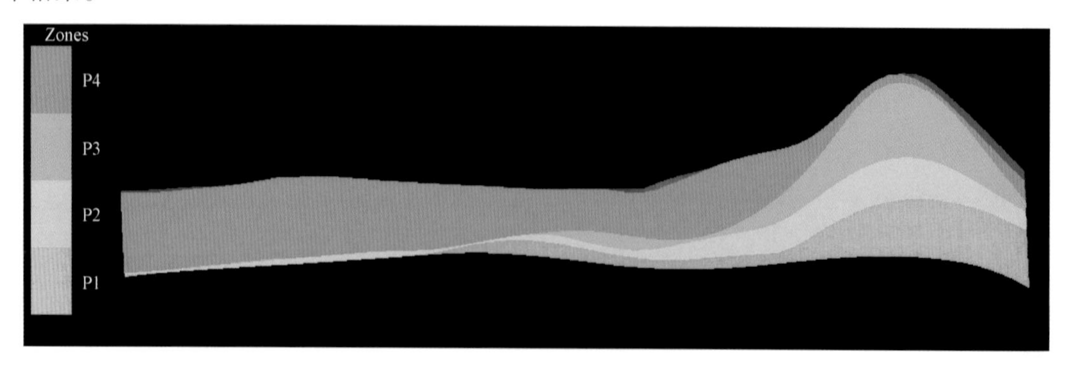

图8-3 塔中62井区良里塔格组第三期礁滩体岩石物理相分布平面图

在三期礁滩体分布格架下，对储层的发育状况进行精细刻画，建立不同期次礁滩体内部的属性分布，如岩相分布、孔隙度分布、渗透率分布等。在储层物性分析的基础上，可以对储层的连通关系进行评价。

白云石化的礁滩储层地质建模的核心在于明确储层的主要控制因素，寻找到能够指示储层发育规律和储层品质的关键参数，对储层的空间分布进行预测，在此基础上再建立一个合理的储层地质模型。

研究表明，白云岩含量对储层的品质有较好的指示作用，并且该参数还可以通过对地震属性的标定用于三维空间的刻画。另外，通过地震属性还可以对这类储层的孔隙度进行预测。

龙岗气田长兴组和飞仙关组属于典型的白云岩化礁滩相储层，在沉积相分析的基础上，充分应用地震属性分析和反演技术，对白云岩化储层的分布及其赋存的流体进行预测，采用沉积微相＋地震属性共同控制的技术方法来建立储层地质模型。

（三）岩溶—风化壳型碳酸盐岩储层地质建模技术

岩溶—风化壳型碳酸盐岩储层具有侵蚀沟槽发育、非均值性强等特点。该类储层较为致密，沟槽的发育与分布对储层的改造具有积极的作用，通常所认为的沉积相带控制储层发育的这一规律在这类储层中很难体现。因此，建立准确的沟槽模型是该类储层地质建模的关键。

靖边气田属于古风化壳岩溶型碳酸盐岩气藏，具有工区面积大、储层薄、开发井钻井分布极不均匀等特点。建立准确的沟槽分布模型是建立该气藏储层地质模型的关键。针对该气藏，具体的思路是通过分小层精细刻画构造和沟槽分布、平面层约束分类型建立储层模型，实现相控地质参数建模。

三、典型碳酸盐岩储层成因与地质模型表征

（一）塔里木盆地塔中台缘带良里塔格组碳酸盐岩礁滩体储层成因与表征

1. 高频层序对储层的控制作用及储层发育模式

近年来，有些学者把碳酸盐岩的成岩作用与相对海平面变化相联系，作为控制其成岩作用的基本因素，使得碳酸盐岩储层品质变化的规律有了较为明确的线索可循。由于只有储层而不是地层才是油气田开发的最终目标，并且，考虑到即使在有利的高频层序界面上，也会发生对储层有不同控制作用的成因单元的变化，因此，通过对控制储层的高频层序及其成因单元分析和追踪，使得礁滩型储层的成因和分布研究具有科学的可预测性和空间刻画的精细性。

1）高频层序对储层的控制作用

三级层序界面是近地表岩溶储层的主控因素，而高频层序界面是准同生期岩溶储层发育的主控因素。在高频层序界面附近，随着海平面高频震荡，尤其是在海退沉积序列中，伴随海平面暂时性相对下降，在粒屑滩、骨架礁等有利储层的成因单元中，时而出露海面或处于淡水透镜体内，受到富含 CO_2 的大气淡水的淋溶，在碳酸盐岩中形成大小不一、形态各异、溶蚀成因的多种孔、洞、溶缝及其充填物。

在高频层序界面附近发育的相对高渗储层，如骨架礁灰岩、骨架礁砾屑灰岩、亮晶生屑灰岩等，这些都可以称之为浅水粗岩相的储层成因单元。

在高频层序的顶部界面附近，海平面高频震荡、高能礁滩相周期性暴露，海平面的下降会使其处于大气淡水环境中，发生溶蚀等次生改造作用，使得裂缝和溶蚀孔洞发育，储层物性改善。如果用测井次生孔隙度指数来表征，在粗岩相界面的顶部或高频层序界面附近，几乎毫无

例外的具有测井次生孔隙指数增大现象，说明此界面附近溶蚀孔洞发育。为了优质储层的追踪和评价，可以把高能环境中粗岩相界面当作成因单元的界面，因而，高频海平面下降的浅水高能礁滩相的成因单元界面控制着周期性暴露岩溶和储层质量。

而且，不同时期不同深度上的储层成因单元的岩相组合和相应的物性以及含油气性也各不相同。浅水粗岩相的储层成因单元（如生物礁砾屑和砂屑灰岩）主要分布在地层的顶部和上部，而深水细岩相的成因单元（如藻粘结的泥晶灰岩）主要分布在地层的下部。

研究表明，可以将研究区良里塔格上部的地层分成三个高频层序成因单元期次（或序列）。这三个不同期次的成因单元具有明显的岩性岩相组合，对储层缝洞和物性具有明显的控制作用，而且可以在全区对比追踪。

第一期次的高频层序成因单元序列产生于海平面上升的早期，水体相对较深，为低能量的灰泥丘夹较细的砂屑滩复合体，岩性主要由藻灰岩和泥晶砂屑灰岩组成，储层物性致密，测井曲线表现出低孔平直、变化小及电阻率高的特征，并且深浅电阻率曲线无差异，溶孔和裂缝显示很少，基本没有油气显示。该序列顶部为含泥质泥晶灰岩，相当于初始洪泛面，该岩性段沿东西向全区可以对比。

第二期次的高频层序成因单元序列，产生于海平面下降中期的高位体系域，水体震荡变浅，风浪对沉积物影响逐渐增强，沉积以中—高能量的粒屑滩为主，且在该成因单元的顶部水体变浅，阳光影响变大，生物开始大量繁殖，出现骨架礁和砾屑滩，在测井曲线的上部井段物性变好。

第三期次的高频层序成因单元序列位于整个良里塔格组的上部和顶部，水体很浅，水深小于30m，阳光充足，生物繁衍茂盛，生物骨架礁发育，同时伴随着高频海平面震荡，礁体经常暴露在大气水和风浪环境中遭受侵蚀，因此，骨架礁砾屑和生物砂屑灰岩发育，储层溶蚀孔洞缝发育。在测井曲线上，曲线跳动活度大，表现出高孔隙度、深浅差异低电阻率，裂缝和次生孔隙度指数发育，该井段为高产井最主要产层。

通过岩心和薄片观察，结合测井解释，可以发现，第三期是溶蚀洞缝发育的主体部位，溶蚀孔洞段和裂缝发育段厚度的近70%和60%发育在第三期。从单井剖面上看，测井解释次生孔隙多与岩相界面相伴生，在高频层序界面附近次生孔隙更为发育。主要是因为不同级别层序界面及附近，高频海平面下降、礁滩体的周期性暴露导致岩溶和次生改造，使得溶蚀孔洞发育，储层物性改善。

因此，掌握了这三个成因单元的分布特征，就抓住了优质储层的成因特征，通过对三个成因单元界面标定和追踪，并建立相应的物理反演解释模型，在三个期次的格架下，应用物理反演解释模型进行厚度和属性的解释，就可以达到对储层和优质储集空间展布的刻画。

2）不同时期高频层序成因单元的储层发育模式

根据前述成因单元对储层岩性、孔洞缝控制作用的分析，结合基准面变化对成因单元和成岩作用基本规律的控制，可以归纳出基准面（或相对海平面）变化中，不同成因单元对塔中良里塔格组礁滩体储层及其岩溶发育控制的综合模式（图8－4）。

可以看出，研究区在总体基准面下降的背景下，分成1个基准面上升旋回和2基准面下降旋回，形成了相应的3个地层成因单元。第一期的成因单元，产生于海平面初始洪泛后，其中主要沉积了藻灰岩和泥晶砂屑灰岩。第二期成因单元中，在海平面高频震荡中下降，水体逐渐变浅，阳光变得更加充足，生物生长茂盛，因此其上部的岩相逐渐变粗，尤其是每次海平面下降，岩石遭受风浪侵蚀和大气水的淋滤作用，使得碳酸盐岩砾屑和生物碎屑发育，溶蚀孔洞发育。第三期成因单元中，水体进一步变浅，阳光和水温更加适合生物生长，同时，风浪和大气水对岩石的影响更大，因此，在该段地层中，生物礁和砾屑及生物碎屑灰岩层频繁互层，交替出现，随着海平面下降，礁滩体的间歇性短期暴露，礁滩体遭受大气淡水改造，成为礁滩优质储层发育的有利条件，后期埋藏条件下次生孔隙的发育对早期高频层序的改造具有继承性，该套地层为储层物性最好的井段。而在台内主要发育滩间海或潟湖环境的泥晶灰岩。

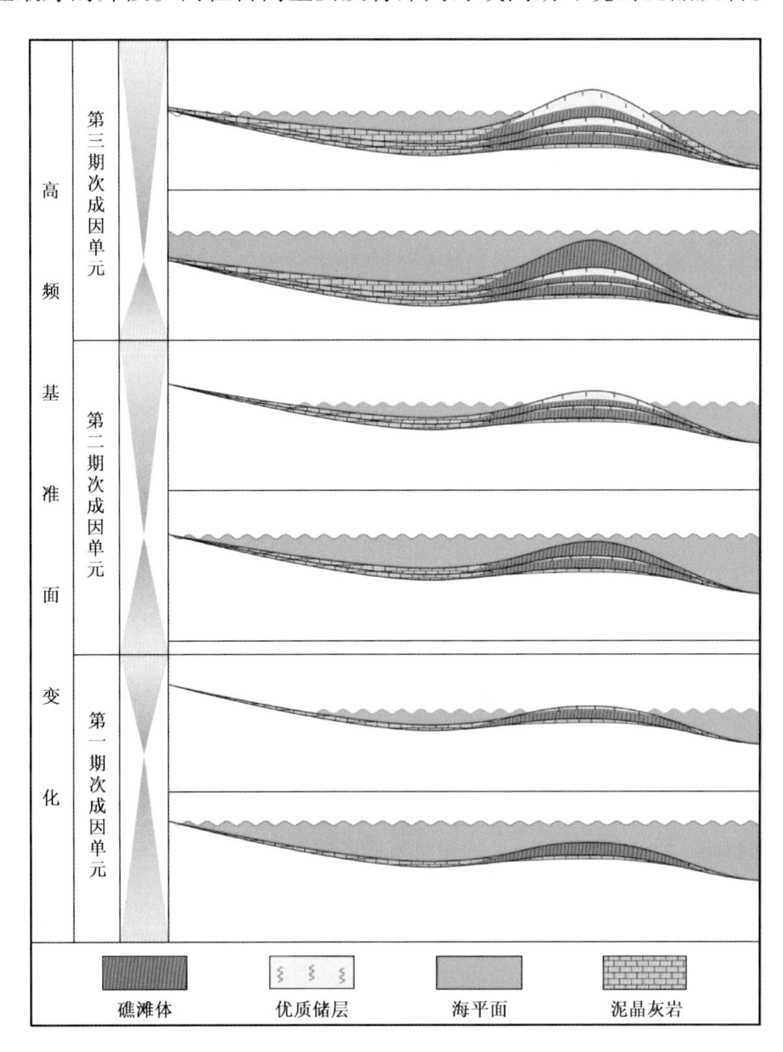

图 8-4　基准面变化中不同期次成因单元储层发育模式图

2. 礁滩相储层成因空间刻画方法

储层成因刻画实际上是在地质成因和物理响应机理及特征的指导下，根据控制储层尤其是高渗储层的线索（成因单元、关键等时界面、地质模式和物理场响应特征），进行逆向追踪，然后在等时单元格架内，进行储层属性反演和特征表征。这套方法的技术流程主要包括五个方面：

(1)储层主控因素和储层成因单元的划分；

(2)储层成因单元序列的时间和空间演化模式；

(3)不同成因单元内，岩性岩相、缝洞和有效储层测井响应机理与解释模型；

(4)基于成因模式指导和岩石物理测井响应控制的井—震联合标定和成因单元序列等时格架的建立；

(5)成因单元等时格架内，储层的空间刻画和反演。

基于前述的成因分析，在单井解释的基础上，井—震结合，对塔中Ⅰ号坡折带良里塔格组礁滩体的储层成因演化和等时成因格架进行刻画，首次获得三期礁滩复合体的空间分布和时空演化规律(图8-5)。

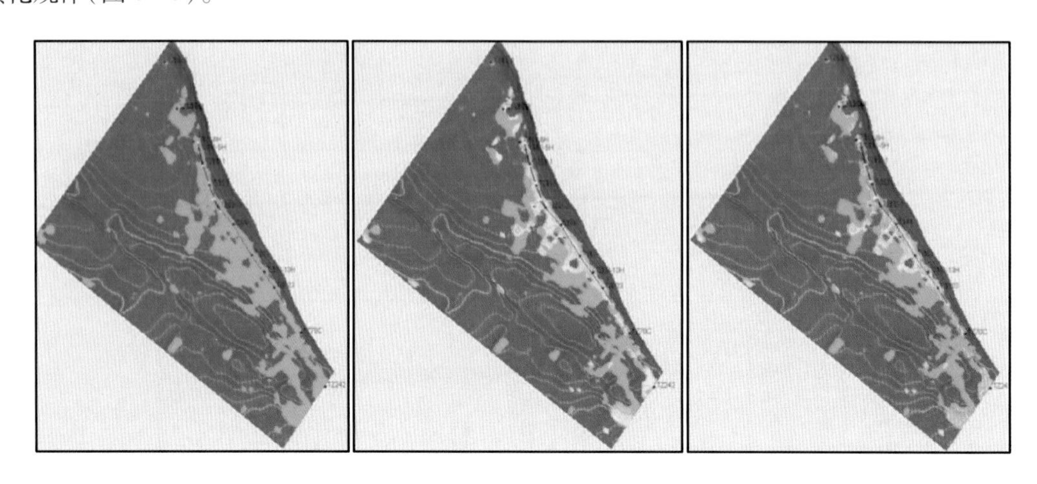

图8-5 三个时期礁滩体三维空间分布

3. 不同期次礁滩体储层的三维空间分布规律

从以上三个不同时期礁滩体的空间分布结果可以看出，控制礁滩体空间分布和储层品质的两大控制要素包括高频海平面变化中的不同时期的成因单元和古地理沉积环境中的微地貌。

1)第一期次礁滩体分布规律

此时，塔中台地边缘及其台缘内部的古构造格局已经形成，表现为3个次一级北西—南东向带状的构造单元，即台内中部属于构造高点，位于TZ62与TZ70C连线西南约5km一带，在此构造高点的西南面，为相对低些的台内盆地，而在构造高点的东北面与塔中台缘带之间为构造相对最低的近台缘平台，形态上表现出西北部宽缓和东南部狭窄的三角形近边缘台地。

在这一时期早期相当于初始洪泛面，海水覆盖整个台地，此后，相对海平面下降的过程中，受构造、水流和波浪的作用，碳酸盐岩主要沉积在西北部近台缘的宽缓地带，受高低回流作用搬运的沉积物沿台缘带状堆积，包括东南部构造高处相对低洼地和潮道等地。钻井取心证实，这一时期沉积的岩性主要为细粒的砂屑灰岩和藻粘结砂屑灰岩、泥灰岩，反映出水体相对较深，沉积作用为主，沉积和生物(藻)共同作用的灰泥丘或丘滩体。

2)第二期次礁滩体分布规律

随着相对海平面下降，在第一期丘滩体的基础上，礁滩体总体上向台缘大规模的收缩，主要分布在中西部TZ62-1至TZ62-3井一带近台缘宽阔平缓区域和台缘东部边缘地区，而且，主要叠加发育在第一期丘滩体的相对高点处。这是由于这些高处的水浅，阳光和氧气充足，更加适合于造礁生物的大量繁殖。钻井取心证实，第二期的岩性主要为生物碎屑、砾屑灰岩和骨架礁灰岩，可见，从岩性和分布特征都说明，此时的礁滩体是以生物、水流和风浪共同作用形成的。

3）第三期次礁滩体分布规律

随着相对海平面的进一步下降，整个礁滩体的建隆向台缘更加收缩，基本上叠加在前两期礁滩体高点之上，沿台缘成窄条状分布，尤其分布在TZ62－6h—TZ44、TZ62—TZ70C以及TZ242附近地区。此时，水体更浅，水温、阳光和氧气等条件适宜造礁生物大量繁殖，同时，海平面的高频震荡，又会使礁滩体受到风浪侵蚀和大气水的淋滤。钻井取心证实，岩性以骨架礁灰岩和骨架礁砾屑、砂屑灰岩为主，反映生物作用占绝对优势，同时，在海平面下降时，也受到风浪和大气雨水的侵蚀和淋滤，使储层溶蚀孔洞发育。

通过礁滩体剖面分析（图8－6）也同样证实，随着相对海平面的不断下降，水体变浅，阳光和氧气充足，礁滩体建隆不断发育，同时，受到风浪和大气水侵蚀作用增强，在三期（尤其是第二和第三期）成因单元界面附近，古岩溶发育，储层溶蚀孔洞和裂缝发育，储层物性变好。

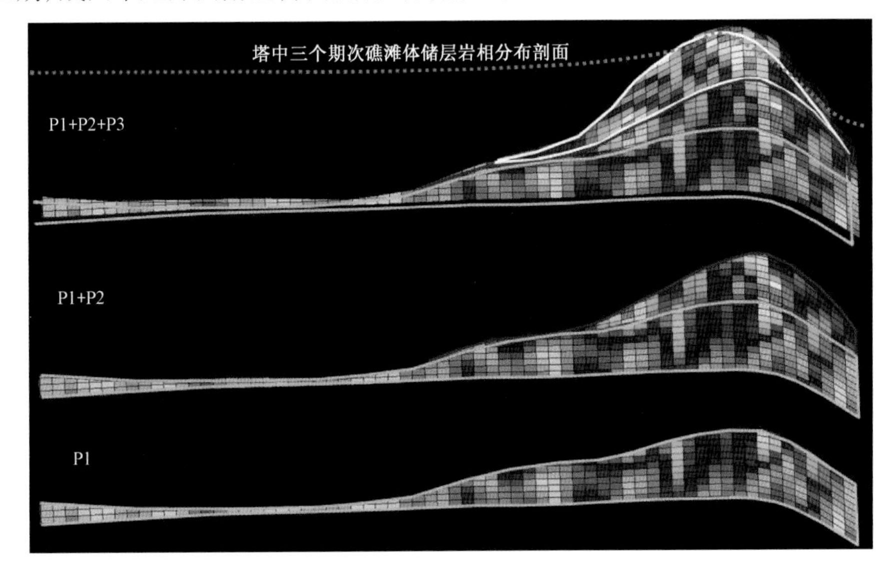

图8－6　塔中三个期次礁滩体岩相分布与岩溶作用关系

根据上述礁滩体刻画结果和成因分析，提取了决定单井油气产量的二期和三期礁滩体地层，并在次成因单元格架内，统计了油气井产量P、次生孔隙指数V和地震属性ENG之间的关系，即

$$\text{油气井产量 } P\uparrow \propto \text{次生孔隙指数 } V\uparrow$$

$$\text{次生孔隙指数 } V\uparrow \propto \text{地震属性 ENG}\uparrow$$

由此发现，地震属性ENG与次生孔隙指数V、油气井产量P均为正相关，因此，可以提取运用二期＋三期礁滩体的地震属性ENG，作为表征储层品质的参数，从而更进一步精细刻画优质礁滩储层的空间分布（图8－7）。

可以看出，优质储层除了零星地分布在台内点礁外，主要分布在沿台缘宽2km和长约30km的窄条带范围内。其中，叠合连续分布最好的为TZ62－1井—TZ62－2井一带，条带范围为1193m（宽）×6535m（长）；而在TZ44井—TZ623井一带，礁滩叠合分布长度达6433m，但是宽度多在195～350m之间，礁体呈线状平行排列分布，显示出更高频海平面变化中，多个礁滩体沿台缘的迁移。这些研究成果也完全可以从现代海洋生物礁沉积特征中得到类比，同时，也得到塔中油气田开发结果的充分验证。塔中东部试验区2009年以来投产11口，建产率100%；高产井比例73%，平均单井初期日产油50t，日产气$17.24\times10^4m^3$；目前平均单井日产油34t，日产气$16\times10^4m^3$。

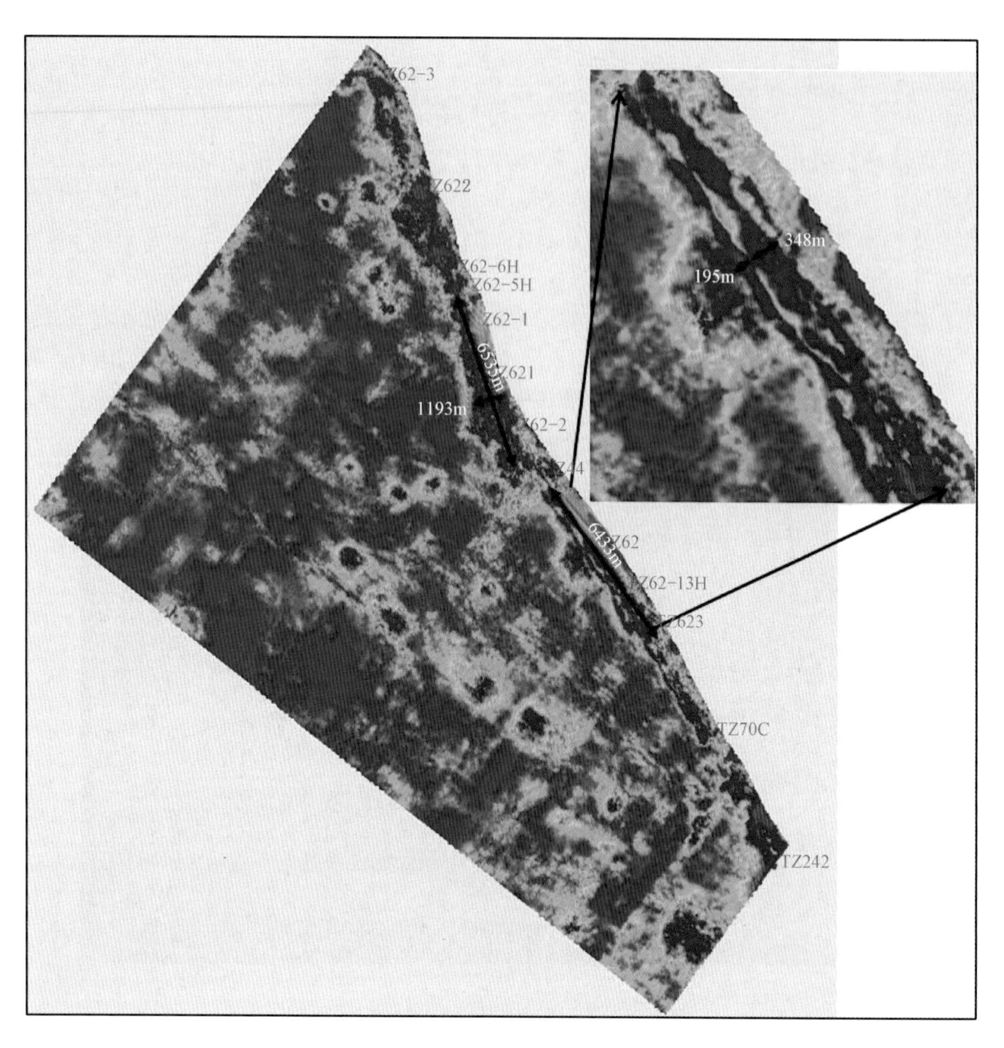

图 8－7　优质礁滩储层的空间分布精细刻画

（二）鄂尔多斯盆地靖边潮坪白云岩储层

1. 沉积相对储层的控制作用

靖边气田气藏在平面上的分布与沉积微相带的展布关系十分密切，在含膏云坪与含藻云坪或二者的叠合微相区内，各产层见气井比率高达70%，而云灰坪微相和泥云坪与膏盐洼地＋云坪、泥云坪＋云坪等微相叠合区的见气井比率普遍较低，其原因是泥云坪微相区含泥量较高，易溶膏盐类矿物较少，岩溶作用相对较弱，难以形成发育的溶蚀孔隙；而灰云坪微相区因为岩性较纯，结构致密，孔隙多为晶间微孔及晶间溶孔，储集性能相对较低；潮间—潮上的膏盐洼地＋云坪区因膏盐含量较高，常形成盐溶角砾岩，在后期成岩作用中孔隙大部分被堵死，因此这些微相区含气性相对较差。而潮上含膏云坪＋潮间含藻云坪与上潮间云坪微相区普遍含石膏及石膏结核溶蚀孔洞，在工区分布面积广泛，相区稳定，是盆地沉积微相带的主体，也是主力储层。

马家沟组五段沉积时期为稳定发育的蒸发潮坪相，呈北东—南西向条带状分布。发育的岩石类型以深灰、灰色含膏云岩、粉晶白云岩、细粉晶白云岩和角砾状白云岩为主，夹泥质云岩、云质泥岩、硬石膏岩和凝灰岩等。

多井对比分析表明，区内整体相带展布稳定，单层内相变不明显，垂向上岩相组合规律性强，划分为潮上带含膏云坪和潮间带（泥）云坪两种亚相类型。潮上带含膏云坪以溶斑云岩为主，溶蚀孔洞及网状裂缝发育，普遍含气；潮间带（泥）云坪主要为泥质白云岩、白云质泥岩、泥岩以及含藻云岩，局部夹膏斑白云岩，溶孔相对不发育。

低效储量储层主要发育在潮上带和潮间带的含膏云坪和云坪微相中。含膏云坪微相膏斑发育少，可溶物质少，溶孔不发育，为相对较致密的溶斑云岩或针孔云岩（图8－8a）；云坪微相中粗粉晶云岩晶间溶孔发育，也是构成低效储层的重要类型（图8－8b）。

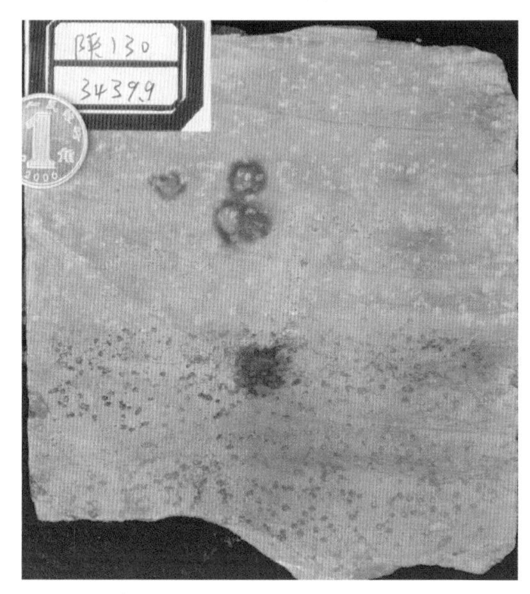

(a) 马五$_1^2$，灰色溶斑云岩，石膏结核1～2mm，溶孔被方解充填—半充填，网状微裂缝十分发育

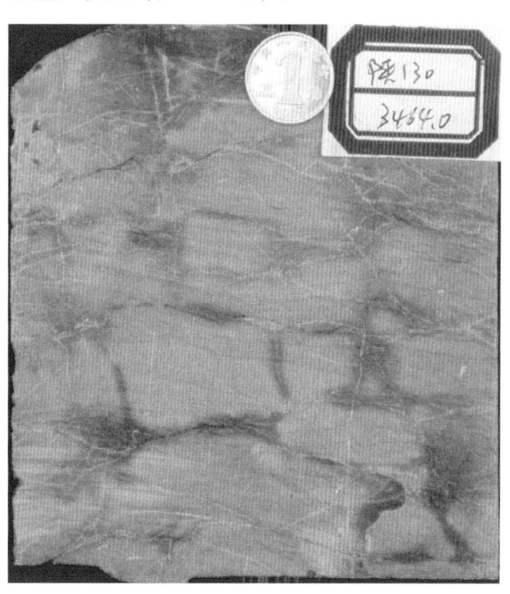

(b) 马五$_2^2$，灰色、灰黑色泥粉晶云岩，裂缝发育，达1mm宽，方解石充填

图8－8　含膏云坪及云坪微相岩心照片

2. 成岩作用对储层的控制作用

成岩作用是储层物性优劣的重要影响因素。鄂尔多斯古岩溶气藏风化壳储层早奥陶世末至中石炭世一直遭受风化剥蚀，中石炭世后再度下沉接受沉积。受多期构造变动和成岩环境改变的影响，客观上造就了该区储层成岩作用类型多样、成岩演化复杂的特点，既有明显的早期成岩作用，又有大气淡水和埋藏成岩作用。主要成岩作用包括白云岩化作用、压实压溶作用、溶解作用、交代作用、自生矿物充填作用、重结晶作用、角砾化作用、破裂作用。其中建设性成岩作用包括白云岩化作用、多期次的岩溶作用和破碎作用，能够形成各种溶蚀孔洞、裂缝，改善储层物性。粗粉晶云岩能够形成低效储层，主要是受溶蚀作用影响，发育晶间溶孔。破坏性成岩作用包括压实作用、充填作用，其中自生矿物充填是区内储层物性变差的主要因素，导致储集空间减少，物性变差。含膏云岩一般发育膏斑溶孔，但受充填作用影响，孔洞缩小，物性变差，形成低效储层。溶蚀孔洞的充填程度是储层物性好坏的直接影响因素，低效储层以充填溶孔和晶间溶孔为主。

3. 构造作用对储层的控制作用

鄂尔多斯古岩溶气藏的形成除与大面积展布的马家沟组五段（简称马五段）潮坪沉积有关外，主要是受长期风化淋滤、水流冲蚀形成的古风化壳中次生孔、洞、缝的发育和充填程度控制，并与所处古地貌部位息息相关。鄂尔多斯盆地古岩溶气藏位于稳定克拉通中央古隆起东北部，气藏所处的中部地区在加里东运动晚期整体抬升,使早古生代中奥陶世海退之后暴露地表的下古生界碳酸盐岩遭受风化剥蚀、雨水冲刷及化学溶蚀、淋滤作用,形成了特殊的古岩溶地貌。在地表沿溪流、河道形成的溶蚀沟槽,以及地下渗流区、潜流区和塌陷区的岩溶作用共同作用下,马五段顶部形成了具不同发育程度的溶蚀孔、洞、缝系统,为古岩溶风化壳气田的形成提供了良好的储集空间。鄂尔多斯地块晚奥陶世至早石炭世期间形成的奥陶系顶面古岩溶对油气的聚集十分有利。中石炭世再度发生海侵,整个华北克拉通沉积了海相及海、陆过渡相的中、上石炭统和下二叠统煤系地层。

马五段是在极其平缓的古构造背景上沉积形成的。尽管受区域性地层东倾的控制,但由于倾角较小,加之海相地层沉积宽广,因此沉积厚度受构造影响较小。可以划分为台丘区、斜坡区、台内浅凹区、剥蚀区、沟槽等地貌单元。台丘区是由许多小规模的丘状突起组合而成,主要分布在气田中部,整体上可以称为古潜台。由于台丘部位地层保存好,淋滤溶蚀作用充分,沟槽导通效果好,溶蚀孔洞发育,易于形成优质储层;斜坡区为台丘区向台内浅凹、沟槽和剥蚀区的过渡地区,储层保存较好,淋滤溶蚀作用较充分。台内浅凹、剥蚀区和沟槽区储层条件较差,主要为低效储层。

4. 沟槽发育对储层的控制作用

加里东运动使该区抬升,马五段遭受了130Ma的风化剥蚀、雨水冲刷及化学溶蚀、淋滤作用,雕凿出该区特有的古岩溶地貌景观。主要特点是槽台并存,沟壑林立,在台丘内发育局部浅凹。区内气层平面分布明显受控于槽台分布。

通过马五$_{1+2}$地层残余厚度恢复古地貌,气井无阻流量高的地区与残余厚度大的地区对应较好;低效储层主要发育在残余厚度小的低洼地区(图8-9)。

5. 储层精细评价和储量分类标准

通过对全区的井进行连井剖面对比复查,结果表明,尽管受侵蚀沟槽影响,地层具有不同程度的缺失,但区内整体上地层厚度稳定,分层界限特征明显。

结合测井解释结果、储层特征分析和气井生产特征,基于长庆气田多年沿用的储层分类标准,划分单井储层类型(表8-1)。Ⅰ类层主要发育在马五$_1^3$小层,以溶斑云岩为主,溶孔可达3~5mm,弱充填,发育裂缝;Ⅱ类层也以溶斑云岩为主,溶孔相对不发育,充填程度较高;Ⅲ类储层主要为高充填程度的溶斑云岩、针孔云岩、粗粉晶云岩,见微裂缝发育。

表8-1　靖边气田马五段储层分类综合评价标准

分类评价参数	Ⅰ类	Ⅱ类	Ⅲ类	层位	
孔隙度(%)	6.3~12	4~6.3	2.5~4.0	马五$_1^{1-3}$	
	6.3~12	4~6.3	2.5~4.0	粗粉晶云岩	马五$_1^4$
	8~12	6~8	2.5~6.0	细粉晶云岩	
测井渗透率(mD)	>0.2	0.04~0.2	0.01~0.04	马五$_{1+2}$	
含气饱和度(%)	75~90	70~80	60~75		
声波时差(μs/m)	165~188	160~165	155~160		
泥质含量(%)	<5	<5	<5		
压汞曲线类型	AⅠ、BⅠ	AⅡ、BⅡ	AⅢ、BⅢ		
无阻流量($10^4m^3/d$)	>20	5~20	<5		

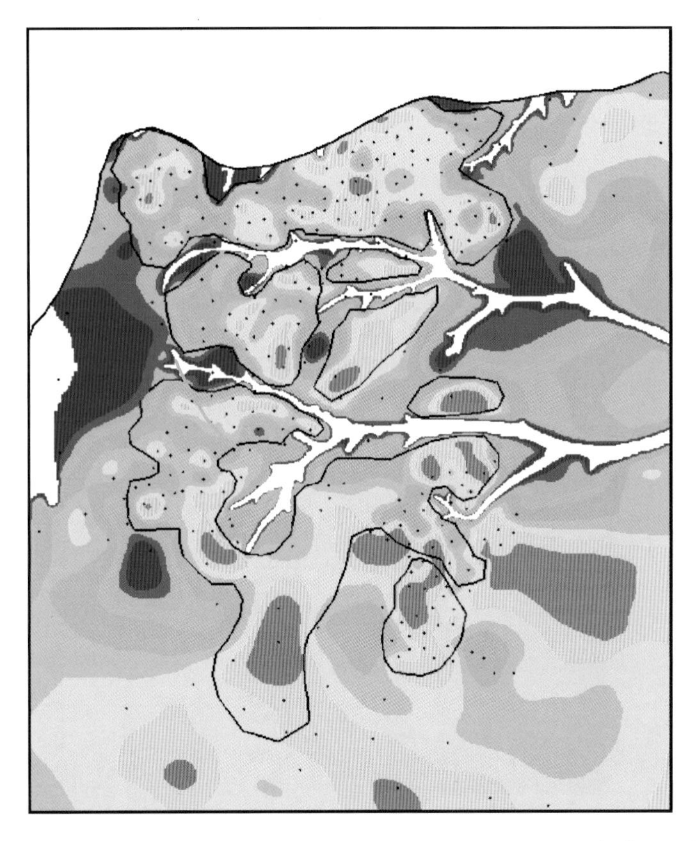

图 8－9　马五$_{1+2}$残余厚度和无阻流量叠合图（黑线内为无阻流量 $>5\times10^4m^3/d$ 的井的分布范围）

储量分类评价的目的是优选出优质储量以指导气田开发。Ⅰ+Ⅱ类储量属于易动用储量，Ⅲ类储量属于在现有技术经济条件下，因储层条件差而较难动用的储量。因此，整体上，Ⅲ类储量属于低效储量。结合动、静态参数，以储层分类和气井分类为基础，建立低效储量划分标准（表 8－2）。

表 8－2　储量划分表（Ⅲ类为低效储量）

分类参数		Ⅰ类	Ⅱ类	Ⅲ类
储层	孔隙度（%）	>7	5～7	<5
静态特征	测井渗透率（mD）	>0.2	0.04～0.2	0.01～0.04
	测井含气饱和度（%）	75～90	70～80	60～75
	声波时差（μs/m）	165～188	160～165	155～160
单井动态特征	无阻流量（$10^4m^3/d$）	>20	5～20	<5
	生产压差（MPa）	<2	2～5	>5
单井动态特征	单井测试产量（$10^4m^3/d$）	5	0.5～5	<0.5
	分层测试压差（MPa）	<2	2～10	>10
	储能系数（m）	>0.32	0.15～0.32	<0.15
	地层系数（mD·m）	>5.0	1.8～5.0	<1.8
	产量（$10^4m^3/d$）	>4	2～4	<2
	动储量（10^8m^3）	>3	0.4～3	<0.4

对各单层不同类型储层分布进行统计，Ⅰ、Ⅱ类层在马五$_1^3$小层最发育，构成靖边气田的主力气层；作为低效储层的Ⅲ类层在马五$_1^2$、马五$_1^3$、马五$_2^2$和马五$_4^{1a}$小层均有发育。

从气层厚度分布比例看，气田Ⅲ类气层厚度占29.8%，Ⅰ+Ⅱ类气层厚度占70.2%；气田东侧Ⅲ类气层厚度占40.9%，Ⅰ+Ⅱ类气层厚度占59.1%。总体上，Ⅲ类储层占有较大比例，是气田接替稳产的潜力资源。

靖边气田有效储层分布较稳定，具有较好的连续性，但储层物性变化较大。为了进一步刻画有效储层分布规律，在有效储层分类的基础上，对单井进行有效储层分类解释，建立有效储层连井对比剖面，分析有效储层的空间分布规律。

1）有效储层纵向分布特征

厚度统计表明，有效储层厚度较小，主要分布在1～5m，以3m左右为主。其中，Ⅰ、Ⅱ类有效储层厚度相当，各厚度区间分布比例一致，而Ⅲ类有效储层厚度变小，厚度小于1m的有效储层比例明显增加。总体上：

Ⅰ类有效储层主要发育在马五$_1^3$小层，溶蚀孔洞发育，其顶部和底部泥质含量增加，溶孔充填程度较高，因此高渗段主要出现在中部（图8－10）。

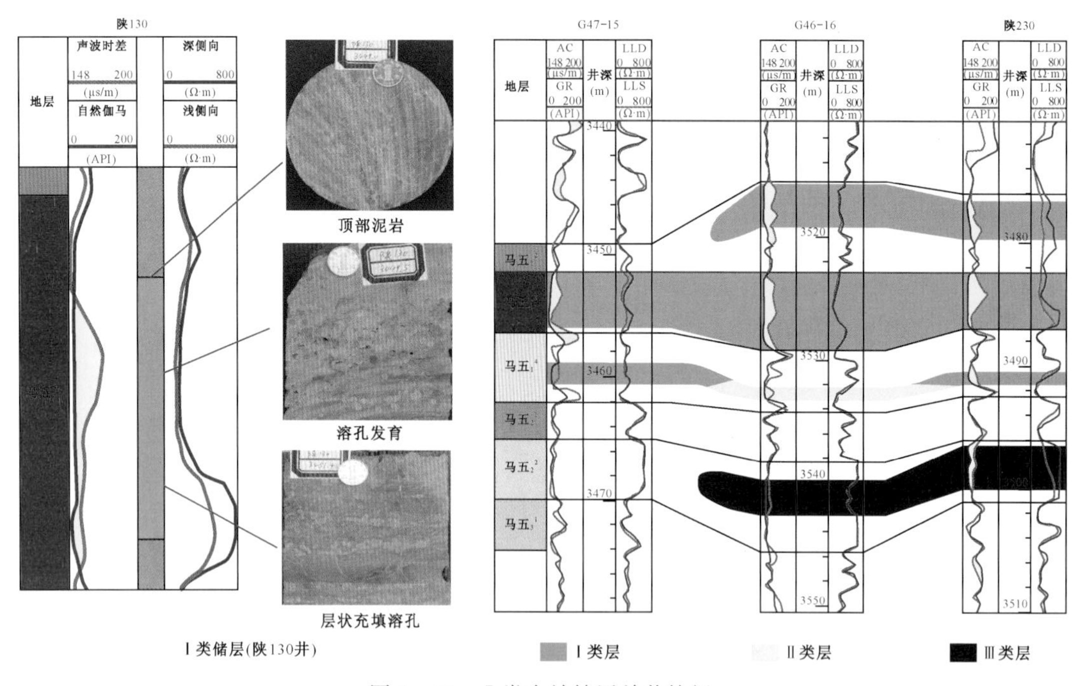

图8－10 Ⅰ类有效储层单井特征

Ⅱ类有效储层主要发育在马五$_1^3$和马五$_4^{1a}$小层，储层物性条件略差，单层厚度与Ⅰ类储层相近，内部见物性夹层（图8－11）。

Ⅲ类储层层数较多，薄层发育，但横向连续性亦较好，内部物性夹层发育（图8－12）。

2）有效储层平面分布特征

通过不同类型有效储层平面图（图8－13）分析表明，有效储层整体上呈近南北向条带状分布，与沉积相带展布规律一致。受侵蚀沟槽和致密隔夹层分割，储层连续性变差，形成局部连片、形状各异的孤岛状储集体。

Ⅰ类储层北东—南西向条带状明显，条带宽窄不一，形态各异，宽度为3～6km，长度可达20km；

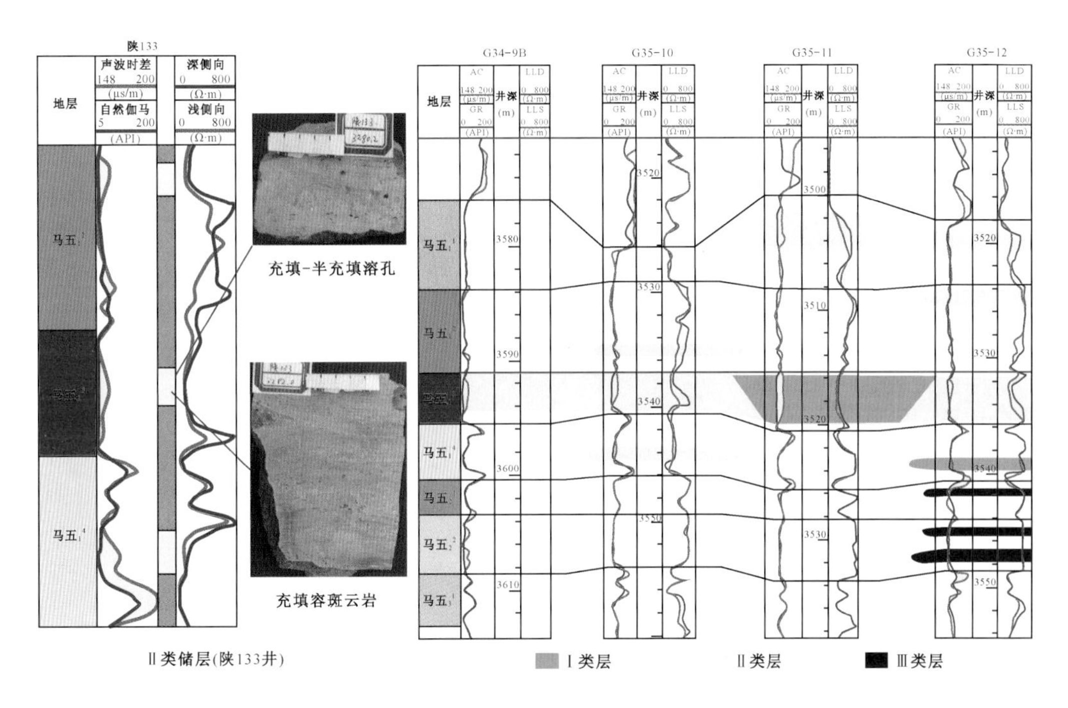

图 8－11　Ⅱ类有效储层单井特征

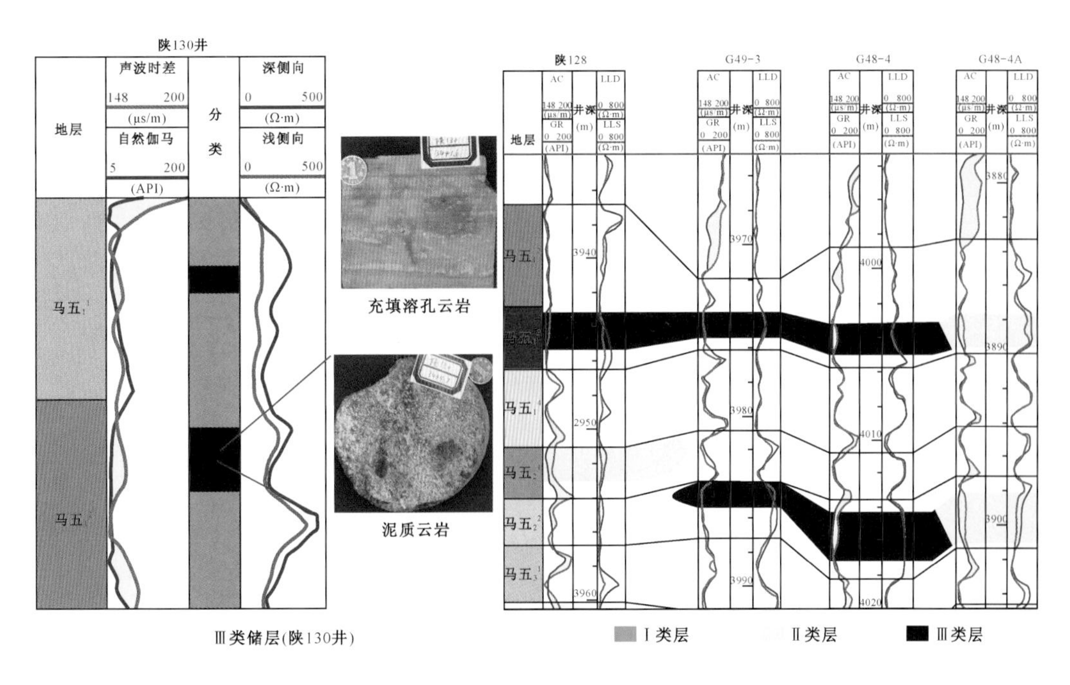

图 8－12　Ⅲ类有效储层单井特征

Ⅱ类储层分布在Ⅰ类储层边缘，多以镶边、搭桥的方式与Ⅰ类储层连片分布；

Ⅲ类储层分布较为广泛，在Ⅰ、Ⅱ类有效储层的周边连片发育。

3）剩余储量潜力分析

以圈定的有效储层分布范围为基础，采用容积法初步计算了不同类型储层储量分布。储量计算面积包括南区、陕227井区、南二区、陕106井区和陕100井区探明范围。含气饱和度取各单层测井解释的含气饱和度均值,分布在70% ~80%。孔隙度和有效厚度采用测井解释结果插值得到二维模型。体积系数为0.004167。计算结果表明(表8-3),马五$_1^3$ 和马五$_4^{1a}$ 是主力气层,储量分别占总储量的34%和26%,合计占总储量的60%。Ⅲ类储层中的低效储量占有较大比例,达到总储量的26%,也主要分布在马五$_1^3$ 和马五$_4^{1a}$ 小层,挖潜空间较大。

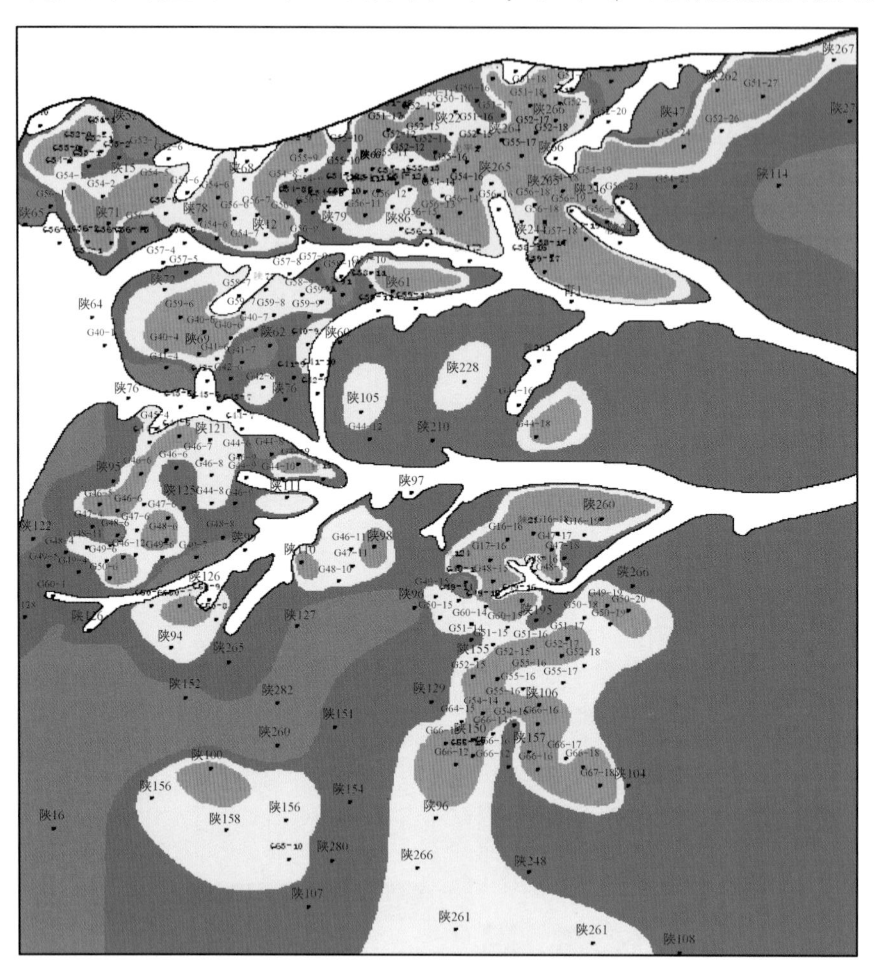

图8-13 马五$_1^3$ 有效储层分类图

表8-3 典型区块储量计算表

层位	Ⅰ类储量(10^8m^3)	Ⅱ类储量(10^8m^3)	Ⅲ类储量(10^8m^3)	储量合计(10^8m^3)
马五$_1^1$	52.7312	49.0864	26.6856	128.503
马五$_1^2$	65.6830	119.3690	75.5348	260.587
马五$_1^3$	308.8840	195.0040	114.0340	617.922
马五$_1^4$	64.6602	27.6448	18.8881	111.193
马五$_2^1$	0.7360	0.5476	3.1694	4.453
马五$_2^2$	21.6402	108.1150	75.1581	204.913
马五$_4^{1a}$	97.9408	222.9440	145.3970	466.282
合计	612.2754	722.7108	458.867	1793.853

依据有效储层对比结果，分析了储量空间分布规律。区内Ⅰ、Ⅱ类储层物性条件好，储量易动用，为优质储量；Ⅲ类储层物性条件差，储量难动用，为低效储量。垂向上，低效储量在各层都有分布，与优质储量相间发育，造成储量垂向分布的非均质性。平面上，低效储量主要存在三种分布形式，一种是分布在优质储量边部，与优质储量相通，呈条带状；另一种是分布在优质储量内部，被优质储量包围或半包围；最后一种是孤立分布，通常分布面积较小，相对不发育。

总结低效储量在剖面上和平面上分布的非均质特征，建立了三种基本分布模式，这三种基本模式的组合可以反映出靖边气田低效储量分布的复杂情况（图8－14）。第一种模式是垂向受优质储量影响的低效储量，尽管对天然气开发层间干扰不明显，但在目前井距条件下低效储量的动用程度和动用效率是否合理，值得进一步探讨；第二种是与优质储量相连的低效储量，即分布在优质储量边部的低效储量，这种形式的低效储量在区内分布十分广泛；第三种是孤立分布的低效储量，在气田南部和扩边区均有分布。

通过建立低效储量的分布模式，为后续低效储量可动用性分析和开发技术对策研究奠定基础。

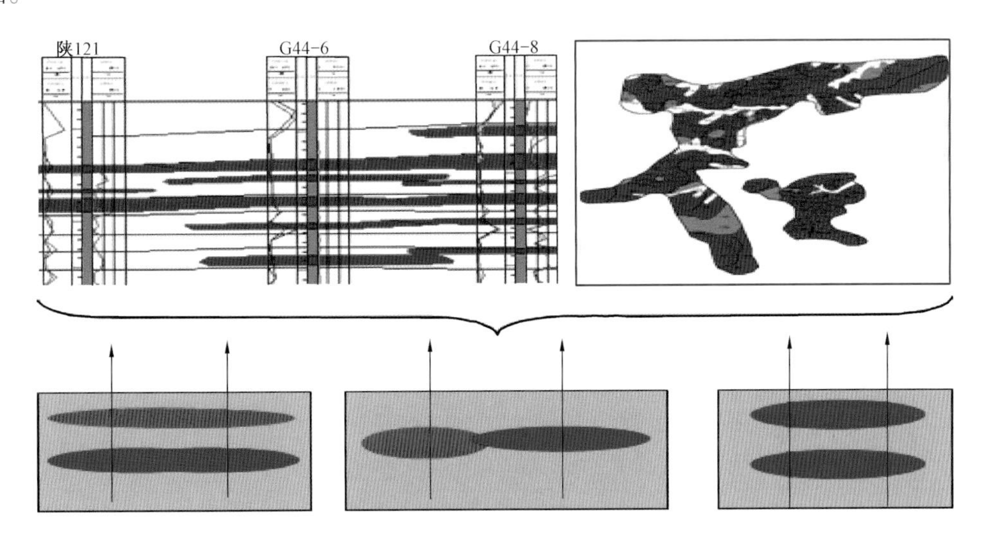

图8－14　低效储量分布模式图

第三节　气藏综合动态评价技术

气藏动态评价贯穿于整个气藏开发的始终，从钻完第一口发现井，至达到最终废弃压力，整个气藏寿命期内，气藏动态分析工作一直在不间断地进行，其目标就是采取各种经济、科学、实用的技术及经济分析手段，认识气藏特征、合理开发气藏、预测开发动态、调整开发措施，使气藏的开发达到综合效益最大化。

一、气藏动态分析方法

气藏动态分析方法较多，以下对应用较为广泛的几种方法进行详细说明。

（一）试井技术

试井技术是认识油气藏，评价油气藏动态、完井效率以及措施效果的重要手段，是油藏动态条件下压力波传播过程中对油藏特性进行全方位扫描，真实记录、描述信息的技术。其所获取的油藏信息优于静态，探测范围远大于测井，对油藏的精细刻画优于物探，是动态认识油气藏特性的重要技术。

庄惠农提出气藏动态描述的新思路，明确提出，对于气藏的动态描述研究是以气井产能评价为核心内容。也就是说，对于一个已投入开发的或即将投入开发的气藏，作业者最关心的事情莫过于气井单井日产量是多少，无阻流量是多少，合理产量是多少，能不能稳产，如何随时间衰减等。有三种经典的产能试井方法，是指 20 世纪中期产生的现场常用的产能试井方法，包括回压试井法、等时试井法和修正等时试井法。

1. 回压试井法

回压试井法产生于 1929 年，并于 1936 年由 Rawlines 和 Schellhardt 加以完善。其具体做法是，用 3 个以上不同的气嘴连续开井，同时记录气井生产时的井底流动压力。其产量和流压对应关系如图 8－15 所示。对应数据见表 8－4。

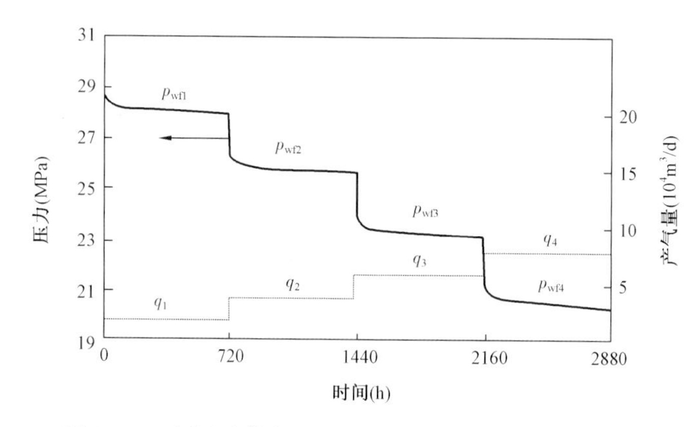

图 8－15　回压试井产量和井底流动压力对应关系示意图

表 8－4　回压试井压力与产量数据表

开关井顺序	开井稳定时间(h)	地层压力 p_R(MPa)	流动压力 p_{wf}(MPa)	产气量 Q_R($10^4m^3/d$)
初始关井		30		
开井 1	720		27.9196	2
开井 2	720		25.6037	4
开井 3	720		23.0564	6
开井 4	720		20.2287	8

把数据表 8－4 中的数据绘制在图 8－16 的产能方程图上，可以用图解法推算出无阻流量。在产能方程图中，纵坐标为以压力平方表示的生产压差，$\Delta p_i^2 = p_R^2 - p_{wfi}^2$。其中，$p_R$ 为地层压力，p_{wfi} 为井底流动压力。正常情况下，4 个测点可以回归出一条直线，当取 p_{wf} 为 0.1MPa 时，相当于井底放空为大气压力的情况，此时产气量将达到极限值。这个时候的气井产量为无阻流量，用 q_{AOF} 表示。一般来说，无阻流量是不能直接测量得到的，因为井底压力不可能放空到大气压力。q_{AOF} 只能通过公式或图解法得以推算。

回压试井在测试时的要求是：每个气嘴开井生产时，不但产气量是稳定的，井底流动压力也已基本达到稳定状态，同时应该要求地层压力基本不变。但是，在现场的实际实施过程中，达到流动压力的稳定是很困难的,为了达到稳定,采取长时间开井,而长时间开井,对于某些井层,又造成地层压力同时下降。这就限制了回压试井方法的应用。

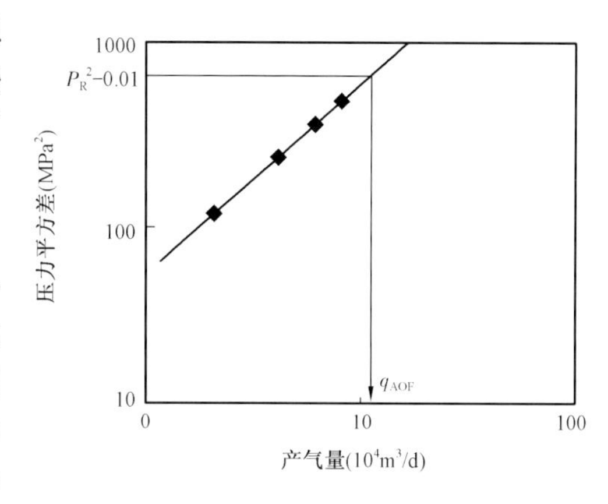

图 8-16　回压试井产能方程示意图

2. 等时试井法

针对回压试井存在的不足,1955 年,Cullender 等人提出了一种“等时产能试井法”。这种方法仍采用 3 个以上不同工作制度生产,同时测量流动压力。实施时井不要求流动压力达到稳定,但每个工作制度开井生产前,都必须关井并使地层压力得到恢复,基本达到原始地层压力。在产量和压力不稳定点测试后,再采用一个较小的产量延续生产达到稳定。其产量和压力的对应关系如图 8-17 所示,表 8-5 为对应数据值。

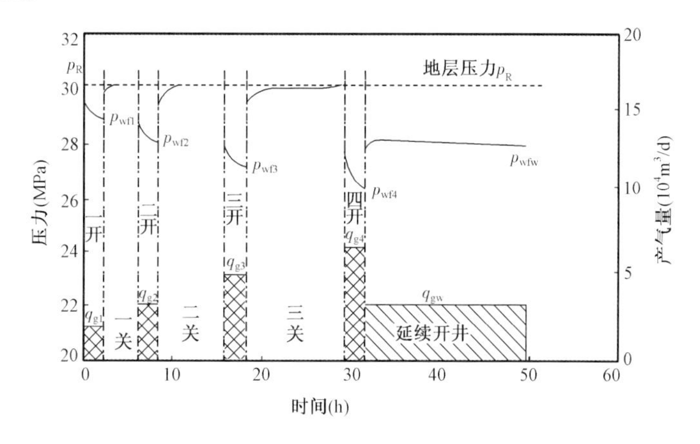

图 8-17　等时试井产量和压力对应关系图

等时试井法的采用大大缩短了开井流动时间,使放空气量大大减少。但是,由于每次开井后都必须关井恢复到地层压力稳定,因此并不能有效减少测试时间。

表 8-5　等时试井压力与产量对应关系数据表

开关井顺序	开关井时间间隔(h)	地层压力 p_R(MPa)	井底流动压力 p_{wf}(MPa)	产气量 Q_g($10^4m^3/d$)
初始关井		30		
开井 1	2.5		28.1837	2
关井 1	4	30		
开井 2	2.5		26.1575	4
关井 2	7	30		
开井 3	2.5		23.9153	6
关井 3	10	30		
开井 4	2.5		21.4440	8
延时开井	18		25.5044	4

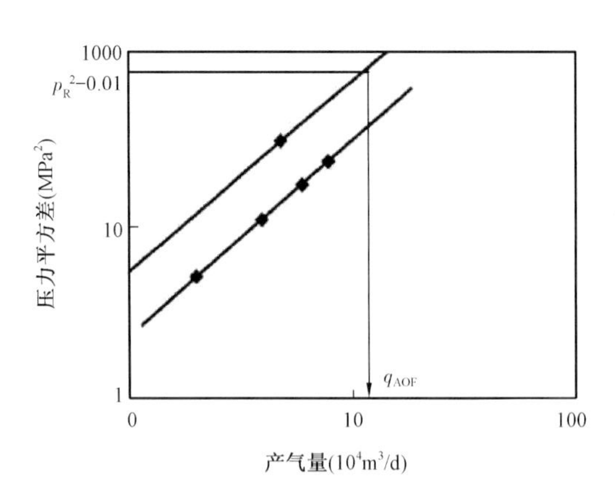

图 8-18　等时试井产能方程示意图

对于每一个工作制度下的产气量 q_{gi}，对应于生产压差 $\Delta p_i^2 = p_R^2 - p_{wfi}^2$，得到产气量与生产压差对应关系。对于最后一个稳定的产能点，产气量为 q_{gw}，生产压差为 $\Delta p_w^2 = p_R^2 - p_{wfw}^2$。图 8-18 显示了等时试井法测得的产能方程图，图中从 4 个不稳定产能点，可以回归出一条不稳定的产能方程线。为了找到稳定的产能方程，通过延长生产的稳定产能点，做不稳定方程的平行线，得到稳定的产能方程线，同样可以用图解法推算出无阻流量。

3. 修正等时试井法

Katz 等人在 1959 年提出了修正等时试井法。这一方法克服了等时试井的缺点，从理论上证明了可以在每次改换工作制度开井前，不必关井恢复到原始地层压力，从而大大缩短了不稳定测试的时间。它的产量和压力对应关系如图 8-19 所示。对应数据见表 8-6。

表 8-6　修正等时试井压力与产量对应关系数据表

开关井顺序	开关井时间间隔(h)	关井井底压力 p_{ws}(MPa)	开井流动压力 p_{wf}(MPa)	产气量 Q_g($10^4m^3/d$)
初始关井		30(p_R)		
开井 1	5		27.9145	2
关井 1	5	29.9139		
开井 2	5		24.7785	4
关井 2	5	29.7887		
开井 3	5		20.3950	6
关井 3	5	29.6372		
开井 4	5		14.0560	8
延时开井	25		19.3545	6

从图 8-19 可以看出，修正等时试井法不但大大减少了开井时间和放空气量，而且总的测试时间也可以减少。这时用测点数据作图时，对应产气量 q_{gi} 的压差的计算方法是：

$$\Delta p_i^2 = p_{wsi}^2 - p_{wfi}^2 \qquad (8-1)$$

具体的计算方法是：$\Delta p_1^2 = p_R^2 - p_{wf1}^2$ 对应 q_{g1}；$\Delta p_2^2 = p_{ws1}^2 - p_{wf2}^2$ 对应 q_{g2}；$\Delta p_3^2 = p_{ws2}^2 - p_{wf3}^2$ 对应 q_{g3}；$\Delta p_4^2 = p_{ws3}^2 - p_{wf4}^2$ 对应 q_{g4}；$\Delta p_w^2 = p_R^2 - p_{wfw}^2$ 对应 q_{gw}。应用

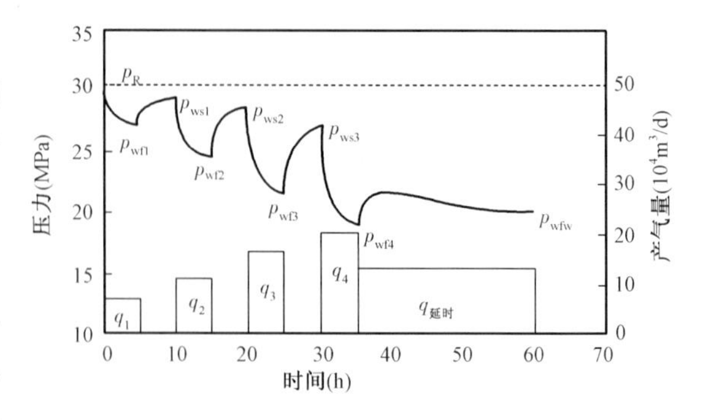

图 8-19　修正等时试井产量和压力对应关系

这些关系,可以做出修正等时试井的产能方程图,图的形式与等时试井的类似,可以推算出无阻流量 q_{AOF}。

庄惠农结合我国的实际情况,在测试程序及无阻流量计算方法的上进行了某些改进。与经典方法的不同之处是:在第4次开井后,增加了一次关井,可以多取得一个关井压力恢复资料。在延时开井后,增加关井测试,不但可以了解储层的参数及边界分布,而且可以判断地层压力是否下降,用以矫正延时生产压差,得到关井稳定压力 p_{ss}。改进的修正等时试井如图8-20所示。

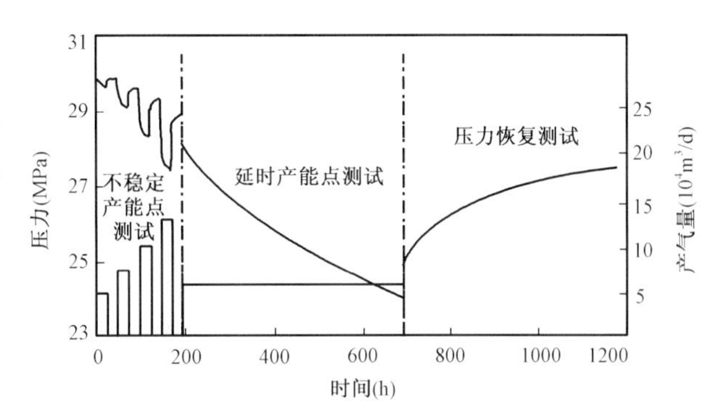

图8-20 改进的修正等时试井产量和压力对应关系

(二)物质平衡方法

气藏物质平衡理论从1936年Schilthuis提出以来,在油藏工程中得到了广泛的应用和发展,在气藏动态分析上,也得到了广泛的应用。具体来说,气藏物质平衡理论可以解决以下4类问题:第一,计算气藏的原始储量;第二,对气藏进行水侵识别;第三,计算气藏天然水侵量的大小;第四,预测气藏动态。

1. 气藏物质平衡方程的建立

对于一个统一的水动力学系统的气藏,在建立物质平衡方程时,所做的基本假设是:第一,气藏的储层物性和流体物性是均匀分布的;第二,不同时间内流体性质取决于平均压力;第三,在整个开发过程中,气藏保持热力学平衡;第四,不考虑气藏内毛细管力和重力的影响;第五,气藏各部位的采出量保持均衡。在这些假设的前提下,就可以把储集天然气的多孔介质系统简化为储集气的地下容器。在整个地下容器内,随着气藏的开采,气、水的体积变化服从物质守恒原理,由此原理即可建立气藏的物质平衡方程式。

1)物质平衡方程通式的推导

为了建立气藏的物质平衡方程,考虑一个具有天然水驱作用的气藏。设在气藏的原始条件下,即在原始地层压力 p_i 和地层温度条件下,气藏内天然气的原始地质储量(在标准条件下)为 G,它所占的地下体积为 GB_{gi};在压力从 p_i 降到 p 的过程中,累计采出气体和水的地面体积为 G_p 和 W_p。在相同的压力、温度下质量守恒转化为体积守恒,根据地下体积平衡的原理可知:在地层压力下降 Δp 的过程中,累计产出天然气和水在压力 p 下的地下体积($G_pB_g+W_pB_w$),应等于地层压力下降 Δp 而引起地下天然气的膨胀量(记为 A),束缚水的膨胀量和气藏孔隙体积的减少引起的含气孔隙体积的减少量(记为 B)以及天然累计水侵量(记为 $C=W_e$)之和,如图8-21所示。从而:

$$地下产出量 = A + B + C \tag{8-2}$$

下面分别讨论 A 和 B 的确定方法。

(1)地下天然气的膨胀量。

天然气在 p_i 下的总体积为 GB_{gi},其地面体积为 G,而在压力 p 下的地下体积为 GB_g。因

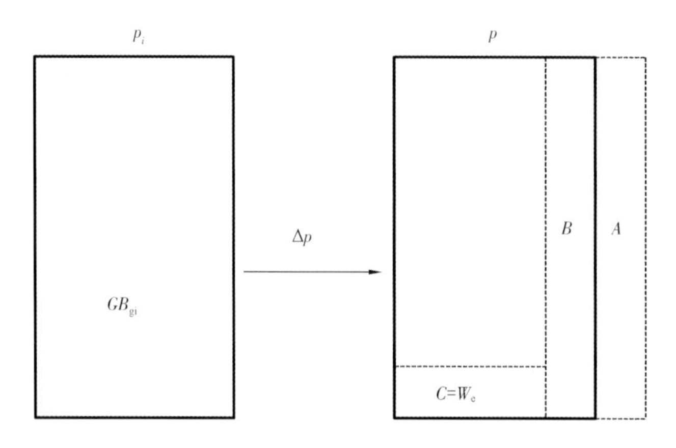

图 8－21 气藏随压力下降发生体积变化

此，压力下降 Δp 所引起的地下天然气的膨胀量为：

$$A = GB_g - GB_{gi} \tag{8-3}$$

式中 B_g——压力 p 下天然气的体积系数；

B_{gi}——原始压力 p_i 下天然气的体积系数。

（2）含气体积的减小量。

含气孔隙体积的减小量应等于压力从原始地层压力 p_i 降至某一地层压力 p 时束缚水的膨胀量（dV_w）和气藏孔隙体积的减小量（dV_p）之和。由于 dV_w 和 dV_p 的方向相反，如以减小的方向为参考，可将 B 写成如下形式：

$$B = -dV_w + dV_p \tag{8-4}$$

根据水和岩石有效压缩系数的定义，可分别写出如下两式：

$$dV_w = -V_w C_w dp \tag{8-5}$$

$$dV_p = V_p C_p dp \tag{8-6}$$

式中 C_w——水的压缩系数，1/MPa；

C_p——岩石有效压缩系数，1/MPa；

V_w——束缚水体积，m^3；

V_p——孔隙体积，m^3。

将式（8－5）和式（8－6）代入（8－4）式，可得

$$B = (C_w V_w + C_p V_p)\Delta p \tag{8-7}$$

由原始条件下天然气的地下体积可分别计算出总孔隙体积 V_p 和束缚水体积 V_w，即：

$$V_p = \frac{GB_{gi}}{1 - S_{wi}} \tag{8-8}$$

$$V_w = V_p S_{wi} \tag{8-9}$$

因此，将式（8－8）和式（8－9）代入式（8－7）即得压力下降 Δp 束缚水和孔隙体积的减小而引起的含水体积的减小量 B：

$$B = GB_{gi}\left(\frac{C_w S_{wi} + C_p}{1 - S_{wi}}\right)\Delta p \tag{8-10}$$

最后，将 A、B、C 和地下采出量的相应表达式代入式(8-2)，可以得到气藏的物质平衡通式：

$$GB_g - GB_{gi} + GB_{gi}\left(\frac{C_w S_{wi} + C_p}{1 - S_{wi}}\right)\Delta p + W_e = G_p B_g + W_p B_w \tag{8-11}$$

整理得

$$G = \frac{G_p B_g - (W_e - W_p B_w)}{B_{gi}\left[\left(\frac{B_g}{B_{gi}} - 1\right) + \left(\frac{W_e S_{wi} + C_p}{1 - S_{wi}}\right)\Delta p\right]} \tag{8-12}$$

式中　W_e——天然气累计水侵量，m^3；

W_p——累计产出水，m^3。

2)无水气藏的物质平衡方程

当气藏没有水驱作用，即 $W_e = 0$，$W_p = 0$ 时，根据式(8-11)可以得到无水驱气藏的物质平衡方程式：

$$G_p B_g = G(B_g - B_{gi}) + GB_{gi}\frac{C_w S_{wi} + C_p}{1 - S_{wi}}\Delta p \tag{8-13}$$

式(8-13)右端第二项与第一项相比不可忽略时，则认为是异常高压无水驱气藏的物质平衡方程式；如果第二项与第一项相比数值很小可忽略不计时，即认为开采过程中含气的孔隙体积保持不变，则可转化为定容封闭气藏的物质平衡方程式：

$$G_p B_g = G(B_g - B_{gi}) \tag{8-14}$$

而天然气当前体积系数和原始体积系数分别为

$$B_g = \frac{p_{sc} ZT}{pT_{sc}} \tag{8-15}$$

$$B_{gi} = \frac{p_{sc} Z_i T}{p_i T_{sc}} \tag{8-16}$$

式中　T——地层温度，K；

T_{sc}——地面标准状态下温度，293.15K；

p——当前地层压力，MPa；

p_{sc}——地面标准状态下压力，0.101MPa；

Z——压力 p 下天然气的压缩系数，小数；

Z_i——原始压力 p_i 下天然气偏差系数，小数。

将式(8-15)和式(8-16)代入式(8-14)，经整理得：

$$\frac{p}{Z} = \frac{p_i}{Z_i}\left(1 - \frac{G_p}{G}\right) \tag{8-17}$$

式(8-17)为定容封闭气藏的压降方程式。从推导过程可以看出，该压降方程式是在忽略压力下降束缚水膨胀和孔隙体积减小的情况下推导出的。因此，在应用式(8－17)解决实际问题时，应特别注意其适用条件。

3)水驱气藏的物质平衡方程式

从物质平衡方程通式的推导条件可以看出，式(8－12)是水驱气藏的物质平衡方程式。同样，对于正常压力系统的气藏，因为式(8－12)分布中的第二项与第一项相比，数值很小，通常可以忽略不计。在这一条件下，式(8－12)可以简化为

$$G=\frac{G_pB_g-(W_e-W_pB_w)}{B_g-B_{gi}} \tag{8-18}$$

将式(8－15)和式(8－16)代入式(8－18)得

$$G=\frac{G_p-(W_e-W_pB_w)\dfrac{pT_{sc}}{p_{sc}ZT}}{1-\dfrac{p/Z}{p_i/Z_i}} \tag{8-19}$$

由式(8－19)解得水驱气藏的压降方程式为

$$\frac{p}{Z}=\frac{p_i}{Z_i}\left[\frac{G-G_p}{G-(W_e-W_pB_w)\dfrac{p_iT_{sc}}{p_{sc}Z_iT}}\right] \tag{8-20}$$

如果式(8－12)分母中第二项与第一项相比较不可忽略时，则其代表异常高压水驱气藏的物质平衡方程式。

2. 气藏早期水侵识别方法

气藏驱动类型的确定是气藏储量计算、开采方案制定以及生产动态预测的前提。大部分水驱气藏在开发的前几年内，并不产水。如果在气井产水前就能够准确的判断该气藏为水驱气藏，就可以为优选开发方案提供依据。因此，早期识别水驱气藏具有重要的意义。判断气藏水侵的传统方法有压降数据法和采出程度法。

1)压降数据法

假设条件：气藏的地层系数、流体性质、状态变量等不随空间而变，用空间平均量来描述气藏动态、气藏温度。随着气藏的开采和地层压力下降，会引起边水和底水的入侵。

根据这些假设条件，可建立物质平衡方程：

$$N_gB_{gi}=(N_g-G_p)B_g+GB_{gi}\frac{C_wS_{wi}+C_f}{1-S_{wi}}\Delta p+(W_e-W_pB_w) \tag{8-21}$$

式中 N_g——气藏原始储量，10^8m^3；

B_{gi}——原始状态下天然气体积系数；

G_p——气藏累计采气量，10^3m^3；

B_g——当前状态下天然气体积系数；

C_w——束缚水压缩系数，1/MPa；

S_{wi}——束缚水饱和度，小数；

Δp——当前气藏压力下降值，MPa；

W_e——当前气藏累计水侵量，10^8m^3；

W_p——当前气藏累计产水量，$10^8 m^3$；

B_w——水体积系数。

式(8－21)可以写成

$$N_g = \frac{G_p B_g - (W_e - W_p B_w)}{B_{gi}\left[\left(\frac{B_g}{B_{gi}} - 1\right) + \left(\frac{C_w S_{wi} + C_f}{1 - S_w}\right)\Delta p\right]} \tag{8-22}$$

对于正常压力系统的气藏，式(8－20)可以变成：

$$\frac{p}{Z} = \frac{p_i}{Z_i}\left[\frac{N_g - G_p}{N_g - (W_e - W_p B_w)\frac{p_i Z_{SC} T_{sc}}{p_{SC} Z_i T}}\right] \tag{8-23}$$

式中　p_i——气藏原始压力，MPa；

T_{sc}——标准温度，K；

T——气藏温度，K；

Z_i——原始压力下气体偏差系数。

式(8－23)反映了气藏视压力与累计采气量、累计水侵量之间的关系，由方程可以清楚地看到，具有水侵的气藏，其地层视压力 p/Z 与累计采气量之间不是线性关系，而是随着累计净水侵量($W_e - W_p B_w$)的增加，地层视压力将不断减小。可以用此来判断气藏是否水侵(图 8－22)：

(1)如果气藏不存在水侵，实测气藏平均视压力 p/Z 与气藏累计采气量 G_p 呈直线关系；

(2)如果气藏存在水侵，实测气藏平均视压力 p/Z 与气藏累计采气量 G_p 在早期存在直线关系，随着累计采气量 G_p 的增加，p/Z 值偏离直线，即高于直线下降。

2)采出程度法

判断气藏水侵的采出程度法，是作出平均视压力 p/Z 与采出程度之间的关系曲线，以此来判断气藏的水侵，其理论依据如下。

设 ω 为气藏水侵体积系数，即水侵气藏的孔隙体积与气藏原始孔隙体积之比，则：

$$\omega = \frac{(W_e - W_p B_w)}{V_{gi}} \tag{8-24}$$

由式(8－23)和式(8－24)可以看出

$$\frac{p}{Z} = \frac{p_i}{Z_i}\left(1 - \frac{G_p}{N_g}\right)\frac{1}{(1-\omega)} \tag{8-25}$$

式(8－25)可进一步变换为

$$\frac{p/Z}{p_i/Z_i} = \left(1 - \frac{G_p}{N_g}\right)\frac{1}{(1-\omega)} \tag{8-26}$$

令

$$\psi = \frac{p/Z}{p_i/Z_i}, R = \frac{G_p}{N_g} \tag{8-27}$$

则式(8－26)变成：

$$\psi = (1 - R)/(1 - \omega) \tag{8-28}$$

由于水侵体积系数 $\omega < 1$，故有 $1/(1-\omega) > 1$，即 ψ 与 R 之间的直线倾角大于45°，对于封闭性定容气藏，$\omega = 1$，则有 $\psi = 1 - R$，即 ψ 与 R 之间为45°下降的直线关系。

由此可见，做出气藏的平均视压力 $(p/Z)/(p_i/Z_i)$ 与采出程度 R 之间的关系曲线，就可以判断气藏是否存在水侵。如果所绘出的数据点落在45°下降线上，则该气藏为封闭气藏；若落在45°下降线以上，则为水侵气藏（图8－23）。

该方法存在的问题是：(1)需要事先知道气藏的可采储量 N_g，在开发后期气藏的可采储量确定都很困难，对于开发早期而言，气藏的可采储量就更难确定，从而限制了该方法的使用；(2)存在数据的不敏感问题，尤其是开发早期也难以判断。

3)判断气藏水侵的新方法

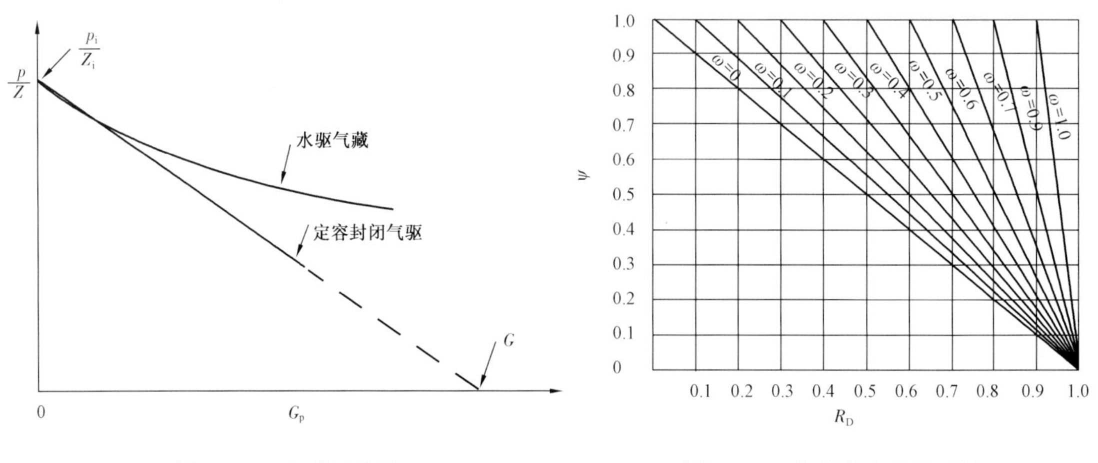

图8－22　气藏压降图　　　　图8－23　气藏的水侵指示图

针对以上两种方法在实际使用中的困难，难以判断气藏的水侵，为此介绍两种新方法。

(1)单位视压差采气量法。

存在水侵的气藏，其地层视压力 p/Z 与气藏累计采气量 G_p 之间不是线性关系，随着气藏累计净水量 $(W_e - W_p B_w)$ 的增加，地层视压力下降率不断减少，也就是随着累计采气量 G_p 的增加，单位地层视地层压力采气量将增大，据此可判断气藏是否水侵。其理论依据为：

由水侵气藏的物质平衡方程得

$$G_p = N_g\left[1 - \frac{(p/Z)(1-\omega)}{p_i/Z_i}\right] \tag{8-29}$$

假设在 $(p/Z)_1$ 下气藏累计采气量为 G_{p1}，在 $(p/Z)_2$ 下气藏累计采气量为 G_{p2}，当采出程度很低时，可近似地把有水气藏看作定容气藏（$\omega = 0$），则有：

$$G_{p1} = N_g\left[1 - \frac{(p/Z)_1}{p_i/Z_i}\right] \tag{8-30}$$

$$G_{p2} = N_g\left[1 - \frac{(p/Z)_2}{p_i/Z_i}\right] \tag{8-31}$$

式(8－31)减式(8－30)得：

$$G_{p2} - G_{p1} = N_g\left[\frac{(p/Z)_1 - (p/Z)_2}{p_i/Z_i}\right] \tag{8-32}$$

若设$(p/Z)_1 - (p/Z)_2 = 1$，那么$G_{p2} - G_{p1}$就是单位视压力下的采气量，用ΔG_{p1}表示，则

$$\Delta G_{p1} = N_g\left(\frac{1}{p_i/Z_i}\right) \tag{8-33}$$

假设在$(p/Z)_3$下累计采气量为G_{p3}，随着累计采气量的增加，此时已发生水侵，设水侵体积系数为ω_1，$(p/Z)_2 - (p/Z)_3 = 1$，则有

$$G_{p3} = N_g\left[1 - \frac{(p/Z)_3(1-\omega_1)}{p_i/Z_i}\right] \tag{8-34}$$

那么$G_{p3} - G_{p2}$就是单位视压力下的采气量，用ΔG_{p2}表示，则

$$\Delta G_{p2} = N_g\left[1 - \frac{(p/Z)_3(1-\omega_1)}{p_i/Z_i}\right] \tag{8-35}$$

进一步整理得：

$$\Delta G_{p2} = N_g\left[\frac{1 + (p/Z)_3\omega_1}{p_i/Z_i}\right] \tag{8-36}$$

令式(8-36)减去式(8-33)得：

$$\Delta G_{p2} - \Delta G_{p1} = N_g\frac{[(p/Z)_3\omega_1]}{p_i/Z_i} \tag{8-37}$$

由式(8-37)分析可得，$\Delta G_{p2} - \Delta G_{p1}$显然大于零，那么必然有$\omega$增大。也就是说，对于有水侵的气藏，随着采出程度的增加，单位视压力降采气量增加。据此可以判断气藏是否存在水侵。具体做法是根据气田开发早期测压资料，计算各时期单位视压力采气量。如果随着采出程度的增加，单位视压力采气量也增加，则说明可能存在水侵；若随着采出程度的增加，单位视压力采气量为常数，则气藏为定容封闭气藏，不存在水侵。

该方法的优点是只需气藏早期压降数据和相应的累计采气量即可判断气藏是否存在水侵。实际分析表明，该方法具有简单、准确、易于理解和易于计算的特点，且不需要已知气藏的动储量。

(2)导数方法。

若是封闭性气藏，则有$p/Z - \Delta G_p$呈直线关系，即$\frac{d(p/Z)}{dG_p}$为常数；如果是水侵气藏，随着累计采气量的增加，$p/Z - \Delta G_p$图将逐渐变缓，这意味着$\frac{d(p/Z)}{dG_p}$值逐渐增大。视压力导数具有比视压力更加敏感的特性，为此，提出了用视压力导数的方法来判断气藏水侵。

视压力导数是指单位累计采气量的视压力降低值。其计算公式为：

$$\left[\frac{d(p/Z)}{dG_p}\right]_i = \frac{(p/Z)_i - (p/Z)_{i-1}}{G_{pi} - G_{pi-1}} \tag{8-38}$$

(三)生产动态分析法

生产动态分析法是指以气井试采、生产过程中的压力和产量动态数据为依据，结合静态地

质资料认识,对井所处储层进行评价。该方法又称为“产量不稳定分析法”、“现代产量递减分析法”等。

常用的递减曲线图版包括 Arps、Fetkovich、Blasingame、Agarwal - Gardner、NPI 及 FMB 等,不同的方法有其理论基础、适用条件和功能作用,这里不再阐述(Hardie,1987)。现代产量递减分析技术的出现,实现了不同类型油气井、不同阶段生产曲线的标准化,为利用大量的日常生产动态数据定性和定量分析油气井储渗特征提供了手段。与不稳定试井相比,该方法成本低、资料来源广泛,但由于其基于不稳定试井的基本思路发展而来,生产动态数据录取的准确性对分析结果会产生很大影响,因此还不能代替不稳定试井分析。

二、气藏综合动态评价技术

碳酸盐岩气藏比砂岩气藏要复杂的多,同时与国外发现的碳酸盐岩气田相比,中国的碳酸盐岩气藏具有明显的特征:埋藏较深、非均质性强、流体类型更加复杂、开发难度更大。因此,单纯采用一种方法认识及描述这类气藏非常困难,需要针对国内碳酸盐岩的复杂性及特点开展相应的动态描述方法及技术研究。

(一)方法原理

针对碳酸盐岩气藏复杂的储层条件,利用气井试井过程中录取到的高精度压力—产量数据以及生产数据,综合应用试井技术、物质平衡原理及生产动态分析方法,对储层进行综合评价,其技术路线如图 8-24 所示。

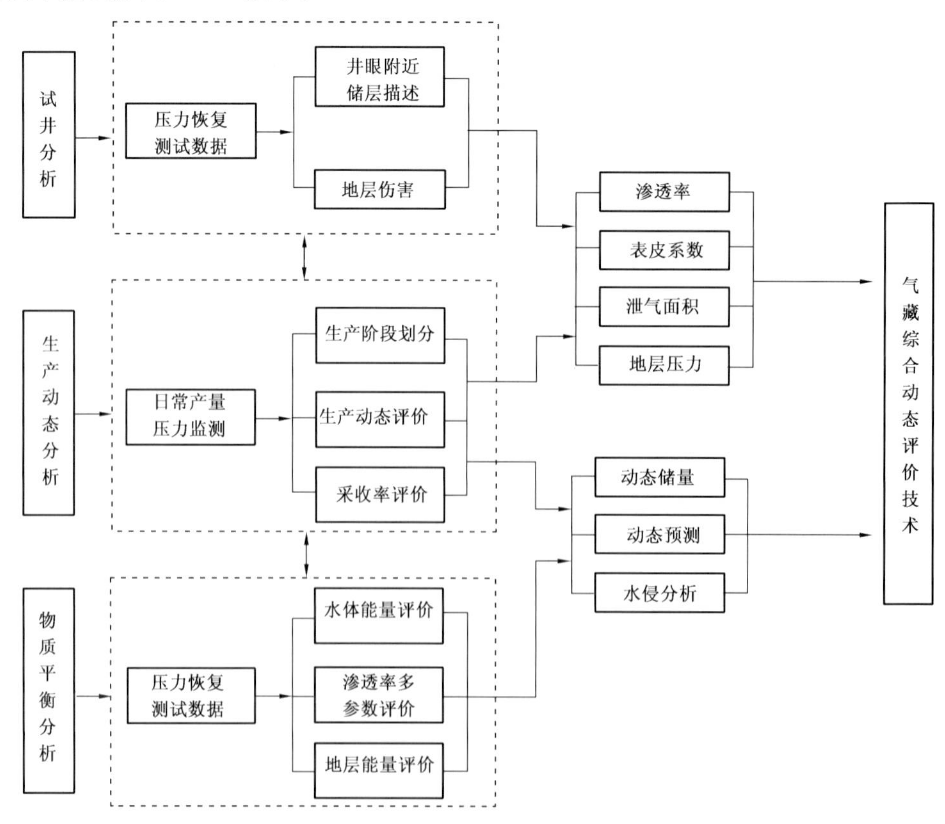

图 8-24 气藏综合动态评价技术路线

气藏综合动态评价技术能够准确评价储层渗透率、表皮系数，计算动态储量、井控半径等，另外还可以进行水侵分析、地层能量评价等。基于气藏综合动态评价结果建立气藏的动态描述模型，能够对井和气藏指标进行科学预测。

该方法的优点是三种方法有机结合，互相约束，在此基础上的生产动态预测更加符合实际。

1. 试井分析

通过大量的碳酸盐岩储层试井曲线动静态成果综合研究，发现试井曲线所反映的储层微观储渗动态信息与碎屑岩是相同的。但是，由于孔缝洞的叠加组合使试井曲线变得更加复杂，碳酸盐岩储层表现出比碎屑岩更强的非均质性，这也恰好反映了其复杂的储渗特性。另外，油气藏储渗条件决定了试井曲线类型，试井曲线类型是油气藏储渗条件的动态再现。在采用试井技术进行储层参数评价时，首先通过常规解析试井解释方法对井压力恢复数据进行解释，得到井周围储层的初步动态模型；然后将长期试采、正式投产后的压力、产量数据与井短时不稳定试井数据相结合，进一步采用常规解析试井方法进行解释；解释结果与生产分析结果进行对比分析，若两者相差不大，可认为结果准确，若两者相差较大，可进一步建立单井或缝洞单元数值试井模型，从而考虑井间干扰及地质参数影响，对动态模型进行修正、完善。

2. 生产动态分析法

生产动态分析综合考虑了井投产后产量与压力的关系，分析过程中首先采用 Fetkovich，Blasingame 和 Agarwal – Gardner 等典型曲线方法和流动物质平衡方法进行初步分析，然后采用单井解析或数值径向流模型对整个井生产历史进行拟合，从而对井进行评价。该方法不需要关井或测试，大大节约了成本，却可求得不稳定试井分析计算的所有参数结果。

生产动态分析法适用于无水或水体能量较弱情况下的动态储量及储层参数评价。采用生产动态分析进行动态储量评价时，首先需要进行压力折算，即将井口压力折算为井底流压，折算过程中需要测试流压校正或采用流压梯度进行折算（图 8 – 25a）。将折算好的流压数据结合测井解释等基础数据以及产量数据，可建立单井典型曲线图版进行动态储量的初步评价（图 8 – 25b），典型曲线方法只能提供一个可参考、借鉴的结果，而最终的分析结果需要采用生产分析中的单井径向流模型对生产历史进行最佳拟合的情况下求得（图 8 – 25c）。

3. 物质平衡分析

对复杂油气藏来说，一般情况下，物质平衡方程法作为一种快速的计算油气藏储量的方法而被油藏工程师所采用。而对于碳酸盐岩油气藏，由于裂缝的压缩性比岩块要高，而且裂缝和岩块的束缚水饱和度也不相同，所以在碳酸盐岩油气藏的物质平衡方程建立过程中，必须考虑双孔隙系统，即考虑裂缝和岩块的压缩系数与束缚水饱和度的差异。同时，物质平衡方程作为一种动态描述的方法前人已经进行了相关的研究，并作为气藏动态描述综合方法中的一种方法，起着重要的作用。

（二）应用效果

1. 单井评价实例

以塔中Ⅰ号气田塔中 62 区块 TZ623 井为例，具体说明碳酸盐岩凝析气井单井动态描述方法的应用。

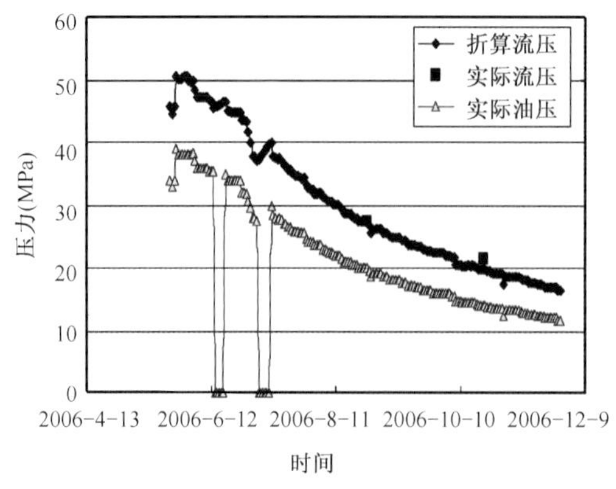

(a) 油压折算为流压

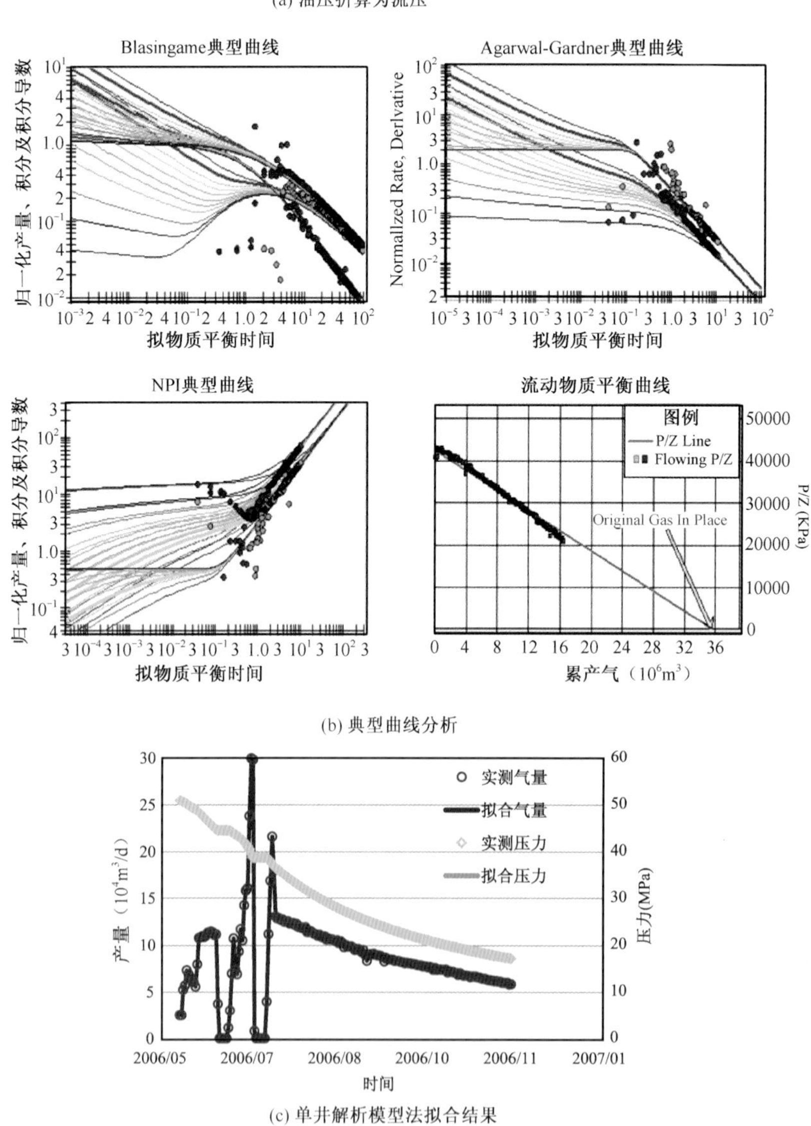

(b) 典型曲线分析

(c) 单井解析模型法拟合结果

图 8－25　生产分析法评价动态储量流程

1）生产分析

分别采用Blasingame法、Agarwal - Gardner法、FMB法（流动物质平衡法）、NPI法对TZ623井进行产量分析，然后根据初拟合结果，采用单井径向流模型对整个生产历史进行终拟合，计算参数结果见表8 - 7。最终计算结果以单井径向流模型计算结果为准，即该井动储量为0.3165 $\times 10^8 m^3$，通过Aprs递减计算可采储量为0.2639 $\times 10^8 m^3$，泄油半径为308m，渗透率为37.80mD，表皮系数为 -8.0。因为该井动储量、可采储量均较低，渗透率较高，且由初期压力递减较快可以看出，该井虽初期日产气量较高，但不具备稳产的条件。

表8 - 7　TZ623井生产分析计算结果

方法		动储量（$10^8 m^3$）	面积（$10^4 m^2$）	泄油半径（m）	渗透率（mD）	表皮系数
特征曲线法	Blasingame	0.3849	36.24	340	1.0077	-6.65
	Agarwal - Gardner	0.3400	32.02	319	3.3778	-6.58
	NPI	0.3543	33.36	326	3.3037	-6.14
流动物质平衡法	FMB	0.3556	33.48	326		
单井模型	径向流模型	0.3165	29.80	308	37.80	-8.0

2）物质平衡分析

采用该井每月测试的地层压力及产量数据分析并计算，回归得到的诊断直线，即可求得TZ623井控制裂缝气地质储量为0.0465 $\times 10^8 m^3$，岩块系统气地质储量为0.3073 $\times 10^8 m^3$。所以通过物质平衡方程计算的该井气总地质储量为0.3502 $\times 10^8 m^3$，与生产分析法计算的地质储量0.3165 $\times 10^8 m^3$ 相近，两种方法在计算动态储量方面起到相互约束的作用。

3）试井分析

该井于2006年6月12日进行压力恢复试井，测试井段为4809 ~ 4815m，压力计下深4790m。将试采期间的油压折算为井底流压，然后将长期生产数据与短期试井联合起来进行试井分析，采用外围变差的复合模型，解释结果见表8 - 8。

表8 - 8　TZ623井压力恢复测试试井解释成果表

模型	系数表皮	原始地层压力（MPa）	地层系数（mD · m）	渗透率（mD）	复合半径（m）	流度比	扩散比
复合模型	-3.13	50.4494	256	42.7	177	999	836

4）指标预测

基于三种分析方法结果的基础上，建立TZ623井的单井动态模型，对该井未来开发指标进行预测，预测该井产气量如图8 - 26所示。由图可以看出，由于TZ623井单井动态储量较小，预计后期开井后单井产量递减较快，并迅速稳定到一较低产量生产，地层压力及井底流压均呈缓慢下降趋势。

2. 在塔中Ⅰ号气田的应用

油气藏综合动态评价技术克服了单项分析方法的局限性，能够科学地评价油气藏储层、储量及动态生产特征。基于上述碳酸盐岩气藏动态描述综合方法的思路，综合采用物质平衡法、生产分析法及试井分析法对塔中Ⅰ号气田开发试验区塔中62、塔中82及塔中26区块30口井进行了动态描述。通过计算结果认为，塔中储层非均质性严重，单井泄油半径及控制储量差异大——动态描述解释渗透率范围为0.017 ~ 94.90mD，储层非均质性严重，泄油半径范围为

24.6 ~ 1406m;20 口凝析气井平均动态储量为 $1.44 \times 10^8 m^3$,其中 10 口井动态储量大于 $1 \times 10^8 m^3$;10 口油井平均动态储量为 $16.31 \times 10^4 t$,其中有 5 口井大于 $10 \times 10^4 t$。

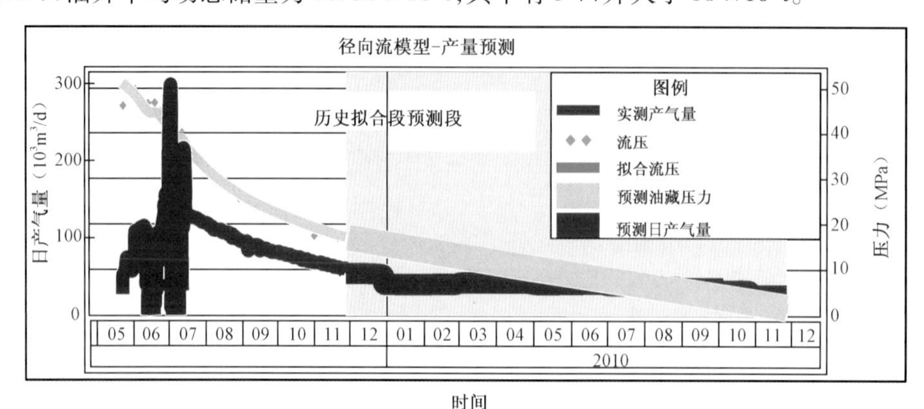

图 8-26 TZ623 井开发指标预测结果

例如塔中缝洞型碳酸盐岩油气藏,针对其复杂的孔缝洞储渗特点,采用油气藏动态综合评价技术方法,多种方法相互约束,可以实现对储集体类型的准确评价。以 TZ24-3 井为例,诊断曲线显示,随着油气井的生产,其井控储量有增加的趋势(图 8-27a),同时生产分析(图8-27b)及试井分析均显示该井有 4 套储集体(图 8-27c),而通过该井的试采曲线可以看出,其压力、产量也表现出 4 期波动,验证了评价的准确性(图 8-27d)。

3. 在哈拉哈塘油田的应用

应用动态综合评价方法对哈拉哈塘油田进行了评价,按钻遇储集体类型对油井进行了分类,评价了单井控制储量。哈拉哈塘储集体类型主要包括 4 种类型(表 8-9):多储集体型、上油下水洞穴型、沟通水体洞穴型和孤立定容洞穴型。不同类型单井控制储量差异较大,由于井深、油稠,衰竭式开发采收率低。

表 8-9 哈拉哈塘油田部分井单井动态描述评价结果

储集体类型	井名	液动储量(10^4t)	油动储量(10^4t)	面积(10^4m^2)	泄油半径(m)	油衰竭可采储量(10^4t)	年递减率(%)
多储集体型	HA13	30.95		82.04	510.54	0.82	77.7
	HA11	56.04		197.79	792.76	2.03	见水前:31.4;见水后:99
上油下水洞穴型	HA601	19.46		126.46	634.17	0.3	97
沟通水体洞穴型	HA12	59.67		109.36	589.52	3.76	78.2
	HA11-2	77.54		481.63	1237.92	10.73	
	HA601-2	65.83		140.56	668.47	6.28	
孤立定容洞穴型	HA15	18.96	18.96	51.81	406.06	2.32	
	HA601-4	15.4	15.4	45.22	379.12	1.64	69
	HA701	12.57	12.57	56.53	423.97	0.52	99.8
	HA7	4.42	4.42	7.17	150.76	0.242	95
	HA12-1	3.55	3.55	10.1	179.2	0.21	93.8
合计/平均		36.52	16.91	127.18	557.23		

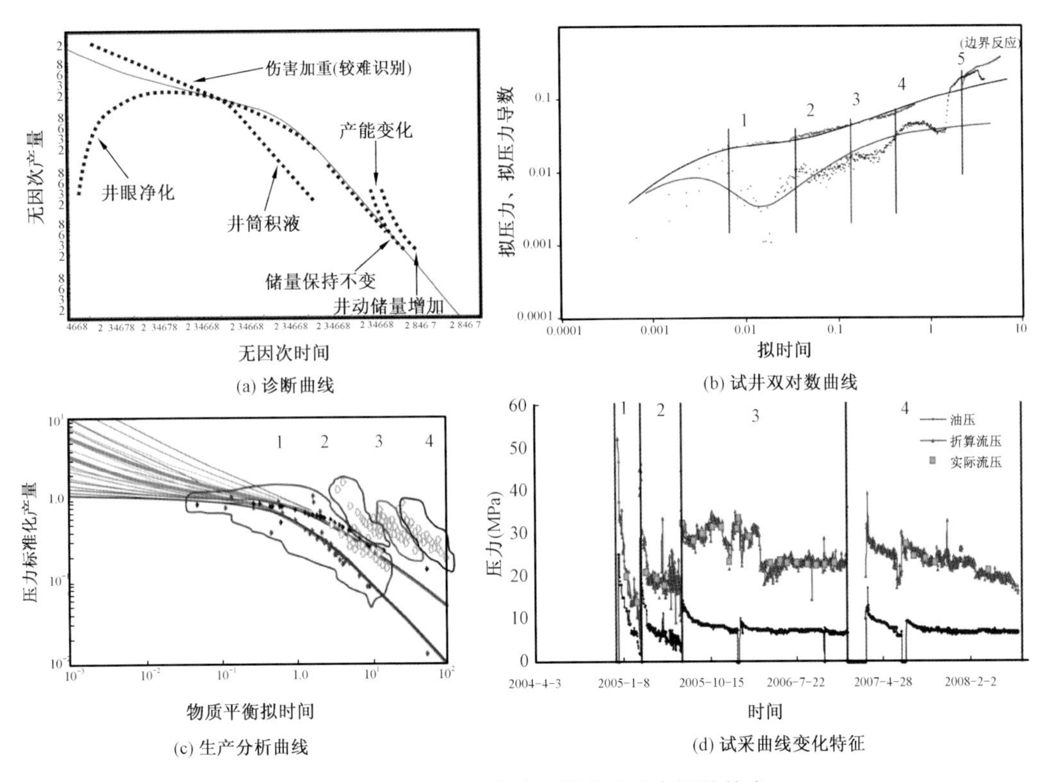

(a) 诊断曲线

(b) 试井双对数曲线

(c) 生产分析曲线

(d) 试采曲线变化特征

图 8-27　TZ24-3 井油气藏动态综合评价技术

第四节　碳酸盐岩气田稳产挖潜技术

靖边气田为典型的风化壳型碳酸盐岩气藏，属古地貌（地层）—岩性复合圈闭的定容气藏，裂缝和溶蚀孔洞发育的膏斑白云岩构成气田主力储层。气藏无边底水，弹性气驱，正常压力，具有低渗、低丰度的特征。靖边气田从 1999 年开始进入规模开发阶段，至 2003 年底具备 $55\times10^8m^3$ 的年生产能力，到目前一直保持在每年 $50\times10^8m^3$ 以上稳产。经过多年开发，如何继续保持气田稳产是目前气田开发面临的新形势。针对靖边气田开发现状，对剩余储量进行分类，对气藏剩余储量分布和可动用性进行了评价，提出了气田稳产挖潜的技术对策。

一、碳酸盐岩油气田剩余储量评估

对于油田开发，剩余油挖潜具有相对明确的阶段划分和研究方法。但是，对天然气开发而言，剩余天然气目前还缺乏明确的概念、阶段划分和评价方法。依据天然气的开发特点，当气田井网完善、气井产量逐渐下降、气田整体进入产量递减阶段就进入剩余天然气挖潜阶段。通过对靖边气田储层条件和生产动态特征分析，对靖边气田剩余天然气储量进行分类评价，明确剩余储量的分布规律，为剩余储量挖潜奠定资源基础。

（一）靖边气田剩余储量分类

天然气剩余储量的类型目前尚未有统一的说法，本书主要依据气田的储层条件和开发特征进行分类，为稳产对策分析提供依据。从储层条件结合靖边气田储层分类方案，总体上可以把气田储层划分为三种类型，具体见表8－10，其物性逐渐变差。这三种类型的储层受相对稳定的潮坪沉积环境控制，在横向分布上具有一定的连续性，但是由于后期的侵蚀沟槽发育，将其分割成形状各异的孤岛状连通体。从气井生产特征看，以Ⅰ、Ⅱ类储层为主的气井生产效果较好，稳产能力强，而以Ⅲ类储层为主的气井，产量低，稳产难度大。同时受气藏内地层水的影响，部分井产水，间歇性生产。结合这些特征，对比不同区块生产特征，依据剩余天然气类型及生产效果将靖边气田剩余储量划分为开发正动用型、动用不彻底型、井网不完善型和低效未动用型4种类型（表8－11）。

表8－10　靖边气田储层和生产特征分类表

分类参数		Ⅰ类	Ⅱ类	Ⅲ类
储层静态特征	孔隙度（%）	>7	5~7	<5
	测井渗透率（mD）	>0.2	0.04~0.20	0.01~0.04
	测井含气饱和度（%）	75~90	70~80	60~75
	声波时差（μs/m）	165~188	160~165	155~160
单井动态特征	无阻流量（$10^4m^3/d$）	>20	5~20	<5
	生产压差（MPa）	<2	2~5	>5
	单井测试产量（$10^4m^3/d$）	5	0.5~5	<0.5
	分层测试压差（MPa）	<2	2~10	>10
	储能系数（m）	>0.32	0.15~0.32	<0.15
	地层系数（mD·m）	>5.0	1.8~5.0	<1.8
	产量（$10^4m^3/d$）	>4	2~4	<2
	动储量（10^8m^3）	>3	0.4~3	<0.4

1. 开发正动用型剩余储量特点与开发现状

开发正动用型剩余储量是指随着生产的进行，地层压力下降平缓，目前正常生产的气井尚未采出的剩余储量。这种类型剩余储量主要分布在气田开发井网较为完善、储层物性较好的区域，气井以Ⅰ类、Ⅱ类为主，具有单井累计产气量大、水气比低、储量动用程度高的特点（表8－10）。以南区为例，从井控半径图来看（图8－28），区块内井网基本完善，剩余储量主要为开发正动用型；从有效储层对比剖面来看（图8－29），南区主力层以Ⅰ、Ⅱ类为主，分布连片，厚度稳定，储层物性好。这一类型的剩余储量开采效果较好，依靠气井正常生产即可达到较高的采出程度。

研究区内开发正动用型气井62口，占总井数比例的31.79%，平均单井产量$7.47\times10^4m^3/d$，累计产气量$81\times10^8m^3$，占总累计产气比例的58.98%，平均单井累计产气量$1.31\times10^8m^3$；动态储量$295.78\times10^8m^3$，占总动态储量比例的59.97%，平均单井控制动储量$4.77\times10^8m^3$；目前油套压分别为13.02MPa、14.02MPa；单位压降产气量$1545.73\times10^4m^3/MPa$。

例如典型井G39－7井，投产日期2002年12月19日，无阻流量$22.98\times10^4m^3/d$，初期产量$4.9\times10^4m^3/d$，套压18.8MPa；目前产量$4.2\times10^4m^3/d$，套压9MPa，累计产量$1.29\times10^8m^3$；产气量平均年递减2.2%，套压平均年下降1.48MPa。初期压降速率0.007MPa/d，后期压降速率0.0015MPa/d（图8－30）。

图 8－28　南区井控半径图

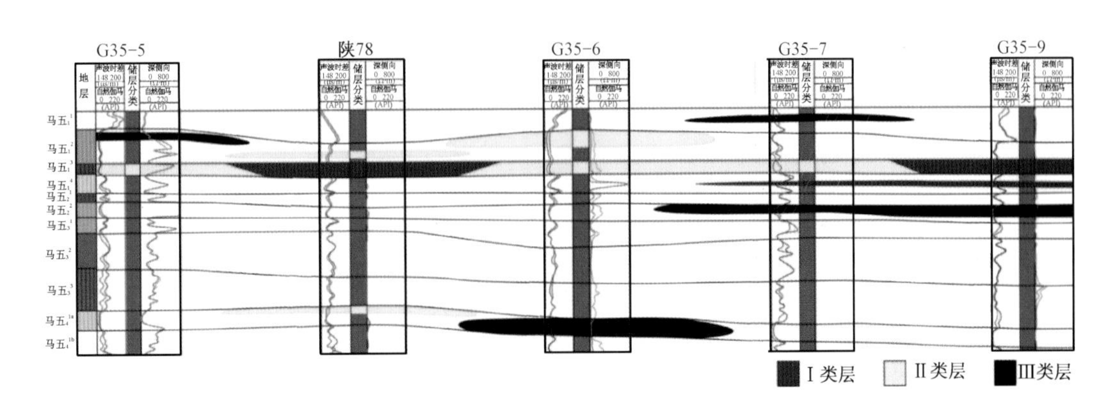

图 8－29　南区有效储层对比剖面图

表 8－11　靖边气田剩余储量类型划分

剩余储量类型	剩余储量成因
开发正动用型	正常生产气井尚未采出的天然气
动用不彻底型	因积液形成的剩余气
	压力下降过快无法采出的剩余气

剩余储量类型	剩余储量成因
井网不完善型	井网控制不住的部位
低效未动用型	有效储层边界部位物性变差的地方
	局部压力较高的低渗区
	储层物性差难动用的剩余气

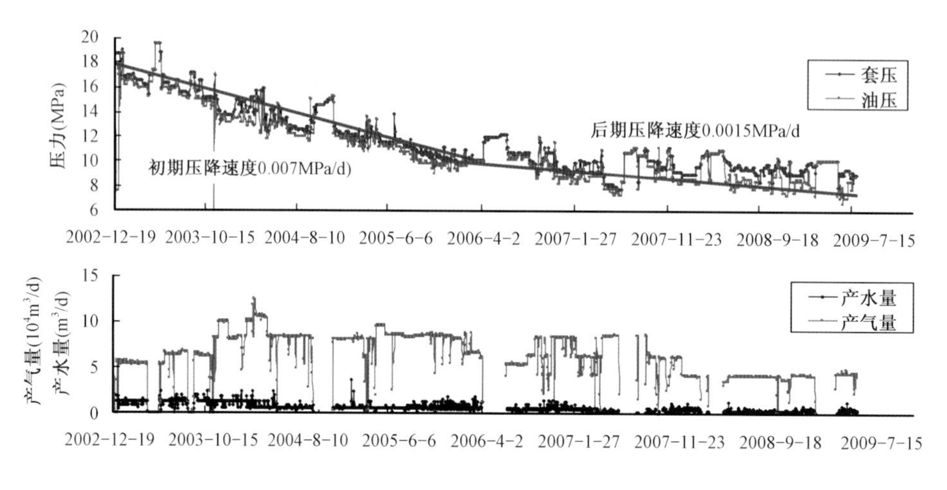

图8-30　G39-7井生产曲线图

2. 动用不彻底型剩余储量特点与开发现状

动用不彻底型剩余储量主要是因积液或压力下降过快间歇生产而形成的，大部分是针对靖边气田产水井而言。靖边气田不发育边底水，区内主要为成藏滞留水，零散分布，产水井在各区都有出现，其中以北二区和南二区产水最多。典型井如G46-3井，该井初期产气量$10\times10^4m^3/d$，产水量$15m^3/d$，产气量和产水量逐年降低，至2006年底井筒积液关井（图8-31）。

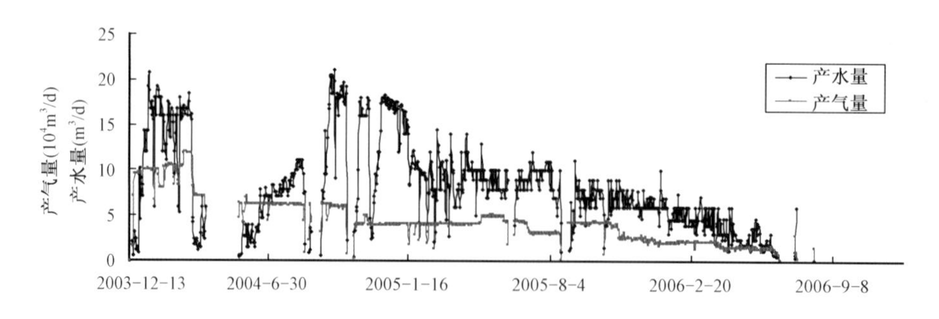

图8-31　G46-3井生产曲线图

研究区内动用不彻底型气井39口，占总井数比例的20%；平均单井产量$4.44\times10^4m^3/d$；累计产气量$29.04\times10^8m^3$，占总累计产气比例的21.15%，平均单井累计产气量$0.74\times10^8m^3$；动态储量$93.45\times10^8m^3$，占总动态储量比例的18.95%，平均单井控制动态储量$2.4\times10^8m^3$；目前，油、套压分别为12.34MPa、12.31MPa；单位压降产气量$674.49\times10^4m^3/MPa$。

3. 井网不完善型剩余储量特点与开发现状

靖边气田本部井网已经比较完善，目前井网不完善区主要是扩边区和南部未动用区，以及军事用地、地方油矿区等。井网完善区井距在2km左右，局部地区达到1km，基本没有继续加密的空间。探明但动用程度低的区块井距在7km左右，储层条件相对较差，目前具有较大的加密空间，如陕100区块，是气田提高产量、弥补递减的一个重点区域。

4. 低效未动用型剩余储量特点与开发现状

低效未动用型剩余储量主要是针对储层物性条件差、气井产量低、稳产难度大的Ⅲ类储层中富存的天然气。这类储量分布广泛，在气田本部和扩边区普遍发育。总的来说在气田本部低效储量相对分散，多呈条带状分布在优质储量边部，而扩边区低效储量分布相对集中。以研究区域内的有效储层分布范围为基础，采用容积法计算不同类型储层中的储量分布。计算结果表明，低效储量占有较大比例，达到总储量的26%，主要分布在马五$_1^3$和马五$_4^{1a}$小层，挖潜空间较大（表8－12）。

表8－12　不同类型储层储量计算结果表

层位	Ⅰ类		Ⅱ类		Ⅲ类		储量合计(10^8m^3)
	面积(km^2)	储量(10^8m^3)	面积(km^2)	储量(10^8m^3)	面积(km^2)	储量(10^8m^3)	
马五$_1^1$	181.5	52.7312	247	49.0864	276.9	26.6856	128.5032
马五$_1^2$	203.2	65.6830	491	119.3692	514.9	75.5348	260.5870
马五$_1^3$	748.3	308.8835	684.8	195.0037	638.4	114.0344	617.9216
马五$_1^4$	218.3	64.6602	163.9	27.6448	254.1	18.8881	111.1931
马五$_2^1$	5.5	0.7360	8.5	0.5476	80.7	3.1694	4.4530
马五$_2^2$	49.9	21.6402	373.2	108.1154	640	75.1581	204.9137
马五$_4^{1a}$	272	97.9408	728.5	222.9441	847.5	145.3974	466.2823
合计		612.2749		722.7112		458.8678	1793.839

低效未动用型储量主要分布在Ⅲ类储层（低效层）中，因此依据Ⅲ类储层的发育特点，低效未动用型剩余储量可以划分为两种分布形式。

一种是以Ⅲ类储层为主，Ⅰ、Ⅱ类储层不发育，单井产量低，稳产能力差，间歇生产。该类低效储量主要分布在Ⅰ、Ⅱ类储层的边部区和沟槽分布区；气田南部和东部有效层物性变差，该类低效储量相对集中（图8－32）。

另一种是主力层（Ⅰ、Ⅱ类储层）与低效层（Ⅲ类储层）均发育，气井单井生产状况较好，产量较高，稳产能力较强，产气量主要来自主力气层，低效层贡献率不大，储量动用程度偏低。

根据2000—2006年间71口井、368层次分层测试资料统计，马五$_1^3$主力层厚度动用达到96.8%，马五$_1^1$、马五$_1^2$、马五$_1^4$非主力层厚度动用比例仅65%～79%，马五$_2$动用比例只有62.2%，说明非主力气层储量动用程度低，存在一定规模的低效未动用储量（表8－13）。研究区内低效未动用型气井94口，占总井数比例的48.21%；平均单井产量$2.36\times10^4m^3/d$；累计产气量$27.29\times10^8m^3$，占总累计产气比例的19.87%，平均单井累计产气量$0.2904\times10^8m^3$；动态储量$103.96\times10^8m^3$，占总动态储量比例的21.08%，平均单井控制动态储量$1.12\times10^8m^3$；目前油压、套压分别为11.5MPa、12.27MPa；单位压降产气量$249.63\times10^4m^3/MPa$。

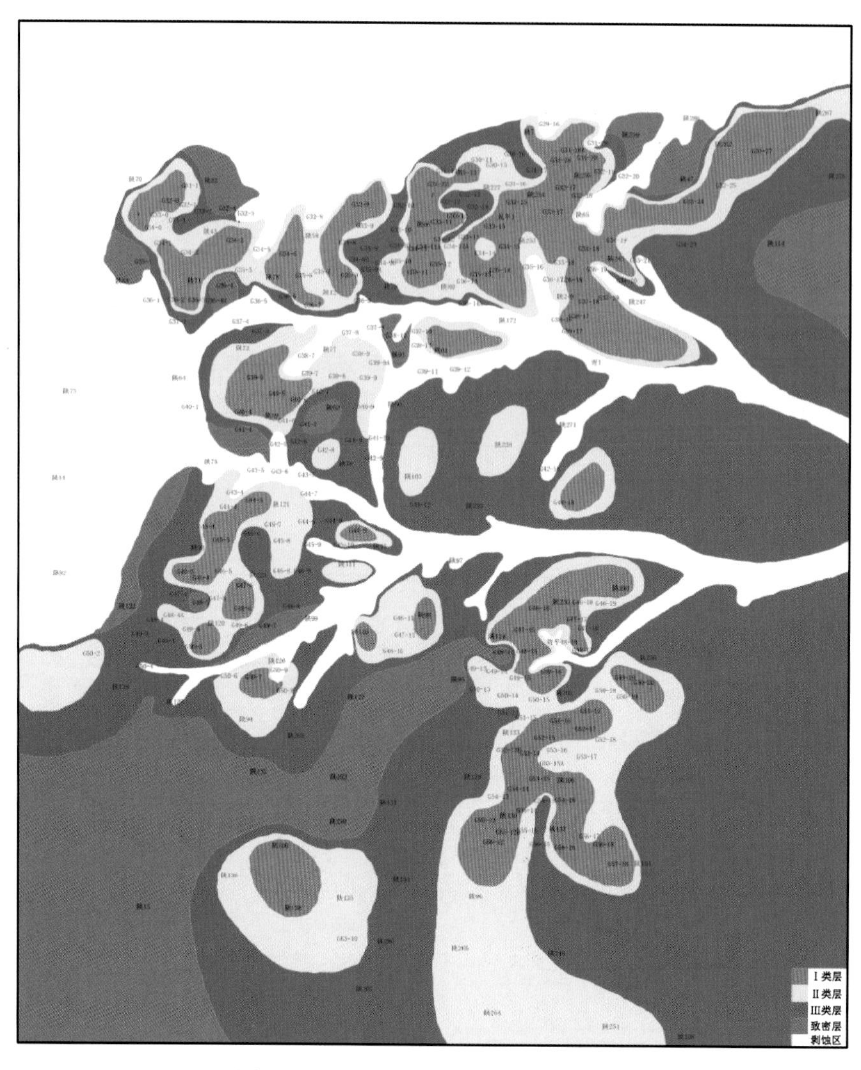

图 8－32　以Ⅲ类层为主低效井分布图

表 8－13　靖边气田各小层动用状况统计表

层位		层数	有效厚度(m)	动用				未动用		
				层数	产气量($10^4m^3/d$)	有效厚度(m)	有效厚度比例(%)	层数	有效厚度(m)	有效厚度比例(%)
马五$_1$	马五$_1^1$	36	73.2	27	9.3	57.8	79	9	15.4	21
	马五$_1^2$	95	232.4	72	63.6	183.5	79	23	48.9	21
	马五$_1^3$	109	393.7	106	539.6	381.2	96.8	3	12.5	3.2
	马五$_1^4$	46	76.3	29	12.6	49.4	64.7	17	26.9	35.3
小计		286	775.6	234	625.1	671.9	86.6	52	103.7	13.4
马五$_2$		82	223.2	48	14.5	138.9	62.2	34	84.3	37.8
合计		368	998.8	282	639.6	810.8	81.2	86	188	18.8

（二）靖边气田剩余储量分布规律

研究区从平面分布上看，开发正动用型主要分布在南区以及陕227井区东部；动用不彻底型主要分布在储层条件较好，发育层间水的南二区以及陕106井区中部和南部；井网不完善型主要分布在军事用地、地方矿权等区域；低效未动用型主要分布在外围地区，主体区分布较零散。

为了进一步对剩余储量做出定量评价，通过数值模拟方法分小层模拟了剩余储量的分布。结果表明，主力气层剩余储量分布相对集中，马五$_{1}^{2}$小层生产井120口，陕100井区北部、陕227井区南部剩余储量富集；马五$_{1}^{3}$小层生产井189口，剩余储量连片分布，南区、陕100井区北部、陕227井区剩余储量富集。

非主力层剩余储量分布相对分散，马五$_{1}^{1}$小层陕100井区和陕106井区的G51－14井西部剩余储量富集，马五$_{1}^{4}$小层陕230井区东部、南部和南区西北部剩余储量富集；马五$_{2}^{2}$小层陕227井区东部和南区西南部剩余储量富集。马五$_{2}^{1}$小层剩余储量小，孤立分布，仅占总剩余储量的0.62%，该层不具备剩余储量开发潜力。马五$_{4}^{1}$小层压力较高，多数井在该层未射孔投产，剩余储量总量和比例均较大，但是多为气水同层，因此储量挖潜难度大。南区西北部、中部、南二区中部、陕227井区中部、陕106井区西北部剩余储量富集。

对典型区块进行剩余储量分布规律总结，表明：主力层剩余储量大面积分布，主体区以开发正动用型为主，是气田稳产的基础；外围区以低效未动用型为主，是气田后续接替的主力资源。非主力层剩余储量分布零散，以低效未动用型为主，挖潜难度大。区块上，剩余储量主要分布在南区、227井区和南二区，占总量的73.7%；层位上，剩余储量主要分布在主力层马五$_{1}^{3}$和马五$_{4}^{1}$小层，占总剩余储量59.6%（图8－33和图8－34）。从各类储量规模来看，开发正动用型剩余动态储量比例较大，占60.39%，动用不彻底型和低效未动用型剩余动态储量比例分别占18.08%和21.53%。

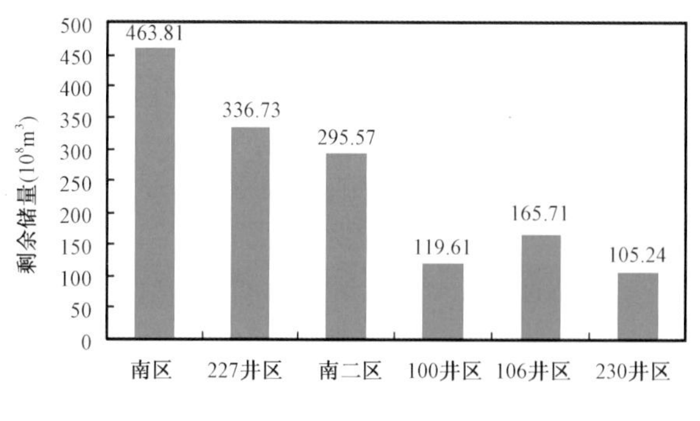

图8－33　典型区各区块剩余储量图

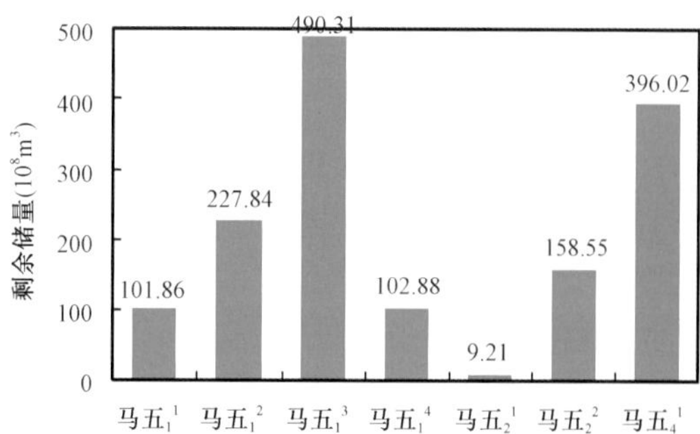

图8－34　典型区各小层剩余储量图

二、气田稳产挖潜技术

（一）技术现状与面临问题

在靖边气田开发过程中，坚持技术攻关，采用实用有效的技术措施，以保持气田稳产和提高采收率为目标，立足“低渗、低产、低压”三低特征，先后开展了井网加密调整、水平井开发试验、增压开采试验以及排水采气和优化气井工作制度等，经过多年的不懈努力，形成了以气藏精细描述技术、加密调整技术、数值模拟跟踪评价预测技术、动态分析评价技术、动态监测技术、气藏精细管理技术、排水采气工艺技术、喷射引流工艺技术、储层重复改造技术为主要内容的气田稳产技术系列,保证了靖边气田高效开发。

靖边气田已经进入产量递减阶段,如何继续保持气田稳产是目前气田开发面临的新形势。靖边气田开发稳产面临的关键问题一方面是储层非均质性强,井间产能差异大,储量动用程度不均衡,动用程度和采收率均较低;另一方面,目前气田弥补递减主要靠潜台扩边,但随着潜台两侧储层质量变差,依靠潜台扩边产能建设难度增大,同时气田本部优选平面上相对富集潜力区块或相对高产井位难度越来越大;三是气田储层条件差异大,无论在本部还是扩边区,都广泛发育差储层,形成低效储量分布区,目前对低效储量的动用状况尚缺乏认识,其储量占总储量的三分之一左右,随着优质资源的减少,这部分储量的重要性将日益突显,但是该部分储量的有效动用对策不明确。

(二)风化壳型碳酸盐岩气田稳产技术

多年来,以保持气田稳产和提高采收率为目标,立足“低渗、低产、低压”三低特征,先后开展了井网加密调整、水平井开发试验、增压开采试验以及排水采气和优化气井工作制度等一系列工作,形成了具有长庆特色的低渗气田稳产技术系列,为靖边气田稳产提供了技术保障。

1. 剩余储量评价技术

针对靖边气田开发面临的关键问题,对剩余储量进行分类评价,明确了靖边气田剩余储量类型、成因与分布规律,同时针对气田稳产具有重要意义的低渗区储量进行评价和可动用性分析。

2. 增压开采技术

增压开采时通过降低废弃地层压力提高采收率。靖边气田属于无边水、底水的弹性定容气藏。2007 年 1 月,在陕 66 井区南 3 集气站 9 口井开展增压开采试验,2009 年 2 月在产水气井较集中的西 1 站增压开采试验,获得了显著效果,提高了气井生产能力、携液能力,延长了气井稳产期。靖边气田目前井口输压 2.4MPa,如果废弃产量为 $0.1 \times 10^4 m^3/d$,计算废弃地层压力为 9.7MPa。国内外经常用的压缩机的最低吸气压力为 0.2MPa,计算废弃地层压力为 3.6MPa。由此可以看出,通过增压开采,靖边气田废弃地层压力可以降低到 6.1MPa,由于气田储量规模超过 $2000 \times 10^8 m^3$,因此气田增压开采潜力巨大。

1)增压开采方式优选

(1)不同增压方式适应性评价。

目前国内外采用的增压方式主要有井或集气站为单元的分散增压方式、区域增压方式(多个集气站几种增压)以及集中增压方式(在集气总站或净化厂集中增压)。

靖边气田目前投产气井超过 700 口,集气站 90 余座。由于属于“三低”气藏,单井产量和控制储量都相对较低。若采用单井增压方式,优点在于无须管网改造、不用考虑气田的非均衡开采现状、调度灵活;但是增压点过多、工作量大、维护难度大,开发效益差。

集气站增压方式相对单井增压方式的工作量和管理难度相对较小,但是同样面临站场数目过多的问题,并且由于集气站规模差异大,压缩机选型和管理难度大;另一方面,靖边气田地形地貌复杂,山大沟深、地面破碎,集气站改、扩建难度大。

区域增压可以有效减小站场数量,降低生产运行和管理难度。但是由于靖边气田储层非均质性强,并且采用滚动建产方式,导致气井投产时间差异较大,井间压力下降不同步。如何合理地划分增压单元,保持同一增压单元内气井的增压时机和生产动态的一致性是增压开采成功的关键。

集中增压方式增压站点少，维护工作量小，但是井网改造费用大，并且运行风险高。因此，目前比较成熟的增压方式对靖边气田均不完全适用。

(2)不同增压方式开发效果分析。

张建国等(2013)选择靖边气田典型区块开展不同增压方式下开发效果的研究，并采用数值模拟预测不同增压方式下开发效果的评价，评价结果表明不同增压方式下气田的开发效果基本相同(表8－14)。因此，增压方式的优选主要取决于经济和工程等因素。

表8－14　靖边气田典型区块不同增压方式采出程度预测表(据张建国等,2013)

井口压力(MPa)	预测30年末采出程度(%)		
	单井增压	集气站增压	集中增压
6.4	46.4	46.6	46.6
4.0	52.4	52.3	52.4
3.0	54.4	54.4	54.4
2.0	56.3	56.2	56.3
1.0	57.7	57.7	57.7
0.5	58.2	58.2	58.2
0.2	58.5	58.4	58.4

同时，靖边气田不同增压方式的投资估算(图8－35)表明，集气站增压方式和区域增压方式明显优于单井增压方式和集中增压方式。结合靖边气田的地质特点、开发现状，优选以区域增压为主、集气站增压为辅的混合增压方式，以适应靖边气田目前的非均衡开采现状，最大限度发挥气井生产能力。

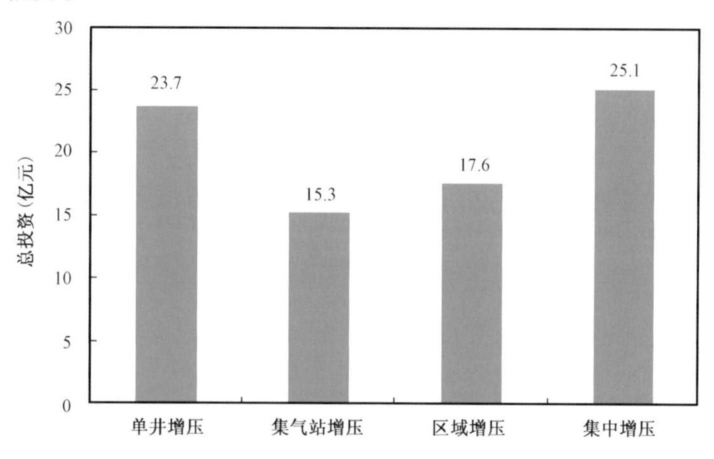

图8－35　靖边气田不同增压方式投资估算柱状图

2)增压开采单元划分

根据靖边气田的开发实际，将开发单元定义为“具有相近的流体性质及储层物性，生产特征相似，相对独立的一个或多个连通体的组合”。开发单元的划分坚持“从大到小”的原则，以沟槽、沉积—成岩相分布特征划分一级单元，综合渗透率、流体性质、气水分布以及气井生产动态特征划分二级单元，将一级单元中具有明显生产特征差异的区块进一步细分。

由于靖边气田储层非均质性强、建产周期长等特点，针对投产时间长、采出程度较高的中部区块井口压力较低，主要集中在7～8MPa；而投产时间较晚的周边区域，井口压力主要集中在10～11MPa。针对气田开发特征，采用“整体规划，分期实施”的原则，规划部署增压工程。

为了降低投资，减少地面管网的改造费用，在开发单元划分的基础上首先考虑优化地面系统的气体流向、集气支干线容量等参数；其次考虑到地貌特征和降低运行风险，单一增压站的规模不宜过大。同时，为了保证气田的调峰能力，开发潜力大的高产气井尽可能晚进增压流程。综合考虑以上因素，划分增压单元30个，其中区域增压站点25个，集气站增压点5个。增压时间为2010—2015年。划分结果见表8－15。

表8－15　靖边气田增压单元及增压时间表

增压时间	增压方式	增压站点
2010年	集气站增压	B10
	区域增压	B3、Z15
2011年	区域增压	N10、N9、Z2
2012年	区域增压	B6、N2、B9、B7
2013年	集气站增压	Z16、Z10
	区域增压	Z12、Z13、Z14
2014年	集气站增压	N15
	区域增压	N1、N26、N4、N24、Z8、Z19
2015年	区域增压	Z4、N21、B11、B15、B14、N19、N30

增压开采是提高气藏采收率的有效措施。2009年2月在产水气井较集中的西1站增压开采试验，获得了显著效果：提高了气井生产能力，南3站9口井单井平均日产气由$0.84\times10^4m^3$上升到$1.5\times10^4m^3$；提高了携液能力，保持气井连续生产，平均日产水量由$4.2m^3$提高到$8.0m^3$；延长了气井稳产期，按照$13.56\times10^4m^3/d$配产试验，进站压降速率为0.0072MPa/d，进站压力从6.4MPa下降到1.70MPa可延长稳产期1.8年。

增压开采使井口输压由6.4MPa下降到2.0MPa，预测30年末老区采出程度提高9.73%。增压开采技术提高了气田剩余储量动用程度，解决气田老井低压和产水上升的问题，可获得良好的开发效果。

3. 水平井开发技术

2006年以来，按照中国石油天然气股份有限公司大力推广水平井开发、努力提高单井产量、降低开发成本的指示精神，对低渗薄层碳酸盐岩储层开展水平井开发试验，针对靖边气田碳酸盐岩储层厚度薄、小幅度构造复杂等地质难点，加强技术攻关和质量控制，初步形成水平井开发配套技术。包括：以储层精细描述为核心的井位优选技术与布井流程；地震、地质结合，多方法进行轨迹优化设计；综合研究和现场实施相结合，建立了水平井地质导向和随钻分析流程；形成了水平井钻井及储层改造的技术雏形。

水平井可有效开发气田薄储层，解决了气田难动用储量的有效动用问题。靖边气田水平井钻遇率逐年提高（图8－36），2010年靖边气田完钻水平井5口，平均气层钻遇率达到63.8%。钻井周期进一步缩短，基本控制在130天左右（表8－16），水平井平均长度达到1100m以上。试气产量逐年攀升，2010年完试的靖平06－8井无阻流量$113.96\times10^4m^3/d$。

水平井产量一般是周围直井的3~5倍(图8-37)。靖平06-9井于2008年5月9日开钻,2008年8月30日完钻。水平段长度1034m,测井解释气层357.4m,含气层251.9m,目的层钻遇率100%,气层钻遇率58.9%,无阻流量$50.88\times10^4m^3/d$,是周围直井产量的5.8倍。

表8-16 靖边气田2008—2010年完钻水平井参数对比表

年份	井号	完钻井深(m)	钻井周期(d)	平均机械钻速(m/h)	水平段长度(m)	气层/含气层长度(m)	有效储层钻遇率(%)
2008	靖平09-14	4416	106.2	4.15	1011	526.9	52.1
	靖平25-17	4311.4	168.6	3.59	716.3	352.3	54.6
	靖平06-9	4425	123.3	3.92	1034	609.3	58.9
	平均	4384.1	132.7	3.89	920.4	496.2	54
2009	靖平12-6	3850	115	4.37	420	167.3	39.8
	靖平01-11	4274	195	3.25	830	426.1	51.3
	靖平33-13	4351	198	3.07	817	420.8	51.5
	靖平2-18	4374	134.5	3.68	1001.6	651.6	65.1
	靖平33-1	4190	161.9	2.65	302	87.3	28.9
	靖平52-16	4618	191.1	2.72	949	768.1	80.9
	靖平34-11	4783	132.9	3.35	1078	755	70
	平均	4348.6	161.2	3.30	771.1	468	60.7
2010	靖平06-8	4706	104.4	4.35	1301	781	60.0
	靖平50-15	4650	160.2	3.21	1000	665	66.5
	靖平011-16	4361	89.4	6.10	1000	481.9	48.2
	靖平51-8	5128	182.5	3.15	1200	896.4	74.8
	靖平47-22	4633	152.3	2.76	1000	683.5	68.4
	平均	4697	137.7	3.9	1100	702	63.8

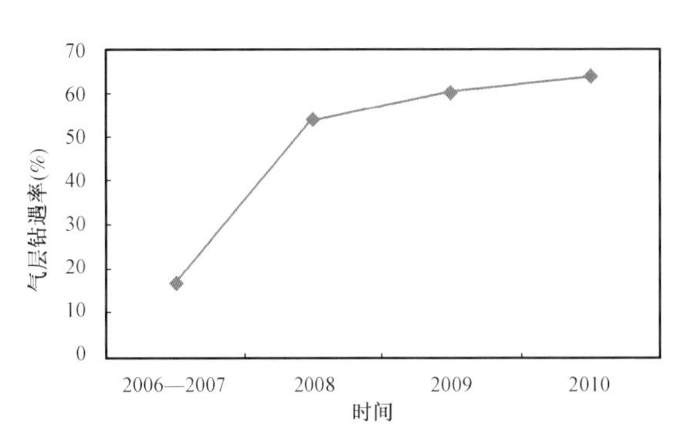

图8-36 靖边气田历年水平井气层钻遇率统计图

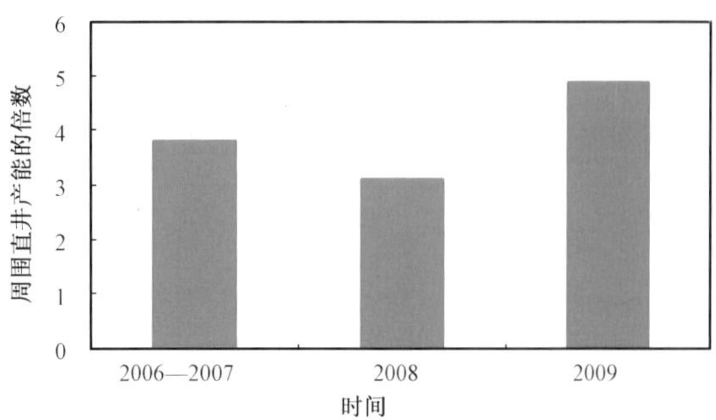

图8-37 靖边气田历年水平井试气产能统计图

4. 加密调整技术

靖边气田在长期的开发实践中,针对正常开发区,形成了以储层精细描述为核心的气藏加密调整技术(图8-38)。

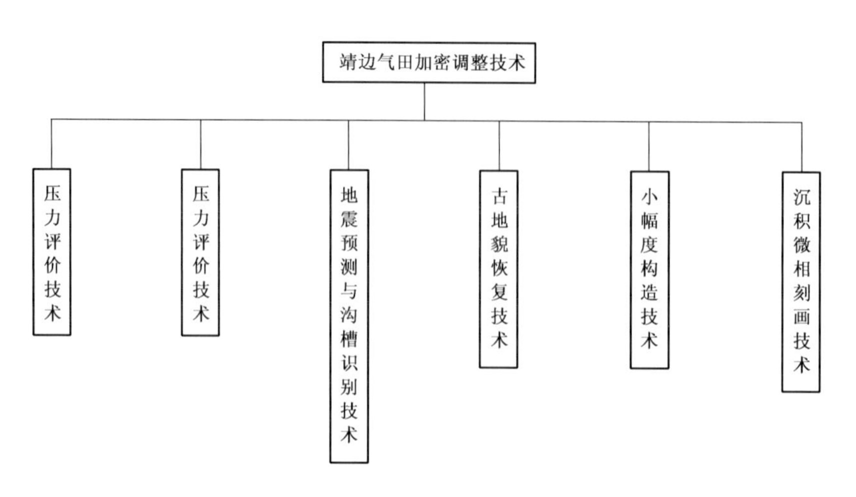

图 8－38　靖边气田加密调整技术

5. 气藏精细管理

靖边气田在开发过程中，立足气藏非均质特征，细分开发单元，实行区块调控采气速度、单井优化工作制度，进行气藏管理。将靖边气田细分为 A、B、C 三类单元，针对每一类单元采取不同开发措施。

A 类单元：以Ⅰ、Ⅱ类井为主，采出程度高，地层压力低，生产中控制采气速度。采取措施：保护Ⅰ类气井，Ⅱ类气井进行合理配产延长稳产期。

B 类单元：以Ⅲ类气井为主，气井产量低、稳产能力差，生产中提高采气速度。采取措施：优化气井工作制度，通过低配产连续生产，制定合理带液生产工作制度等，提高气井开井时率。

C 类单元：为富水区，采取措施：对产气量大、携液能力较强的气井，控制生产压差；对产气量小、携液能力差的气井，增强气井携液能力，保证连续稳定生产。

6. 气藏动态监测技术

靖边气田经五年（2004—2008 年）的发展和完善，逐步形成了适合靖边气田特点的主要包括流体监测、压力监测、产量监测及腐蚀监测为核心的动态监测技术系列（图 8－39），有效地指导了气田的高效开发。

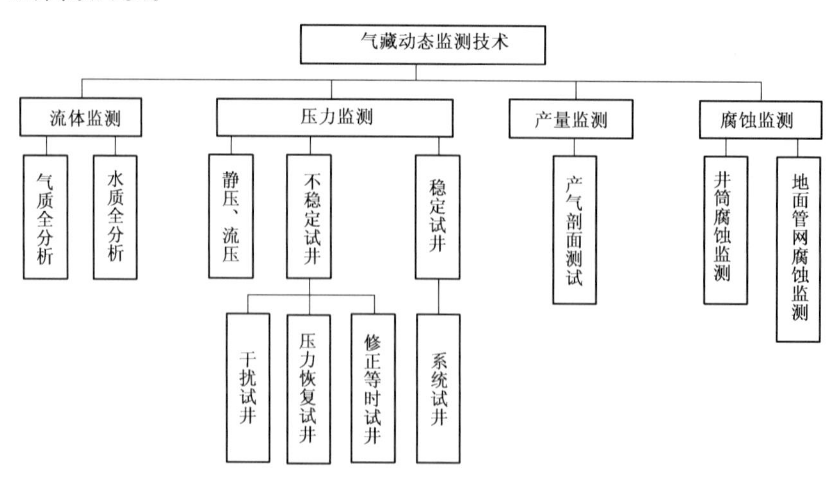

图 8－39　气藏动态监测技术系列

第五节　碳酸盐岩油气藏开采工艺技术

近几年我国投入试采和开发的碳酸盐岩油气藏，具有储层埋藏深、压力温度高、含有腐蚀性介质等特点。根据油气藏安全、有效试采和开发的需要，采油工程系统组织开展了相关的技术攻关，取得了可喜的研究成果。本节以龙岗、塔中Ⅰ气田为例，介绍了近年来我国依托碳酸盐岩油气藏研究形成的采气工艺新技术。

一、采气工程安全高效完井技术及其应用

（一）水平井完井方式设计技术

水平井完井方式主要有裸眼完井、套管射孔完井、裸眼内下入割缝衬管或打孔管完井、裸眼内下管外封隔器加割缝衬管或打孔管完井等。其中，裸眼完井的优点是有利于保护储层的产能、降低完井作业费用。对于缝洞发育、含有腐蚀介质的碳酸盐岩油气田的水平井，裸眼完井的优势更加突出。能否应用裸眼方式完井，除了地质特征、工程技术需求等因素外，核心问题是分析评价井壁的稳定性。通过比较，运用有限元法完善发展了水平井井壁稳定性评价技术。

1. 水平井井壁稳定性研究采用的力学本构模型

岩石力学本构关系是描述应力和变形之间相互关系的一组力学方程。自20世纪40年代以来，在连续介质力学的基础上，许多研究者提出了一系列预测井眼应力分布的本构关系。如简单的线—弹性模型、考虑弹性参数随压力变化的较复杂的弹性模型、非连续介质模型、线—弹性井眼崩落模型、弹—塑性模型、应变硬化弹—塑性模型、应变软化弹—塑性模型，以及弹—脆—塑性模型等，这里采用弹—塑性本构模型。

2. Drucker—Prager 强度破坏准则

岩石在变形过程中，当应力及应变增大到一定程度时，岩石便被破坏。用于表征岩石破坏条件的应力—应变函数即为破坏判据或强度准则。在岩石力学领域，有很多强度准则可应用于判断岩石屈服，如 Mohr—Coulomb 准则和 Drucker—Prager 准则。这里选取了 Drucker—Prager 准则来判定和分析岩石的屈服。Drucker—Prager 准则的表达式为：

$$F(I_1,J_2) = J_2 + H_2 I_1 - H_1 = 0 \qquad (8-39)$$

其中

$$I_1 = \sigma_1 + \sigma_2 + \sigma_3 \qquad (8-40)$$

$$J_2 = \sqrt{\frac{(\sigma_1-\sigma_2)^2+(\sigma_2-\sigma_3)^2+(\sigma_3-\sigma_1)^2}{6}} \qquad (8-41)$$

式中　I_1、J_2——应力第一不变张量和应力第二不变偏张量；

H_1、H_2——材料参数。在岩石领域一般按如下关系式进行计算：

$$H_1 = \frac{6c\cdot\cos\varphi}{\sqrt{3}(3-\sin\varphi)} \qquad (8-42)$$

$$H_2 = \frac{2\sin\varphi}{\sqrt{3}(3-\sin\varphi)} \qquad (8-43)$$

式中　φ——岩石的内摩擦角；

　　c——内聚力。

根据有效塑性应变准则，当岩石的有效塑性应变超过 3‰～8‰时，岩石将会发生塑性破坏，不同岩石塑性破坏的临界塑性应变由实验确定。一般对于砂岩，岩石的临界塑性应变偏于高限 8‰，对于碳酸盐岩，岩石的临界塑性应变则偏于下限 3‰。

3. 影响水平井井壁稳定性的主要因素

除了井壁岩石的力学特征之外，影响水平井井壁稳定性的主要因素是水平井延伸方向与水平主应力方向的夹角，以及酸液对井壁岩石的作用。下面是塔中 Ⅰ 气田 82 井区的模拟分析结论。

1）水平井延伸方向对井壁稳定性的影响

当水平段井眼轨迹方向与水平最大主应力方向一致，水平段垂直深度在 5100m 左右时，水平井裸眼临界生产压差较高，约为 41MPa，在此方位上裸眼水平井眼之所以有如此高的临界生产压差，是因为该水平井眼轨迹方向与水平最大主应力方向一致。另外 82 井区的水平最小主应力与垂向主应力分别是 91MPa 与 118MPa，这两者之间的差应力较小。加之 82 井区岩石强度普遍较高，平均弹性模量达到 30000MPa，泊松比为 0.314，内聚力、内摩擦角分别为 19MPa 与 32°，因此 82 井区水平最大主应力方向上的水平井眼裸眼临界生产压差较高。

当水平井眼轨迹方向与水平最大主应力成 30°夹角时，水平井裸眼生产时临界生产压差为 23MPa；当水平井眼轨迹方向与水平最大主应力方向成 60°角或与水平最小主应力一致时，即使没有生产压差的作用，井壁岩石塑性应变值也超过了该井区地层岩石塑性应变临界值 3‰，表明井壁已经失稳，井壁需要支撑（图 8－40 至图 8－43）。

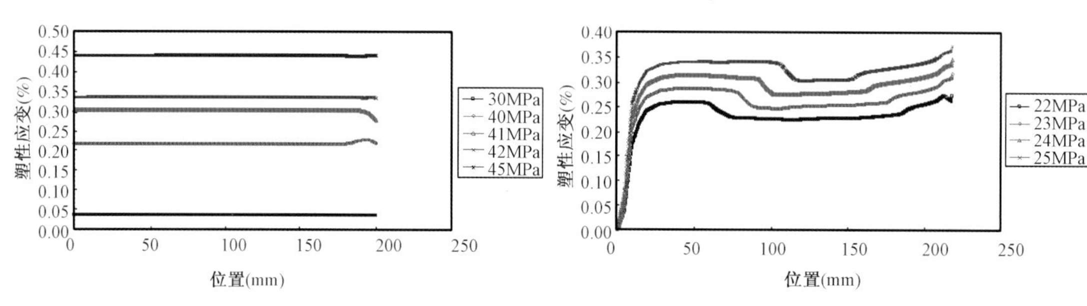

图 8－40　与水平最大主应力方向一致时井壁岩石塑性应变

图 8－41　与水平最大主应力方向成 30°夹角时井壁岩石塑性应变

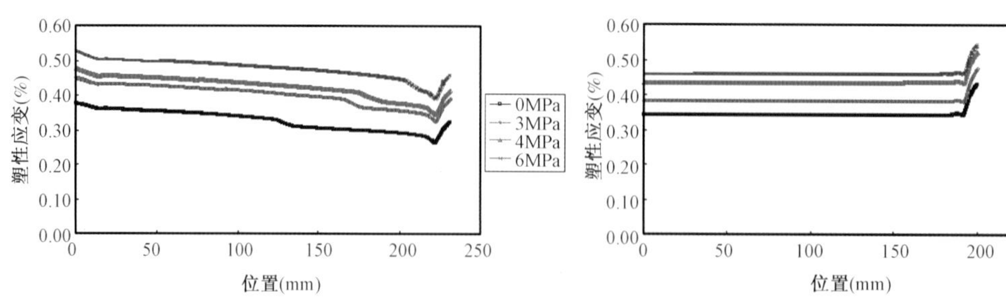

图 8－42　与水平最大主应力方向成 60°夹角时井壁岩石塑性应变

图 8－43　与水平最小主应力方向一致时井壁岩石塑性应变

2）酸液对井壁稳定性的影响

致密碳酸盐岩储层一般要经过酸化等增产措施，储层岩石在经过酸化增产措施后由于岩石强度降低会导致井壁稳定性变差，下面通过室内岩心实验得到三种酸液体系对储层岩心的弱化程度，进而将室内岩心实验得到的结果代入井眼有限元模型，计算分析酸化增产措施对井壁稳定性的减弱程度，从而判断其对完井方式的影响。

从表8－17的数据可以看出，当水平井延伸方向与最大水平主应力一致时，交联酸和凝胶酸作用后，临界生产压差分别为7MPa和18MPa，清洁转向酸作用后在无生产压差的情况下井壁即已失稳；当水平井延伸方向与最大水平主应力的夹角分别为30°、60°、90°时，三种酸作用后生产压差为0的条件下，井壁即已失稳，需要采用支撑方式完井。

表8－17　塔中82井区水平井延伸方向与临界生产压差

酸化作用	生产压差(MPa)			
	与最大水平主应力平行	与最大水平主应力成30°夹角	与最大水平主应力成60°夹角	与最小水平主应力平行
原始状态	41	23	0	0
交联酸作用	7	0	0	0
凝胶酸作用	18	0	0	0
清洁转向酸作用	0	0	0	0

截至2010年12月，塔中Ⅰ气田共完钻水平井22口，其中先期筛管完井8口，先期裸眼完井后下入遇油膨胀封隔器管柱支撑井壁和分段改造9口，先期裸眼完井后油管柱投送筛管完井4口，套管固井射孔完成1口。

采用支撑井壁的筛管方式完井，既防止了水平段井壁坍塌造成的事故，又避免了水泥浆对储层缝洞的伤害，特别是采用裸眼分段完井管柱，为水平井分段改造提供了井筒条件，获得了可喜的增产效果。

(二)深层高温高压气井安全高效试油完井技术

1. 深层高温高压气井油管柱强度评价

在深层高温高压气井中，油管柱上任一点处所受的应力主要包括：内外压作用所产生的径向应力和环向应力，轴力所产生的轴向应力和压应力，井眼弯曲所产生的轴向附加弯曲应力，剪力所产生的剪切应力。由此可见，一般情况下油管柱上任何一点的应力状态都是复杂的三轴应力状态。

在这种条件下，如果仍然按照单向抗拉、抗内压和抗外挤的单轴应力方法去校核油管柱强度，则难以发现和排除安全隐患，因此采用三轴应力的理论和方法，应充分考虑内压、外压、轴向力等因素，对油管柱载荷、轴向变形、安全系数进行评价。如果某工况下安全系数不能满足要求，必要时，可以通过调整管柱结构、油套压等方式，保证油管柱强度安全系数满足要求。下面是塔中Ⅰ气田两种典型油管柱的评价结果。

1)直井典型油管柱强度分析

塔中Ⅰ气田直井典型的油管柱结构为：壁厚6.05mm，钢级110的$3\frac{1}{2}$in油管，7inMHR封隔器以及井下安全阀、流动短节、压力计托筒等。根据塔中Ⅰ气田的情况，设计了4种工况条件下井口和封隔器处的温度、压力、流体密度等参数。

表8－18和表8－19给出了不同工况下，井下管柱的轴向变形和各种“效应”值。由表可见，与坐封工况相比，在高温高压开井、关井时，管柱处于轴向“伸长”状态，受封隔器卡瓦限

制，轴向“伸长”变形转化为轴向压力，2.5m 轴向伸长变形转化为轴向压力约 11t；在低温高压及酸化时，管柱均处于缩短状态，特别是在酸化条件下管柱缩短 7.7m 左右。如果选择锚定式封隔器，则转化拉力为 25t 左右。

表 8－18　油管柱工况参数

工况			坐封	开井		关井		酸化
				高温高压	低温高压	高温高压	低温高压	
温度(℃)		井口	15	60	0	60	0	15
		井底	128	128	128	128	128	70
压力(MPa)	井口	油压	25	35	35	40	40	95
		套压	0	0	0	0	0	0
	井底	油压	74.6	45	45	49.4	49.4	110
		套压	49.4	49.4	49.4	49.4	49.4	49.4
管内流体密度(g/cm^3)			1.15	0.3	0.3	0.3	0.3	1.15
环空流体密度(g/cm^3)			1.15	1.15	1.15	1.15	1.15	1.15

表 8－19　完井井下管柱轴向变形和“效应”值

工况	坐封	开井		关井		酸化
		高温高压	低温高压	高温高压	低温高压	
温度效应(m)	0	1.228	－2.038	1.229	－2.037	－1.753
活塞效应(m)	0	1.180	1.180	1.073	1.073	－2.215
鼓胀效应(m)	0	0.184	0.184	0.150	0.150	－2.145
螺旋弯曲效应(m)	0	－0.091	0.173	－0.079	0.173	－1.573
综合效应(m)	0	2.500	－0.502	2.373	－0.641	－7.685

从完井管柱受力情况分析，井口和封隔器处为应力危险截面，为此，根据主要工况参数对其载荷、安全系数进行了计算，结果见表 8－20。结果表明：管柱在坐封、开井生产和关井等几种工况条件下管柱安全性较好，安全系数都在 2.0 以上，能够满足安全需求；在酸化井口压力 95MPa 条件下，井口处的三维应力安全系数较低，为 1.03，在封隔器处三维安全系数只有 0.79。分析应力组成，关键是封隔器处由内压引起的轴向力太大达到 940.6MPa。

为了改善酸化施工时油管柱的安全性，提高安全系数，可采取施加平衡压力的办法来提高管柱安全性。由表 8－21 可知，环空压力由 0 增加到 40MPa，井口处的三维应力安全系数由 1.03 提高到 1.85，封隔器处安全系数由 0.79 提高到 1.59，基本能够满足管柱安全的需求。

2）水平井尾管悬挂分段完井油管柱强度分析

TZ62－11H 井采用哈里伯顿膨胀式尾管悬挂器（VersaFlexTM）＋5 只遇油膨胀封隔器（SWELLPACKER）＋6 只增产压裂滑套（Delta Slim Sleeve）等专用压裂工具，实现水平裸眼段定点分段（六段）分隔酸压完井工艺设置。之后采用哈里伯顿 3½inNE 10K 井下安全阀＋7inMHR 封隔器＋插入密封完井—酸压生产一体化管柱实现回接密封并分段酸压后投产。

表 8－20　井下管柱载荷及安全系数

工况		坐封	开井		关井		酸化
			高温高压	低温高压	高温高压	低温高压	
井口	内压(MPa)	25	35	35	40	40	95
	外压(MPa)	0	0	0	0	0	0
	轴力(kN)	417.7	213.5	510.7	315.2	502.3	243
	σ_{xd4}(MPa)	270.9	274.7	344.4	304.9	359.6	735.2
	安全系数	2.8	2.7	2.2	2.4	2.1	1.03
封隔器处	内压(MPa)	74.6	45	45	49.4	49.4	110
	外压(MPa)	49.4	49.4	49.4	49.4	49.4	49.4
	轴力(kN)	－170.6	－274.8	－77.6	－273.2	－86	－345.1
	σ_{xd4}(MPa)	321.1	288.4	43.9	270.4	40.26	940.6
	安全系数	2.22	2.47	16.79	2.64	18.34	0.79

表 8－21　环空压力对管柱安全性影响

工况		酸化				
		环空压力 0	环空压力 10MPa	环空压力 20MPa	环空压力 30MPa	环空压力 40MPa
井口	内压(MPa)	95	95	95	95	95
	外压(MPa)	0	10	20	30	40
	轴力(kN)	243	262	281	300	319
	σ_{xd4}(MPa)	735.2	639.4	552.6	477.7	410.9
	安全系数	1.03	1.19	1.37	1.59	1.85
封隔器处	内压(MPa)	120	120	120	120	120
	外压(MPa)	43	53	63	73	83
	轴力(kN)	－345.1	－326	－308	－288.3	－269
	σ_{xd4}(MPa)	940.6	822.2	704	585.38	467
	安全系数	0.79	0.9	1.05	1.26	1.59

表 8－22 为 TZ62－11H 井不同井口压力情况下酸压管柱的强度校核结果。表中实际施加的载荷是根据酸压时泵压和套压设置的。从表中可以看出，当酸压过程中泵压较低时(36.3MPa)，施加较小的套压(10MPa)就能使作业管柱井口处的安全系数达到 2.3，作业管柱是安全的。只有在泵压较高时(大于 90MPa)，如果套管压力过低(小于 25MPa)，井口安全系数小于 1.6，作业管柱偏于不安全，此时，只有将套管压力增加到 31MPa，甚至增加到 35MPa，才能使得井口酸压管柱的安全系数增加到 1.8 以上，以确保酸压管柱安全。

表 8-22 TZ62-11H 酸压工况下油管强度校核结果

温度(℃)	井口	16	16	16	16	16	16	16	16	16
	井底	130	130	130	130	130	130	130	130	130
井底压力(MPa)	油压	36.3	36.3	65	65	65	91.8	91.8	91.8	91.8
	套压	0	10	10	20	30	17	25	31	35
流体密度(g/cm^3)	管内	1.1	1.1	1.1	1.1	1.1	1.1	1.1	1.1	1.1
	环空	1.1	1.1	1.1	1.1	1.1	1.1	1.1	1.1	1.1
弹性变形(m)		3.599	3.599	3.599	3.599	3.599	3.599	3.599	3.599	3.599
膨胀变形(m)		-0.362	0.112	-0.771	-0.297	0.177	-1.265	-0.885	-0.601	-0.411
温度效应(m)		4.804	4.804	4.804	4.804	4.804	4.804	4.804	4.804	4.804
螺旋效应(m)		-0.004	-0.004	-0.004	-0.004	-0.004	-0.004	-0.004	-0.004	-0.004
综合变形(m)		8.037	8.511	7.628	8.101	8.575	7.134	7.513	7.798	7.987
井口安全系数		2.3	2.4	1.9	2	2.2	1.5	1.6	1.7	1.8

2. 多功能试油完井油管柱

针对龙岗、塔中Ⅰ气田碳酸盐岩储层易喷易漏、含硫化氢且高温高压的特点，以及不同储层要达到的作业目的不同，本着安全、可靠、高效的原则，设计、定形了适应不同储层需求的完井管柱系列。

1)FH(或 RH)封隔器+伸缩管的测试—改造—投产完井一体化管柱

该管柱适用于储层漏失不严重、需要改造投产的直井，主要由 FH 或 RH 液压可取式封隔器、伸缩管、接球器和气密封扣油管组成，一趟管柱完成测试—改造—完井投产。可在装好采气井口的情况下替环空保护液、坐封封隔器，增强了施工可控性；可在改造前测试，方便改造效果对比。

2)HP-1AH 封隔器+锚定密封的测试—改造—投产完井一体化管柱

该管柱适用于水平井较短的裸眼完井，主要由 HP-1AH 封隔器、锚定密封、接球器、气密封扣油管等组成，一趟管柱可以完成筛管送入—测试—酸压—投产—回采等施工，简化施工工序、缩短施工周期、提高施工安全性。筛管接在该管柱下面送入水平段，比以前悬挂尾管工艺节省一趟起下钻时间。

3)MHR+POP 阀的封堵—测试—改造—投产完井一体化管柱

该管柱适用于喷漏同层段的井，主要由 MHR 永久式液压封隔器、棘齿锁定密封、POP-V 阀等组成。该管柱的特点一是可以不动管柱完成封堵、酸压、求产、完井等施工，简化了施工工序、缩短施工周期、提高试油施工的安全性；二是能将产层与井筒隔离，实现换装井口施工作业；三是对于水平井，需两趟完成，先用钻杆将封隔器以下管柱送入，再回插上部完井管柱。

4)PLS 封隔器+密封脱接器的测试—改造—测试—封堵—投产完井一体化管柱

该管柱适用于喷漏同层段、需换井口的井，由 PLS 封隔器、密封脱接器、伸缩管等组成。该管柱通过钢丝作业，可在密封脱接器内投入堵塞器将产层封堵，将封隔器上部的管柱从此解脱后，压井液与产层隔离；通过钢丝作业，可将滑套多次打开或关闭，实现多次循环作业。因此这套管柱具有酸压改造、排液求产、封堵产层以防二次伤害、循环压井、完井生产、更换管柱等功能；适用于以酸压改造、防止酸压后再次伤害、试油结束后直接完井生产为主的储层作业。

5)APR 正压射孔—测试—酸化—测试联作管柱

该管柱由油管挂 + 油管 + 定位油管 + 油管 + OMNI 阀 + RD 安全循环阀 + 油管 + 放样阀 + LPR - N 阀 + 电子压力计托筒 + 震击器 + 液压循环阀 + RTTS 安全接头 + RTTS 封隔器 + 射孔筛管 + 油管 + 压力计托筒 + 筛管 + 减震器 + 压力起爆器 + 射孔枪 + 起爆器组成。

该管柱的主要特点:一是利用一趟管柱,直接实现了射孔、测试、酸化、气举排液等联合作业;二是利用 LPR - N 阀的开关,可实现井下开关井,并能有效排除井筒储集效应的影响获取准确的井底开关井压力资料;三是操作 RD 安全循环阀不仅可以实现井底正、反循环,同时,可以完成高压取样;四是使用油管加压延时射孔,克服了以前利用环空进行负压射孔测试联作造成的环空压力操作级数过多的难题。

6)OMNI 射孔—酸化—测试管柱

该管柱由油管挂 + 油管 + 定位油管 + 油管 + OMNI 阀 + RD 安全循环阀 + 压力计托筒 + 震击器 + 液压循环阀 + RTTS 安全接头 + RTTS 封隔器 + 射孔筛管 + 油管 + 压力计托筒 + 筛管 + 减震器 + 压力起爆器 + 射孔枪组成,适用于高产井。

该管柱的主要特点是,在射孔前即可利用 OMNI 阀将酸液替至井底,关闭循环孔后便可进行酸化施工及后续的测试工作。由于高产储层良好的产能状况,测试后采取井口关井的方式也能很快求取到地层恢复压力,这样能够有效降低球阀的开启风险,大大提高测试成功率。同时,该管柱结构中保留的 RD 安全循环阀也可以在测试结束后,根据需要实现井下关井,给予井下压力资料的录取充分的保证。另外,由于不用保持环空压力,压井作业期间井筒温度及压力的变化不会影响油管的畅通,有利于后续挤注法压井作业的进行。

7)小井眼 APR 射孔—测试联作技术

该管柱由油管挂 + 3½in 油管 + 2⅞in 油管 + 定位油管 + 2⅞in 油管 + 3⅛in RD 循环阀 + 3⅛in RD 安全循环阀 + 3⅛in 压力计托筒 + 3⅛in RD 循环阀 + 3⅛in BOWN 安全接头 + RTTS 封隔器 + 射孔筛管 + 油管 + 压力计托筒 + 筛管 + 减震器 + 压力起爆器 + 射孔枪组成,适用于 5in 尾管完成的井,具有结构简单、密封可靠的特点。

截至 2010 年 12 月,上述多功能试油完井油管柱在塔中Ⅰ气田应用 49 口井,在龙岗气田应用 22 口井,实现了射孔、改造、测试、封堵等联作目标,大幅度降低了起下管柱作业工作量,规避了施工风险,减小了对储层的二次伤害,具有很强的针对性和实用性,在高风险、高难度试油完井中发挥了重要作用。

二、低成本有效防腐技术及应用

塔中Ⅰ气田为高温高压气藏,天然气中 CO_2 含量中等、H_2S 中低含量,地层水矿化度及氯离子含量高,如果参照国外一些油套管生产公司制定的酸性气体不同分压时选用管材材质的图版,往往需要选用高级别的油套管材,虽然能够实现有效防腐,但同时却大幅度增加了完井建设投资。为此,以防腐措施技术可靠、经济可行、操作简便、长期有效为指导思想,研究气井腐蚀规律,建立了低成本高效防腐技术,取得了显著的应用效果。

(一)井筒腐蚀特征及规律

根据气井的腐蚀环境,开展了腐蚀试验,明确了腐蚀规律,为确定防腐技术路线提供了技术依据。

1. 电化学腐蚀率大多超过常用标准

表8－23为实验结果，从中可以发现，32组测试结果中，仅有4组的腐蚀速率低于中国石油常用的0.076mm/a的数值，而其他28组实验腐蚀速率均超过0.076mm/a。

表8－23　均匀腐蚀速率测试结果

温度	气体分压(MPa)	P110	TP110－3Cr	TP110S	TP110SS
90℃	$H_2S=0.1$ $CO_2=0.1$	0.2639	0.2571	0.2306	0.2458
	$H_2S=1.4$ $CO_2=0.1$	0.0890	0.664	0.0739	0.0638
	$H_2S=0.1$ $CO_2=3.0$	0.2626	0.2928	0.3057	0.2859
	$H_2S=1.4$ $CO_2=3.0$	0.1660	0.1204	0.1333	0.1272
140℃	$H_2S=0.1$ $CO_2=0.1$	0.2592	0.1419	0.2505	0.2696
	$H_2S=1.4$ $CO_2=0.1$	0.5343	0.1453	0.1943	0.1857
	$H_2S=0.1$ $CO_2=3.0$	0.1244	0.6973	0.2095	0.1711
	$H_2S=1.4$ $CO_2=3.0$	0.1145	0.1732	0.0724	0.0851

2. H_2S的存在对CO_2腐蚀具有一定抑制作用

在H_2S、CO_2共存条件下，H_2S分压升高后，腐蚀速率均有大幅度的降低(图8－44)，造成这种现象的原因可能是：在CO_2、H_2S共存的环境中，与腐蚀产物膜形成的机制有关，高浓度的H_2S生成的腐蚀产物FeS阻碍CO_2等其他腐蚀介质对管材的进一步腐蚀。

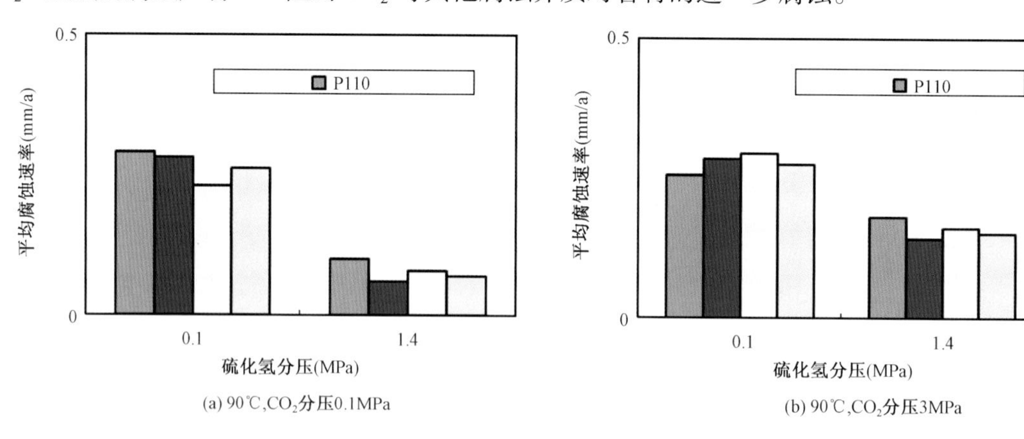

图8－44　硫化氢分压对材料均匀腐蚀速率的影响

3. 油管内存在均匀腐蚀和点蚀

在CO_2分压4.6MPa、H_2S分压1.3MPa，Cl^-离子含量90000mg/L，温度为105℃的条件下，对TP110S油管的实验表明，油管内既存在均匀腐蚀，又存在点腐蚀(图8－45)。在上述实验条件下，TP110S油管平均均匀腐蚀速率为5.630mm/a，最大点蚀速率达到9.767mm/a。

4. 常规材质不能阻止硫化物应力开裂

采用恒载荷拉伸和弯曲梁试验方法，对P110和TP110－3Cr管材进行了硫化物应力开裂评价，结果表明，这两种常用管材均不能在塔中Ⅰ气田的井筒条件下，满足防止硫化物应力开裂的要求，必须选用抗硫管材。

图 8－45　试片宏观和微观形貌

(二)低成本有效防腐技术筛选

通过井筒腐蚀特征及腐蚀规律可以认识到,必须筛选抗硫化物应力开裂管材和降低电化学腐蚀的防腐措施。根据气井特点,控制电化学腐蚀的技术主要采用了油管内涂层技术和缓蚀剂防腐技术。

1. 防硫化物应力开裂的管材

采用美国腐蚀工程师协会 NACE TM0177—2005 标准规定的抗应力开裂性能检测方法,对 4 种管材进行了抗硫化物性能开裂检测筛选,其中 TP110S、TP110SS 管材经过 30 天的加载试验,未发生断裂、缩径(图8－46),可以在塔中Ⅰ气田井筒环境中防止硫化物应力腐蚀开裂。

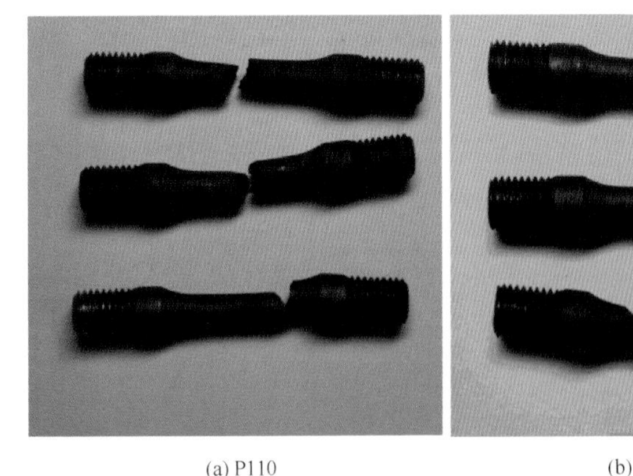

(a) P110

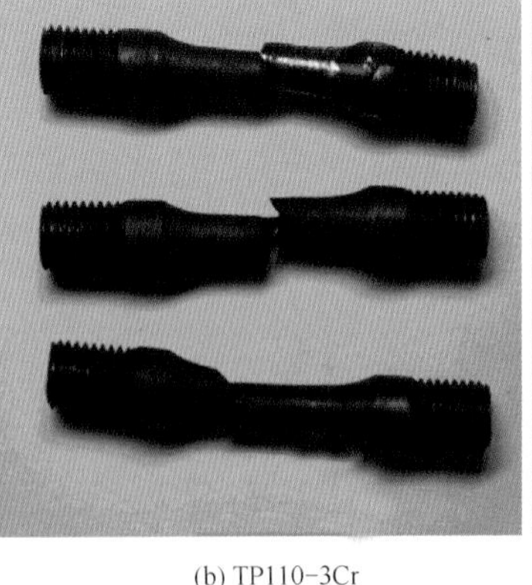

(b) TP110-3Cr

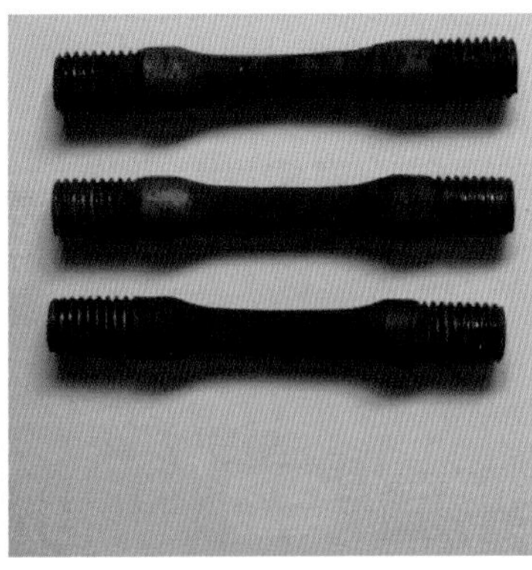

(c) TP110S

图 8－46　加载 545.8MPa(72% Ysmin)应力时材料的宏观断裂形貌

2. 适应中低含硫环境的内涂层油管

涂层防腐技术发展快,种类多。针对塔中Ⅰ气田,选用 TC－3000C、TK－236 和 ATC－3000S 三种内涂层管材,分别进行了低含 H_2S 和高含 H_2S 条件下的抗腐蚀性能评价。实验结果表明,在 H_2S 分压 1.5MPa 的条件下,三种管材涂层脱落、腐蚀严重,而 H_2S 分压 0.3MPa 的条件下,TC－3000C、TK－236 管材涂层完好(图 8－47),无腐蚀现象,可以满足塔中Ⅰ大部分井区防腐的需求。

(a) TC-3000C　(b) TK-236　(c) ATC-3000S

图 8-47　低 H_2S 分压实验后试样外观

3. 高效缓蚀剂

缓蚀剂防腐简单有效，适应于腐蚀不太苛刻、产量较低的油气井。根据塔中Ⅰ气田的地面和井筒条件，分别复配优化了油管内、环空和地面所用高效缓蚀剂，使地面管线和油管的腐蚀速率降低到0.076mm/a以下，环空条件下的缓蚀率达到90%以上（图8-48）。

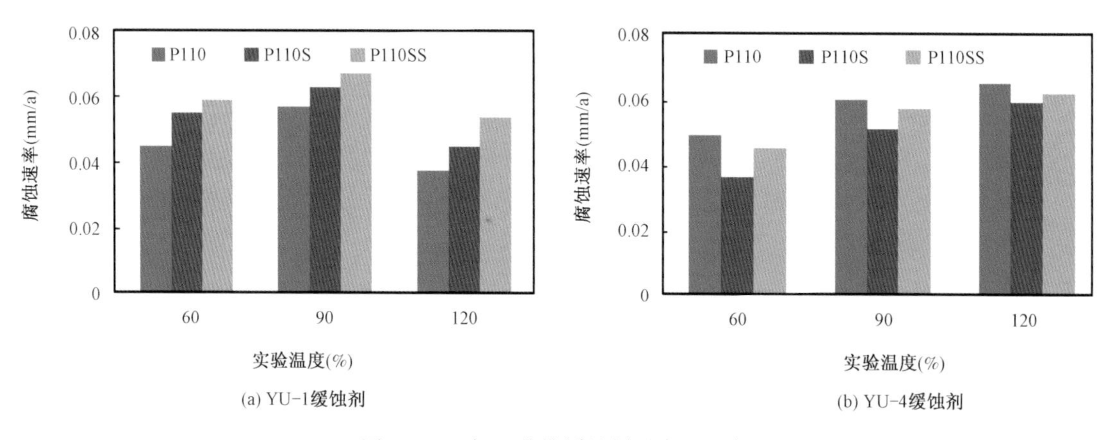

(a) YU-1缓蚀剂　(b) YU-4缓蚀剂

图 8-48　加入井筒缓蚀剂后腐蚀速率

4. 塔中Ⅰ气田防腐总体对策及技术

根据塔中Ⅰ气田腐蚀规律及防腐技术研究筛选，确定了塔中Ⅰ气田防腐的总体对策及应用技术，即地面管线使用缓蚀剂防腐；中低含硫气井使用TP110S和TP110SS油管+内涂层技术、环空注保护液防腐；塔中83区块83井区、中古区块等少数 H_2S 含量高的区块，采用TP110S或TP110SS油管加注缓蚀剂防腐。

（三）低成本有效防腐技术已在塔中Ⅰ气田规模应用

至2010年12月，研究筛选的低成本有效防腐技术已在塔中Ⅰ气田规模应用，其中TP110S和TP110SS油管应用70口井，环空保护液和地面管网缓蚀剂已在投产井、站全面应用；地面24个监测部位已全部按设计安装腐蚀监测仪表，于2010年12月开始全面监测。

上述技术应用以来，抗硫TP110S、TP110SS油管未发现硫化物应力开裂，注环空保护液的井起油管作业观察，油管外壁未发现明显腐蚀，地面23个监测点44个腐蚀速率监测数据的平均值低于0.076mm/a，取得了较好的防腐效果，实现了低成本有效防腐的既定目标。

三、深层高温耐蚀排水采气工艺及应用

龙岗气田气水关系复杂，飞仙关组和长兴组储层普遍存在上气下水的分布规律，气水层间距小，有的井试采过程中即出水，因此排水采气是龙岗气田开采过程中需要采用的一项重要技术措施。但是龙岗气田储层埋藏深度一般可达6000m左右，储层温度为130～150℃，已钻井的实测地层压力均为60MPa以上，H_2S含量高，常规的排水采气技术已不能满足龙岗气田的需求。为此，研究开发出泡沫和气举两套排水采气工艺，满足井深6000m以上、耐温150℃、H_2S含量100g/m^3的技术要求。

（一）PP－1型高温高压泡沫评价装置

为了开展泡排剂筛选评价，自主研发了PP－1型高温高压泡沫评价装置，可以在较高的温度和压力条件下评价泡排剂的性能指标，是高温泡排剂筛选评价过程中的重要实验装置。

1. 技术指标

（1）工作压力：8MPa；

（2）工作温度：170℃；

（3）液体排量：120～2mL/min；

（4）气体排量：0～30m^3/h。

2. 仪器结构

高温高压泡沫动态性能评价仪是由主体部分、液压部分、气压部分、温控部分、泡沫收集部分和微机等组成。

（1）主体部分是由模拟套管、高压视窗、气体分散器、进液漏斗、安全阀等组成。

（2）液压部分是由储罐、恒速恒压泵、换热器、压力传感器等组成。

（3）气压部分是由气泵、气体储罐、压力调节器、气水分离器、气体质量流量计、单流阀、换热器、安全阀等组成。

（4）温控部分是由温箱、温控系统、热风循环系统等组成。

（5）泡沫收集部分是由冷却系统、消泡剂添加罐、泡沫收集器、回压阀等组成。

3. 仪器特点

（1）液压部分使用的恒速恒压泵是由进口富士伺服电机、滚珠丝杆、高压气动换向阀及泵体等组成。其特点是能够长时间连续不断的提供高精度的速度恒定的流体；能够长时间连续不断地提供高精度的压力恒定的流体；仪器运行噪声小，操作简单，维修容易。

（2）主体部分的模拟套管开有上、中、下三组视窗，可以承受高压，也可观察其内部状况。模拟管的顶部设有进液漏斗，可以模拟井口上的加药罐，向模拟套管内添加试剂。

（3）仪器加温采用温箱热风强制循环方式，风扇将加热后的空气在温箱内强制循环，使温箱内的温度均匀一致。

（4）主体部分、气体换热器、液体换热器同装在温箱内，进入模拟套管的气体和液体都经过充分的预热，使工作温度能够精确地控制在所需的范围内。

（5）携带有泡沫和水的气体经冷却后注入泡沫收集器，泡沫收集器集消泡、储水和气水分离于一体。分离后的气体由回压阀放空。出口端的回压阀与气体进口端的压力调节器共同作

用，使试验装置的压力稳定在所需的工作范围内。流量控制阀可以精确的控制流量。

(6)气压部分的安全由气路安全阀控制；液压部分的安全由恒速恒压泵自身的安全系统控制；主体部分的安全由主体部分的安全阀控制。系统运行安全可靠。

(7)仪器运行过程中气体流量、液体流量、工作压力、工作温度的数据均由微机自动采集。

(二)KY－1型高温耐硫泡排剂

泡沫排水采气技术关键是筛选合适的泡排剂。通过室内性能评价，KY－1型高温耐硫泡排剂在高温高含H_2S的条件下，起泡性能、表面张力、稳定性、携水力、缓蚀率均能够满足龙岗气田高温、高含H_2S环境下的排水采气要求。

1. 起泡力的测定

KY－1型泡排剂与模拟地层水按不同比例混合后进行起泡力评价实验。实验数据显示，高温处理前，KY－1在模拟地层水中的起始泡沫高度均在200mm以上，3min后泡沫高度也在140mm以上，说明KY－1的常规起泡力很高。高温处理后的起始泡沫高度变化不大。

2. 热稳定性实验

考察在相同条件、不同温度下老化24h后，泡排剂KY－1的起泡、稳泡能力变化情况。实验数据表明：KY－1型泡排剂的热稳定性能良好，实验结果如图8－49及表8－24所示。

表8－24　KY－1型泡排剂起泡力实验数据

井号	条件	罗氏泡沫高度（温度：80℃）	泡沫高度(mm)					
			模拟地层＋3‰KY－1			模拟地层＋5‰KY－1		
			1	2	平均	1	2	平均
龙岗001－3	高温处理前	起始泡沫高度	220	210	215	220	220	220
		3min后泡沫高度	150	140	145	100	90	95
	高温处理后（150℃，12h）	起始泡沫高度	190	180	185	200	200	200
		3min后泡沫高度	100	90	95	100	100	100
龙岗001－6	高温处理前	起始泡沫高度	240	230	235	250	240	245
		3min后泡沫高度	180	140	160	130	120	125
	高温处理后（150℃，12h）	起始泡沫高度	200	200	200	210	220	215
		3min后泡沫高度	100	100	100	100	100	100
龙岗001－1	高温处理前	起始泡沫高度	220	220	220	230	230	230
		3min后泡沫高度	150	150	150	100	100	100
	高温处理后（150℃，12h）	起始泡沫高度	120	120	120	170	180	175
		3min后泡沫高度	30	40	35	90	90	90

3. 携水力测定

使用PP－1型高温高压泡沫评价装置，测定高温条件下KY－1泡排剂动态携液性能，实验数据如表8－25所示，在150℃进口温度、恒定进液速度(80mL/min)、控制进气速度(5.22～5.48m^3/h)的条件下，KY－1型泡排剂的携液量仍然有600mL以上，说明KY－1型泡排剂在高温高压下的动态性能较好。

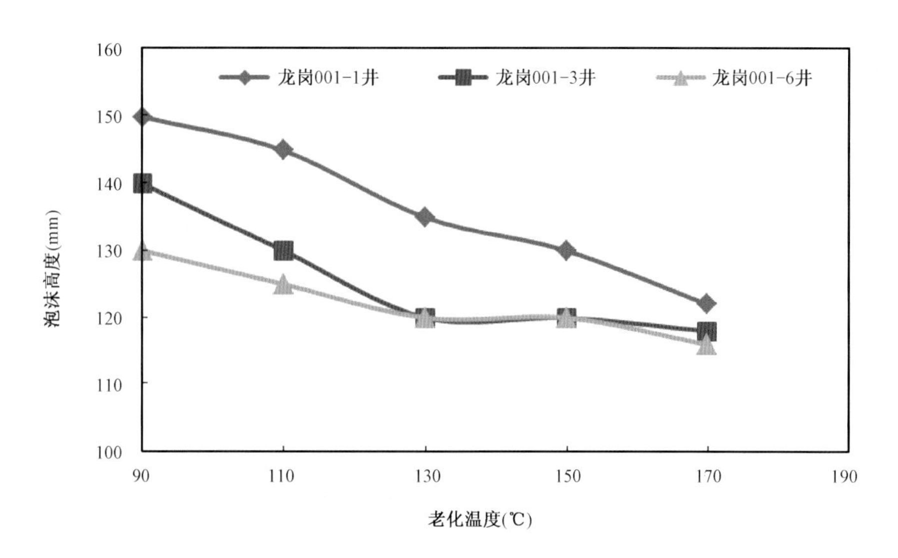

图 8－49　不同地层水中泡排剂 5min 后泡沫高度随温度变化

表 8－25　泡排剂 KY－1 高温条件下评价结果

序号	模拟地层水	泡排剂浓度（%）	进口温度（℃）	出口平均温度（℃）	进液速度（mL/min）	平均进气压力（MPa）	携液量（mL）	进气速度（m^3/h）
1	龙岗 001－1	1.5	150	72.1	80	2.88	640	5.48
2	龙岗 001－3		150	72.6	80	2.35	710	5.40
3	龙岗 001－6		150	72.0	80	2.40	660	5.32

4. H_2S 含量对泡排剂性能的影响

KY－1 型泡排剂在龙岗 001－1 井模拟地层水中，实验结果见表 8－26。高温处理前随着 H_2S 含量的增加其起始泡高和最高泡高（起泡能力）变化幅度较小，但 3min 后的泡高（稳泡性能）在 $60g/m^3$ 左右开始下降，到 $80g/m^3$ 时稳定在 150mm 左右。高温处理后的罗氏泡高在 H_2S 约 $110g/m^3$ 时开始有明显下降，到约 $140g/m^3$ 时稳定下来。这说明 KY－1 型泡排剂高温下还是受到 H_2S 含量（浓度）的影响，其明显影响的区域在 110～$140g/m^3$ 之间。龙岗地区的气井 H_2S 含量大致在 $80g/m^3$ 左右，不在这个影响明显的区域。KY－1 型泡排剂能够在这种 H_2S 浓度下发挥其排水采气的作用。

表 8－26　KY－1 型泡排剂在不同 H_2S 浓度下龙岗 001－1 井模拟地层水中的起泡性能

样品编号	起泡剂浓度（‰）	H_2S 浓度（g/m^3）	测试温度（℃）	罗氏泡沫高度（mm）					
				高温烘前			高温（150℃）8h 后		
				起始	最高	3min 后	起始	最高	3min 后
①	3	28.33	80	237	330	220	190	293	130
②	3	56.67	80	227	300	213	210	307	150
③	3	85.00	80	217	323	143	220	230	110
④	3	113.33	80	217	307	137	203	253	103
⑤	3	122.40	80	213	240	173	123	140	40

续表

样品编号	起泡剂浓度(‰)	H_2S 浓度(g/m^3)	测试温度(℃)	罗氏泡沫高度(mm)					
				高温烘前			高温(150℃)8h 后		
				起始	最高	3min 后	起始	最高	3min 后
⑥	3	132.03	80	210	230	150	100	120	40
⑦	3	141.67	80	210	277	133	63	60	30
⑧	3	170.00	80	227	307	120	70	110	30

(三)抗温耐蚀气举排水采气技术

气举排水采气技术关键是要求气举井下工具满足龙岗气田高温高腐蚀的井筒环境,为此,开发了气举新工具,提出了气举设计新方法。

1. 抗温耐蚀气举井下工具

根据龙岗海相碳酸盐岩气藏所产天然气中 H_2S、CO_2 的含量及井筒温度条件,并考虑增产作业的承压要求,研制了抗温耐蚀气举井下工具,其技术指标如下:

(1)工作筒连接强度不低于 1210kN,抗内压 70MPa,连接扣型 BGT1 和厚 EUE;

(2)气举阀充氮压力 25MPa,抗外压 60MPa(15.6℃);

(3)气举阀和工作筒耐温不小于 160℃,耐 H_2S 100g/m^3、$CO_2$100g/m^3 腐蚀。

2. 龙岗海相碳酸盐岩气藏气举设计要点

龙岗海相碳酸盐岩气藏由于特殊完井管柱及高含硫等特点,在进行气举设计时除设计方法外还需要一些特殊考虑:

(1)由于井深≥5000m,且储层渗透性较好,需适当考虑在注气压力下地层的吸液能力。但该气藏各气井的完井管柱普遍下有封隔器,只需要考虑油管内液体在注气压力作用下,其中一部分液体进入地层,在顶阀卸载时没有被举升至地面这一情况。

因此,其设计思路是:顶阀(第一支阀)深度在静液面和地层吸液指数为50%时设计区间变化,以注气点位置确认顶阀深度位置;受注气量的限制,最小流压梯度曲线以注气量和产液量确定的气液比作为计算最小流压梯度曲线的依据;对于复活井或大水量井甚至修井前产气量较大的井在设计最小流压梯度曲线时可以注气量和产气量之和确定的气液比作为计算最小流压梯度曲线的依据。目的是既保证气举启动的可靠性,又使井下气举阀下入支数较少,增加气举系统的可靠性。

(2)由于龙岗高含硫气藏特点,需要在完井投产时即下入气举管柱,因此,要求其气举工艺设计有较大的适应范围。

(3)受气举阀承压能力的限制(气举阀抗外压等级 60MPa,波纹管充氮压力 25MPa,承受内外压差 35MPa),在增产作业过程中为了保护气举阀,需对气举阀下入深度进行优化,并对酸化施工过程中环空平衡压力提出要求。

(4)由于井下有永久式封隔器,这类井的气举为半闭式气举。与开式气举相比,不能把油管鞋位置当作工作阀,半闭式气举的工作阀将长期工作,对工作阀的可靠性提出了更高的要求。

(5)为提高整个管柱的可靠性,气举工艺应尽量减少气举阀支数,气举设计过程中,在压缩机能力范围内应考虑采用高注气压力,以便减少下阀数量。

（四）应用效果

因龙岗气田目前不具备条件适宜的泡排试验井，在条件类似的天东021－3井和天东21井进行了KY－1型泡沫排水试验，试验结果如图8－50所示。在天东021－3井的泡排试验使该井由试验前的提产带液变为靠自身能量连续带液；在天东21井使油、套压差明显缩小，日平均产气量增加1371.19m^3，适用性良好。试验结果说明，KY－1型泡排剂满足高温达130℃、含H_2S 52.3g/m^3、含CO_2 143.1g/m^3以上气井的泡排要求，增产效果显著，在龙岗气田排水采气开采中具有良好的应用前景。

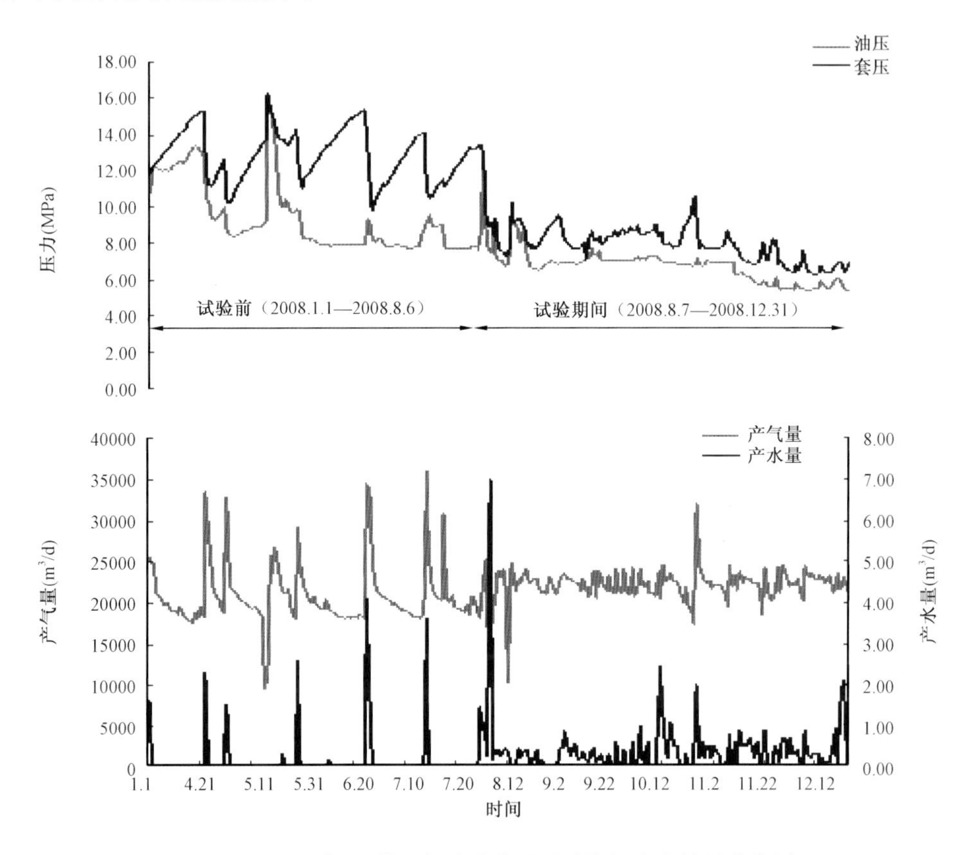

图8－50　天东21井现场试验前及试验期间生产情况曲线图

第六节　小　结

（1）针对我国海相碳酸盐岩储层复杂的特点，利用地震、地质、分析化验、测井、生产动态和测试资料形成了储层表征的技术路线。以塔里木盆地和鄂尔多斯盆地为例，对礁滩储层和潮坪相白云岩储层进行了空间分布刻画和定量评价，为油藏的数值模拟和开发方案提供可靠的地质基础。

（2）针对碳酸盐岩气藏动态评价中所面临的问题，结合我国碳酸盐岩气藏特征，利用气井试井过程中录取到的高精度压力—产量数据以及生产数据，综合应用试井技术、物质平衡原理及生产动态分析方法，对储层进行综合评价。该评价方法能够准确评价储层渗透率、表皮系数，计算动态储量、井控半径等，另外，还可以进行水侵分析、地层能量评价等。同时，基于气藏综合动态评价结果建立气藏的动态描述模型，能够对井和气藏指标进行科学预测。

(3)针对靖边气田稳产面临的问题，在储层分类基础上对气藏剩余储量进行分类，靖边气田剩余储量主要包括开发正动用型、动用不彻底型、井网不完善型以及低效未动用型四种类型，同时指出不同类型剩余储量规模及分布特征。剩余储量分布规律研究表明低效未动用型剩余储量是靖边气田的主要潜力区，因此根据低效储量分布特征展开数值模拟技术研究，评价不同分布模式下低效储量的可动用性，为气藏挖潜提供技术支撑。指出了气田稳产的技术对策，包括剩余储量评价技术、增压开采技术以及水平井开发技术。

(4)针对碳酸盐岩油气藏，具有储层埋藏深、压力温度高、含有腐蚀性介质等特点，以龙岗、塔中Ⅰ气田为例，应用有限元理论，形成了水平井井壁稳定性分析评价技术，解决了设计水平井完井方式中的关键技术问题。应用三维应力的理论和方法，系统分析评价了龙岗、塔中Ⅰ气田油管柱在不同工况条件下的安全性，在此基础上设计了适用龙岗、塔中Ⅰ气田不同条件下的7套多功能试气完井油管柱结构。采用数模和物模相结合的技术手段，明确了塔中Ⅰ气田 CO_2、H_2S 共存条件下的腐蚀规律和腐蚀特征。在此基础上筛选低成本有效防腐技术，形成油管内涂层防腐技术和缓蚀剂防腐技术。创新设计制造了国内首台工作温度170℃的高温泡排剂评价装置，研发了满足150℃高含硫条件下的泡排剂，研制了抗温耐蚀气举井下工具，形成了适应龙岗气田的排水采气工艺，填补了国内深层高温高含硫气井排水采气的技术空白。

第三篇

海相碳酸盐岩油气勘探开发工程配套技术

第九章　海相碳酸盐岩储层测井评价与流体识别技术

由于我国海相碳酸盐岩储层类型多，非均质性强，油气水关系复杂；测井解释在识别有效储层、划分岩相特征、确定岩性组分、识别气水界面和定量计算孔隙度及含油气饱和度等参数方面均存在一系列技术难题。为了突破碳酸盐岩储层测井处理解释中的瓶颈问题，以缝洞型和礁滩型两类我国主要海相碳酸盐岩储层为对象，以这两类储层测井定量解释评价为主攻目标，以准确评价有利储层及准确确定储层参数为最终目的，最终形成了一套以成像测井评价技术为核心、以岩石物理实验研究为基础、以测井新技术的应用研究为主要手段的较为完善的碳酸盐岩储层测井解释评价理论方法，使我国碳酸盐岩储层测井处理解释在储层参数定量计算精度、储层有效性评价、流体性质识别准确度等方面取得了突破性进展。

测井岩石物理分析是储层定性和定量解释的基础，随着实验设备的进步以及分析方法的改进，为了更好描述储层的非均质性，建立更加合理的孔隙度、渗透率、饱和度计算模型，确定合理的模型参数。全直径岩电实验、高分辨率 CT 扫描实验、全直径声波实验、元素俘获能谱测量实验等将成为测井岩石物理实验的主流。

第一节　碳酸盐岩储层测井解释评价现状及发展趋势

虽然国内外利用测井技术评价碳酸盐岩油气藏已经积累了丰富的成果与经验，但针对裂缝、溶洞型碳酸盐岩储层的测井评价还存在着很多问题，主要表现在储层测井评价技术虽然比较多，但是还很不完善，没有形成系统的评价方法；岩石物理实验与测井参数建模之间的纽带关系还不够清晰，也没有研发出能够广泛适用的软件系统；新技术和常规测井的结合比较欠缺，研究思路和方法有待加强。

在国外，对于碳酸盐岩储层测井解释评价的研究起步较早，始于 20 世纪 50 年代，随着测井技术的不断发展和更新，积累了大量的成功经验和技术。尤其是在测井资料的采集和测井新技术、新仪器的研发方面目前远领先于国内。

成像测井、核磁测井等新技术的广泛应用，使得国外在碳酸盐岩储层的测井解释评价方面占有了大量的信息资料，成为了缝洞型碳酸盐岩储层精细解释评价的重要手段。目前，电成像测井技术已经被用于裂缝分析（Ameen，2008；Ienaga，2006；Williams，2004；Ozkaya，2003；Wu，2002；Yose，2001；Trice，1999）、地层倾角的计算及断层产状的识别（Xu，2009；Hung，2007；Ienaga，2006；Grace，1999）、岩心深度和方位归位（Paulsen，2002；Payenberg，2000）、地应力和诱导缝分析（Ienaga，2006；Wang，2005；Jurado－Rodriguez，1998）、层序地层分析（Xu，2007；Pavlovic，2003；Prosser，1999）、孔隙度和渗透率评估（Linek，2003；Anselmetti，1998）以及岩性岩相分析（Linek，2007；Qi，2006；Hsieh，2005；Maiti，2005；Marmo，2005；Tilke，2004；Leduc，2002；Goodall，1999）等各个方面。技术方面，对成像测井资料进行定量分析越来越受到专家们的重视（Yang，2004；Anselmetti，1998），而图像处理技术的进步也使对成像资料的解释和分析又前进了一步（Sung Bum，2004）。

然而,成像测井资料中所包含的很多信息仍然没有得到充分的发掘和利用,很多情况下并没有把成像资料中的图像特征和地质现象完全联系起来。这一方面是由于传统上研究者还是习惯把成像资料当作一张图片,通过看成像资料取得一些直观认识;另一方面是由于成像处理解释工具功能单一,无法满足研究人员的需要。

对于核磁共振测井在碳酸盐岩储层评价中的应用,一般是给一个特殊的 T_2 截止值来区分自由水和束缚水,估算不动水饱和度和渗透率的标准 NMR 测井分析,这样往往产生较大误差,其主要原因是由于多孔介质结构非均质性所导致的白云岩和石灰岩岩性的变化。R. Agut 等人通过实例提出了一种方法,发现一个单一的 T_2 截止值(从 NMR 实验室获得的)对砂岩和白云岩均适用,并得到了好的结论。然而对于石灰岩来说,更深入细致的描绘多孔介质结构则是必须的。在遵循弛豫特性的情况下,一整套实验室的测量方法被用来表征多孔介质结构和划分碳酸盐岩岩性。通过实例分析,R. Agut 等人认为在碳酸盐岩储层中准确地计算连续的渗透率和不动水饱和度是可能的,密闭取心井的结论可以证实这一点,另外,他们认为碳酸盐岩储层中精确的矿物学分析在深入理解和正确使用 NMR 数据方面是必要的。

通过文献调研发现,国外以往对于饱和度模型的确定大都基于实验室岩石电学性质测量,采用最小二乘法拟合获得,即:将某一油田某一储层段多块岩心的岩电实验结果放在一起,以阿尔奇公式或者扩展的阿尔奇公式为基础,利用最小二乘法拟合得到该储层段的饱和度计算公式。通过后来大量的油田现场实践表明:对于物性较好、均质性较强的储层,通过岩电关系拟合的饱和度模型能够取得较好的应用效果。然而,对于目前在油气勘探中遇到的碳酸盐岩储层基于实验结果采用简单的最小二乘法拟合来计算饱和度的精度很差。

到目前为止,以双侧向测井为代表的电法测井仍是含油(气)饱和度评价的主要方法,而且在今后相当长的时间内这一趋势不会改变。在裂缝储层中,往往是利用简单的裂缝模型导出裂缝储层含油(气)饱和度计算的扩展公式。谭廷栋在《裂缝性油气藏测井解释模型与评价方法》(1987 年,石油工业出版社)一书中对裂缝储层饱和度的计算进行了研究。基于简单的裂缝模型,作者分别给出了水平裂缝、垂直裂缝和网状裂缝岩石的电阻率及电阻率指数的解析表达式。赵良孝在《碳酸盐岩储层测井评价技术》(1994 年,石油工业出版社)一书中根据碳酸盐岩储层的特征,提出了裂缝—孔隙型储层饱和度的计算方法。在后来的研究中,裂缝储层饱和度的定量计算基本上都是以上述经典的方法为基础的。经典的裂缝饱和度计算方法存在以下三个方面的问题:一是基于简单的裂缝模型,不能反映实际储层裂缝的展布规律;二是简单的串并联计算方法,不能完全反映裂缝对岩石电性的影响。裂缝对岩石电性的影响包括裂缝本身对电传输的影响,还包括裂缝对基质饱和度分布的影响所引起的电性变化;三是这些模型中往往涉及裂缝孔隙度指数、裂缝饱和度指数、裂缝中的束缚水饱和度等参数,这些参数的准确确定对结果具有很大的影响。从实际效果来看,应用经典裂缝饱和度模型的计算结果同密闭取心分析结果之间往往存在较大的误差。

另外,关于裂缝储层的电性特征单纯的数值模拟,只能反映相对变化的规律,与实际储层的影响特征差别较大,而且也难以用于实际的测井储层评价。因此,裂缝储层含油(气)饱和度评价是一直没有很好解决的难题之一。

与碎屑岩储层对比,碳酸盐岩储层最大的特点在于储层发育的非均质性。对于常规测井系列而言,单臂井径、双侧向电阻率、中子密度等都具有方向性,声波时差测井测量结果具有路径选择性。因此,常规测井资料对于非均质碳酸盐岩储层而言,即使仅就井眼来说也不能达到全覆盖的要求。相比较而言,声成像、电成像、P 型核磁较好地解决了井周地层满覆盖问题。

我国在20世纪90年代初引进了电成像测井技术，早期主要应用于裂缝参数拾取及沉积特征分析，近年来，成像测井资料在地质研究中的应用日益深入，并在沉积构造与沉积微相识别方面取得了突破性进展。钟广法、吴文圣等(2001)探讨了各种沉积构造在成像测井图像上的特征及利用成像测井特征识别沉积构造的方法；耿会聚、王贵文等(2002)对塔里木油田台盆区碳酸盐岩的大量成像测井资料进行了研究和分析，形成了一套较系统的利用井壁成像测井快速识别评价岩性岩相、储集空间的配套方法及成像测井的图版库；张本庭等(2003)阐述了成像测井解释特征图像库建立的意义及设计方法，针对系统需求、数据库设计及软件设计方式进行了说明；祁兴中等(2007)以塔里木盆地为例，总结了各种成像测井特征对应的沉积相和岩性，指出了有利储层发育部位的成像测井特征，在塔里木盆地轮古地区进行了应用，效果较好；柴华等(2009)利用成像测井对礁滩相储层进行了研究，开发出能自动识别沉积微相的计算机软件，实现了自动识别发育良好储层的有利微相，为快速、准确的评价碳酸盐岩储层提供了有力支持。

因此，目前碳酸盐岩储层的解释与评价方法，是立足于常规测井资料，充分利用声、电、核磁成像资料，在岩心刻度测井方法及岩石物理实验的约束下，通过识别孔洞缝的组合特征，建立不同类型储层不同技术系列的测井解释评价方法，得到诸如：总孔隙度、基质孔隙度、次生孔隙度、裂缝孔隙度、渗透率、饱和度等参数，通过试油、试采资料标定储层有效性下限，并建立各类油气水识别图版、储层有效性判别图版来完成对碳酸盐岩储层的精细测井评价。

第二节　缝洞型储层成像测井评价技术

国内碳酸盐岩缝洞型储层储集空间复杂，储集类型多样，非均质性强，油气水关系复杂，基质孔隙度普遍偏低，测井解释评价存在一系列的技术难题，测井新技术与常规测井的结合比较欠缺，尤其是在岩性组分定量计算、岩相准确划分、裂缝参数评价、油气饱和度计算模型建立等方面困难较大。总的来说，该类储层测井评价技术关键是要突破储层孔隙度、饱和度、渗透率等储层参数的准确定量计算以及储层有效性识别中存在的技术问题。

国外大的石油公司和技术服务公司目前普遍采用测井新技术(如FMI电成像测井、偶极声波成像测井、核磁共振测井、ECS测井等)来评价这类储层，取得了很好的应用效果。随着技术的进步和成本的降低，测井新技术尤其是电成像测井在国内主要油田的广泛应用已经成为我国测井发展的趋势。

本书提供了一套完善的以电成像测井评价技术为核心、以岩石物理实验研究为基础、以测井新技术的应用研究为主要手段的储层参数定量计算、储层有效性识别、缝洞发育预测等测井处理解释理论、方法与技术。

一、缝洞型储层参数定量计算方法

(一)裂缝参数评价方法

对于裂缝孔隙度的计算是在“电成像模拟装置”实验基础上进行的。通过对“电成像模拟装置”(称为模拟井)成像测井资料解释研究，提出了裂缝的回波幅度与裂缝宽度的三种关系模型，并应用于定量计算中。但是由于储层裂缝实际上都是以微裂缝的形式存在，应用此方法进行精确的定量解释还远远不够。本书进行了微裂缝模拟井成像测井裂缝宽度定量计算研究，图9-1是模拟井微裂缝模拟实验装置。

图 9-1 微裂缝模拟实验装置

成像测井储层特性的定性解释和储层裂缝参数的定量评价是测井精细解释的有效方法。成像测井资料的定量评价可以提供地层构造倾角描述、地层产状描述、地应力方向、裂缝宽度、裂缝孔隙度等多方面的储层参数。其中裂缝宽度的定量计算尤为重要,其计算结果的准确性直接影响其他裂缝参数的计算。

参照国外已有的裂缝宽度计算公式,结合该公式在实际应用中存在的问题,利用微裂缝模拟中的电成像测井资料进行了裂缝宽度定量计算的深入研究。通过对模拟井测井数据分析发现,在电成像测井资料图像上所显示的裂缝宽度与裂缝的实际宽度相差很大,二者之间的数量关系可以通过实验公式进行描述。

GeoFrame 软件提供了利用有限元法推导的裂缝宽度定量计算公式。根据有限元法,裂缝处电导率异常与裂缝宽度有关,电导率的异常值可以用曲线表示,该曲线的积分面积 A 受裂缝的张开度 W 和井壁附近侵入带的电阻率 R_{xo} 决定(Delhomme,1996)。由此,推导出下面的裂缝宽度定量计算公式:

$$W = C \cdot A \cdot R_m^b \cdot R_{xo}^{(1-b)} \tag{9-1}$$

式中 W——裂缝宽度,mm;

R_{xo}——地层电阻率(一般情况下是侵入带电阻率),$\Omega \cdot m$;

A——由裂缝造成的电导率异常的面积,mm/($\Omega \cdot m$);

R_m——钻井液电阻率,$\Omega \cdot m$;

C、b——与仪器结构有关的常数,$C=0.004801$,$b=0.863$。

其中,$A = \frac{1}{V_e}\int_{-z_0}^{+z_0}[I_a(z) - I_b]dz$ 称为异常电流面积,由测井资料计算得到;z 为垂直于裂缝轨迹方向上的位移,z_0 为积分半宽度,一般要大于图上显示的裂缝宽度的一半;V_e 为极板电位值;I_a 为电极电流(mV),是仪器跨越裂缝时垂直位置 z 的函数;I_b 为原状地层或骨架中的电极电流。该方法适用于 FMI/FMS 测井仪器的数据处理。

尽管阿特拉斯公司 STAR 仪器、哈利伯顿公司 EMI/XRMI 仪器与 FMI 仪器的测量原理相同，但是仪器的性能参数不同，数据的处理过程不同，因此，公式(9－1)并不适用于这些仪器的测井资料处理。但是，该公式的处理思路对模拟井各种仪器所测资料的定量计算方法研究有指导意义。

从5次测井资料选取同一位置的电成像测井电阻率曲线，应用乘积方法计算水平裂缝的视宽度，截止值选择标准为小于且接近基质的幅度值，计算的平均视宽度与裂缝宽度如图9－2所示。

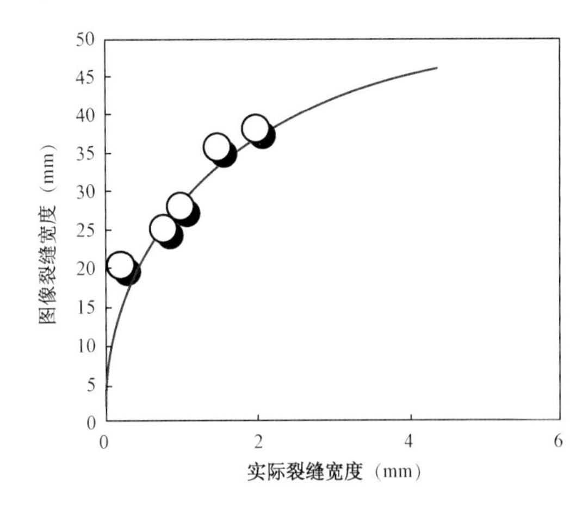

图9－2　实际裂缝宽度与图像裂缝宽度的关系

从图中可以看出，裂缝的视宽度与裂缝宽度相差许多，在测井解释中，有许多人将裂缝的视宽度当作裂缝宽度这种观点是错误的，应该利用公式计算裂缝宽度，下面给出一个根据裂缝视宽度计算裂缝宽度的拟合公式：

$$y = 132.3e^{-\frac{1.51}{x^{0.243}}} \qquad (9-2)$$

式中　x——实际裂缝宽度，mm；

y——图像裂缝宽度(裂缝视宽度)，mm。

公式(9－2)是一定取值范围内的拟合公式，y取值范围限定在45mm之内，该区间为常见的裂缝视宽度。该公式是利用裂缝视宽度计算裂缝实际宽度的一种快速可行的计算方法。其应用的前提条件是获得准确的图像二值化结果，图像二值化的准确程度决定了裂缝宽度的计算精度。在不同的测量深度二值化的阀值不同，选取正确的阀值具有一定的难度，于是，从另一个角度对裂缝宽度计算方法进行了进一步的研究。

(二)基于孔隙结构的饱和度计算方法

储层饱和度定量计算是测井解释的基本任务之一，然而碳酸盐岩储层储集空间种类繁多，孔隙结构复杂，从微观到宏观都表现出严重的非均质性，因此碳酸盐岩储层电性的非阿尔奇特性显著，饱和度定量计算的难度非常大。目前，国内外对此作了大量的理论研究。在国外，Rasmus(1986)研究了溶洞和裂缝对地层因数和电阻增大率的影响。Sen(1997)利用有效介质理论研究了含有微孔隙碳酸盐岩的电阻率特征，指出当微孔隙形成独立逾渗通道时，饱和度指数将明显小于2.0。Fleury(2003)提出了三参数$I—S_w$关系式。在国内，李宁(1989)从非均匀各向异性地层及其网络导电理论出发，给出了电阻率—含水饱和度之间的一般关系式。电阻率—含油气饱和度关系的一般形式从理论上解决了非均质复杂储层饱和度的精确定量计算问题，在实际应用中，如何针对地质情况的不同复杂程度确定通解方程的最优截断形式，并在此基质之上确定最优截断形式中各待定参数，这是目前需要解决的关键问题。此外，当存在裂缝时，岩心驱替实验非常困难，如何解决含裂缝情况下储层饱和度的计算问题也显得非常重要。本节将围绕上述问题介绍碳酸盐岩储层饱和度计算的新进展。

1. 基质饱和度计算

利用电阻率测井资料计算含油气饱和度评价的核心是确定合适的饱和度模型及参数。通过全直径岩心实验获得了每块岩心最佳的饱和度计算公式之后，如何在测井解释的时候确定最佳的饱和度解释模型也显得非常关键。在实际应用及大量的研究报告中，通常的做法是将某一地区某一层段多个岩心的岩电实验结果放在一起，以阿尔奇公式或者扩展的阿尔奇公式为基础，利用最小二乘法拟合得到该地区的饱和度计算公式，即电阻率指数(I)与含水饱和度(S_w)之间的关系。

图9－3是26块碳酸盐岩岩心电阻增大率与含水饱和度关系在双对数坐标系中的实验数据以及按照常规的最小二乘法拟合得到的该地区饱和度计算参数(阿尔奇公式中b值为0.9354，n值为1.8295)。这一分析方法只是反映了储层电性的总体变化趋势，不能精确地反映不同深度、不同储层段的电性特征。图9－4是上述26块岩心各自岩电实验数据点，从图中可以看出，不同岩心电阻增大率与含水饱和度关系的数据样本点非常分散。对于物性较好、均质性较强的储层，常规做法的效果较好，然而碳酸盐岩储层孔隙结构复杂、非均质性强，电性规律复杂，因此简单的拟合方法无法精确反映目的层段储层的电性特征。

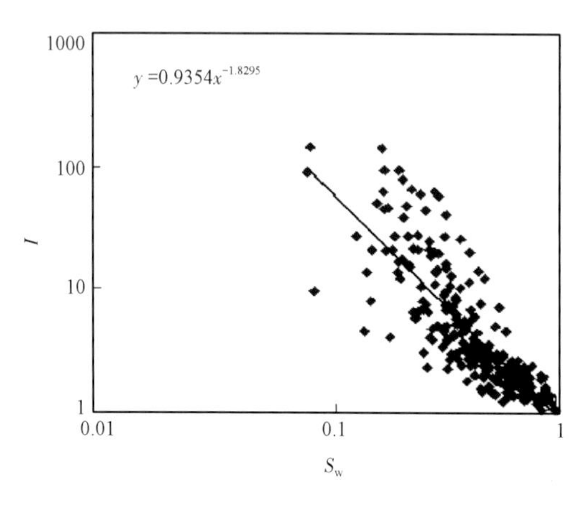

图9－3　常规的饱和度模型确定方法

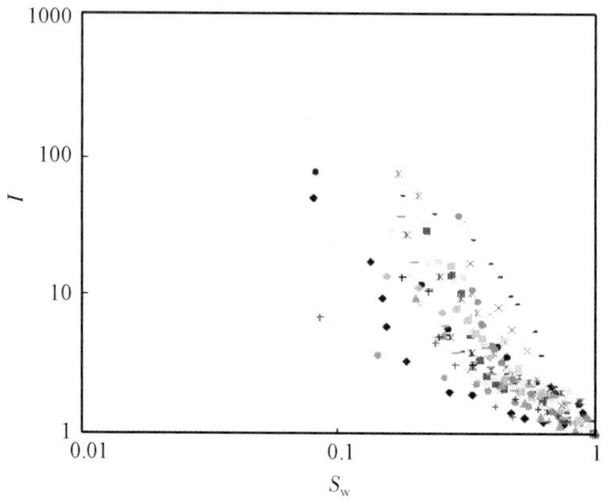

图9－4　不同岩心样品的岩电实验结果

随着研究的深入进一步发现，即使岩性相同，当孔隙度不同的时候，岩石的电性差异也比较明显，为此，进一步改进了前期的饱和度计算方法，提出了基于孔隙度变化的饱和度模型选择及含油气饱和度计算方法，在碳酸盐岩储层中，该方法也在一定程度上提高了饱和度的计算精度。然而随着研究的进一步深入，特别是更多孔隙结构复杂的火山岩、碳酸盐岩储层岩心实验得以完成，深入分析后发现，即使岩心孔隙度相同，电性特征也有较大差异。

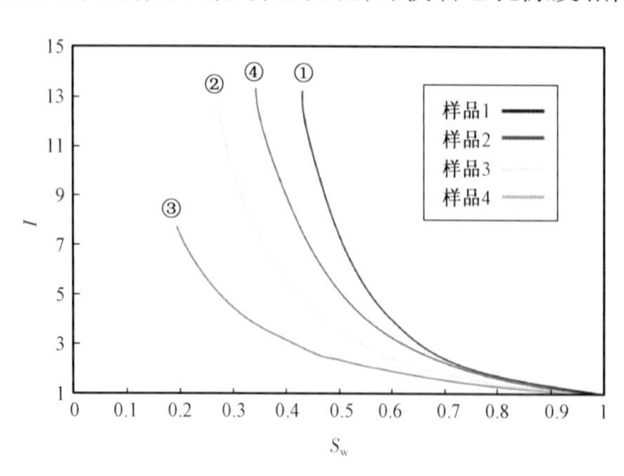

图9－5　碳酸盐岩全直径岩心的电性实验结果

图9－5是四块碳酸盐岩全直径岩心的电性实验结果，从右至左电阻增大率依次降低，将其编号为1、2、3、4，这四块岩心的孔隙度分别为16.37%、12.05%、12.91%、15.23%，①—④代表了孔隙度由大到小的排列次序。对比分析可以发现，相同含水饱和度下碳酸盐岩岩心电阻率指数的大小与孔隙度无明显的关系，图9－3也体现了这一典型特征。

从导电的内在本质上分析，储层岩石的导电性主要取决于以下两个方面：(1)流体本身的导电特性;(2)流体饱和状态及其在孔隙空间中的分布。其中,流体饱和状态及分布主要取决于储层岩石孔隙空间的特征,因此,岩石电性在很大程度上受到孔隙类型、孔隙大小及分布、孔隙空间连通性以及微孔隙等孔隙结构特征的影响。

近年来,一些新的实验技术如CT的引入,使得我们能够获得岩石三维孔隙结构的精细信息,并对岩石孔隙结构与电性之间的对应关系有了更深的认识。此外,目前一些能够反映储层孔隙结构新的测井技术如核磁、电成像等在油田现场广泛应用,进一步提供了根据储层实际孔隙结构计算含油气饱和度的技术基础。

为此,进一步深入分析了这几块全直径岩心的孔隙结构特征。图9-6是这四块碳酸盐岩全直径岩心的CT实验结果。岩心CT谱能够比较准确地反映微孔隙、粒间孔及次生孔洞的体积信息。对比分析可以发现,碳酸盐岩岩心的CT谱与相同含水饱和度下电阻率指数的大小与孔隙度呈现出很好的一致性。CT谱分布的最右边对应的孔隙等效半径比较大,在饱和度相同的情况下相应的岩心电阻增大率数值低;CT谱分布的最左边对应的孔隙等效半径小,在饱和度相同的情况下相应的岩心电阻增大率数值高。

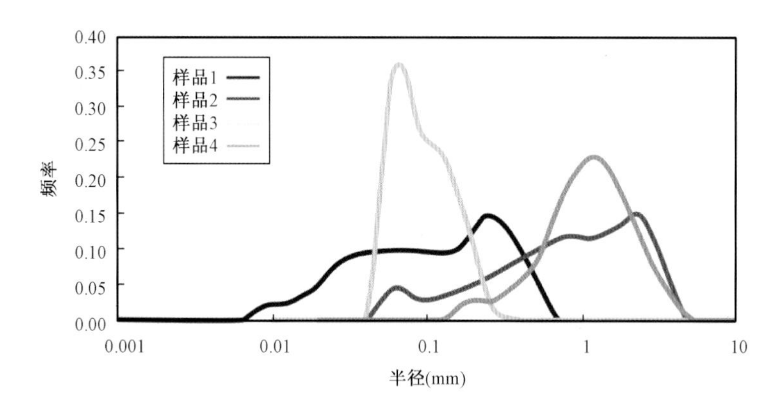

图9-6 碳酸盐岩全直径岩心CT谱

基于上面的规律,提出了利用孔隙结构确定碳酸盐岩储层饱和度模型的技术方法,即首先分析碳酸盐岩储层岩心的孔隙结构特征,然后根据所确定的孔隙结构特征选择对应的电阻增大率与含水饱和度之间的关系,最后确定相应的饱和度解释模型。这一技术方法具有以下两个突出的优点:

(1)根据孔隙结构确定的饱和度解释模型,体现了孔隙结构对岩石电性具有重要影响这一本质规律,能够更准确反映非均质储层的电性特征;

(2)在现有实验及测井技术下,获取储层的孔隙结构已经成为可能,这就为在测井解释时,根据储层孔隙结构特征动态确定最优的饱和度解释模型提供了技术可能,因此,能够提高饱和度的计算精度。

2. 裂缝饱和度计算

利用前面介绍的方法确定的饱和度计算模型,主要反映的是基质的特征。在碳酸盐岩储层中,裂缝往往比较发育,因此裂缝对岩石电性及饱和度计算的影响非常显著。关于含裂缝储层的饱和度计算,国内外的学者已进行了大量的研究,如Fraser(1958)在他的硕士论文中提出了计算碳酸盐岩油气饱和度的公式,Rasus(1986)研究了溶洞和裂缝对地层因数和电阻增大率的影响,原海涵(1994)利用毛细管模型研究了裂缝对饱和度指数的影响。但在缝洞储层中的实际应用效果并不理想,裂缝的存在往往导致含油气饱和度计算结果偏低。

另一方面，沿用确定基质饱和度的方法来确定裂缝饱和度是不现实的，因为无法在实验室中完成有裂缝状态下的含水饱和度—电阻增大率实验。裂缝的存在会使驱替过程在瞬间完成，即气体在加压进入岩心的瞬间就沿裂缝迅速从一端贯穿到另一端，来不及记录电阻增大率随含气饱和度变化的中间过程。近些年来，数值岩心实验方法的快速发展为解决这一复杂问题提供了手段，但仅仅依靠数值岩心实验，由于没有经过实际刻度标定，往往只能得到曲线相对变化规律的认识，尚不能用于实际定量计算。

通过研究，形成了解决这个问题的技术思路：采用实际岩心实验结果作为边界条件对数值岩心实验进行约束，使数值岩心实验过程在实际岩心实验刻度范围内进行。这样得到的数值模拟实验结果就具有了较高的可靠性和置信度，因而可以用于实际处理解释。下面结合图进一步介绍岩心刻度数值模拟及裂缝饱和度计算的具体方法。

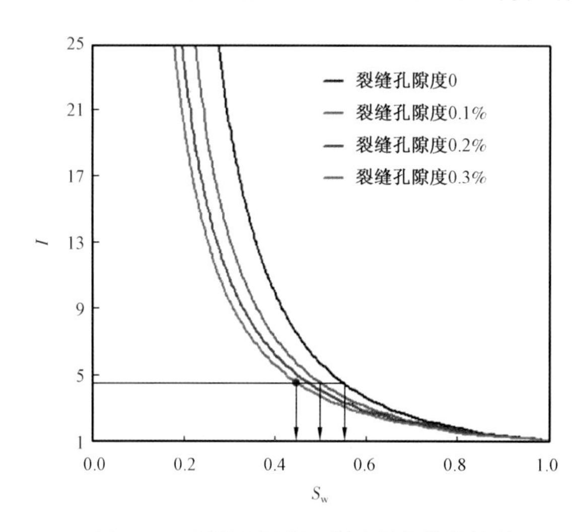

图9-7　裂缝储层岩心刻度数值模拟结果

图9-7是针对碳酸盐岩，在考虑裂缝存在的情况下所做的数值模拟实验结果中的一个。该图模拟的是当基质孔隙度为4.6%，裂缝孔隙度从0变化到0.3%时的情况。图的横坐标是含水饱和度(S_w)，纵坐标是电阻增大率(I)。为了使数值模拟结果能够反映真实裂缝储层的特征，采用了全直径岩心实验数据、密闭取心结果对数值模拟左右两个边界进行刻度。图中最右边深黑色曲线是当裂缝孔隙度为0时，真实全直径流纹岩岩心含水饱和度—电阻增大率实验曲线。图中最左边绿色曲线上的棕色数据点是裂缝层段(裂缝孔隙度为0.3%)密闭取心饱和度分析结果。中间红色、蓝色是在全直径岩心资料及密闭取心分析点共同约束下利用数值岩心实验得到的裂缝孔隙度为0.1%、0.2%时的结果，显然这一结果经过了真实岩心实验和密闭取心分析结果的刻度，可以用于实际资料处理。

二、成像测井(FMI)孔隙度谱分布计算原理

全井眼地层微成像测井(FMI)资料具有分辨率高、能定量解释的特点。对不同岩性中的次生构造反映明显，如裂缝、溶缝、溶孔、溶洞、泥纹、泥质或方解石充填缝等。一般来说，非均质储层通常具有双孔隙介质特性，在储层中发育不同比例的原生孔隙和次生孔隙。由于次生孔隙的孔径通常比原生孔隙的孔径大，渗透性要好得多，因此原生孔隙和次生孔隙的相对大小对度量储层的好坏尤其重要。对于有同样总孔隙度的两个地层，若一者次生孔隙发育，一者原生孔隙发育，显然次生孔隙发育的地层要好于原生孔隙发育的地层。

成像测井仪采用纽扣电极系测量，在井周向和深度上的采样间隔为0.1in，分辨率为0.2in。经浅电阻率资料刻度后的成像测井资料以高分辨率电导率图像的形式反映井壁附近地层的层理、裂缝、溶蚀孔洞等地质现象。在常规测井资料的纵向分辨率内(约40 ~50cm)，成像测井资料包含了大量的电导率测量值(为一幅有很多像素的图像)。

利用成像测井资料分析地层孔隙度分布的原理如图 9－8 所示，通常选取一个图像窗口，用相应的计算方法计算窗口中每个成像测井像素点的孔隙度大小，统计其分布。根据其分布，就可以了解该窗口对应的地层中孔隙度大小的分布情况。若成像测井资料上原生孔隙所占的像素数目大于次生孔隙所占的像素数目，统计的分布如图 9－9 的左上角所示。若原生孔隙所占的像素数目小于次生孔隙所占的像素数目，统计的分布见图 9－9 的右上角所示。由此可见，当地层中主要发育原生孔隙时，孔隙度分布图上峰向左偏；当地层中主要发育次生孔隙时，孔隙度分布图上峰向右偏。在地层中孔隙成分的多少不同，其分布状况是不同的。当地层中孔隙变化较大时，可以看到双峰。当地层中不同孔径的孔隙分布较均匀时，即各孔径段的孔隙在地层中都有分布时，直方图上的峰值就较低，且比较宽。随着次生孔隙在总孔隙中比重的增加，右边峰的高度将逐渐增高。

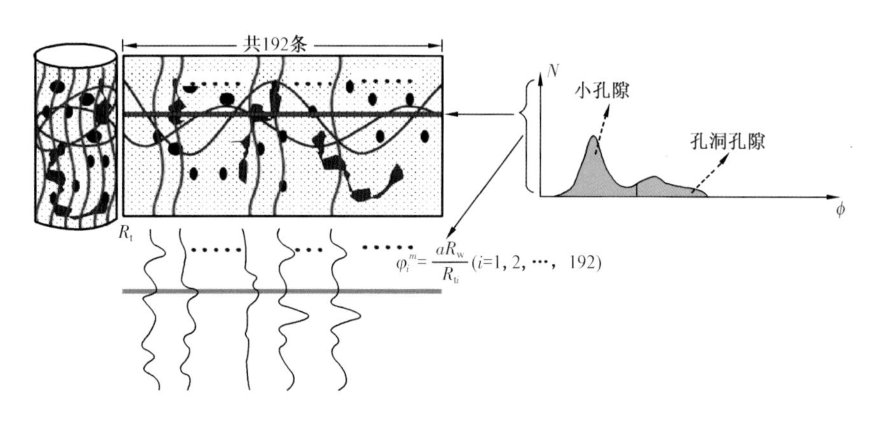

图 9－8　FMI 测井资料计算孔隙度分布示意图

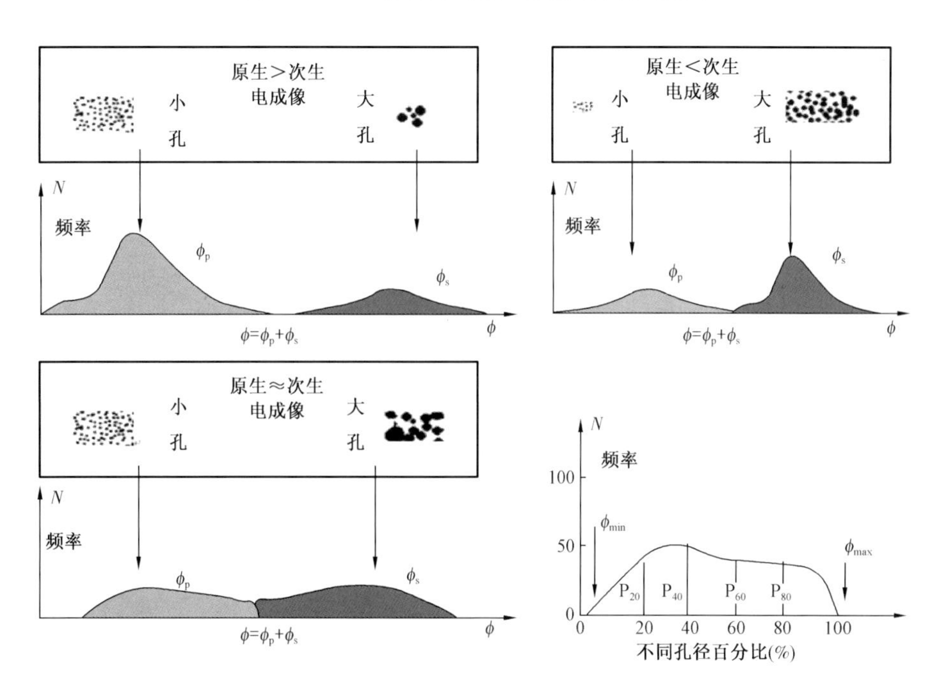

图 9－9　孔隙分布直方图与孔隙大小的关系示意图

由上面讨论可知,孔隙度分布图上不同孔隙度位置峰值的高低主要取决于不同孔径的孔隙在地层中所占比例的大小;而峰的宽窄表示不同孔径的孔隙在地层中的分布是否均匀。若地层孔隙大小均匀,则分布较窄,反之较宽。

对于大孔隙发育的地层,溶蚀缝洞处的局部电导率值要较其他地方大得多,因而计算的像素孔隙度值较大。于是,若某个像素点计算的孔隙度值较大,表明该像素值所在的井壁位置为次生溶孔或溶蚀裂缝。反之,若某个像素点计算的孔隙度值较小,则表明该像素点处次生溶孔不发育。这样,孔隙度分布图就表征了一幅图像框中孔隙度大小的分布情况。由孔隙度的分布情况就可推测地层中溶蚀孔洞、裂缝视尺度的大小,从而为储层评价提供依据。

三、成像测井资料孔隙度分布谱的计算方法

由于阿尔奇公式是连接电阻率与孔隙度之间的纽带,碳酸盐岩礁滩储层强烈的非均质性,使用阿尔奇公式有一定的局限性。本节先对阿尔奇公式及胶结指数作简要讨论,然后给出成像测井孔隙度谱计算方法。

阿尔奇公式从半个世纪的应用实践证明了其正确性,同时,也表明了阿尔奇公式存在着局限性和不足。阿尔奇公式的形式来源于物理模型,因此,其形式具有普遍意义。在一般应用中,阿尔奇公式中的参数(a、b、m 和 n)一般取当地经验值固定使用。但是,在非均质性强的碳酸盐岩地层中,固定其中的这些参数会引起一系列问题,因为不同储层特性会影响胶结指数 m 及弯曲指数 a 的变化,它们都是相互依赖的。由

$$F=\frac{R_0}{R_w}=\frac{a}{\phi^m} \qquad I=\frac{R_t}{R_0}=\frac{b}{S_w^n} \tag{9-3}$$

可得

$$\phi^m=\frac{abR_w}{R_tS_w^n} \tag{9-4}$$

将此公式应用于侵入带地层

$$\phi^m=\frac{abR_{mf}}{R_{xo}S_{wxo}^n}=\frac{a'R_{mf}}{R_{xo}S_{wxo}^n} \tag{9-5}$$

式中 m——孔隙度指数,又称胶结指数;

F——地层因素;

R_0——地层 100% 含水时的电阻率,Ω · m;

R_{mf}——钻井液滤液的电阻率,Ω · m;

ϕ——地层孔隙度,%;

S_w——地层岩石的含水饱和度,%;

R_t——原状地层电阻率,Ω · m;

R_{xo}——侵入带电阻率,Ω · m;

a——取决于岩性的比例系数;

n——饱和度指数。

当阿尔奇公式在砂岩地层应用时,它不仅受到孔隙弯曲度的影响,还受泥质含量的影响。E. L. Etris 等在用岩相法分析阿尔奇公式适应性时指出,仅在一些非常有限的岩石类型中,地层因子才是孔隙度的简单函数。阿尔奇公式要求:(1)孔隙大小的分布形态是稳定的(如正态

分布、对数正态分布等），孔隙大小平均值与孔隙度成正比；（2）平均孔隙大小与平均孔喉大小具有固定的关系。在非均质的岩石中，孔隙的空间分布以及其孔径分布均与砂岩存在着巨大的差异。

根据式（9-5），孔隙度与钻井液滤液电阻率 R_{mf} 和地层岩石100%含水时的电阻率 R_0 有直接关系，除这两个因素外，胶结指数 m 也直接影响着孔隙度的计算，同一深度点不同方位的岩石孔隙结构不同，这必然会导致导电性能的不同；胶结程度的不同又会引起 m 值的变化。

孔隙度指数又叫胶结指数。由于阿尔奇公式的重要性，阿尔奇方程胶结指数 m 已有许多讨论和研究。如上所述，当阿尔奇公式在砂岩地层中应用时，容易受到孔隙弯曲度和泥质的影响；地层中岩石导电通道的弯曲度是影响孔隙度指数的关键因素。

在不同岩石中，胶结指数 m 受导电通道的弯曲度影响。在研究区内的目的层段，岩性较纯，基本不含泥质，导电通道的弯曲度主要受裂缝及溶孔的影响。人们根据碳酸盐岩的独有特性，建立了双孔隙度模型。Aguilera（1976）介绍了一种能够处理基质和裂缝孔隙的双孔隙模型。他考虑了三种不同的阿尔奇孔隙度指数：基质孔隙度指数 m_b、裂缝孔隙度指数 m_t（=1）以及两者组合的系统孔隙度指数 m。Rasmus（1983）和 Draxler（1984）提出的双孔隙模型，考虑了裂缝的弯曲度和裂缝孔隙度指数的改变。但该模型随着总孔隙度的增加，会导致系统胶结指数 m 大于基质胶结指数 m_b 的错误。随后，Serra（1989）建立了一种适合于具有裂缝和不连通孔洞的模型。当地层中仅含裂缝时

$$m = \frac{\lg[(\phi - \phi_f)^{m_b} + \phi_f^{m_f}]}{\lg\phi} \tag{9-6}$$

当地层中仅含非连通孔洞时

$$m = \frac{m_b \lg(\phi - \phi_{nc})}{\lg\phi} \tag{9-7}$$

图9-10是根据 Serra 模型公式绘出的孔隙度指数 m 与总孔隙度 ϕ 的关系图版。由图可见，对于基质和裂缝及孔洞的某些组合，该模型会出现明显的错误（Aguilera，2003），导致系统孔隙度指数 m 大于基块孔隙度指数 m_b。Aguilera（2004）等对此进行了改进，提出了适用于基质、裂缝和不连通孔洞任意组合的三孔隙模型，并得出如下公式来计算 m 值。

$$m = \frac{-\lg\left[v_{nc}\phi + \dfrac{1 - v_{nc}\phi}{v\phi + \dfrac{1 - v\phi}{\phi_b^{-m_b}}}\right]}{\lg\phi} \tag{9-8}$$

式中 v_{nc}——不连通孔洞占总孔隙度的比例；

ϕ——总孔隙度，%；

v——连通孔洞孔隙或裂缝孔隙占总孔隙度的比例；

ϕ_b——基块孔隙，%；

m_b——骨架系统的孔隙度指数。

根据此式得出的胶结指数随裂缝孔隙度 PF 和孔洞孔隙度 PV 的交会图版见图9-11。图的左边为当地层中不含非连通孔洞时的交会图版，右边为不含裂缝时的交会图版。由图可见，当总孔隙度较大的时候，改进的模型对参数的计算更为正确。

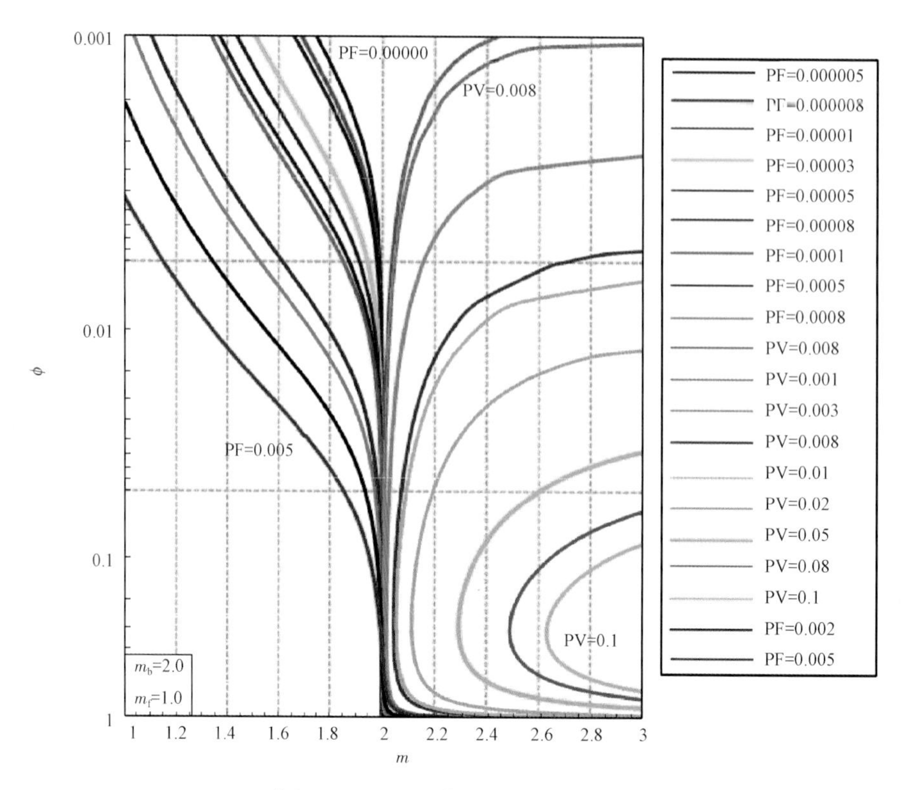

图 9－10　Serra 模型理论交会图版

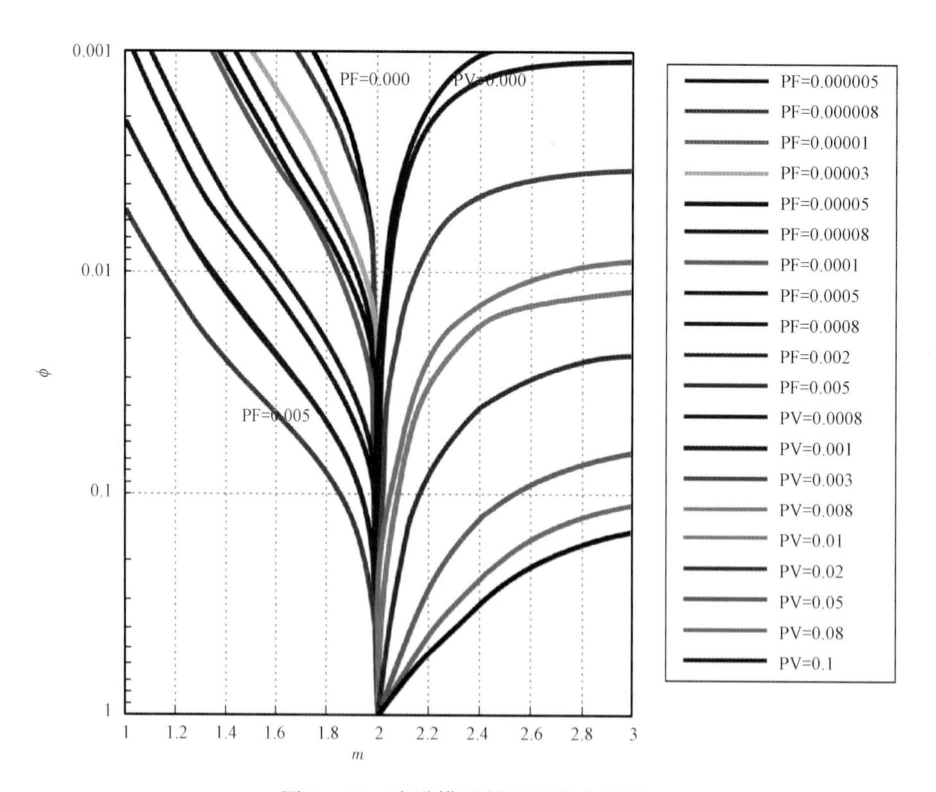

图 9－11　改进模型的理论交会图版

经浅电阻率刻度过的 FMI 电成像实质上是冲洗带井壁的电导率图像。利用阿尔奇关系式

$$S_{xo}^{n} = \frac{aR_{mf}}{\phi^{m}R_{xo}} \tag{9-9}$$

可得

$$\phi^{m} = \frac{aR_{mf}}{S_{xo}^{n}R_{xo}} \tag{9-10}$$

由式(9－10)可以得到一个计算 FMI 每个电极纽扣电导率转换成孔隙度的公式

$$\phi_{i} = \left[\frac{aR_{mf}}{S_{xo}^{n}} \cdot C_{i}\right]^{\frac{1}{m}} = \left[\frac{aR_{mf}}{S_{xo}^{n}R_{xo}} \cdot R_{xo} \cdot C_{i}\right]^{\frac{1}{m}} = \left[\phi^{m} \cdot R_{xo} \cdot C_{i}\right]^{\frac{1}{m}} \tag{9-11}$$

式中 ϕ_i——计算的 FMI 像素的孔隙度(体积比);

a——阿尔奇公式中的地层因数系数;

R_{mf}——钻井液滤液电阻率,Ω·m;

S_{xo}——冲洗带含水饱和度(体积比);

n——阿尔奇公式中的饱和度指数;

C_i——FMI 电极电导率,mS;

m——阿尔奇公式中的胶结指数,采用三孔隙度模型计算;

R_{xo}——冲洗带电阻率,Ω·m。

图 9－12 为成像资料孔隙度分布计算结果图,其中第四道为计算的孔隙度分布谱。

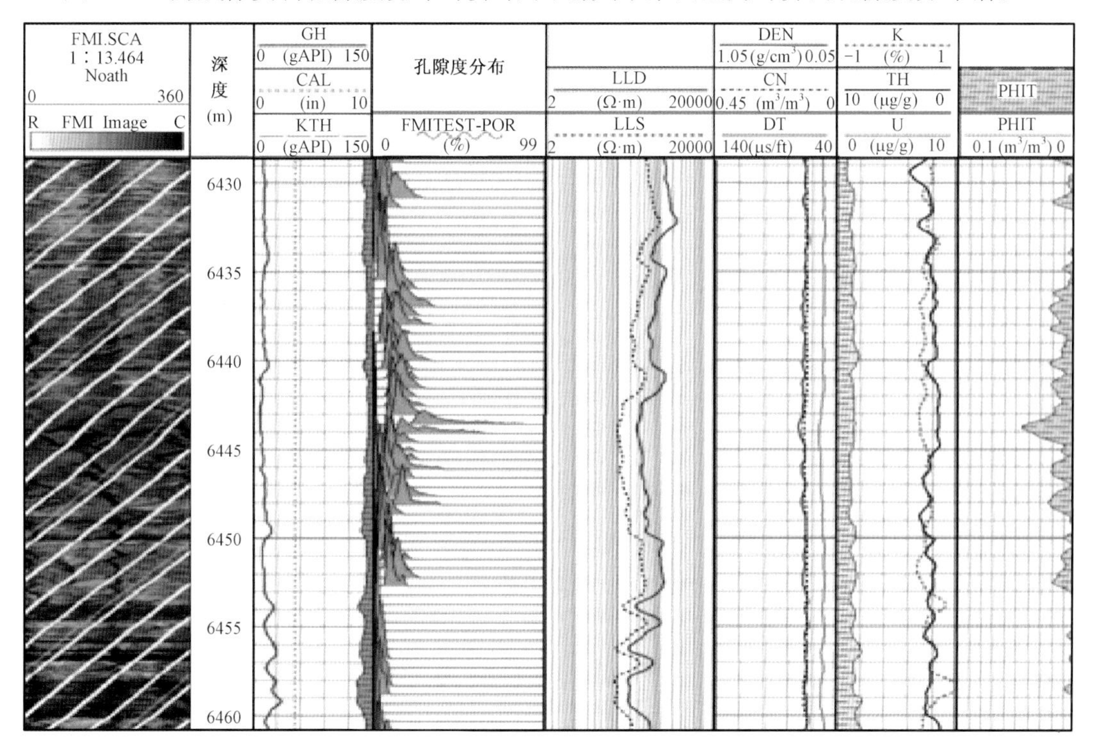

图 9－12 ZGXX 井 6430～6460m 井段成像资料孔隙度分布计算结果图

由于成像测井仪采用纽扣电极系测量，在井周向和深度上的采样间隔为0.1in，分辨率为0.2in（FMI井周向有4对电极，每个极板上有12个纽扣电极，纵向上两排排列，一个深度点有192个纽扣电极测量结果）。为了便于统计计算，本节采用的是连续取50个深度点数据为一个数据单元进行计算，即采样间隔为0.127m。

四、基于成像测井孔隙度谱的储层有效性识别方法

电成像孔隙度谱的计算是根据阿奇公式进行的，阿尔奇公式是连接电阻率与孔隙度之间的纽带，基于该公式经浅电阻率刻度过的电成像实质上反映的是冲洗带井壁的电导率图像。

由于成像测井仪采用纽扣电极系测量，在井周向和深度上的采样间隔为0.1in，分辨率为0.2in（FMI井周向有4对电极，每个极板上有12个纽扣电极，纵向上两排排列，一个深度点有192个纽扣电极测量结果）。为了便于统计计算，采用的是连续取50个深度点数据为一个数据单元进行计算，即采样间隔为0.127m。

在电成像孔隙度谱计算结果的基础上，引入均值表达孔隙度分布谱中主峰偏离基线的程度，用方差（二阶矩）表达孔隙度分布谱的谱形变化（分散性），用孔隙度分布比表示电成像像素孔隙度大于某一孔隙度值 ϕ_c 占所有像素孔隙度的份额。一个深度点孔隙度分布谱均值可用式(9－12)进行计算，孔隙度分布谱方差用公式(9－13)进行计算，孔隙度分布比可以用公式(9－14)进行计算。

$$\bar{\phi} = \frac{\sum_{i=1}^{n} \phi_i P_{\phi_i}}{\sum_{i=1}^{n} P_{\phi_i}} \qquad (9-12)$$

$$\sigma_{\phi} = \sqrt{\frac{\sum_{i=1}^{n} P_{\phi_i}(\phi_i - \bar{\phi})^2}{\sum_{i=1}^{n} P_{\phi_i}}} \qquad (9-13)$$

$$K = \frac{\sum_{i=\phi_c}^{n} P_{\phi_i}}{\sum_{i=1}^{n} P_{\phi_i}} \qquad (9-14)$$

式中 $\bar{\phi}$——电成像像素的孔隙度均值；

ϕ_i——据式(9－12)计算的电成像像素的孔隙度（体积比）；

ϕ_c——某一固定的像素孔隙度值，不同的碳酸盐岩储层其取值不同（$50\% \leq \phi_c \leq 200\%$），本节实例中西南油气田碳酸盐岩储层取值为100%（体积比）；

P_{ϕ_i}——相应孔隙度的频数（像素点数）；

σ_{ϕ}——孔隙度分布谱方差，无量纲；

$\sum_{i=1}^{n} P_{\phi_i}$——FMI像素的孔隙度 $\phi_i > \phi_c$ 的频数（像素点数）；

n——孔隙度份额，采用千分孔隙度，取值范围为 0 ~ 1000；

K——孔隙度分布比，无量纲。

在上述方法计算结果基础上，本书提出在由孔隙度谱均值和方差构成的二维平面上进行储层有效性评价，其中 X 坐标表示孔隙度谱均值，Y 坐标表示孔隙度谱形变化的方差参数，在此基础上提出了 4 区间分类方法。

在二维平面进行储层有效性识别的基础上，增加孔隙分布比作为第三维信息，这样就从孔隙度谱主峰偏离基线的程度、谱形变化和孔隙分布比三个方面对孔隙谱进行了全方位的定量刻画，具有重要的工程意义。

这样就得到表征孔隙度谱均值、方差和孔隙度分布比的三参数进行储层有效性综合识别，对非产层、自然产层及需要一定工程技术后能达到产层标准的 4 区域进行了详细的阐述。样本点落在Ⅰ区表明该储层段孔隙度成分较小或无大孔隙沟通、谱形变化小，储层性质大多为干层，即使采取酸化、压裂措施效果也不明显；样本点落在Ⅱ区表明该储层段有大的孔隙成分，但连通性不好，因此建议进行酸化措施沟通不同的孔隙空间；样本点落在Ⅲ区表明该储层段不仅有大的孔隙度成分，而且连通效果也比较好，即使不采取酸化压裂措施，也能形成有效的自然产能；样本点落在Ⅳ区，表明虽然该储层段总的孔隙度较小，但含有大的孔隙度成分存在，在采取压裂措施的情况下，可以改善储层的连通性，形成有效产层。

与以往进行储层有效性识别的直接或者间接技术方法相比，上述方法具有两个显著特点：(1)立足现有成熟的测井系列，在技术上易于实现；(2)提出的三参数储层有效性识别技术是将电成像测井计算获得的孔隙度谱信息进行深入挖掘，定量计算出了能够表征孔隙谱谱形变化的均值和方差参数，并与孔隙度分布比信息有机结合在一起，共同实现储层有效性的识别，对于油田开发具有较高的工程应用价值。

图 9 - 13 是二维平面储层有效性识别，方框为有效储层样本点，黑点是储层为干层的样本点。图 9 - 14 是三维空间储层有效性识别，方框为有效储层样本点，黑点是储层为干层的样本点。图 9 - 15 是三维空间储层有效性识别在均值和孔隙度分布比构成的二维平面上的投影，方框为有效储层样本点，黑点是储层为干层的样本点。图 9 - 16 是西南油气田 LGX 井碳酸盐岩储层有效性综合识别成果图，右起第 5 道为电成像孔隙度谱，右起第 3 道为孔隙分布比计算结果，右起第 1 道为试油结果。

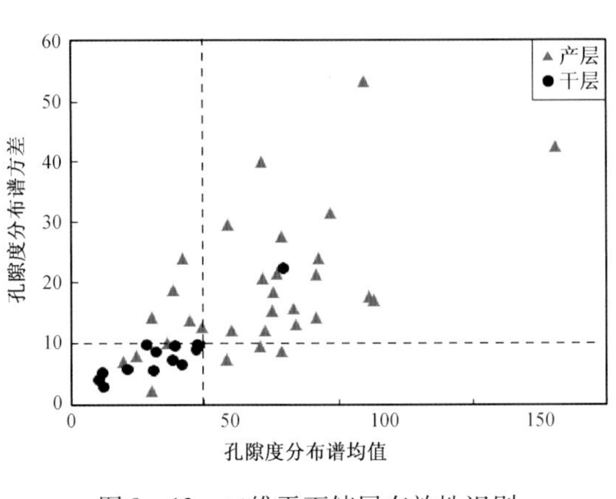

图 9 - 13　二维平面储层有效性识别

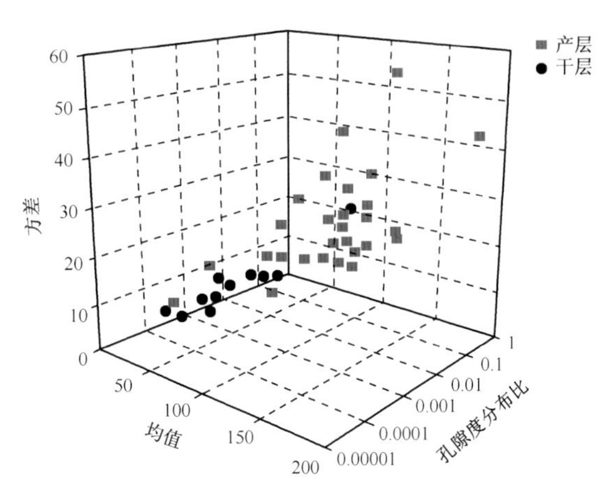

图 9 - 14　三维空间储层有效性识别

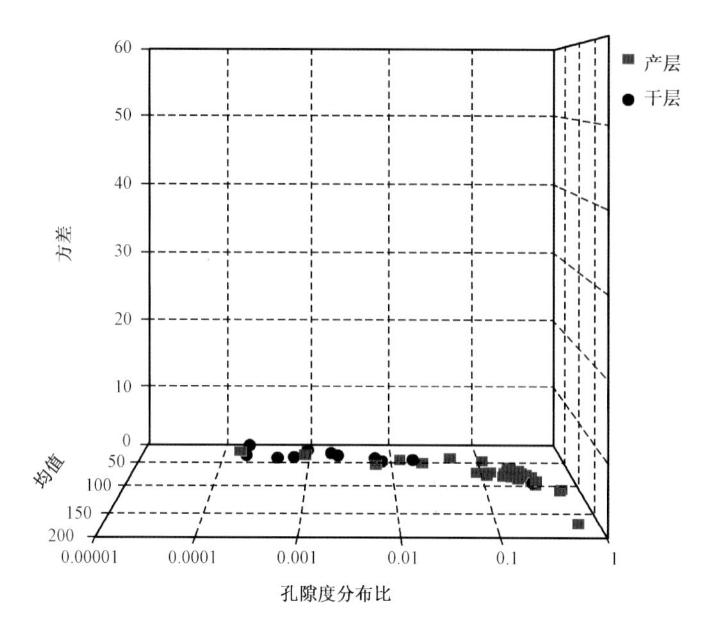

图9－15　三维空间在均值和孔隙分布比构成的二维平面上的投影

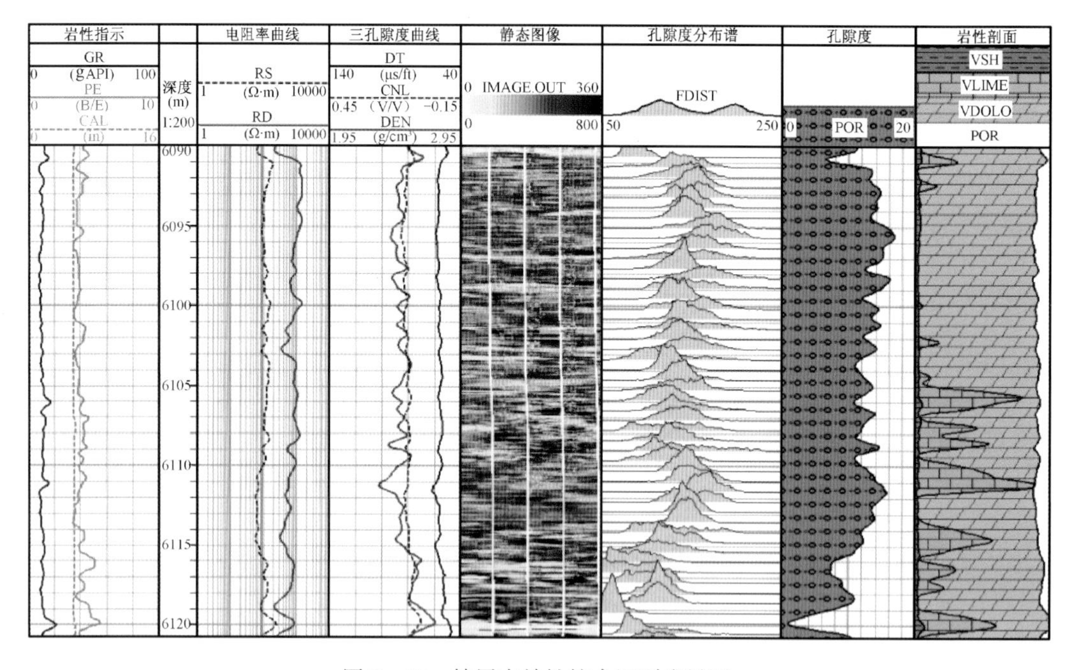

图9－16　储层有效性综合识别成果图

第三节　礁滩型储层测井评价技术

海相碳酸盐岩礁滩型储层是国内油气勘探开发的热点，同时也是西部油气田增储上产的主要领域。大量研究证明，控制储层生产能力的主要因素是孔隙的储集空间类型、大小、连通性等。但是碳酸盐岩礁滩储层岩性横向变化快、非均质性极强、基质孔隙度普遍较低，裂缝孔洞型及未全充填的洞穴型缝洞储层产量较高，而纯裂缝型储层及孔洞型储层一般为干层或产量偏低，因此如何利用测井资料准确进行有效储层识别进而为油田开发提供必要的技术支持

已经成为碳酸盐岩储层解释评价的基础和关键。而解决礁滩储层测井解释评价问题包含两个基本要点,即:

(1)如何用测井方法准确识别和发现目标储层,并准确判断其含油气特性;

(2)如何用测井方法准确提供计算礁滩储层储量所需的基本地质参数,如地层有效厚度、孔隙度、含油气饱和度等。

解决这两个问题对于油田增储上产至关重要:不能准确识别目标储层,必然导致油气层漏失或有效厚度计算不准,从而产生严重责任事故和不可挽回的经济损失;孔隙度、含油气饱和度无法确定,则不能完成储量上报。

虽然国内外利用测井技术评价碳酸盐岩油气藏已经积累了丰富的成果与经验,但针对裂缝、溶洞型碳酸盐岩储层的测井评价还存在着很多问题,主要表现在储层测井评价技术虽然比较多,但是还很不完善,没有形成系统的评价方法,也没有研发出能够广泛适用的软件系统,新技术和常规测井的结合比较欠缺,研究思路和方法有待加强。

国外对于礁滩储层测井解释评价的研究起步较早,始于20世纪50年代,随着测井技术的不断发展和更新,积累了大量的成功经验和技术。尤其是在测井资料的采集和测井新技术、新仪器的研发方面目前远领先于国内。

随着国内岩石物理实验以及对测井新技术资料的深入研究,本书将详细介绍礁滩型储层测井评价技术的最新进展。

一、礁滩相与储层对应关系的建立

礁滩储层已经成为我国碳酸盐岩储层油气勘探开发最主要的研究对象,因此,准确认识礁滩储层的内部发育规律对于碳酸盐岩的科研生产有着重要的指导意义。

塔里木油田奥陶系礁滩储层根据西南石油大学王振宇的划分方案,可以分为三个亚相,七个微相,表9-1是礁滩储层沉积相划分简表。

表9-1 塔中奥陶系礁滩储层沉积相划分简表(据王振宇,2006)

<table>
<tr><th>相</th><th colspan="2">亚相</th><th>微相</th></tr>
<tr><td rowspan="7">陆棚边缘相</td><td rowspan="4">礁丘</td><td rowspan="2">生物礁</td><td>礁核</td></tr>
<tr><td>礁翼</td></tr>
<tr><td rowspan="2">灰泥丘</td><td>丘核</td></tr>
<tr><td>丘翼</td></tr>
<tr><td colspan="2" rowspan="2">粒屑滩</td><td>高能滩</td></tr>
<tr><td>低能滩</td></tr>
<tr><td colspan="2">滩间海</td><td>—</td></tr>
</table>

从事塔里木油田研究的专家和学者在长期生产实践的基础上总结了关于礁滩储层的规律(陈景山,1999;王振宇,2007;肖承文,2008),该规律在西南油气田的礁滩储层中被证明也具有类似的情况:

(1)礁丘翼与高能滩是好储层;

(2)礁核是一般储层;

(3)低能滩是差储层;

(4)灰泥丘与滩间海是非储层。

这样，在利用测井资料进行礁滩储层进行评价时，如果能够准确确定该层段的沉积微相，基本上就可以预知该段的储层优劣。结合其他的测井评价参数（孔渗饱等）就能够更好地对储层有一个清晰的认识。

随着电成像测井评价技术的发展，电成像测井图像所包含的沉积微相信息越来越被认识和应用。利用电成像测井识别碳酸盐岩储层的沉积相和沉积微相已经成为最现实、最可靠的途径。那么，各类沉积微相在电成像测井图像上的特征总结便是所有工作的开始。

礁滩储层可以进一步划分为礁丘亚相、灰泥丘亚相、粒屑滩亚相和滩间海亚相（陈景山，1999；赵澄林，2001；王振宇，2007），各亚相在成像上的反映有着明显的不同。

笔者等对塔中和川东北地区的多口井进行了岩心归位，并在 1 ∶ 1 的比例下用取心数据刻度成像资料，进而对礁滩储层各沉积亚相的成像特征进行了系统的观察和描述（图 9－17）。

（1）礁丘亚相。礁丘发育于台缘外带的中高能环境，主要由格架岩和障积岩等构成。礁丘亚相在横向上可以分为礁核、礁翼等微相。礁核微相是礁丘的主体，其地层中含有大量的生物骨架和碎屑，但这些组分在电阻率成像上没有明显反映；由于水动力较强，礁核微相中泥质含量很低，在成像中也没有明显反映，因此礁核微相地层的成像一般表现为块状，没有明显的层状或斑状特征。礁翼代表了从礁核到非礁丘的过渡环境，在成像上表现为块状和非块状特征的互层。

（2）灰泥丘亚相。灰泥丘发育于台缘内带的中低能环境，主要由造丘生物分泌的黏液粘结碳酸盐泥所形成，岩性以粘结岩为主。与礁丘相似，灰泥丘亚相在横向上也可以分为丘核、丘翼等微相。丘核是灰泥丘的主体，其典型特征是具有粘结结构和凝块结构，没有造架生物，多见藻纹层。由于藻纹层电阻率相对较低，在电阻率成像上常形成密集的细薄暗色纹层状特征（图 9－17a）。丘翼代表了从丘核到非灰泥丘的过渡环境，在成像上表现为纹层状和非纹层状特征的互层。

（3）粒屑滩亚相。根据沉积时的水动力环境，粒屑滩可以进一步分为高能滩和低能滩两个微相。高能滩发育于台缘外带，水动力条件很强，泥质成分被淘洗干净，只剩下分选很好的颗粒成分，主要发育亮晶颗粒灰岩。大部分高能滩地层的粒间孔已被亮晶方解石充填，电阻率较高，在成像上形成均一的亮色背景，表现为块状（图 9－17b）。也有些地层的粒间孔未被全部充填，或经后期溶蚀作用产生了溶孔，导致成像上形成随机分布的暗斑，表现为斑状（图 9－17c）。低能滩发育于台缘内带，水动力条件较弱，泥质含量相对较高，主要发育泥晶颗粒灰岩，常伴有泥质条带和条纹，在成像上常表现为条带状（图 9－17d）。一些泥质条带和条纹形成后，由于后期的压实作用和溶解作用导致条带和纹层变的薄厚不均，形成不规则的瘤状泥质层，在成像上反映为密集成层的暗斑，表现为断续条带状（图 9－17e）。

（4）滩间海亚相。滩间海的水动力条件很弱，岩性以泥晶灰岩和泥质灰岩为主，常伴有密集的泥质条带和纹层。由于泥质含量较高，电阻率值相对较低，滩间海地层在成像上常形成颜色较暗的背景，并伴有明显的暗色条带，表现为条带状或断续条带状特征（图 9－17f、g）。更典型的情况下，由疏密相间的泥质纹层所形成的递变层理会在成像图上表现出由明到暗的递变特征（图 9－17h）。

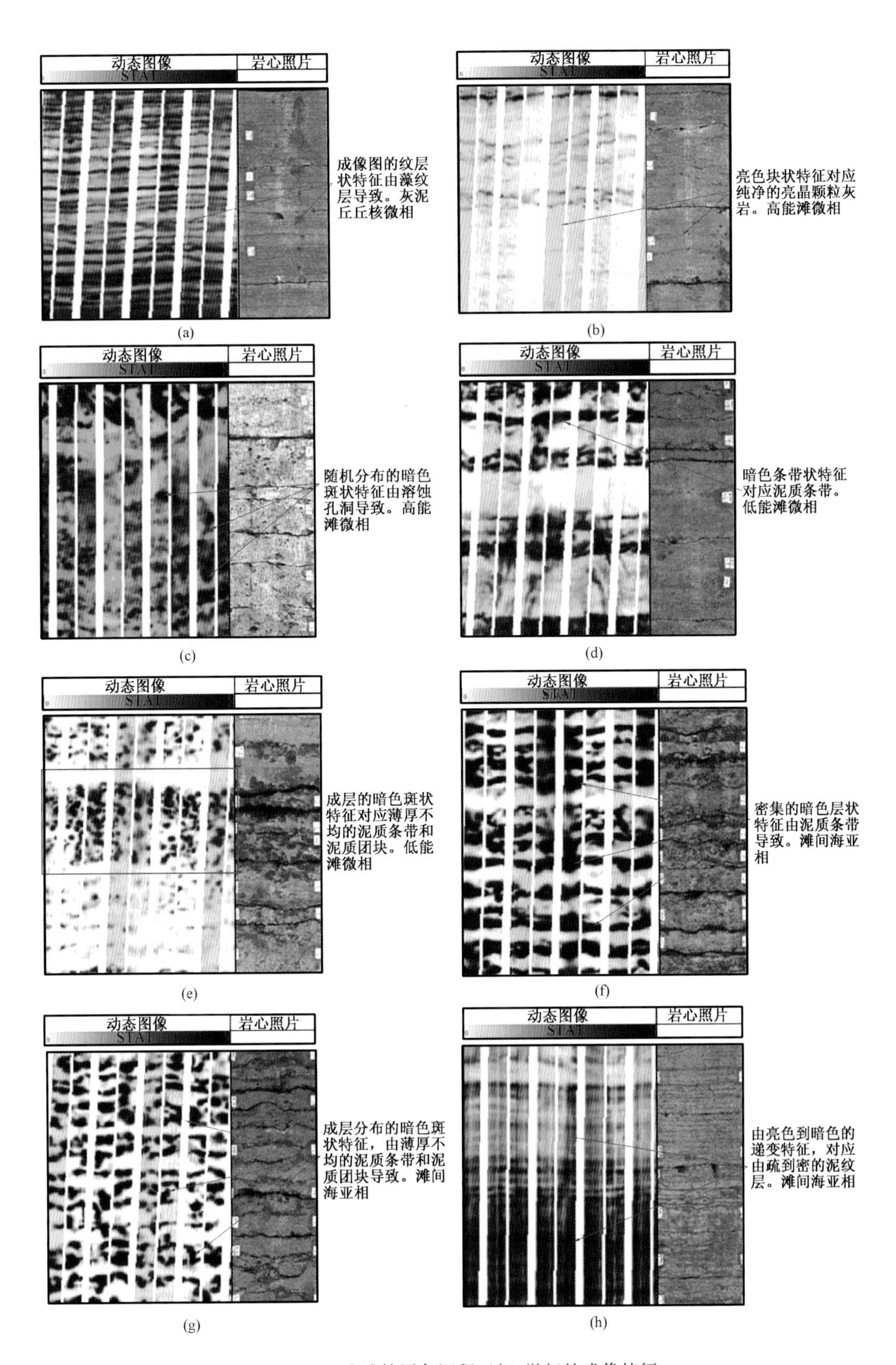

图9－17　礁滩储层各沉积亚相、微相的成像特征

通过对塔中和川东北地区多口井的成像和岩心进行对比观察,可以发现礁滩储层不同沉积亚相的成像特征差异明显,利用成像测井资料可以有效判别礁滩储层的沉积相和岩性。

二、标准化礁滩相储层图版库的建立

井壁特征模式图像典型图版的建立,是以井壁成像测井图像特征分类方案中的综合方案为指导,在大量的井壁特征图像中甄选出的最具代表意义的特征模式图像。每幅图版包含图像模式及可能的地质及工程解释意义。无论是对于勘探开发研究人员还是地质工程人员都有很强的指导意义。

本书厘定出了不同沉积微相的8种标准礁滩相成像测井图像(图9-18)。

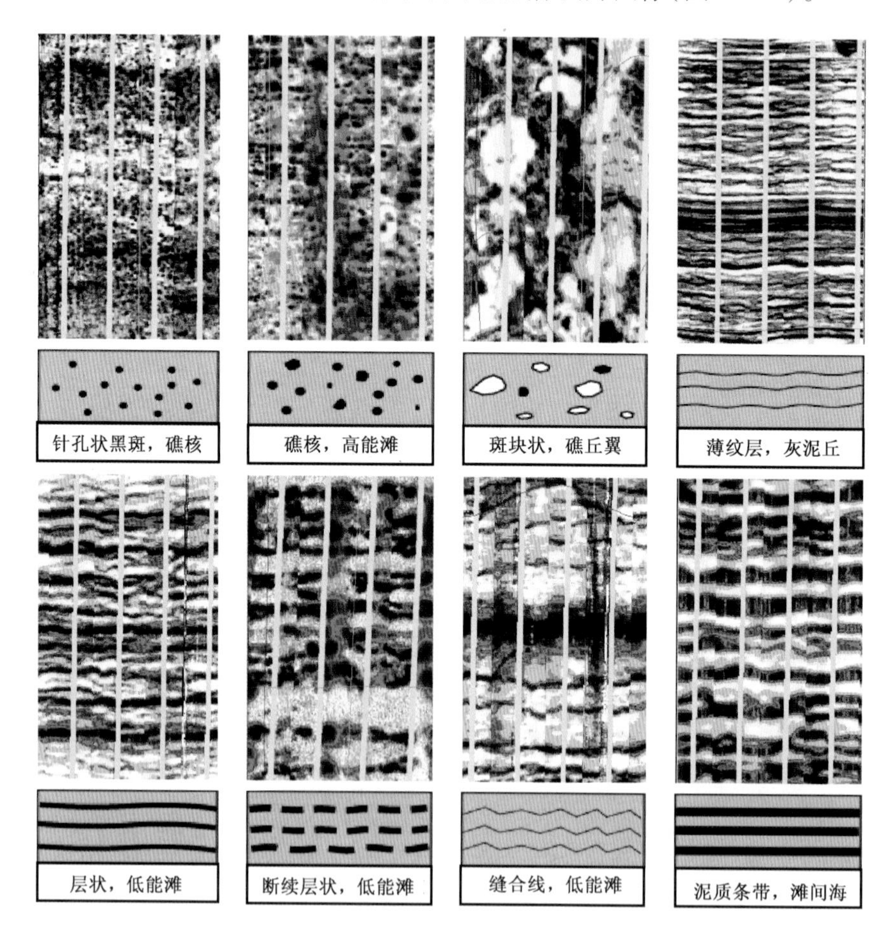

图9-18 标准礁滩相成像测井图版

三、礁滩储层地质模型的构建

礁丘在垂向剖面上一般可分为礁基、礁核、礁坪—礁顶、礁盖等4种微相,在横向剖面上,可分为礁核、礁翼、礁前、礁后等微相,礁基和礁盖微相由粒屑滩组成(王振宇,2007),选取该地质模型作为测井解释的基础(图9-19)。

四、井孔穿越礁滩储层沉积部位的确定

根据以上的研究，可以通过成像测井图像处理，准确确定各个储层段的沉积微相，结合所选取的地质模型和所研究层段的上下组合关系，最终确定出解释层段所穿越的礁滩储层的具体沉积部位（图9－19）。

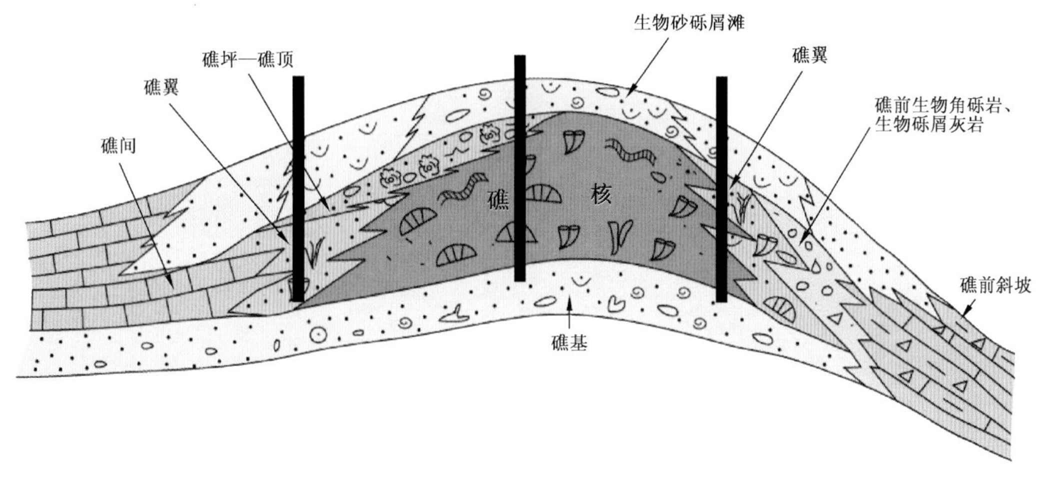

图9－19　礁滩储层地质模型（引自王振宇，2007）

黑色线段表示井孔

五、技术应用效果

四川龙岗地区共应用约50口井，其中探井31口，开发评价井19口，符合率逐年提高，2010年符合率达到95%。图9－20为龙岗地区礁滩储层测井解释符合率统计图。

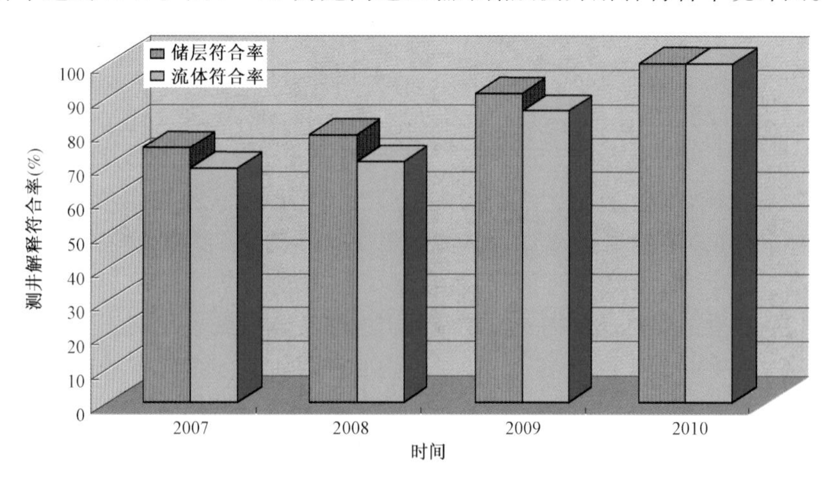

图9－20　龙岗地区礁滩储层测井解释符合率统计图

同时，经塔里木油田50多口探井工业化应用证明，应用该技术使储层识别符合率从2007年的79%上升到当前的90%；流体识别符合率从2007年的69%上升到当前的85%；综合试油成功率从以前的50%上升到当前的77%，为塔中油田奥陶系碳酸盐岩三年累计探明石油地质储量1.086×10^8t，探明天然气地质储量$2860\times10^8m^3$做出了重要贡献。图9－21为塔中地区礁滩储层测井解释符合率统计图。

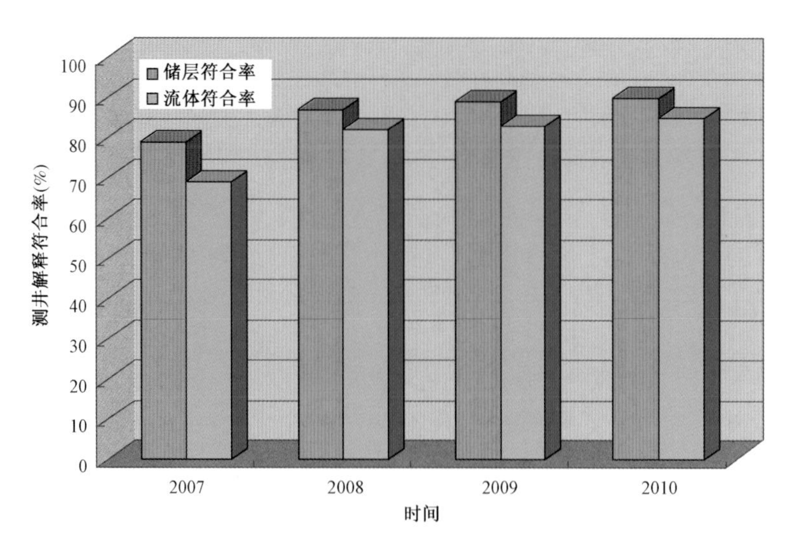

图 9－21 塔中地区礁滩储层测井解释符合率统计图

第四节 小 结

(1)与以往进行储层有效性识别的直接或间接技术方法相比,本书提出的碳酸盐岩储层有效性识别技术是将电成像测井计算获得的孔隙度谱信息进行深入挖掘,定量计算出了能够表征孔隙度谱变化的均值和方差参数,并与孔隙度分布信息有机结合在一起,共同实现储层有效性识别,对于油田开发具有较高的工程应用价值。

(2)以前对礁滩储层成像测井处理解释处于"相面"阶段,本书深入挖掘了成像测井所包含的丰富的沉积、缝洞信息。通过标准礁滩相图像的厘定以及同尺度图像动态增强对比等技术,确定了井孔穿越礁滩沉积部位,最终形成了一套完整的礁滩储层测井评价技术体系,较好解决了礁滩储层测井评价的技术难题,在龙岗 8 井试气方案确定中发挥了决定性作用。该方法已经在西南油气田、塔里木油田全面推广应用,取得了非常好的应用效果。

(3)对于饱和度的计算,前人主要是利用阿尔奇公式,该公式在均质性较好的碎屑岩地层应用效果较好,但是在非均质性很强的碳酸盐岩地层并不适用。为了解决饱和度的精确计算问题,本书开展了三个方面的创新性研究:首先,在国内率先开展了储层高温高压全直径岩心的岩电实验研究,获得了非均质各向异性储层含水饱和度—电阻增大率关系真实的实验数据;其次,在理论研究及实验分析基础之上,提出了基于多谱孔隙分布分析的饱和度模型选取方法;最后,在上述创新性研究工作基础之上,形成了完善的礁滩储层含油气饱和度定量计算技术。计算结果与密闭取心资料对比表明,该技术更加符合地层的实际情况,精度提高了 5～10 个百分点,为储量的准确计算提供了可靠的参数。

第十章　海相碳酸盐岩储层地震预测与烃类检测技术

海相碳酸盐岩油气藏高效勘探和开发的关键是实现孔缝洞储层的定量化预测和流体检测。从塔里木、四川、鄂尔多斯等盆地碳酸盐岩勘探历程看，要实现碳酸盐岩区带评价、目标优选、储量落实和产能建设目标，关键是要解决面向碳酸盐岩成藏单元的储层定量预测及流体性质评价等方面存在的地球物理技术问题。为实现这一目标，高品质的原始地震资料是碳酸盐岩地震勘探的前提，高精度的三维地震成像技术是碳酸盐岩储层预测的基础，在地质认识指导下应用有效的储层预测技术、流体识别技术、缝洞的精确刻画技术等是实现碳酸盐岩高效勘探开发的关键。经过多年的勘探实践，目前已形成了以缝洞体定量化雕刻为核心的岩溶储层预测配套技术和以气藏检测为核心的礁滩孔隙型储层预测配套技术，在塔里木盆地和四川盆地的碳酸盐岩勘探开发实践中发挥了重要的作用。

第一节　碳酸盐岩储层地震勘探技术现状及发展趋势

中国陆上海相碳酸盐岩油气勘探主要集中于塔里木盆地、四川盆地和鄂尔多斯盆地。三大盆地地震地质条件各有不同，面临的地球物理勘探技术研究难题亦有所不同。

一、碳酸盐岩地震勘探技术难点

塔里木盆地地表条件主要以沙漠为主，局部为农田及戈壁，前者以塔中地区为代表，后者以塔北地区为代表，塔东地区、塔西南地区兼而有之。主要勘探目的层为奥陶系，储层类型为岩溶储层和礁滩相储层。四川盆地地表条件以山地为主，川中地区为丘陵山地，川东地区为陡峭山地。主要勘探目的层为二叠系、石炭系、寒武系和震旦系，储层类型为礁滩相和白云岩储层，部分发育溶蚀性白云岩储层。鄂尔多斯盆地地表条件以沙漠和黄土塬为主，主要勘探目的层为奥陶系，储层类型为风化壳储层和内幕岩溶储层。三大盆地地震勘探共性难题是地表条件复杂，目的层埋深较大（5000m 以下），导致地震资料信噪比普遍较低。同时，储层及油气藏非均质性较强，导致储层预测及流体检测多解性强。

经过多年的勘探实践，中国石油目前已形成了以缝洞体定量化雕刻为核心的岩溶储层预测配套技术和以气藏检测为核心的礁滩孔隙型储层预测配套技术，在塔里木盆地和四川盆地的碳酸盐岩勘探开发实践中发挥了重要的作用。

二、碳酸盐岩地震勘探技术现状

针对塔里木盆地岩溶缝洞型储层非均质性强的特点，紧紧围绕碳酸盐岩缝洞体成像、潜山顶面形态刻画、储层非均质性预测和流体识别等环节，经过多年的勘探实践，已初步形成了以缝洞体定量雕刻为核心的储层预测配套技术。该技术系列主要包括：高精度三维地震采集、叠前时间/深度偏移、正演模拟、古地貌恢复、缝洞储层识别、裂缝预测、叠前反演、AVO分析和三维可视化定量雕刻等。采集技术方面，在已形成的潜水面下激发、小面元、高覆盖的采集技术基础上，目前已实现由窄方位采集向宽方位采集转变，显著提高了潜山顶面和内幕缝洞系统成像的精度，为基于方位各向异性的裂缝检测技术的推广和应用起到了积极的推动作用；在地震处理方面，实现了叠前时间偏移处理的规模化应用，在部分地区推广了叠前深度偏移处理，实现了岩溶缝洞体的准确归位；在缝洞型岩溶储层地震预测方面，缝洞储层正演模拟技术为缝洞系统定量化解释奠定了基础；推广了古地貌恢复技术，用于岩溶地貌单元划分和古水系研究；形成了以井震标定、地震属性分析和地震反演为基础的缝洞储层识别技术和以缝洞体精细雕刻和多参数、多属性定量化解释为核心的缝洞体精细雕刻和定量综合评价技术；在流体检测技术方面，形成了岩石物理分析、吸收衰减技术、AVO分析、叠前弹性参数反演为基础的缝洞型岩溶储层流体检测技术。尽管缝洞型岩溶储层地震勘探技术已取得一些进展，但是勘探精度仍然不能满足实际需要，深层低信噪比地震资料还不能有效满足储层预测需求，“非串珠状”储层的预测方法还有差距，缝洞型非均质性储层的定量描述仍存在较大不确定性。

礁滩孔隙型储层主要受沉积相带和白云岩化等沉积、成岩作用控制，储集空间以微观孔隙为主，发育相对均匀。因此，这类储层研究的关键是叠前保幅成像、有利沉积相带预测、储层定量化描述和流体检测技术。针对礁滩孔隙型储层的地震勘探，经过多年的勘探实践，目前已初步形成以气藏检测为核心的礁滩储层预测配套技术，主要包括：面向叠前储层预测的保幅成像处理技术，包括各向异性叠前时间偏移和叠前深度偏移；沉积相带预测技术，包括层序地层学分析、古地貌分析、地震相分析和地震属性分析技术；储层定量解释技术，包括叠后/叠前地震反演技术等，特别是针对礁滩储层的沉积相带约束的地震反演技术；以弹性阻抗系数技术为主的气藏定量识别技术，包括岩石物理分析、“亮点”技术、吸收衰减、时频域属性、AVO分析和叠前弹性参数反演等。

三、碳酸盐岩地震勘探技术发展趋势

碳酸盐岩地震勘探技术今后的发展趋势是开展面向成藏单元的非均质储层定量化描述和流体性质评价相关的技术研发和集成，为实现海相碳酸盐岩油气藏的高效勘探开发服务。高精度、宽方位三维地震采集技术及相应的处理解释技术、碳酸盐岩储层岩石物理分析技术、三维地震波场正演模拟技术、非均质储层定量化描述技术和流体性质识别等技术今后将成为碳酸盐岩地震勘探技术领域的研究热点。

（一）碳酸盐岩地球物理采集和处理技术

在碳酸盐岩地震采集技术方面，高密度、全方位的地震采集将成为今后的发展趋势。同时应发展适用于高密度、全方位地震资料的处理技术，提高缝洞型岩溶储层的成像精度。由于高密度、全方位资料的推广应用，基于方位各向异性的裂缝检测和定量化表征技术有望成为碳酸盐岩储层地震描述技术中的一项主流技术。在碳酸盐岩地震资料处理技术方面，基于一体化速度建模的保真成像处理技术将成为今后的发展方向。

（二）碳酸盐岩储层岩石物理分析技术

地震岩石物理分析是地震参数与油藏参数之间的桥梁，是实现用地震数据表征储层和流体性质的基础。地震岩石物理分析技术包括理论研究和实验研究两个方面,理论研究今后的发展方向是研究适合于碳酸盐岩储层孔隙结构特征的岩石物理模型,建立不同类型储层的弹性参数特征、不同弹性参数与储集空间类型、含油气性的关系,寻找对储层、流体敏感的弹性参数和属性,指导地震反演和定量属性分析。岩石物理实验研究方面要精细描述碳酸盐岩岩心三维孔隙结构,通过对不同孔隙类型的组合、拆分或替换,研究碳酸盐岩复杂缝洞型储层测井及地震响应特征。

(三)非线性地震属性提取、分析技术和非线性地震反演技术

储层和流体与地震信息之间是一个非常复杂的非线性关系,但是,在许多情况下,人们经常采用线性化方法来建立地质特征与地震信息的联系。要提高储层预测和流体检测的精度,储层预测技术就必须从线性走向非线性。

从实际地震数据中可以提取大量地震属性,有些属性与地质特征关联程度较高,有些属性的关联程度较低,因此,如何从大量地震数据中提炼出与地质特征关联的敏感地震属性是地震属性技术应用中的一个关键问题。目前,多采用线性降维的方法提取与地质特征关联的地震属性。由于地震属性与地质特征的关系通常是非线性的,因此需要研发非线性方法用于地震属性的降维分析和特征提取。

地震反演本质上是非线性的,但目前多采用线性方法近似求解,降低了地震反演的精度。因此,地震反演技术下一步的发展方向是充分考虑数据与模型之间的非线性关系,实现非线性反演。

第二节　缝洞型储层预测与烃类检测技术

岩溶缝洞型碳酸盐岩储层预测的基本思路是从岩溶演化模式入手,分析岩溶作用对储层改造的影响,把握储层宏观发育规律,在此基础上实现缝洞储集单元的精细预测与描述。岩溶缝洞型储层研究的重点包括古地貌、古水系、溶洞、断裂、裂缝以及现今构造形态的描述,储层物性和流体特征的定量刻画。

根据岩溶缝洞型储层非均质性强的特点,紧紧围绕碳酸盐岩缝洞体成像、潜山顶面形态刻画、储层非均质性预测和流体识别等环节,经过多年勘探实践,在塔里木盆地已初步形成了以缝洞体定量雕刻为核心的储层预测配套技术。主要技术内涵包括:高精度地震采集、叠前时间/深度偏移处理、正演模拟、古地貌恢复、缝洞储层识别、裂缝预测、叠前反演、AVO分析和三维可视化定量化雕刻技术等。

一、缝洞型储层地震预测技术

(一)缝洞型储层及油气藏地球物理响应特征

1. 缝洞型储层测井响应特征

不同类型岩溶缝洞储层的测井响应特征不同。洞穴型储层的测井响应特征总体上表现为低电阻率、声波时差明显增加和井径扩径。洞穴充填情况不同,测井响应特征表现不同:未充填洞穴自然伽马值低,电阻率值降低,声波时差明显增加;砂泥质充填洞穴中溶洞主体充填的溶积岩自然伽马呈现高值,深浅双侧向电阻率呈现低值,洞顶破碎带和洞底溶

蚀破碎带声波曲线幅值变化频繁；角砾岩充填洞穴自然伽马值比泥岩低，比正常致密灰岩高，电阻率值明显低于基质灰岩，表现为强烈的锯齿状和幅度差正异常。裂缝—孔洞型储层在电性特征上表现为低电阻率、低自然伽马，声波、中子、密度等曲线具有跳变特征。孔洞型储层在井壁地层微电阻率成像测井图像上表现为“豹斑”状不规则黑色星点分布。图10－1展示了轮南63井、轮古391井和轮南631井不同类型储层段的测井响应特征，其中包括裂缝型储层段、孔洞型储层段、裂缝—孔洞型储层段和洞穴型储层段的测井响应特征，从中可见不同类型储层在常规测井和成像测井上表现出不同的特征，其中以洞穴型储层的测井响应特征最为明显。

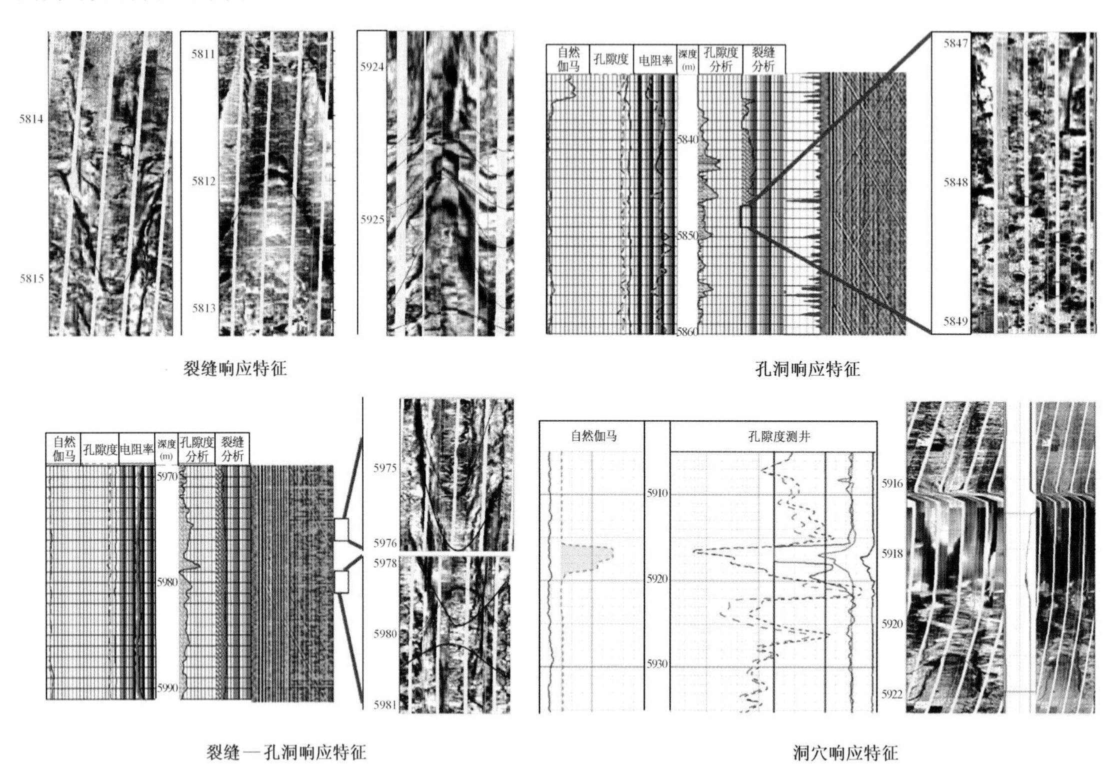

图10－1　不同类型岩溶缝洞储层的测井响应特征

2. 缝洞型储层地震响应特征

岩溶缝洞型储层地震响应特征与地震波在缝洞系统中的传播特点有关，缝洞系统通常是一个非均质分布的地震低速异常体，对地震波有较强的吸收衰减作用，易造成地震波的散射和绕射。在地震剖面上，缝洞系统常表现为串珠状强反射、杂乱强反射、杂乱反射向层状反射的过渡、弱反射和层状反射等地震响应特征。通过地震正演模拟研究和分析实际地震资料可以发现，洞穴型和裂缝—孔洞型储层发育区对应地震剖面上的强反射区，而在洞穴型和裂缝—孔洞型储层不发育的地区，地层间的波阻抗差较小，地震反射振幅较弱。地震属性分析结果表明：洞穴型和裂缝—孔洞型储层在地震剖面上通常表现为强振幅、高能量、低频率、强吸收、高衰减的地震响应特征。岩溶缝洞型储层地震响应特征还与储层在纵向上的发育位置有关，当风化壳表层岩溶储层发育时，潜山顶面反射为弱反射；内幕溶洞发育段在地震上表现为强反射，溶洞顶、底的裂缝发育段为弱反射；内幕致密层的响应为弱反射或空白反射。

图10－2是过塔里木轮古地区LG15－3井和LG15－2井的连井标定剖面，可见LG15－3对

应的潜山顶面反射为弱振幅、内幕为强振幅。该井进山55m后因钻具放空、钻井液漏失、油气显示活跃而完钻，测试获得高产。而LG15－2井潜山顶面及内幕均为强反射特征，进潜山后钻时有明显变化，但油气显示一直不活跃，测试未能获得油气。分析其钻探、测试结果表明，顶面强反射对应致密的石灰岩层段，而下部的串珠状强反射对应于一个泥质充填的溶洞。

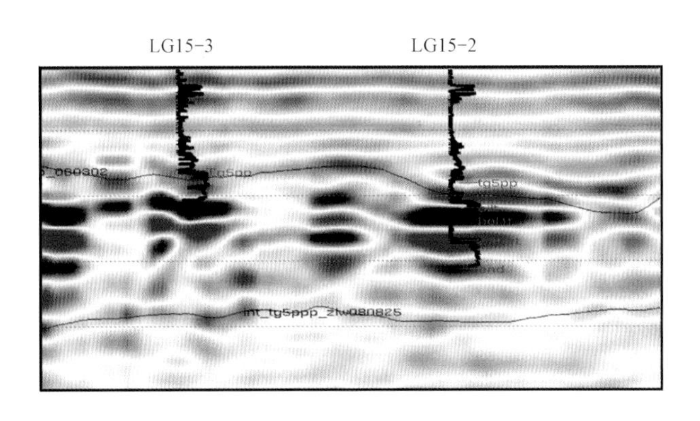

图10－2　LG15－3和LG15－2连井地震剖面

对于具有一定规模的大型缝洞系统，在高精度三维地震数据体上往往形成强能量的“串珠”状反射（图10－3中箭头所指），很容易在地震剖面和平面信息上识别。平面上独立的强反射点，一般解释为垂直渗流带的落水洞；平面上呈一定范围延伸分布，或横向上不规则连续分布的强反射条带，一般解释为径流溶蚀带的溶洞系统（地下暗河等），这类溶洞系统是较好的储集体。图10－3展示了几种岩溶地质现象在地震资料上的表现。左下图是奥陶系地震均方根振幅平面图，右下图为沿强振幅（沿左图中红线A）的地震剖面，潜山面下为连续强反射。根据岩溶发育特征和标定结果解释为地下暗河，在部分古地貌低部位可能与古地貌上的明河沟通，形成统一的古水系。上图为沿左下图绿线1、2、3、4显示的四条地震任意线（垂直于A线），形成地下暗河的强反射在这些剖面上为绿色箭头标示的串珠状强反射。而其他强反射点（如蓝色箭头标示位置）为孤立的溶洞或其他暗河的地震响应，起伏变化的红色地震层位为潜山顶面。

（二）缝洞储层正演模拟技术

正演模拟是认识缝洞型碳酸盐岩油气藏地球物理响应特征的基础，利用波动方程正演模拟典型缝洞型储层的地震响应特征，指导地震解释工作。

1. 等效介质体二维波动方程正演模拟技术

通常采用均匀的充填洞穴模型和二维波动方程进行波场模拟。前人研究表明：缝洞大小、充填物和围岩特征均对缝洞体地震响应有直接影响。当溶洞高度小于1/4波长时，其顶、底面的反射波会叠合在一起，形成复合反射波，反射波振幅与顶、底面的复合反射系数成正比。

2. 非等效介质体2.5维波动方程正演模拟技术

缝洞型岩溶储层正演模拟方面的研究工作大多是建立在二维等效介质的基础上，用等效介质替代缝洞充填模型，用二维模型代替三维模型。而实际缝洞体系是三维的，且缝洞充填介质是非均质的。考虑非均质充填介质的三维地震模拟计算量很大，目前实现有困难，针对这一难点，发展了非等效介质体2.5维波动方程正演模拟技术，用非等效体来逼近实际缝洞储集

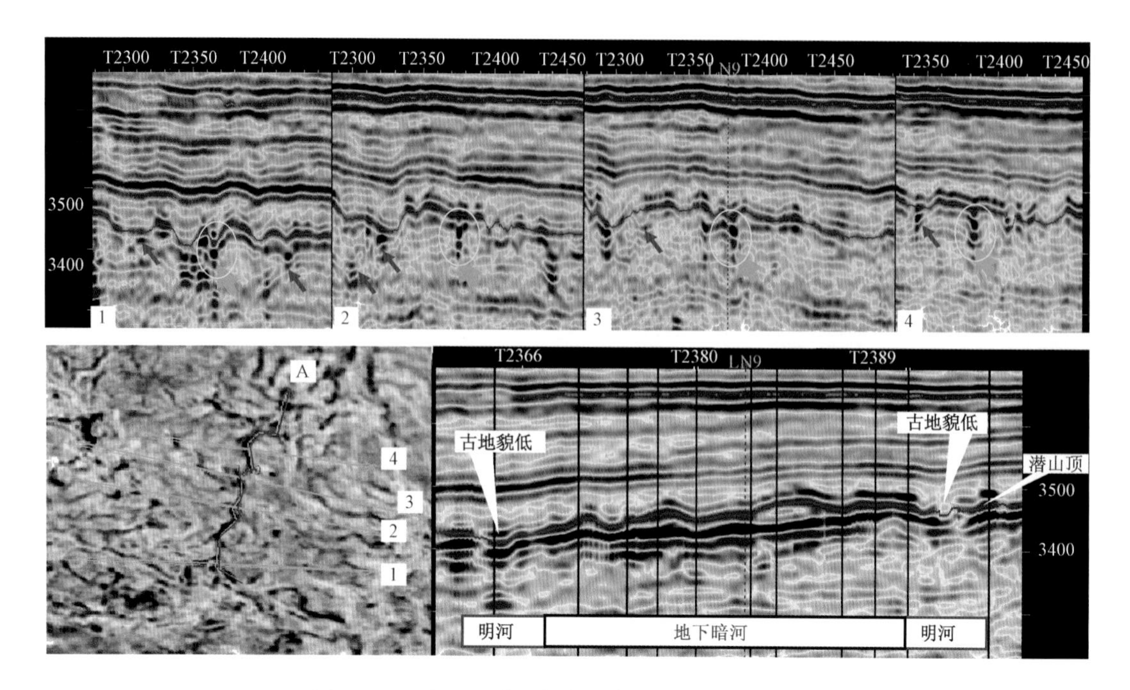

图 10－3　岩溶地质现象在地震剖面上的响应特征

体，通过假定三维模型 X 方向不变，弥补二维正演模拟体成像方法的不足，又能克服三维模型计算量大的难点，提高了运算效率。

（三）缝洞储层定性/定量识别技术

缝洞储层定性/定量识别技术主要包括井震标定、地震属性分析和地震反演。井震标定可以确定地震响应的地质含义，地震属性可以定性预测储层分布，反演可以定量评价储层的特征。地震属性分析技术是缝洞型储层定性预测的重要手段，不同地震属性对缝洞型储层响应的敏感程度不同，需要结合地质理论和地球物理技术优选对地质特征最敏感的地震属性。通常认为振幅类属性对溶洞和物性、相干类属性对断裂或裂缝发育带、波形类属性对碳酸盐岩相带预测较为有效，频率、相位等属性在有些情况下也能取得较好效果。反射振幅包含了速度和密度信息，可用于物性预测，帮助识别缝洞储层的分布。频率和地层厚度以及气体的存在有关，低频更多反映厚层的特征，高频对薄层特征反映敏感。在大套的碳酸盐岩地层中，缝洞型储层相对而言是微观的，因此，利用分频信息有助于刻画储层的非均质性。利用地震反演得到波阻抗可以预测孔隙度等物性参数，定量描述储集体物性和体积，进行储层定量化预测。

（四）缝洞储集体精细雕刻和定量综合评价技术

碳酸盐岩缝洞储集体精细雕刻和定量综合评价技术包括：缝洞储集体精细雕刻、多属性与多参数融合以及叠前/叠后定量解释等。

1. 缝洞储集体精细雕刻技术

缝洞储集体精细雕刻主要采用三维可视化解释、多属性融合和多属性体透视等技术，包含两个主要步骤。第一是地质现象的立体解释，在三维空间中立体展示各种岩溶地质现象，同时将地震属性直接叠加在地貌形态上，有利于分析地貌、水系等对储层的影响。第二是可视化定量雕刻储层，利用钻遇缝洞系统的井进行精细标定，优选最能反映研究区裂缝和溶洞特征的地震属性，采用属性体透视解释技术对裂缝、溶洞等地质现象进行雕刻和融合，分析缝洞储层的连通关系，划分彼此独立的缝洞连通单元，确定每个储集单元的空间结构和体积，对碳酸盐岩缝洞单元进行半定量—定量研究。

2. 储层多属性和多参数融合技术

储层多参数融合评价技术就是将叠后/叠前地震属性和反演参数、岩溶地貌单元和断裂体系等信息相结合，进行多属性聚类、多参数融合和三维可视化体解释，对储层有利区带进行综合分析与划分。属性融合的关键是优选对缝洞储层敏感的地震属性，例如，叠后地震属性中的地震振幅或振幅变化率、相位、频率和波阻抗等；AVO 属性反演中的流体因子、截距与梯度乘积；叠前参数反演中的密度、纵波速度、横波速度及其衍生的各种弹性参数。利用多属性聚类和多属性融合，确定合理的评价参数，开展储层定量化综合评价。

3. 缝洞储层定量解释技术

缝洞单元的综合评价通常利用体素统计功能，分别计算缝、洞的绝对体积，并结合综合评价结果给出总孔隙度系数，最终计算出该缝洞单元的容积，用于优质储量计算。碳酸盐岩缝洞储层定量解释目前主要通过模型正演和地震反演相结合的方法进行，如图 10－4 所示。基本思想是：从岩石物理分析出发，通过正演模拟，分析缝洞体系地震响应特征，建立缝洞规模和特征与地震属性的定量解释量板，半定量预测储层分布；通过岩石物理敏感参数分析，确定合适的反演方法，利用叠前/叠后参数反演实现储层物性的定量化描述。

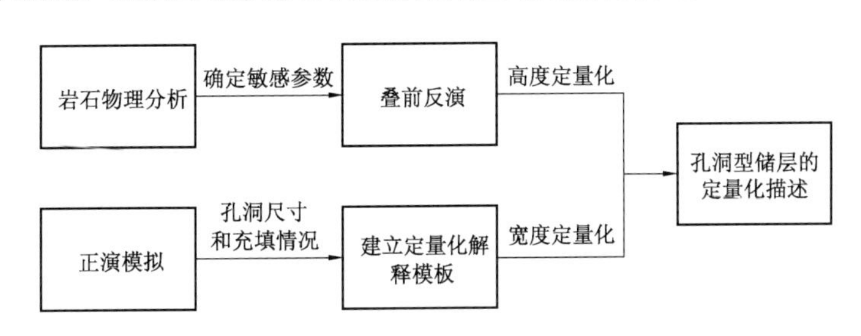

图 10－4 基于正演模拟和叠前反演的缝洞储层定量解释技术

需要指出的是，利用地震属性对缝洞体系进行定量化雕刻，在缝洞体规模和储集空间大小的预测上均存在一定误差。由于地震分辨率的限制，“串珠状”强反射更多地指示了绕射点的存在，很难说清尺度大小、反射强弱与溶洞大小的对应关系。在总体积到总容积的计算中，孔隙度取值对最终结果影响较大，一般应通过测井或岩心标定来求取研究区孔隙度的平均值。对于储层物性横向变化大的区域，可以通过划分不同地貌单元，分区统计孔隙度平均值，分别计算后求和。因此，目前条件下的量化仅仅是数学意义上的量化，对勘探具有一定的指导意义，但与真正解决储集体容积与储量、产量之间还有较大距离。在反演数据体上进行雕刻可以得到更加精确的结果。

二、缝洞型储层烃类检测技术

缝洞型储层烃类检测技术主要包括岩石物理分析，时频分析和吸收衰减，AVO 分析和叠前反演，弹性参数交会等方法。根据采用地震资料的不同，缝洞型储层烃类检测技术可分为叠后和叠前技术两大类。

（一）岩石物理分析

岩石物理建立了地震参数与油藏参数之间的关系，是实现用地震资料表征储层和流体性质的基础。通常是利用实验室测量和测井资料，建立不同类型储层弹性参数与岩性、物性和含油气性的关系，寻找对储层、流体敏感的弹性参数和地震属性，指导地震反演和属性定量分析，进行有利储层定量预测和烃类检测。

1. 弹性参数的计算

碳酸盐岩质地坚硬且致密，整体表现为高速度、高密度及高波阻抗特性。但是当碳酸盐岩中存在溶蚀孔洞和裂缝时，会引起速度、密度和波阻抗值的降低。因此，与致密围岩相比，缝洞型碳酸盐岩储层具有低速度、低密度、低波阻抗的特征。利用密度、纵波速度和横波速度可以计算拉梅系数、切变模量、泊松比、体积模量、杨氏模量和不同角度的弹性阻抗等常用的岩石物理参数，分析储层、非储层、油气水层弹性参数的变化，优选对储层或流体敏感的弹性参数和属性。

2. 弹性参数的交会分析

采用弹性参数交会的方式可以优选储层和流体敏感弹性参数。在交会图上分析异常值与储层及流体性质的关系，并把这些异常值反投影到岩石物理参数曲线对应的深度上，就可揭示储层和流体的特征。由于碳酸盐岩孔隙结构复杂，所以，通常碳酸盐岩储层的速度要比具有相同孔隙度的其他岩性的储层变化范围大。

（二）叠后烃类检测技术

叠后烃类检测多采用吸收衰减技术，它主要是利用含油气层对高频信号强烈的吸收衰减作用，通过分析地震信号穿过不同储层时高频成分衰减程度的差异来间接预测储层的含油气性。通常，含气层对地震高频信号的吸收衰减作用强、水层弱，油层的吸收衰减作用介于气层和水层之间。利用地震信号的吸收衰减进行含油气性检测的常见方法有低频阴影法和时频分析法两种。

1. 低频阴影法

地震信号通过含气层之后，由于高频信号的吸收，剩余信号以低频成分为主，在地震剖面含气层的下方出现低频阴影（也有人认为属于“高频衰减、低频共振增强”所致）；而对于非含气层，信号的高、低频成分能量比不变，相对于前者而言，低频信号的能量较弱，不会出现低频阴影现象。

2. 时频分析法

时频分析油气检测方法是通过研究地层反射能量在时频域的变化特征进行含油气性分析的一种方法。图 10－5 是过 ZG1 井和 ZG21 井的时频剖面，其中，ZG1 井是水井，ZG21 井是气井，从时频剖面看，ZG1 井在目的层段的中心频率几乎不随时间增加变化，而 ZG21 井在目的层处可明显看到能量随时间增加从高频向低频迁移的现象，说明含气使高频成分吸收，由此可以指示储层的含油气性。

（三）叠前烃类检测技术

叠前烃类检测技术是建立在反射振幅随偏移距变化（AVO）理论的基础上。叠前分析技

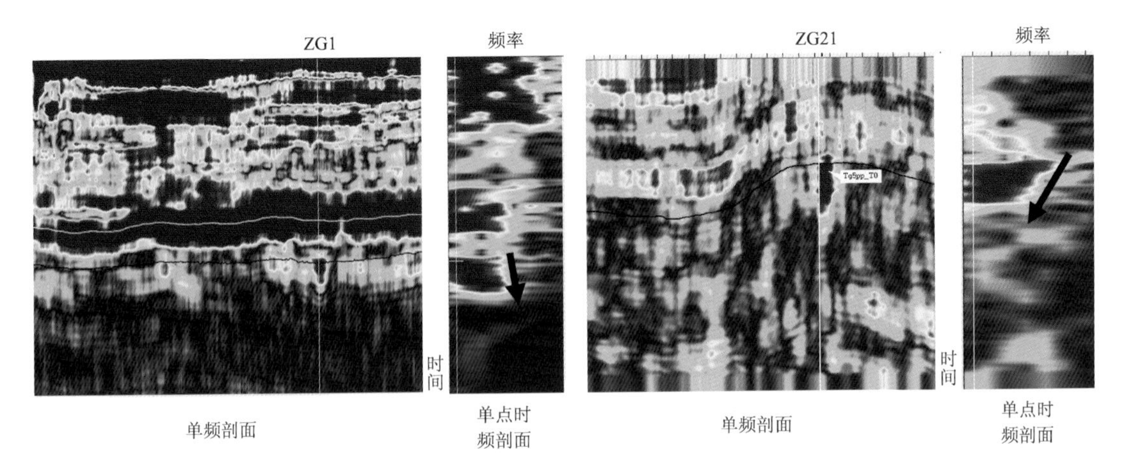

图 10－5　时频分析技术检测含油气性

术包括正演和反演两个方面，利用叠前正演模型可以研究缝洞储层和流体的 AVO 响应特征，定性预测流体特征；利用叠前反演可以提取岩石的密度、纵波速度和横波速度，估算各类衍生的弹性参数，定量预测物性和流体特征。叠前反演包括 AVO 属性反演和叠前弹性参数反演两种。

1. AVO 正演分析

正演模型研究是利用 AVO 方法进行储层预测和烃类检测的基础。选择典型井，在标定的基础上，研究储层在含油气与不含油气时的地震反射振幅随炮检距的变化关系和各种 AVO 属性参数的特征。通常采用射线追踪的方法来计算入射角和旅行时，用 Zoeppritz 方程计算不同入射角对应的反射系数，得到正演的 CMP（共中心点）道集记录。针对目的层段测井数据，根据 Gassmann 方程进行流体替换，得到含油气与含水情况下的正演 CMP 道集，在此基础上计算梯度和截距等 AVO 属性。

2. AVO 属性反演和分析

AVO 属性反演和交会分析是流体检测的重要方法，其基本理论是建立在 Zoeppritz 方程近似公式的基础上，由 Shuey 公式：

$$R(\theta) = R_{\mathrm{p}} + G\sin^2\theta \tag{10-1}$$

如果把 R 看作 $\sin^2\theta$ 的函数，方程（10－1）是线性的，R_{p} 为截距（P），G 为斜率或梯度。R_{p} 为垂直入射时的纵波反射系数，代表零炮检距剖面；G 为纵波反射系数与横波反射系数的差，反映反射振幅随入射角的变化率以及变化趋势。根据这两个基本的 AVO 属性参数，可以衍生出泊松比差（变化率）、碳烃指示（$H = P \cdot G$）和流体因子等 AVO 属性参数，用于烃类检测分析。

3. 叠前弹性参数反演

叠前弹性参数反演不同于叠后阻抗反演，它考虑了反射系数随入射角变化与地层弹性参数间的关系，直接从叠前地震数据中估算岩石的弹性参数（如纵波速度、横波速度、泊松比、密度等），并利用这些弹性参数进行岩性分析和含油气性预测。一般可分为弹性阻抗反演（Elastic Inversion）和叠前同时反演（Simultaneous Inversion）两类。

1)弹性阻抗反演

弹性阻抗是声波阻抗的推广,它是纵波速度、横波速度、密度和入射角的函数,可以简单地表示为:

$$R(\theta)=\frac{\mathrm{EI}_2(\theta)-\mathrm{EI}_1(\theta)}{\mathrm{EI}_2(\theta)+\mathrm{EI}_1(\theta)} \tag{10-2}$$

其中,$\mathrm{EI}_1(\theta)$、$\mathrm{EI}_2(\theta)$分别为反射界面上、下两层介质的弹性阻抗,是纵波速度 v_p、横波速度 v_s、密度 ρ 以及入射角的函数,$R(\theta)$是对应于入射角 θ 的反射系数。在实际应用中,把共反射点道集分成多个入射角叠加,形成对应于不同入射角的地震剖面,对不同入射角剖面分别进行叠后波阻抗反演,得到不同角度下的弹性阻抗 $\mathrm{EI}(\theta)$。

2)叠前同时反演

叠前同时反演是利用不同角道集的地震数据、层位数据、测井数据进行同时反演,直接得到纵、横波阻抗和密度。叠前同时反演方法可有效降低分角度纵波弹性阻抗反演的非唯一性,具有全局优化、算法稳定、质量控制手段多、抗噪能力强的优点,目前应用广泛。实际资料的应用结果表明,叠前同时反演的结果比常规波阻抗反演更准确。

三、塔里木盆地塔北地区应用实例

(一)地质特点与技术难点

塔北地区构造上整体表现为一大型断背斜,奥陶系桑塔木组、良里塔格组、一间房组由南东向北西依次剥蚀尖灭,含油气层段主要为中—下奥陶统一间房组及鹰山组鹰一段,主要储层为鹰山组、一间房组颗粒灰岩和良里塔格组上部礁滩体粒屑灰岩,盖层为上覆吐木休克组泥灰岩段和桑塔木组泥岩,储盖组合良好。储集空间主要是溶洞,其次是构造缝和网状缝系统,再次是缝合线、缝合线伴生溶孔,晶间孔和晶间溶孔、粒间溶孔,粒内溶孔和微孔隙。其中原生孔隙相对不发育,次生孔隙占主导地位。储层的渗滤通道主要是构造缝和微裂缝系统。由于目的层段埋深大,层间速度差异小,内幕反射弱,噪声背景强,成像较差,地震资料分辨率和信噪比低,不能有效满足缝洞储层预测需求。此外,碳酸盐岩内部缝洞储层的非均质性强,影响“串珠”偏移成像精度,造成振幅保真处理难。由于经历多期构造活动,断裂体系复杂,岩溶作用强烈,有效储层和流体识别难度大。

(二)技术思路

针对塔北地区储层埋深大、流体检测难的特点,制定如下研究思路:(1)提高地震处理的信噪比、分辨率,改善奥陶系内幕反射质量和叠前成像偏移精度;(2)采用多属性融合和三维可视化体解释技术,改善缝洞系统描述和缝洞单元定量雕刻能力;(3)利用叠前反演和叠前属性进行裂缝预测,提高流体识别能力,具体流程见图10-6。

(三)应用效果

通过三年的项目研究,逐渐完善并形成碳酸盐岩储层地震勘探配套技术系列。包括针对碳酸盐岩储层特点的高精度三维地震采集技术系列、针对深层反射特点的高保真叠前偏移成像技术系列和针对岩溶储层特点的缝洞单元半定量化雕刻技术系列等。

塔北地区缝洞型碳酸盐岩储层极其发育且广泛分布。三维地震勘探落实该区碳酸盐岩潜

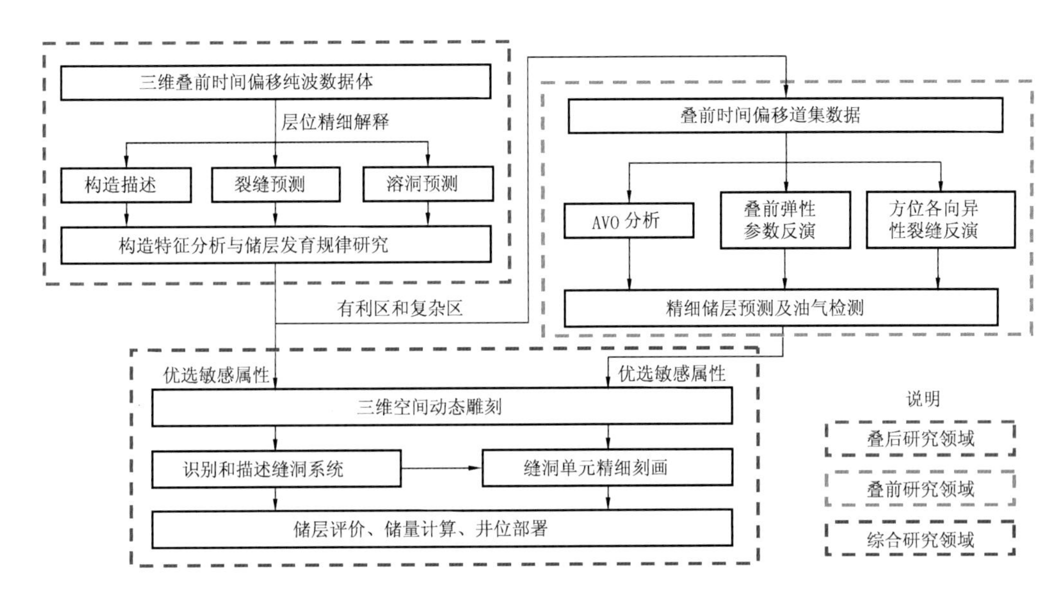

图 10－6　碳酸盐岩储层预测研究思路

山地貌相对平缓,有利于风化壳岩溶缝洞储层的发育与保存,且后期经历多期构造断裂活动,对储层后期的成岩改造发挥了积极作用。断穿基底的共轭高陡断层不仅形成了沟通潜山风化壳溶洞储层的裂缝系统,更成为热液流动通道,促进了热液溶蚀作用的发生。

从图 10－7 缝洞储层的平面预测图看,哈 6 区块内多组裂缝发育、串珠状强反射溶洞储层全区广泛分布。在三维地震勘探区内,共发现 1600 多个地震可识别的溶洞体“串珠状”强反射。通过三维可视化定量雕刻计算,溶洞体总体积约 $16 \times 10^8 m^3$,如果按总体积的 15% 计算孔隙度,结合裂缝孔隙度的计算,总有效储集空间大于 $2.5 \times 10^8 m^3$,具有良好的勘探前景。

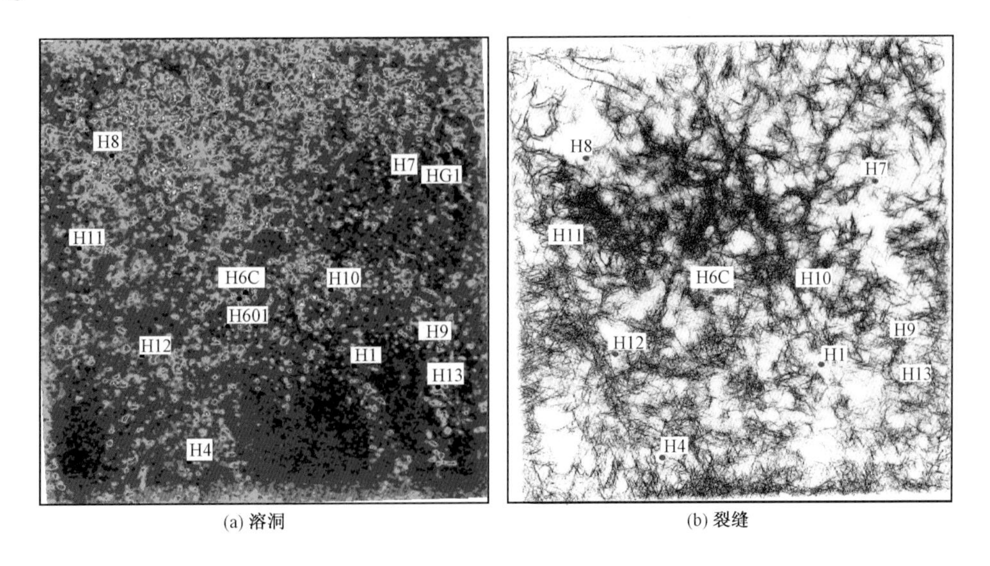

(a) 溶洞　(b) 裂缝

图 10－7　哈 6 三维区奥陶系碳酸盐岩缝洞储层预测平面图

在叠前地震保真成像处理的基础上,系统研究了哈拉哈塘地区已知井的 AVO 响应特征,建立了缝洞储集体含油气后的 AVO 响应模式,实现了“大油大水”型缝洞储集体的流体识别。

图 10－8 为利用典型井哈 7 井进行叠前正演模拟的结果，分别模拟含油饱和与含水饱和情况下溶洞储层顶底反射的 AVO 特征。(a)图中是泊松比为 0.1 和 v_p/v_s 为 1.5 的情况，对应含油饱和的缝洞储层；(b)图中是泊松比为 0.4 和 v_p/v_s 为 2.4 的情况，对应含水饱和的缝洞储层。由图中可以发现：当介质泊松比(σ)由小变大时，AVO 特征发生了显著变化。当 σ 较小时(对应于含油饱和的情况)，AVO 特征表现为振幅随偏移距增加而增大；当 σ 较大时(对应于含水饱和的情况)，AVO 特征表现为振幅随偏移距增加而减小。这一现象可以指导缝洞体的含油气性预测。

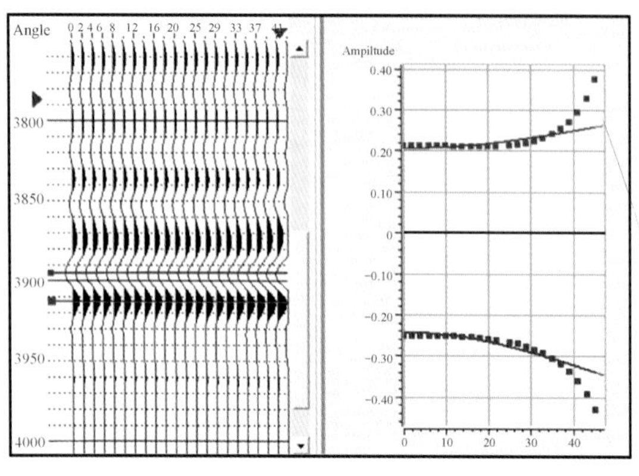

(a)哈7井，累计产油3.36×10^4t

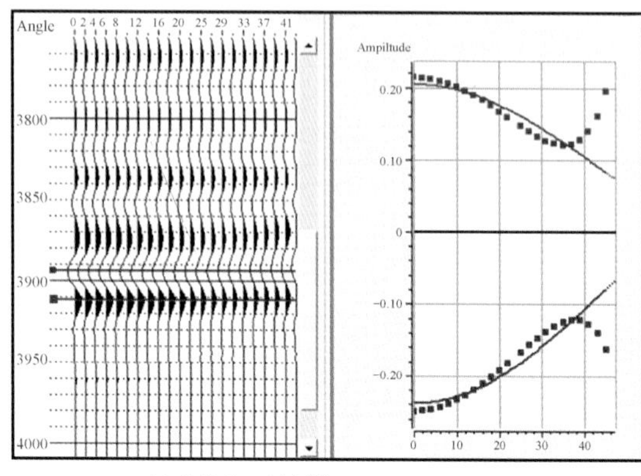

(b)水饱和：泊松比=0.4，v_p/v_s=2.4

图 10－8　哈 7 井正演模拟结果，含油饱和与含水饱和的岩溶储层顶底反射的 AVO 特征

图 10－9 为哈拉哈塘地区典型井的实际地震道集，(a)图中的哈 7 井为已知的典型油井，累计产油3.36×10^4t，在 AVO 响应特征上振幅随偏移距(入射角)增大而增加；(b)图中的哈 10 井为已知的典型水井，累计产水 803m^3，在 AVO 响应特征上振幅随偏移距(入射角)增大而减小，实际的响应特征与理论模型一致。根据这些认识，利用 AVO 属性中的截距 P 和梯度 G 可以帮助判断 AVO 增加或减少。利用叠前 AVO 属性对哈拉哈塘地区哈 6 井区的已知井进行油水识别，识别率达到 78.9%。

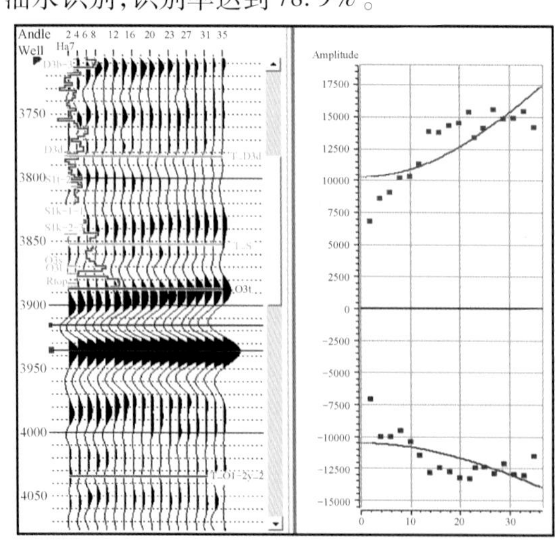

(a)哈7井，油井振幅随入射角增大而增加

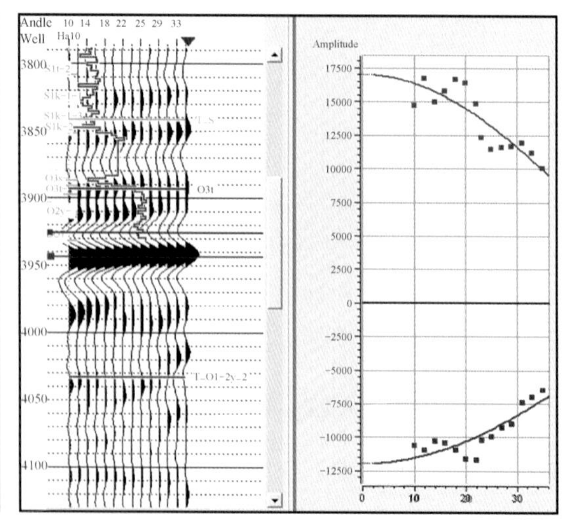

(b)哈10井，水井振幅随入射角增大而减小

图 10－9　典型井的 AVO 响应特征

第三节　礁滩型储层地震预测与烃类预测技术

礁滩孔隙型储层主要受沉积相带和白云岩化等沉积、成岩作用控制，储集空间以微观孔隙为主，发育相对均匀。因此，这类储层研究的关键是有利沉积相带预测和储层定量描述。通过层序地层学、古地貌、地震相和地震属性分析，确定有利沉积相带，在此基础上通过优选地震属性定性描述礁滩储层非均质性，采用叠后/叠前地震反演实现储层定量描述，为井位部署及储量计算提供依据。

一、礁滩型储层地震预测技术

（一）礁滩孔隙型储层特点与地震响应特征

1. 塔中地区礁滩型储层地震响应特征

塔中地区良里塔格组发育礁滩相储层，优质储层主要沿台缘带展布，主要岩石类型为颗粒灰岩、生物灰岩和少量泥晶灰岩。生物灰岩发育在生物礁（丘）亚相，且以生物粘结岩最为发育，生物格架岩和生物障积岩次之。由于造礁生物主要为加积式生长，礁体与周缘沉积的高差较大，在高精度三维地震剖面上通常表现出明显的上凸外形，呈丘状、透镜状、塔状、峰状等多种反射结构特征。礁体底部形态多近于平直，具有明显的反射界面。由于台缘礁体岩石类型多、发育旋回多，各类生物灰岩与颗粒灰岩缺少明显的沉积层理，多具块状构造，在地震剖面上礁体内部多表现为杂乱反射，振幅异常强弱变化频繁，在某些情况下会呈现空白反射特征（图10－10）。台缘礁体顶面呈弱反射、杂乱反射，在上覆有较厚泥质灰岩段的地区出现强振幅。有的礁体由于有侧向加积生物碎屑、砂砾屑，可以在礁体翼部看到近平行的倾斜反射特征。台缘大型礁体底面多呈不连续、短轴状或杂乱反射。

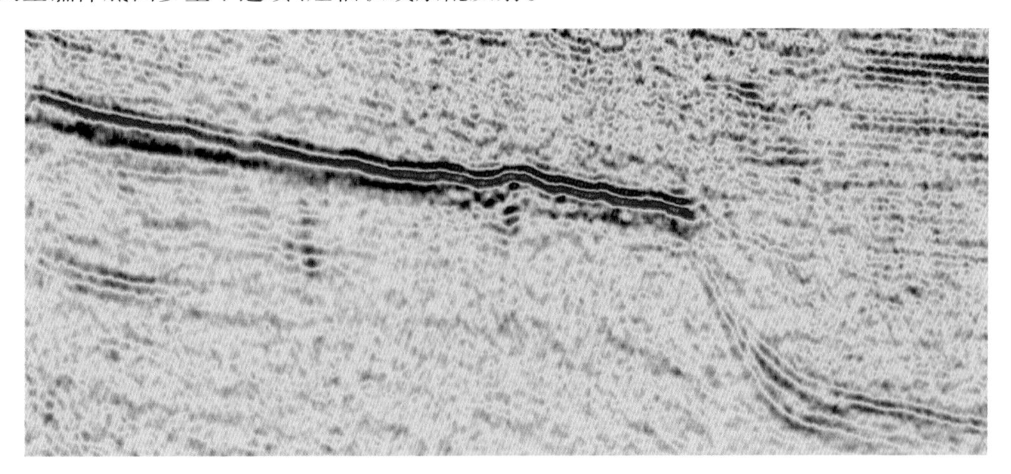

图10－10　塔中82井区奥陶系礁体地震剖面

2. 龙岗地区礁滩型储层地震响应特征

龙岗地区长兴组发育礁滩相储层，主要分布在开江—梁平海槽两侧，储层岩性主要为浅灰色或灰褐色细—中晶针孔、溶孔白云岩，细粉晶白云岩，针孔云质鲕粒灰岩。生物礁外部形态通常表现为丘形和透镜状反射外形，礁的边缘常出现上超及绕射等特有的地震反射现象；内部组成表现为振幅、频率和相位的连续性及结构与围岩有较大的区别,生物礁内部反射波表现为断续、杂乱或无反射(空白区),且在生物礁的上方有披盖现象,由于速度差异,在礁的部位常出现上拉或下拉等现象。图 10－11 是龙岗三维工区内过龙岗 1 井的层拉平地震剖面,层拉平参考层选取了下二叠统的龙潭组底界。由图可见:龙岗地区长兴组的大套致密碳酸盐岩为弱反射或反射空白,在生物礁发育的部位反射外形呈现典型丘状凸起,在礁体的周缘出现披覆和上超等现象,礁体所在位置的厚度较四周同期沉积物明显增大。礁体顶部呈丘状弱反射,内部反射较为杂乱,底部出现的强反射为碳酸盐岩围岩的反射。

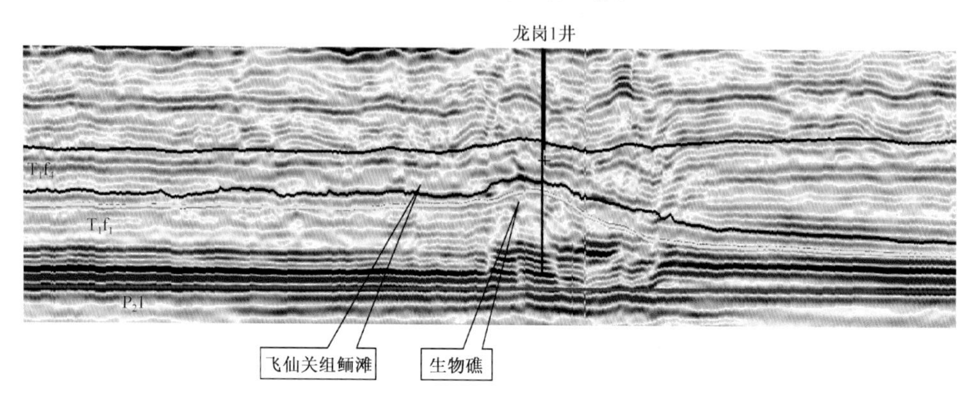

图 10－11　过龙岗 1 井三维工区的层拉平地震剖面

(二)层序地层解释技术

碳酸盐岩层序地层解释的主要目的是划分沉积层序,建立等时地层格架,识别体系域,在此基础上建立沉积模式,划分有利沉积相带,定性预测储层的宏观发育规律。四川盆地下三叠统飞仙关组沉积在海槽填平补齐的阶段,曾经历了台缘带向海槽中心迁移,海槽逐渐变浅,直至飞仙关组沉积末期古地貌准平原化的过程(图 10－12)。受古高地控制的台缘带是长兴组生物礁和飞仙关组高能滩的主要分布区,可以采用地震层序分析方法研究台缘带的变迁和演化过程。

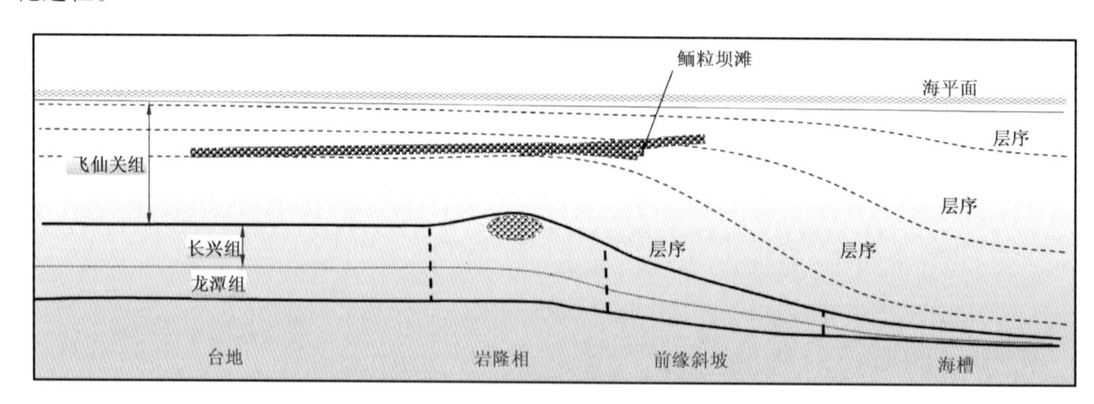

图 10－12　四川盆地下三叠统飞仙关组沉积模式

如图 10－13 所示:根据层序界面识别原则,共解释出 5 个层序界面,按照地震层序划分原则,自下而上划分了层序 A、层序 B、层序 C、层序 D 及层序 E。结合地质、钻井、测井、岩心等资料分析认为,早期沉积的层序 A 顶界古地貌是控制飞仙关组高能鲕滩发育的主要因素;层序 B—层序 C 沉积期的水位较低,是台缘鲕滩储层白云化改造、形成优质储层的关键期。

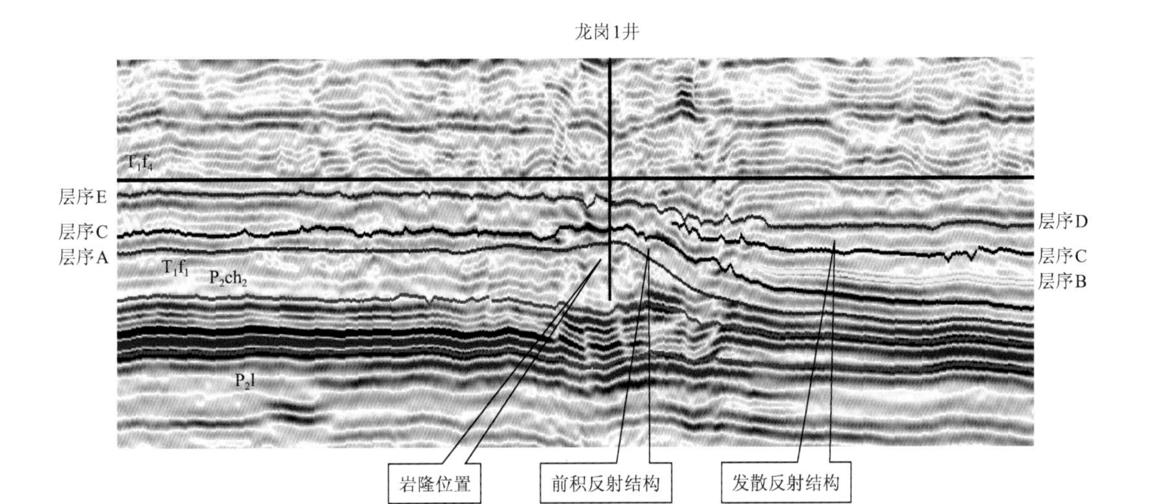

图 10－13　过龙岗 1 井地震剖面及其地震层序解释（沿飞四段底界拉平）

（三）沉积相带预测技术

礁滩储层发育和分布受沉积相带控制明显。在碳酸盐岩沉积模式指导下，采用点（单井）、线（地震剖面）和面（地震相分类平面图）相结合的方式，利用地震相、古地貌等特征，分析礁滩储层分布的有利沉积相带。

1. 沉积相剖面分析

礁滩孔隙型储层一般发育于碳酸盐岩台地边缘，因此研究碳酸盐岩台地边缘沉积模式是十分必要的。在相关碳酸盐岩沉积模式指导下，可以在地震剖面上解释出礁核、礁前、礁后、滩等沉积微相，做出相应的宏观储层预测（图 10－14）。

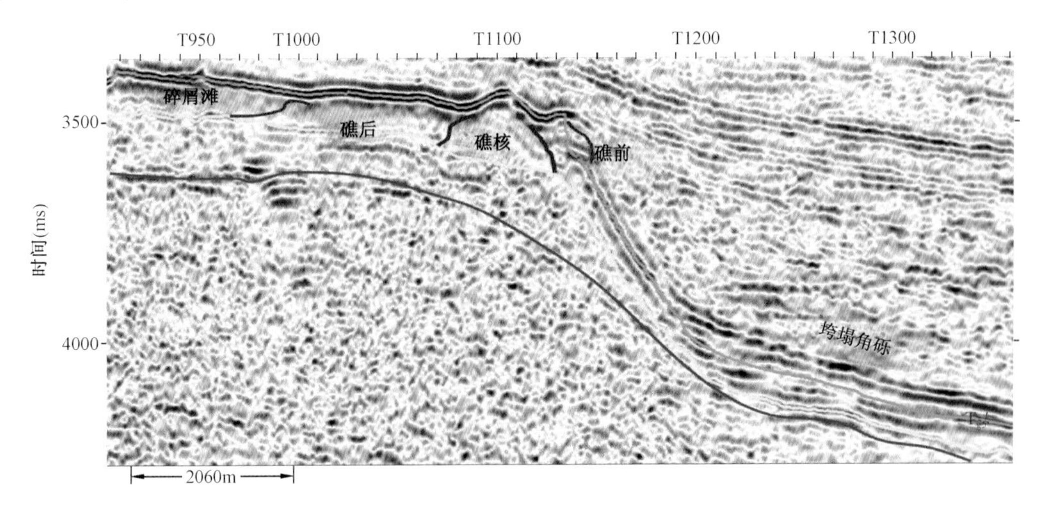

图 10－14　台地边缘礁滩相地层典型地震剖面沉积相解释

2. 沉积相平面分析

地震相分析的目的是以层序或体系域为单元，研究地震反射参数的变化，分析沉积相的特征，通过井震标定赋予地震相的地质含义，将地震相转化为沉积相。通常，采用波形分类和属性聚类技术进行地震相分析，得到地震相分类平面图。由于相同的沉积环境具有相似的沉积特征，将形成相似的地震反射特征，因此，地震相平面图在一定程度上可以指示沉积相。在地震剖面反射结构特征分析的基础上，结合测井和地质资料，对地震相进行标定，做出沉积相的平面解释。利用地震相研究沉积相的技术思路见图 10－15。

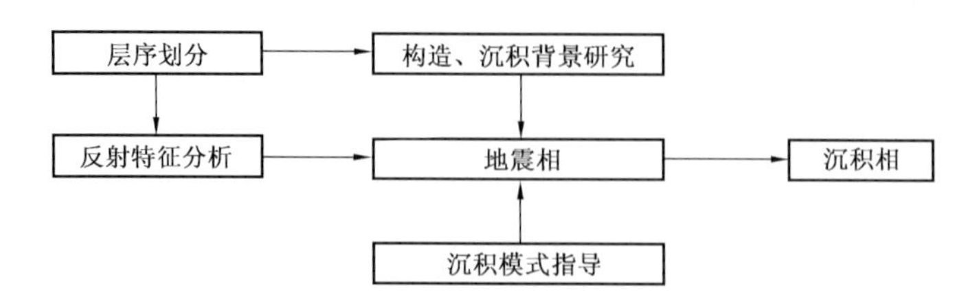

图 10－15　地震相—沉积相研究的技术路线图

（四）礁滩储层定量预测技术

常规地震反演方法通常是针对砂岩均质性储层，中低频约束模型以均匀介质模型为基础，通过对测井资料线性内插来建立。而碳酸盐岩储层非均质性强，不能应用线性模型来约束。因此，在项目研究过程中提出并形成了基于层序格架约束的相控地震反演技术，解决礁滩孔隙型储层的反演问题。

礁、滩储层受沉积相带分布的控制，开阔台地、台缘斜坡、海槽三个相带跨度大，埋藏深度变化大，各相带内部地层物性特征存在一定的差异，为能准确地反演礁滩储层、泥岩及围岩平面发育分布，需要进行沉积相约束的测井曲线归一化处理和基于沉积相约束的波阻抗反演，简称相控归一化和相控反演。基于相控的测井曲线归一化，是指在不同的沉积相带，对目标层段测井曲线采用不同的归一化处理。海槽相、台地边缘相和开阔台地相具有不同的背景速度，但同一相带的背景速度应基本一致。因此，需要先确定三个相带的平面分布，建立沉积相约束的初始地震地质模型（低频模型），在此基础上进行地震反演，得到具有沉积相背景的地震反演资料。此外，在地震反演资料解释过程中，由于在不同相带、反演波阻抗的数值具有不同的地质含义，需要对不同相带分别进行解释。如富含泥质的台内相区，地震反演阻抗数值可能与台缘礁滩相储层的阻抗值接近，但其地质含义显然不同。

图 10－16 是过龙岗 2 井的相控反演剖面，由图可见，飞仙关组鲕滩储层以及生物礁储层呈相对低阻抗。在相控反演的基础上，可以估算储层厚度、孔隙度等参数。图 10－17 是飞仙关组鲕滩储层厚度图，图中北西向蓝色边界线是相控反演的边界，边界线以西是相控反演的范围，而边界线以东是海槽区域，图中红色代表优质储层，主要分布在台缘带附近，与宏观地质规律吻合。

二、礁滩气藏地震检测技术

通过岩石物理分析优选对气藏敏感的岩石物理参数，在此基础上采用叠后亮点技术、吸收衰减技术和叠前 AVO 分析技术、弹性阻抗系数（EC）技术进行礁滩气藏检测。近几年的实践表明，EC 技术是一项有效的礁滩气藏地震检测技术。

（一）岩石物理分析技术

岩石物理分析是研究岩石弹性参数与地球物理响应之间关系的一项技术。它通过对各种岩心资料、测井资料和地震资料综合分析，研究岩性、孔隙度、饱和度、孔隙结构、流体等对岩石弹性参数的影响，总结不同参数对应的地球物理响应特征。

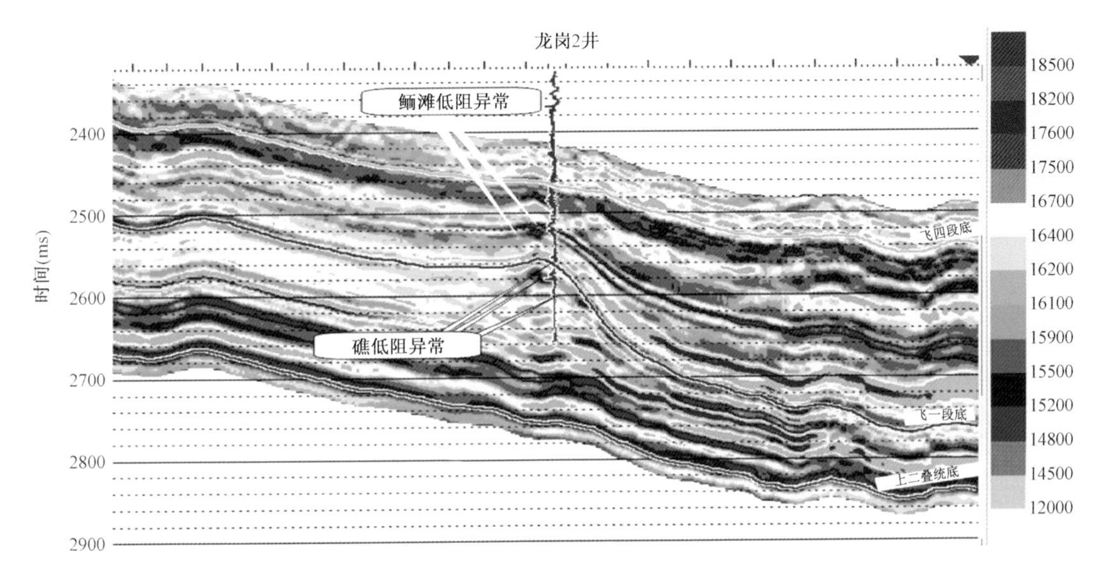

图 10－16　过龙岗 2 井相控反演剖面

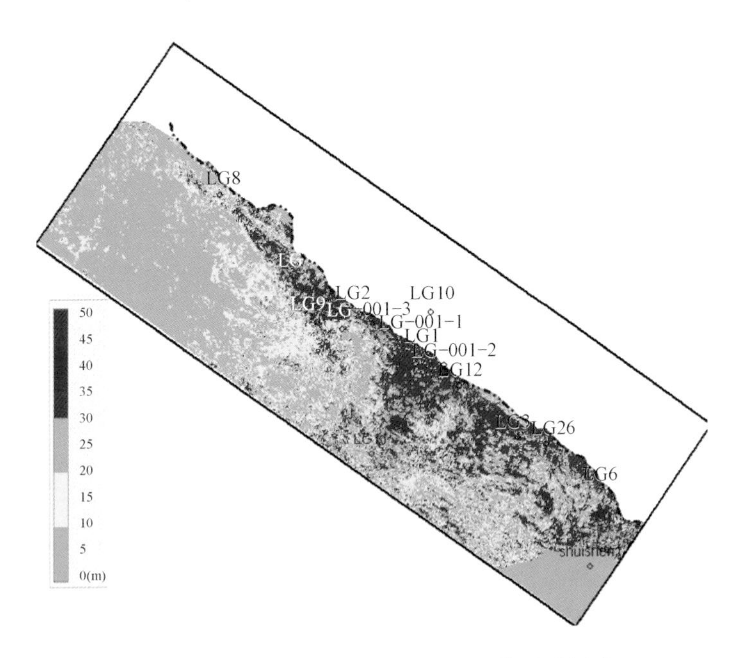

图 10－17　龙岗地区飞仙关组鲕滩储层厚度图

1. 敏感参数优选

岩石物理参数优选是进行储层预测和流体检测的基础。参数优选包括两个步骤：(1) 对研究工区内的岩心资料进行统计，分析不同弹性参数对储层物性的敏感程度，优选敏感弹性参数；(2) 在得到敏感弹性参数后，通过参数交会图设定范围，选择目标储层与围岩区分度好的参数组合，将其反投影到反演数据体上，预测研究区内有利储层分布及含流体性质。

2. 跨尺度校正技术

岩石物理研究涉及不同尺度问题，地震频带介于 10～200Hz，测井频带介于 20～30kHz，超声波频带介于 1～2MHz。因此，在地震解释中，要有效利用测井数据，必须考虑跨频带校正问题，这样才可能有效识别储层和流体特征。图 10 - 18 为飞仙关组和长兴组储层和流体跨尺度校正的敏感参数优选结果，其中横坐标分别代表纵波速度、横波速度、密度、纵波阻抗、横波阻抗、10°、20°和 30°的弹性阻抗，泊松比、10°、20°和 30°弹性阻抗系数。对比校正前后的结果可以看到，对于飞仙关组储层，泊松比和 10°的弹性系数是最敏感的属性；对于长兴组储层，泊松比是最敏感的属性。

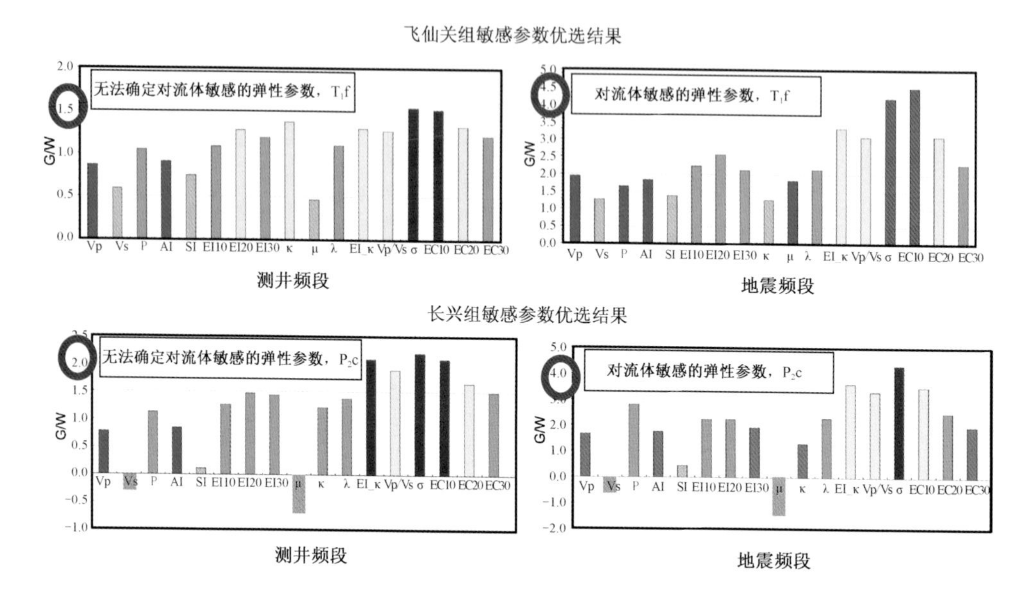

图 10 - 18　飞仙关组、长兴组储层和流体跨尺度校正的敏感参数优选结果

（二）叠后含气性检测技术

1."亮点"技术

"亮点"技术是最早用于含油气性检测的技术之一。四川盆地飞仙关组鲕滩储层含气后，声阻抗明显降低，与围岩存在较大的波阻抗差异，在地震剖面上呈强反射，形成"亮点"特征，在地震反演剖面上，鲕滩气层表现为明显的低速异常。利用这两个特征可以对飞仙关组鲕滩气层进行有效预测。在四川盆地天然气勘探中，"亮点"是飞仙关组鲕滩储层在常规偏移剖面上最显著的特征。在无膏盐层发育的地区，"亮点"即相当于较厚储层的底界面（图 10 - 19），在波阻抗剖面上储层表现为低阻抗异常带。

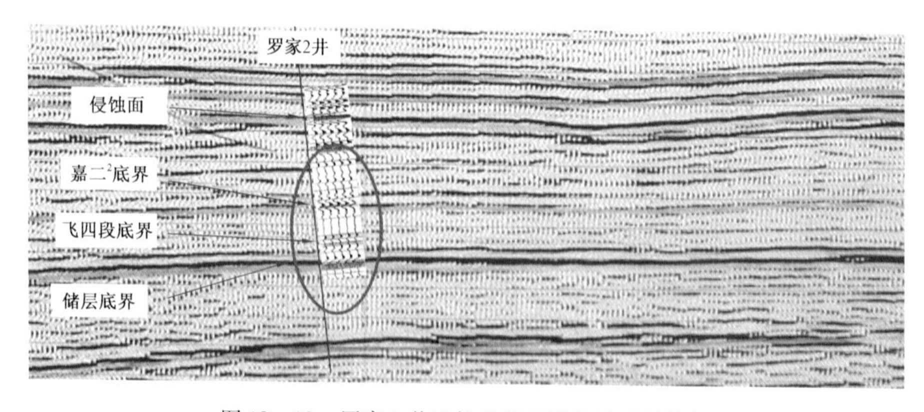

图 10 - 19　罗家 2 井飞仙关组储层地震反射特征

2. 吸收衰减分析技术

四川盆地飞仙关组鲕滩和长兴组生物礁含气后，高频吸收衰减严重，因此，在流体检测中，类似于岩溶缝洞型储层，礁滩孔隙型储层流体检测也采用吸收衰减技术，主要包括：低频阴影法和时频分析法，详见岩溶储层流体检测技术。

(三) 叠前含气性检测技术

在四川、塔里木等礁滩体碳酸盐岩烃类检测应用中，AVO 技术和弹性阻抗系数(EC)技术是两种比较有效的方法。

1. AVO 技术

利用 AVO 技术含油气预测最常用的方法是梯度—截距分析法。它是采用 Shuey 公式，利用叠前道集拟合梯度(G)和截距(P)，利用梯度和截距的交会图来识别和划分有利含油气区。需要说明的是：由于碳酸盐岩孔洞的充填物、流体以及围岩接触关系的不同，在不同区域，同一种 AVO 现象不一定代表相同的地质情况，因此在对每一个区块进行 AVO 研究时，首先必须利用测井资料进行 AVO 正演，明确研究目标区的 AVO 响应特征，才能进行进一步分析。

2. 弹性阻抗系数技术

弹性阻抗反演的基本思想是不同岩性、储层或流体随着入射角变化而不同，利用不同的角度道集可以反演相应的弹性阻抗。在传统的弹性阻抗的基础上，进一步提出了弹性系数(EC)新技术，其基本思想是计算入射角 θ 对应的弹性阻抗与垂直入射时的弹性阻抗的比值，即 $EI(\theta)/EI(0)$。实际上这相当于对弹性阻抗作了规格化处理，规格化的参数是波阻抗。模型研究表明，对储层和流体识别，弹性系数 $EC(\theta)$ 比弹性阻抗 $EI(\theta)$ 更为敏感。图 10-20 为弹性系数 $EC(\theta)$ 和弹性阻抗 $EI(\theta)$ 识别气层灵敏度的对比，对于弹性阻抗来说，在小角度下，煤层、泥岩、致密层和气层无法分开，但是，弹性阻抗系数在小角度下煤层、泥岩、致密层和气层区分开度增加，特别是随着角度增加，差异增大。因此，可以认为弹性系数对流体的敏感性优于弹性阻抗。在龙岗地区采用弹性系数方法可以预测气层的分布，图 10-21 为采用弹性系数技术预测出的飞仙关组和长兴组的储层厚度。

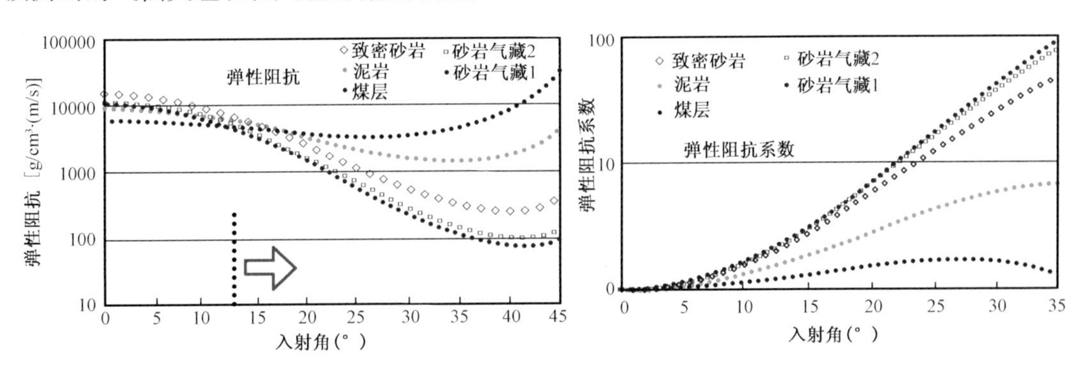

图 10-20 弹性阻抗系数 $EC(\theta)$ 和弹性阻抗 $EI(\theta)$ 识别气层灵敏度对比

三、四川盆地龙岗地区应用实例

(一) 地质特点与技术需求

龙岗地区构造相对简单，平面上表现为东南高、西北低的斜坡背景；纵向上受嘉陵江组膏盐和大安寨组泥岩两套塑性层调节，中构造层断裂、褶皱变形强烈，构造北西向成排成带分布；

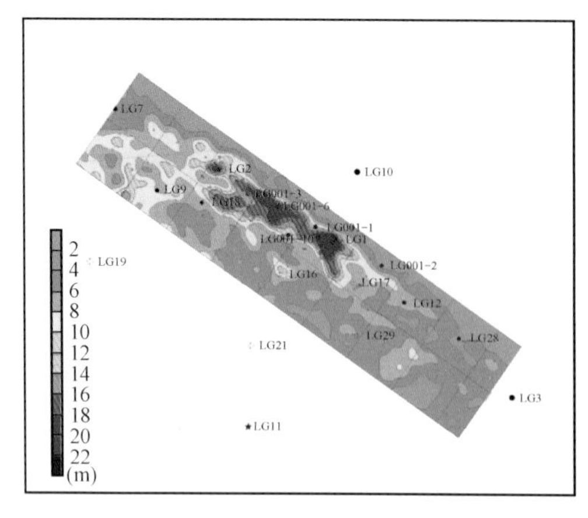

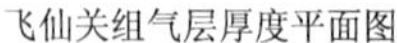
飞仙关组气层厚度平面图

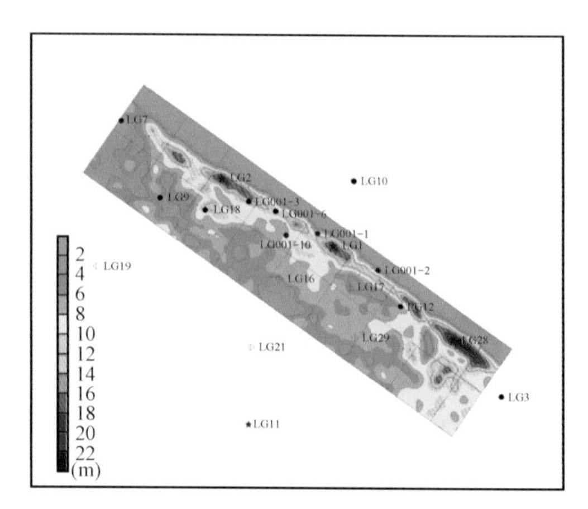

长兴组气层厚度平面图

图 10－21　弹性系数(EC)预测出的储层厚度

而上、下构造层变形较弱,构造相对简单。龙岗地区沉积发育了除泥盆系、石炭系、古近—新近系以外的所有地层,总厚度大于10000m,主要目的层为上二叠统长兴组生物礁储层和下三叠统飞仙关组鲕滩储层。长兴组生物礁储层和飞仙关组鲕滩储层的分布受沉积相控制作用明显,礁滩储层分布在开江—梁平海槽两侧,碳酸盐岩台地边缘是礁滩储层发育的最有利相带。

龙岗地区深层礁滩相储层勘探面临的主要问题是:第一,礁、滩储层受沉积相带和成岩作用共同控制,纵横向空间分布不均,非均质性极强,储层识别难。第二,气藏埋藏深度大,气、水关系复杂,气藏分布规模和预测困难。第三,龙岗地区地表地下条件复杂,且由于目的层埋藏深,以及上覆多套强反射层的屏蔽作用,深层目的层地震反射信号弱、信噪比低,储层成像差。迫切需要解决的关键技术问题包括:高保真各向异性叠前时间/深度偏移成像处理技术、礁滩分布相带预测、储层定量描述和气层有效识别。

(二)研究对策与关键技术

针对龙岗地区礁滩储层的特点和地震勘探的难点,地震采集通过加大排列和增加覆盖次数来提高深层反射能量,为后续的AVO分析和叠前反演、储层预测和流体检测奠定基础。地震处理采用层析反演静校正技术代替高程静校正技术,提高静校正精度;采用地表一致性振幅补偿技术来改善深层弱信号;采用叠前偏移来改善深层反射成像精度。针对礁滩储层受沉积相带和成岩作用控制,储层非均质性强,流体识别难的特点,地震解释采用基于沉积相约束的储层地震预测研究对策,首先通过古地貌分析和层序地层学研究,宏观预测沉积相带分布,采用地震反演和地震属性分析在有利相带内对礁滩储层分布进行定性或定量预测,借助“亮点”、AVO和叠前反演技术预测油气藏分布规律,为钻探井位优选和储量规模落实提供依据。

1. 大面积丘陵山地三维地震高效采集配套技术

为精细刻画深层礁、滩储层及气藏的空间分布,在龙岗地区开展大面积高精度三维地震勘探。针对四川盆地的地震地质特点,技术攻关主要集中在激发参数的选择和针对碳酸盐岩勘探目标观测系统优化两个方面,主要包括:激发井深及药量等参数优化技术、宽方位观测系统设计技术以及大面积山地三维地震高效采集施工配套技术。

2. 深层弱反射信号高精度成像技术系列

主要包括起伏地表三维层析静校正技术和高精度偏移成像技术。通常认为四川盆地地表出露岩层为高速的侏罗系和白垩系,静校正问题仅仅是地表起伏的高程校正问题。但针对深层弱反射的碳酸盐岩储层勘探来说，高程校正精度明显不足。采用单炮初至时间和一定密度表层调查点资料约束的层析反演技术，结合全局寻优的反射波法剩余静校正技术，提高了起伏地表三维静校正的精度。有效地解决了近地表高速层速度、厚度变化带来的静校正问题。

为提高成像和储层预测精度，开展了高精度叠前时间偏移处理，改善了陡倾角、断点、异常体反射的成像精度。在龙岗地区，由于中浅层构造的强烈变形和嘉陵江组膏盐岩层的横向不均质流动，造成了深层礁滩储层段构造畸变和礁体反射空间位置不准确的问题。因此，还开展了三维叠前深度偏移处理，提高了深层礁滩体目标成像质量和精度。

图 10－22 为龙岗三维叠前时间偏移与叠前深度偏移剖面对比，图中红线圈示区域为长兴组礁体，在叠前时间偏移剖面上表现为“杂乱反射”结构，在叠前深度偏移剖面上呈现为“前积反射”结构，显然，后者更符合碳酸盐岩台地边缘沉积结构，同时，上覆膏岩引起的构造畸变也得到了合理成像（箭头标示）。

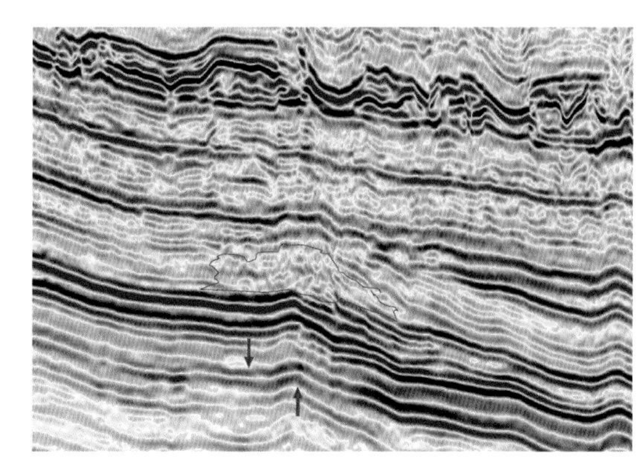

(a) 叠前时间偏移

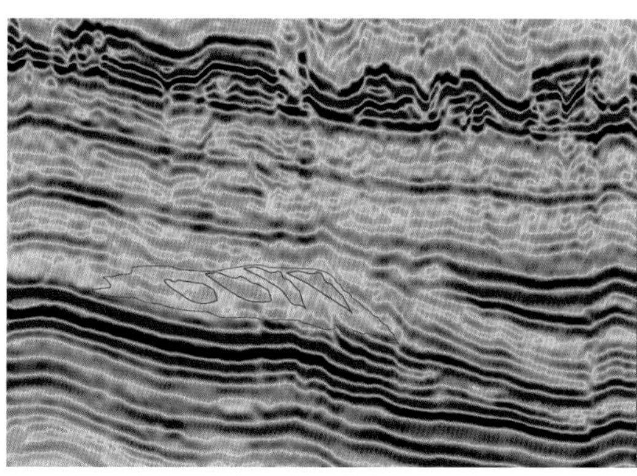

(b) 叠前深度偏移

图 10－22　龙岗三维叠前时间偏移与叠前深度偏移剖面对比图

3. 地震解释及综合研究技术系列

在大面积高精度三维地震资料的基础上，应用现代碳酸盐岩沉积理论，使地震解释及综合研究技术取得长足进步，采用的关键技术包括：地震资料层序地层解释、相控地震反演和叠前地震反演以及地质异常体空间雕刻技术。层序地层解释是基础，它可以宏观预测礁滩发育有利相带，还可以帮助约束地震反演，实现相控地震反演，叠前反演技术有助于改善流体检测能力，而三维可视化雕刻技术可以改善岩性圈闭预测能力。

图 10－23 是过龙岗 2 井的三维地震剖面的层序地层解释示意图，红色箭头标识了相对高能带的变迁。从反射结构外形和接触关系可以看出，龙潭组和长兴组为两个海平面上升阶段形成的次级退积准层序，飞仙关组沉积受台缘地貌控制，形成加积、进积、低位、海侵等多个次级旋回。值得注意的是长兴组成礁旋回对应了长兴组生物礁储层，飞仙关组沉积早期在加积和进积旋回的台内一侧有利于产生鲕滩沉积，在其后的海平面相对低位期，易受白云岩化或暴露改造而形成有利储层。因此，通过地震层序地层解释，一方面分析不同准层序对应的沉积环境、古地貌变化，定性分析可能的储层发育区；另一方面，通过层序界面的解释对比和追踪，对准层序进行分析，结合古地貌和沉积相信息，预测储层的平面分布范围。

地震反演技术是进行定量储层预测的途径，在龙岗地区，针对礁滩储层受沉积相控制的特点，提出了相控反演技术，提高了礁滩储层反演的精度。

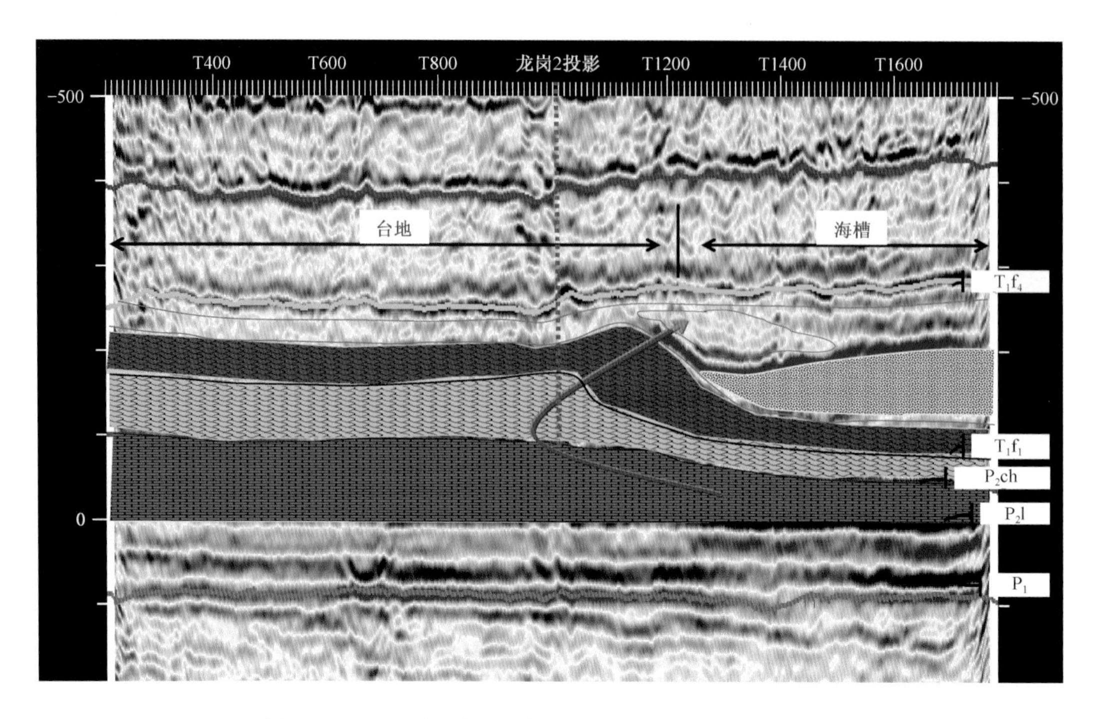

图 10－23　地震层序地层解释示意图(龙潭组底界拉平)

应用三维可视化解释技术对地质异常体进行空间雕刻,能更直观、准确的展示地质异常体在三维空间的分布。图 10－24 是过龙岗 1 井叠前反演的纵波阻抗剖面,暖色反映低阻抗。根据龙岗 1 井揭示储层发育情况,分别给定长兴组生物礁 1 号、2 号两个不连通储集体的种子点(图中的蓝点),并给定阻抗值变化范围,在三维空间进行自动追踪,属于给定范围的阻抗作为该储集体的连通范围,把追踪到的样点单独形成数据体,即为雕刻得到的储集体。由此可以得到 1 号、2 号储集体的空间位置、连通性、样点数和体积,实现了这两个生物礁储层的空间描述(包括顶、底面形态、厚度、面积、体积等)。通过钻井取心或测井资料获得相应储层段的孔隙度,就可以进一步计算每个储集体的体积和储量规模。

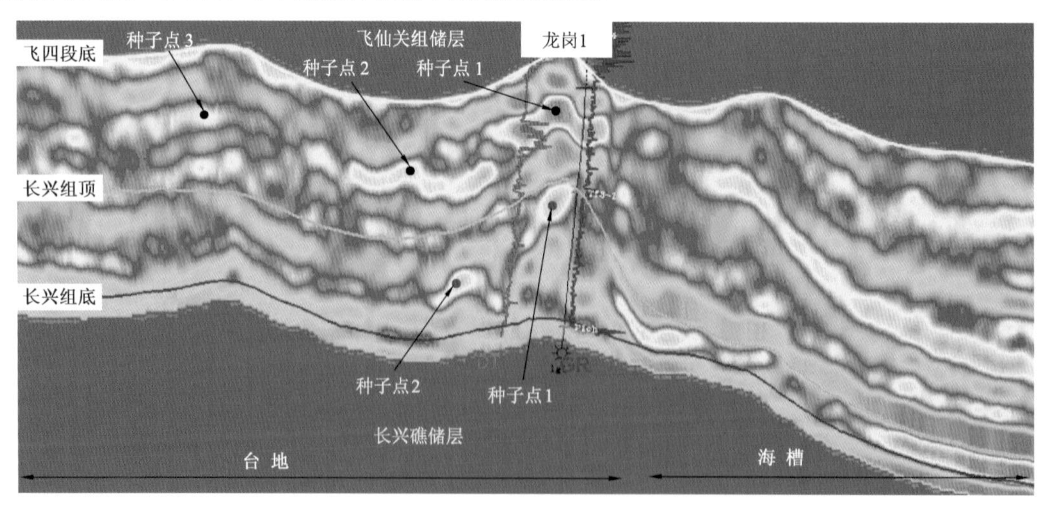

图 10－24　过龙岗 1 井叠前反演纵波阻抗剖面

（三）应用效果

通过地震勘探配套技术攻关，基本形成了适合四川盆地深层碳酸盐岩礁滩相储层勘探的地震采集、处理、解释技术系列，获得了良好的勘探效果。首先扩展了龙岗地区礁滩储层的勘探成果，全面预测了生物礁滩相带的分布，为下步甩开预探井提供了资料基础和地质研究成果。其次带动了四川盆地碳酸盐岩储层区域勘探的全面突破，提高了川中磨溪—王家场和川西北梓潼等地区的勘探潜力评价，形成了台地内礁滩优质储层勘探的新区带。另外，在开展深层地震攻关和钻探过程中，全面带动了中浅层其他层系的勘探和油气发现。

第四节　小　　结

围绕塔里木、四川和鄂尔多斯盆地碳酸盐岩油气勘探的需求，项目组在礁滩孔隙型储层和岩溶缝洞型储层预测和流体识别技术两个方面开展了攻关研究，着力解决碳酸盐岩油气勘探面临的成藏单元孔缝洞储集体非均质性定量预测及流体性质评价的技术难题，为三大盆地重点区块和层系的储层预测、流体识别提供物探技术支撑。在塔里木盆地，重点研究了提高缝洞体的成像精度，研究适合于塔中台盆区礁滩孔隙型储层和塔北风化壳岩溶储层的预测方法，探索碳酸盐岩缝洞储集体定量预测和流体检测，探索了“非串珠”储层的勘探。在四川盆地，重点研究了长兴组生物礁和飞仙关组鲕滩储层的定量描述和气层的有效识别，探索了深层白云岩储层描述和流体检测。以岩溶储层定量化描述为核心的非均质储层预测配套技术，包括：岩溶储层目标各向异性保幅处理技术、岩溶储层定量化描述技术和岩溶储层油气藏综合预测技术。以气藏检测为核心的礁滩孔隙型储层流体识别配套技术，包括：叠前成像处理技术、面向叠前预测的保幅处理技术、礁滩储层定量化雕刻技术和叠前气藏检测技术。随着勘探领域的不断延伸和油气藏评价开发工作的不断深入，需要在现有基础上进一步发展面向成藏单元的定量化评价技术，对物探技术提出了更高的要求，不仅要求实现缝洞型碳酸盐岩储层的精细描述，还要探索流体性质检测，进行流体分布的预测和描述。

第十一章　深层碳酸盐岩油气井安全快速钻井配套技术

与国外相比，我国海相碳酸盐岩油气藏地质时代老、埋藏深、储层缝洞发育、温压差异大、富含酸性气体。这些独特的地质环境和特点对井筒和钻井过程的作用机理以及影响规律还不十分清楚，有许多传统理论方法尚不能很好解决的特殊难题，主要表现在：

（1）油气藏储层埋藏深，上覆岩层类型多，地层压力纵横向变化大，地层压力预测困难。同一井段内经常面临塌、漏、喷同层的复杂状况，给井身结构的设计与使用，井下复杂的控制与处理带来较大的挑战，有时只能被迫提前完钻或小井眼完井。

（2）储层及上覆岩层地层古老，压实成岩作用强，岩石硬度大，研磨性强，可钻性差。如川渝地区碳酸盐岩油气井地层可钻性级值大于 6 级的难钻地层占到总井段的 70% ~80%。这类地层常规破岩工具破岩效率低，钻井周期长。

（3）油气藏富含酸性气体，对套管、钻具及水泥石构成潜在的应力与化学腐蚀失效，酸性气体外溢或井喷泄漏将对人员生命、设备与环境安全构成重大威胁。高含 H_2S 和 CO_2 油气藏的开发因其腐蚀失效作用机理复杂，钻井安全风险大，井筒防腐成本高。

（4）碳酸盐岩油气藏储集体非均质性强，钻井成功率低。如何探索灵活有效的提高储集体钻遇率和成功率的钻井方式，也是摆在碳酸盐岩油气藏钻井研究工作者面前的一道难题。

随着碳酸盐岩油气藏的不断开发，国外逐步积累形成了较为成熟的安全高效钻完井配套技术。针对多岩性多压力系统地层的安全钻井难题，研究形成了一系列的应对措施与方法，包括非标紧凑型套管层序及相关配套措施、窄压力窗口地层精细控压钻井技术、恶性漏失层密闭带压钻井液帽钻井技术等，并形成了一整套碳酸盐岩气田钻具和套管选用规范、现场安全操作规范和井控作业规范等；针对高研磨性地层破岩效率低的钻井难题，除研究开发高性能牙轮钻头和 PDC 钻头新材料外，还应用涡轮 + 孕镶钻头、液动锤等，并在稳定性较好的地层，应用气体钻井技术，提高复杂地层的机械钻速，缩短钻井周期。

国内由于碳酸盐岩规模勘探开发起步较晚，经验积累较少，尤其对高酸性碳酸盐岩油气藏的安全快速钻完井技术与国外差距较大。前期四川深层碳酸盐岩油气井出现的一些井喷事故、泄漏事故以及长钻井周期状况均表明，现有的技术体系还不能很好适应碳酸盐岩油气藏的安全高效开发，急需开展相关问题的研究，以形成相应的配套技术和规范，来满足我国海相碳酸盐岩油气藏安全高效开发需求。

本章将重点介绍碳酸盐岩油气藏安全快速钻完井取得的最新进展。

第一节　复杂压力层系非常规井身结构设计与应用

一、井身结构设计现状

井身结构是确保一口井能否安全顺利钻达地质目标的先决条件。井身结构设计要以地层情况和地层压力信息为依据。首先要研究本地区地层孔隙压力及破裂压力的分布规律，然后根据地层条件和施工工艺确定设计所需的其他基础数据，如抽吸压力允值、激动压力允值、井涌条件允值、正常压力地层黏卡压差临界值、异常压力地层黏卡压差临界值和地层压裂安全增值等。最后按照裸眼段防漏、防喷、防压差卡钻等约束要求，来划分套管层次，确定套管下深。

对于海相层系碳酸盐岩油气藏，由于地层压力系统复杂，必封点多，加上区域地层压力预测困难，给井身结构设计带来一定的风险。因此，在进行井身结构设计时，通常要遵循以下几个原则：

(1)遵循“安全第一，实用有效”的原则，满足安全、环境与健康体系的要求。

(2)有利于科学有效地保护和发现油气藏。

(3)应满足油气田开发方案的需要，目的层套管尺寸要满足试气、开采及井下作业的需要。

(4)尽可能避免漏、喷、塌、卡等复杂情况，为安全快速钻井提供有利条件。

(5)套管层数要满足封隔不同压力系统的地层及其可能的加深要求。

(6)套管和井眼的间隙要有利于套管顺利下入，并有利于固井质量的保证，有效封隔目的层。

(7)套管和钻头的规格基本符合 API 标准，并尽可能向常用套管系列靠拢。

在设计过程中考虑的关键因素或依据条件主要包括：

(1)钻井液密度的确定要以平衡地层压力钻井为原则。

(2)钻下部地层采用的钻井液，产生的井内压力不至于压破上层套管鞋处地层以及裸露的破裂压力系数最低的地层，并留有足够的余量。

(3)下套管过程中，井内钻井液液柱压力与地层压力之差值，不至于产生压差卡套管事故。

(4)考虑地层压力设计误差，限定一定的余量，井涌压井时在上层套管鞋处所产生的压力不大于该处地层破裂压力。

(5)依据钻井地质设计和邻井钻井有关资料，优化设计时套管层次与深度应留有余地。

(6)在含 H_2S 地层、严重坍塌地层、塑性泥岩层、严重漏失层、盐膏层和暂不能建立压力曲线图的裂缝性地层，均应根据实际情况确定各层套管的必封点深度。

(7)在深井、超深井井深条件下，应考虑后期钻井套管磨损对套管强度的影响，并提出相应的保障措施。

国外在复杂地质条件、多压力层系的超深井钻井中，设计使用的井身结构为 5 层，典型的套管层次为 30in—20in—13⅜in—9⅝in—7in。随着钻井向更深领域拓展，井身结构的层次也越来越多。如 2000 年后美国墨西哥湾的深水钻井，井深突破 10000m，面临着巨厚盐层、窄密度窗口、沥青地层等复杂地质情况，采用井下扩眼技术，将套管层次拓展到 9 层，36in—28in—22in—18in—16in—14in—11⅞in—9⅞in—7¾in。国内目前最深的井是克深 7 井，完钻井深 8023m，采用的井身结构 20in × 198.2m + 14⅜in × 3518m + 10¾in × 7087m + 8⅛in × 7828m + 5½in × 8023m。尽管顺利钻成，但在一些复杂地区，依然面临着扩展套管层次、提高风险应对的迫切需求。

二、龙岗地区井身结构设计

(一)钻井地质特征

龙岗构造位于四川省平昌县龙岗乡，地面为一较平缓的北西向不规则穹隆背斜，在构造区域上属于四川盆地川北低平构造区。

整个区域从震旦系到侏罗系发育齐全，沉积了巨厚的地层。其中震旦系到中三叠统是海相沉积，以碳酸盐岩为主；上三叠统到侏罗系沉积了一套4000m以上的巨厚的陆相地层，以碎屑岩为主。长兴组生物礁和飞仙关组鲕滩为该区的主要储层，其上覆嘉陵江组和雷口坡组的石膏层以及巨厚的陆相碎屑岩构成了该区良好的盖层。

已钻井测试资料表明，龙岗地区大部分井飞仙关组储层压力为59.38～61.77MPa，压力系数为1.03～1.05。长兴组储层压力在62.2MPa左右，压力系数为1.01～1.04。自流井群、须家河组、嘉陵江组以及飞仙关组和长兴组存在异常高压（图11－1）。气藏天然气H_2S含量1～5g/m^3，CO_2含量46～66g/m^3。该地区钻井面临的难点和风险主要有：

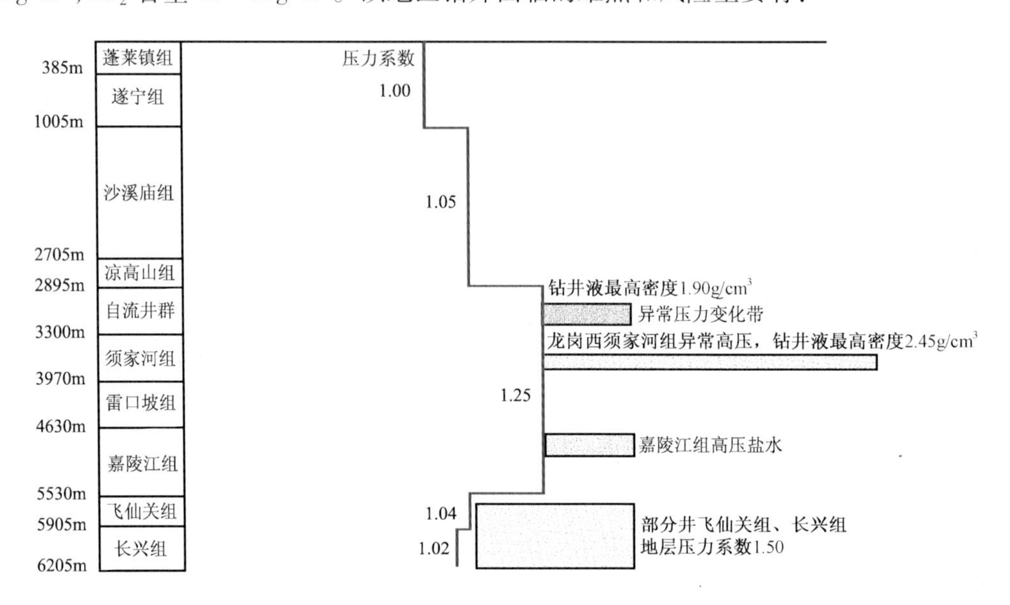

图11－1　龙岗地区地层压力剖面

（1）纵向上多压力系统，浅层油气活跃，广泛分布于沙一段中下部、凉上段、大安寨段、珍珠冲段、须家河组、雷口坡组、嘉陵江组等，对井筒完整性的保障构成挑战。

（2）横向上地层压力分布不均，使用的钻井液密度差别较大，龙岗1井在自流井群、须家河组使用气体钻井顺利钻过，而龙岗7井、龙岗9井同样在自流井群使用的钻井液密度分别高达1.85g/cm^{3}和1.90g/cm^3；西北部的剑门1井和龙岗61井，分别在须二段和须四段钻遇异常高压，钻井液密度最高达2.45g/cm^{3}和2.34g/cm^3。地层压力的不确定性给井身结构设计与选用带来困难和风险。

（3）气井高温（井底温度130℃以上）、高压（地层压力70～100MPa）、高产、含硫、部分井周边人口居住比较密集，对一级屏障（钻井液）和二级屏障（井口装置等）的要求高，难度大。

（二）龙岗1井区井身结构设计

龙岗1井区高压并不非常突出，须家河组高压地层的压力系数低于2.0，雷口坡组和嘉陵江组高压盐水的压力系数低于1.80，按照压力约束分析的方法划分为5层套管层次，每层套管的下深如图11－2所示。

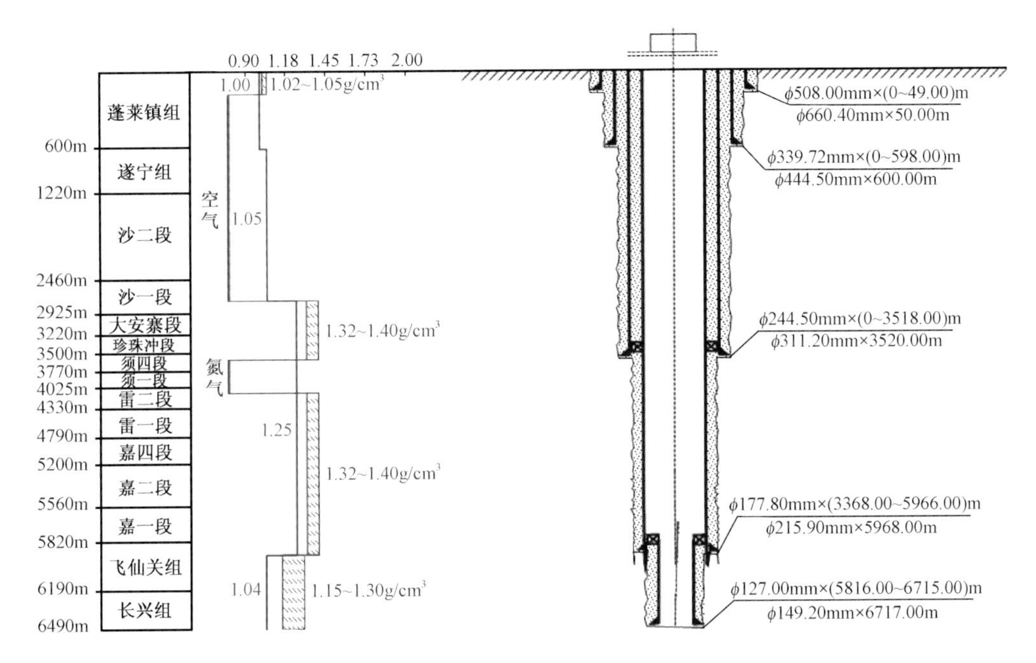

图 11－2　龙岗 1 井区井身结构示意图

一开 ϕ508. 00mm 表层套管设计下深 49m，水泥返至地面，封隔地表窜漏，安装简易井口及旋转控制头，为下一井段气体钻井提供条件。

二开 ϕ339. 72mm 套管设计下深 598m（选择砂岩或者硬地层段下入），水泥返至地面，封隔可能存在的浅层地下水及窜漏层，换装钻井井口装置，为下部气体钻井建立井控条件。实际下深根据实际岩性情况进行合理调整，确保套管鞋坐在硬地层上，原则上不应少于设计深度。

三开 ϕ244. 50mm 技术套管下至须六段顶部，封隔自流井群—须家河组可能存在的垮塌层及浅油、气层，将侏罗系与三叠系分隔处理。套管鞋坐于稳定砂岩或硬地层上。

四开采用 ϕ215. 90mm 钻头钻至飞三段顶部，ϕ177. 80mm 油层套管采用先悬挂后回接的方式下至飞三段顶（采用进口悬挂器），从而达到保护储层，提高井控安全的目的。

五开采用 ϕ149. 20mm 钻头钻至完钻井深，下 ϕ127. 00mm 尾管固井，射孔完成目的层。

考虑到雷口坡组和嘉陵江组盐岩蠕变挤毁 ϕ177. 80mm 生产套管的可能，改型套管壁厚 12. 65mm，抗外挤强度 90MPa，盐岩分布在 4000 ~ 5000m，盐岩蠕动作用下对套管的挤压载荷将达到 120MPa，容易发生挤毁套管的事故，因此采用外加厚的 ϕ193. 00mm 生产套管，壁厚达到 19mm，抗挤强度达到 120MPa。

（三）龙岗西地区井身结构设计与应用

1. 龙岗西地区井身结构必封点分析

随着龙岗地区向西进一步拓展，在龙岗西（剑门 1 井区）采用常规井身结构钻遇异常复杂情况，须家河组钻井液密度高达 2. 45g/cm³ 以上，井身结构对付该区域的复杂钻探情况已经非常困难，不得不提前下入 ϕ177. 80mm 套管（图 11－3），导致 ϕ149. 20mm 井段长达 2000m 以上，大大制约了钻井速度。

由于龙岗西区块出现了高压，在须家河组异常高压系数超过 2. 3，从压力约束分析的方法来划分套管层次，则合理的套管层次应该为 6 层（表 11－1）。

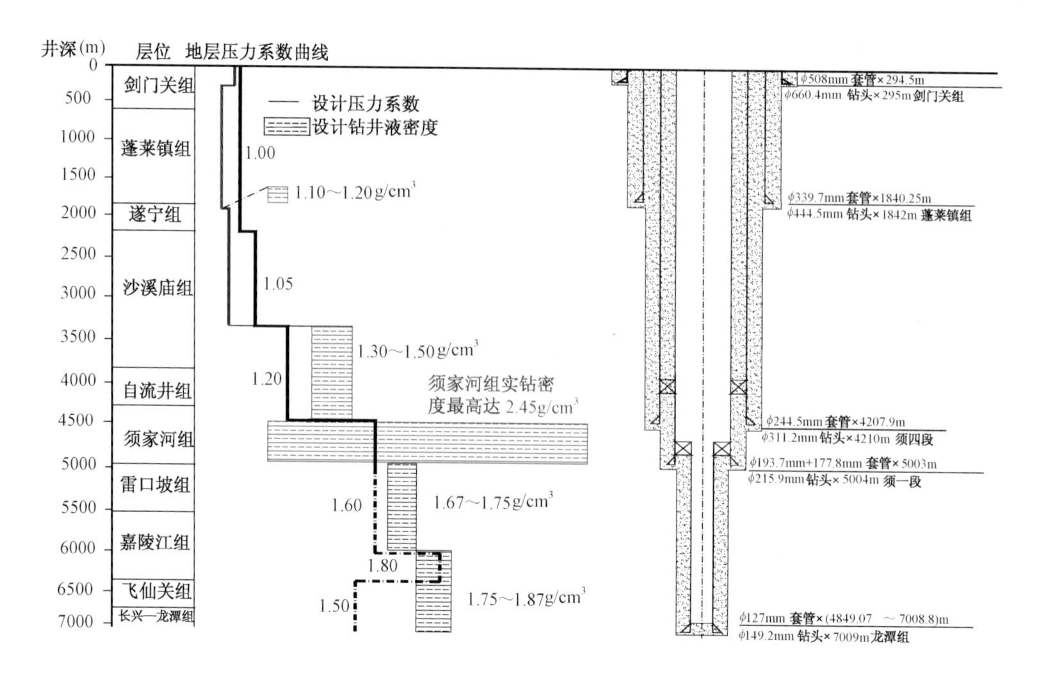

图 11－3 剑门 1 井实钻井身结构示意图

表 11－1 龙岗西部多压力层系井身结构的必封点分析

必封点	孔隙压力系数	漏失压力系数	套管下入地层层位	封隔目的
第一必封	0.8～1.0	1.2	剑门关组	封隔疏松漏失层
第二必封	0.9～1.1	1.4～1.5	沙溪庙组顶部	预防压破上部地层
第三必封	1.1～1.4	2.8～2.0	须家河组顶部	预防压破上部地层，隔开下部高压层
第四必封	2.1～2.4	2.65～2.70	雷口坡组顶部	封隔须家河组含 CO_2 高压气层
第五必封	1.65～2.0	2.0～2.20	长兴组顶部	封隔可能的飞仙关组高含 H_2S 气层，与下部长兴组储层隔开
储层	1.3～1.6	1.8～2.0	长兴组	储层专打

2. 套管层次的拓展方案

针对龙岗西 6 层井身结构的需求，开展非常规套管程序与相应井身结构的研究，探索采用 API 标准非常用套管和非 API 标准套管的井身结构方案，使井身结构设计更具灵活性，增加可用套管层次以增强应对地质与工程风险的能力和提高钻井工程质量，对提高四川盆地复杂地质条件深井、超深井钻井整体效益是非常必要的。

常规五层井身结构井眼套管程序为：$20in \times 13\frac{3}{8}in \times 9\frac{5}{8}in \times 7in \times 5in$。这套井身结构曾普遍用于国内大部分地区，具有套管规格标准、供货渠道通畅、工具及井口配备成熟、使用方便等优点。但也存在以下一些缺陷：

(1)不利于应对复杂地层深井、超深井地质变化引发的复杂钻井工程问题。由于地层岩性、层位、深度及压力预测不准，难以封隔多套复杂地层，造成在同一裸眼段应对多种复杂情况，钻井事故复杂时效高，甚至不能钻达地质目的层。

(2)$8\frac{1}{2}$in((井眼)×7in(套管)、6in($5\frac{7}{8}$in)(井眼)×5in(套管)环空间隙窄,固井质量难以保证。

(3)$5\frac{7}{8}$in 井段在地层压力窗口较窄时,由于环空循环压耗大,较难平衡井底压力,造成溢漏复杂。

(4)套管强度偏低。

为解决超深层复杂井的井身结构问题,部分复杂井上采用了 6 层套管程序,即 20in×$13\frac{3}{8}$in×$9\frac{5}{8}$in×$8\frac{1}{8}$in×$6\frac{1}{4}$in×$4\frac{1}{2}$in。但用这种井身结构仍存在以下问题:

(1)$9\frac{5}{8}$in 套管内下 $8\frac{1}{8}$in 套管环空间隙太小,致使下套管速度慢,同时井底作用的回压大,极易压漏地层。

(2)$8\frac{1}{2}$in 井眼需长段扩眼至 $9\frac{1}{2}$in,才能下 $8\frac{1}{8}$in 套管,扩眼难度大,时间长。

(3)环空间隙小,无法加工悬挂器,并且回接筒壁薄易变形。

另外,$9\frac{5}{8}$in 套管下至嘉二^3 后,若在 $8\frac{1}{2}$in 井眼的嘉二^2—嘉一段、长兴组、龙潭组等地层不能承受茅口组、栖霞组的异常高压层,就必须提前将 7in 套管下至茅口组顶部,6in 钻头完钻,导致采用钻茅口组的钻井液密度钻开石炭系储层,茅口组为异常高压层,钻井液密度达 1.90g/cm^3 以上,而石炭系地层压力系数为常压,只有 1.10~1.20,这样对石炭系储层的保护非常不利。

前期龙岗西须家河组钻井出现的异常高压,压力系数超过 2.3,也提出了对非常规井身结构的需求。

为解决川渝地区深部复杂地层钻井问题,提出了非常用井身结构方案,设计的要点如下:

(1)以 ϕ219.07mm($8\frac{5}{8}$in)套管悬挂,封隔须家河组超高压层,ϕ193.68~168.3mm($7\frac{5}{8}$~$6\frac{5}{8}$in)套管封隔嘉二段高压盐水层,采用 ϕ140mm 钻头钻主要目的层。

(2)选用 TF$14\frac{3}{8}$in×$10\frac{3}{4}$in×105MPa 套管头。

(3)五开理论环空间隙 11.1mm,为确保固井质量,设计采用扩眼钻头钻进,扩眼后环空间隙可达 20mm 左右。

(4)采用无接箍套管。

(5)六开采用 ϕ140mm 钻头钻完目的层,下 ϕ114.3mm 套管射孔完成。

3. 非常规井身结构设计在龙岗西部地区的应用

非常规井身结构设计技术自 2008 年以来已经成功试验了 4 口井,全部应用在龙岗西部超深井中,平均完钻井深 6962.75m,平均钻井周期 398.76d。基本钻井技术指标见表 11-2,四口井采用非常规井身结构的方案见表 11-3。

表 11-2 龙岗西部非常规井身结构完成井基本钻井指标

井号	开钻日期	钻井周期(d)	完钻井深(m)	完钻层位	完井方法	平均机械钻速(m/h)
龙岗 61	2008-05-13	398.17	6618	长兴组	射孔完井	1.68
龙岗 62	2009-10-24	344.1	6578	长兴组	裸眼完井	1.64
龙岗 63	2009-12-16	426.72	7403	长兴组	裸眼完井	1.75
龙岗 68	2010-01-21	426.06	7252	长兴组	射孔完井	2.06
平均指标		398.76	6962.75			1.79

表11-3 龙岗西部4口完成井采用非常规井身结构的对比

开钻次数	龙岗61	龙岗62	龙岗63	龙岗68	备注
第一次开钻	φ660.4mm×φ508mm×102m	φ660.4mm×φ508mm×154m	φ660.4mm×φ508mm×216m	φ660.4mm×φ508mm×164m	表层套管
第二次开钻	φ444.5mm×φ365.1mm×1814m	φ444.5mm×φ365.1mm×1803m	φ444.5mm×φ365.1mm×2105m	φ444.5mm×φ365.1mm×1988m	技术套管下入沙溪庙组顶部
第三次开钻	φ333.4mm×φ273.05mm×4065m	φ333.4mm×φ273.05mm×3833m	φ333.4mm×φ273.05mm×4476m	φ333.4mm×φ273.05mm×4346m	技术套管下入须家河组顶部
第四次开钻	φ241.3mm×φ219.08mm（无接箍）×4505m	φ241.3mm×φ219.08mm×4629m（无接箍）	φ241.3mm×φ219.08mm×5293m（无接箍）	φ241.3mm×φ219.08mm×5248m（无接箍）	尾管悬挂下入雷四段顶
第五次开钻	φ190.5mm×φ168.3mm（无接箍）×6392m	φ190.5mm×φ168.3mm×6353m（无接箍）	φ190.5mm×φ168.3mm×6990m（无接箍）	φ190.5mm×φ168.3mm×7004m（无接箍）	生产套管下入飞一段底φ168.3m回接至3800m φ177.8mm(2100~3800m) φ193.68mm×(0~2000m)
第六次开钻	φ139.7mm×φ114.3mm（无接箍）×6618m	φ139.7mm×6578m（裸眼）	φ139.7mm×7291m（裸眼）	φ139.7mm×φ114.3mm（无接箍）×7205m	油管

各井在须家河组都遇到了含CO_2的高压气层，其中龙岗62井在须家河组气层压力系数达到2.35~2.40，实际钻井液密度达到2.54g/cm^{3}才能平衡。龙岗62井在飞仙关组钻遇高含H_2S的气层，压力系数达到1.9~2.0，钻井液密度达到2.18g/cm^3。在长兴组储层压力也有较大变化，龙岗68井长兴组储层储层压力系数1.25~1.30，钻井液密度1.43g/cm^3；龙岗63井和龙岗61井长兴组储层压力系数达到1.65，实际钻井液密度为1.80g/cm^3；龙岗62井长兴组储层压力系数为1.42，实际钻井液密度1.57g/cm^3（图11-4）。正是采用了6层套管层次，提高了对地质风险的应对能力，钻井过程中避免了溢流和漏失同层的严重复杂情况发生，有效地保障了钻井安全。

实施过程中，各井在上部地层采用空气钻井，最大进尺比例超过50%，有力地促进了钻井提速。在下部三层窄环空间隙采用模拟下套管保障了下套管作业安全，采用旋转尾管固井技术，窄间隙下固井质量也得到保障。这些配套措施的使用促进了非常规井身结构在超深井勘探中的成功应用。

目前已完钻4口井中，龙岗62井完成了试油作业。龙岗62井于2009年10月24日开钻，2010年10月3日完钻，完钻井深6578m，完钻层位长兴组。2010年10月23日对长兴组裸眼段6360.8~6480m（6个气层段和6个差气层段）采用浓度为23.62%的转向酸260m^{3}酸化测试联作施工，1号测试管线折气产量每天67.04×10^{4}m^3；2号测试管线折气产量每天30.82×10^{4}m^3，H_2S含量83.8g/m^3。龙岗62井长兴组获高产工业气流，是继剑门1井长兴组获得发现后龙岗西区块的又一重要发现，非常规井身结构获得进一步推广应用，目前已经在龙岗69等井应用。

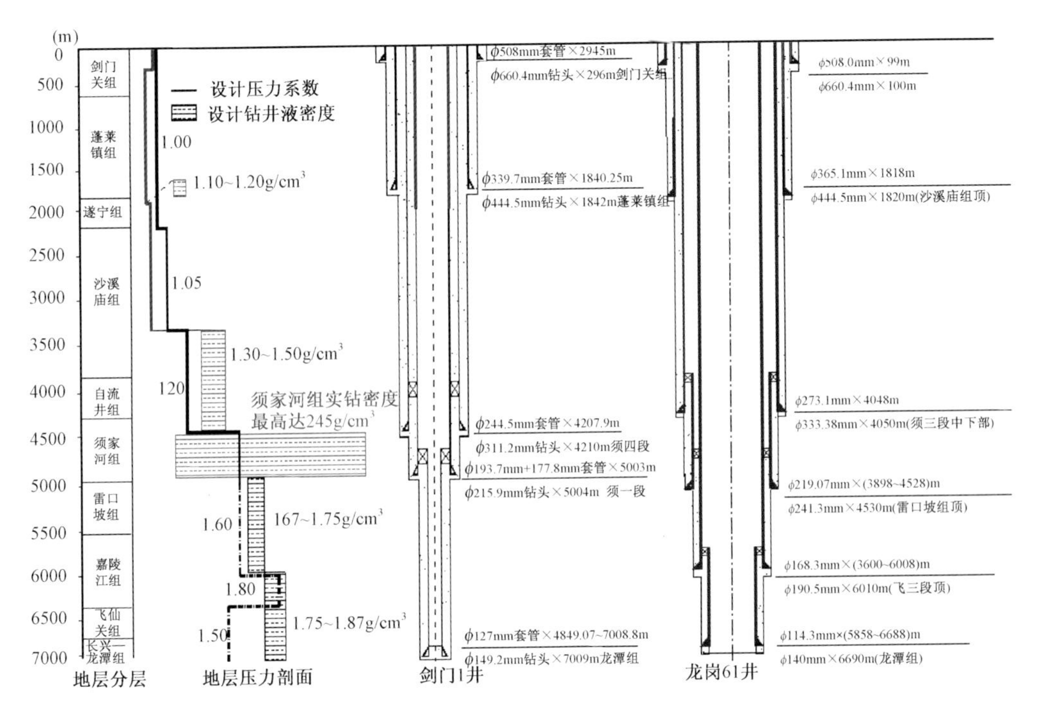

图 11－4　龙岗 61 井非常规井身结构示意图(对比井—剑门 1 井)

龙岗西非常规井身结构的试验说明,针对高含硫、超高压、超深井的地质条件,采用非常规方案拓展套管层次在技术上是可行的,经济上是合理的,具备类似地质应用的条件。

第二节　碳酸盐岩储层涌漏及早期识别技术

一、碳酸盐岩储层涌漏特征

井漏是海相地层的普遍现象。一般来说,陆相地层的漏失以孔隙性渗漏与微裂缝漏失为主,漏速慢,漏失量小;而碳酸盐岩储层大多为裂缝漏失和溶洞漏失,漏速快,漏失量大,而且往往伴随又漏又涌情况,堵漏或压井操作困难。

国内外研究表明,在正常钻进时,通常钻井液密度略高于地层压力,当钻遇横向裂缝发育储层时,井底液柱压力将使裂缝宽度增大,钻井液将瞬间沿裂缝"吞"入地层,当停泵接单根动压消失时,井底液柱压力降低,裂缝宽度减小,钻井液将从裂缝中"吐"出,即形成所谓的涌漏"吞吐"效应(图 11－5)。当钻遇以垂直、高角度裂缝型或大型溶洞为主的储层时,则由于钻井液与储层流体之间的密度差,裂缝下部的井底液柱压力将大于地层压力,而裂缝上部的液柱压力则小于地层压力,钻井液将沿裂缝下部漏入地层而逐步将裂缝上部地层流体挤出,直至将储层裂缝或溶洞中的流体全部置换完,达到压力的动态平衡为止,这个过程即所谓的涌漏"重力置换"效应(图 11－6)。这两种效应在井口液面的响应是不同的,前者表现出先降后升,而后一种液面开始则几乎没有什么变化,只有在一段时间过后,置换出的流体开始明显膨胀,液面才会有所反映。另外还有一种产生置换效应的情况是,当钻遇裂缝储层时,钻井液沿着裂缝或溶洞漏入地层的同时,存于钻屑孔隙中的气体在钻屑上返过程中会首先逸出,并随流体向上滑脱,不断膨胀(图 11－7),往往会抵消漏到地层的流体体积,井口液面没有响应,这样就掩盖了此时正在发生的井漏和气侵正在同时发生的真相。进入环空的气体逐步膨胀后，井底的液柱压力也随之下降，当下降到小于气藏压力时，新的气体就会从储层孔隙中进入井筒，使井筒内流体流动变得异常复杂。

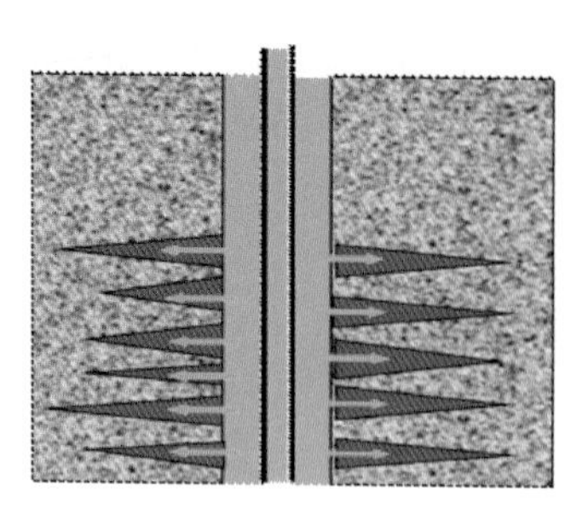

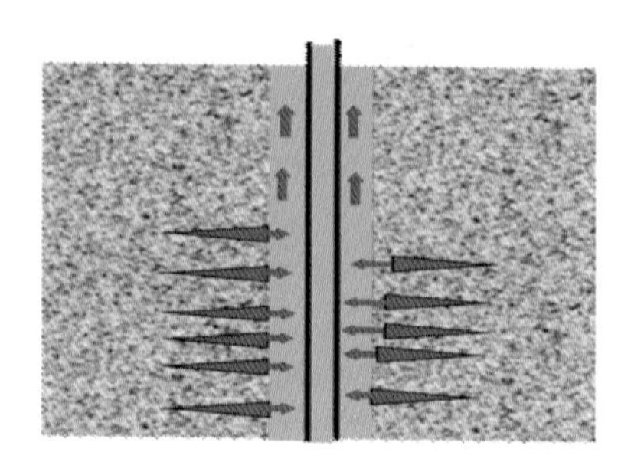

图 11－5　碳酸盐岩钻井“吞吐”效应示意图

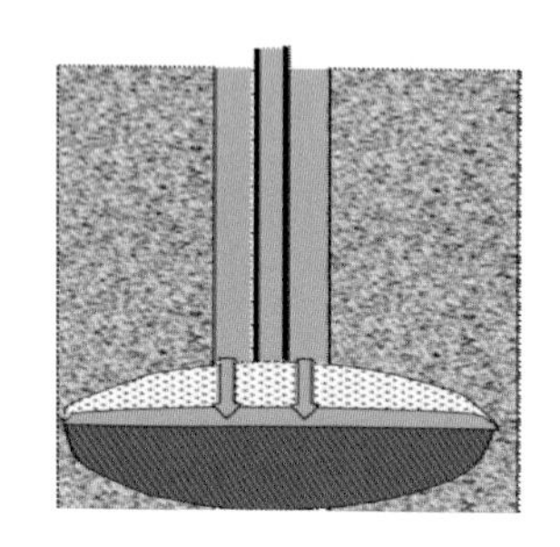

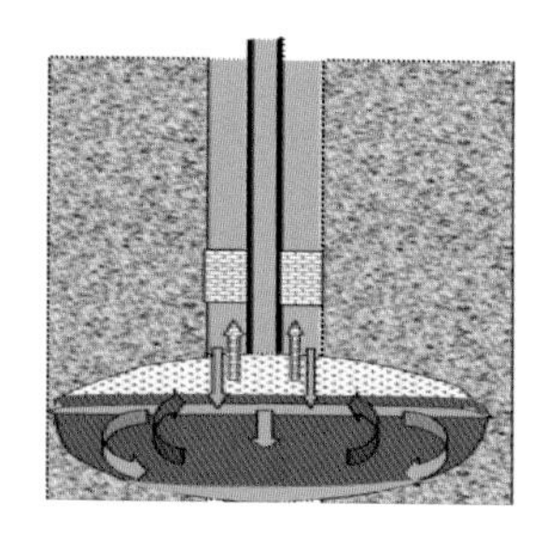

图 11－6　碳酸盐岩钻井“重力置换”效应示意图

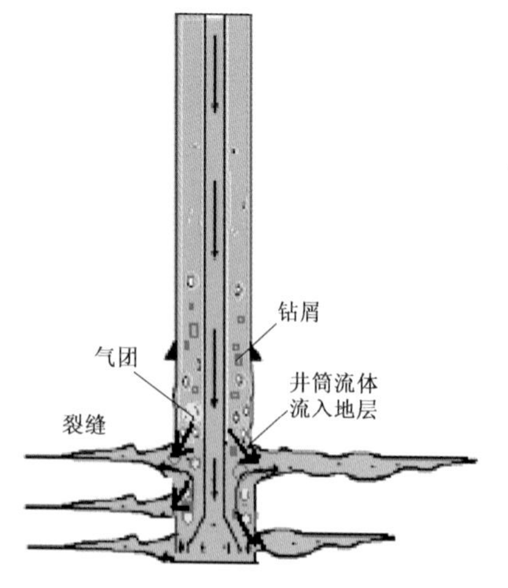

图 11－7　碳酸盐岩储层流体与井筒流体置换效应示意图

当察觉到这类漏失时，往往已错过了最佳的溢流控制时机，被置换出的流体将以极快的速度达到井口，给井控工作带来极大被动。设想一下，如果气体中含 H_2S，这将使井陷入非常危险的状况。根据以往砂砾岩储层现场井控经验，在关井求压计算钻井液加重量时，往往会因情况不明误判为气体来自高压低渗储层而将钻井液密度提得一次比一次高，最终压漏地层，造成事故。通常在遇到这种情况时，不再继续往下钻而是被迫就地完钻。如中古 8 和中古 162 井，设计深度均为 6500m，钻进过程遇到了裂缝溶洞发生了恶性漏失和流体的置换，不得不中断钻进，实际完钻深度分别只有 6145m 和 6321m。

因此，如何及时准确掌握碳酸盐岩油气藏钻井中发生在井下的各种涌漏状况，成为碳酸盐岩油气藏井控安全的关键。

二、井筒环空流体涌漏状况数值模拟

显然，单纯依靠地面监测，对及时准确掌握碳酸盐岩储层的涌漏状态是不够的。为了寻求其他有效方法，建立了环空两相流水力学模型，对发生单纯气侵、单纯井漏、涌漏共生等三种状态下地面及井底压力与流量变化情况进行了数值模拟。结果表明，在发生单纯气侵的一开始，井底液柱压力均呈明显的先急速升高而后缓慢回落的变化特征(图11－8)。

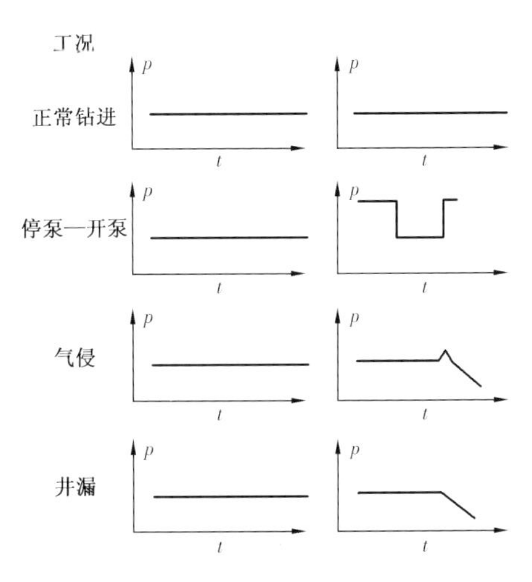

图11－8　井底环空压力波动特征

单纯气侵时井底液柱压力之所以呈现这样一种变化特征,主要是因为气侵发生瞬间,井筒中被气体填充的体积还较小,对井底液柱压力的影响较小。但突然涌进井筒的气体,突然间改变了流体流速,环空压耗增加,使得井底液柱压力增加。随着流体不断循环,气体填充钻井液所占的体积比例增大,钻井液静液柱压力的减少大于压耗的增加,使得井底压力呈现缓慢回落现象。

进一步对不同侵入量的数据模拟表明,气侵量越大,井底压力上升幅度越大(最大升幅能达到2MPa),回落越快;气侵量越小,井底压力上升幅度越小,回落越慢(图11－9)。这些变化特征均能在气侵开始的5～10min内反映出来,而在这样的时间段内,地面钻井液池液面、出口返速变化还很小而未能被检测到,地面立管压力尽管与井底压力有类似的变化,但因仪表量程及计量精度的客观条件限制,所以也很难被察觉到。

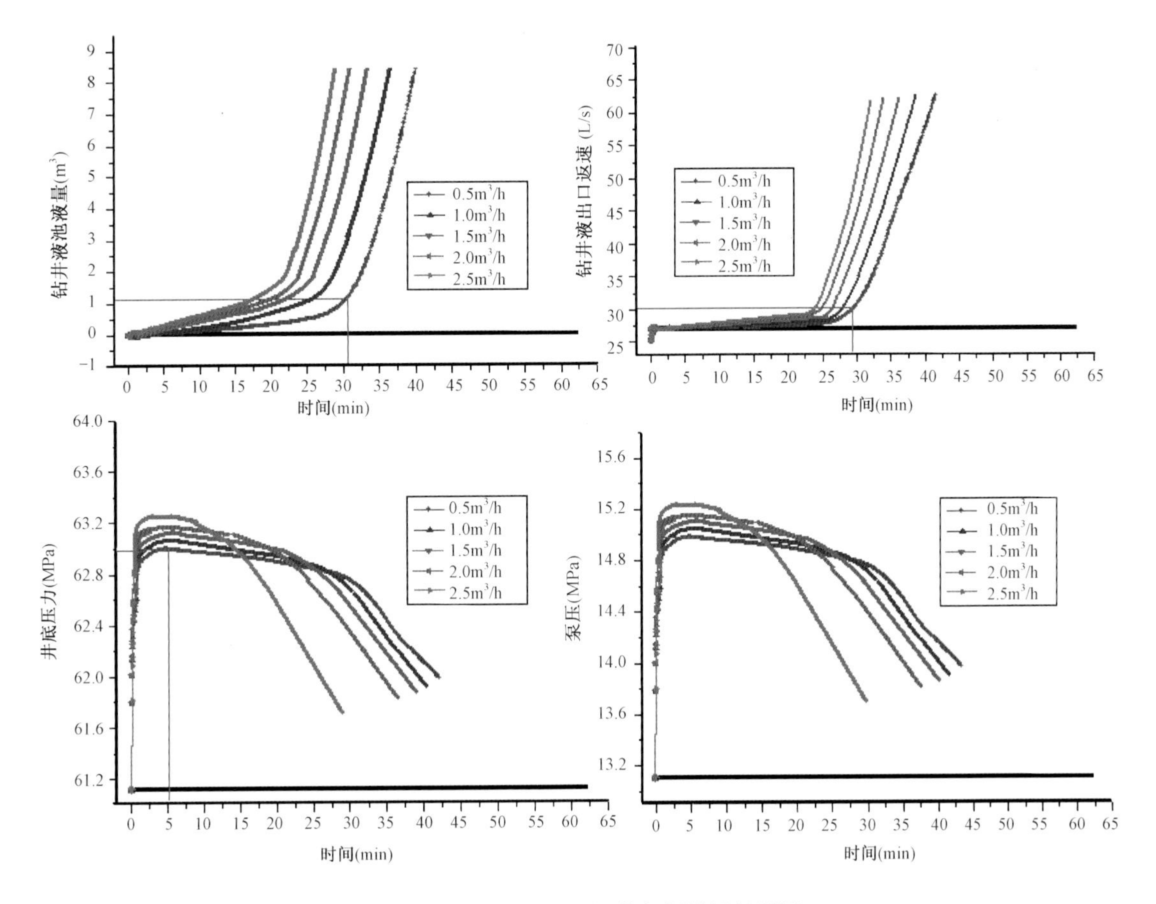

图11－9　一口5000m深井气侵模拟结果图

此外，对单纯性井漏的井底压力变化趋势与单纯性气侵明显不同，没有单纯气侵时的突然升高，也没有单纯气侵压力下降得慢，到了压力下降到与地层压力接近时，井底压力稳定在地层压力水平上，形成井筒压力与地层压力的动平衡状态。这期间，地面检测装置往往能察觉到。接下来如果井筒流体与地层流体发生重力置换，将会演绎发生单纯气侵状况下的压力变化特征，压力继续下降但液面却开始上升。涌漏同时发生时，井底压力在发生的瞬间，井底压力突然上升的幅度没有单纯性气侵那么明显，也没有发生单纯性井漏压力下降那么明显，但在一段时间过后，井底压力下降幅度比单纯性气侵和单纯性井漏都来得大，而在这期间，地面液面变化却不明显。

通过数模建立的三种状态下的井底压力变化特征图可为现场识别涌漏复杂提供指导。

三、基于 PWD 井下压力波动特征的涌漏早期识别软件系统开发

有了发生涌漏复杂时井底压力的变化特征规律，就能利用井下环空压力随钻测量仪器（PWD）进行监测了。现有的环空压力随钻测量仪器的压力测量精度高达 1 ~ 5psi，能够满足涌漏复杂发生时压力波动高达 2MPa 的测量要求，而且，环空测压传感器的采样速率为 $5 \sim 15s^{-1}$，最长每隔 100s 会向地面传输一组实时数据，在 5 ~ 10min 的时间段内，地面会接收到 4 ~ 8 组数据，足够反映井下压力的变化特征（图 11 – 10）。

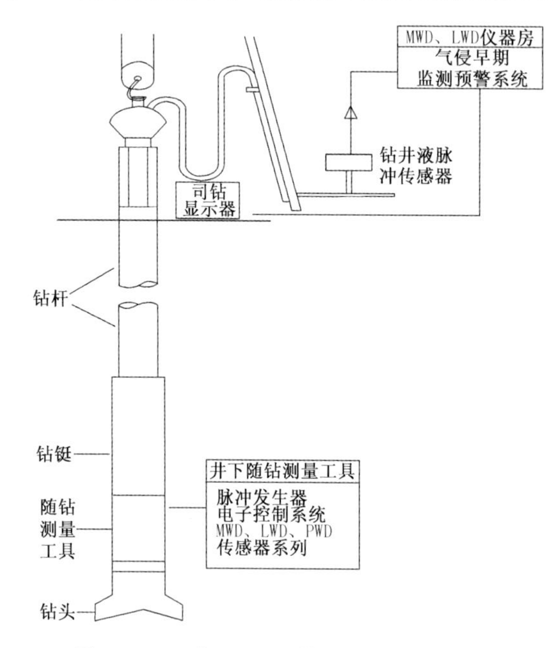

图 11 – 10　基于 PWD 井下压力波动特征的气侵早期监测预警系统

为了改善监测系统对井底环空压力的监测效果，避免 PWD 压力数据上传过程间隔时间过长或出现"哑"点而影响对井底压力变化趋势的及时判断，监测系统还增加了对井底环空压力的实时计算模块。模块借助 PWD 仪器通常装有的两个测压传感器（一个测钻柱内压力，一个测钻柱外环空压力）的有利条件，采用"内外压双校验"流程（图 11 – 11），提高了环空压力计算预测准确度，避免因现场钻井泵上水效率估计不足和对流变模式选择不准而带来的系统性误差。

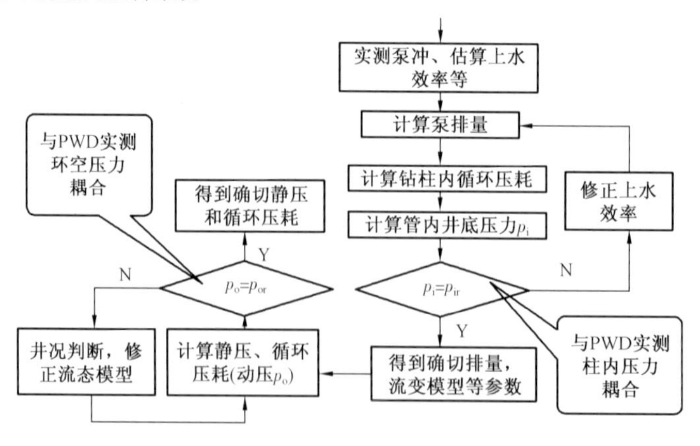

图 11 – 11　基于 PWD 的"内外压双校验"流程

第三节　碳酸盐岩油气藏精细控压钻井技术

一、控压钻井技术的基本原理及实现方法

涌漏复杂的产生往往源于地层的安全操作压力窗口太窄。造成安全操作压力窗口过窄有两个客观原因。一是地层本身的孔隙压力与漏失压力过于接近，当井底压力控制得过小时，地层流体会涌入井筒造成井涌，而当井底压力控制得过大时，则井筒流体会流入地层，造成井漏。二是由钻井工艺本身不连续的单根钻进方式决定的。在钻进—接单根—起钻—下钻—静止等这些必不可少的操作环节，井筒流体施加在井底的压力是不同的，存在一个最低的压力波动范围（也叫工艺压力窗口）（图 11－12）。井越深、排量越大，钻井液密度越大，井底压力的波动也越大，即工艺压力窗口越大。当地层的压力窗口不足以容纳工艺压力窗口时，就构成安全操作压力窗口过窄的问题。这时，不论入井钻井液密度确定得如何适当，都避免不了钻井的涌漏复杂。

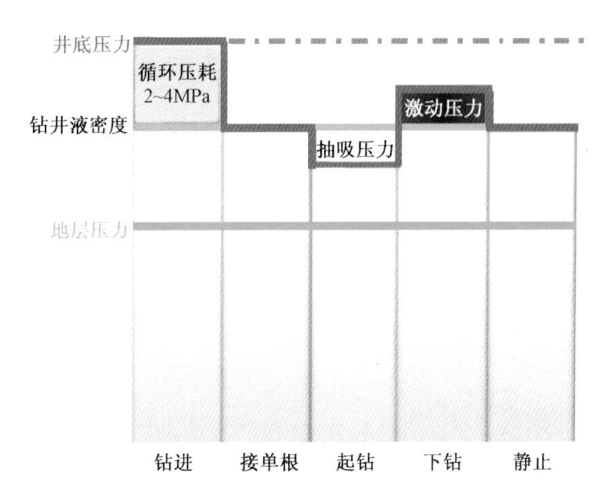

图 11－12　常规钻井过程中井底压力变化示意图

解决的途径也有两个：一是提高地层本身的承压能力，扩大地层压力窗口，通常采用的是在漏失井段注入胶凝剂或堵漏材料，但实施的成功率较低。二是减少工艺压力窗口，采用井口回压补偿的方式，缩小井底压力的波动，在不干扰正常钻井操作不影响钻井参数调节的情况下，使工艺压力窗口小于地层压力窗口，使井筒达到不喷、不塌也不漏的安全状态，避免涌漏复杂。这是目前国内外普遍采用的较为有效的方法。

二、井口回压补偿方式优选

井口回压补偿系统的基本设计要求有以下几个方面：

（1）能够对井内的压力变化快速补偿；

（2）要有足够大的回压调控区间；

（3）不管在循环还是不循环时，都能提供回压；

（4）系统能够处理钻屑；

（5）系统可靠、寿命要长；

（6）在使用过程中可维护。

井口回压控制系统的可能方式也很多，如利用射流逆向冲击环空上返的钻井液也能提供一定的回压，并且也可调节，尽管方式简单，但却是非常耗能的一种方式；在环空出口安装涡轮马达，通过控制涡轮转速和制动力矩，也能提供可控的井口回压，这种方式存在的问题是在接单根不循环钻井液时，无法给井底提供回压，更重要的一点是目前可容许钻屑通过的涡轮马达还没有；采用节流阀来控制，这在现场井控中经常用到，可以调节回压，但同样面临接单根无循环时无法提供回压的缺点（表 11－4）。

表 11－4　地面回压控制方式的优劣势分析

控制方式	优点	缺点
环空出口逆向射流回击	方式简单，可提供回压，可调节	耗能非常大
环空出口安装涡轮马达	通过控制涡轮转速和制动力矩，也能提供可控的井口回压	接单根不循环钻井液时无法给井底提供回压，且目前尚无多相流涡轮马达
井控用节流阀	方式简单，可提供回压，可调节	在接单根不循环钻井液时，无法给井底提供回压
可控节流阀＋回压泵	可在任何工况下提供回压，可调节	

最后选择的方案是采用可控节流阀＋回压泵，让回压泵来提供流动的流体达到提供回压的目的（图 11－13，图 11－14）。

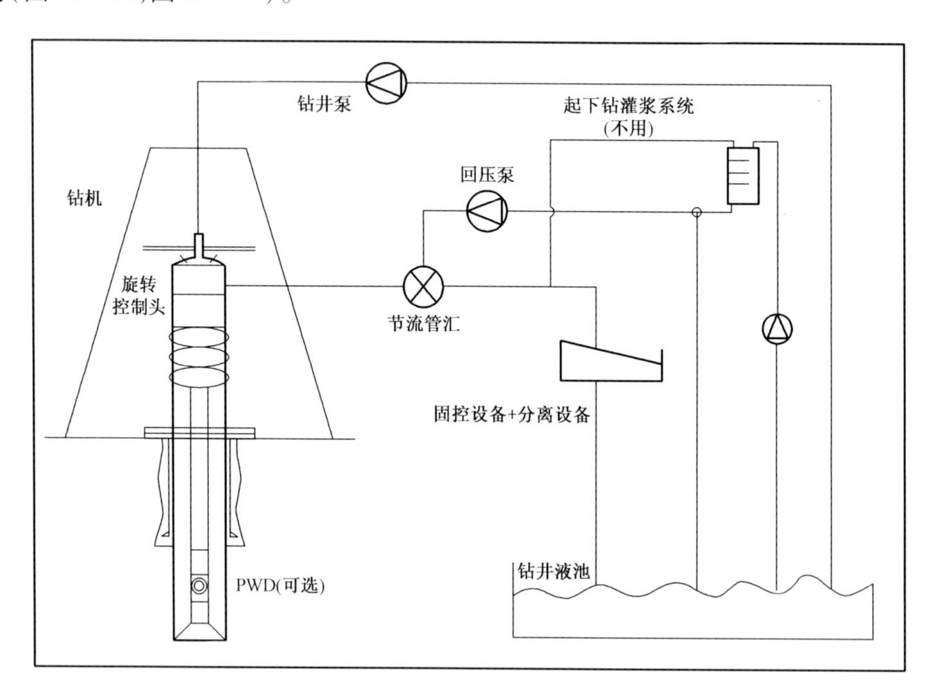

图 11－13　井口回压动态补偿控制系统工作原理

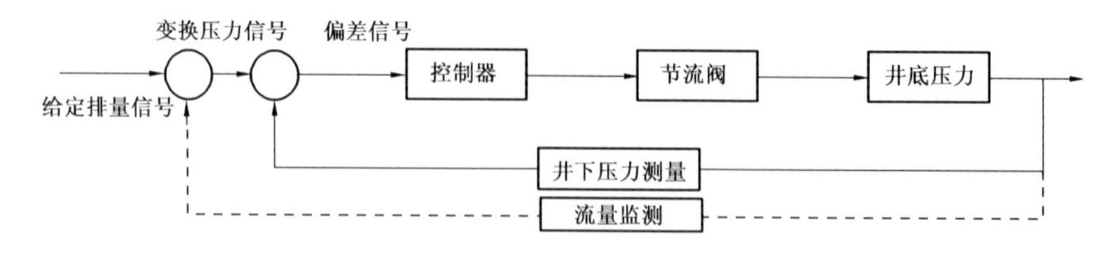

图 11－14　环空动态压力自控系统框图

为了实现在井口动态提供回压，除了需借助旋转防喷器将常规的敞开式钻井液循环方式改变成密闭循环方式，将钻井液的出口从防喷管线上的节流管汇流出，在返出流体流出时，节流阀将产生回压，实现对井筒的压力调节外，通常，还需要在井下增加随钻测压系统，反馈压力信号，从而构成闭环自控系统，实现井底压力的自动调节。由于自动调节方式一般精度较高，所以也把这种方式称为“精细控压”。

三、精细控压钻井系统总体方案设计与研发

控压钻井系统中,地面控制系统实时跟踪井底随钻测压系统上传的井底压力变化和钻井泵工作状态,通过控制回压泵开启和节流阀开度大小,形成所需回压,实时补偿井底压力。采用节流阀加回压泵的控制工作原理与实现方法看似简单,但由于现场操作工艺的特殊性及应用对象的复杂性,给自控系统的设计与应用提出了许多特殊难题,主要体现在几个方面:

(1)井筒多相流动井底压力计算和预测的复杂性;

(2)井下压力信号反馈的延迟性、间歇性甚至缺失;

(3)碳酸盐岩储层涌漏现象的隐蔽性;

(4)开停泵工艺过程井底压力的突变性。

这些问题都需要在设计中加以克服和解决。系统关键技术指标——工艺压力窗口大小设计要求得越小,系统实现的难度越大,反之,系统实现的难度就越小。根据现场复杂地层压力窗口的考察,系统的工艺压力窗口设计取为0.02g/cm^3,能够满足大部分地区压力窗口的问题井的压力控制精度需要。

根据设计要求,对系统中的旋转控制头、控压钻井节流管汇、回压泵、实时水力模拟系统、数据采集和控制系统进行了优化设计与设备选型,最终形成了精细控压钻井系统(图11-15)。

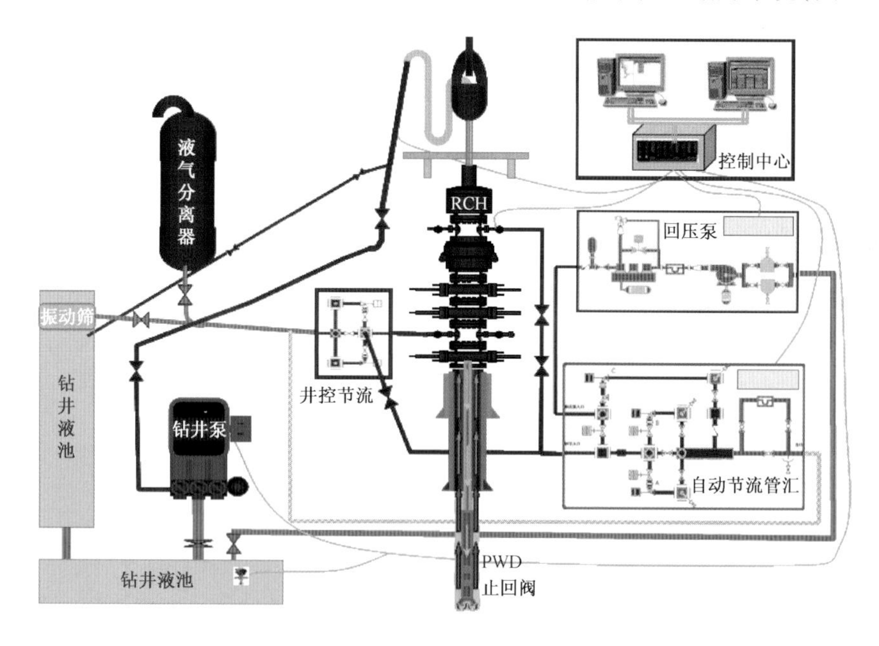

图11-15　动态环空压力控制系统设备集成配套与控制流程图

自动节流管汇系统的设计与控制是系统的核心。自动节流管汇中包括了节流阀、手动平板阀和液动平板阀(图11-16)。系统中节流阀3个,分别是A、B和C;液动平板阀有3个,分别是M1、M2和M12;手动平板阀有4个,分别是M3、M4、M5和M9。每个阀的作用如下:

节流阀A、B和C都是用来产生地表回压,地表回压由系统设定,根据井底需要和地面流量确定地层节流阀开度。

节流阀A和B在正常钻进过程中使用,使用节流阀A,节流阀B做备用,使用节流阀B,节流阀A做备用。

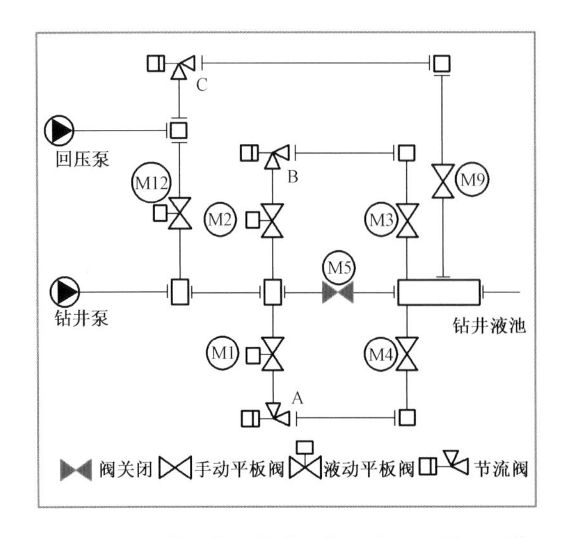

图 11－16　精细控压钻井系统地表回压循环系统自动节流管汇系统设计示意图

节流阀 C 的作用：接单根时，保持钻井泵与回压泵切换时的井底压力恒定。

液动节流阀 M1 和 M2 分别用于选择性控制节流阀 A 和节流阀 B。当液动平板阀 M1 打开时，节流阀 A 工作，节流阀 B 备用；当 M2 阀打开时，节流阀 B 工作，节流阀 A 备用。

液动节流阀 M12 用于接单根时，切断节流阀 A/B 流体流动，用节流阀 C 产生的节流回压代替节流阀 A/B 的节流压力。

平板阀 M5 是防喷阀。

平板阀 M3、M4 和 M9 是隔离阀，正常情况下，三阀均处于打开状态，当需要对节流阀 A、B 或 C 进行隔离时，如故障维修、保养维护、更换零件时，将对应的平板阀关闭，使相应的节流阀处于隔离状态。

目前，中国石油集团钻井工程技术研究院研发的精细控压钻井系统，填补了国内空白，并进入现场试验阶段。通过多口井的试验表明，系统对井底压力的控制平稳，达到了工艺压力窗口设计要求。通过与目前国际上大的技术服务公司技术性能指标对比，系统整体技术水平已经达到国际先进水平。

四、精细控压钻井现场应用

要用好控压钻井技术与装备，首先需要对所应用的目标地层的压力窗口进行评估，明确对精细控压钻井技术与装备控制精度的要求；其次，要制定出一套现场地层压力窗口求取的方法与流程，为制定控压钻井参数提供可靠的依据；此外，应根据所应用的目标地层特点，对那些难以控制的井段制定出安全可控的井眼轨道和控制方案，提高控压钻井解决现场实际问题的能力。

（一）地层压力窗口评价

地层压力窗口评价的方法主要采用的是基于测井资料和井史资料综合分析方法。现以塔中奥陶系储层为例，介绍其评价结果。

塔中奥陶系裂缝孔洞型气藏埋深 6000m，通常情况下，钻井设计的目的有两种方案：一是以下奥陶统为主，兼探上奥陶统，此时 7in 套管要下到地层压力系数只有 0.5～1.2 的下奥陶统，然后打开压力系数为1.12～1.32的目的层。在下 7in 套管前的井段钻进过程中，需要钻穿两个压力系数相差较大的上奥陶统和下奥陶统，上部地层垮塌和下部地层漏失问题难以兼顾。二是以上奥陶统为主，兼探下奥陶统，此时，7in 套管下入上奥陶统，封过上部易塌层，然后同井段打开下奥陶统低压层和目的层，造成上喷下漏的复杂局面。2008 年之前完成的大批井资料表明，绝大多数井遭遇此类复杂问题。因大量漏失，钻井液无返，井控难度大等而被迫就地提前完钻。

通过应用地层压力综合评价方法对前期钻井发生恶性漏失井的地层压力窗口预测结果表明，水平井情况下地层的坍塌压力最高为 0.90，正常钻进时的钻井液密度将超过这个数值，通常不会发生井壁坍塌复杂问题（图 11－17）。

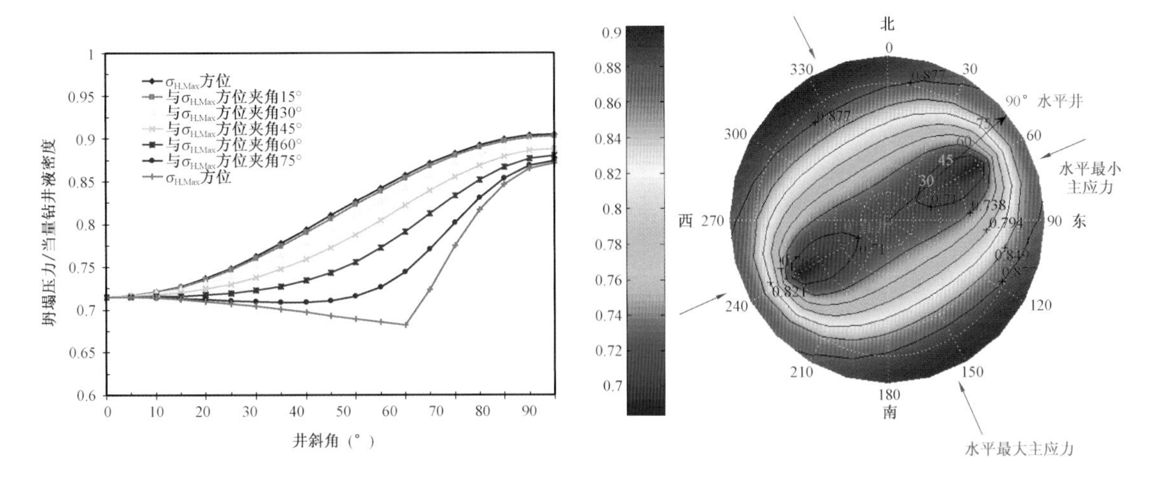

图 11－17　塔中奥陶系地层坍塌压力分布图

但对破裂压力的研究结果表明，水平井情况下破裂压力系数最低小于 1.20，避开水平最大主应力方位 45°后会略有提高（图 11－18）。由于奥陶系的孔隙压力系数只有 1.05 左右，安全钻井的密度窗口只有 0.15g/cm^3。因此，选择一种钻井过程中井底压力波动较小的力控制钻井方式是实现安全钻井的保证。

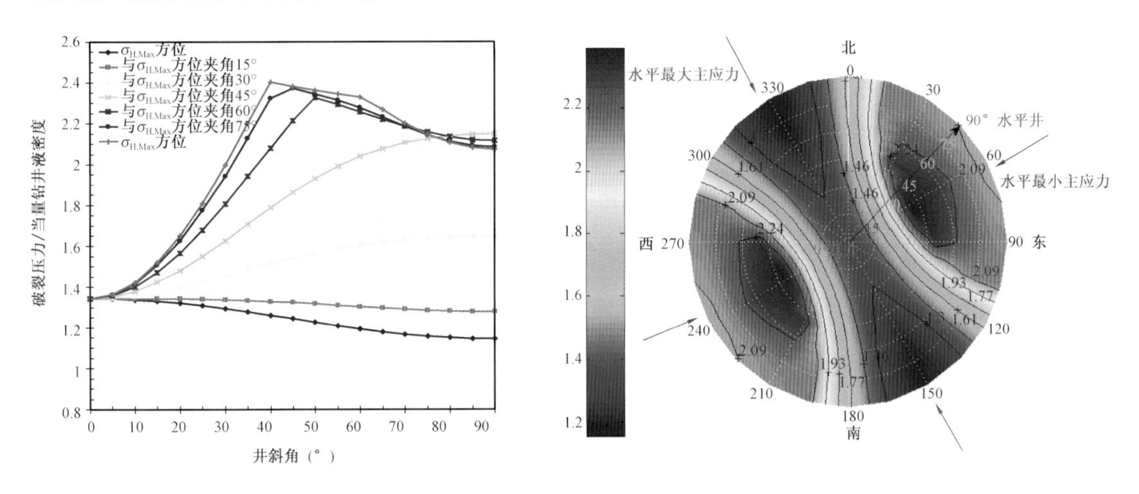

图 11－18　塔中奥陶系地层破裂压力分布图

与砂砾岩储层不同，碳酸盐岩储层地层压力不确定性强，目前还无法用传统压实理论方法建立其压力窗口，为此，建立现场随钻求取方法具有重要的指导意义。

在塔中的控压钻井实践中，采用了以下的现场随钻求取流程。

（1）地层孔隙压力求取：先加较大地表回压循环，逐级（每 0.35MPa）降低，稳一段时间，观察并记录液量和 PWD 变化。如此直到检测到井侵特征后，此时的井底压力即地层压力。

（2）地层漏失压力求取：在不造成井漏的前提下，快速增大回压 1MPa。当系统稳定后，逐级（每 0.35MPa）提高回压，观察并记录液量和 PWD 压力变化。如此直到检测到漏失后，此时的井底压力即地层漏失压力。

通过上述流程，求取地层压力窗口，为制定控压钻井参数提供简捷可靠的依据。

（二）“贴头皮”钻井工艺及应用

针对不同性质的碳酸盐岩储集体制定不同的钻探方法，对于高效开发碳酸盐岩油气藏至关重要。从塔中第一口先导试验井 TZ26－2H 和 TZ26－4H 井在钻进裂缝性储层后均因大量漏失，井口回压波动过大（3～20MPa）无法控制而最终导致提前完钻的经验教训中可以看到，对于大型裂缝发育地层，将井眼轨迹直接设计钻达其中的方法是不可取的。为此，在后续的水平井中，为同时保证安全钻进和开发效果，在井眼轨迹的方位和水平段长度选择上，选择采取了既要让其尽可能多地沿裂缝发育方向钻进，增加沟通多个储集体的概率，同时也要让其尽可能选择沿储集体的上部位置贴近储集体单元“头皮”的位置钻进，规避漏失风险，控制好井眼轨迹偏离储集体的距离，以便在实施压裂时，能够沟通储集体。图 11－19 反映了不同的钻探模式和相应的井眼轨道设计方法。

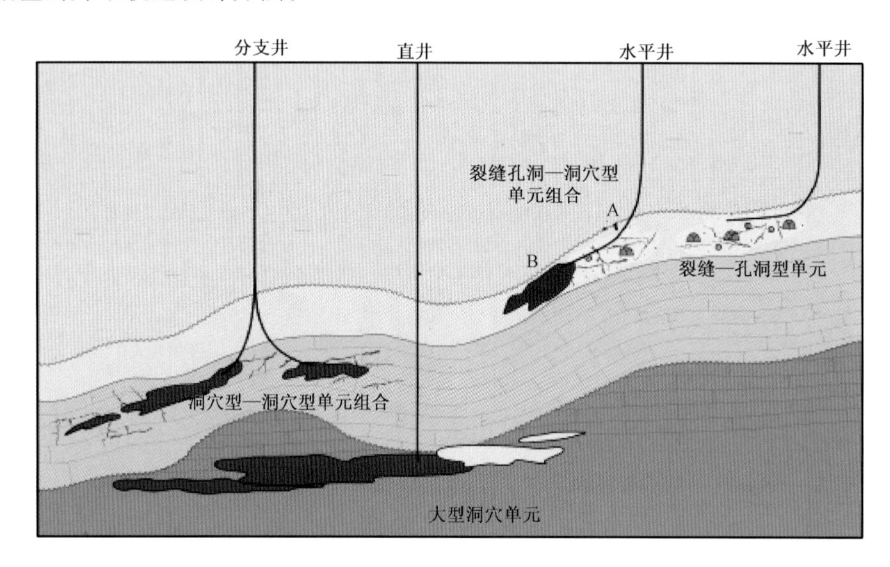

图 11－19　塔中Ⅰ号气田针对不同缝洞单元的钻探模式示意图

TZ62－11H 井位于塔中Ⅰ号气田东部，是第一口试验应用“贴头皮”精细控压钻井的井，通过为期 30 天的现场作业，未发生井漏和溢流，证明了“贴头皮”钻井方式的可行性。

TZ62－11H 从井深 4869m 开始实施“贴头皮”精细控压钻井（图 11－20）。2010 年 2 月 25 日钻达设计井深 5452m，历时 15d，进尺 583m，水平段长 484m，未发生溢流和井漏，之后加深钻进，于 2010 年 3 月 12 日钻达井深 5843m 完钻。精细控压钻井进尺 974m，水平段长 933m，水平位移 1171.79m。未发生井漏和溢流。在实施过程中，地质密切跟踪，对井眼轨迹进行了三次大的调整，包括：（1）深度误差调整，靶点垂深下移 10m；（2）油气显示调整，靶点垂深下移 20m；（3）提高产能调整，水平井段加长 391m，保证了该井“贴头皮”钻探效果。

（三）“贴头皮”钻井技术实践总结

继 TZ62－11H 井试验获得成功之后，在塔中全面推广“贴头皮”精细控压钻井模式。截至 2011 年底，共进行了 18 口井的应用。通过这些井的试验研究与总结，得到以下的基本认识：

（1）“贴头皮”精细控压技术可实现穿越多套缝洞系统单元；

（2）“贴头皮”精细控压钻井技术可延长水平井段长度。试验井平均水平段长由攻关前的平均只有 258m 提高到现在的 680m，提高了 2.6 倍。

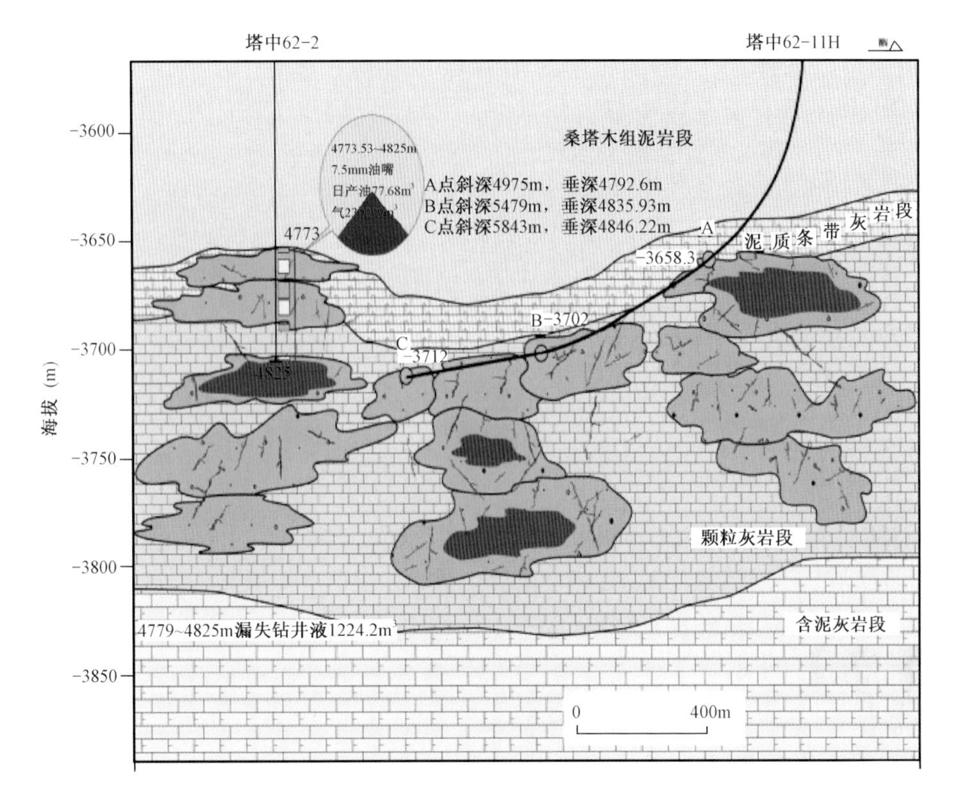

图 11－20　塔中地区水平井井眼轨迹优化设计示意图

（3）可有效降低漏喷复杂事故的发生，试验井平均单井漏失量由 2962m^3 降低到 595m^3，降低了 80%，复杂时效由 45% 减低到 3.6%。

与常规控压钻井相比，水平段平均日进尺提高 87.2%。“贴头皮”控压钻井成功应用，还创下了塔里木塔中钻井的一批新记录：

（1）TZ26－6H 完钻井深 5592/4322m，进入石灰岩井段长达 1275m，水平段长达 1129m，创塔里木油田水平段最长指标；

（2）中古 162－1H 井完钻斜深 6780m、垂深 6230.69m，水平位移 732m，水平段长 455m。井底最高温度 148℃，创塔里木油田水平井垂深最深指标。

精细控压钻井基本解决了塔中奥陶系碳酸盐岩裂缝溶—洞型储层钻井又漏又涌的钻井难题，大幅度提高塔中地区 6in 井眼水平井成功率，有效支撑塔中奥陶系油气藏的高效开发。

第四节　碳酸盐岩油气井高温高压防气窜固井工艺技术

碳酸盐岩油气藏的地质特征决定了油气井的固井必须解决高压防气窜、深井抗高温水泥浆体系、H_2S 和 CO_2 环境下水泥石的防腐蚀问题以及耐腐蚀固井工具等。

国外自 20 世纪 40 年代就已经开始研究防气窜固井技术，逐步取得了一些成果并应用于实践。如 1987 年 Halliburton 公司在气井固井中使用了 Gascheck（阻气剂），防气窜效果较好，其作用机理是：在水泥浆水化胶凝期间，其中的胶乳粒子与交联剂反应并聚结形成一种不渗透薄膜，一方面可以阻止产层气体侵入，另一方面，正是由于薄膜的作用，大幅度降低水泥浆失水，而且交联剂可以起到延缓胶凝的作用，加快水泥浆由液态向固态的直接转化进程。20 世纪 90 年代，Dowell 等公司使用不渗透水泥，解决了许多气井固井气窜问题。其作用机理是：通过各种外加剂的作用，降低水泥浆凝固水泥石的孔隙率，形成不渗透水泥环，阻止地层各种流体的互窜。国内自 20 世纪 70 年代以来，在鄂、川、渝、新、陕甘宁、海洋等地区不断钻遇高、低压气层，固井质量普遍较差，90 年代以来，国内研发形成的胶乳水泥浆体系、延迟胶凝水泥浆体系等成为最好的防窜水泥浆体系，比较适应于高温高压防气窜固井。

一、固井气窜问题的影响因素

注水泥后的气窜问题将严重影响下一步的完井作业，甚至威胁着气井和人员安全。国内外就气窜问题进行了大量的室内模拟和现场试验，对气窜机理及其影响因素的认识主要有以下几个方面。

(1)钻井液顶替效率。注水泥时，由于钻井液顶替效率低将产生水槽和水带，地层气体就会穿过凝固水泥从高压层流到低压层，甚至运移到地面。另外，水泥浆胶凝、脱水和收缩导致的失重也都能够诱发地层流体窜入环空。

(2)界面微环空。气体可以通过套管—水泥界面和水泥—地层界面的微环空发生窜漏。如果钻井液黏附在套管，或者环空水泥过量膨胀离开套管，就会在套管—水泥界面产生较大的微环空；在井壁附着有厚泥饼时，也可能在水泥—地层界面发生气窜；注水泥后的体积收缩和液柱压力损失也会导致微环空。

(3)水泥石渗透率。未凝固的脱水水泥和凝固不久的水泥石渗透率很高，气体会穿过水泥石进入井眼环空，之后就可能通过各种途径运移。

(4)水泥浆液柱压力损失。当水泥浆注入井眼环空后，水泥浆胶凝失重、液柱静压力开始下降，地层压力大于环空压力时，气体就会进入水泥浆发生气窜。

二、固井水泥环腐蚀机理

水泥孔隙溶液中含有 $Ca(OH)_2$，能够在套管表面形成一层防止套管腐蚀的钝化膜，对注水泥后的油井套管具有一定的保护作用。但当水泥石处于腐蚀性介质中，例如与含有大量 SO_4^{2-}、Cl^-、CO_3^{2-}、HCO_3^- 和 S^{2-} 离子的地层流体接触时，就会破坏对套管起保护作用的钝化膜，使套管暴露在腐蚀性的电解质环境中，从而使套管外壁的腐蚀和点蚀增加，最终导致套管穿透、泄漏。

为了保证整个开采过程中地层之间的良好封隔，气井内的水泥和套管必须具有抗化学腐蚀的能力。高含 H_2S 和 CO_2 气田开发，管材选择固然重要，但水泥石的防腐也不容忽视。因此，腐蚀性环境下，必须要有针对性地进行防腐和缓蚀水泥浆设计。对于水泥环的抗 CO_2 和 H_2S 腐蚀性问题，一是加入抗腐蚀填充材料，二是降低水泥石的渗透率。

三、龙岗地区固井技术应用实例

(一)技术难点

龙岗地区具有井下地质情况复杂、井漏、温度高、温差大、压力高、多压力系统、高含硫、膏盐层等特点，固井难度大。目的储层埋藏深、封固段温差大，地层流体显示呈现出愈来愈活跃的特点，防窜、防漏和防大温差超缓凝是目前龙岗礁滩地区深部及超深部地层固井最主要的技术难点。

（二）固井水泥浆总体设计思路

根据龙岗地区固井存在的难点，对水泥浆的设计要求如下：

（1）根据龙岗地区低压易漏特点，各个套管层次均存在漏失层位，要求水泥浆具有一定的防漏功能。

（2）根据 ϕ177.8mm 尾管固井封固段长，温度变化从顶部的70℃静止温度到底部的110℃以上循环温度，并穿越长段膏盐地层，采用特殊的大温差水泥浆体系进行封固。

（3）长兴组和飞仙关组储层含酸性气体，要求封固的水泥具有一定的防酸性气体腐蚀功能。

（4）为有效提高二界面胶结质量，使用膨胀材料，减少水泥浆体积收缩，提高胶结强度。

（5）为保证施工安全，提高顶替效率，合理应用冲洗液和隔离液，避免水泥浆和钻井液的伤害，保证胶结质量。

（三）水泥浆体系研究

1. 防漏增韧水泥浆体系

研发了利用不同尺度、不同弹性模量的纤维群构成纤维防漏材料 SD66，其作用在于：（1）在水泥浆泵送过程中有利于清洁井眼和提高环空流动壁面剪应力；（2）在水泥浆被顶替过程中，不同尺度的纤维材料能够进入漏失性地层不同尺寸的裂缝并搭桥成网，达到堵漏的目的；（3）随水泥浆进入地层深部和浆体稠度的增加，提高漏失性地层的承压能力。

2. 抗盐大温差水泥浆体系

龙岗深井 ϕ177.8mm 尾管固井面临最大的问题是大温差，ϕ177.8mm 尾管固井一次性封固段长 2000～3000m 不等，井底静止温度 120～150℃，喇叭口温度 70℃左右，水泥浆柱底部与顶部温差达 50～70℃。关键问题在于水泥浆经过井底高温后返至顶部中温候凝，也就是喇叭口水泥浆会处于长时间不凝结状态。近年来引进国内外多家公司进行攻关，均未能很好解决。

龙岗区块 ϕ177.8mm 尾管都下过盐膏层，该地区的盐膏层段主要以石膏层、膏盐互层和小段纯盐层出现，埋藏较深，分布的长度较长，给 ϕ177.8mm 套管增加了作业难度。需要水泥浆具有较强的抗盐能力，同时还要克服大温差带来的“超缓凝”难题。

通过近年来的不懈攻关，选用复合缓凝剂 SD210，研究抗盐耐温的水泥浆降失水剂，成功研制了 70～130℃抗盐大温差水泥浆体系。适用温度广，50～160℃的各温度条件下能够使用，能充分发挥高温下的缓凝作用，同时利用其低温失效的特点，克服上部水泥浆缓凝剂用量过多引起的大温差问题，成功解决 70～130℃大温差问题，较好地解决了 ϕ177.8mm 尾管盐膏层固井的质量问题。

大温差防气窜水泥浆综合性能指标达到：流型指数 n 大于 0.7；API 失水小于 30mL/(6.9MPa・30min)；喇叭口 48 小时高温抗压强度大于 6.9MPa，静胶凝强度发展快，过渡时间小于 20min，稠化时间在 200～450min 间可调；水泥浆性能系数(SPN)均小于 3，具有良好的防气窜能力。

3. 防腐蚀水泥浆体系

根据高含 H_2S、CO_2 酸性气体井固井要求，采用堵孔型的降失水剂 SD10，可控制水泥浆游离液又可增强水泥石防酸性气体腐蚀能力的增强剂 SD100、微硅等。缓凝剂采用中温缓凝剂 SD21，保证水泥浆稠化曲线良好，同时水泥浆体系加入防窜膨胀剂 SDP－1，增强水泥石胶结能力。用这些添加剂设计了 SD 水泥浆体系，来解决含酸性气体井固井技术难题。SD 水泥浆体系配方设计简单易掌握便于推广应用。这套体系在龙岗构造的飞仙关含 CO_2、H_2S 气体的产气层的封固中应用，封固质量好，没有出现该层次套管窜气的现象。

根据实验确定了油层固井水泥浆配方：

（1）G 级水泥＋（3%～5%）WG＋3% SDP－1 膨胀剂＋0.5% 减阻剂＋（5%～8%）SD10 降失水剂＋0.1% SD21 中温缓凝剂＋0.2% SD52 消泡剂＋43% 水。

（2）G 级水泥＋33% 硅粉＋（3%～5%）WG＋3% SDP－1 膨胀剂＋（5%～8%）SD10 降失水剂＋0.1% SD21 中温缓凝剂＋0.2% SD52 消泡剂＋43% 水。

（3）G 级水泥＋33% 硅粉＋（3%～5%）WG＋3% SDP－1 膨胀剂＋（5%～8%）SD10 降失水剂＋0.2% SD21 缓凝剂＋0.8% SD27 缓凝剂＋0.2% SD52 消泡剂＋43% 水。

其防腐机理如下：

（1）水泥浆体系 SD10 降失水剂本身为磺化的聚合物，其作用机理就是通过堵孔形成致密泥饼来降低水泥浆的失水速率，形成水泥石后，聚合物填充于水泥石的孔隙当中，能够有效降低水泥石的渗透率。而该聚合物本身具有非常良好的防腐蚀能力，不会被酸性介质溶解，降低水泥石的渗透率，有效隔绝腐蚀流体与水泥石接触，是防止水泥石被腐蚀或缓解腐蚀速率的有效技术措施。

（2）CO_2 在水溶液中或溶于潮气才会产生腐蚀，H_2S 以气体和溶解态都可以腐蚀水泥石，水泥石中羟钙石、水化铝酸三钙最易被腐蚀。而该体系中加入活性硅和硅粉材料，在低温和高温下都能参与水泥反应，它们可与 $Ca(OH)_2$ 反应生成水化硅酸钙新物相（C－S－H－Ⅱ），消耗水泥中的 $Ca(OH)_2$，减少水泥水化产物的钙硅比，而 C－S－H 新物相结构致密，可大大提高水泥石的抗 CO_2、H_2S 腐蚀的能力。

（四）现场应用

针对龙岗构造特点，井深、易漏、窄压力窗口、封固段长、上下温差大等特点，形成的防漏增韧水泥浆体系，抗盐大温差防漏水泥浆体系以及防腐水泥浆体系在龙岗地区得到成功应用。

1. 防漏增韧水泥浆体系的应用

纤维防窜防漏增韧水泥浆在龙岗 9⅝in 技术套管和 5in 生产尾管以及 7in 回接套管中广泛使用。

在龙岗 36 井 9⅝in 套管固井中采用常规双胶塞固井工艺技术，两凝防漏堵漏纤维水泥浆体系，缓凝水泥浆密度设计为 1.90g/cm^3，封固 0～3600m 井段；快干水泥浆密度设计为 1.90g/cm^3，封固 3600～4104m 井段。电测质量评价为：水泥胶结优良井段为 78.19%，水泥胶结中等井段为 19.41%，水泥胶结差井段为 2.4%。

在龙岗 001－6 井采用 ϕ127mm 尾管悬挂固井工艺，一次性正注水泥固井，G 级加砂两凝水泥浆体系，两凝界面井深62000m，其中缓凝水泥浆（密度1.35g/cm³）封固5700～6200m井段，快干水泥浆（密度1.88g/cm³）封固6200～6301m井段；上水泥塞长100m，下水泥塞长50m，重合段长134m左右。一次性注水泥成功。本次固井测井处理评价井段5652～6166m。全井段固井质量总的情况是：水泥胶结优良井段为55.86%，水泥胶结中等井段为44.14%，水泥胶结差井段为0。全井段固井水泥胶结合格率为100%，测井评价为合格。测井井段共解释8个储层。胶结质量优良。

2. 抗盐大温差水泥浆体系的应用

抗盐大温差水泥浆体系广泛应用于龙岗地区7in尾管和5in尾管固井中。图11－21为龙岗001－8－1井ϕ177.8mm尾管固井质量检测结果图。该井采用两凝抗硫、防漏、防气窜、防腐和抗盐的两种高温水泥浆体系（其中缓凝水泥浆为大温差水泥浆体系，解决喇叭口超缓凝；快干水泥浆为常规加砂水泥浆体系）。该井候凝48小时探得上塞，且喇叭口附近封固质量好，喇叭口不窜气。

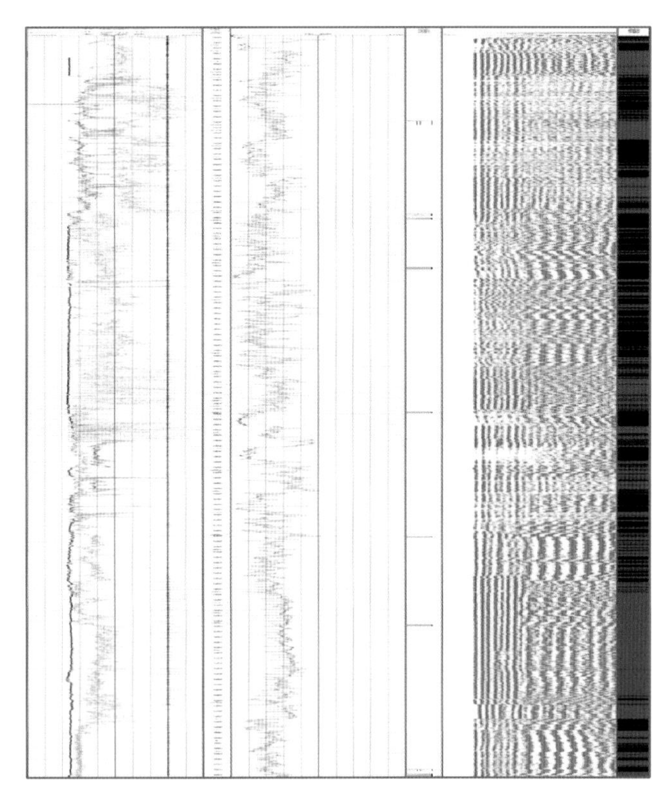

图11－21　龙岗001－8－1井测井曲线

图11－22为龙岗001－23井ϕ177.8mm尾管固井质量检测结果图。该井采用常规双胶塞固井工艺技术，两凝防漏堵漏纤维大温差水泥浆体系，缓凝水泥浆密度设计为1.90g/cm³，封固0～3600m井段；快干水泥浆密度设计为1.90g/cm³，封固3600～4104m井段。该井候凝48小时探得上塞，且喇叭口附近封固质量好，喇叭口不窜气。

3. 防腐水泥浆体系的应用

龙岗地区ϕ127.0mm尾管主要用于封固飞仙关组储层。该层位由于含有硫化氢和二氧化碳气体，要求水泥浆具有一定的防酸性气体腐蚀的能力。使用抗腐蚀防窜防漏耐高温的水泥

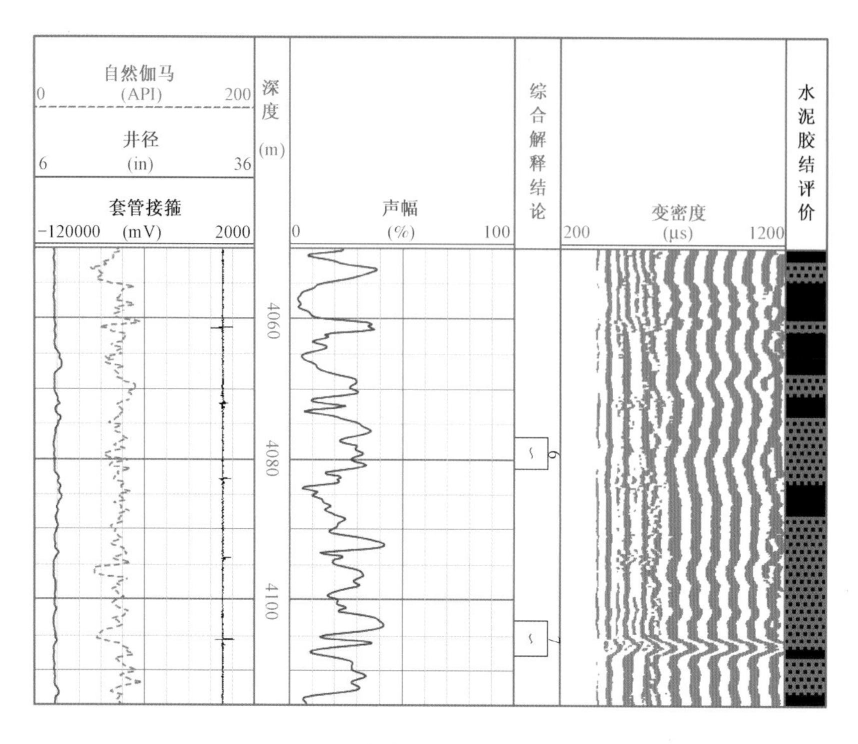

图 11-22 龙岗 001-23 井测井曲线

浆体系，在水泥浆中加入多功能纤维，提高水泥石的韧性，同时防止施工中的渗透性漏失，在水泥浆中加入一定比例的膨胀剂，防止水泥石的后期收缩。现场应用 11 井次，ϕ127mm 尾管固井质量平均优质率 49.47%，合格率 84.50%，分别较攻关前固井优质率提高 15.26%，合格率提高 20.12%。图 11-23 至图 11-26 为防腐水泥浆体系在龙岗 36 井应用的固井质量检测图。该井声幅测井固井质量优质率 67.10%，合格率 100%。该次测井井段共解释有 11 个储层，胶结质量优良。

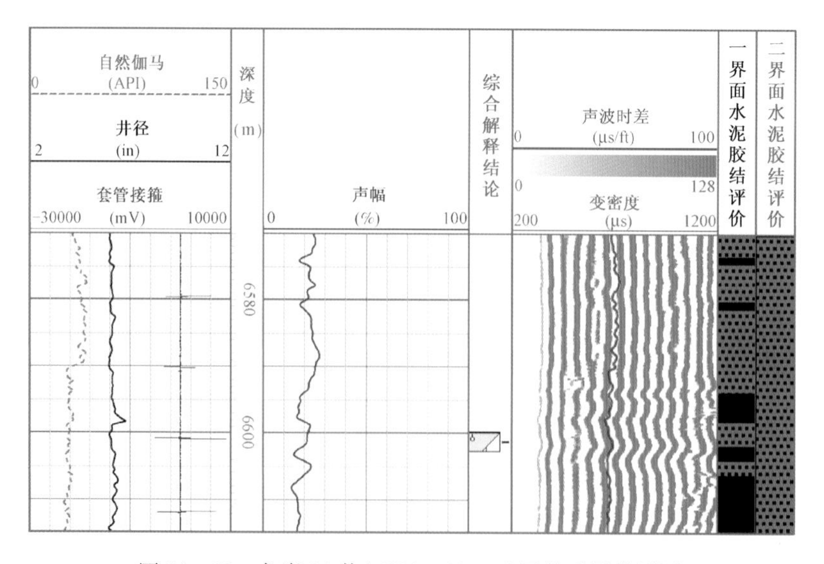

图 11-23 龙岗 36 井(6570~6615m)固井质量检测图

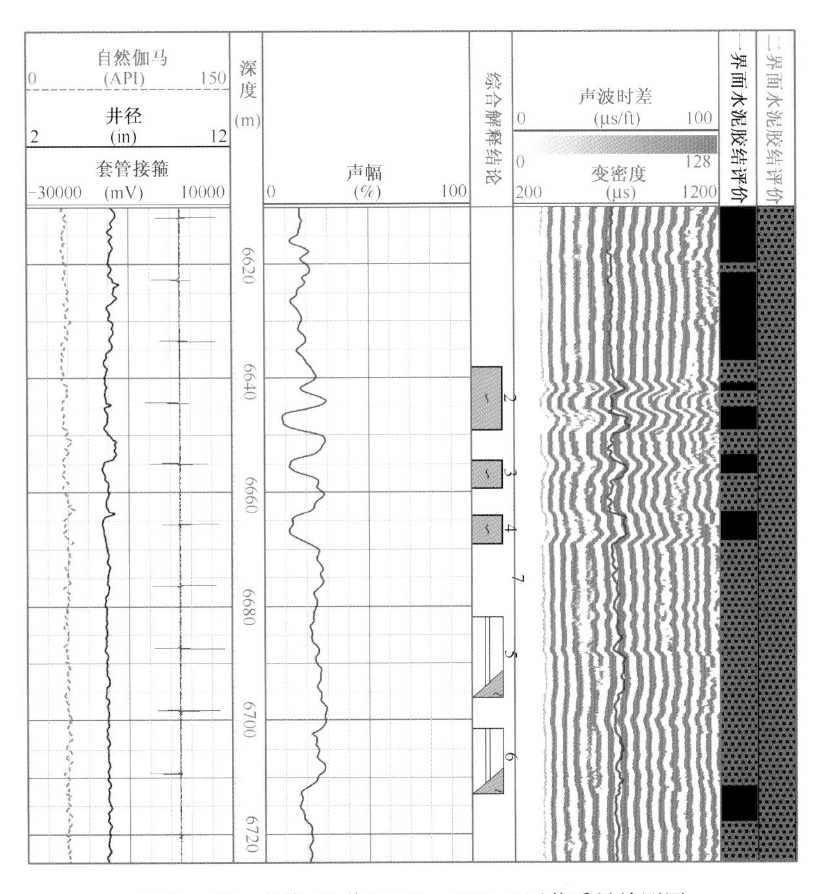

图 11-24　龙岗 36 井(6610~6725m)固井质量检测图

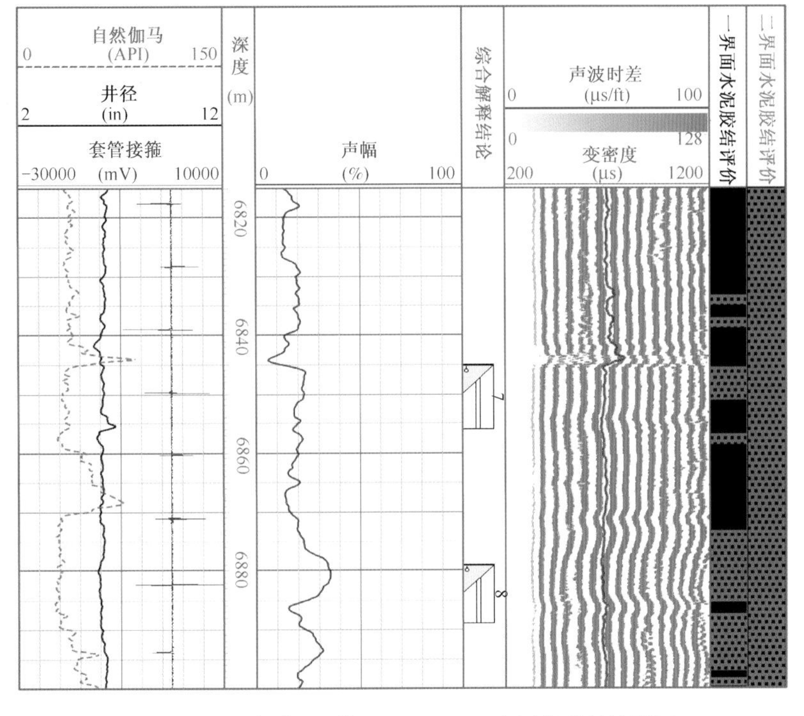

图 11-25　龙岗 36 井(6815~6900m)固井质量检测图

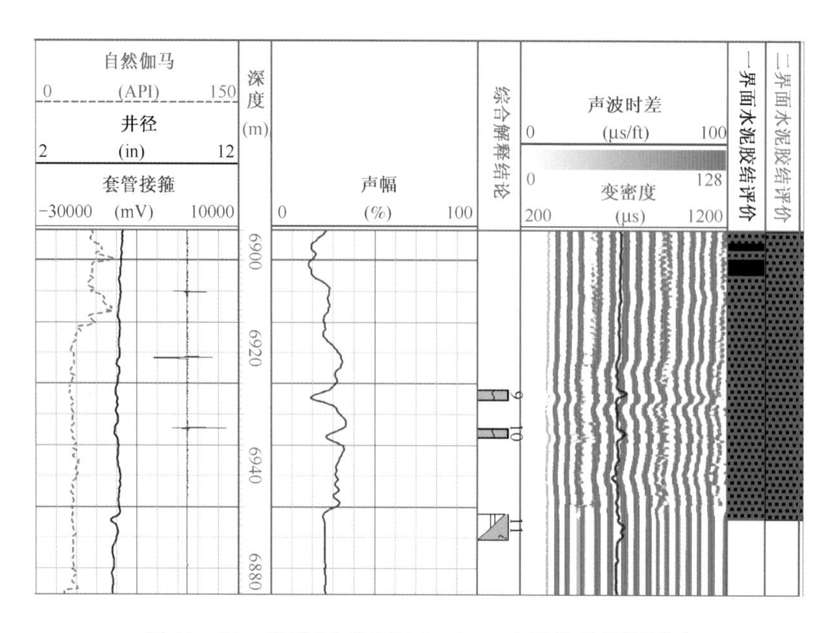

图 11－26　龙岗 36 井(6895～6955m)固井质量检测图

图 11－27 和图 11－28 为龙岗 001－8－1 井 ϕ127mm 尾管悬挂固井质量检测图,该井声幅测井固井质量优质率在 85.10%,合格率 100%。测井井段共解释 8 个储层,水泥胶结优良。

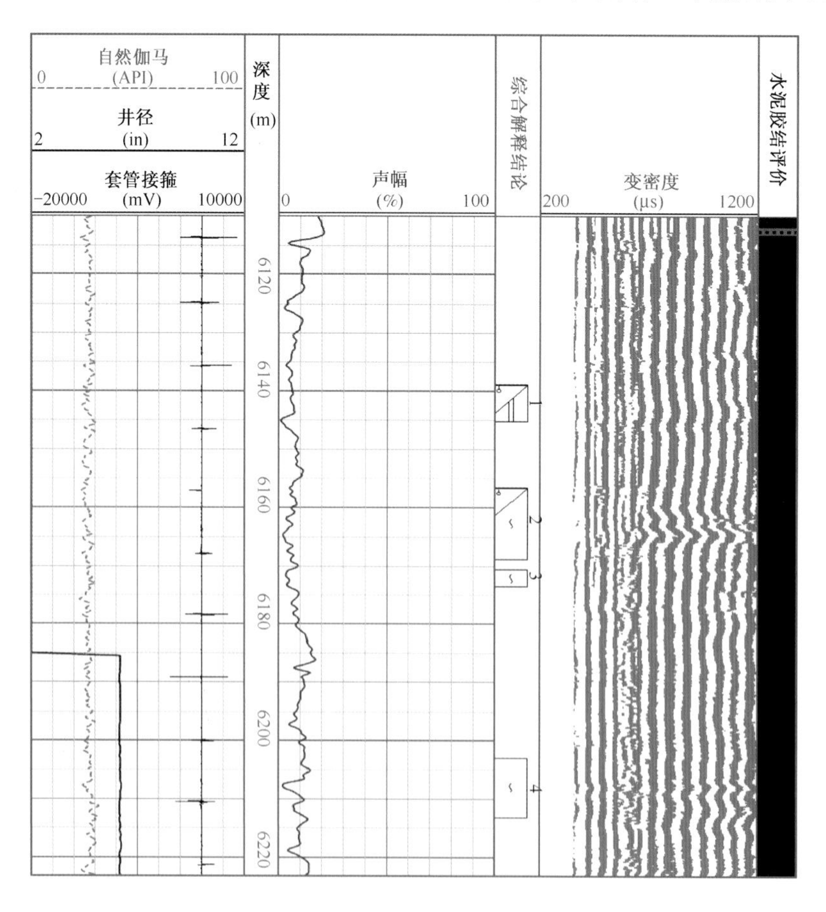

图 11－27　龙岗 001－8－1 井(6110～6225m)固井质量检测图

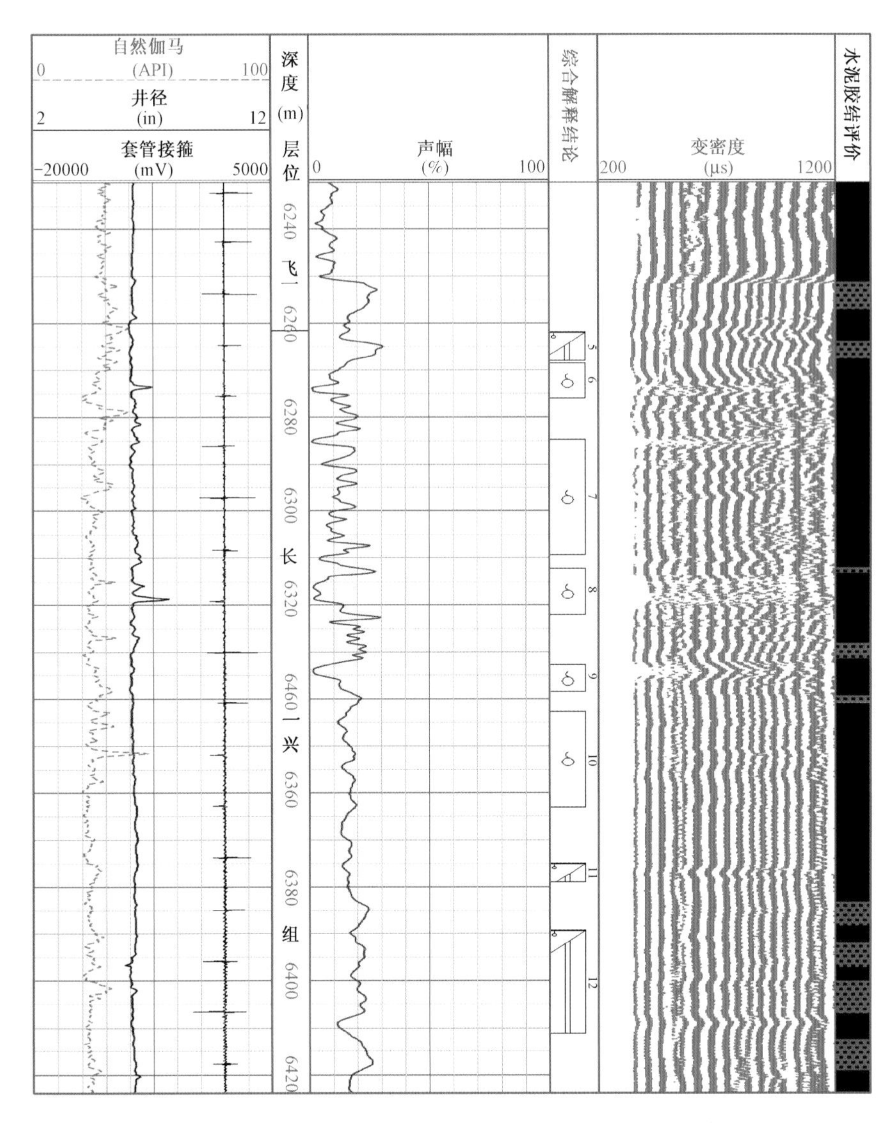

图 11－28　龙岗 001－8－1 井(6230～6425m)固井质量检测图

第五节　含 H_2S 天然气地面井喷泄漏扩散数值模拟方法

石油天然气勘探开发属于高危行业，而碳酸盐岩油气藏往往富含 H_2S 和 CO_2，又使这一高危行业的风险增加许多。在含酸性油气田的钻井施工、开发采气、集输储运直至最后的脱硫脱碳净化等生产过程，无一不存在着众多的风险因素。而 H_2S 等有毒气体的泄漏风险无疑位列首位，因为它无论是排入大气还是混入水体，都会带来灾难性后果。

国外特别注重源头安全，始终贯彻以人为本的管理理念，通过多年的不断积累和总结，形成了一套以"零事故、零伤害、零污染"为管理目标的 HSE 管理体系，其中包括酸性油气藏气井泄漏途径、方式排查、泄漏监测，作业现场安全等级区域划分，应急疏散避难场所等管理规范要求。我国酸性气藏开发 HSE 管理体系的建立起步较晚，初步建立了一套中低酸性气田的安全生产标准和规范，但还没有系统开展过天然气井钻井过程中气体侵入、沿井筒膨胀直至井口失控井喷或泄漏等各个环节气体运移和扩散规律的研究。

一、气侵方式及气侵量计算

人们通常认为,地层中的气体在钻井液重力作用下是不会侵入井筒逐步冒出地面的。只有当井筒内钻井液液柱压力低于地层压力,发生气侵或井涌的情况下,才会冒到地面上来。事实上,通过对气侵侵入方式的研究表明,气侵主要有四种方式,包括直接侵入、扩散侵入、置换侵入和负压侵入。直接侵入是在钻井过程中,随着岩石的破碎,与钻头直接接触的岩石和钻屑孔隙中的气体脱出进入井筒。扩散侵入是由于地层中气体浓度和井筒中气体浓度的梯度引起的,是分子的随机热运动导致的传质过程。置换侵入主要是在钻遇大裂缝或溶洞时发生,这在本章第二节中已有描述。由于气体流动阻力小,储层中的气体会迅速的涌入井筒,形成溢流。负压侵入是当井底液注流压小于地层压力时,地层中的气体会在压差的作用下进入井筒。在钻遇气层时,无论井底液柱压力与地层压力的关系如何,都会发生直接侵入和扩散侵入;当钻遇大裂缝或溶洞时会发生置换侵入;负压侵入一般只会在井底液柱流压小于地层压力的情况下发生,但是如果由于直接侵入和扩散侵入不断进行,引起钻井液密度的降低,使井底液柱流压小于地层压力,也会引发负压侵入,使三种侵入方式同时发生。为了系统研究这四种侵入方式的危害程度,分别推导建立了侵入量的计算模型。

(一)直接侵入

若假设岩石孔隙均匀分布,岩石各相性质均匀,钻速稳定,且破碎的岩屑足够小,以至岩屑孔隙中的气体能完全的释放出来,进入井筒,则其气侵量可近似表示为:

$$dq = k\pi r^2 \phi v dt \tag{11-1}$$

式中 dq——气侵量,m^3;

r——井眼半径,m;

ϕ——孔隙度;

v——机械钻速,m/s;

dt——单位时间,s;

k——影响因子,是岩屑形状与大小、钻井液性能等因素对气侵量的影响。

(二)扩散侵入

基于分形几何学,构建储层岩石中天然气分形介质扩散方程,并得到其解为:

$$C(r,t) = \frac{2+\theta}{\varepsilon \cdot (2d_f - 2) \cdot \pi \cdot \Gamma \frac{2d_f - 2}{2+\theta}} \left[\frac{1}{D_0(2+\theta)^2 t}\right]^{\frac{2d_f-2}{2+\theta}} \exp\left[-\frac{r^{2+\theta}}{D_0(2+\theta)^2 t}\right] \tag{11-2}$$

式中 $\theta = \frac{2(d_f - d)}{d}$,$d$ 为谱维数,d_f 是质量分形维数,t 为打开地层时间,r 为距井壁的距离,ε 为线尺度缩小的倍数,D_0 为分子扩散系数。

(三)置换侵入

由于气体流动阻力小,因此,储层中的气体会迅速的涌入井筒,形成溢流。在侵入初期,侵入量等于漏失量。

(四)负压侵入

可借助单相不可压缩液体平面径向稳定低速非达西渗流预测模型,表达如下:

$$Q_t = \frac{2\pi hk(p_e - p_w)}{\mu B\ln\frac{r_w}{r_e}}\left[1 - \frac{\lambda_b(r_e - r_w)}{p_e - p_w}\right] \tag{11-3}$$

式中 Q_t——侵入量,m^3;
h——储层已钻井深,m;
r_e——供给半径,m;
r_w——井筒半径,m;
p_e——供给压力,MPa;
p_w——井筒内压力,MPa。

对单相不可压缩液体平面径向不稳定低速非达西渗流预测模型:

$$\frac{\partial p}{\partial t} = \eta\frac{1}{r}\frac{\partial}{\partial r}\left[r\left(\frac{\partial p}{\partial r} - \lambda_b\right)\right]$$

$$p(r)\big|_{r=r_w} = p_w, p(r,0) = p_e, p(r,t)\big|_{R(t)} = p_e, \frac{\partial p}{\partial t}\Big|_{r=R(t)} = \lambda_b \tag{11-4}$$

对于扩散侵入方式下气侵量的计算,引入了分形几何学的方法,构建了储层岩石中天然气分形介质扩散方程,并得到其解的表达公式,解决了这种侵入方式下侵入量计算上的难题。通过对四种侵入方式的量的模拟计算表明,负压侵入量级最大,而虽然扩散侵入几乎发生在所有的储层钻进中,但气侵量最小,通常在扩散进行几十小时后,每立方米钻井液中的气侵量能达到几十千克的量级,在正常钻井时,可随循环系统排出井筒,不会造成太大的危害。负压侵入是气井气侵的主要方式,可达到 $1m^3/s$ 左右的气侵速度,其气侵量是较大的。模拟结果进一步表明,即使在过平衡压力条件下,气侵仍有可能发生,负压侵入不是唯一的侵入方式。

二、气体滑脱运移

当天然气侵入井底时,会与井底上返的钻井液及钻屑形成三相流动,由于钻屑对气体膨胀的影响不大,可忽略钻屑的影响,将其视为气液两相流动。

根据真实气体状态方程 $pV = ZnRT$,当气体进入井筒后,影响气体体积的参数有压力、温度和气体偏差系数及气体在井底的初始体积,对于井底有:

$$p(z_0)V(z_0) = Z(z_0)nRT(z_0) \tag{11-5}$$

对于距井底距离为 z_i 处,有:

$$p(z_i)V(z_i) = Z(z_i)nRT(z_i) \tag{11-6}$$

式(11-5)和式(11-6)相比,可得到 z_i 处的气体体积 $V(z_i)$,

$$V(z_i) = \frac{p(z_0)}{p(z_i)} \times \frac{T(z_i)}{T(z_0)} \times \frac{Z(z_i)}{Z(z_0)} \times V(z_0) \quad (11-7)$$

式中 $p(z_i)$——z_i 处的压力,MPa;

$T(z_i)$——z_i 处的温度,℃;

$Z(z_i)$——z_i 处的偏差系数;

$p(z_0)$——井底压力,MPa;

$T(z_0)$——井底温度,℃;

$V(z_0)$——井底气体体积,m^3;

$Z(z_0)$——井底偏差系数。

在施工过程中,当侵入气体随钻井液上返时,由于温度、压力和气体偏差因子的变化,气体体积将随之变化。

模拟一口井深为2500m,钻井液密度分别为1.2g/cm^3、1.4g/cm^{3}和1.6g/cm^3,温度梯度为3.1℃/100m。井筒气侵后气体沿井筒滑脱运移过程可以看出,气体在井底的膨胀率很低,随着钻井液上返,气体体积逐渐增大,在距井口250m左右,也就是距井口的距离约为井深的10%时,气体体积加速膨胀,到达井口后,体积膨胀为井底的十几倍,具有明显的早期略微膨胀后期迅速膨胀的特征。

此外,对不同深度的井中气体膨胀规律与此类似,气体体积膨胀倍数随井深的增加而增加,换句话说,对深井而言气体膨胀带来的危害要大于浅井中的危害。

三、含硫天然气地面扩散规律研究

研究表明,含硫天然气在大气中的扩散规律满足重气扩散规律,可用计算流体力学模型进行模拟。通过对各种模型进行优选,选择了能在时间和精度上取得较好的平衡标准 $k—\varepsilon$ 模型进行模拟。模拟结果表明,含硫天然气在大气中的扩散呈"蘑菇"状,且含硫天然气硫化氢含量、喷射速度及风速对扩散形态有显著影响。

随着天然气中硫化氢含量的降低,在相同时刻大于10mg/L浓度的范围也扩大,这是因为天然气含量中的硫化氢含量越低,混合气体的密度就越低,受到向上的浮力就越大,因此在相同的时间内,向上扩散的范围也就越大(图11-29)。

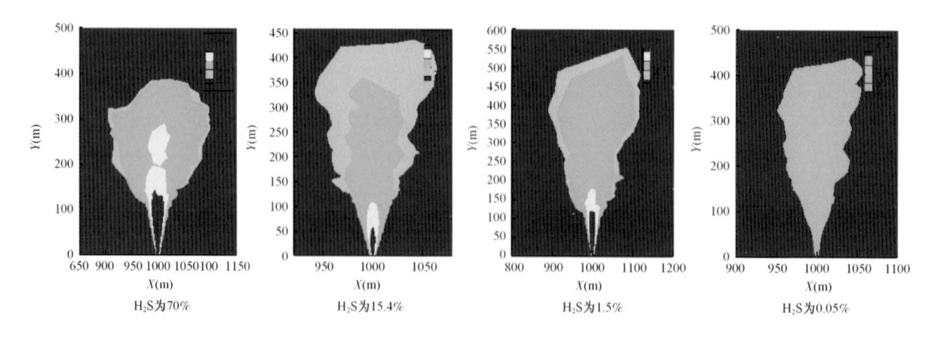

图11-29 不同硫化氢含量天然气扩散图

井口的喷射速度对天然气的扩散有很大的影响,喷射速度越大,在相同时间内气云的扩散范围也越大,而且高浓度区域的气云高度也越高(图11-30)。

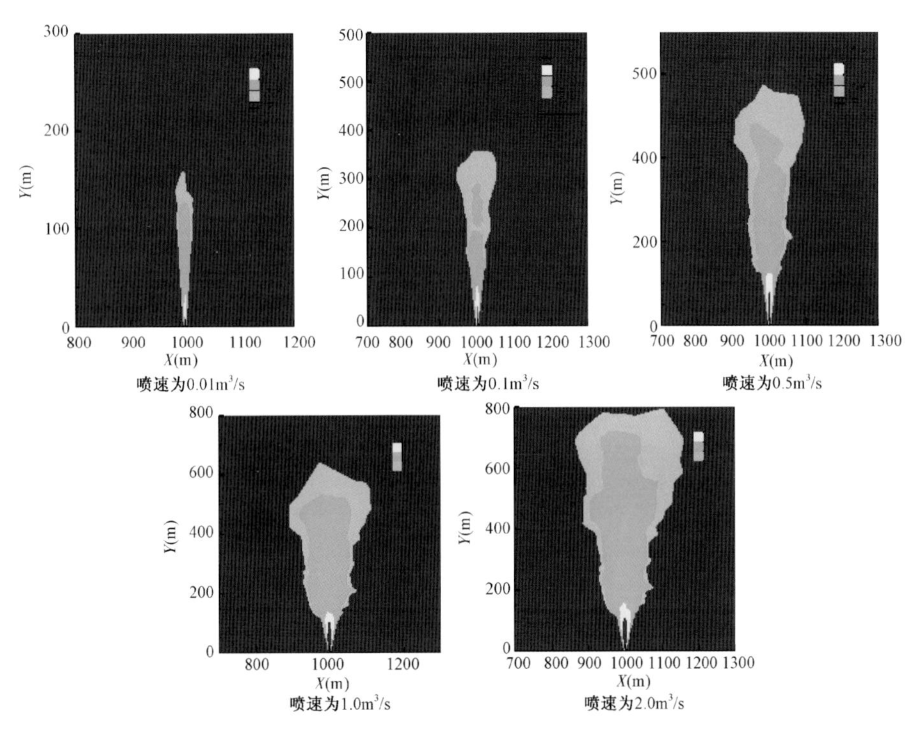

图 11－30　14min 时不同喷速对硫化氢含量为 15.4% 的天然气扩散的影响

随着风速的增加，大气扩散等值线越靠近地面，也就是说风速越大，含硫天然气越有贴近地面扩散的趋势，其危害程度也越大（图 11－31）。

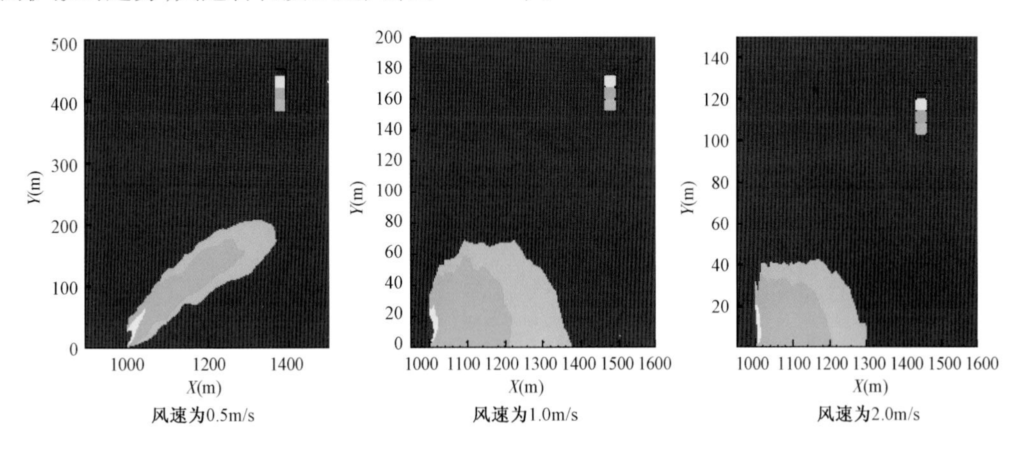

图 11－31　14min 时不同风速对硫化氢含量为 15.4% 的天然气扩散的影响

当硫化氢浓度大于 50mg/L 时，暴露时间超过 15min 嗅觉就会丧失，因此将该值取为短时间伤害半径。当硫化氢浓度大于 300mg/L 时，人体会出现明显的结膜炎和呼吸道刺激，将此值定义为立即伤害半径的阀值。硫化氢浓度大于 1000mg/L 时，人会立即丧失知觉，结果将会产生永久性的脑伤害或脑死亡，将该值定义为立即致死半径的阀值。可取短时间伤害半径为疏散半径。图 11－32 为三种伤害半径随井喷时间的变化模拟图。

从图 11－32 可以看到，三个伤害半径都随时间的增加而增加，井喷发生 4s 后的短时间伤害半径为 2.8m，立即伤害半径为 2.2m，立即致死半径为 2m，而 1h 后，三种半径分别增加到了 340m、250m 和 190m。由于现场规定井喷 15min 后进行点火，因此可将该时刻下的短时间伤害半径作为无风条件下的疏散半径，即152m。

风速对疏散半径会有较大的影响，风速扩大了硫化氢的危害半径，当风速为0.5m/s时，15min时的疏散半径达到430m(图11－33)。

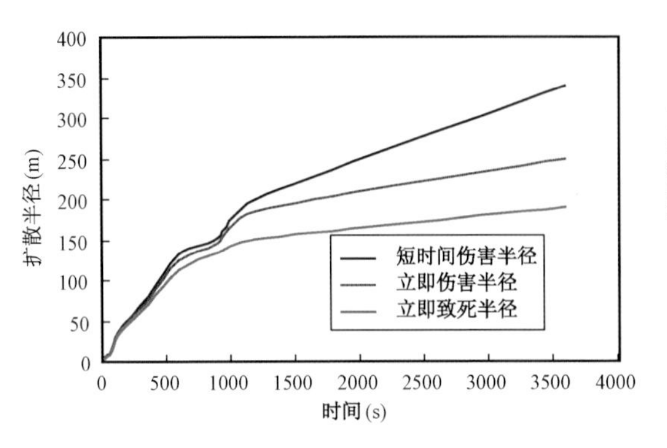

图11－32　三种伤害半径随井喷时间的变化

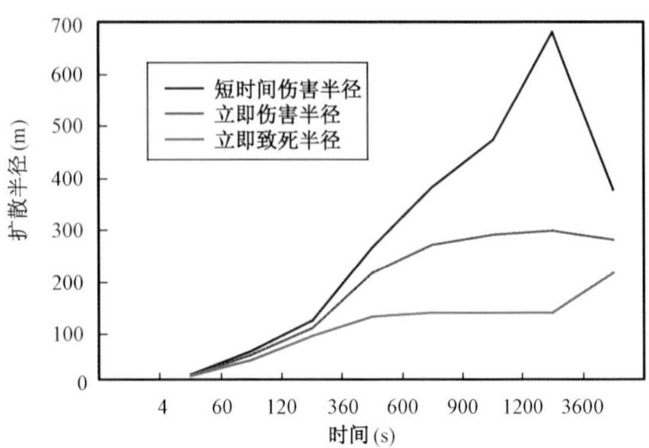

图11－33　大风情况下三种伤害半径的影响

第六节　小　　结

本章总结了碳酸盐岩油气藏独特的地质环境特点以及由此给钻井带来的四大难题。分六节围绕四个难题的解决方法展开了讨论和探索，但还有些问题仍待于进一步深入探讨。取得的主要进展可以归纳如下：

(1)针对多岩性多压力层系井身结构层次使用的局限性问题，提出并论证了非常用尺寸系列的井身结构方案，实现了在不减少完井尺寸和不增加上部井眼尺寸的同时，拓展一层套管，满足了龙岗西多压力系统、多岩性类型碳酸盐岩油气藏安全钻井对井身结构的需求。通过4口井的实践，证明了这种方案的可行性。

(2)首次研究了碳酸盐岩油气藏漏失的“吞吐”效应和“置换”效应机理及危害，提出了碳酸盐岩油气藏涌漏监测需要辅以PWD的压力变化特征监测才能实现早期预警的新思路和实现方法。

(3)针对窄压力窗口地层的安全钻井难题，提出了以回压泵加节流阀调控井口回压控制井底环空压力的控压钻井设计思路和实现方法，为自行研发精细控压钻井装备奠定了理论基础。目前，具备0.5MPa压力波动控制能力的精细控压钻井系统已经得到成功研制，为碳酸盐岩油气藏安全钻井提供了有效的解决手段。

(4)针对碳酸盐岩储集体强非均质分布问题和恶性漏失控制难题，提出了“贴头皮”水平井控压钻井方法，在塔中奥陶系碳酸盐岩油气藏的开发中成功应用，有效控制了恶性漏失，延长了水平井段长度，为碳酸盐岩油气藏的高效开发摸索了一条有效钻井途径。

(5)针对碳酸盐岩油气藏富含酸性气体对水泥石的腐蚀控制难题，自主研发抗H_2S和CO_2腐蚀的添加剂，解决了龙岗地区防漏、高盐、超缓凝、防腐等固井难题。

(6)建立了一套含H_2S天然气地面井喷泄漏扩散数值模拟方法，可以对含H_2S天然气地面井喷泄漏扩散规律进行数值模拟。给出不同风速、不同H_2S浓度下的扩散规律，给出短时间、立即伤害、立即致死等三种半径。对于完善海相碳酸盐岩油气藏钻井含硫天然气井喷泄漏安全预警体系具有重要意义。

第十二章　碳酸盐岩储层改造与测试配套技术

海相碳酸盐岩储层是现在油气勘探开发的重点、热点领域，而其中的酸化压裂增产改造技术则是碳酸盐岩勘探开发的关键性技术。针对国内碳酸盐岩储层改造与测试中亟待解决的难题，依托“海相碳酸盐岩大油气田勘探开发关键技术研究”重大专项，开展了海相碳酸盐岩高温储层均匀布酸酸化技术研究、海相碳酸盐岩储层深穿透酸压配套技术研究、海相复杂碳酸盐岩储层加砂压裂技术研究及海相碳酸盐岩储层测试技术研究与应用等，主要取得了四方面进展：(1)建立了酸化压裂改造前储层量化评估、碳酸盐岩储层伤害评价实验、高温乳化酸评价实验及碳酸盐岩复杂介质试井评价等四个方法，为改造的决策、材料的评价和设计针对性的提高奠定了基础；(2)研发形成了高温清洁酸、高温 GCA 地面交联酸、高温乳化酸、高温低伤害压裂液、高温加重酸和高温低成本加重压裂液等六种耐高温酸化压裂改造材料体系，解决了高温深井碳酸盐岩储层改造技术的关键问题；(3)创新了大位移水平井分段改造、井下蓝牙测试和测试—改造—封堵—对接投产四重功能管柱测试等三项技术，完善了高温储层均匀布酸酸化技术、高温储层深度改造技术及加重液改造技术等四项技术，解决了大位移水平井改造，裂缝深穿透提高储层改造波及体积，高压储层注不进、压不开及安全、可靠、简便取全取准测试数据等问题；(4)集成、完善与应用了改造与测试技术，取得了显著的增产效果，2008 年 5 月至 2011 年 5 月碳酸盐岩改造与测试总体应用情况为：酸化压裂改造 279 口井、299 井次，成功率 98%，有效率 78%；测试 163 井次，成功率 96%。累计增油 57.4×10^4t、气 $17.3\times10^8m^3$。形成了储层改造配套新技术，其中包括改造前储层量化评估、耐高温改造液体体系、均匀布酸酸化、深度酸压、加砂压裂、酸携砂压裂和水平井多段酸压等改造技术，为碳酸盐岩储层的高效开发提供了有力的技术支持，并根据储层改造技术的发展现状，提出了面临的挑战以及进一步的发展方向。

第一节　碳酸盐岩储层改造与测试技术现状及发展趋势

中国碳酸盐岩油气藏分布广，勘探、开发潜力巨大。但由于地质条件复杂、非均质性强，目前物探技术尚不能精细刻画碳酸盐岩储层缝洞系统细节的发育情况，钻井一般只能钻到地震预测的缝洞发育有利区域附近，使得碳酸盐岩不具备自然产能。因此，碳酸盐岩大多需要进行储层改造才能达到增储上产和认识储层的目的，储层改造已成为碳酸盐岩有效开发的关键技术。

随着对碳酸盐岩勘探开发工作的进一步深入，出现了物性更差、埋藏更深、温度更高、高压、高含 H_2S 等储层特点和改造难点，亟待进一步开展攻关研究。国内的几个主要碳酸盐岩区块具体表现如下：

塔里木盆地寒武—奥陶系碳酸盐岩石油资源量占盆地总资源量的 38%，碳酸盐岩油气勘探已成为塔里木油田勘探的主战场。塔里木盆地碳酸盐岩储层勘探开发重点和技术难点：储层埋藏深(4000～6000m)、温度高(100～150℃)、非均质性强,储层类型复杂,既有溶洞型、缝洞型,又有基质孔隙型,且部分区域高含 H_2S。目标区块研究的重点和难点是超深井高温巨厚层的改造和深度改造配套技术。

鄂尔多斯盆地下古生界碳酸盐岩储层随着靖边气田建产工作持续深入的开展,主要建产区块由潜台中部向潜台东侧和外围、其他层系转移,气田地质情况变得日益复杂,主要表现在:储层物性变差,低产低效井比例增加(2002 年以来在 25% 以上);以往形成的白云岩储层酸压及加砂压裂改造技术面临着巨大的挑战,改造技术需要向更深穿透推进,才能达到增产、稳产目的。

四川盆地龙岗地区二叠系长兴组生物礁埋藏深度在 6200～6900m 之间,三叠系飞仙关组也在 6000m 以上,地层温度 140℃左右,属于超深井范畴。该地区碳酸盐岩储层类型复杂,非均质性强,既有溶洞型、缝洞型,更多的是基质孔隙型,储层普遍高含 H_2S。九龙山地区的碳酸盐岩储层也存在类似特性,地层压力及温度(127MPa、150℃)甚至超过龙岗地区。以往盐岩储层改造主要为胶凝酸酸压,改造技术手段较为单一,改造深度受限。储层改造主要面临的难点是超深、高温、高压和高含硫。

综上所述,国内碳酸盐岩储层改造和测试技术亟待解决的问题主要有:乳化酸摩阻高、耐温差,难以用于近年来 6000m 以上超深井;清洁酸耐温差,不能很好满足超深井高温储层需要;复杂裂缝型碳酸盐岩储层加砂压裂施工压力高、施工风险大;高温巨厚储层、大跨度多层直井改造仍缺乏可使用的技术;新型交联酸、变黏酸、清洁自转向酸酸液的评价方法及酸岩作用机制仍不清楚;另外,现有的 MFE 测试系列技术无法满足复杂井眼条件下事故处理的要求,且在高产井中产生阻流,也无法将测试、取样工具下入油层中部。油气水中硫化氢脱硫问题的处理等方面国内尚未见到相关报道;碳酸盐岩多采用欠平衡或压控钻井技术,而测试这个环节仍未解决欠平衡的问题。这些问题已严重制约了储层改造的有效性与油气井测试的成功率,亟待进行重点攻关。

针对国内碳酸盐岩储层改造中的难题,特设专项对碳酸盐岩高温储层均匀布酸酸化技术、储层深穿透酸压配套技术、复杂碳酸盐岩储层加砂压裂技术及碳酸盐岩储层测试技术进行了研究与应用,以塔里木、鄂尔多斯、四川等盆地碳酸盐岩油气藏为主要研究对象,以提高单井产量和增产改造有效期为目的,重点对耐高温(120～150℃)储层改造材料体系、酸岩反应机制、滤失控制方法、深穿透及提高储层动用程度工艺、超深井安全测试、试井综合评价技术等关键技术进行了攻关研究,开展了应用基础研究、技术研发配套及现场技术应用,形成了适合碳酸盐岩储层改造与测试配套技术。

第二节　压裂酸化改造前评估技术

一、储层量化评估方法

(一)塔里木盆地奥陶系岩溶型储层

将塔里木油田自 2003 年至 2007 年底塔中碳酸盐岩储层试油共 84 层的地质效果及其上述影响因素进行了统计,将各影响因素作为自变量,地质效果根据试油情况进行数值化作为因变量。建立了如下模型：

$$Y = 0.458X_2 + 0.332X_1 + 0.581X_5 - 32.091$$

因变量：Y，地质效果。

自变量：X_1，地质背景；X_2，地震剖面；X_3，油气显示；X_4，测井；X_5，地层测试情况；X_6，改造强度。

最终回归方程的复相关系数 R^2 为0.834。

对塔里木油田15口碳酸盐岩储层改造井，采用此模型前评估结果与试油结果进行对比，结果表明，利用该评估模型预测结果与实际试油结果有较好的一致性，符合率达72%，进一步验证了所优选评估因素的科学性和模型的实用性。

（二）四川盆地长兴组—飞仙关组礁滩储层

1. 长兴组

根据实际产能结果与储层累计厚度、平均孔隙度、孔隙结构参数进行回归分析，得到储层量化评分公式：

$$Y = 47.7 + 0.815 \times \mathrm{THICK} + 8.3 \times \mathrm{POR} - 7.65 \times \mathrm{KF} - 0.37 \times \mathrm{PERM} - 0.32 \times \mathrm{PRESS}$$

其中，Y 为模型预测值，THICK为储层累计厚度，POR为储层加权平均孔隙度，KF为储层孔隙结构参数，PERM为试井渗透率，PRESS为井底瞬时停泵压力。该回归方程的复相关系数 R^2 为0.8459。对长兴组已试20井（层）评分表明，评分与试油结果相符合的有14井（层），符合率70%。

2. 飞仙关组

$$Y = 92.3 - 0.03 \times \mathrm{THICK} + 9.07 \times \mathrm{POR} - 0.625 \times \mathrm{DOLO} + 0.029 \times \mathrm{PERM} - 0.83 \times \mathrm{PRESS}$$

其中，Y 为模型预测值，THICK为储层累计厚度，POR为储层加权平均孔隙度，DOLO为白云岩含量，PERM为试井渗透率，PRESS为井底瞬时停泵压力。该回归方程的复相关系数 R^2 为0.9096。对飞仙关组已钻20井（层）评分表明，评分与试油结果相符合的有17井（层），符合率85%。

二、碳酸盐岩储层伤害评价实验方法

通过对裂缝宽度的分级实验，研究了裂缝型碳酸盐岩储层不同裂缝宽度时的伤害规律。采用低熔点合金方法对裂缝宽度与其渗透率（导流能力）关系进行了研究探索。

建立了裂缝性碳酸盐岩储层伤害实验研究方法，系统评价了钻井液、完井液、压裂液对其综合伤害。钻井液对岩心伤害程度最大（80%），其次是完井液（55%），再次压裂液（54%）。综合伤害严重，伤害程度平均达96%。完井液与压裂液对碳酸盐岩岩心的伤害程度相当。裂缝性碳酸盐岩储层伤害主要为固相伤害，其次为聚合物伤害，液相伤害较小。缝宽—伤害程度关系：裂缝宽度越大，其伤害程度越小，裂缝宽度越小，伤害程度越严重。Ⅰ区（裂缝宽度小于10μm）：固相颗粒/缝宽比值大于1，伤害深度在5cm左右，两种体系均能形成桥堵，伤害深度小易解除；Ⅱ区（裂缝宽度10～100μm）：固相颗粒/缝宽比值介于0.1～1，伤害深度在10～32cm，能形成有效桥堵；Ⅲ区（缝宽度100～200μm）：固相颗粒/缝宽比值小于0.1，伤害深度大于32cm，不能形成有效桥堵。酸液可以解除各种作业流体的综合伤害。

三、高温乳化酸评价实验方法

国内对于乳化酸的评价，一般都是在90℃常压下进行，在前人基础上首次采用可视高压釜高温高压下观察，同时结合乳化酸的流变性能测试研究乳化酸的高温稳定性，为高温乳化酸的评价提供了手段。

四、碳酸盐岩复杂介质试井评估方法

建立了碳酸盐岩多重介质试井地质模型（图12-1）和数学模型，并完成模型求解、软件编程和应用，为改造前后评估储层提供了重要手段。

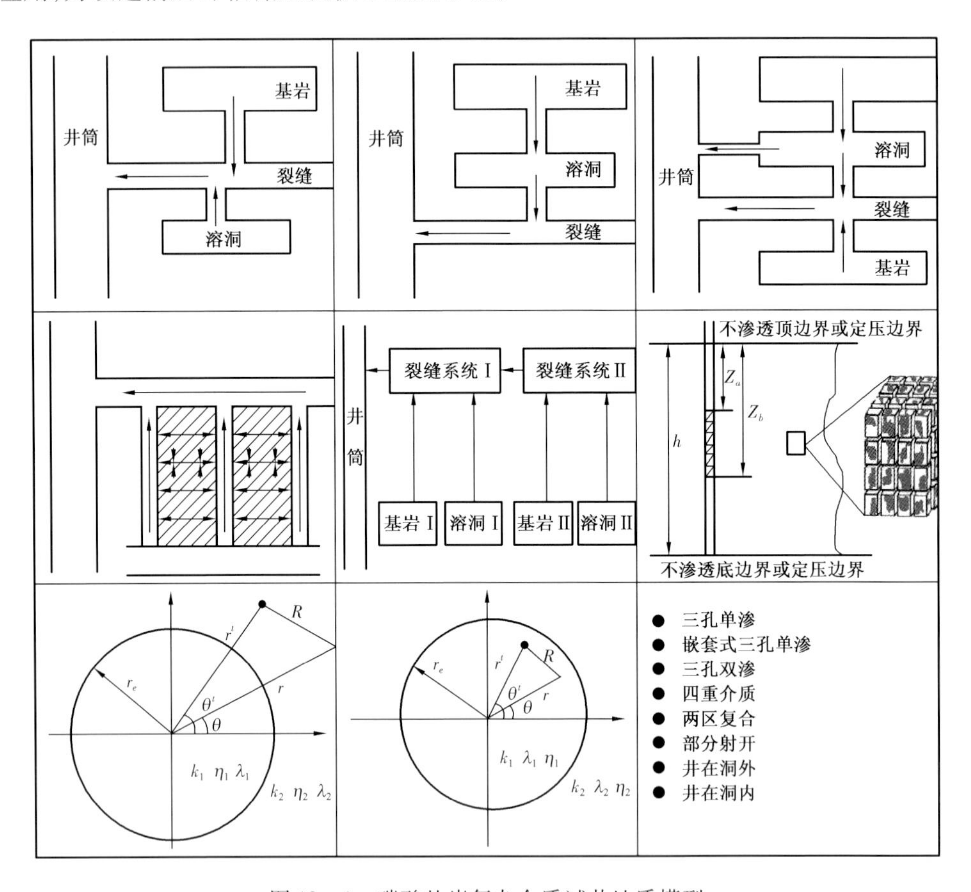

图12-1 碳酸盐岩复杂介质试井地质模型

$$\nabla^2 p_{\mathrm{vD}} + \lambda_{\mathrm{Fv}} e^{-2s}(p_{\mathrm{FD}} - p_{\mathrm{vD}})$$

$$= \frac{\phi_{\mathrm{v}}}{C_{\mathrm{D}} e^{2s}} \partial p_{\mathrm{vD}} \partial \frac{t_{\mathrm{D}}}{C_{\mathrm{D}}} - \lambda_{\mathrm{Fv}}(p_{\mathrm{FD}} - p_{\mathrm{vD}}) + \lambda_{\mathrm{fF}}(p_{\mathrm{fD}} - p_{\mathrm{FD}})$$

$$= \frac{\phi_{\mathrm{f}}}{C_{\mathrm{D}}} \partial p_{\mathrm{FD}} \partial \frac{t_{\mathrm{D}}}{C_{\mathrm{D}}} - \lambda_{\mathrm{fF}}(p_{\mathrm{fD}} - p_{\mathrm{FD}}) + \lambda_{\mathrm{mf}}(p_{\mathrm{mD}} - p_{\mathrm{fD}})$$

$$= \frac{\phi_f}{C_D} \partial p_{fD} \partial \frac{t_D}{C_D} - \lambda_{mf}(p_{mD} - p_{fD})$$

$$= \frac{\phi_m}{C_D} \partial p_{mD} \partial \frac{t_D}{C_D}$$

式中 p_m, p_f, p_v——分别为基质、裂缝、溶洞系统压力，MPa；

ϕ_m, ϕ_f, ϕ_v——分别为基质、裂缝、溶洞系统的孔隙度，无因次；

p_{mD}, p_{fD}, p_{vD}——分别为无因次的基质、裂缝、溶洞系统压力；

p_{wD}——无因次井底压力；

λ_m, λ_v——分别为基质窜流系数和溶洞窜流系数；

C_D——无因次井筒储集系数；

t_D——无因次时间；

下标 f 代表裂缝（fructure）；

下标 v 代表溶洞（vug）；

下标 m 代表基质（matrix）。

第三节　高温压裂酸化改造材料体系

研发形成的高温 DCA 清洁酸、高温 GCA 地面交联酸、HTEA 高温乳化酸、高温低伤害压裂液、高温 HDGA 加重酸和高温低成本加重压裂液等六种耐高温压裂酸化改造材料体系，解决了更高温度碳酸盐岩储层改造技术的关键问题。其技术基础及成果如表 12－1 所示。

表 12－1　六种耐高温压裂酸化改造材料体系研究进展对比表

名称	技术基础	项目成果
清洁酸体系	耐温：国外 149℃，国内 110℃	耐温：150℃
交联酸体系	耐温：国内 120℃	耐温：140℃
乳化酸	耐温：国外 177℃，国内 90～100℃	耐温：150℃
高温低伤害压裂液	耐温：140℃	耐温：180℃
加重酸	密度：1.2g/cm^3	密度：1.3～1.5g/cm^3
高温加重压裂液	密度：国外 2009 年专利 1.3g/cm^3，国内 1.15g/cm^3	密度：1.3g/cm^{3}低成本

一、DCA 清洁自转向酸

这种新型黏弹性表面活性剂胶束无聚合物酸液体系，酸液主要由盐酸和黏弹性表面活性剂（VES）组成，具有独特的就地自转向性能，可以实现长井段、水平井均匀改造和裂缝发育储层的高效改造。通过自主研发，将已有的 DCA 清洁自转向酸 90～120℃中高温系列提高到超高温的 150℃温度系列（图 12－2），并形成了相应的配方。在 150℃条件下残酸可达 200mPa·s 以上。

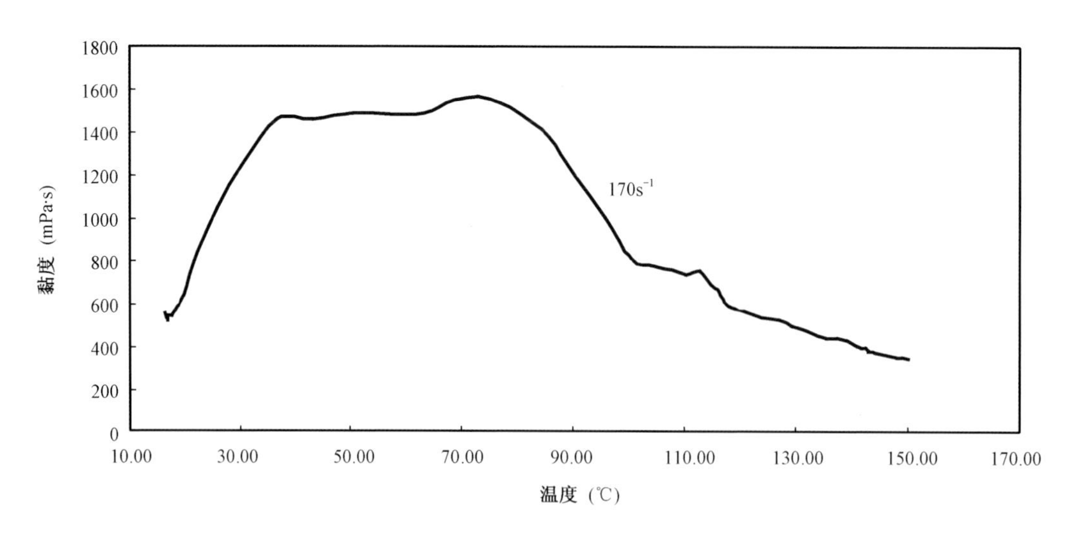

图 12-2 DCA 黏弹性表面活性剂清洁自转向酸流变曲线图

二、GCA 地面交联酸

通过在 10% ~28% 的盐酸中交联合成高分子，形成酸冻胶实现缓速和低滤失，溶蚀速率在 2 小时内为胶凝酸的 35%，在 120℃、$170s^{-1}$剪切下 50min 黏度大于 100mPa·s。胶囊破胶技术使施工结束后冻胶体系彻底破胶水化，解决了高分子残留物的伤害问题。该项技术为原创技术。此项技术的进展为将原来酸液耐温为 120℃，通过室内配方优化研究，提高到耐温 140℃（图 12-3）。

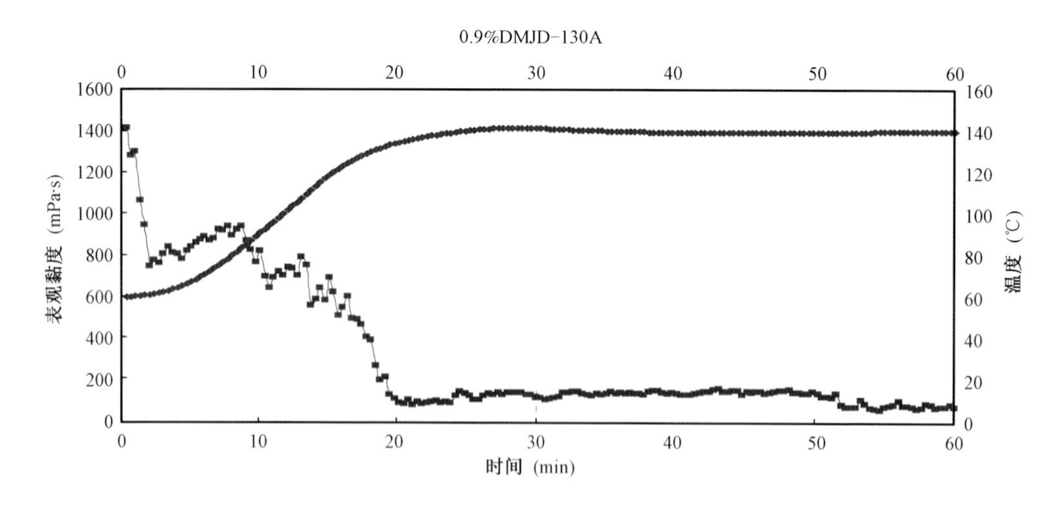

图 12-3 GCA 地面交联酸 140℃条件下流变曲线

三、高温加重酸

高温抗硫加重（溴盐）胶凝酸酸液体系，耐温性能达到 150℃，加重酸密度可达 1.5g/cm³，这样对于 6000m 深井，相对常规酸（密度 1.1g/cm³）可增加井筒液柱压力到 24MPa（表 12-2），有效解决了高压井层注不进、压不开的问题。

表 12-2　高温抗硫加重(溴盐)胶凝酸酸液体系性能表

性能	性能指标
配伍性	各添加剂之间相溶性、配伍性良好,无沉淀和析浮现象
密度(g/cm^3)	1.2~1.5
黏度(20~28℃,$170s^{-1}$,mPa·s)	45
腐蚀速率(150℃,$g/(m^2 \cdot h)$)	67
反应速率(150℃,$mg/(cm^2 \cdot s)$)	0.0672
残酸表面张力(mN/m)	27.7
稳铁抗硫能力	80
抗温能力	150℃下恒温4h未出现絮凝物

四、高温乳化酸

乳化酸是油外相、酸内相的乳化体系。是由主体酸、乳化剂和各种添加剂组成。其中乳化剂决定乳化酸的稳定性。在压裂酸化措施中,乳化酸可以提供低的滤失,高的缓速效果,得到更长的高导流能力的裂缝。体系具有形成不均匀刻蚀,延缓酸岩反应速率,增加裂缝长度,提高裂缝导流能力等优点。乳化酸的稳定性是衡量乳化酸整体性能的重要参数之一,稳定性好的乳化酸在地层中能获得更大的穿透距离,从而获得更好的油气增产效果。1998年,国外研发了高温乳化酸。适用于120~177℃地层,并在沙特阿拉伯和墨西哥等地得到广泛应用。国内尚无乳化酸高温稳定性评价方法,已开发的产品均为耐温100℃以下的。经过一年的室内研究开发出一套高温稳定的乳化酸体系。在7MPa、120~150℃条件下稳定2h,黏度损失仅为10%~30%(图12-4,表12-3)。

室温放置的新鲜乳化酸

150℃,7MPa,反应2h后的乳化酸

图 12-4　乳化酸不同条件下乳化状态

表 12-3 乳化酸不同条件下流变参数表

温度(℃)	压力(MPa)	时间(h)	初始黏度(mPa·s)	最终黏度(mPa·s)
120	7	2	54	48
140	7	2	54	42
150	7	2	54	39

五、高温低伤害压裂液体系

针对碳酸盐岩油气藏不同类型,压裂液的优选既要满足工艺设计要求又要低伤害。以往采用的 GHPG 压裂液体系耐温 140℃,新开发的 CMGHPG 压裂液体系耐温高达 180℃。该压裂液体系具有稠化剂用量少、残渣低、耐温高等特点,160℃优化配方残渣仅为 216g/L(图 12-5),大大低于普通压裂液体系残渣 500g/L 标准,残渣显著降低,减少了对储层及裂缝的伤害。

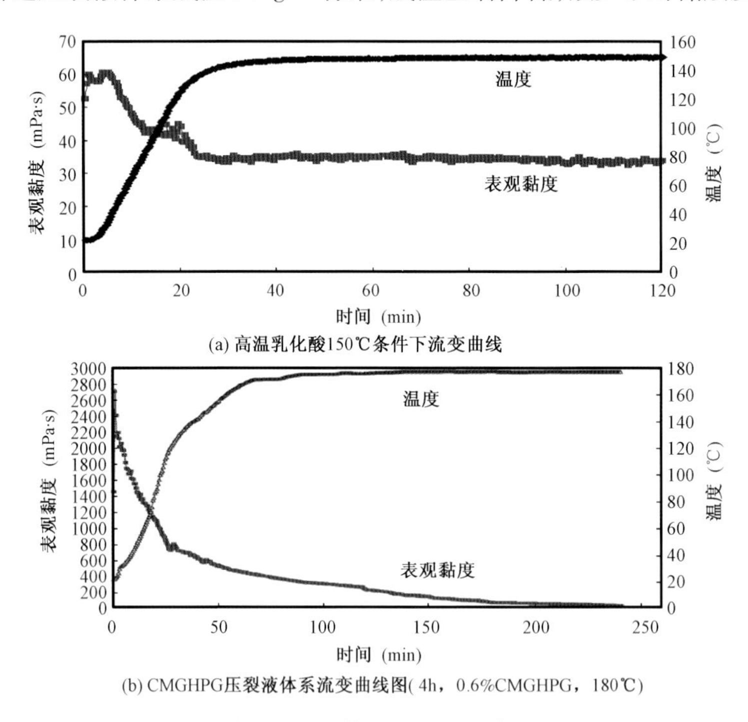

图 12-5 高温乳化酸体系 CMGHPG 体系流变曲线

六、加重压裂液体系

随着碳酸盐岩勘探的深入,越来越多超深储层需要改造,使得施工压力进一步升高,给现场施工带来较大困难,而在现有的设备能力条件下,提高压裂液的密度,增加井筒液柱压力从而降低井口施工压力,降低施工风险成为最有效的方法。加重压裂液体系研究进展主要有两项:一是 KCl 加重技术。此技术以往耐温可达 140℃,密度为 1.15g/cm^3。通过室内研究攻关,实现了能耐温 160℃,可适用于更高温度储层改造(图 12-6)。二是 $NaNO_3$ 压裂液加重技术。此技术最关键难点是没有相应的交联剂,通过室内研究攻关创新形成了高温交联技术,成功研发出了可加重到密度为 1.3g/cm^3 的加重压裂液体系,易配制、成本低,相对于常规溴盐加重降低成本 80%,耐温达到 170℃(图 12-7)。这样对 6000m 深层改造相对常规压裂液可增加井筒液柱压力 18MPa 左右,有效解决了高温深井施工问题。

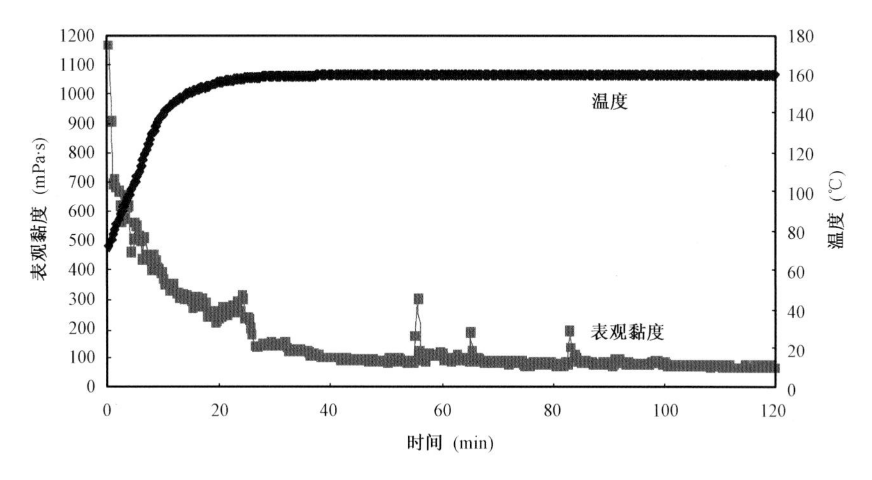

图 12－6　KCl 加重压裂液 160℃流变曲线

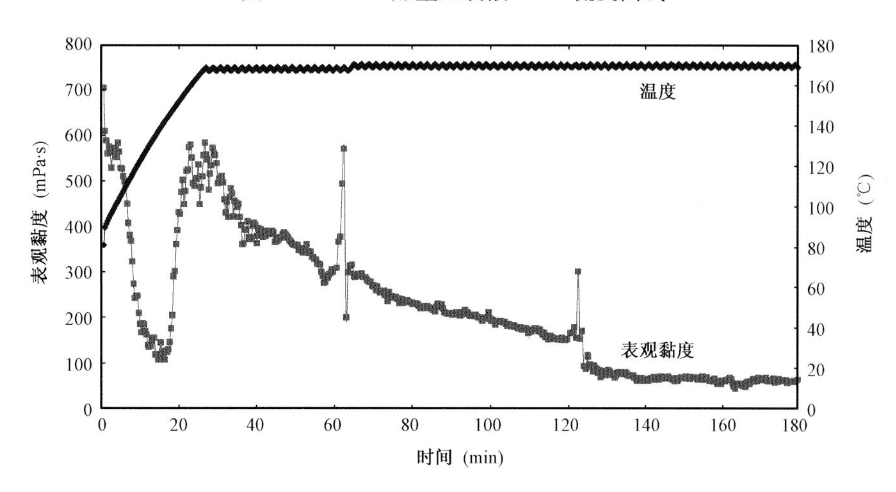

图 12－7　$NaNO_3$ 加重压裂液 170℃流变曲线(0.45% CMGHPG)

第四节　压裂酸化改造与测试配套技术新进展

2008 年技术攻关以来,创新了大位移水平井分段改造、井下蓝牙测试和测试—改造—封堵—对接投产四重功能管柱测试等三项技术(表 12－4),完善了高温储层均匀布酸酸化技术、高温储层深度改造技术、加重液改造技术及多功能管控测试技术等四项技术,解决了大位移水平井改造,裂缝深穿透提高储层改造波及体积,高压储层注不进、压不开,及安全、可靠、简便取全取准测试数据等问题。

表 12－4　2008—2011 年形成的改造与测试技术及应用统计表

技术类别	技术名称	解决的问题	现场应用
创新技术	大位移水平井分段改造技术	笼统改造效果差、针对性不强	9 井次,成功率 100%
	井下蓝牙测试技术	将井下数据实时传送到地面	2 井次,成功率 100%
	测试—改造—封堵—对接投产四重功能管柱测试技术	简化了施工工序、缩短了施工周期、提高了试油施工的安全性	98 井次,成功率 95%

续表

技术类别	技术名称	解决的问题	现场应用
完善、配套技术	高温储层均匀布酸酸化技术	提高储层动用程度,实现高产稳产	应用24井次,成功率100%
	高温储层深度改造技术	提高波及体积,实现高产稳产	应用284井次,成功率100%
	加重液改造技术	高压储层注不进、压不开	应用3井次,成功率100%
	多功能管柱测试技术	安全、可靠、简便取得数据	应用125井次,成功率97%

一、大位移水平井分段改造技术

形成了利用三维地震资料精细刻画储层,确定井眼轨迹、地应力方位和缝洞储集体的空间关系,改造前综合地质评估、改造方式的选择、改造段的划分及每段的优化设计等技术方法,提高了分段改造的科学性、针对性和有效性。现场试验14井次,成功率100%(表12-5)。

表12-5　2008—2010年塔里木塔中碳酸盐岩水平井改造效果统计表

序号	井号	井段(m)	施工日期	分段数	分段改造方式	压后	
						日产油(m^3)	日产气(m^3)
1	塔中62-13H	4819.00-5370.00	2008-4-6	—	笼统酸压	5.8	13000
2	塔中62-5H	4862.50~4937.00	2008-6-27	3段射孔	投球选择性酸压	70.3	174562
3	塔中62-7H	4947.86~5356.56	2008-10-9	4段	多级裸眼封隔器	208.2	147351
4	塔中62-6H	4929.00~5188.00	2008-10-15	3段	多级裸眼封隔器	124.3	264918
5	塔中62-11H	4861.00~5843.00	2009-4-22	6段	多级裸眼封隔器	140.8	260902
6	塔中62-10H	5089.88~5690.00	2009-7-19	4段	多级裸眼封隔器	49.3	30483
7	塔中83-2H	5541.00~6390.00	2009-9-16	4段	多级裸眼封隔器	32.5	289508
8	中古162-1H	6094.83~6780.00	2009-10-9	4段	多级裸眼封隔器	114.1	27123
9	塔中721-2H	5450.00~6142.00	2009-10-28	5段射孔	投球选择性酸压	12.3	221425
10	塔中721-5H	5730.00~6200.00	2010-2-9	5段射孔	投球选择性酸压	25.7	252817
11	塔中26-5H	4311.30~5323.00	2010-3-11	10段射孔	投球选择性酸压	58.0	196541
12	塔中82-1H	5247.36~6280.00	2010-5-3	2段	多级裸眼封隔器	57.6	117769
13	塔中62-8H	4418.00~5007.15	2010-8-23	3段	多级裸眼封隔器	27.1	88494
14	塔中26-6H	4318.02~5592.00	2010-10-20	4段	多级裸眼封隔器	41.8	47457

二、井下蓝牙测试技术

自主研发了井下发射器、接收器和压力传输系统(图12-8),实现了将井下开、关井压力及产量实时传送到地面(图12-9),以实时分析研究储层参数、及时决策下步方案。国外尚无深井、超深井成功的经验。在中古19(下深6200m)、中古15(下深5000m)等井试验获得成功。

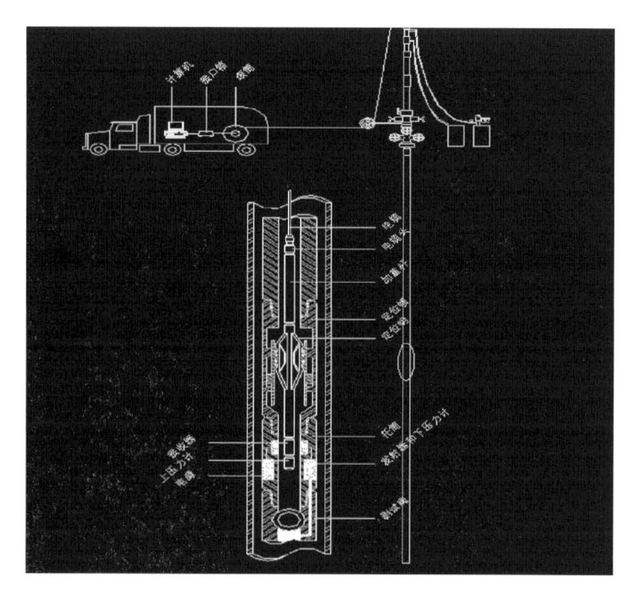

图 12－8　井下蓝牙技术管柱示意图

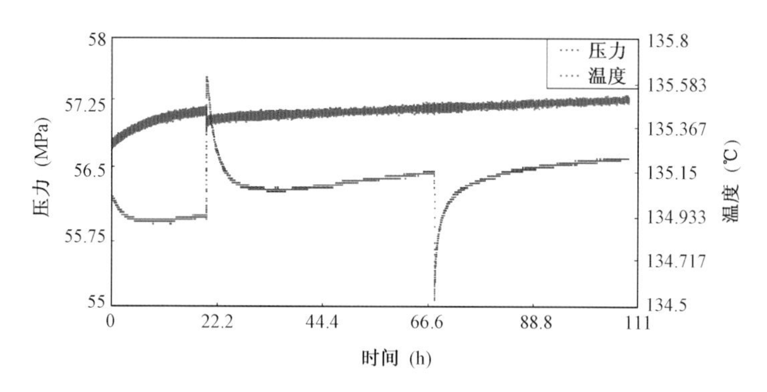

图 12－9　中古 19 井井下蓝牙技术监测到的井下关井压力曲线图

三、测试—改造—封堵—对接投产四重功能管柱测试技术

研发并试验成功了测试—改造—封堵—对接投产四重功能管柱(图 12－10),并在 26 井次成功应用。

四、高温储层均匀布酸酸化技术

DCA 转向酸具有的暂堵功效,用于长井段、大厚层、多层改造,实现均匀布酸。耐温 150℃的 DCA 转向酸研发成功,进一步扩大了转向酸的应用范围,为酸化提高储层纵向动用程度提供了有效途径。塔里木对哈 13 等 32 口井应用工艺成功率 100%,建产率 80%;在四川对龙岗 6 等 15 井次推广应用,施工成功率 100%、有效率达到 93%,平均单井测试产量 $54.94\times10^4m^3/d$,应用效果非常明显。

五、高温储层深度改造技术

耐温 140℃高温 GCA 交联酸、耐温 150℃高温乳化酸及耐温 180℃高温压裂液的研发成功,使得储层深度改造技术可应用于更深储层和更高温度储层的改造,完善了储层改造技术。三大油田现场应用 284 井次,施工成功率 100%。

图 12 - 10　多功能管柱示意图

六、加重液改造技术

耐 150℃高温加重酸和耐 150℃高温加重压裂液的研发成功，为有效解决更深储层和更高温度储层注不进、压不开提供了重要途径，扩大了加重液改造技术的应用范围。在龙岗地区龙 16 井应用密度为 1.4g/cm^3 的加重酸施工，解决了该井前期多次注不进液的问题，获得酸压后日产气 $252\times10^4m^3$ 显著改造效果，现场应用 3 井次。

七、多功能管柱测试技术

(1)塔里木盆地测试技术。根据不同的储层特点和试油目的，对现有使用的 30 多种管柱进行优化，最后定型了测试—改造—测试完井一体化管柱等六种适合于塔中碳酸盐岩测试、改造、完井的多功能管柱。项目实施期间在塔中测试及完井试油使用 192 井次，成功率 96.8%。

(2)西南油气田公司测试技术。在龙岗地区配套了安全循环阀、改型的套管 RTTS 封隔器、压力计托筒等工具，完善了 APR 正压射孔—测试—酸化—测试联作等三套测试管柱，满足了不同工况测试的需要，现场实验 31 井次，成功率 93.5%。

第五节　压裂酸化改造与测试技术的集成、完善与应用

在以往工作的基础上，将技术的新进展与以往的技术集成、完善，形成了碳酸盐岩储层改造与测试的技术体系。一是包括复杂介质试井、综合地质评估等改造前后储层评估技术。二是碳酸盐岩储层压裂酸化改造常用的 9 种液体体系，其中压裂液有羟柄基 HPG、超级瓜尔胶 GHPG、羧甲基 CMGHPG、加重压裂液 HDF；酸液有胶凝酸 GA、地面交联酸 GCA、温控变黏酸 TCA、转向酸 DCA、加重酸 HAD。三是配套形成了 6 项压裂酸化工艺技术：酸

化、深度酸压、转向酸压、加砂压裂、携砂酸压、直井分层/水平井分段等。在测试方面形成了针对碳酸盐岩储层测试的技术体系。一是针对塔里木盆地的6种测试管柱：测试—改造—完井一体化管柱、改造—封堵—再投产一体化管柱、直井选择性改造—投产一体化管柱、DSBT蓝牙测试管柱、内防喷—改造—投产一体化管柱、管外封隔器完井—不动管柱分层完井一体化管柱；二是针对四川盆地的三种测试管柱：APR正压射孔—测试—酸化—测试联作管柱、OMNI射孔—酸化—测试管柱、5in小井眼APR射孔—测试联作管柱。2008年6月至2011年5月碳酸盐岩改造与测试技术现场应用取得了较好的效果。酸化压裂改造287口井、328井次，成功率98%，有效率87%，累计增油111.5×10^4t、气$32.7\times10^8m^3$；测试223井次，成功率96%。

一、碳酸盐岩储层改造技术集成

（1）对于塔里木盆地碳酸盐岩储层，形成了不同特征油气藏改造模式（表12-6）。缝洞型碳酸盐岩油气藏，酸压即可获高产；溶蚀孔洞型碳酸盐岩油气藏加砂压裂、大型酸压可获得更深穿透的人工裂缝和更长的增产稳产期；裂缝型碳酸盐岩油气藏低砂比压裂、酸压改造即可获较好效果；基质孔隙型碳酸盐岩油气藏尝试了大规模酸压（胶凝酸、交联酸、清洁酸）及大规模加砂压裂等多种工艺措施，仍未取得突破。对此类地层，在现有技术条件下暂不作为候选井层。

表12-6 碳酸盐岩储层改造配套措施表

储层类型	典型岩心	改造原则	改造工艺
Ⅰ	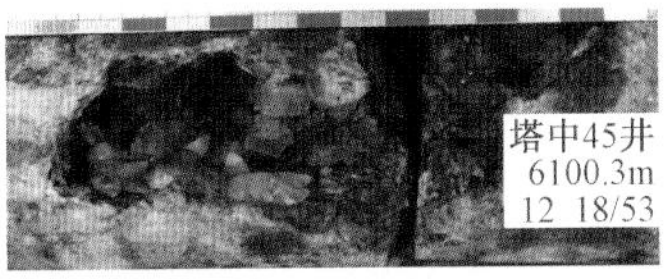	沟通缝洞发育带	前置液酸压
Ⅱ	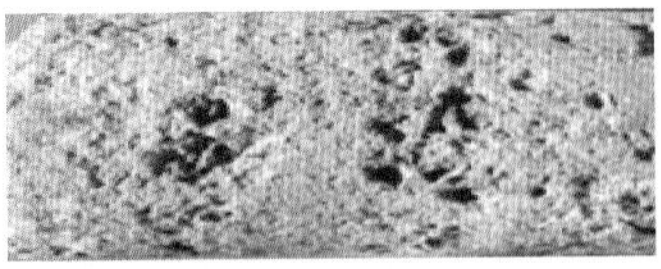	扩大渗流体积	加砂压裂或深度酸压
Ⅲ	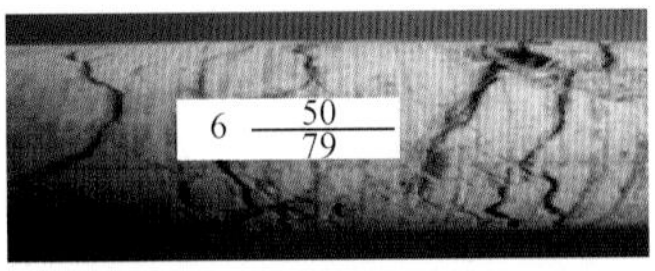	扩大渗流体积、深穿透形成网状沟通	酸压或加砂压裂、交联酸加砂压裂
Ⅳ		扩大渗流面积、低伤害	现有技术条件下暂不作为候选井层

(2)对鄂尔多斯盆地下古生界碳酸盐岩不同特征储层,形成技术见表12-7。

表12-7 长庆气田下古生界碳酸盐岩储层压裂酸化改造技术

储层类型	储层特征	改造原则	改造工艺
Ⅰ	物性较好,孔隙、裂缝发育 (ϕ=6.3%~12.0%,K>0.2mD, Δt=165~188μs/m,S_g=75%~90%)	解除近井地带堵塞	胶凝酸酸压工艺
Ⅱ	中等渗透率,充填物以白云石为主 (ϕ=4.0%~6.3%,K=0.04~0.2mD, Δt=160~165μs/m,S_g=70%~80%)	形成一定长度的酸蚀裂缝	深度酸压、加砂压裂
Ⅲ	物性较差,孔隙以裂缝—微孔型为主, 充填程度高,以方解石充填为主	形成较高导流能力的 支撑长缝	加砂压裂 交联酸携砂压裂

(3)四川龙岗地区。根据储层量化分类结果,进行针对储层特点的工艺技术研究,得出与储层量化评分相对应的配套工艺(表12-8)。

表12-8 四川龙岗地区长兴组/飞仙关组酸化配套工艺

储层评分	100~80		80~60	60~40	<40
改造原则	解堵		沟通天然缝洞	深穿透,扩大渗流面积	—
储层特征	储层集中,厚度在20~30m	储层多层层段、跨度大、非均质性强	储层物性较差	储层物性差	储层致密
改造工艺	胶凝酸酸化	转向酸酸化、分层酸化	胶凝酸酸压 (前置液+胶凝酸)、酸压	加重胶凝酸酸压 (加重前置液+加重胶凝酸)、酸压	建议 不改造

二、测试技术集成

对测试技术集成、完善和配套形成了9种多功能测试管柱,满足了不同工况测试的需要。塔里木6种测试管柱:测试—改造—测试完井一体化管柱,测试—改造—封堵—投产完井一体化管柱,测试—评价—改造—测试—封堵—投产完井一体化管柱,测试—评价—改造—测试完井一体化管柱,封堵—测试—改造—投产完井一体化管柱,管外封隔器完井—不动柱分层完井一体化管柱。西南油气田公司3种测试管柱:APR正压射孔—测试—酸化—测试联作管柱、OMNI射孔—酸化—测试管柱、5in小井眼APR射孔—测试联作管柱。

三、现场应用效果

2008年6月至2011年5月碳酸盐岩改造与测试总体应用情况为:压裂酸化改造287口井、328井次,成功率98%,有效率87%,累计增油111.5×10^4t、气$29.6\times10^8\mathrm{m}^3$;测试223井次,成功率96%(表12-9)。

表 12-9　2008 年 6 月至 2011 年 5 月碳酸盐岩改造与测试统计

油田	压裂酸化				测试	
	井数	井次	成功率(%)	有效率(%)	井次	成功率(%)
塔里木	127	146	98	89.0	192	96.8
西南	40	57	95	66.7	31	93.5
长庆	120	125	100	92.8	—	—

经 2008—2011 年三年的攻关,在改造与测试方面取得了多项进展,但仍存在诸多挑战,主要表现在四个方面。一是由于碳酸盐岩储层的强非均质性,决定了压裂过程中液体滤失难以估算,对优化设计时裂缝的准确预测带来了问题;二是随着勘探开发工作的深入,储层埋深超过 6000m、地层温度超过 150℃以上井越来越多,对液体的耐温性亦提出了更高要求;三是水平井多段改造工艺仍不能满足后期水串问题;四是测试技术随着井深、井温等工况复杂程度的增加,对安全、可靠施工有新的需求。

下一步应重点解决如下几个方面问题:一是耐温 150℃以上的液体体系技术攻关。二是酸岩反应及酸压机理研究,室内模拟实验在诸多方面仍不能很好模拟现场工况条件,建议继续坚持室内研究与现场试验的紧密结合。三是加快开展微地震实时裂缝测试技术攻关研究,国外微地震裂缝监测技术已成为裂缝诊断、施工质量控制及改造工作评估的重要手段,核心技术国内仍不掌握。由此可验证可修正数学模型对裂缝的预测,提高设计的针对性。四是对水平井分段酸压改造工具进一步攻关,以满足分隔和后期封堵的需要。五是开展更高温度、压力下安全、可靠测试技术的攻关。

第六节　小　　结

碳酸盐岩增产改造与测试技术是其有效开发的关键技术,通过室内研究与现场试验紧密结合,取得了多项技术突破:

酸化压裂改造前储层量化评估、碳酸盐岩储层伤害评价实验等四个方法,为改造的决策、材料的评价和设计针对性的提高提供了基础。

高温 DCA 清洁自转向酸、高温 GCA 地面交联酸等六种耐高温酸化压裂改造材料体系,解决了高温深井碳酸盐岩储层改造技术的关键问题。

形成了大位移水平井分段改造、井下蓝牙测试和测试—改造—封堵—对接投产四重功能管柱测试等三项技术;完善了高温储层均匀布酸酸化技术、高温储层深度改造技术、加重液改造技术及多功能管控测试技术等四项技术;解决了大位移水平井改造。裂缝深穿透提高储层改造波及体积,高压储层注不进、压不开,及安全、可靠、简便取全取准测试数据等问题。

形成了适合不同特征碳酸盐岩储层的改造与测试配套技术。在储层改造方面形成了碳酸盐岩储层改造的技术体系。一是包括复杂介质试井、综合地质评估等改造前后储层评估技术;二是碳酸盐岩储层压裂酸化改造常用的 9 种液体体系,压裂液有羟柄基 HPG、超级瓜尔胶 GHPG、羧甲基 CMGHPG、加重压裂液 HDF;酸液有胶凝酸 GA、地面交联酸 GCA、温控变黏酸 TCA、转向酸 DCA、加重酸 HAD;三是配套形成了 6 项压裂酸化工艺技术(酸化、深度酸压、转向酸压、加砂压裂、携砂酸压、直井分层/水平井分段等)。在测试方面形成了碳酸盐岩储层测试的技术体系。一是针对塔里木盆地的 6 种测试管柱:测试—改造—完井一体化管柱、改造—

封堵—再投产一体化管柱、直井选择性改造—投产一体化管柱、DSBT 蓝牙测试管柱、内防喷—改造—投产一体化管柱、管外封隔器完井—不动管柱分层完井一体化管柱;二是针对四川盆地的三种测试管柱:APR 正压射孔—测试—酸化—测试联作管柱、OMNI 射孔—酸化—测试管柱、5in 小井眼 APR 射孔—测试联作管柱。

以塔里木塔中、鄂尔多斯和四川龙岗等三个区块为重点开展的碳酸盐岩储层改造和测试技术研究与应用,不仅解决了困扰其勘探开发的相关问题,也推动了碳酸盐岩储层改造和测试技术发展,为国内其他碳酸盐岩储层改造和测试提供了参考;建议结合勘探与生产实际进行现场扩大应用。

国外微地震裂缝监测技术已成为裂缝诊断、施工质量控制及改造工作评估的重要手段,核心技术国内仍不掌握,建议加快开展微地震实时裂缝测试技术攻关研究。

酸岩反应及酸压机理非常复杂,室内模拟实验在诸多方面仍不能很好模拟现场工况条件,建议继续坚持室内研究与现场试验的紧密结合。

参考文献

马永生,蔡勋育,郭彤楼.2007. 四川盆地普光大型气田油气充注与富集成藏的主控因素[J]. 科学通报,52(A01):149-155.

马锋,许怀先,顾家裕,等.2009. 塔东寒武系白云岩成因及储集层演化特征[J]. 石油勘探与开发,36(2):144-155.

马强.1996. 压恢测试直线断层与探测半径的计算[J]. 试采技术,17(4):10-16.

王一刚,文应初,洪海涛,夏茂龙,宋蜀筠.2006. 四川盆地开江—梁平海槽内发现大隆组[J]. 天然气工业,26(9):32-36,162-163.

王一刚,张静,刘兴刚,徐丹舟,帅晓蓉,宋蜀筠,文应初.2005. 四川盆地东北部下三叠统飞仙关组碳酸盐蒸发台地沉积相[J]. 古地理学报,7(3):357-371.

王小卫,吕磊,刘伟方,郄树海,田彦灿.2008. 塔里木盆地碳酸盐岩地震资料处理的几项关键技术[J]. 岩性油气藏,20(4):109-112.

王克斌,曹孟起,等.2006. 连片叠前深度偏移处理技术及应用实践[M]. 北京:石油工业出版社.

王祝文,刘菁华.2003. 沃尔什变换在测井曲线分层中的应用研究[J]. 地质与勘探,39(04):81-84.

王怒涛,等.2011. 实用气藏动态分析方法[M]. 北京:石油工业出版社.

王燕,唐海,吕栋梁,等.2009. 比产能法确定气田稳产潜力[J].油气井测试,18(3):5-7.

中华人民共和国国土资源部.2005. 石油天然气储量计算规范(DZ/T 0217-2005). 北京:中国标准出版社,1-20.

冈秦麟,等.1997. 气藏开发应用基础技术方法[M]. 北京:石油工业出版社.

冈秦麟,等.1997. 气藏开发模式丛书总论[M]. 北京:石油工业出版社.

冈秦麟.1995. 中国五类气藏开发模式[J]. 北京:石油工业出版社.

冯许魁,朱荣等.2004. 叠前偏移技术在西部复杂区的应用及效果[J]. 石油地球物理勘探,石油地球物理学会西部会议专刊.

冯许魁,刘兴晓,等.2002. 岩溶地震解释技术在轮南潜山勘探中的应用[J]. 石油地球物理勘探,石油地球物理学会西部会议专刊.

冯增昭,彭勇民,金振奎,蒋盘良,鲍志东,罗璋,鞠天吟,田海芹,汪红.2001. 中国南方早奥陶世岩相古地理[J]. 古地理学报,3(2):11-22,99-100.

冯增昭,彭勇民,金振奎,蒋盘良,鲍志东,罗璋,鞠天吟,田海芹,汪红.2001. 中国南方寒武纪岩相古地理[J]. 古地理学报,3(1):1-14,98-101.

冯增昭,鲍志东,吴茂炳,金振奎,时晓章.2006. 塔里木地区寒武纪岩相古地理[J]. 古地理学报,8(4):427-439.

庄惠农.2009. 气藏动态描述和试井(第二版)[M]. 北京:石油工业出版社.

刘伟,张光亚,潘文庆,等.2011. 塔里木地区寒武纪岩相古地理及沉积演化[J]. 古地理学报,12(5):529-538.

刘杏芳,郑晓东,杨昊,王玲,李艳东.2009. 基于流形的地震属性特征提取及应用[J]. 第25届地球物理学年会.

刘景贤,巴晶,晏信飞.2012. 谐振Q理论井震匹配法及品质因子反演. 地球物理学进展,27(1):288-295.

刘瑞林,仵岳奇,柳建华,马勇.2005. 基于二维小波变换的FMI图像分割[J].Applied Geophysics,2,02,89-93.

闫海军,贾爱林,等.2012. 龙岗礁滩型碳酸盐岩气藏气水控制因素及分布模式[J]. 天然气工业,32(1):67-70.

关富佳,李保振.2010. 辫状河沉积气藏井网模式初探[J]. 天然气勘探与开发,33(2):40-42.

孙龙德.2007. 碳酸盐岩油气藏开发理论与实践. 北京:石油工业出版社.

杜金虎.2010. 四川盆地二叠—三叠系礁滩天然气勘探[M]. 北京:石油工业出版社,1-160.

杜箫笙,杨正明,程倩,等.2009. 缝洞型碳酸盐岩油藏试井分析[J]. 油气井测试,18(4):14-16.

杨敏.2004. 塔河油田碳酸盐岩油藏试井曲线分类及其生产特征分析[J]. 油气井测试,13(1):19-21.

杨锋,王新海,刘洪 . 2011. 缝洞型碳酸盐岩油藏井钻遇溶洞试井的解释模型[J]. 水动力学研究与进展:A辑,26(3):278 – 283.
李农,蒋华全,曹世昌,缪海燕,罗远平,谢惠勇 . 2009. 高温对泡沫排水剂性能的影响[J]. 天然气工业,29(11):77 – 79.
李治平,等 . 2002. 气藏动态分析与预测方法[M]. 北京:石油工业出版社 .
李艳东,郑晓东 . 2008. Spectral decomposition using Wigner – Ville distribution with applications to carbonate reservoir characterization [J]. The Leading Edge,27:1050 – 1057.
李道品,等. 1997. 低渗透砂岩油田开发[M]. 北京:石油工业出版社 .
李静,蔡廷永 . 2007. 加快实现海相油气勘探新突破[N]. 中国石化报,08 – 07(1).
李鹤林,李平全,冯耀荣 . 1999. 油钻柱失效分析及预防[M]. 北京:石油工业出版社 .
肖文交,侯泉林,李继亮,B. F. Windley,郝杰,方爱民,周辉,王志洪,陈汉林,张国成,袁超 . 2000. 西昆仑大地构造相解剖及其多岛增生过程[J]. 中国科学 D 辑:地球科学,30(增刊):22 – 28.
吴才来,杨经绥,姚尚志,曾令森,陈松永,李海兵,戚学祥,Wooden J L,Mazdab F K. 2005. 北阿尔金巴什考供盆地南缘花岗杂岩体特征及锆石 SHRIMP 定年[J]. 岩石学报,21(3):846 – 858.
吴才来,姚尚志,曾令森,杨经绥,Joseph L. Wooden,陈松永,Frank K. Mazadab. 2007. 北阿尔金巴什考供 – 斯米尔布拉克花岗杂岩特征及锆石 SHRIMPU – Pb 定年[J]. 中国科学 D 辑:地球科学,37(1):10 – 26.
吴世敏,马瑞士,卢华复,施央申,贾承造,汪新 . 1996. 西昆仑早古生代构造演化及其对塔西南盆地的影响[J]. 南京大学学报(自然科学版),32(4):650 – 657.
吴红珍,赵玉萍,等. 2003. 油气田开发生产中加密井边际成本分析及应用[J]. 江汉石油学院学报,25(4):100 – 101.
何生厚 . 2008. 高含硫化氢和二氧化碳天然气田开发工程技术[M]. 北京:中国石化出版社 .
何发岐 . 2002. 碳酸盐岩地层中不整合—岩溶风化壳油气田——以塔里木盆地塔河油田为例[J]. 地质论评,48(4):391 – 397.
何登发,贾承造,柳少波,等 . 2002. 塔里木盆地轮南低凸起油气多期成藏动力学[J]. 科学通报(增刊Ⅰ):122 – 130.
邹才能,陶士振 . 2007. 海相碳酸盐岩大中型岩性地层油气田形成的主要控制因素[J]. 科学通报,52(1):32 – 39.
汪海阁,郑新权 . 2005. 中石油深井钻井技术现状与面临的挑战 . 石油钻采工艺,2(4):4 – 8.
汪啸风,陈孝红,陈立德,王传尚 . 2004. 中国各地质时代地层划分与对比[M]. 北京:地质出版社,101 – 113.
沈安江,王招明,杨海军,等 . 2006. 塔里木盆地塔中地区奥陶系碳酸盐岩储层成因类型、特征及油气勘探潜力[J]. 海相油气地质,11(4):1 – 12.
沈安江,周进高,辛勇光,等 . 2008. 四川盆地雷口坡组白云岩储层类型及成因[J]. 海相油气地质,13(4):19 – 28.
张水昌,王飞宇,张宝民,等 . 2000. 塔里木盆地中上奥陶统油源层地球化学研究[J]. 石油学报,21(5):23 – 28.
张水昌,梁狄刚,张宝民 . 2004. 塔里木盆地海相油气的生成[M]. 北京:石油工业出版社,1 – 433.
张光亚,王红军,李洪辉 . 2000. 塔里木盆地克拉通区油气藏形成主控因素与油气分布[J]. 科学通报,47(增刊),24 – 29.
张光亚,刘伟,杨海军,等 . 2013. 塔里木克拉通寒武纪—奥陶纪原型盆地与岩相古地理[M]. 北京:地质出版社 .
张学元,王凤平,于海燕,等 . 1997. 二氧化碳腐蚀防护对策研究[J]. 腐蚀与防护,18(13):8.
张宝民,刘静江 . 2009. 中国岩溶储集层分类与特征及相关的理论问题[J]. 石油勘探与开发,36(1):12 – 29.
张建国,等 . 2013. 靖边气田增压开采方式优化研究[J]. 钻采工艺,36(1):31 – 35.
张海勇,等 . 2013. 靖边气田难动用储量区水平井布井优化研究[J]. 科学技术与工程,13(1):140 – 144
张福祥,王本成,费玉田,等 . 2010. 两区复合油藏二次梯度非线性渗流模型研究[J]. 西南石油大学学报,32(4),99 – 102.

张福祥,陈方方,等.2009. 井打在大尺度溶洞内的缝洞型油藏试井模型[J]. 石油学报,30(6).
张静,胡见义,罗平,等.2010. 深埋优质白云岩储集层发育的主控因素与勘探意义[J]. 石油勘探与开发,37(2):203-210.
张箭.2002. 洛带气田蓬莱镇气藏开发部署优化研究[J]. 矿物岩石,22(4):83-86.
陈凤喜,艾芳,王勇,闫志强.2008. 靖边气田优化布井技术及应用[J]. 低渗透油气田,55-60.
陈方方,贾永禄.2008. 三孔双孔介质径向复合油藏模型与试井曲线[J]. 油气井测试,17(4):1-4.
陈红汉,李纯泉,张希明,等.2003. 运用流体包裹体确定塔河油田油气成藏期次及主成藏期[J]. 地学前缘,10(1),190-190.
陈学强,段孟川,钟海,等.2004. 塔里木盆地碳酸盐岩提高分辨率地震采集技术[J]. 石油地球物理勘探,西部会议专刊:50-54.
陈学强,段孟川,等.2006. 塔中沙漠区碳酸盐岩三维地震勘探技术[J]. 勘探地球物理进展,29(5):346-352.
陈景山,王振宇,代宗仰,马青,蒋裕强,谭秀成.1999. 塔中地区中上奥陶统台地镶边体系分析[J]. 古地理学报,1,2,8-17.
林青,王培荣,金晓辉,等.2002. 塔中北斜坡塔中45井奥陶系油藏成藏史浅析[J]. 石油勘探与开发,9(3):4-6.
林海燕,戴云.1999. 一种基于沃希变换的测井自动分层方法[J]. 成都理工学院学报,26(01):52-57.
卓鲁斌,葛云华,汪海阁.2009. 深水钻井早期井涌检测方法及其未来趋势[J]. 石油钻采工艺,31(2):22-26.
罗平,张静,刘伟,等.2008. 中国海相碳酸盐岩油气储层基本特征[J]. 地学前缘,15(1):36-50.
金忠臣,杨川东,张守良.2004. 采气工程[M]. 北京:石油工业出版社,152-192.
周玉琦,易荣龙,舒文培,等.2002. 中国石油与天然气资源[M]. 武汉:中国地质大学出版社.
周兴熙.2002. 地下古生界碳酸盐岩油气勘探对策[J]. 新疆石油地质,23(6):485-488.
周守信,孙福街,张金庆,等.2009. 节点分析与物质平衡方程相结合预测异常高压气井稳产期[J]. 中国海上油气,21(5):313-315.
周英操,崔猛,查永进.2008. 控压钻井技术探讨与展望[J]. 石油钻探技术,36(4):1-4.
周新源,王招明,杨海军,王清华,邬光辉.2006. 中国海相油气田勘探实例之五塔中奥陶系大型凝析气田的勘探和发现[J]. 海相油气地质,11(1):45-51.
赵文智,王兆云,张水昌,等.2005. 有机质"接力成气"模式的提出及其在勘探中的意义[J]. 石油勘探与开发,32(2):1-7.
赵文智,汪泽成,王一刚.2006. 四川盆地东北部飞仙关组高效气藏形成机理[J]. 地质论评,52(5):708-718.
赵文智,汪泽成,张水昌,等.2007. 中国叠合盆地深层海相油气成藏条件与富集区带[J]. 科学通报,53(A01):9-18.
赵文智,沈安江,胡素云,等.2012. 中国碳酸盐岩储集层大型化发育的地质条件与分布特征[J]. 石油勘探与开发,39(1):1-15.
赵宗举,范国章,吴兴宁,等.2007. 中国海相碳酸盐岩的储层类型、勘探领域及勘探战略[J]. 海相油气地质,12(1):1-11.
赵宗举,潘文庆,张丽娟,邓胜徽,黄智斌.2009. 塔里木盆地奥陶系层序地层格架[J]. 大地构造与成矿学,33(1):187-200.
赵建勋,冯许魁,等.2003. High resolution 3D seismic for mapping of subsurface karst of carbonate[C]. 美国SEG年会.
赵澄林,朱筱敏.2001. 沉积岩石学(第三版)[M]. 北京:石油工业出版社.
郝玉鸿,杜孝华,等.2007. 低渗透气田加密调整技术研究[J]. 低渗透油气田,12(3):77-80.
郝杰,王二七,刘小汉,桑海清.2006. 阿尔金山脉中金雁山早古生代碰撞造山带:弧岩浆岩的确定与岩体锆石U-Pb和蛇绿混杂岩$^{40}Ar/^{39}Ar$年代学研究的证据[J]. 岩石学报,22(11):2743-2752.

侯方浩,方少仙,赵敬松,董兆雄,李凌,吴诒,陈娅娜.2002. 鄂尔多斯盆地中奥陶统马家沟组沉积环境模式[J]. 海相油气地质,7(1):38-46+5.
侯明才,万梨,傅恒,周丽梅,漆立新,俞仁连.2006. 塔河南盐下地区上奥陶统良里塔格组沉积环境分析[J]. 成都理工大学学报(自然科学版),33(5):509-516.
费海虹.2006. 盐城气田泡沫排水采气用起泡剂的室内实验筛选[J]. 油田化学.23(4):329-333.
胥耘.1997. 碳酸盐岩储层酸压工艺技术综述[J]. 油田化学,(2).
袁智,汪海阁,葛云华,熊娟.2010. 含硫天然气气侵方式研究[J]. 石油钻采工艺,32(2):46-50.
贾文玉.2000. 成像测井技术与应用[M]. 北京:石油工业出版社.
贾承造.1995. 盆地构造演化与区域构造地质[M]. 北京:石油工业出版社.
贾爱林,肖敬修.2001. 油藏评价阶段建立地质模型的技术与方法[M]. 北京:石油工业出版社.
贾爱林,郭建林,何东博.2007. 精细油藏描述技术与发展方向[J]. 石油勘探与开发,34(6):691-695.
贾爱林,程立华.2010. 数字化精细油藏描述程序方法[J]. 石油勘探与开发,37(6):709-715.
贾爱林,程立华.2012. 精细油藏描述程序方法[M]. 北京:石油工业出版社.
贾爱林,等.2012. 靖边气田低效储量评级与可动用性分析[J]. 石油学报,33(2):160-165.
贾爱林.1995. 储层地质模型建立步骤[J]. 地学前缘,2(3-4):221-225.
贾爱林.2010. 精细油藏描述与地质建模技术[M]. 北京:石油工业出版社.
顾岱鸿,等.2007. 靖边气田沟槽高精度综合识别技术[J]. 石油勘探与开发,34(1):60-64.
顾家裕,张兴阳,罗平,罗忠,方辉.2005. 塔里木盆地奥陶系台地边缘生物礁、滩发育特征[J]. 石油与天然气地质,26,3,277-283.
徐文,郝玉鸿.1999. 低渗透非均质气藏布井方式及井网密度研究[J]. 低渗透油气田,4(3):42-46.
徐学军,刘宏梁,代礼杨.2004. 新型微膨胀防窜水泥浆研究与应用[J]. 钻井基础理论研究与前沿技术进展.
高继按,等.1997. 鄂尔多斯盆地西北部地区奥陶纪马五段的白云岩[J]. 低渗透油气田,2(2):5-12.
高德利.2007. 油井管柱力学[M]. 北京:石油工业出版社.
唐玉林,唐光平,等.2001. 川东石炭系气藏合理井网密度的探讨[J]. 天然气工业,20(5):57-60.
梅冥相,刘智荣,孟晓庆,陈永红.2006. 上扬子区中、上寒武统的层序地层划分和层序地层格架的建立[J]. 沉积学报,24(5):617-626.
梅冥相,张海,孟晓庆,陈永红.2006. 上扬子区下寒武统的层序地层划分和层序地层格架的建立[J]. 中国地质,33(6):1292-1304.
曹楚南.1994. 腐蚀电化学[M]. 北京:化学工业出版社,127.
常宝华,刘华勋,熊伟,等.2011. 大尺度多洞缝型油藏试井分析方法[J]. 油气田地面工程,30(4):14-16.
崔龙连.2009. 控压钻井技术研究. 博士后出站报告. 中国石油勘探开发研究院.
康玉柱.2002. 塔里木盆地海相古生界油气勘探的进展[J]. 新疆石油地质,23(1):76-78.
阎辉,李鲲鹏,张学工,李衍达.2000. 测井曲线的小波变换特性在自动分层中的应用[J]. 地球物理学报,43(04):568-573.
梁狄刚,张水昌,张宝民,等.2000. 从塔里木盆地看中国海相生油问题[J]. 地学前缘,7(4):534-547.
尉晓玮,郑晓东,李艳东,杨昊.2009. 优选地震属性预测生物礁储集层[J]. 新疆石油地质,30(2):221-224.
蒋晓蓉,黎洪珍,梁红武,阎长辉.2002. 深井、高温、高矿化度泡沫排水采气技术研究[J]. 成都理工学院学报,29(1):53-55.
鄢友军,李农.2003. 新型抗高温高矿化度的泡沫排水剂[J]. 天然气勘探与开发.26(4):26-31.
裘怿楠,贾爱林.2000. 储层地质模型10年[J]. 石油学报,21(4):101-104.
窦之林.2012. 塔河油田碳酸盐岩缝洞型油藏开发技术[M]. 北京:石油工业出版社.
蔡明金,贾永禄,等.2008. 低渗透双重介质油藏垂直裂缝井压力动态分析[J]. 石油学报,29(5):723-726.
蔡明金,贾永禄,等.2009. 三重介质油藏垂直裂缝井产量递减曲线[J]. 大庆石油学院学报,33(5).
蔡瑞.2005. 基于谱分解技术的缝洞型碳酸盐岩溶洞识别方法[J]. 石油勘探与开发,32(2):82-85.
管志川,路保平.2009. 压力不确定条件下套管层次及下深确定方法[J]. 石油大学学报(自然科学版),33(4).

戴金星,李剑,罗霞,等.2005. 鄂尔多斯盆地大气田的烷烃气碳同位素组成特征及其气源对比[J]. 石油学报,26(1),18 - 26.

戴金星,陈践发,钟宁宁,2003. 中国大气田及其气源[M]. 北京:科学出版社.16 - 25.

戴金星,夏新宇,洪峰.2002. 天然气地学研究促进了中国天然气储量的大幅度增长[J]. 新疆石油地质,23(5):357 - 365.

戴金星,裴锡古,戚厚发.1992. 中国天然气地质学(卷一)[M]. 北京:石油工业出版社,37 - 38,46 - 50.

Ameen M S,Hailwood E A. 2008. A new technology for the characterization of microfractured reservoirs(test case:Unayzah reservoir,Wudayhi field,Saudi Arabia)[J]. AAPG Bulletin,92,1,31 - 52.

B Kermani,J Martin,K Esaklul. 2006. Materials Design Strategy:Effects of CO_2/H_2S Corrosion on Materials Selection [J]. CORROSION,Paper No. 121.

Bansal RK, Brunnert D, Todd R, et al. 2007. Demonstrating managed pressure drilling with the ECD reduction tool. SPE/IADC 105599.

Calderoni A,Brugman J D,Vogel RE,et al. 2006. The continuous circulation system - from prototype to commercial tool [R]. SPE 102851.

Chang F,Qu Q,Frenier W. A. 2001. Novel Self - Diverting - Acid Developed for Matrix Stimulation of Carbonate Reservoirs[R]. SPE65033.

Charles Ramsden,et al. 2005. High - resolution 3D seismic imaging in practice[J]. The Leading Edge,Vol. 24:423 - 428.

Cullender,M H. 1955. The Isochronal Performance Method of Determining the Flow Characteristics of Gas Wells [J]. Trans,AIME,204:137 - 142.

C. Marland S,Nicholas W,Cox,C. Flanney. 2006. Pore Pressure Prediction and Drilling Challenges:A Case Study of Deepwater,Subsalt Drilling From Nova Scatia,Canada[J]. IADC/SPE 98279.

D Reitsma and E Van Riet. 2005. Utilazing an Automated Annular Pressure Control System for managed Pressure Drilling Inmature Offshore Oilfields[J]. SPE 96646. [1]Thomas Wayne Muecke. 1987. Principles of Acid Stimulation. [R]SPE 10038.

Davis R G,Smith B L. 2006. Structurally controlled hydrothermal dolomite reservoir facies:An overview[J]. AAPG Bulletin,90(11):1641 - 1690.

Du Xiaosheng,Yang Zhengming,Cheng Qian,et al. 2009. Well Test Analysis in Cavity - Fractured Carbonate Reservoirs[J]. Well Testing,18(4):14 - 16.

E Fidan. 2004. Halliburton,T. Babadagli,E Kuru. U. of Alberta,Use of cement as lost circulation Material - Field Case Studies,SPE 88005.

Flügel,E. 2004. Microfacies of carbonate rocks:analysis,interpretation and application[M]. Germany:Springer.

Hardie L A. 1987. Dolomitization: A critical view of some current views [J]. Journal of Sedimentary Petrology, 57:166 - 183.

Ienaga M,McNeill L C,Mikada H,Saito S,Goldberg D,Moore J C. 2006. Borehole image analysis of the Nankai accretionary wedge,ODP Leg 196;structural and stress studies[J]. Tectonophysics,426,1 - 2,207 - 220.

J F Manrique,A Husen,et al. 2000. Integrated Stimulation Applications and Best Practices for Optimizing Reservoir Development Through Horizontal Wells. [R]SPE 64384.

K Nose,H Asahi,P I Nice,J Martin. 2001. Corrosion Properties of 3% Cr Steels in Oil and Gas Environments [J]. CORROSION,Paper No. 82.

Katz,D L,D Cornell,R Kobayashi,F H Poettmann,J A Vary,J R Elenbaas and C F Weinaug. 1959. Handbook of Natural Gas Engineering[M]. McGraw - Hill Book Co,Inc,New York.

Kuiley T M, Mackenzie A S. 1998. The temperature of oil and gas formation in sub - surface [J]. Nature, 333:549 - 552.

Lungwitz B,Fredd C,et al. 2004. Diversion and Cleanup Studies of Viscoelastic Surfactant - Based Self - Diverting Acid[R]. SPE86504.

M B Kermani. 2004. In – field Corrosion Performance of 3% Cr Steels in Sweet and Sour Downhole Production and Water Injection. CORROSION, Paper No. 111.

Ma Feng, Xu Huaixian, Gu Jiayu, et al. 2009. Cambrian dolomite origin and reservoir evolution in east Tarim Basin [J]. Petroleum Exploration and Development, 36(2): 144 – 155.

Mango F D, Hightower J W. 1997. The catalytic decomposition of petroleum into natural gas[J]. Geochim Cosmochim Acta, 61(24): 5347 – 5350.

Michael J. Economides, Kenneth G. 2000. Nolte. Reservoir Stimulation. [M]. Third Edition.

NACE TM0177. 2005. Laboratory Testing of Metal for Resistance to Sulfide Stress Cracking and Stress Corrosion Cracking in H_2S Environments, NACE Houston.

Ozkaya S I Mattner J. 2003. Fracture connectivity from fracture intersections in borehole image logs[J]. Computers & Geosciences, 29, 2, 143 – 153.

Pierce, HR, ELRawlins. 1929. The study of a fundamental basis for controlling and Gauging natural – gas wells[J]. U S Dept of Commerce – Bureau of Mines, Serial 2929.

R J Bell Jr, J M. Davis. 1987. Lost Circulation Challenges: Drilling Mohd. Anuar Taib, Sara – wak Shell E3erhad, Thick Carbonate Gas Reservoir, Natuna D – Alpha Block, SPE 161572.

Rawlins, E L, M A Schellhardt. 1936. Backpressure data on Natural Gas Wells and Their Application to Production Practices[J]. U S Bureau of Mines, Monograph 7.

Sarg J F, Markello J R, Weber L J. 1999. The second – order cycle, carbonate – platform growth, and reservoir, source, and trap prediction[A]. in Harris P M, et al. eds. Advances in carbonate sequence stratigraphy; application to reservoirs, outcrops and models [C]. Special Publication – Society for Sedimentary Geology(63), 11 – 34.

Sarg J. F. 1988. Carbonate sequence stratigraphy[G]. In Wilgus C K, et al. eds. Sea Level Changes – An Integrated Approach. SEPM Special Publication No. 42. 155 – 181.

Schenk H J, Di Primio R, Horsfield B. 1997. The conversion of oil into gas in petroleum reservoir. Part Ⅰ: Comparative kinetic investigation of gas generation from crude oil of lacustrine, marine and fluviodeltaic origin by programmed – temperature closed – system pyrolysis[J]. Organic Geochemistry, 26(7 – 8): 467 – 481.

Schlager W. 2005. Carbonate sedimentology and sequence stratigraphy[M]. SEPM special publication – concepts in sedimentology and paleontology No. 8, 1 – 198.

Scotese C R. 1997. Paleogeographic Atlas: Paleomap Project Progress Report No. 90 – 0497[R]. Department of Geology, University of Texas at Arlington, Arlington, 45p.

Smit h JR, Stanislawek M. 2005. Dual Density Drilling Systems Reduce Deepwater Drilling Costs(part 1): concepts and riser gas lift method. Gas TIPS, 11(3): 11215.

Stephane T, Marcel E, Jacques P. 2003. Oil – cracking processes evidence from synthetic petroleum inclusions [J]. Journal of Geochemical Exploration, 26(78 – 79): 421 – 425.

SY/T 6465—2000. 泡沫排水采气用起泡剂评价方法.

Tissot B P and Welte D H. 1984. Petroleum Formation and Occurrence[M]. New York: Springer – verlag.

Trice R. 1999. Application of borehole image logs in constructing 3D static models of productive fracture networks in the Apulian Platform, Southern Apennines[A]. Geological Society Special Publications, 159, 155 – 176.

Tuanyu Teng, Huquan Zhang, Hongbin Wang, Haifeng Cui. 2010. The prediction method of carbonate fractured reservoir using seismic data – A case study of Y area. 第80届SEG年会.

Ungerer P. 1990. State of the art of research in kinetic modeling of oil formation and expulse[J]. Organic Geochemistry, 16 (1 – 3): 1 – 25.

Vail P R, Mitchum R M, Jr. and Thompson S. 1977. Seismic Stratigraphy and global changes of sea level, Part 4: global cycles of relative changes of sea level[G]. Am. Assoc. Petrol. Geol. Memoir 26, P. 83 – 98.

Wang Di, Zheng Xiaodong, Cheng Jiubing, Wang Huazhong, and Ma Zaitian. 2008. Amplitude – preserving plane – wave prestack time migration for AVO analysis[J]. APPLIED GEOPHYSICS, 5(3): 212 – 218, SCI.

Williams J H Johnson C D. 2004. Acoustic and optical borehole – wall imaging for fractured – rock aquifer studies

[J]. Journal of Applied Geophysics, 55, 1 - 2, 151 - 159.

Wu H, Pollard D D. 2002. Imaging 3 - D Fracture Networks around Boreholes[J]. AAPG Bulletin, 86, 4, 593 - 604.

Yandong Li, Wei Liu, Yan Zhang. 2010. Dolomite reservoir delineation by integrating paleotopography and seismic attribute analysis[J]80th Annual International Meeting, SEG, Expanded Abstracts, 2314 - 2318.

Yang Hao, Zheng Xiaodong, Liu Xingfang, Sun Luping, Yu Xiaowei. 2009. Seismic Attribute Analysis based on Multi - attributes Fractal Dimension[J], 79th Annual International Meeting, SEG, Expanded Abstracts.

Yose L A, Brown S, Davis T L, Eiben T, Kompanik G S, Maxwell S R. 2001. 3 - D geologic model of a fractured carbonate reservoir, Norman Wells Field, NWT, Canada[J]. Bulletin of Canadian Petroleum Geology Bulletin of Canadian Petroleum Geology, 49, 1, 86 - 116.

Zhang Baomin, Liu Jingjiang. 2009. Classification and characteristics of karst reservoirs in China and related theories [J]. Petroleum Exploration and Development, 36(1): 12 - 29.

Zhang Jing, Hu Jianyi, Luo Ping, et al. 2010. Master control factors of deep high - quality dolomite reservoirs and the exploration significance[J]. Petroleum Exploration and Development, 37(2): 203 - 210.

Zhao Wenzhi, Wang Zhaoyun, Zhang Shuichang, et al. 2005. Oil Cracking: an important way for highly efficient generation of gas from marine source rock kitchen. Chinese Science Bulletin, 50(23): 1 - 8.

Zhao Wenzhi, Wang Zhaoyun, Zhang Shuichang, et al. 2008. Cracking condition of crude oil under different geological environment. Science China Series D: Earth Sciences, 51: 77 - 83.